항공전자 소프트웨어

DO-178 인증 실무 가이드

DEVELOPING SAFETY-CRITICAL SOFTWARE

A Practical Guide for Aviation Software and DO-178C Compliance

저자 Leanna Rierson

역자 **정수영**

도서출판 **청람**

Developing Safety-Critical Software: A Practical Guide for Aviation Software and DO-178C Compliance 1st Edition
by Leanna Rierson

| 저자 서문 |

엄청난 책임감과 온전한 겸손을 가지고서 이 책을 발표합니다. 2년간의 조사와 집필을 거쳤지만 제가 단지 피상적으로만 다루었다는 것을 느끼게 됩니다. 제가 공유하고 경험해온 것들이 여러분의 프로페셔널한 열정에 도움이 되기를 바랍니다.

제 열정은 안전 그리고 그 실현이 실질적인 것이 되도록 하는 것입니다. 고등학교 시절 일찍부터 저는 지역 신문에 안전 팁에 대한 칼럼을 썼었습니다(인터넷 이전 시절에 미국의 시골마을에서 할 수 있는 한 많이). 광범위한 조사였는데 이 중에는 욕조 안전, 트랙터 안전 그리고 전기 안전 같은 것들이 있었습니다. 고등학교 최고학년이 되어서는 주에서 개최하는 발표 경연에 참가했었습니다. 주제는 안전벨트 관련 안전이었죠. 안전을 장려하려는 저의 욕구는 FAA(Federal Aviation Administration)로 저를 이끌었고 이 책의 배경에 있는 주된 동기입니다.

소프트웨어는 안전이라는 전체 체인에서 단지 하나의 링크입니다. 그러나 그것은 중요한 링크이고 매년 그 중요성이 증가하고 있습니다. 소프트웨어가 점차 더 많이 사용되고 더 중요한 방식에 사용되면서 안전에 미치는 위험과 영향이 증가하고 있습니다. 소프트웨어로 인한 위험이 증가하는 동시에 많은 회사들의 사업 모델이 변하는 것처럼 보입니다. 더 적은 것으로 더 많은 것을 기대하고, 다른 무엇보다도 스케줄이 중요하게 되고, 소프트웨어 엔지니어는 무작위로 재배치될 수 있는 게임보드의 조각처럼 취급됩니다.

이 책은 그런 산업계의 상자 속에 갇혀버린 이들에게 하나의 도구가 되고자 합니다. 아마도 여러분은 시스템 엔지니어나 매니저, 소프트웨어 매니저, 소프트웨어 엔지니어, 품질보증 엔지니어 혹은 다른 이들의 경험으로부터 배우기 위해 애쓰는 학생일 것입니다. 엄청난 일을 하고 싶지만 스케줄과 자금 압박에 압도되고 맙니다. 항공산업에서의 지난 20년간의 제 인생에 기반한 이 책이 품질과 우수성을 추구하는 여러분을 도울 수 있기를 희망합니다.

Leanna Rierson

| 역자 서문 |

"DO-178 인증이 뭔가요?"

이제서야 이 질문에 대해서 제대로 된 대답을 할 수 있게 된 것 같습니다. 그동안 다른 번역 책자, 블로그, 컨설팅, 교육 등의 다양한 형태를 통해서 이 질문에 대한 답을 해왔지만 어떤 것으로도 제대로 된 충분한 답을 드릴 수 없다는 것이 개인적으로는 내내 안타까운 부분이었습니다. 하지만 이번에 이렇게 DO-178 인증에 대한 거의 모든 것을 총망라한 훌륭한 책을 번역할 수 있게 되면서 지금까지 응어리처럼 남아있던 아쉬움들을 일거에 해소할 수 있게 되지 않았나 싶습니다.

이 책은 미국 FAA의 현직 DER이자 RTCA의 여러 특별위원회를 이끌어오면서 수많은 항공 인증 관련 책자와 자료들을 발행해왔고 미국을 비롯한 전 세계에 걸쳐서 수천 명의 전문가들을 가르치고 컨설팅해온 Leanna Rierson이라는 분이 자신의 모든 지식과 통찰력 그리고 현장의 노하우까지 모두 담아서 DO-178 인증에 대한 거의 모든 것을 정리한 책입니다. 실제로 원서를 여러 번 읽고 이렇게 번역을 하면서 저자의 그런 의도와 노력을 생생하게 확인할 수 있었습니다. 혹시 처음 이 글을 보시는 분들이라면 이 책의 목차만 보더라도 그 방대한 양과 다양한 주제를 확인할 수 있을 것입니다. 그런 만큼 단언컨대 이 책은 전 세계에서 가장 훌륭한 DO-178 인증 가이드라고 장담합니다.

하지만 그런 막강한 장점이 한편으로는 이 책을 접하기 어려워지는 아이러니가 될 수 있습니다. 너무도 많은 내용과 저자의 통찰력이 함축되어 담기다 보니, 특히 처음 DO-178 인증을 접하는 분들은 방대한 양과 복잡하고 생소한 내용에 압도되면서 쉽사리 진도를 나가기가 어려울 수 있습니다.

이번 번역이 그런 분들에게 조금이라도 도움이 될 수 있기를 바랍니다. 특히 DO-178 인증을 제대로 이해하고 싶은 분들은 DO-178 공식 가이드라인을 읽는 것만으로는 이해할 수 없었던 부분들을 저자가 현장의 경험을 바탕으로 해설하고 있기 때문에 마치 실제 현장에서 DER로부터 직접 해설을 듣는 느낌을 받으실 수 있을 것입니다. 그러한 면이 최대한 반영될 수 있도록 번역에 만전을 기하고 전체적으로 일관성 있고 정확한 번역이 되도록 노력하였습니다(다만, 그럼에도 초보자분들은 한 번에 바로 이해하기에는 어려움이 있으실 것으로 예상됩니다).

사실 저자의 의도를 정확하게(번역 과정에서 있을 수 있는 오역 없이) 이해하기 위해서는 영어로 된 원문을 보시는 게 가장 정확할 것입니다. 실제로 어느 정도의 내공을 갖추신 분들이라면 한편으로는 이해의 깊이를 강화하는 차원에서도 오히려 그것을 추천드립니다. 그럼에도 번역본만의 장점 역시 분명히 존재한다고 생각합니다. 물론 그러한 장점은 이 책을 접하시는 분들이 원하시는 것과 접근하는 방법에 따라서 저마다 차이가 있겠지요. 어쨌든 DO-178 인증을 제대로 이해할 수 있는 제대로 된 책을 이렇게 자신 있게 소개해드리고 조금 더 쉽게 접근할 수 있도록 도와드릴 수 있게 된 것만으로도 이번 번역이 나름대로의 가치가 있지 않나 싶습니다. 개인적으로는 이 번역본을 통해서 여러분과 좀 더 소통하고 의견을 나눔으로써 DO-178 인증에 대한 이해를 함께 높여갈 수 있기를 바랍니다.

번역을 허락해주신 원서의 저자인 Leanna Rierson과 출간을 허락해주신 CRC Press에 다시 한 번 감사의 말씀을 드립니다. 우연한 기회였지만 이처럼 훌륭한 책을 통해서 저의 지식과 앞으로의 방향에 훌륭한 멘토가 되어주었습니다. 또한 이러한 결과물이 나오기까지 DO-178 인증의 세계에 전념할 수 있는 계기를 심어주고 열정을 북돋아주신 한국항공우주산업㈜의 이진섭 부장님과 한화시스템의 김영곤 수석님에게도 이 자리를 빌어서 다시 한 번 진심으로 감사의 인사를 드립니다. 그분들의 지원과 격려가 이번 번역 작업 내내 든든한 힘이 되어주었습니다. 그리고 무엇보다도 현직 DER로서 국내에서는 쉽게 접할 수 없는 DER 감사의 현장을 함께하고 아낌없는 조언을 해주신 ConsuNova의 Reza Madjidi에게도 특별한 감사의 말씀을 드립니다. (Special thanks to Mr. Reza Madjidi!)

그 외에도 과거로부터 현재에 이르기까지 실무를 진행하면서 함께했던 수많은 동료들과 여러 선후배님들 그리고 여러 업체의 관계자분들에게도 감사드립니다. 여러분들과의 소중한 경험과 조언들 역시 이번 번역본의 배경이 될 수 있었습니다. 마지막으로 출간을 위해 애써주신 도서출판 청람의 여러 관계자분들께도 다시 한 번 감사의 말씀을 드립니다.

2020년 9월

정수영

| 감사의 글 |

이 책은 많은 동료들과 친구들의 도움이 없었다면 가능하지 않았을 것입니다. 다음에 소개되는 이들은 많은 내용을 리뷰해주었고 소중한 의견을 주었습니다: AVISTA의 Patty (Bartels) Bath, VEROCEL의 Jim Chelini, Design Assurance의 Andrew Elliott, NASA의 Langley Research Center의 Kelly Hayhurst, GE Aviation의 Wendy Ljungren, Sunrise Certification의 Jeff Knickerbocker, VEROCEL의 George Romanski, Embry-Riddle Aeronautical University의 Andrew Kornecki, Springton Technologies의 Fred Strathmann, DornerWorks의 Steven VanderLeest 그리고 Rockwell Collins에서 은퇴한 Dan Veerhusen. 여러분들 각자의 시간을 내어주고 우정을 보여주신 것에 감사드립니다. 당신들은 저의 생각에 자극을 주었고 더 나은 글이 되도록 만들어주었습니다.

이 책은 멘토가 되어주고 가이드가 되어주며 제 경력의 이른 시기에 기회의 문을 열게 해준 이들이 없었다면 상상조차 할 수 없었을 것입니다. 거기에는 너무나 많은 이름이 있지만 다음에 소개된 이들에게 특히 은혜를 입은 바가 크다고 할 수 있습니다.

- Milt Sills, Cessna Aircraft Company의 전 엔지니어링 부사장. 멘토였으며 항공에 대한 저의 사랑을 더해주신 분입니다. 2003년에 돌아가셨지만 지금까지도 항상 제 인생에 영향을 미치고 계십니다.
- Jim Peterson, 지금은 은퇴한 Wichita Aircraft Certification Office의 FAA 시스템 및 장비부서의 매니저. Jim은 저를 FAA에 채용하신 분이고 비용이 어떠하든 올바른 것을 세우는 것에 대한 열정을 저에게 불어넣어주셨습니다.
- Elizabeth Erickson, Aircraft Certification Services의 은퇴한 FAA 감독관이자 현재는 Erickson Aviation Services에서 근무. Beth는 Columbia의 특별구인 Washington에 있는 FAA 본부에서 제가 힘겨운 시간을 보내고 있을 때 저를 믿어주고 멘토가 되어주셨습니다.
- Cheryl Dorsey, Digital Flight의 소유주. Cheryl은 FAA 본부에서 저를 소프트웨어 엔지니어의 위치로 선발했습니다. 그때까지 제 경력은 항공전자 시스템과 전자 하드웨어였지만 Cheryl은 저의 잠재된 것을 깨닫게 해주었고 안전한 소프트웨어에 대한 제 욕망

에 불을 붙여주었습니다.

- Mike DeWalt, 항공기 컴퓨터 소프트웨어에 대한 FAA의 과학 기술 최고 고문. Mike는 제가 아주 어리고 경험이 없었을 때 저를 이끌어주셨습니다.

RTCA, Inc.에도 또한 감사드립니다. 그동안 5개의 위원회(그중 세 곳에서는 리더 역할인)에서 일할 수 있는 특권을 누려왔습니다. RTCA는 이 책에 대해서 상당히 협조적이었고 참조와 인용에 대해서 관대하게 허락해주었습니다. 여러분은 RTCA, Inc.에 대해서 더 많은 것을 배울 수 있고 다음 연락처를 통해 그들의 문서를 구매할 수 있습니다.

RTCA, Inc.
1150 18th Street NW
Suite 910
Washington, DC 20036
Phone : (202) 833-9339
Fax : (202) 833-9434
Web : www.rtca.org

이 책의 마지막 단계에서 도움을 준 저의 친애하는 친구들, Susan Corcoran과 Denise Polansky, 결승선까지 기도해 준 팀 그리고 Taylor & Francis Group의 스태프, 그들의 노력과 도움에 감사드립니다. Jill Jurgensen과 Glenon Butler는 대단한 일을 해왔습니다.

MATLAB과 Simulink는 MathWorks, Inc.의 트레이드마크로 등록되어 있습니다. 제품 정보에 대해서는 다음으로 연락하기 바랍니다.

The MathWorks, Inc.
3 Apple Hill Drive
Natick, MA, 01760-2098 USA
Tel : 508-647-7000
Fax : 508-647-7001
E-mail : info@mathworks.com
Web : www.mathworks.com

| 차 례 |

PART 03

DO-178C를 사용한 안전 필수 소프트웨어 개발

PART 04 도구 인증과 DO-178C 부속서

[그림 차례]

[표 차례]

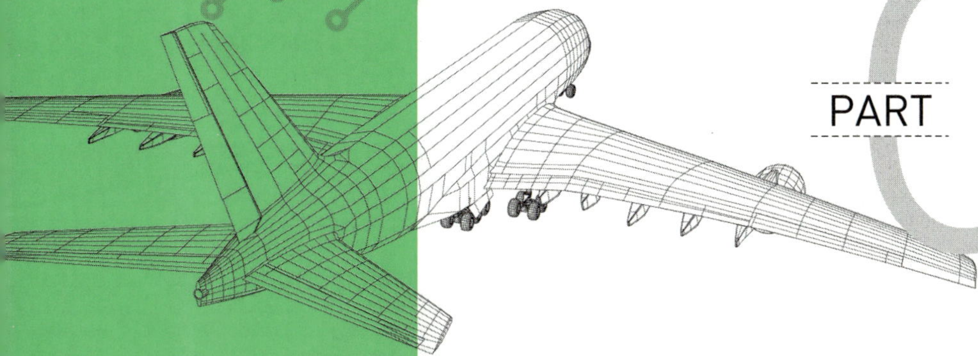

PART 01 소개

Part 1은 책 전체에 대한 기반이 된다. 안전 필수 소프트웨어가 무엇인지 그리고 오늘날의 환경에서 그것이 왜 중요한지에 대한 설명을 포함하고 있다. 책의 개요와 접근 방법에 대한 설명 또한 주어진다.

1.1 안전 필수 소프트웨어에 대한 정의

안전(Safety)에 대한 일반적인 정의는 "죽음, 부상, 병, 장비 혹은 재산의 파손이나 손실 혹은 환경적인 피해를 일으킬 수 있는 그러한 조건들로부터의 자유"이다.[1] 안전 필수 소프트웨어(Safety-critical software)에 대한 정의는 더 주관적이다. IEEE(Institute of Electrical and Electronic Engineers)는 안전 필수 소프트웨어를 다음과 같이 정의한다. "시스템에서 사용하는 소프트웨어는 허용할 수 없는 위험을 일으킬 수 있다. 안전 필수 소프트웨어는 소프트웨어의 운용 혹은 고장이 위험한 상태로 이끌 수 있는 소프트웨어, 위험한 상태로부터 복구하려는 소프트웨어 그리고 사고의 위험도를 완화하려는 소프트웨어를 포함한다."[2] 미국 NASA(National Aeronautics and Space Administration)에 의해서 출간된 '*Software Safety Standard*'는 소프트웨어에 대해서 적어도 다음 기준들 중 하나를 만족하면 안전 필수(Safety-critical)로 구분한다.[3, 4]

- 안전 필수 시스템 내에 존재하고(위험분석에 의해서 결정된 대로) 적어도 다음 중 하나에 해당한다.
  - 위험의 원인이 되거나 위험에 기여할 수 있다.
  - 위험에 대한 컨트롤 혹은 완화 방법을 제공한다.
  - 안전 필수 기능을 컨트롤한다.
  - 안전 필수 명령 혹은 데이터를 처리한다.
  - 만약 시스템이 특정 위험 상태에 이르게 되면 그것을 탐지하고 리포트하거나 교정하는 행위를 취한다.
  - 만약 위험이 발생하면 피해를 완화한다.
  - 안전 필수 소프트웨어로써 동일 시스템(프로세서)상에 존재한다.
- 안전에 대한 결정을 직접적으로 끌어내는 데이터를 처리하거나 경향을 분석한다.
- 하드웨어 혹은 소프트웨어 시스템을 포함해서 안전 필수 시스템의 전체적 혹은 부분적인 검증(verification) 혹은 확인(validation)을 제공한다.

이러한 정의들로부터 소프트웨어는 그 자체로는 안전하지도 위험하지도 않다는 결론을 내릴 수 있다. 하지만 안전 필수 시스템의 일부가 되면 그것은 위험한 조건의 원인이 되거나

Chapter 1

소개 및 개요

약어

DER	Designated Engineering Representative
EASA	European Aviation Safety Agency
FAA	Federal Aviation Administration
IEEE	Institute of Electrical and Electronic Engineering
IMA	Integrated Modular Avionics
NASA	National Aeronautics and Space Administration

위험에 기여할 수 있다. 그런 소프트웨어는 안전 필수(Safety-critical)로 간주되고 그것이 이 책의 주요 테마이다.

1.2 안전에 초점을 맞추는 것에 대한 중요성

1993년에 Ruth Wiener는 그녀의 저서 '*Digital Woes : Why We Should Not Depend Upon Software*'에서 다음과 같이 썼다. "소프트웨어 제품 — 적당한 크기의 프로그램조차도 — 은 인간이 만들어낸 가장 복잡한 산출물이고 소프트웨어 개발 프로젝트는 우리의 가장 복잡한 일이다. 그것은 아무리 많은 시간과 돈이 들어가도 다 빨아들이고 아무리 많은 사람을 투입해도 빨아들여버린다. 그 결과는 단지 조금 믿을만하게 될 뿐이다. 가장 철저하고 엄격한 시험을 거치더라도 버그는 남아 있다. 우리는 결코 시스템을 통해서 모든 가능한 입력을 가지고 모든 스레드를 시험할 수 없다." 그때 이후로 사회는 점점 더 소프트웨어에 의존하게 되었다. 우리는 이제 순수한 아날로그 시스템으로는 돌아갈 수가 없다. 따라서 우리는 소프트웨어 집약 시스템이 신뢰할만하고 안전하다는 것을 보장하기 위한 모든 노력을 기울여야만 한다. 항공산업은 훌륭한 이력을 가지고 있지만 복잡도와 엄격함이 증가하면서 더 주의가 필요하게 되었다.

다음과 같은 말을 듣는 것은 드문 일이 아니다. "소프트웨어는 지금까지 어떤 주요 항공기 사고도 일으키지 않았다. 그런데 왜 다들 이렇게 야단들인가?" 항공기 사고에 소프트웨어가 미친 영향에 대해서는 논쟁의 여지가 있다. 왜냐하면 소프트웨어는 더 큰 시스템의 일부이고 대부분의 조사는 시스템 레벨 특성에 초점을 맞추기 때문이다. 하지만 다른 영역에서는(예를 들면, 원자력, 의료 그리고 우주) 소프트웨어 에러가 명백하게 사람이 목숨을 잃거나 미션의 실패를 가져왔었다. Ariane 5 로켓 폭발, Therac-25 방사능 과다노출 그리고 걸프전 당시에 패트리어트 미사일 시스템의 가동 중지는 잘 알려진 사례들 중 일부이다. 민간 항공기에서 안전 필수 소프트웨어에 대한 역사적인 기록은 상당히 높은 평판을 받아온 것이 사실이다. 하지만 이제는 그저 의자에 느긋하게 앉아서 우리의 과거에 감탄만 하고 있을 시기가 아니다. 미래는 다음과 같은 이유들로 인해서 더 위험해지고 있다.

- **소스 코드양의 증가**: 안전 필수 시스템에 사용된 소스 코드 라인수는 증가하고 있다. 예를 들면, 보잉 777의 소스 코드 라인수는 최근에 인증된 보잉 787에서는 8배에서 10배까지 늘어났고 미래의 항공기는 훨씬 더 많은 소스 코드의 소프트웨어를 가질 것이다.
- **복잡도의 증가**: 시스템과 소프트웨어의 복잡도는 증가하고 있다. 예를 들면, IMA (Integrated Modular Avionics)는 무게를 줄여주고 설치를 쉽게 하며 효과적인 유지가 가능하게 해주고 변경 비용을 줄여준다. 하지만 IMA는 시스템의 복잡도를 증가시키고 이전에는 물리적으로 다른 연방형 하드웨어로 분리되었던 기능들이 여러 기능들로 서로 연관되면서, 문제가 생기면 하드웨어 전체의 고장을 가져오게 되는 하나의 하드웨어 플랫폼으로 합쳐지는 결과를 가져온다. 이러한 복잡도의 증가는 안전 영향에 대한 완전한 분석과 예상외의 결과가 없도록 의도된 기능이 만족하는지를 증명하는 것을 더 어렵게 만들고 있다.
- **위험도의 증가**: 소프트웨어의 크기와 복잡도가 증가하고 있는 것과 동시에 위험도도 증가하고 있다. 예를 들면, 조종면의 인터페이스는 10년 전만 해도 거의 전적으로 기계식이었다. 지금은 많은 항공기 제작자들이 조종면을 컨트롤하기 위해 FBW(Fly-By-Wire) 소프트웨어로 전환하고 있는데, 이는 FBW 소프트웨어가 항공기 성능과 안정성을 개선하는 알고리즘을 포함하고 있기 때문이다.
- **기술의 변경**: 전자공학과 소프트웨어 기술은 빠른 속도로 변화하고 있다. 그것이 구식이 되기 전에 기술의 성숙도를 보장하는 것이 어려움이 되고 있다. 예를 들면, 안전과 관련된 영역에서는 강건하고 증명된 마이크로프로세서가 필요하다. 하지만 새로운 항공기 개발에는 약 5년이 걸리기 때문에 마이크로프로세서는 항공기 시험이 이루어지기 전에 구식이 되어버리는 일이 종종 일어난다. 또한 소프트웨어 기술에서의 변화는 어셈블리, C 혹은 Ada(항공 소프트웨어를 위해 가장 흔히 사용되는 언어)를 아는 프로그래머를 고용하는 것을 점점 더 어렵게 만들고 있다. 이러한 실시간 언어들은 많은 대학교에서 가르치지 않고 있다. 또한 소프트웨어 개발자들은 실제 생성된 기계어 코드로부터 멀어지고 있다.
- **더 적은 것으로 더 많이**: 경제적인 요인과 이익에 대한 압박 때문에 많은(아마도 대부분의) 엔지니어링 조직들이 더 적은 것으로 더 많은 것을 할 것을 요구받고 있다. 나는 그것을 설명하는 다음과 같은 이야기를 들은 적이 있다. "맨 처음 그들은 우리 비서들을 치워버렸다. 다음에는 테크니컬 라이터들을 치워버렸다. 그런 다음 그들은 내 동료들을 치워버렸다." 대부분의 훌륭한 엔지니어들은 이전에는 둘 혹은 그 이상의 사람들

이 했던 일을 하고 있다. 그들은 한꺼번에 많은 일을 하려 하고 지쳐가고 있다. 사람들은 몇 달간의 초과 근무 후에는 효율이 감소한다. 내 동료 중 한 명은 그것을 이렇게 표현한다. "초과 근무는 단거리 선수를 위한 것이지 마라톤 선수를 위한 것이 아니다." 그러나 많은 엔지니어들이 몇 달 혹은 심지어 몇 년을 초과 근무를 하고 있다.

- **아웃소싱과 해외 외주의 증가**: 시장의 요구와 엔지니어의 부족으로 점점 더 많은 수의 안전 필수 소프트웨어가 아웃소싱되고 있고 해외에서 만들어지고 있다. 항상 문제가 되는 것은 아니지만 가끔씩 아웃소싱팀 그리고 해외의 팀들은 시스템 영역에 대한 지식과 치명적인 에러를 효과적으로 발견하고 제거하기 위해 필요한 안전에 대한 배경지식을 가지고 있지 않은 경우가 있다. 실제로는 적절한 감독이 없으면 심지어 그들은 에러를 주입할지도 모른다.
- **숙련된 엔지니어들의 감소**: 현재 운항 중인 항공기의 안전에 책임이 있는 다수의 엔지니어들이 은퇴하고 있다. 엄격한 훈련과 멘토링 프로그램이 없으면 더 젊은 엔지니어들과 매니저들은 핵심 결정과 실행이 왜 존재하는지를 이해하지 못한다. 그래서 그들은 그것들을 따르지 않거나 혹은 완전히 제거해버리게 된다. 한 동료가 최근에 그의 팀이 시스템 전문가로 일하고 있는 인증 당국의 신입 시스템 엔지니어에게 스피드 브레이크에 대한 프레젠테이션을 한 후에 느꼈던 실망을 표현한 적이 있다. 2시간의 프레젠테이션이 끝나고 그 신입 엔지니어가 다음과 같이 물었던 것이다. "바퀴에 대해서 이야기하고 있는 건 아니죠? 그렇죠?"[1)]
- **유용한 훈련의 부족**: 안전에 포커스를 맞춘 학위 프로그램은 매우 드물다. 또한 시스템과 소프트웨어 확인 및 검증에 유용한 공식 교육도 거의 없다.

이러한 그리고 다른 위험 요인들 때문에 그 어느 때보다도 더 안전에 초점을 맞추는 것이 필수가 되고 있다.

1) 이해가 안 되는 분들을 위해서, 스피드 브레이크는 날개에 있다.

1.3 책의 목적과 중요한 단서 조항

여러분이 이 책을 읽기로 결정한 것에 대해서 나는 진심으로 영광이자 부끄럽게 생각한다. 이 책의 목적은 현업에 종사하고 있는 엔지니어들과 매니저들이 항공기를 위한 안전 필수 소프트웨어를 개발하는 데 필요한 정보로 무장하도록 하는 것이다. 지난 20년간 나는 항공전자 개발자, 항공기 개발자, 인증 당국, FAA(Federal Aviation Administration) DER(Designated Engineering Representative), 컨설턴트 그리고 지도자로서 일할 수 있는 특권을 누려왔다. 비행 컨트롤, IMA, 랜딩 기어, 보조익, 결빙 방지, 앞바퀴 방향 전환 장치, 비행 관리, 배터리 관리, 디스플레이, 내비게이션, 지형 인식 및 경고, 충돌 방지 및 회피, 실시간 운영체제 시스템 그리고 그 외의 많은 그와 같은 수십 개의 시스템상에서 안전 필수 소프트웨어를 평가해왔다. 팀원이 500명인 팀과 함께 일한 적도 있고 3명이 한 팀인 적도 있었다. 그것은 지금까지도 지속되고 있는 짜릿한 모험이다!

이러한 다양한 위치와 시스템은 내가 안전 필수 소프트웨어를 개발하기 위한 효과적인 해결책뿐만 아니라 공통된 이슈를 경험하고 관찰할 수 있게 해주었다. 이 책은 현직에 종사하는 항공기 시스템 엔지니어, 항공전자 및 전자공학 시스템 엔지니어, 소프트웨어 매니저, 소프트웨어 개발 및 검증 엔지니어, 인증 당국과 그들의 대리인, 품질 보증 엔지니어 그리고 안전한 소프트웨어를 개발하고 보장하기 위한 열정을 가진 사람들에게 도움이 될 수 있도록 그러한 경험을 사용하여 작성되었다.

안전 필수 소프트웨어를 개발하고 검증하기 위한 실질적인 지침으로써 이 책은 실제 프로젝트에 기반한 구체적인 지침과 추천을 제공한다. 하지만 다음과 같은 점에 유의해야 한다.

- 여기에 있는 정보는 한 사람의 관점을 나타낸다. 이 책은 개인적인 경험과 관찰에 기반해서 쓰일 뿐만 아니라 세상에서 가장 현명하고 헌신적인 사람들의 자료 조사와 커뮤니케이션에 기반해서 쓰인다. 책 전반에 걸쳐서 typically, usually, normally, most of the time, many times, oftentimes 등이 사용된다. 이러한 일반화는 지금까지 관여해온 수많은 프로젝트에 기반해서 만들어진다. 하지만 그럼에도 아직까지 내가 보지 못한 많은 프로젝트와 무수한 양의 소스 코드가 있다. 여러분의 경험은 다를 수 있고 나는 그런 안목을 환영한다. 만약 여러분이 하나의 주제를 분명하게 하거나 토론을 원한다

면 다음 주소 어디로든 주저하지 말고 이메일을 보내주기 바란다: LRierson1@aoi.com 그리고 Digital_Safety@sbcglobal.net.

- 개인적이고 다소 비공식적인 어조를 사용하고 있다. 수백 명의 학생들에게 DO-178B (그리고 지금은 DO-178C)를 가르쳐왔기 때문에 이 책은 나(강사)와 여러분(엔지니어) 간의 커뮤니케이션이 되려는 의도를 가지고 있다. 본인은 여러분의 배경을 알지 못하기 때문에 이 책이 여러분의 경험과 관계없이 유용하게 되는 방식으로 쓰려고 노력했다. 강의실에서처럼 **전쟁 체험기**와 약간의 유머도 섞었다. 동시에 전문성을 놓치지 않으려고 노력했다.
- 이 책은 안전 필수 소프트웨어에 포커스를 맞추기 때문에 더 높은 위험도를 가진 소프트웨어(DO-178C 레벨 A 그리고 B와 같은)를 염두에 두고 내용이 작성된다. 더 낮은 위험도의 레벨에 대해서는 일부 활동들이 필요하지 않을 수 있다.
- 이 책의 포커스가 항공 소프트웨어, DO-178C 준수 그리고 항공기 인증에 포커스를 두기는 하지만 많은 개념과 모범 사례들은 의학, 원자력, 군, 자동차 그리고 우주와 같은 다른 안전 필수 혹은 미션 필수 영역에도 적용된다.
- 인증 당국과 DER로서의 나의 배경 때문에 때때로 이 책이 인증 당국의 마인드를 따라가는 것처럼 느껴질 수도 있다(무서워하지 마라). FAA와 EASA(European Aviation Safety Agency) 양쪽의 정책과 지침 자료들을 모두 논의한다. 하지만 중요한 차이점이 없는 한 FAA 지침이 주로 사용된다. 이 책이 쓰이는 시기에 그들이 존재하기 때문에 이 책의 내용이 인증 당국의 정책과 지침을 설명하고 일치하도록 하는 것을 의도하고 있지만 이 책이 인증 당국의 정책 혹은 지침으로 구성되지는 않는다. 여러분의 특정 프로젝트에 적용가능한 정책과 지침에 대해서 여러분 지역의 인증 당국과의 컨설팅을 가지기 바란다.
- 전 세계를 여행하고 여섯 개의 대륙에 있는 엔지니어들과 교류하면서 안전 필수 소프트웨어와 인증에 대해서 국제적인 시각을 보여주려고 온갖 노력을 다해왔다. 하지만 나의 업무 대부분이 미국과 FAA 인증 프로젝트에서 이루어졌기 때문에 그런 관점이 존재한다.
- DO-178C를 포함해서 여러 가지 RTCA 문서들이 이 책 전반에 걸쳐서 참조된다. 세 개의 RTCA위원회에서 대표 역할을 수행하고 참고 문서들을 개발하는 데 핵심 역할을 하는 것은 흥분되는 일이었다. 서문에서 언급한 것처럼 RTCA는 그들 문서의 일부를 참조하고 인용하도록 허락하는 관대함을 보여주었다. 하지만 이 책은 그러한 문서들의

대체제가 아니다. 나는 중요한 부분을 다루고 DO-178C와 관련된 문서들의 뉘앙스를 전달하려고 노력했다. 하지만 만약 여러분이 RTCA를 따라야만 하는 소프트웨어를 개발하고 있다면 반드시 전체 문서를 읽어라. 여러분은 다음으로 연락해서 RTCA, Inc.에 대해서 더 알 수 있고 그들의 문서를 구입할 수 있다.

RTCA, Inc.
1150 18th Street NW
Suite 910
Washington, DC 20036
Phone : (202) 833-9339
Fax : (202) 833-9434
Web : www.rtca.org

- 이 책은 여러분이 처음부터 끝까지 읽거나 혹은 필요에 따라서 선택된 챕터를 읽을 수 있도록 작성된다. 여러분은 일부 챕터 간에 부분적인 반복을 발견할 것이다. 이것은 의도적인데, 일부 독자들은 이 책을 처음부터 끝까지 한꺼번에 읽기보다는 참고자료로 사용하려고 선택할 수도 있기 때문이다. 처음부터 끝까지 모두 읽지 않을지도 모르는 사람들을 돕기 위해 관련된 챕터로의 참조가 도처에 포함된다.

1.4 책의 개요

이 책은 5개의 파트로 나뉘어 있다. Part 1(이 파트)은 소개가 나오고 기반을 세운다. Part 2는 전반적인 시스템에서 소프트웨어의 역할을 설명하고 항공기에 대한 시스템과 안전성 평가 프로세스의 요약을 제공한다. Part 3은 '*Software Considerations in Airborne Systems and Equipment Certification*'이라는 제목을 가진 RTCA의 DO-178C 그리고 DO-178C와 함께 출간된 6개의 다른 문서들의 개요와 함께 출발한다. 그런 다음 그 섹션은 DO-178C 프로세스를 통해 그 문서들을 효과적으로 적용하는 방법에 대한 지침과 제안에 대한 통찰을 제공한다. Part 4는 DO-178C와 함께 릴리즈된 4개의 RTCA 지침 문서들을 설명한다. 다루는 주제는 소프트웨어 도구 인증(DO-330), 모델 기반 개발 및 검증(DO-331), 객체 지향 기술 및 관련된 기법들(DO-332) 그리고 정형 기법(DO-333)이다. Part 5는 DO-178C와 안전 필수 소프트웨어 개발을 다루고 있다. 이들 특별한 주제들은 항공기에 포커스를 두지만 또한 다른 영역에도 적용할 수 있으며 커버되지 않은 코드(관련 없는 코드, 데드 코드 그리고 비활성화된 코드), 현장 적재가능 소프트웨어, 사용자 수정가능 소프트웨어, 실시간 운영체제 시스템, 파티셔닝, 구성 데이터, 항공용 데이터베이스, 소프트웨어 재사용, 이전에 개발된 소프트웨어, 리버스 엔지니어링 그리고 아웃소싱과 해외 외주를 포함한다.

전자 하드웨어, 전자 비행 정보 장치 그리고 소프트웨어 보안을 포함해서 다루지 않는 많은 다른 주제들이 있다. 이들 주제들은 소프트웨어와 관련이 있고 때때로 문장 내에서 참조된다. 하지만 공간과 시간 제약 때문에 그것들은 이 책에서는 다루지 않는다. 하지만 이들 주제 중 일부는 CRC Press의 '*Digital Avionics Handbook*' 신간에서 다룰 예정이다.

참고문헌

[1] K. S. Mendis, Software safety and its relation to software quality assurance, ed. G. G. Schulmeyer, *Software Quality Assurance Handbook*, 4th edn., Chapter 9 (Norwood, MA: Artech House, 2008).

[2] IEEE, *IEEE Standard Glossary of Software Engineering Terminology*, IEEE Std-610-1990 (Los Alamitos, CA: IEEE Computer Society Press, 1990).

[3] National Aeronautics and Space Administration, *Software Safety Standard*, NASA-STD-8719.13B (Washington, DC: NASA, July 2004).

[4] B. A. O'Connell, Achieving fault tolerance via robust partitioning and N-modular redundancy, Master's thesis (Cambridge, MA: Massachusetts Institute of Technology, February 2007).

[5] L. R. Wiener, *Digital Woes: Why We Should Not Depend on Software* (Reading, MA: Addison-Wesley, 1993).

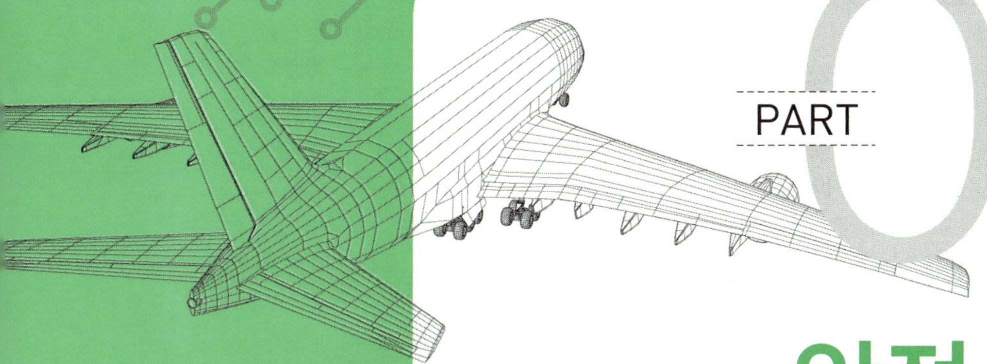

PART 02

안전 필수 소프트웨어 개발의 맥락

Part 2는 소프트웨어가 전체 시스템 개발 노력에 어떻게 부합하는지에 대한 개요를 제시한다. **안전한 소프트웨어**를 성공적으로 구현하기 위해 먼저 시스템에서의 역할을 이해해야 한다. 시스템과 시스템의 안전성 특성에 대한 고려 없이 소프트웨어에만 초점을 맞추는 것은 병의 근본 원인에 접근하지 않고 심각한 병의 증상을 치료하는 것과 같다. 본인의 경험으로는 안전 필수 소프트웨어를 개발할 때 전적으로 그리고 끊임없이 언급해야 하는 다섯 가지 핵심 요인들이 있다.

- **잘 문서화된 시스템 아키텍처와 요구사항 정의**: 시스템 아키텍처와 요구사항은 안전에 포커스를 두고 작성되어야 한다. 문서화되지 않은 요구사항을 성공적으로 구현하는 것은 불가능에 가깝다. 올바른 요구사항이라는 것을 확실하게 하기 위해 시스템 요구사항 또한 정확성과 완전함에 대해서 확인되어야 한다.
- **개발의 모든 레벨에서의 확실한 안전성 활동**: 개발과정 전반에 걸쳐서 잠재적인 위험과 리스크가 식별되고 언급되어야 한다. 안전은 단지 안전 조직의 책임이 아니라 개발의 모든 레벨에서 모든 프로세스에 필수가 되어야 한다.
- **훈련된 구현**: 문서화된 요구사항과 안전 특성은 정확하게 구현되어야 한다. 이것은 요구사항이 구현되었다는 것과 의도하지 않은 기능이 추가되지 않았다는 두 가지 사실 모두를 포함한다. 잘 정의된 변경 관리 프로세스는 성공적인 구현과 반복적인 개발에 필수이다.
- **제대로 된 자질을 갖춘 인력**: 안전 필수 시스템은 사람에 의해서 구현된다. 해당하는 인력은 그 분야, 안전성 그리고 시스템을 구현하기 위해 사용되는 기술에 대해 정통해야 한다. 안전 필수 분야에서 일하는 사람은 정예 – 모든 작업에서 100%의 노력을 기울이는 완벽주의자여야 한다. 안전 필수 시스템은 단지 **충분히 훌륭한** 것이 아니라 **탁월할** 정도의 헌신을 요구한다.
- **모든 레벨에서의 완전한 시험**: 리뷰와 분석에 대한 역할이 분명히 있지만 그것이 통합된 소프트웨어와 하드웨어의 기능과 안전에 대한 요구를 증명하는 것의 필요성을 대체할 수는 없다.

이 책은 소프트웨어에 집중하지만 소프트웨어가 전체 시스템의 단지 하나의 특성이라는 것을 항상 염두에 두고 있다. 위에 언급된 다섯 가지 요인들은 전체 시스템 개발 전반에 걸쳐서 언급되어야 한다. 시스템 개발과 안전에 대해서 이 파트(Part 2)는 이어지는 파트들(Part 3~Part 5)에 대한 맥락을 설정하고 이어지는 파트들에서는 특별한 소프트웨어 주제들뿐만 아니라 소프트웨어 개발과 통합 프로세스가 상세하게 설명될 것이다.

Chapter 2

시스템 맥락에서의 소프트웨어

약어

AC	Advisory Circular
ARP	Aerospace Recommended Practice
DAL	development assurance level
EASIS	Electronic Architecture and System Engineering for Integrated Safety Systems
EUROCAE	European Organization for Civil Aviation Equipment
FAA	Federal Aviation Administration
PSSA	preliminary system safety assessment
RAM	random access memory
RBT	requirements-based test
ROM	read only memory
SAE	Society of Automotive Engineers
TCAS	traffic collision and avoidance system

2.1 시스템 개발의 개요

안전 필수 소프트웨어를 어떻게 개발하는지에 대한 세부 내용으로 들어가기 전에 전체 시스템에서 소프트웨어의 맥락을 이해하는 것이 중요하다. 소프트웨어는 시스템의 맥락 내에서 동작하고 안전은 전체 시스템의 특성이다. 소프트웨어는 그 자체로는 안전한 것도 아니고 안전하지 않은 것도 아니다. 하지만 소프트웨어는 항공기 시스템, 자동차 시스템, 원자력 시스템 그리고 의료 시스템을 포함해서 다양한 유형의 시스템에서 안전에 영향을 준다. 이 챕터는 안전 필수 시스템을 개발하기 위한 프로세스를 살펴본다. Chapter 3은 전체 시스템 개발 라이프 사이클의 일부인 시스템 안전성 평가 프로세스를 살펴본다. 시스템 안전성 평가 개요는 항공산업의 관점으로 표현되고 있다. 하지만 그 개념은 다른 안전 필수 영역으로도 옮겨질 수 있을 것이다.

항공기는 여러 시스템들로 구성된 하나의 커다란 시스템이다. 그것은 본질적으로 시스템 복합체계이다. 항공기 시스템은 내비게이션, 통신, 랜딩기어, 비행 컨트롤, 디스플레이, 충돌 회피, 환경 컨트롤, 기내 엔터테인먼트, 전원 공급, 엔진 컨트롤, 지상 조종, 역추진 장치, 연료, 대기 자료, 그 외 여러 가지를 포함할 수 있다. 분명히 어떤 것은 다른 것들보다 안전성에 더 큰 영향을 미친다. 이것 때문에 민간 항공기 규정과 이를 지원하는 권고 자료들은 위험에 따라서 고장 카테고리를 분류한다. 다음과 같은 다섯 개의 고장 상태 카테고리가 사용된다: 대재앙의(catastrophic), 위험한(hazardous)/엄중한(severe-major), 중대한(major), 경미한(minor) 그리고 영향 없는(no effect)(이들 카테고리는 Chapter 3에서 논의한다). 기능의 조합뿐만 아니라 각각의 시스템에서 각각의 기능은 안전한 항공기 운용에 대한 전체적인 영향을 평가한다. 항공기 운용은 활주, 이륙, 상승, 순항, 하강, 착륙과 같은 다양한 상태들을 포함한다. 시스템 안전은 고장 상태의 영향이 단계에 따라서 매우 현저하게 다를 수 있기 때문에 각각의 상태를 평가한다.

안전한 시스템을 개발하는 것은 일반적으로 항공기와 내부의 시스템이 어떻게 운용되고 각각이 어떻게 상호작용하며 사람인 오퍼레이터와 어떻게 상호작용하는지를 완전하게 이해할 뿐만 아니라 시스템의 특정 유형에 대한 해당 분야에서의 오랜 기간의 전문 지식이 필요하다. 최근 몇 년간 일부 기관들이 엔지니어링 학위를 가진 사람이면 누구나 항공기 시스템을 개발할 수 있다고 믿는 것처럼 보여서 놀란 적이 있다. 나는 세계화와 수익에 대해서 반대하지는 않는다. 안전 필수 시스템을 만들기 위한 전문 지식과 역량을 개발하는 것은 상당한 시간, 리소스, 성실함이 필요하다.

민간 항공기에 대해서 개발자들은 Guidelines for Development of Civil Aircraft and Systems라는 타이틀을 가진 SAE의 ARP(Aerospace Recommended Practice) 4754 revision A(ARP4754A로 불리는)를 사용하도록 장려된다. ARP4754는 1996년에 SAE(이전에는 Society of Automotive Engineers로 알려진)에 의해서 발행되었고 인증 당국으로부터의 입력과 함께 항공기 제조업체 그리고 항공전자 장비 제조업체의 팀에 의해서 발전하였다. EUROCAE(European Organization for Civil Aviation Equipment) 또한 ED-79라는 동등한 문서를 발행했다. 2010년 12월에 SAE와 EUROCAE는 기존 지침에서 업데이트된 ARP4754A와 ED-79A를 각각 발행했다. 2011년 9월에 FAA(Federal Aviation Administration)는 Development of civil aircraft systems라는 타이틀을 가진 AC(Advisory Circular) 20-174를 발행했다. AC 20-174는 "개발 보증 프로세스를 수립하기 위해 허용할 수 있는 방법"으로써 ARP4754A를 인정하고 있다.

ARP4754A는 시스템 개발 프로세스를 계획, 항공기 기능 개발, 항공기 기능을 시스템으로 할당, 시스템 아키텍처의 개발, 시스템 요구사항을 아이템으로 할당(소프트웨어 및 하드웨어로의 할당을 포함) 그리고 시스템 구현(소프트웨어 및 하드웨어 개발을 포함)이라는 여섯 개의 단계로 나눈다.[1] 추가로 ARP4754A에는 다음과 같은 통합 프로세스가 식별된다: 안전성 평가, 개발 보증 레벨 할당, 요구사항 캡처, 요구사항 확인, 구현 검증, 형상 관리, 프로세스 보증 그리고 인증 당국 조정.[1] ARP4754A의 범위는 시스템 개발에서 인증 완료까지를 포함한다. 하지만 ARP4754A에 기술된 시스템 단계에 더해서 시스템 개발은 제품 출시 이전의 활동과(니즈 결정 및 콘셉트 탐구에서와 같이) 인증 발행 이후의 활동(생산 및 제조, 인도 및 배치, 운용, 유지보수 및 지원 그리고 사용 종료 및 처분과 같은)을 포함한다. [그림 2-1]은 회색으로 보이는 ARP4754A 프로세스와 함께 전체적인 시스템 개발 프레임워크를 설명하고 있다.

Chapter 3에서 논의될 것처럼 안전성 평가 프로세스는 시스템 개발 프로세스와 병렬로 진행된다. 시스템이 상위 레벨 설계에서 구현으로 진행되면서 시스템이 요구하는 안전성 레벨을 충족하는지 확인하기 위해 안전성 특성이 평가된다. ARP4754A가 하향식 접근을 제시하는 동안에 대부분의 시스템은 하향식과 상향식 개발 전략 모두를 사용해서 반복적이

그림 2-1 | 전체 시스템 개발 프로세스

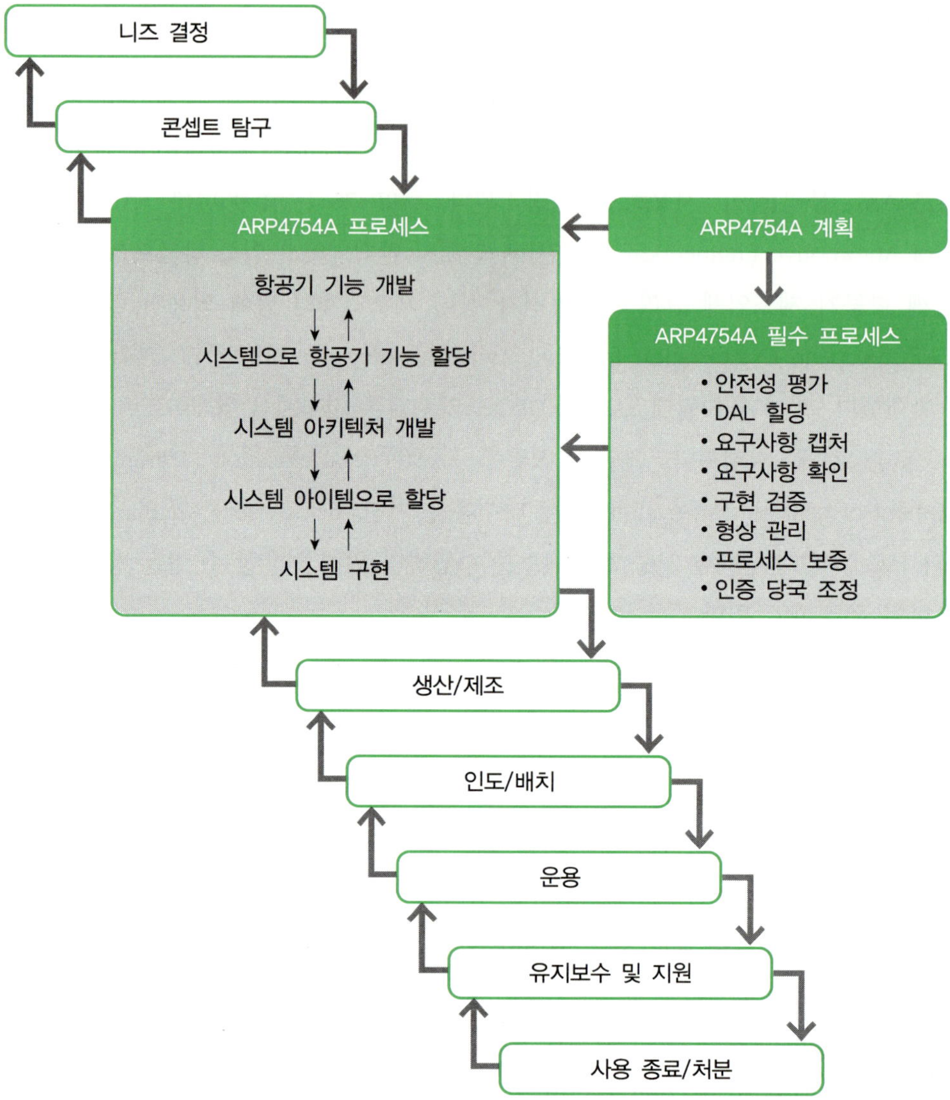

고 동시 접근으로 개발된다. 대부분의 항공기는 완전무결한 상태로 개발된 시스템으로 만들어지는 것이 아니다. 대신 항공기와 시스템은 **파생 프로젝트**가 되는 경향이 있고 기존 기능과 제품에 기반해서 만들어지는 경향이 있다. 따라서 전체 개발 라이프 사이클은 고객의 요구(요구사항의 형태로 문서화된)와 안전 목표 모두를 만족하는 베이스라인 시스템을 고려하고 현실적인 라이프 사이클을 개발하는 것이 중요하다.

2.2 시스템 요구사항

2.2.1 시스템 요구사항의 중요성

Chapter 3은 안전성 평가 프로세스를 깊게 파고들게 될 것이다. 하지만 우선은 시스템 개발의 몇 가지 중요한 특성을 생각해보자. 수많은 제품개발을 겪어오면서 소프트웨어 개발에서 마주치게 되는 많은 문제들이 부실하게 정의된 시스템 요구사항과 아키텍처로부터 온다는 것을 깨닫게 되었다. 소프트웨어 개발자들은 분명히 문제점(다른 챕터에서 논의하게 될)을 가지고 있다. 그러나 많은 소프트웨어 이슈들이 미완성의, 완전하지 않은, 정확하지 않은, 모호한 그리고/혹은 부실하게 정의된 시스템 요구사항에 의해 악화되었다. 내 경험으로는 대부분의 회사들이 시스템 요구사항을 정의하고, 확인하고 검증하는 데 더 많은 노력을 들여야 한다. 이것은 시스템 복잡도와 위험도가 증가하는 것을 고려할 때 필수이다. 일부 개선이 있기는 하지만 우리가 안전하고 믿을만하며 신뢰할 수 있는 시스템 개발을 지속해야 한다면 훨씬 더 많은 개선이 필요하다. 인증 당국 또한 이러한 필요성을 깨닫고 ARP4754A의 공식적인 인정과 함께 시스템 개발 프로세스, 특히 요구사항 정의, 확인 그리고 구현 검증에 대한 관심을 높이고 있다.

2.2.2 시스템 요구사항의 유형

ARP4754A는 다음과 같은 유형의 요구사항을 개발할 것을 권장한다.[1]

- **안전 요구사항**: 항공기 안전에 기여하거나 혹은 직접적으로 영향을 미치는 기능을 식별한다. 안전 요구사항은 안전성 평가 프로세스에 의해서 식별되고 유효성(기능의 연속성)과 무결성(동작의 정확함)을 포함한다. 유일하게 식별되어야 하며 시스템 라이프사이클 전반에 걸쳐서 추적되어야 한다.
- **기능 요구사항**: 바라는 성능을 얻기 위해 시스템의 기능을 특정한다. 기능 요구사항은 일반적으로 고객 요구사항, 운용 요구사항, 성능 요구사항(예를 들면, 타이밍, 속도, 범위, 정확도 그리고 해상도), 물리적 그리고 설치 요구사항, 유지보수 요구사항, 인터페이스 요구사항 그리고 제약사항의 조합이다. 또한 기능 요구사항은 안전 요구사항이

될 수도 있고 안전에 미치는 영향을 평가해야 하는 안전 결과를 가질 수도 있다.

- **기타 요구사항**: 규제 요구사항과 파생 요구사항을 포함한다. 파생 요구사항은 일반적으로 시스템 아키텍처가 성숙해지면서 만들어지는 설계 결정사항의 결과이다. 이것들은 상위 레벨의 요구사항을 추적하지 않을 수도 있기 때문에 시스템 안전성 프로세스에 의해서 확인되고 평가될 필요가 있다.

2.2.3 좋은 요구사항의 특징

좋은 요구사항은 그냥 생기는 것이 아니다. 상당한 노력, 집중, 훈련이 필요하다. 좋은 요구사항을 작성하기 위해 그 특징을 이해하는 것이 중요하다. 요구사항 작성자와 리뷰어는 훌륭한 시스템 요구사항의 다음과 같은 특징들을 숙지하고 있어야 한다.

- **원자적인(Atomic)**: 각각의 요구사항은 단일 요구사항이어야 한다.
- **완전한(Complete)**: 각각의 요구사항은 원하는 시스템 기능을 정의하기 위해 필요한 모든 정보를 포함한다. 각각의 요구사항은 더 이상의 부연설명 없이 독립적이어야 한다.
- **간결한(Concise)**: 각각의 요구사항은 무엇을 해야 하는지 그리고 오로지 무엇만을 해야 하는지를 간단하고 분명하게 설명해야 한다. 그것은 시스템에 대해서 전문적이지 않은 사람들조차도 읽고 이해하기가 쉬워야 한다. 일반적으로 텍스트로 된 요구사항은 30~50단어 이상을 포함해서는 안 된다. 그래픽을 사용해서 표현된 요구사항 또한 간결해야 한다.
- **일관된(Consistent)**: 요구사항은 다른 요구사항과 모순되거나 중복되어서는 안 된다. 또한 일관된 요구사항은 세부사항 전반에 걸쳐서 같은 용어를 사용한다. 요구사항은 창의적인 글쓰기를 연습하는 곳이 아니다.
- **정확한(Correct)**: 각각의 요구사항은 정의되는 시스템에 대한 올바른 요구사항이 되어야 한다. 그것은 정확한 정보를 전달해야 한다. 이 속성은 요구사항을 확인하는 작업에 의해서 보장된다.
- **구현에 자유로운(Implementation free)**: 각각의 요구사항은 그것을 어떻게 구현하는지를 식별하는 것이 아니라 무엇이 필요한지를 설명해야 한다. 일반적으로 요구사항은 설계 혹은 구현을 구체적으로 설명해서는 안 된다. 하지만 인터페이스 혹은 파생 시스템 요구사항처럼 일부 예외가 있을 수 있다.

- **필요한(Necessary)**: 각각의 요구사항은 필수적인 능력, 특성 혹은 품질 요인을 설명해야 한다. 만약 요구사항이 제거된다면 부족한 점이 존재해야 한다.
- **추적가능한(Traceable)**: 각각의 요구사항은 유일하게 구분되어야 하며 하위 레벨 요구사항, 설계, 시험으로 쉽게 추적가능해야 한다.
- **모호하지 않은(Unambiguous)**: 각각의 요구사항은 오직 하나의 해석만을 가져야 한다.
- **검증가능한(Verifiable)**: 각각의 요구사항에 대한 구현을 확인할 수 있어야 한다. 따라서 요구사항은 정량화되어야 하며 적절하게 허용되는 오차를 포함해야 한다. 각각의 요구사항은 리뷰,[1] 분석 혹은 시험[2]에 의해서 검증될 수 있게 작성되어야 한다. 드문 경우를 제외하고, 만약 검증 과정에서 동작이 관측될 수 없다면 그 요구사항은 다시 작성되어야 한다. 예를 들면, 부정적인 요구사항은 일반적으로 검증가능하지 않으며 다시 작성될 필요가 있다.
- **실행가능한(Viable)**: 각각의 요구사항은 구현이 가능해야 하며 구현이 되었을 때 사용가능해야 하며 전체 시스템 구축에 도움이 되어야 한다.

요구사항 작성자를 위한 지침을 제공하기 위해 요구사항 표준, 요구사항 관리 계획 혹은 모범 가이드가 권장된다. 비록 당신이 무엇을 만들고 싶어하는지를 확실하게 안다고 하더라도 훌륭한 요구사항을 작성하는 것은 쉽지 않다. 내가 FAA를 위해서 DO-178B 수업을 가르쳤을 때 요구사항 작성 실습이 있었다. 그 수업은 팀으로 나뉘어 있었고 각 팀에게는 하나의 LEGO® 모델이 주어졌다. 각 팀은 그 모델에 대한 요구사항을 작성하고, 그것을 해체해서 조각들과 작성된 요구사항을 하나의 가방에 넣고, 그 요구사항을 이용해서 조립을 하도록 다른 팀에게 전달하는 것이었다. 때때로 최종 제품을 보는 것이 아주 재미있었는데, 왜냐하면 그것은 원래 모델을 닮지 않았기 때문이었다. 모든 사람이 훌륭한 요구사항을 작성할 수 있는 것은 아니다. 사실 내 경험으로는 매우 소수만이 그 작업에 뛰어나다. 특정 영역에서의 훌륭한 지침, 예시, 훈련은 매우 귀중한 것이다. 만약 요구사항을 설명하기 위해 그래픽 표현이 사용된다면 표준은 그래픽의 규칙과 제한사항을 설명해야 한다. 예를 들어, 표준이 한 페이지에서의 심벌의 수를 제한하거나 하나의 그래픽에 대한 페이지의 수를 제한할 수도 있고 하나의 모델에 대한 깊이를 제한할 수도 있다. 그리고 라이브러

1) **리뷰**(reviews)는 어떤 문서에서는 **조사**(inspections)로도 불린다.
2) **시험**(test)은 어떤 문서에서는 **시연**(demonstrations)으로도 불린다. 시험은 대부분의 인증 당국으로부터 검증 방법으로 선호되는 경향이 있다.

리에서 각각의 심벌에 대한 상세한 의미를 제공할 수도 있다(왜냐하면 다양한 모델링 도구는 심벌에 대한 서로 다른 해석을 가지고 있고 개발자들은 다양한 레벨의 이해를 가지기 때문이다). Chapter 5, 6, 14에서는 요구사항 표준, 소프트웨어 요구사항 개발 그리고 모델 기반 개발 각각에 대해서 좀 더 논의하게 된다. 이들 챕터들은 요구사항의 소프트웨어 측면에 초점을 맞추고 있긴 하지만 대부분의 제안은 시스템 요구사항 정의에도 적용된다.

2.2.4 시스템 요구사항 고려사항

안전 필수 시스템에 대한 요구사항은 수많은 기능들을 구체화한다. 이 섹션은 소프트웨어 집약 및 안전 필수 시스템에 대한 시스템 요구사항을 개발할 때 고려해야 할 몇 가지 근본적인 콘셉트를 강조하고 있다.[3]

2.2.4.1 무결성과 유효성에 대한 고려사항

시스템 요구사항은 무결성(정확한 기능과 운영)과 유효성(기능의 연속)을 모두 설명해야 한다. ARP4754A는 무결성과 유효성을 다음과 같이 정의한다.[1]

- 무결성(Integrity): "정확하게 작동할 것을 의지할 수 있음을 보여주는 시스템 혹은 아이템의 정성적 혹은 정량적 속성. 때로는 기준에 정확하게 작동하지 않을 가능성의 관점에서 표현된다."
- 유효성(Availability): "시스템 혹은 아이템이 특정 시점에 동작 상태에 있다는 정성적 혹은 정량적 속성. 때로는 시스템(아이템)이 아웃풋을 제공하지 않을 가능성이라는 관점에서 표현된다."(즉, 이용불가능)

무결성을 잃게 되면 시스템이 부정확한 동작(고장)을 일으키게 된다. 그러한 예에는 PFD(Primary Flight Display)상의 잘못된 데이터, TCAS(Traffic Collision and Avoidance System)로부터의 잘못된 해결 제시 혹은 자동 조종 장치의 과도 응답이 포함된다. 무결성에 대해서 설계하기 위해 때때로 구조적인 완화 방안이 고장을 막기 위해 그리고/혹은 상쇄하기 위해 필요하다. 이것은 무결성 고장을 방지하거나 그런 고장으로부터 보호하기 위

3) 이 섹션은 단지 개요이며 그 주제를 완전하게 다루고 있는 것은 아니라는 점을 유의하기 바란다.

해 중복성, 파티셔닝, 모니터링, 비유사성 혹은 다른 완화 전략의 사용을 수반할지 모른다. 추가적으로 무결성을 설명하기 위해 고장 탐지 및 응답 혹은 고장 억제가 때때로 적용되며 시스템 요구사항으로 캡처되어야 한다.

많은 시스템들이 유효성을 상실하는 것으로부터의 보호가 필요하다. 유효성은 기능 동작이 모든 예측할 수 있는 운영 조건들(정상 그리고 비정상 조건을 포함하는)하에서 지속 그리고/혹은 복구되어야 한다는 점에서 무결성과 다르다. 핵심 기능은 무작위 하드웨어 고장, 데이터 결함 혹은 소프트웨어나 하드웨어 비정상 동작 중간이나 이후에 이용할 수 있어야 한다. 유효성을 보장하기 위해서 중복 설계가 사용될 때는 고장을 견딜 수 있어야 하며, 그리고/혹은 빨리 고장을 탐지하고 고장으로부터 복구할 수 있어야 한다. 중복 설계를 포함하는 시스템은 일반적으로 중복성 관리 및 고장 관리 요구사항을 가진다.

어떤 설계 결정은 무결성과 유효성 모두에 영향을 미칠지도 모른다는 점에 유의해야 한다. 양쪽 모두 고려되어야 한다. 예를 들면, 어떤 시스템은 유효성을 위태롭게 만들지 않고 무결성 고장을 완화할 필요가 있을지 모른다. ARP4754의 원래 버전은 비유사성의 사용을 고려하면서 다음과 같이 무결성과 유효성 간의 관계를 지적했다. "아키텍처의 비유사성이 무결성과 유효성 모두에 영향을 준다는 것에 유의해야 한다. 무결성에서의 증가는 유효성에서의 감소와 관련될 수 있고, 그 반대도 될 수 있기 때문에 특정한 적용은 그 적합성을 보장하기 위해 양쪽의 관점으로부터 분석되어야 한다."[4]

2.2.4.2 시스템 요구사항의 다른 고려사항

무결성과 유효성에 대한 관심과 더불어 시스템 명세에서 다음과 같은 다른 측면을 고려해야 한다.

- **안전 요구사항**: 기능 위험 평가(functional hazard assessment) 혹은 이어지는 안전성 분석에 의해 만들어진 요구사항을 말한다.
- **시스템상의 고장 허용 영향**: 고장 영역의 식별을 포함한다. EASIS(Electronic Architecture and System Engineering for Integrated Safety Systems) 컨소시엄은 고장 영역을 "장애가 어디에 위치하든, 얼마나 많이 발생하든 그리고 고장 영역 내에서 그들이 얼마나 멀리까지 이어지든 내부의 장애가 정확하게 하나의 고장으로 카운트되는 한 세트의 컴포넌트들"로 식별한다.[5]

- **우아한 기능 저하**: 억제 영역에 대한 요구를 포함한다(예를 들면, fail-safe 모드). EASIS는 "억제 영역은 각각의 오동작에 의해 악영향을 받을 수 있는 컴포넌트들의 집합이다. 다시 말해서, 억제 영역은 고장 전이가 멈춰야만 하는 경계를 정의한다."**[5]** 그러한 사례에는 비행면이 움직이기 전에 자동 조종 장치의 고장 탐지 혹은 조종사가 응답하기 전에 표시되는 고장에 대한 데이터가 있다.
- **에러 탐지[5]**:
  - 데이터 체크: 데이터가 유효한지, 범위 내에 있는지, 갱신되었는지, 단락인지, 개방인지 등을 결정하기 위해 데이터를 조사하는 것
  - 중복 데이터의 비교: 중복 센서들 혹은 프로세싱 장치들의 출력을 비교하는 것
  - 프로세서 및 메모리 내의 에러에 대한 체크: 예를 들면, 빌트인 테스트를 수행하는 것, 와치독 타이머를 사용하는 것, ROM(Read Only Memory) 혹은 플래시 메모리에 대한 체크섬을 계산하는 것, 빌트인 프로세서 예외를 사용하는 것, 메모리 체크를 수행하는 것 혹은 RAM(Random Access Memory) 읽기/쓰기를 시험하는 것
  - 통신 모니터링: 예를 들면, 분산된 시스템에서 들어오는 메시지에 대한 체크를 수행하는 것, 메시지 타임아웃, 메시지 시퀀스 카운터 혹은 체크섬을 체크하는 것
- **탐지된 에러의 에러 처리**: 에러 처리의 일부 예시는 다음과 같다.**[5]**
  - 기능을 종료하기
  - 기능 저하 모드(degraded mode)로 진입하기
  - 사용자에게 상태 알리기
  - 고장난 시스템과 상호작용하는 다른 시스템에 메시지 전달하기
  - 시스템을 리셋하고 이전 상태로 돌아가기
  - (입력 에러가 탐지될 때) 신뢰할 수 있는 다른 데이터를 사용하기
  - 에러가 지속적으로 탐지되는 경우 채널 혹은 시스템을 잠시 중단하거나 폐쇄하기
- **고장 탐지 및 처리**: 이는 시스템이 어떻게 하드웨어 고장에 응답하는지를 다루고 있다(지속적인 혹은 무작위의 응답과 같은).
- **고장 회피**: 여기에는 높은 품질의 부품(더 높은 명세의 평균 무고장 시간을 가진)을 선택하는 것, 전자기 인터페이스와 같은 환경 영향에 대해 보호하는 것, 요구사항에서 일부 감춰진 고장을 식별하는 것 그리고/혹은 취약성을 아키텍처적으로 제거하는 것으로 처리될 수 있다.
- **아키텍처 혹은 설계상의 요구사항**: (예를 들면, 중복성, 비교 체크, 보팅 체계) 이것은

요구사항과 설계 사이의 경계를 다소 모호하게 하긴 하지만 구현 과정에서 고려해야 하는 어떤 것을 식별하는 것이 중요하다. 요구사항에 주석을 다는 것이 설계를 너무 빨리 정의하지 않고 설계 고려사항을 식별하는 일반적인 방법이다.

- **제조 프로세스상 요구사항**: 이들 요구사항은 하드웨어 제조와 생산 프로세스의 핵심 특성을 기록한다.
- **기능 제약**: 알려진 혹은 희망하는 시스템의 제약사항이 요구사항에 명시될 필요가 있다. 예를 들면, 일부 기능은 특정 비행 단계 혹은 사용 범위 안에서만 허용될 수 있다.
- **필수 기능**: 이들 요구사항은 고장으로 인한 필수 기능의 상실을 방지해야 한다.
- **파티셔닝 혹은 보호**: 이는 고장으로부터의 격리 혹은 고장의 억제를 위한 것이다. 또한 파티셔닝 혹은 보호는 더 적은 필수 기능은 더 적은 확인 및 검증의 엄격함이 필요하기 때문에 확인과 검증 작업을 감소시키기 위해 사용될 수도 있다. 파티셔닝과 보호는 Chapter 21에서 논의된다.
- **다양성**: 이는 둘 혹은 그 이상의 아이템에서 공통으로 발생하는 고장을 피하기 위해 사용될 수 있다. 다양성의 예로는 서로 다른 설계, 알고리즘, 도구(예를 들면, 컴파일러) 혹은 기술이 있다.[5]
- **중복성**: 이는 결함 허용을 달성하거나 단일 경로의 고장을 피하기 위해 사용될 수 있다. 중복 컴포넌트로는 다중 프로세서, 센서 등을 포함한다.
- **타이밍관련 요구사항**: 조종석 응답시간, 고장 탐지 및 응답, 전원이 공급되는 시간, 재가동시간 등과 같은 관심사를 기술하는 것이다.
- **순서**: 초기화, 콜드스타트(cold start), 웜스타트(warm start), 그리고 전원 차단 요구사항을 포함한다.
- **모드와 상태 전이**: 비행 단계, 인게이지(engage)와 디스인게이지(disengage)의 결정, 모드 선택 등이 있다.
- **환경 인증 레벨**: 필요로 하는 환경적인 강건함을 반영하기 위한 것이다. 여기서 레벨은 시스템 위험도, 예상되는 설치 환경 그리고 규제 요구사항에 의존한다. RTCA/DO-160[ ][4]은 민간 항공기에 설치되는 장비를 위한 환경 인증 프로세스를 설명한다.
- **시험 지원**: 안전 고려사항이 적절하게 구현되었는지를 보장하기 위해 필요할 수 있다. 예로는 자극 입력, 데이터 기록 혹은 시험 작업을 지원하기 위한 다른 장비의 인터페

4) [ ]는 최신 개정판 혹은 인증기준에 의해서 필요로 하는 개정판을 나타낸다.

이스가 있다.

- **단일 및 다중 이벤트 오동작 방지**: 이는 높은 고도에서 발생하는 방사 효과로부터 항공기 시스템을 보호하기 위해 일부 항공기 프로젝트에 필요하다. 공통된 솔루션의 예로는 지속적인 빌트인 테스트, 에러 수정 코드, 보팅 체계 그리고 경화(hardened) 하드웨어가 있다.
- **신뢰성 및 유지보수 고려사항**: 특히 안전성 분석 가정을 지원하기 위한 것이다. 예를 들면, 고장 및 관련된 데이터 로깅, 초기 자체 진단 시험 그리고 리깅(rigging)이 있다.
- **지연시간 요구사항**: 고장이 잠재하는(숨어있는) 가능성을 감소시키기 위한 것이다. 예로는 고장 식별에 대한 알림과 유지 혹은 빌트인 테스트 주기가 있다.
- **사용자 및 휴먼 인터페이스 요구사항**: 올바른 시스템 사용을 보장하기 위한 것이다. 인적 요인 요구사항을 기술하고 운영 이슈를 최소화하기 위해 광범위한 인증 지침과 표준이 존재한다.
- **유지보수 요구사항 혹은 제약사항**: 올바른 사용과 유지보수를 보장하기 위한 것이다.
- **안전 모니터링 요구사항**: 시스템 아키텍처가 안전 모니터링을 필요로 할 때 고려할 사항이다.
- **보안 고려사항**: 암호화, 구성 및 로딩 체크 그리고 인터페이스 경계와 같은 보호를 포함한다.
- **향후의 확장 및 융통성 요구**: 타이밍 및 메모리 마진, 기술 노후화의 최소화와 같은 것이다.

2.2.5 요구사항에 대한 가정

시스템 요구사항과 설계를 개발할 때 가정이 문서화될 필요가 있다. 가정은 요구사항이 작성되는 시점에는 확실하지 않은 문장, 원칙 혹은 선행조건이다.[1] 가정을 기록하는 수많은 방법이 있다. 일부 흔히 사용되는 방법으로는 ① 요구사항과 함께 주석으로 포함하는 것, ② 요구사항에 연결된 별도의 문서 혹은 데이터베이스를 만드는 것(예를 들면, 별도의 요구사항 모듈 혹은 필드)이다. 요구사항이 확인되면서 그 가정 또한 확인된다. 시간이 지나면서 그 가정은 별도의 카테고리보다는 요구사항 혹은 설계의 일부가 될 수 있다. 예를 들면, 초기에는 어떤 유지기간을 추측하고 그것을 기록한다. 요구사항이 확인되는 동안 그 유지기간은 요구사항으로 기록될 수 있고 따라서 그것은 더 이상 단순한 가정이 아니다.

2.2.6 아이템으로의 할당

일반적으로 시스템 요구사항은 다중 계층의 레벨을 가지고 있다(항공기, 시스템, 서브시스템과 같은). 하위 레벨은 각각의 하위 레벨에 정의되는 더 상세한 것들(결정 상태)로 상위 레벨로부터 분해된다. 시스템 요구사항의 가장 하위 레벨은 구현을 위해서 소프트웨어 혹은 하드웨어로 할당된다. ARP4754A에서는 소프트웨어와 하드웨어를 **아이템**이라고 부른다. 그러면 RTCA DO-178C는 소프트웨어에 그리고 RTCA DO-254(Digital Assurance Guidance for Airborne Electronic Hardware라고 이름 붙여진)는 전자 하드웨어 아이템으로 적용된다.[5)]

2.3 시스템 요구사항 확인 및 검증

요구사항은 개발될 뿐만 아니라 확인되며 그 구현이 검증된다. 이번 섹션은 확인과 검증 모두에 대해서 이야기한다.

2.3.1 요구사항 확인

확인은 요구사항이 정확하고 완전하다는 것을 보장하는 프로세스이다. 그것은 추적, 분석, 시험, 리뷰, 모델링, 그리고/혹은 유사성에 대한 요구를 포함할 수 있다. ARP4754A에 따라 더 높은 DAL(Development Assurance Level)은 더 많은 확인 방법이 적용될 필요가 있다.

5) 현재 DO-254가 적용되지 않는 (예를 들면, 비전자 하드웨어 혹은 간단한 하드웨어와 같은) 하드웨어 아이템에 어떤 지침이 적용되는지는 완전하게 명확하지는 않다. 이러한 모호함의 영역은 DO-254가 DO-254A로 업데이트되는 미래에는 분명해질 것으로 기대된다. 현 시점에서는 ARP4754A, DO-254 혹은 추가적인 인증 당국 지침(예를 들면, FAA Order 8110.105, European Aviation Safety Agency Certification Memo CM-SWCEH-001 혹은 프로젝트에 특화된 Issue Papers)이 모호한 영역을 커버하기 위해 사용된다.

이상적으로는 소프트웨어에 할당된 시스템 요구사항은 소프트웨어팀이 공식적인 구현을 시작하기 전에 확인된다. 그렇지 않으면 그 소프트웨어는 일단 유효한 시스템 요구사항이 식별되면 재설계되거나 혹은 재작성될 필요가 있다. 불행하게도 어떤 시스템 요구사항은 일부 동작하는 소프트웨어가 없이는 확인하기 어려운 경우가 종종 있다. 소프트웨어를 프로토타이핑하는 것은 요구사항 확인을 지원하는 공통된 방법이지만 Chapter 6에서 논의되는 것처럼 프로토타이핑은 조심스럽게 다루어져야 한다. 소프트웨어팀에게 넘겨주기에 앞서 완전하게 확인되어야 하는 시스템 요구사항은 이해관계자들이 그 위험을 관리할 수 있게 분명하게 식별될 필요가 있다.

2.3.2 구현 검증

검증은 시스템이 정의된 대로 구현되었다는 것을 보장하는 프로세스이다. 그것은 주로 요구사항 기반 시험(RBT)이 관여하지만 분석, 리뷰 혹은 조사 그리고 시연 또한 사용될 수 있다. 요구사항 검증에서처럼 ARP4754A는 더 높은 DAL을 가진 기능에 대한 더 많은 검증 방법이 필요하다. 검증은 지속적인 활동이지만 구현에 대한 공식 검증[6]은 하드웨어와 소프트웨어가 개발되고 통합된 이후에 발생한다.

2.3.3 확인 및 검증 권고사항

다음은 시스템 요구사항을 효과적으로 확인하고 검증하기 위한 몇 가지 권고사항들이다.

권고사항 1 : 확인 및 검증 계획을 개발하라.[7] 확인 및 검증 계획은 사용될 프로세스, 표준, 환경 등을 설명한다. 계획은 역할과 책임(누가 무엇을 할 것인지), 이벤트의 순서(언제 그것이 수행될지) 그리고 프로세스와 표준(그것이 어떻게 달성될 것인지)을 설명해야 한다. 계획은 또한 ARP4754A에 의해서 지정된 내용을 포함해야 하며 확인과 검증을 수행할 엔지니어에 의해서 이해할 수 있고 실현할 수 있어야 한다.

---

6) 공식 검증은 인증 신뢰를 위해 사용된다.
7) 확인 및 검증 계획은 분리된 계획이 될 수 있다.

권고사항 2 : 모든 확인 및 검증팀 멤버들을 훈련하라. 확인과 검증 활동의 수행에 책임이 있는 모든 엔지니어들은 계획, 표준, 프로세스, 기법, 기대치 등을 기반으로 훈련되어야 한다. 대부분의 엔지니어들은 의도적으로 실패하지 않는다. 많은 경우에 그들의 부족한 점은 이해의 부족 때문이다. 훈련은 어떤 태스크가 왜 중요하고 그것이 어떻게 효과적으로 완수되는지를 확인 및 검증 엔지니어들이 이해할 수 있게 돕는다.

권고사항 3 : 적절한 방법을 적용하라. 확인 방법은 요구사항의 정확도와 완전함에 포커스를 맞추고 추적성, 분석, 시험, 리뷰, 모델링 그리고 유사성을 포함한다.[1] 검증 방법은 주어진 일련의 요구사항을 만족하기 위한 구현의 정확도에 포커스를 맞춘다. 검증 방법은 리뷰 혹은 조사, 분석, 시험, 시연 그리고 서비스 경험을 포함한다.[1] 시험이 선택된 방법이 아닌 영역에 대해서는 이유가 제시되어야 한다.

권고사항 4 : 팀에 의해서 사용될 체크리스트를 개발하라. 확인 및 검증 체크리스트는 엔지니어들이 의도치 않게 무언가를 잊어버리지 않도록 보장하는 것을 돕는다. 체크리스트는 생각할 필요성을 대체하는 것이 아니라 기억을 되살려주는 역할을 한다. 완료된 체크리스트는 또한 확인과 검증 작업이 수행되었다는 것에 대한 객관적인 증거를 제공한다.

권고사항 5 : 시스템 및 요구사항을 시험가능하게 설계하라. 시험가능성은 안전 필수 시스템의 중요한 특성이며 요구사항 캡처 및 설계과정에서 고려되어야 한다. 개발 및 시험 중 에러를 검출할 수 있는 시험 조항을 구현하는 것이 대표적인 예일 수 있다(예를 들면, 버스 배블러 탐지기(bus babbler detector), 파티션 위반 모니터, 슬랙 체커(slack checker), 런타임 모니터, 경계 체크, 설정 체크, 빌트인 테스트, 예외 로그, 모니터 등).

권고사항 6 : 하나의 통합된, 교차 기능 시험 철학을 개발하고 구현하라. 소프트웨어 엔지니어를 포함해서 적절한 시점에 적절한 사람들이 포함되도록 하기 위해 필요로 하는 가능한 한 많은 분야들을 포함하라.

권고사항 7 : 일찍 그리고 자주 시험을 개발하고 실행하라. 적극적인 시험 개발과 실행은 중요하다. 이른 시점의 시험 작업은 요구사항 확인과 구현 검증 모두를 지원한다. 요구사항을 작성할 때 작성자는 시험이 어떻게 수행될지를 생각해야 한다. 다음과 같은 몇 가지 실행이 도움을 준다 : ① 요구사항 리뷰와 결정에 테스터를 참여시키는 것, ② 가능한 한 빨리 운영 시스템 시험소를 만드는 것.

권고사항 8 : 테스트 랩과 테스트 스테이션을 일찍 계획하라. 시험 시설은 사용할 다양한 분야들(예를 들면, 소프트웨어, 시스템, 비행 시험, 하드웨어팀)을 위해 가능한 한 일찍 사용할 수 있어야 한다. 계획 단계 동안에 적당한 시험 설비(숫자와 용량)를 보장하도록 사용자수와 시험 일정이 고려되어야 한다. 고객은 어떤 특별한 필요 혹은 기대가 있을 수 있기 때문에 계획 프로세스에 그들 또한 포함되는 것이 추천된다.

권고사항 9 : 효과적인 기능 혹은 수락 시험을 개발하고 pass/fail 기준을 분명하게 식별하라. 많은 엔지니어들이 시스템 개발 전반에 걸쳐서 테스트 스테이션과 시험을 사용할 필요가 있을 것이기 때문에 시험 환경을 효과적으로, 반복가능하게 그리고 분명하게 만드는 데 시간을 보내는 것이 중요하다. 가능한 한 자동화를 많이 하는 것이 이상적이지만 적어도 몇 가지 시험은 효율적인 비용으로 자동화할 수 없는 것이 일반적이다.

권고사항 10 : 시뮬레이션된 입력을 위한 정확한 모델을 갖춘 통합 시험실을 개발하라. 통합 설비의 완성도가 더 높아질수록 팀이 항공기 혹은 고객의 설비에 의지하는 것이 줄어든다. 시뮬레이션된 입력이 현실적일수록 더 좋다. 목표는 항공기 혹은 고객의 설비에서 문제점을 해결할 필요성을 피하기 위해 가능한 한 많은 문제점을 시험실에서 해결하는 것이다.

권고사항 11 : 확인 및 검증 매트릭스를 사용하라. 매트릭스는 모든 요구사항이 확인되고 검증되는 것을 보장하고 확인과 검증 작업의 완료를 추적하기 위한 간단한 방법이다.

권고사항 12 : 강건성 시험을 수행하라. 강건성 시험은 예기치 않은 혹은 잘못된 입력을 받았을 때 혹은 이벤트가 비정상적인 조합 혹은 순서로 발생했을 때 시스템이 예상대로 응답하는 것을 보장한다. 강건성 시험은 때때로 시스템 레벨에서 과소평가되고 충분히 이용되지 않는다. 효과적으로 수행되었을 때 강건성 시험은 시스템과 그 기저에 있는 소프트웨어를 고객에게 도달하기 전에 성숙하게 만들 수 있다. 높은 수준의 시스템(DAL A 그리고 B)에 대해서 ARP4754A는 의도되지 않은 기능이 검증과정에서 고려될 것을 요구한다. 강건성 시험은 이벤트가 예상대로 발생하지 않을 때조차도 시스템이 올바르게 수행할 것이라는 확신을 제공한다.

권고사항 13 : 확인 및 검증 노력을 평가하라. 확인과 검증 모두 안전과 인증을 위해서 중요하다. 그것들은 단지 마스터 플랜상의 체크 표시나 마일스톤이 아니다. 안전은 확인과 검증이 얼마나 잘 수행되느냐에 달려있다.

권고사항 14 : 안전에 대한 집중을 유지하라. 팀은 안전과 관련된 요구사항에 대해 정통해야 하며 지나칠 정도로 많은 시간을 안전과 관련된 요구사항을 확인하고 검증하는 작업에 투자해야 한다. 팀은 또한 다른 시험을 할 때 의도되지 않은 안전에 대한 타협의 징후를 인식해야 한다. 예를 들면, 테스터는 과도한 값, 모니터 플래그, 예외 혹은 리셋을 무시해서는 안 된다.

권고사항 15 : 이슈가 발생하는 대로 표시를 하라. 이슈는 좀처럼 스스로 사라지지 않으며 시간이 갈수록 더 나빠지는 경우가 많다. 이슈가 발견되면 무시하거나 숨기지 않아야 한다. 대신 주목하고 평가해야 한다. 일단 유효한 이슈로 확인되면 향후의 조사와 해결을 위해 기록해야 한다. 일반적으로 이슈 로그(베이스라인되기 전)와 문제점 리포트(베이스라인된 후)가 사용된다. 베이스라인에 앞서 수정되지 않은 이슈 로그 내의 이슈들은 나중에 못 보고 넘어가지 않도록 문제점 리포트 시스템으로 전달해야 한다.

권고사항 16 : 다른 영역에서의 스케줄 문제를 보완하기 위해 시스템 시험을 희생하지 마라. 검증이 전체 스케줄에서 마지막 단계이고 다른 곳에서 제대로 안 된 부분을 보완하도록 지속적인 압력에 놓인다는 사실은 슬픈 일이다. 이것은 문제점을 늦게 발견하도록 할 수 있는데, 이는 수정하기에 비용이 많이 들고 고객과의 관계에 심각한 스트레스를 줄 수 있다.

권고사항 17 : 소프트웨어 및 하드웨어팀과 협력하라. 시스템, 소프트웨어 그리고 하드웨어 시험 간의 협력은 문제점을 일찍 발견하게 만들고(예를 들면, 소프트웨어 에러가 시스템에도 영향을 준다는 것을 발견할 수 있다) 리소스의 최적화된 사용으로 이끌 수 있다(예를 들면, 일부 시스템 시험이 소프트웨어 요구사항을 시험할 수도 있고 그 반대도 될 수 있다).

권고사항 18 : 의미 있는 측정 지표를 모아라. 측정 지표는 효율성, 강점, 약점, 스케줄 등을 추적하기 위해 사용될 수 있다. 올바른 측정 지표를 모으는 것은 확인과 검증 작업을 효과적으로 관리하기 위해 중요하다. 확인과 검증이 프로젝트 예산의 반을 소모할 수 있고 인증에 중요하기 때문에 잘 관리될 필요가 있다. 측정 지표는 잘 진행되고 있는 곳과 추가적인 주의가 필요한 곳을 나타내줌으로써 도움을 줄 수 있다.

2.4 시스템 엔지니어를 위한 모범 사례

Chapter 1은 안전한 시스템을 만들기 위해 자질을 갖춘 엔지니어들이 필수적이라는 점을 지적한다. 엔지니어들은 시스템의 뒤에 있는 지휘자이다. 그들이 없다면 시스템은 만들어질 수 없을 것이다. 아래는 그들의 재능과 기술을 가장 잘 사용하도록 하기 위해서 구현을 담당할 시스템 엔지니어링팀을 위한 몇 가지 제안 사례들이다.

모범 사례 1 : 계획을 먼저 세우고 그것을 기록하라. 작성된 계획은 성공적인 인증을 위해 필수적이다. 프로젝트 관리, 안전, 개발, 확인 및 검증, 인증 등에 대한 계획을 개발하라. 계획은 그것을 사용하는 사람들에게 실질적이고 현실적이며 가시적이어야 한다.

모범 사례 2 : 변경을 계획하라. 시스템 개발과 구현의 모든 레벨에 대한 효과적인 변경 프로세스를 개발하라. 변경 프로세스는 계획에 분명하게 설명되어야 하며 시스템 레벨 변경 영향 분석 프로세스를 포함해야 한다.

모범 사례 3 : 안전에 집중하는 문화를 만들어라. 안전과 그 안에서의 역할에 대해서 팀을 교육하라. 안전은 조직 프로세스 그리고 팀 및 경영진 성과 리뷰의 일부로 내재되어야 한다. 추가적으로 안전에 대한 포스터를 붙이고 안전의식을 고취하기 위해 특별한 연사를 초청하여 엔지니어들에게 그들 가족의 안전이 그들의 행동에 달려있다는 것을 상기시키는 것이 도움이 될 수 있다. 안전은 기업의 모든 레벨에서 모든 결정과 행위에 영향을 미쳐야 한다.

모범 사례 4 : 모범 사례를 기록하라. 몇 년간의 경험을 바탕으로 추천되는 사례를 포착하고 실질적인 예시로 그것들을 강화하는 것은 대단한 가치가 있다. 일단 문서화가 되면 모든 새로운 엔지니어들 혹은 팀 멤버들은 모범 사례들을 강제적으로 읽어야 한다. 많은 경우에 그러한 모범 사례들은 회사의 표준과 프로세스를 발전시킨다.

모범 사례 5 : 최고 수준의, 전사적인 설계 철학을 개발하라. fail-safe 접근법, 유지보수 경계, 메시지 방법(알림, 경고, 경향, 발생과 같은) 등과 같은 구조적 레벨의 사례들이 문서화되어야 한다. 일단 문서화되면 팀은 그들의 일상적인 결정이 회사가 선호하는 것과 일치하도록 훈련되어야 한다.

모범 사례 6: 시스템 아키텍처가 항공기 및 시스템 위험 평가로부터 알려진 위험을 해결하는지 확인하라. 종종 안전에 대한 기대치, 인증 요구사항 그리고 고객의 필요를 가장 잘 충족하는 아키텍처를 결정하기 위해 다수의 아키텍처가 제안되고 평가된다.

모범 사례 7: 시스템 아키텍처 개발에서 기능적인 분리를 일찍 시작하라. 가능한 한 일찍 아키텍처를 논리적인 그룹으로 구성하고 계획, 위험 평가, 요구사항, 표준, 프로그램 추적 등을 적용하기 위해 그것을 사용하라.

모범 사례 8: 안전성 평가를 일찍 수행하라. 안전성 평가는 시스템 아키텍처의 실행가능성을 결정한다. 초기 단계에서는 완전한 PSSA(Preliminary System Safety Assessment)가 될 필요는 없다. 대신 그 개념을 확인하기 위해 사용된다.

모범 사례 9: 명백한 안전 요구사항을 캡처하라. 안전 요구사항은 소프트웨어 및 하드웨어팀으로 전달될 수 있도록 문서화될 필요가 있다. 일반적으로 안전 요구사항은 shall(강제적인 특성을 보이기 위해)과 안전 속성으로 식별된다.

모범 사례 10: 요구사항에 대한 이유를 설명하라. 각각의 요구사항이 어디에서 왔고 다른 요구사항, 표준, 지침 등과 어떻게 관련되어 있는지를 설명하는 것이 도움이 된다.

모범 사례 11: 파생 요구사항에 대한 모든 가정과 정당성을 문서화하라. 요구사항이 작성되면서 가정과 정당성이 문서화되어야 한다. 나중에는 그런 생각 과정이 잊힐 수 있으므로 그것을 미루지 마라.

모범 사례 12: 개념을 뒷받침하는 증거 혹은 프로토타입을 개발하라. 개념을 뒷받침하는 증거 혹은 프로토타입은 요구사항과 설계를 성숙하게 하는 것을 도와준다. 하지만 팀은 프로토타입을 기꺼이 내던져버릴 수 있어야 한다. 프로토타입은 결과로 가기 위한 방법이지 결과가 아니다. 인증 표준을 만족하기 위해 프로토타입을 업그레이드하려고 노력하는 것은 일반적으로 다시 시작하는 것보다 시간이 더 소요된다. 프로토타입에 대해서는 Chapter 6에서 좀 더 논의된다.

모범 사례 13: 요구사항 개발 프로세스에 하드웨어 및 소프트웨어 엔지니어를 포함하라. 하드웨어 및 소프트웨어 엔지니어들이 좀 더 일찍 시스템을 이해할수록 그들의 설계 결정은 좀 더 많은 정보에 근거하게 될 것이고 그들은 시스템을 좀 더 빠르고 효과적으로 구현할 수 있다.

모범 사례 14 : 요구사항이 확인되기 전까지는 그것이 맞다고 가정하지 마라. 확인되기 전까지는 오픈 마인드를 유지하면서 요구사항을 최적화하고 개선할 방법을 찾는 것이 최선이다. 일부 마케팅 주장에도 불구하고 고객이 항상 맞는 것은 아니다. 만약 무언가가 맞지 않거나 분명하지 않다면 고객에게 그것을 일찍 제기하라.

모범 사례 15 : 가능한 한 일찍 요구사항을 확인하라. 요구사항 확인은 지속적으로 행해지는 프로세스이다. 그러나 올바른 경험을 가진 올바른 엔지니어들을 사용해서 그것을 일찍 시작하는 것이 중요하다. Section 2.3.3은 확인 작업에 대한 더 많은 제안을 제시한다.

모범 사례 16 : 이른 그리고 빈번한 평가를 편성하라. 고객, 인적 요인을 담당하는 인력, 조종사, 정비 담당, 시스템 및 항공기 통합 담당자, 인증 당국 등에 의한 이른 평가는 모든 이해관계자들의 기대를 만족시키는 데 도움을 준다.

모범 사례 17 : 입력에 기반해서 요구사항을 업데이트하라. 요구사항을 개선하고 성숙하게 하기 위해 하드웨어, 소프트웨어, 안전 엔지니어 그리고 다른 이해관계자들로부터의 입력을 사용하라.

모범 사례 18 : 동료에 의한 이른 그리고 지속적인 비공식 리뷰를 고수하라. 동료 검토는 이슈를 일찍 발견하고 팀 멤버들 간에 일관성을 보장하는 것을 돕는다.

모범 사례 19 : 요구사항 관리 도구를 사용하라. 요구사항은 안전하고 성공적인 구현에 필수이기 때문에 잘 관리하는 것이 중요하다. 요구사항 관리 도구는 시스템 요구사항의 더 빠르고 더 높은 품질 구현을 가능하게 함으로써 요구사항을 효과적으로 관리하도록 도울 수 있다. 일부 제조사들은 그들의 요구사항을 수용하기 위해 워드/텍스트 문서를 사용한다. 하지만 조심스럽게 다루지 않으면 그런 접근은 유일하게 혹은 분명하게 식별되지 않는 요구사항으로 이끌 수 있고, 요구사항으로 혹은 요구사항으로부터 추적하는 데 어려움이 발생할 수 있다. 이것은 소프트웨어 그리고 하드웨어 개발자들이 해석을 하고 가정을 하도록 강요할 수 있다. 때때로 해석과 가정이 맞기도 하지만 틀리는 경우가 너무도 잦다. 적절하게 사용된다면 요구사항 관리 도구는 이러한 어려움의 일부를 피하도록 도울 수 있다. 하지만 요구사항이 도구에서 도출될 때 요구사항의 전체적인 문맥과 관계를 놓치지 않도록 조심해야 한다.

모범 사례 20 : 시스템 요구사항과 설계에 대한 전사적인 표준과 템플릿을 문서화하고 강제하라.

요구사항 표준과 템플릿은 이 챕터의 앞에서 논의되었던 품질을 촉진시켜야 한다. 설계 표준과 템플릿은 설계 이유, 제약, 할당, 한계, 안전 경로, 초기화, 모드 및 컨트롤, 마진, 모델링 표준 등과 같은 종류의 주제들을 설명해야 한다.

모범 사례 21 : 그래픽 표현을 적절하게 사용하라. 그래픽(예를 들면, 사용자 인터페이스, 디스플레이 그래픽 그리고 컨트롤 시스템 모델)은 콘셉트을 효과적으로 커뮤니케이션하는 것을 돕는다. 하지만 적절한 텍스트가 지원되어야 한다.

모범 사례 22 : 공식 리뷰를 수행하라. 공식 리뷰는 시스템 개발 전반에 걸쳐서 핵심 전이점으로 수행된다. Chapter 6은 동료 검토 프로세스를 논의한다.

모범 사례 23 : 시스템팀(들)을 훈련시켜라. 시스템 엔지니어에 대한 지속적인 훈련이 중요하다. 추천되는 훈련 주제들에는 요구사항 작성, 회사 표준, 도메인 또는 컨텍스트(예를 들면, 항공기 설계 혹은 항공전자), 아키텍처, 안전 특성, 안전 기법, 안전 철학 그리고 모범 사례를 포함한다. 훈련은 구체적인 예시를 포함해야 한다.

2.5 시스템에 대한 소프트웨어의 관계

소프트웨어는 시스템 구현의 일부이다. 시스템 아키텍처와 요구사항은 소프트웨어 개발을 견인한다. 따라서 시스템, 소프트웨어, 안전 그리고 하드웨어 엔지니어들이 커뮤니케이션하는 것이 중요하다. 개발 프로세스 전반에 걸쳐서 더 일찍 그리고 더 자주 커뮤니케이션이 이루어지면 문제점이 더 적게 나타날 것이다. 시스템, 안전, 소프트웨어 그리고 하드웨어 리더는 프로젝트 전반에 걸쳐서 밀접한 업무관계를 만들어야 한다. 나는 네 분야의 팀을 의자의 네 다리로 비유하는 것을 좋아한다. 다리 중 하나가 없으면 의자는 사용하기가 극도로 어렵게 된다. 다리 두 개가 없으면 그것은 쓸모가 없다. 네 분야 간의 커뮤니케이션 실패는 어쩌면 시스템 요구사항의 잘못된 해석과 구현, 의존성 누락, 부족한 시험 그리고 시간과 돈의 낭비를 불러오는 불필요한 어려움으로 이끌게 된다. 최근에 안전 필수 항공전자 애플리케이션에 대한 시험 데이터를 평가하면서 우리 팀은 소프트웨어 요구사항 일부가 시험되지 않았다는 것을 알게 되었다. 소프트웨어 시험 리더는 시스템 시험팀이 그 요구사항들을 시험하고 있었다고 말했다. 우리가 시스템 시험 리더를 접촉했을 때 그는 다음과 같이 말했다. "우리는 그것들을 시험하지 않습니다. 왜냐하면 소프트웨어 담당자들이 하거든요." 시험 모형에 대한 커뮤니케이션과 공유의 실패는 시스템 시험의 일부를 아무도 시험하지 않는 상황으로 이끌었다. 이런 문제를 피하기 위해 필요했던 전부는 간단한 커뮤니케이션이었다.

아래는 시스템, 안전, 소프트웨어 그리고 하드웨어팀 간의 통합된 관계를 촉진하기 위한 몇 가지 제안들이다.

- 팀을 같은 장소에 배치하라.
- 각 부서의 핵심 이해관계자를 포함하는 핵심 그룹을 개발하라. 이 그룹은 리더십을 제공하고, 핵심 결정을 내리며, 일관성을 유지하고, 변경을 평가하거나 승인하는 등의 일을 하게 된다.
- 전체 설계 철학을 식별하고 문서화하기 위해 하나의 핵심 그룹으로써 함께 작업하라. 그런 다음 그 철학을 전체팀과 공유하라.
- 부서 간에 이관과 전달을 조정하라(즉, 데이터가 다음 팀이 사용하기에 충분히 성숙하다는 것을 보장하라).
- 이슈를 식별하고, 신속 처리하며 해결하기 위한 개방적이고 반발이 없는 환경을 장려하라.
- 필요할 때 고객과 인증 당국을 포함하는 것을 두려워하지 마라. 불확실한 이슈에 대해서 설명을 얻는 것은 잘못된 결정을 막을 수 있다.
- 팀의 역동성을 증진시키기 위해 과외 활동을 장려하라(점심, 저녁, 파티, 작업장 이외의 모임, 스포츠 이벤트, 등을 함께 가기).
- 자주 그리고 프로그램 전반에 걸쳐서 교훈을 공유하라.
- 핵심 부서 영역에서 팀 간의 교차 훈련을 장려하라(예를 들면, 주간 혹은 월간 프레젠테이션 배치).
- 모든 사람들이 안전 요소와 친숙해지도록 안전 대표자가 시스템 안전성 평가 결과에 대한 훈련을 제공하게 하라.
- 점점 더 늘어나는 그리고 반복적인 모델링 기법을 사용하라. 이것은 시스템을 강화하고 빈번한 협조를 촉진하는 것을 돕는다.
- 팀이 제품에 안전과 품질을 구축하도록 권장하라. 다시 생각해서 그것들을 더하는 것

은 불가능에 가깝다.

- 팀이 서로 고려하고 지원하도록 권장하는 측정 지표를 추적하라(이것은 단지 하드웨어 혹은 소프트웨어의 완료가 아닌 소프트웨어 기능이 하드웨어상에 성공적으로 통합된 것을 측정하는 것을 포함할 수 있다).

참고문헌

[1] SAE ARP4754A, *Guidance for Development of Civil Aircraft and Systems* (Warrendale, PA: SAE Aerospace, December 2010).

[2] ISO/IEC 15288, *Systems and Software Engineering–System Life Cycle Processes*, 2nd edn. (Geneva, Switzerland: International Standard, February 2008).

[3] ISO/IEC 12207, *Systems and Software Engineering–Software Life Cycle Processes*, 2nd edn. (Geneva, Switzerland: International Standard, February 2008).

[4] SAE ARP4754, *Certification Considerations for Highly-Integrated or Complex Aircraft Systems* (Warrendale, PA: SAE Aerospace, November 1996).

[5] Electronic Architecture and System Engineering for Integrated Safety System (EASIS) Consortium, *Guidelines for Establishing Dependability Requirements and Performing Hazard Analysis*, Deliverable D3.2 Part 1 (Version 2.0, November 2006).

Chapter 3

시스템 안전성 평가 맥락에서의 소프트웨어

약어

ASA	aircraft safety assessment
CCA	common cause analysis
CMA	common mode analysis
CNS/ATM	communication, navigation, surveillance, and air traffic management
FDAL	functional development assurance level
FHA	functional hazard assessment
HIRF	high intensity radiated fields
IDAL	item development assurance level
PASA	preliminary aircraft safety assessment
PRA	particular risk analysis
PSSA	preliminary system safety assessment
SFHA	system functional hazard assessment
SSA	system safety assessment
ZSA	zonal safety analysis

3.1 항공기와 시스템 안전성 평가 프로세스의 개요

Chapter 2에서 논의된 것처럼 안전은 항공기와 시스템 개발이 병행해서 평가된다. 이 챕터는 소프트웨어가 시스템 및 안전성 프레임워크로 어떻게 부합하는지에 대한 설명뿐만 아니라 민간 항공기 안전성 평가 프로세스의 개요를 제공한다. [그림 3-1]은 시스템과 안전성 개발의 반복적인 특성을 보여준다. 시스템이 개발되면서 안전성 측면이 설계에 의해서 식별되고 기술된다. Guidelines and Methods for Conducting the Safety Assessment Process on Civil Airborne Systems and Equipment라는 타이틀을 가진 SAE의 ARP4761은

그림 3-1 | 시스템 및 안전성 평가 프로세스의 개요

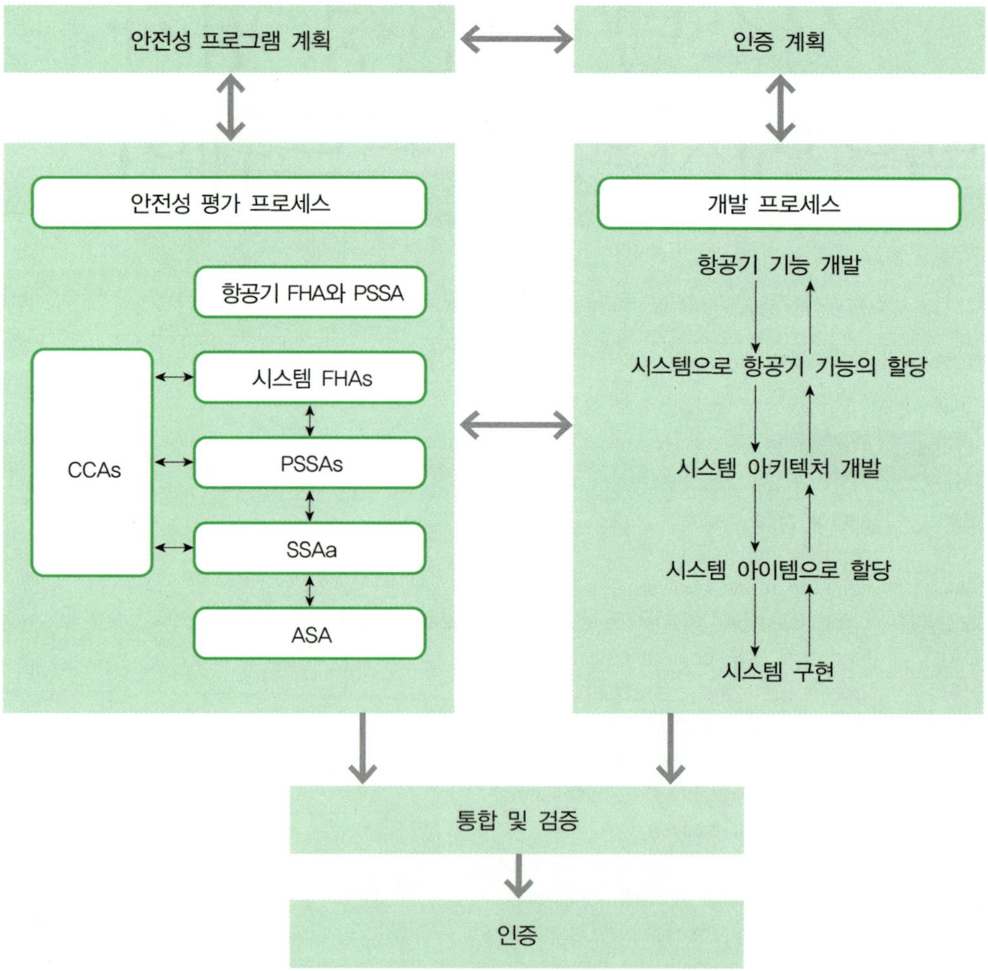

민간 항공기에 대한 기대치에 대해서 상세하게 설명하고 있다.1) 다른 영역은 다른 접근법을 사용한다(예를 들면, Military-Standard-882, 시스템 안전에 대한 U.S. Department of Defense 표준). 이제 ARP4761 안전성 평가 프로세스의 주요 항목들이 설명될 것이다.

3.1.1 안전성 프로그램 계획

안전성 프로그램 계획 개발은 일반적으로 항공기 안전의 전체적인 평가에서 수행되는 첫 번째 태스크이다. 그 계획은 항공기 안전이 어떻게 보장될지, 안전과 관련된 요구사항이 어떻게 식별될지, 어떤 안전 표준이 적용될지, 어떤 데이터가 만들어질지, 어떤 방법이 이용될지, 누가 태스크, 핵심 마일스톤을 수행할지, 정확성과 완전성을 보장하기 위해 다양한 태스크들이 어떻게 조율될지를 식별한다. ARP4754A 부록 B는 샘플 안전성 프로그램 계획을 제공하는데, 그것은 항공기별 안전성 계획을 시작하기 위한 하나의 템플릿으로 사용될 수 있다. 만약 그것이 사용된다면, ARP4754A 부록 B 예시는 특정 프로젝트에 참여하는 이해관계자들의 특정 요구와 조직 구조에 부합하도록 맞추어질 필요가 있을 것이다.[1] ARP4761은 예시 및 샘플 체크리스트와 함께 안전성 프로그램 계획에서 식별되는 분석을 수행하기 위한 특정 기법들을 제공한다. 항공기 레벨 안전성 프로그램 계획과 더불어 많은 시스템들 또한 그들 개별 시스템 혹은 제품을 위한 시스템 레벨 안전성 계획을 가질 것이다. 이러한 더 낮은 레벨의 안전성 계획들은 항공기 레벨 안전성 프로그램 계획으로부터 참조될 수 있다. 안전성 프로그램 계획 혹은 항공기 레벨 인증 계획 어느 것이든 일반적으로 다양한 항공기 레벨 계획 및 데이터와 시스템 레벨 계획 및 데이터 간의 관계를 보여준다.

3.1.2 Functional Hazard Assessment

FHA(Functional Hazard Assessment)는 일단 기본적인 항공기 기능과 개념 설계가 문서화되면 개발된다. FHA는 항공기 기능 및 기능들의 조합과 관련된 고장 상태를 식별하고 분류한다. 항공기에 대한 고장 상태의 영향은 항공기에 대한 안전 요구사항과 목표를 제정하는 규정 및 지원 지침과 비교하여 평가된다. 항공 세계에서 요구되는 안전 목표는 항공기

1) 현재는 ARP4761이 업데이트되고 있다. 일단 그것이 사용가능하게 되면 ARP4761A가 ARP4761을 대신해서 사용되어야 한다.

표 3-1 고장 상태 엄격성, 가능성, 레벨

엄격성 분류	잠재적인 고장 상태 영향	발생가능성	비행시간당 발생 (Part 25)	보증 레벨
대재앙의 (Catastrophic)	일반적으로 항공기의 상실과 함께 다수의 사망자가 나올 수 있는 고장 상태	극도로 불가능한	1E-9	A
위험한/엄중한 (Hazardous/ Severe major)	항공기의 능력 혹은 부정적인 운용 조건에 대처하기 위한 승무원의 능력을 다음의 정도까지 감소시킬 수 있는 고장 상태 • 안전 허용 범위 혹은 기능적인 능력에서의 대규모의 감소 • 승무원이 그들의 작업을 정확하게 혹은 완전하게 수행할 것을 기대할 수 없을 정도로 물리적 고통 혹은 과도한 작업 부하 • 승무원 이외에 상대적으로 적은 숫자의 승객의 중상 혹은 치명적인 부상	극도로 희박한	1E-7	B
중대한 (Major)	안전성 마진 혹은 기능적인 능력에서의 중대한 감소, 승무원의 작업 부하 혹은 승무원의 능률을 저하시키는 조건의 급격한 증가, 항공기 승무원을 불쾌하게 하는 것 혹은 어쩌면 부상을 포함해서 승객 혹은 객실 승무원에게 물리적인 고통이 있을 정도까지 부정적인 운용 조건에 대처하기 위한 항공기의 능력 혹은 승무원의 능력을 감소시킬 수 있는 고장 상태	희박한	1E-5	C
경미한 (Minor)	항공기의 안전을 심각하게 감소시키지 않고 승무원의 행위가 그들의 능력 안에 잘 있도록 하는 고장 상태. 사소한 고장 상태는 안전성 마진 혹은 기능적인 능력에서의 약간의 감소, 일상적인 비행 계획의 변경과 같은 승무원의 작업 부하에 대한 약간의 증가 혹은 승객 혹은 객실 승무원에게 약간의 물리적인 불편을 포함할 수 있음	비교적 있을 수 있는	1E-3	D
영향이 없는 (No safety effect)	안전에 아무런 영향이 없는 고장 상태. 예를 들면, 항공기의 운용 능력에 영향을 주지 않거나 승무원의 작업 부하를 증가시키지 않을 고장 상태	있을 수 있는	1.0	E

유형에 따라서 달라진다(예를 들면, 수송 분류 항공기[Part 25], 소형 항공기[Part 23], 소형 헬기[Part 27], 수송 분류 헬기[Part 29], 엔진[Part 33] 혹은 프로펠러[Part 35]).2) 대형 수송 분류 항공기는 인간의 생명에 대한 전반적인 위험 때문에 가장 엄격한 요구사항을 가지는 경향이 있다. 소형 항공기는 항공기의 크기와 운항 영역에 따라서 다소 완화된다. 〈표 3-1〉은 대형 수송 분류 항공기에 대한 고장 상태 영향과 함께 엄격함의 분류와 요구되는 확률을 보여준다3)(보증 레벨 또한 표시되며 Section 3.2에서 논의할 것이다).

다른 항공기 유형, 엔진 그리고 프로펠러는 유사한 분류를 가진다. 하지만 Part 23 항공기에 대한 확률 레벨은 더 낮을 수 있다. FHA는 항공기를 개발하는 동안 식별되는 추가적인 항공기 기능과 고장 상태에 따라서 업데이트되는 살아있는 문서이다. 최종 FHA는 기능, 고장 상태, 각각의 기능에 대한 운영 단계, 기능 고장의 영향, 고장의 분류 그리고 검증 방법을 식별한다.

FHA를 개발하는 것은 매우 힘든 과정이다. 그것은 전체 항공기에 대해서 다음과 같은 작업을 포함한다: ① 고장이 발생할 수 있는 가능한 시나리오를 분석, ② 고장이 발생한 경우에 대한 결과를 평가, ③ 변경이 필요한지를 결정. 또한 과거 프로젝트, 사고, 비행 경험으로부터의 입력을 사용하고, 경험 있는 엔지니어, 조종사, 인적 요인 전문가, 안전 인력, 조정 당국 등이 참여한다. 사람들은 일반적으로는 단일 위험의 결과를 이해하는 데는 능숙하지만 FHA를 특별히 어렵게 만드는 것은 복합적이면서도 실질적인 고장이다. 각각의 항공기는 고유한 특성을 가지고 있지만 유사한 플랫폼의 역사적인 증거(예를 들면, 사건 및 사고)가 역할을 한다.

3.1.3 System Functional Hazard Assessment

SFHA(System Functional Hazard Assessment)는 항공기상의 시스템 각각에 대한 더 상세한 부분을 다룬다는 것을 제외하면 FHA와 유사하다.4) 고장 조건과 고장 조건의 조합을 식별하고 분류하기 위해 시스템 아키텍처를 분석한다. 이것은 FHA와 전체 항공기 혹은 시스템 설계의 업데이트를 가져올 수 있다.

2) 각각의 Part는 미국 Code of Federal Regulations의 Title 14로부터 왔다.
3) 미국 Code of Federal Regulations의 Title 14, Part 25에서 다루어지고 있다.
4) 일반적으로 항공기상의 각각의 시스템에 대한 SFHA가 있다.

3.1.4 Preliminary Aircraft Safety Assessment

PASA(Preliminary Aircraft Safety Assessment)는 "고장이 어떻게 FHA에 의해서 식별된 고장 상태를 일으킬 수 있는지를 결정하기 위해 제안된 아키텍처(들)의 조직적인 조사이다."[1] PASA는 가장 높은 레벨의 예비 안전 분석이고 항공기 FHA로부터 개발된다. PASA는 일반적으로 항공기 제조사에 의해서 수행되며 시스템의 조합과 그들 간의 인터페이스를 고려한다. PASA의 입력으로는 항공기 레벨 및 시스템 레벨 FHA, 예비 CCA(Common Cause Analyses) 그리고 제안된 시스템 아키텍처와 인터페이스를 포함한다. PASA는 FHA와 SFHA로의 업데이트를 식별할 수도 있고 일반적으로는 더 낮은 레벨의 안전 요구사항을 생성할 것이다.

3.1.5 Preliminary System Safety Assessment

PSSA(Preliminary System Safety Assessment)는 PASA처럼 고장이 어떻게 FHA와 SFHA에서 식별된 기능적인 위험을 가져올 수 있는지를 하향식으로 조사하는 것이다. PASA가 항공기 아키텍처와 시스템 통합에 초점을 맞추는 반면에 PSSA는 특정 시스템, 서브시스템 혹은 제품의 제안된 아키텍처에 초점을 맞춘다. 각각의 주요 항공기 시스템은 PSSA를 가질 것이다. 다양한 서브시스템을 가진 시스템에 대해서는 다양한 계층적 레벨의 PSSA를 가질 수 있다.

PSSA는 일반적으로 시스템 개발자들이 수행하고 항공기상의 각각의 시스템에 대해 상세히 설명한다. 항공기 시스템이 만들어지면서 PSSA는 PASA에 피드백을 제공한다.

PASA와 PSSA 프로세스는 추가적인 보호 혹은 아키텍처상의 완화(예를 들면, 모니터링, 파티셔닝, 중복 혹은 빌트인 테스트)를 유도할 수 있다. PASA와 PSSA 출력은 FHA와 SFHA, 시스템 아키텍처 그리고 시스템 요구사항으로의 피드백 혹은 입력으로써의 역할을 한다. 또한 PASA와 PSSA는 소프트웨어 및 하드웨어 요구사항에 영향을 준다.

전반적으로 PASA와 PSSA는 제안된 설계가 규정 그리고 FHA 및 SFHA의 안전 요구사항을 만족할지를 보이기 위한 의도이다. PASA와 PSSA는 만들어진 최종 ASA(Aircraft Safety Assessment)와 SSA(System Safety Assessment)로의 입력으로써의 역할을 한다. PASA와

PSSA는 일반적으로 시스템(FDAL : Functional Development Assurance Level)과 소프트웨어 및 전자 하드웨어(IDAL : Item Development Assurance Level)에 대한 개발 보증 레벨을 제공한다.

3.1.6 Common Cause Analysis

CCA(Common Cause Analysis)는 시스템 아키텍처와 항공기 설계를 평가하며 공통 원인의 이벤트에 대한 민감도를 결정한다. 이를 통해 ① 필요한 곳에 독립성이 달성되고 ② 요구되는 안전성 레벨을 지원할 수 있는 의존성이 허용되는지 확인할 수 있다. CCA는 안전성과 규정 준수를 위해 필요로 하는 독립성이 존재하는지 혹은 독립성의 부족이 받아들여질 만한지를 검증한다. ARP4754A는 CCA가 "시스템과 아이템들 간에 물리적 · 기능적 분리, 격리 그리고 독립성 요구사항을 세우고 검증하며 이러한 요구사항들이 만족하는지를 검증하는 것"이라고 설명한다.**[1]** CCA의 출력은 PASA 및/혹은 PSSA 그리고 ASA 및/혹은 SSA의 입력이다. 공통된 원인을 평가하기 위해 일반적으로 세 가지 개별 분석이 수행된다. 각각에 대한 설명은 다음과 같다.**[2]**

- PRA(Particular Risk Analysis) : "관련된 시스템(들) 및 아이템(들)의 외부에 있지만 고장 독립성 요구를 위반할지도 모르는 이벤트 혹은 영향"을 평가한다.**[2]** ARP4761은 항공기 외부 혹은 평가 시스템이나 아이템 외부의 이벤트 혹은 영향에 대한 몇 가지 예를 제공한다. 항공기 외부의 어떤 것에 대한 하나의 예가 버드 스트라이크(조류 충돌)이다. 일부 비즈니스 제트기는 항공기 기수 베이(bay)에 항공전자 장비를 설치하는데 그것은 저고도에서 버드 스트라이크의 영향을 받기 쉽다. 그래서 기수 베이의 맞은편에 중복 시스템(내비게이션 및 통신과 같은)이 물리적으로 위치해서 그것으로 공통 원인을 방지한다. 항공기 외부 위험의 다른 예로는 얼음, HIRF(High Intensity Radiated Fields) 혹은 번개가 있다.**[2]** 시스템 외부의 예로는 항공기 선체를 절단할 수 있는 엔진 로터 폭발이 있다. 그런 사건에 의한 민감성을 줄이기 위해 일반적으로 전기 전력, 항공기 컨트롤, 수압 시스템 등의 물리적인 분리가 요구된다. 시스템 외부의 다른 위험으로는 화재, 격벽 파열, 유체 누출, 보안 변조 그리고 타이어 트레드 분리를 포함한다.**[2]**
- ZSA(Zonal Safety Analysis) : 항공기상의 각각의 구역(zone)에 대해서 수행한다. 구역

의 예로는 기수 베이, 조종석, 객실, 왼쪽 날개, 오른쪽 날개, 꼬리 원뿔, 연료 탱크, 화물 베이 그리고 항공전자 장비 베이를 포함한다. ZSA는 설치가 "기본 설치, 시스템 간 간섭 혹은 유지보수 에러에 대한 안전 요구사항을 만족한다는 것"을 보장한다.[1] ZSA는 항공기의 각각의 식별된 구역에 대해서 수행되고 설계/설치 지침, 지침을 준수하는 것을 보장하기 위한 조사 그리고 간섭을 식별하기 위한 조사(고장 모드 및 영향 분석과 요약에 기반한)를 포함한다.

- CMA(Common Mode Analysis): 공통 모드 고장을 초래할 수 있는 개발, 구현, 시험, 제작, 설치, 유지보수 혹은 승무원 운영 과정에서 발생할 수 있는 모든 종류의 공통 영향에 대해서 고려한다. CMA는 항공기 개발의 다중 계층 레벨에서 — 최상위 항공기 레벨부터 개별 회로 카드까지 전체적으로 수행된다. CMA는 FTA(Fault Tree Analysis), 의존성 다이어그램 그리고/혹은 마르코프 분석에서 'AND'로 묶여진 이벤트들이 정말로 독립적인지를 검증한다.[2] 이 분석은 소프트웨어 개발 에러, 시스템 요구사항 에러, 기능 및 그에 대한 모니터 그리고 인터페이스를 고려하기 때문에 소프트웨어 개발에 영향을 미친다. CMA는 시스템, 소프트웨어, 하드웨어에 대해서 어떤 개발 보증 레벨이 할당되는지를 결정하는 데 도움이 된다. 개발 보증(development assurance)은 Section 3.2에서 설명된다.

3.1.7 Aircraft Safety Assessments와 System Safety Assessments

ASA(Aircraft Safety Assessment)와 SSA(System Safety Assessments)는 구현된 항공기 및 시스템 설계가 FHA, SFHA, PASA, PSSA에 정의된 안전 요구사항을 만족하는지를 검증한다. PASA와 PSSA가 제안된 설계를 기반으로 하는 반면에 ASA와 SSA는 만들어진 그대로 구현된 설계상에서 수행된다. ASA와 SSA는 항공기가 규정된 안전 요구사항을 만족하는 것에 대한 최종적인 증거이다.

PASA 그리고 PSSA와 마찬가지로 ASA는 주로 항공기 제조사가 수행하고 SSA는 시스템 개발자가 수행한다. ASA는 시스템의 조합과 통합을 고려하고 여러 개의 SSA와 밀접하게 조율된다.

3.2 개발 보증

소프트웨어 그리고/혹은 프로그램가능한 하드웨어를 가진 복잡하고 고도로 통합된 전자 시스템에서 고장 확률을 할당하기 위해 입력과 출력의 모든 조합을 시험하는 것은 실현가능하지 않다. 이러한 제약은 컴퓨터 프로그램은 물리적인 컴포넌트들처럼 시간이 지나면서 나빠지거나 고장나는 게 아니라는 사실과 합쳐져서 **개발 보증**(development assurance)이라는 콘셉트가 필요하게 만든다. 개발 보증은 시스템과 아이템들을 개발하기 위해 사용되는 프로세스에서 신뢰를 보장하기 위해 사용된다. 개발 보증은 "시스템이 적용가능한 인증 기준을 만족할 만큼 요구사항, 설계 그리고 구현에서의 에러들이 식별되고 수정되어왔다는 것을 적절한 레벨의 확신으로 증명하기 위해 사용된 계획되고 조직적인 활동의 모든 것"[1]이다. 개발 보증은 덜 엄격한 프로세스에 비해서 더 엄격한 프로세스가 제품이 전달되기 전에 좀 더 에러를 식별하고 제거하게 된다는 것을 가정한다. 개발 보증에 대한 개념은 처음에 소프트웨어를 다루기 위해 소개되었다. 하지만 철저한 시험이 불가능한 다른 영역에도 또한 적용된다. 〈표 3-2〉는 각각의 영역을 위한 지침을 제공하는 산업문서들과 함께 민간 항공 분야에서 개발 보증이 적용되는 영역을 보여준다.5)

개발 보증 레벨은 시스템의 잠재적인 안전성 영향에 기반한 안전성 평가 프로세스에 의해서 확립된다. ARP4754A는 **개발 보증 레벨**(development assurance level)을 "제한하기 위한 개발 프로세스, 안전을 위해 받아들일 수 있는 레벨, 만약 서비스에 노출된다면 부정적인 안전성 영향을 가지는 항공기/시스템 기능과 아이템들의 개발 프로세스 과정에서 나타나는 에러의 경향에 적용되는 엄격함의 기준"[1]으로 정의한다. 대부분의 항공기와 엔진에 대해서 〈표 3-1〉에 표시된 보증 레벨을 적용한다.6) 〈표 3-1〉에 표시된 각각의 카테고리에 대한 확률은 신뢰도가 적용될 수 있는 하드웨어 아이템을 위해 사용된다.

---

5) 동등한 EUROCAE 문서 번호 또한 포함되어 있다.

6) 일부 소형 항공기(Part 23)에 대해서는 레벨이 더 낮아진다. FAA(Federal Aviation Administration) Advisory Circular 23, 1309-1[ ]을 보라('[ ]'은 최신 리비전을 나타낸다).

표 3-2 민간 항공 분야를 위한 개발 보증 문서

문서 번호 및 타이틀	기술되는 영역
SAE/ARP4754A (EUROCAE/ED-79A) : Guidelines for Develop et of Civil Aircraft and Systems	민간 항공기와 그 시스템
RTCA/DO-297 (EUROCAE/ED-124) : Integrated Modular Avionics(IMA) Development Guidance and Certification Considerations	IMA(Integrated Modular Avionics)
RTCA/DO-178C (EUROCAE/ED-12C) : Software Considerations in Airborne Systems and Equipment Certification	항공용 소프트웨어
RTCA/DO-278A (EUROCAE/ED-109A) : Guidelines for Communication, Navigation, Surveillance, and Air Traffic Management (CNS/ATM) Systems Software Integrity Assurance	CNS/ATM 지상용 소프트웨어
RTCA/DO-254 (EUROCAE/ED-80) : Design Assurance Guidance for Airborne Electronic Hardware	항공전자 하드웨어
RTCA/DO-330 (EUROCAE/ED-215) : Software Tool Qualification Considerations	소프트웨어 도구
RTCA/DO-331 (EUROCAE/ED-218) : Model-Based Development and Verification Supplement to DO-178C and DO-278A	항공 및 CNS/ATM 지상 소프트웨어
RTCA/DO-332 (EUROCAE/ED-217) : Object-Oriented Technology and Related Techniques Supplement to DO-178C and DO-278A	항공 및 CNS/ATM 지상 소프트웨어
RTCA/DO-333 (EUROCAE/ED-216) : Formal Methods Supplement to DO-178C and DO-278A	항공 및 CNS/ATM 지상 소프트웨어
RTCA/DO-200A (EUROCASE/ED-76) : Standards for Processing Aeronautical Data	항공용 데이터베이스

3.2.1 개발 보증 레벨

ARP4754A는 시스템 개발의 두 단계, 즉 기능 개발 단계와 아이템 개발 단계로 식별한다. 기능 개발 단계는 시스템에 대한 개발, 확인, 검증, 형상 관리, 프로세스 보증 그리고 인증 조정을 포함한다. 가장 낮은 레벨에서 시스템 요구사항은 **아이템(items)**으로 표현되는 소프트웨어 혹은 하드웨어로 할당된다. 소프트웨어 혹은 하드웨어 아이템은 그들 자신의 개발 단계를 가지고 있다. ARP4754A 지침은 시스템 개발 단계에 적용하고 DO-178B/C는 소프트웨어 개발 단계에 적용한다. 그리고 DO-254는 전자 하드웨어 개발 단계에 적용한다.

[그림 3-2]에 그려진 전통적인 V모델은 기능과 아이템 개발 단계들을 보여준다. 기능 레벨에서는 시스템의 안전성에 대한 잠재적인 영향에 기반해서 FDAL이 할당된다. 소프트웨어

그림 3-2 | 시스템 개발에 대한 V모델

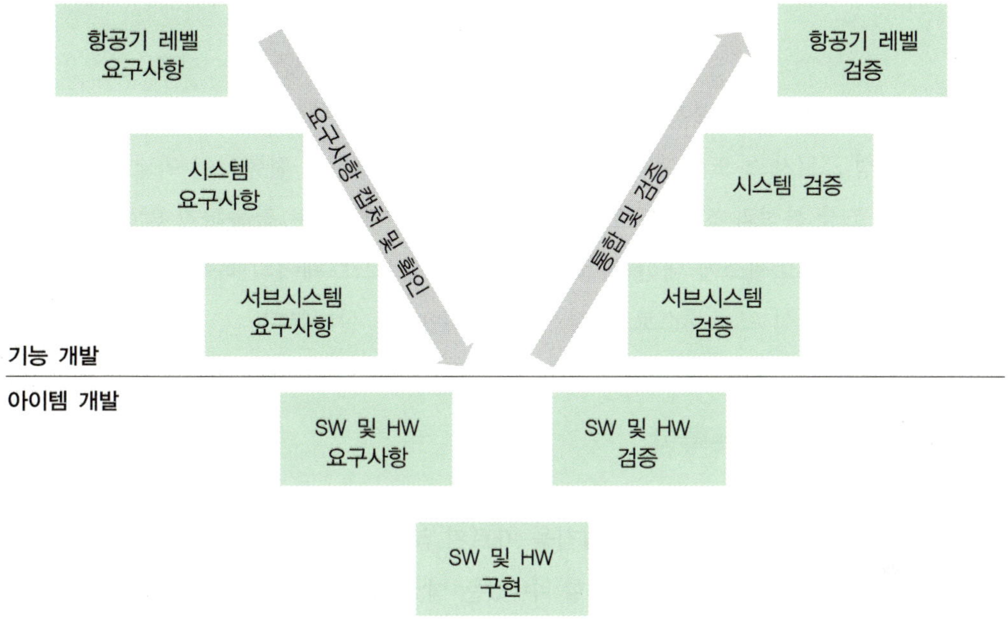

와 전자 하드웨어는 IDAL이 할당된다.

FDAL은 시스템 레벨에서 필요로 하는 엄격함의 정도를 결정한다(즉, 요구사항 리뷰, 시험 그리고 독립성의 양). IDAL은 특정 아이템의 개발(소프트웨어 혹은 전자 하드웨어 개발)을 위해 필요로 하는 엄격함의 정도를 결정한다. 아키텍처에 따라서 IDAL은 FDAL보다 낮을 수 있다. ARP4754A는 FDAL과 IDAL 할당 접근법을 설명한다. FDAL은 ARP4754A의 어떤 목표를 시스템 레벨에 적용하는지를 결정한다. 마찬가지로 IDAL은 어떤 DO-178C(혹은 부속서) 목표를 소프트웨어에 적용하는지 혹은 어떤 DO-254 목표를 전자 하드웨어에 적용하는지를 결정한다.

FDAL과 IDAL은 시스템 레벨에서 안전성 평가 프로세스의 결과로써 할당된다는 것에 유의하는 것이 중요하다. 초기 IDAL 할당은 DO-178C 혹은 DO-254 계획 활동을 결론짓기 전에 완료되어야 한다. IDAL은 DO-178C(그리고 부속서)와 이 책의 나머지 전체에서 **소프트웨어 레벨(software level)**로 불린다. 우리는 Part 3(Chapter 4~Chapter 12)에서 DO-178C 목표를 살펴보게 될 것이다.

3.3 소프트웨어는 어떻게 안전성 프로세스에 맞춰지는가?

소프트웨어의 역할은 지난 20년 동안 증가되어왔다. 소프트웨어가 더 많이 사용되면서 시스템과 안전성 프로세스 또한 진화되어왔다. 그 복잡도 때문에 전통적인 아날로그 및 기계적인 시스템 고장 분석과 신뢰성 기법은 소프트웨어에 대해서는 작동하지 않는다. 이 섹션은 ① 개발 보증 프로세스에 대한 필요성을 유발하는 소프트웨어의 독특함, ② 소프트웨어가 시스템 및 안전성 프로세스로 어떻게 적용되는지를 살펴본다.

3.3.1 소프트웨어의 독특함

소프트웨어는 하드웨어와 달리 물리법칙을 따르지 않는다. ―마모되지 않고 알 수 없는 조건하에서 부서지지 않으며 혹은 예측할 수 있는 방식으로 고장나지 않는다. 다른 독특한 특징들로는 다음과 같은 것들이 있다.[3]

- 프로그램은 그것이 짧더라도 복잡하고 이해하기 어려울 수 있다.
- 잠재된 에러가 발견되고 수정되기 때문에 소프트웨어는 시간이 지남에 따라 개선되는 경향이 있다.
- 한 영역에서 하나의 에러를 수정하는 것이 다른 에러를 만들어낼 수도 있으며, 발생한 곳이 관련 없어 보이는 영역일 수 있다.
- 소프트웨어는 수십 혹은 심지어 수백 개의 다른 소프트웨어 모듈과 인터페이스할 수 있다.
- 하드웨어와 달리 소프트웨어는 고장이 날 때 미리 경고를 하지 않는다. 잠재된 소프트웨어 에러는 몇 년 동안 눈에 띄지 않고 남아있다가 갑자기 나타날 수 있다.
- 소프트웨어는 쉽게 변경될 수 있다(그것이 **소프트**(soft)-웨어로 불리는 이유이다).
- 소프트웨어에서 에러를 발견하는 것은 특별히 적극적으로 다루지 않으면 장기간의 힘든 일이 될 수 있다.

현시점에서는 소프트웨어가 완벽한지를 증명하거나 혹은 얼마나 완벽에 가까운지를 판단하는 것은 불가능하다. 사실, 불완전한 인간이 개발하기 때문에 모든 소프트웨어는 몇 가지 에러를 가지고 있다고까지 말할 수 있다. 하드웨어에 적용되는 신뢰성 기법은 단순하게 소프트웨어에 적용되지 않는다. 만약 우리가 전통적인 하드웨어 신뢰성 기법에 의지했다면 매우 간단한 소프트웨어만이 항공기에 탑재될 수 있었을 것이다.

3.3.2 소프트웨어 개발 보증

소프트웨어에 신뢰성 모델을 정확하게 적용하는 것이 불가능하기 때문에 항공산업을 포함해서 안전성에 초점을 맞추는 대부분의 산업에 의해서 개발 보증 콘셉트가 적용된다. 개발 보증은 Section 3.2에 정의되어 있다. 개발 보증의 목표는 에러를 예방하고, 식별하고, 제거하기 위해 개발 프로세스에 엄격한 프로세스를 적용하는 것이다. 기능이 더 위험할수록 더 많은 개발 및 검증 활동이 적용된다. 항공산업을 위해서 DO-178B 그리고 이제는 DO-178C가 안전성 프로세스에 기반해서 다섯 개의 소프트웨어 레벨을 식별한다(DO-178과 DO-178A는 세 개였다). 〈표 3-1〉은 소프트웨어 레벨과 고장 상태 범주 사이의 관계를 보여준다. 레벨 A 소프트웨어는 가장 엄격하며 대재앙의 항공기 레벨 이벤트를 일으키거나 원인을 제공할 수 있는 소프트웨어 기능에 적용한다. 레벨 A의 경우 DO-178C의 모든 목표가 적용된다.[7] 레벨 E 소프트웨어는 안전성에 대한 영향이 없다. 따라서 DO-178C 목표의 어떤 것도 요구되지 않는다.

〈표 3-3〉은 소프트웨어 레벨이 올라가면서 개발 및 검증의 엄격함과 목표의 수가 어떻게 증가하는지를 설명한다. 레벨이 증가하면서 더 많은 활동과 더 많은 독립성이 요구된다. 〈표 3-3〉에 요약된 각각의 목표는 Part 3에서 살펴보게 된다. 지금 당장은 소프트웨어 레벨이 더 높아지면 더 많은 검증이 수행되고, 더 많은 독립성이 요구되며, 더 많은 에러가 식별되고 제거된다는 것을 이해하는 것이 중요하다.

7) DO-178C 목표는 Part 3에서 설명된다.

표 3-3 DO-178C 목표의 요약

레벨	목표수	목표와 독립성	목표 요약
E	0	0	아무런 활동이 요구되지 않음
D	26	2	• 계획(5개의 계획) • 상위 레벨 요구사항 개발 • 아키텍처 개발 • 실행가능한 오브젝트 코드 개발 • 파라미터 데이터 아이템 파일 개발(필요한 경우) 그리고 정확성과 완전성에 대한 검증 • 상위 레벨 요구사항의 일부 리뷰 및 분석 • 파티셔닝을 사용한다면 아키텍처에 대한 리뷰 혹은 분석만 수행 • 상위 레벨 요구사항에 대한 정상 및 강건성 시험 • 상위 레벨 요구사항의 요구사항 커버리지 • 타깃 호환성을 검증하기 위한 시험 • 형상 관리 • 품질 보증(계획과 적합성 리뷰를 준수) • 달성 요약 및 형상 인덱스
C	62	5	• 레벨 D 활동들 • 표준 개발(3개의 표준) • 하위 레벨 요구사항 개발 • 추적 데이터 개발 • 소스 코드 개발 • 상위 레벨 요구사항에 대한 추가적인 리뷰 및 분석 • 하위 레벨 요구사항의 일부 리뷰 및 분석 • 아키텍처의 일부 리뷰 및 분석 • 일부 소스 코드의 리뷰 및 분석 • 파라미터 데이터 아이템 파일에 대한 검증 • 하위 레벨 요구사항에 대한 정상 및 강건성 시험 • 하위 레벨 요구사항의 요구사항 커버리지 • 시험 절차 리뷰 • 시험 결과 리뷰 • statement 커버리지 분석 • 데이터 및 컨트롤 결합도 분석 • 추가적인 품질 보증(계획 및 표준 리뷰, 표준 준수, 전이 기준)
B	69	18	• 레벨 C 및 D 활동들 • decision 커버리지 • 상위 레벨 요구사항에 대한 추가적인 리뷰 및 분석(타깃 호환성) • 하위 레벨 요구사항에 대한 추가적인 리뷰 및 분석(타깃 호환성 및 검증가능성) • 아키텍처에 대한 추가적인 리뷰 및 분석(타깃 호환성 및 검증가능성) • 소스 코드에 대한 추가적인 리뷰 및 분석(검증가능성)
A	71	30	• 레벨 B, C, D 활동들 • MC/DC(modified condition/decision coverage) 커버리지 분석 • 소스 코드와 오브젝트 코드 간 추적성 검증

3.3.3 다른 관점

개발 보증 접근법에 대한 요구를 과학적으로 증명하는 것은 사실상 불가능하다. 또한 훌륭한 프로세스가 필연적으로 강건하고 안전한 제품을 의미하는 것은 아니다. 나는 농담으로 "모든 레벨 A 소프트웨어가 똑같이 만들어지는 것은 아니다"라는 말을 자주 한다. 누군가는 훌륭한 프로세스를 가질 수 있으면서도 여전히 오류가 생긴 소프트웨어를 만들어낼 수 있다. 때때로 경험이 없는 인력이나 잘못된 시스템 요구사항을 사용하기 때문이다. DO-178C는 자격을 갖춘 그리고 잘 훈련된 사람의 사용을 가정한다. 하지만 사람의 적절함을 측정하는 것은 어렵다. 일부 당국은 자격을 갖추고 제대로 훈련된 인력이 사용되는 것을 보장하기 위해 이력서와 훈련 이력을 확인한다.

강력한 안전성 기반이 없는 기업에게는 그 레벨이 왜(why) 필요했는지를 이해하지 못한 채 소프트웨어 레벨을 선택하는 것이 유혹적일 수 있다. 시스템 요구사항과 안전성 요인으로부터 소프트웨어 개발 프로세스를 분리하는 것은 중요한 안전성 이슈를 초래할 수 있다. 이 때문에 DO-178C, ARP4754A, ARP4761은 시스템에서 소프트웨어의 개발을 기술하기 위한 지침을 개선하려고 노력해왔다. 하지만 그러한 유혹은 여전히 존재하며 반드시 모니터되어야 한다.

개발 보증은 과학적으로 뒷받침될 수 없기 때문에 개발 보증의 사용을 의심하고 심지어 비판하는 사람들이 있다. 이러한 비판의 대부분은 소프트웨어 레벨에서 안전성과 신뢰성 모델의 사용을 장려한다. 그들은 소프트웨어를 포함하기 위해 SSA 프로세스를 확장하고 개발 보증에 대한 의존을 최소화한다. 그러한 노력은 시스템이 직면할 것으로 예상되는 특정 조건하에서 신뢰할 수 있음을 입증하기 위해 안전성 유스케이스와 모델을 이용한다. 시나리오를 개발하고 그러한 시나리오하에서 시스템을 실행하기 위해 광범위한 노력과 기술이 요구된다. 안전성에 대한 집중은 소프트웨어 설계가 시스템 안전을 지원하는 것을 보장하는 데 도움이 된다. 하지만 현재까지는 소프트웨어 신뢰성 모델링 기법은 여전히 제한적이고 논란의 여지가 있다.

3.3.4 시스템 안전성 프로세스에서 소프트웨어를 다루기 위한 몇 가지 제안

앞서 지적했던 것처럼 안전성은 시스템 특성이지 소프트웨어 특성이 아니다. 안전한 시스템 구현을 위해 견실한 시스템, 안전성, 하드웨어 그리고 소프트웨어 엔지니어링이 필요하다. 여기에 분야들 간의 관계를 개선하기 위한 몇 가지 제안이 있다.

- 어떤 소프트웨어 요구사항이 안전성에 가장 중요한지 식별하기 위해 특히 안전성 보호를 지원하는 소프트웨어 요구사항에 안전성 특성을 할당하라. 이것은 또한 변경의 안전성 영향이 완전하게 고려되는지에 대한 보장을 돕는다.
- 소프트웨어 요구사항과 아키텍처의 리뷰에 시스템 및 안전성 엔지니어들을 포함하라.
- 파생 소프트웨어 요구사항이 식별되자마자 안전에 대한 영향이 없다는 것을 보장하기 위해 안전성팀과 파생 소프트웨어 요구사항을 조율하라.
- 시스템, 안전성, 하드웨어 그리고 소프트웨어팀을 같은 장소에 배치하라.
- 소프트웨어 레벨을 식별하기 위해 일찍 PSSA를 수행하고 어떤 시스템 기능이 안전성 영향을 가지고 있는지를 분명하게 식별하라. 즉, 무엇이 소프트웨어 레벨 할당을 이끄는지 혹은 소프트웨어에서 어떤 완화(보호)가 필요한지를 분명하게 하라.
- 소프트웨어 레벨에 대한 근본적인 이유와 안전성에 대한 그들의 작업이 미치는 영향을 이해하는 것을 보장하기 위해 전체 소프트웨어팀에게 PSSA의 요약을 제공하라.
- 전체 안전성 평가 프로세스를 지원하기 위해 소프트웨어로 안전성 평가가 내려가도록 하는 것을 고려하라. 이것은 보호(예를 들면, 파티셔닝 혹은 모니터링)가 소프트웨어에서 구현될 때 특히 도움이 된다.
- 시스템 개발, SSA 프로세스, 개발 보증 레벨 할당, 안전 필수 시스템을 개발하기 위해 사용되는 공통 기법 그리고 해당 시스템에 대해서 알아야 할 것들에 대한 기본 원리 내에서 소프트웨어팀을 훈련하라.
- 숙련된 팀을 사용하라. 신참 엔지니어들이 투입된다면(우리 모두는 어딘가에서 시작해야 한다) 숙련된 엔지니어들과 짝을 지어라.
- 안전성에 포커스를 두는 문화를 개발하라. 만약 최고 경영진이 안전성을 지원하고 말한 것을 실천하면 현장에서 이를 어떻게 보고 구현하는가에 엄청난 차이를 만든다.

참고문헌

[1] SAE ARP4754A, *Guidance for Development of Civil Aircraft and Systems* (Warrendale, PA : SAE Aerospace, December 2010).

[2] SAE ARP4761, *Guidelines and Methods for Conducting the Safety Assessment Process on Civil Airborne Systems and Equipment* (Warrendale, PA : SAE Aerospace, December 1996).

[3] J. P. Bowen and M. G. Hinchey, Ten commandments of formal methods... Ten years later, *IEEE Computer*, January 2006, 40–48.

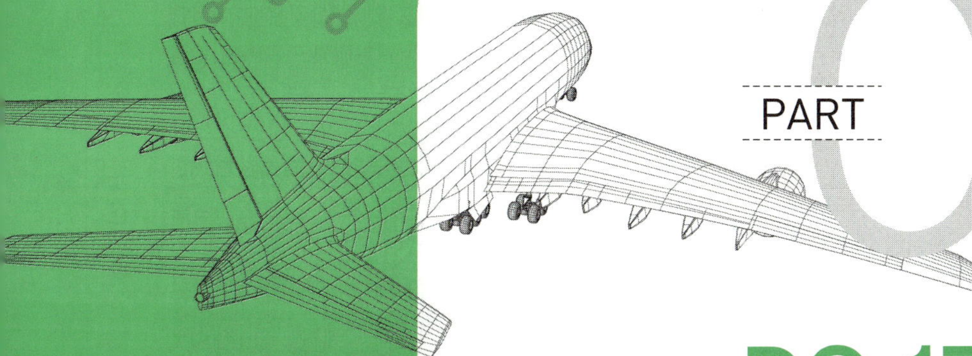

PART 03

DO-178C를 사용한 안전 필수 소프트웨어 개발

RTCA/DO-178C(이 책 전반에 걸쳐서 DO-178C로 간단하게 언급되는)는 **Software Considerations in Airborne Systems and Equipment Certification**이라는 제목을 가지고 있다. 그것은 RTCA[i]와 EUROCAE[ii]가 후원하는 국제적 공동체[iii]의 합의를 통한 일련의 권고로써 개발되었고 2011년 12월 13일 발행되었다. FAA(Federal Aviation Administration), EASA(European Aviation Safety Agency) 그리고 다른 민간 항공 당국이 이 문서를 규정 준수를 위한 받아들일만한 방안으로 곧 승인할 것으로 기대된다.[iv] DO-178C와 EUROCAE의 등가물(ED-12C)에 앞서 DO-178/ED-12, DO-178A/ED-12A, DO-178B/ED-12B가 나왔다. DO-178C는 항공 소프트웨어 개발을 위한 지침을 제공한다. 하지만 지침의 대부분은 다른 안전 필수 영역에도 적용할 수 있다. Part 3은 DO-178C의 개요, DO-178B부터 DO-178C까지의 차이점 그리고 DO-178C를 준수하는 소프트웨어를 개발하기 위한 권고를 제공한다. 이 섹션은 DO-178C에 무엇이 포함되어 있는지를 반복하지는 않을 것이다. 하지만 DO-178C를 실제 프로젝트에 적용하는 방법에 대한 실질적인 정보를 제공할 것이다.

현재, 항공산업은 DO-178B로부터 DO-178C로 옮겨가고 있다. 지침의 상당 부분은 문서의 두 버전 간에 공통된다. 따라서 Part 3에서 설명되는 대부분은 DO-178B와 DO-178C 사용자 모두에게 적용된다. DO-178C로의 전이를 기대하면서 **DO-178C** 용어가 이 책 전반에 걸쳐서 사용된다. DO-178B와 다르다는 것이 특별히 언급되지 않으면 그 정보는 일반적으로 DO-178C 사용자들에게도 적용될 것이다.

Part 3은 다음과 같이 요약된다.

- Chapter 4는 DO-178의 역사, DO-178C의 개요, DO-178B와 DO-178C 사이의 주요 차이점에 대한 요약 그리고 DO-178C와 함께 발행된 여섯 가지 문서의 요약을 제공한다.
- Chapter 5는 DO-178C 계획 프로세스를 확인하고 효과적인 계획을 위한 모범 사례를 추천한다.
- Chapter 6, 7, 8은 소프트웨어 요구사항 캡처, 설계 그리고 구현을 각각 논의한다. 각각의 챕터는 DO-178C 목표에 의해서 무엇이 필요한지를 연구하고 이러한 목표를 만족하기 위한 추천을 논의한다.
- Chapter 9, 10, 11, 12는 검증, 소프트웨어 형상 관리, 소프트웨어 품질 보증 그리고 인증 교섭에 대한 필수 프로세스를 각각 연구한다. 다시 말하자면, 이들 챕터는 DO-178C 목표를 간략하게 논의하지만 그 목표를 만족하기 위한 실질적인 방법에 포커스를 맞출 것이다.

Chapter 6(요구사항), 9(검증)는 안전성과 DO-178C 준수에 있어 이 두 주제 영역이 매우 중요하기 때문에 다른 챕터들보다 더 길다.

---

i) RTCA(이전에는 Radio Technical Commission for Aeronautics로 알려진)는 미국의 정부 그리고 산업계 항공 조직 양쪽의 연합이다. RTCA는 연방 정부로부터 일부 자금 지원을 받지만 또한 회원들로부터의 연간 회비와 문서 판매로 지원을 받는다.

ii) EUROCAE(European Organization for Civil Aviation Equipment)는 항공 장비의 유럽 내 제조사와 사용자, 국가 민간 항공 당국, 무역협회, 특정 조건하에서 비유럽 회원들에게 회원 자격이 개방되는 국제조직이다.

iii) 해당 합동위원회는 미국, 캐나다, 유럽, 남아메리카, 아시아의 산업계, 규제 당국, 학계의 회원을 포함했다.

iv) 승인은 일반적으로 FAA의 경우 Advisory Circular(AC) 그리고 다른 인증 당국에 의한 동등한 권고의 형식으로 나온다. DO-178C를 승인하기 위해 FAA AC 20-115C가 발행될 것으로 기대된다.

Chapter 4

DO-178C의 개요와 지원 문서들

약어

AL	assurance level
CAST	Certification Authorities Software Team
CC1	control category #1
CC2	control category #2
CNS/ATM	communication, navigation, surveillance, and air traffic management
COTS	commercial off-the-shelf
DP	discussion paper
EUROCAE	European Organization for Civil Aviation Equipment
FAQ	frequently asked question
OOT	object-oriented technology
OOT&RT	object-oriented technology and related techniques
PSAA	Plan for Software Aspects of Approval
PSAC	Plan for Software Aspects of Certification
RT	related techniques
SC-205	Special Committee #205
SW	software
TQL	tool qualification level
WG-71	Working Group #71

4.1 DO-178의 역사

DO-178과 EUROCAE[1]의 등가물(ED-12)은 30년의 역사를 가지고 있다. 〈표 4-1〉은 DO-178과 관련된 문서들의 진화를 요약하고 있다.

1982년에 DO-178의 첫 번째 버전이 발행되었다. 그 문서는 매우 간단했고 소프트웨어 개발에 대한 상위 레벨 프레임워크에 대해서만 제공했다.

표 4-1 DO-178 및 관련된 문서들

문서	발행연도	내용
DO-178	1982	항공 소프트웨어를 개발하기 위한 매우 기본적인 정보를 제공한다.
DO-178A	1985	DO-178보다 더 강력한 소프트웨어 엔지니어링 원칙을 포함한다. 요구사항에 대한 검증과 확인 모두를 포함한다.
DO-178B	1992	DO-178A보다 훨씬 더 길다. 어떻게(how)보다는 무엇(what)(목표)의 형태로 지침을 제공한다. 라이프 사이클 프로세스와 데이터로의 가시성을 제공한다. 요구사항 확인을 포함하지 않는다.
DO-248B	2001	DO-178B에 있는 오타에 대한 정오표를 포함한다. 또한 DO-178B를 분명하게 하기 위한 FAQ와 DP를 제공한다. 1999년에 DO-248과 2000년에 DO-248A가 먼저 나왔다. 지침으로 간주되지 않는다. 단지 명확하게 하기 위한 것이다.
DO-278	2002	DO-178B를 CNS/ATM 소프트웨어에 적용한다. 일부 CNS/ATM 고유의 용어와 지침을 추가한다.
DO-178C	2011	내용은 DO-178B와 매우 유사하다. 하지만 일부 영역을 분명하게 하고 파라미터 데이터 아이템에 대한 지침을 추가하며 도구 인증을 위한 DO-330을 참조한다.
DO-278A	2011	DO-178B로의 직접적인 참조를 만들었던 DO-278과 달리 DO-178C로부터 독립되어 있다. 몇 가지 용어의 변경과 CNS/ATM 소프트웨어를 위한 추가적인 지침과 함께 DO-178C와 매우 비슷하다.
DO-248C	2011	DO-178C와 FAQ 및 DP를 맞추기 위해 DO-248B를 업데이트한다. 또한 DO-248B 이후 생긴 추가적인 주제를 분명하게 하고 DO-178C 목표와 부속서를 위한 이유를 추가하기 위해 확장되었다.
DO-330	2011	도구 인증에 대한 지침을 제공한다. 독립적인 문서이다. DO-178C와 DO-278A는 DO-330을 참고한다.
DO-331	2011	DO-178C와 DO-278A에 대한 기술적인 부속서로 모델 기반 개발 및 검증에 대한 지침을 제공한다.

1) European Organization for Civil Aviation Equipment

DO-332	2011	DO-178C와 DO-278A에 대한 기술적인 부속서로 OOT&RT에 대한 지침을 제공한다.
DO-333	2011	DO-178C와 DO-278A에 대한 기술적인 부속서로 정형 기법에 대한 지침을 제공한다.

1982년과 1985년 사이에 소프트웨어 엔지니어링 규정이 상당히 성숙되었고, DO-178도 그러했다. 1985년도에 DO-178A가 발행되었다. 오늘날 여전히 존재하는 많은 시스템들이 그들의 준수 방법으로써 DO-178A를 사용했다. 하지만 DO-178A에는 몇 가지 도전적인 특성이 있었다. 첫째, DO-178A는 요구사항 확인과 검증을 모두 기술했다. ARP4754와 ARP4761의 개발에 앞서 나왔던 DO-178과 DO-178A는 시스템 및 안전성 평가 프레임워크를 구축하였다. ARP4754가 개발되면서 요구사항 확인(올바른 요구사항을 가지고 있다는 것을 보장하는)은 시스템 활동이며 반면에 요구사항 검증(소프트웨어에 할당된 요구사항이 올바르게 구현되었다는 것을 보장하는)은 소프트웨어 활동이라고 결정되었다. 둘째, DO-178A는 목표 기반이 아니었으며 DO-178A에 대한 준수를 객관적으로 평가하는 것을 어렵게 만들었다. 셋째, DO-178A는 구조적 커버리지 분석보다 구조적 시험을 허용했다. Chapter 9에서 설명할 것처럼 구조적 시험은 의도되지 않은 기능을 식별하거나 요구사항 기반 시험의 완전성을 측정하기에 적절하지 않다.

DO-178B는 1992년 후반에 발행되었다. 그것은 ARP4754 그리고 ARP4761과 병렬로 개발되었는데 그것들은 그 이후 얼마 지나지 않아서 발행되었다. DO-178B는 DO-178A보다 더 상세한 것을 포함하고 있고 민간 항공 분야에서 소프트웨어 개발에 대한 **사실상의** 표준이 되었다. DO-178B는 목표 기반으로 개발자가 **무엇(what)**을 해야 하는지를 식별하기 위해 노력하지만 그것이 **어떻게(how)** 구현되는지에 대한 융통성을 제공한다. 그 문서는 또한 인증 신뢰를 위해 사용되는 모든 활동들에 대한 문서화된 증거(라이프 사이클 데이터)를 요구함으로써 더 많은 통찰력을 필요로 한다. 이를 통해 준수 여부를 객관적으로 평가하는 것을 가능하게 한다. 추가적으로 앞서 언급된 것처럼 DO-178B는 요구사항 확인을 다루지 않는다. 그것은 시스템팀의 책임이다. 그리고 DO-178B는 구조적 커버리지 분석에 대한 기대를 분명하게 한다.

1999년에서 2001년 사이에 RTCA는 DO-248, DO-248A, DO-248B를 발행했다. DO-248은 DO-178B의 좀 더 어려운 특성의 일부를 분명하게 하기 위해 연간 보고서로 시작되었다.

리포트의 최종 버전인 DO-248B(EUROCAE의 등가물은 ED-94B이다)는 2001년에 발행되었다. 그것은 이전 릴리즈 내용을 포함했다. DO-248B는 DO-178B상의 12개의 정오표(사소한 오타 수정), 76개의 FAQ, 그리고 15개의 DP(Discussion Papers)를 포함했다. FAQ는 한 페이지보다 적은 짧은 설명이고 질문과 답변의 형태로 작성된다. DP 또한 설명이지만 한 페이지보다 길고 주제에 대한 설명의 형태로 작성된다. DO-248B는 지침 자료로 간주되지 않았으며 단지, DO-178B에 이미 포함된 지침을 명확하게 했다. 그것은 사용자가 DO-178B를 더 잘 이해하고 적용하는 것을 돕기 위한 정보를 제공하는 교육적인 문서이다. 이 챕터의 나중에 설명할 것처럼 DO-248B는 DO-248C로 대체되었다.

2005년에 RTCA와 EUROCAE는 소프트웨어 기술 변경을 기술하기 위한 대응 방향을 제공하기 위해 DO-178B(그리고 ED-12B)를 업데이트하기 위한 합동위원회를 구성했다.2) 위원회의 목적은 다음을 지속하는 것이었다.[1, 2]

- 항공 소프트웨어의 안전한 구현을 활성화
- 시스템과 안전성 프로세스와의 분명하고 지속적인 연결을 제공
- 부상하는 소프트웨어 경향과 기술을 설명
- 기술 변경으로의 유연한 접근법을 구현

위원회의 활동에 대한 입력은 DO-178B, DO-278, DO-248B, 인증 당국의 출판물(정책, 지침, 이슈 페이퍼, CAST(Certification Authorities Software Team)3) 문서, 연구 보고서 등), 참조를 위한 위원회의 용어, 진행 중인 이슈 리스트 그리고 수백 명의 전문가들의 경험과 전문 지식이었다. 출력물은 각각의 RTCA 문서의 하드 카피가 녹색 커버로 출간되기 때문에 종종 green covers로 불리는 7개의 문서들이었다. RTCA는 2011년 말에 다음과 같은 문서들을 출간했다(그것을 위해 인생의 6년 반을 헌신해온 위원회의 우리들에게는 멋진 크리스마스 선물이었다).

- DO-178C/ED-12C, Software Considerations in Airborne Systems and Equipment Certification

2) 합동위원회는 RTCA 특별위원회 #205(SC-205) 및 EUROCAE 워킹 그룹 #71(WG-71)이다. 위원회는 하나의 대표위원회와 7개의 서브 그룹으로 나누어졌다.

3) CAST는 CAST 문서에서 항공 소프트웨어와 항공전자 하드웨어에 대한 입장을 조율하기 위해 노력하는 국제 인증 당국의 팀이다.

- DO-278A/ED-109A, Guidelines for Communication, Navigation, Surveillance, and Air Traffic Management (CNS/ATM) Systems Software Integrity Assurance
- DO-248C/ED-94C, Supporting Information for DO-178C and DO-278A
- DO-330/ED-215, Software Tool Qualification Considerations
- DO-331/ED-218, Model-Based Development and Verification Supplement to DO-178C and DO-278A
- DO-332/ED-217, Object-Oriented Technology and Related Techniques Supplement to DO-178C and DO-278A
- DO-333/ED-216, Formal Methods Supplement to DO-178C and DO-278A

그림 4-1 | DO-178C와 관련된 문서들의 관계

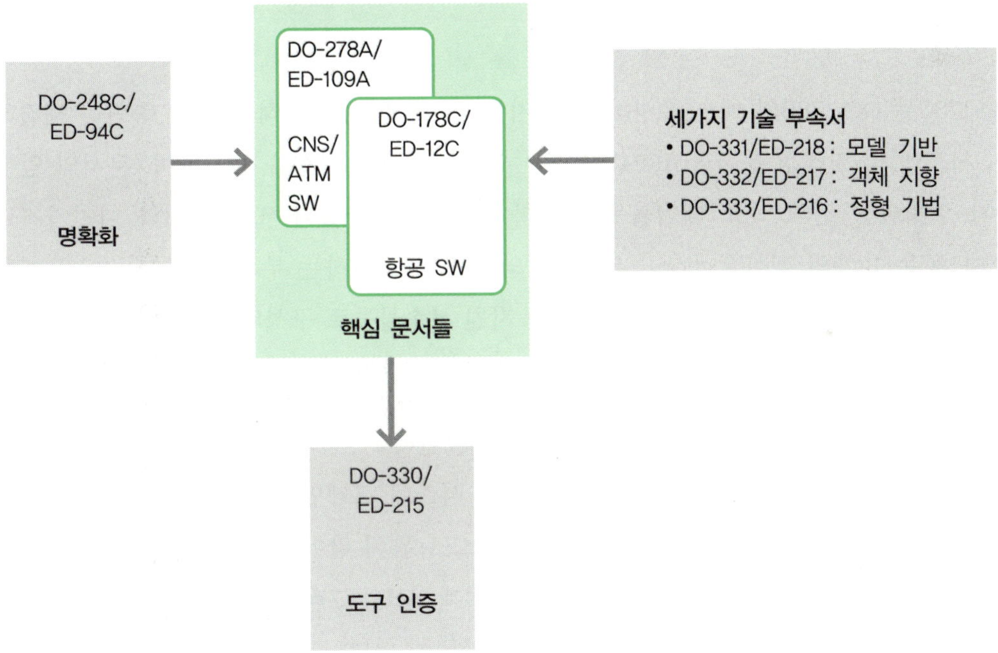

[그림 4-1]은 7개 문서의 관계를 설명한다. 각각의 문서는 나중에 간단하게 설명되고 향후의 챕터에서 더 완전하게 설명될 것이다. RTCA DO-와 EUROCAE ED-문서들은 페이지 레이아웃(RTCA는 레터 크기의 페이지를 사용하고, 반면에 EUROCAE는 A4 크기를 사용한다)과 EUROCAE 문서들에 추가된 불어 번역을 제외하고 동일하다. 이 책의 나머지에 걸쳐서는 RTCA 번호만 참고할 것이다.

4.2 DO-178C와 DO-278A 핵심 문서들

DO-178C와 DO-278A는 DO-178C가 항공 소프트웨어에 그리고 DO-278A는 CNS/ATM 지상 기반 소프트웨어에 포커스를 두는 것을 제외하면 사실상 동일하다. Section 4.2.1은 두 문서 간의 주요 차이점을 요약한다. DO-178C와 DO-278A가 거의 동일하고 DO-178C가 DO-278A보다 더 큰 사용자 커뮤니티를 가지고 있다는 사실 때문에 Section 4.2.1 이후부터는 주목할만한 차이점이 있지 않는 한 DO-178C만 언급될 것이다.

DO-178C와 DO-278A는 다른 문서들이 만들어지는 핵심 개념과 구성을 제공하기 때문에 종종 **핵심 문서들(core documents)**로 불린다. 이러한 핵심 문서들은 가능한 한 기술 독립적으로 되려는 의도를 가지고 있다. DO-248C와 그 부속서들은 두 핵심 문서들을 참고하고 기술 특화된 세부 설명을 제공한다.

DO-178C는 DO-178B와 매우 유사하다. 하지만 DO-178B의 확실하지 않은 측면을 해결하고, 시스템 및 안전성 문서들(ARP4754A 및 ARP4761)과 일관성을 유지하며, 문서의 앞부분과 일치하는 전체 목표 테이블을 갖도록 업데이트되어왔다. DO-178B와 마찬가지로 DO-178C는 12개의 섹션(Section), 본문에서의 목표를 요약하는 부록 A(Annex A), 용어집을 포함하는 부록 B(Annex B) 그리고 일부 지원 부속물들로 구성되어 있다. DO-178C 섹션들의 관계는 [그림 4-2]와 같이 묘사되며 다음과 같이 간단하게 설명된다.

- DO-178C Section 1: 문서에 대한 소개를 제공한다.
- DO-178C Section 2: ARP4754A로 할당되는 시스템 프레임워크를 포함한다.
- DO-178C Section 3: 다음과 같은 DO-178C 소프트웨어 라이프 사이클 프로세스의 간략한 개요를 제공한다. 계획, 개발(요구사항, 설계, 코드, 그리고 통합), 검증, 소프트웨어 형상 관리, 소프트웨어 품질 보증, 인증 교섭
- DO-178C Section 4: 계획 프로세스의 목표와 활동을 설명한다. 계획 목표는 DO-178C Table A-1에 요약되어 있다.
- DO-178C Section 5: 개발 프로세스의 목표와 활동에 대한 설명을 제공한다. 개발 프로세스는 요구사항, 설계, 코드 그리고 통합 단계를 포함한다. 개발 목표는 DO-178C Table A-2에 요약되어 있다.

그림 4-2 | DO-178C의 개요

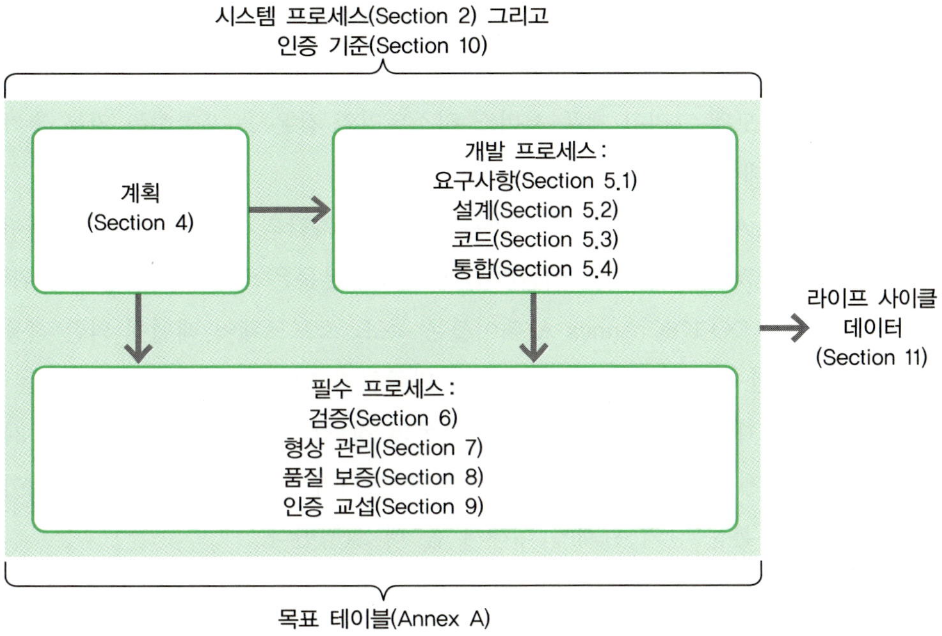

- DO-178C Section 6: 검증 프로세스를 설명한다. 검증은 필수 프로세스이고 계획에 대한 검증으로 시작해서 검증 결과의 리포트와 리뷰에 이르는 전체가 진행된다. 검증은 리뷰, 분석, 시험을 포함한다. 검증은 소프트웨어 개발 보증에서 중요한 역할을 수행한다. DO-178C 목표의 절반 이상이 검증 목표이다. 검증 목표는 DO-178C Table A-3에서 A-7에 걸쳐서 요약된다.
- DO-178C Section 7: 소프트웨어 형상 관리 프로세스를 설명하는데 변경 컨트롤과 문제점 리포트를 포함한다. 형상 관리 목표는 DO-178C Table A-8에 요약된다.
- DO-178C Section 8: 소프트웨어 품질 보증 프로세스에 대한 지침을 제공한다. 소프트웨어 품질 보증 프로세스에 대한 목표는 DO-178C Table A-9에 요약된다.
- DO-178C Section 9와 10: 인증 교섭 프로세스와 전체 항공기 혹은 엔진 인증 프로세스를 요약한다. 인증 교섭 목표는 DO-178C Table A-10에 요약된다.
- DO-178C Section 11: 소프트웨어의 계획, 개발 그리고 검증 과정에서 생성되는 라이프 사이클 데이터를 식별한다. 많은 경우에 **소프트웨어 라이프 사이클 데이터**(software life cycle data)라는 용어는 **데이터 아이템**(data items) 혹은 **산출물**(artifacts)로 언급된다. 각각의 라이프 사이클 데이터 아이템의 예상되는 내용이 DO-178C Section 11에 간략

하게 설명된다. 각각의 데이터 아이템은 해당 챕터의 앞에서 논의된다.

- DO-178C Section 12 : 이전 섹션들에 더해서 이전에 개발된 소프트웨어, 도구 인증 레벨(TQL) 그리고 대체 방법들(철저한 입력 시험, 다중 버전 비유사성 소프트웨어, 소프트웨어 의존성 모델 그리고 제품 서비스 히스토리와 같은)을 포함하는 일부 추가적인 고려사항들에 대한 지침을 포함한다.
- DO-178C Annex A : 목표와 출력의 상관관계가 있는 각각의 프로세스에 대한 테이블을 포함한다. DO-178B Annex A 테이블과 DO-178C의 본문은 일관성을 보장하기 위해 약간 수정되었다. DO-178C Annex A 테이블은 목표, 소프트웨어 레벨에 의한 적용가능성, 목표에 대한 독립성 요구사항, 목표를 만족하기 위해 일반적으로 생성되는 출력 그리고 출력에 대해서 요구되는 형상 컨트롤의 정도를 요약한다. Section 4.2.2는 그 테이블을 어떻게 해석하는지에 대한 것뿐만 아니라 DO-178C Annex A 테이블과 DO-178C 문서 본문 간의 관계에 대해서 좀 더 설명한다.
- DO-178C Annex B : DO-178C에 사용되는 용어 설명을 포함한다. DO-178C는 공통 소프트웨어 엔지니어링 정의를 사용하지만 항공에 특화된 영역을 위해 일부는 수정된다.
- DO-178C Appendix A : 배경 정보, DO-178B로부터 DO-178C로의 차이점에 대한 간단한 요약과 위원회의 참고 용어들을 제공한다.
- DO-178C Appendix B : 위원회 멤버십을 열거한다. 적어도 두 개의 미팅에 참석했던 사람은 누구나 멤버십 리스트에 포함되었다. 따라서 그것은 다소 긴 리스트이다.

〈표 4-2〉는 각 섹션(DO-178C 섹션 참고는 괄호 안에 포함된다)에 대한 DO-178B로부터 DO-178C로의 중요한 변경에 대한 간단한 요약을 제공한다. 차이점에 대한 적절한 상세 내용은 이 책의 이후의 챕터들에서 설명된다.

표 4-2 DO-178B와 DO-178C 간의 주요 차이점

Section	DO-178B로부터 DO-178C로의 중요한 변경의 요약
일반	• 목표와 활동 전반을 정렬하고 명확하게 함 • Annex A와 본문에 있는 목표를 정렬함 • 목표 vs. 활동을 전반적으로 명확하게 함
1(소개)	• 문서를 어떻게 사용하는지에 대한 요점을 확장(1.4) • 기술 부속서의 설명과 소프트웨어 계획에서 부속서의 사용을 설명할 필요성을 추가(1.4.o)
2(시스템)	• ARP4754A에 정렬하기 위해 업데이트(2.1~2.5, 2.5.6, 2.6) • 시스템과 소프트웨어 사이의 정보 교환에 대한 더 자세한 내용을 제공(2.2) • 파라미터 데이터 아이템 설명과 예시를 추가(2.5.1)
4(계획)	• 파라미터 데이터 아이템이 사용될 때 그에 대한 계획 활동을 추가(4.2.j) • 계획에서 아웃소싱과 공급업체 감독을 하나의 주제로 설명하기 위해 추가(4.2.j) • 개발 환경에 대한 알려진 도구 문제와 제한이 존재할 때 항공 소프트웨어에 미치는 영향을 평가하기 위한 필요성을 분명하게 함(4.4.1.f) • 개발 표준에서 강건성을 고려하기 위한 활동을 추가(4.5.d)
5(개발)	• 파생 요구사항의 예시를 추가(5.0) • 파라미터 데이터 아이템에 대한 지침을 추가(5.1.2.j, 5.4.2) • 데이터 플로우와 컨트롤 플로우의 형태에서 소프트웨어 컴포넌트 간의 인터페이스에 대한 일부 명확함을 제공(5.2.2.d) • 설계 지침 섹션에 비활성화된 코드 설계 고려사항을 추가(5.2.4) • 자동 코드 생성기가 사용된다면 자동 코드 생성기가 계획된 제약을 따르는 것을 보장하기 위해 코딩 단계 과정에 활동을 추가(5.3.2.d) • 패치에 대한 지침을 추가(5.4.2.e 그리고 5.4.2.f) • 개발 작업의 출력으로써 추적 데이터(trace data)를 추가하고(5.5 그리고 Table A-2) DO-178B Section 5.1.2, 5.2.2, 5.3.2에서 추적된 아이템들을 제거 • 계층 레벨 간의 양방향 추적성에 대한 필요성을 분명하게 함(5.5)
6(검증)	• 강건성이 검증의 핵심이라는 것을 분명하게 하고 강건성 시험을 분명하게 함(6.1.e 그리고 6.4.2.b) • 검증 프로세스 활동을 분명하게 함(6.2) • Section 6 지침이 어떻게 들어맞는지를 설명하기 위해 시험에 대한 그림을 업데이트(Figure 6-1) • 아키텍처 일관성 리뷰를 위한 기준을 업데이트(6.3.3.b) • 컴파일러, 링커 그리고 일부 하드웨어 옵션이 워스트 케이스 실행시간에 영향을 줄 수 있고 평가되어야 한다는 것에 대한 설명을 추가(6.3.4.f) • 통합 목표를 분명하게 하고 통합 과정에서 잠재적인 에러로써 컴파일러 경고를 추가(6.3.5) • 시험 케이스, 절차 그리고 결과의 리뷰 및 분석을 6.3.6(DO-178B에서)으로부터 6.4.5(DO-178C에서)로 이동 • 시험 절차가 시험 케이스로부터 생성된다는 것을 설명(6.4.2.c) • Annex A와 일관성을 가지도록 목표를 업데이트(6.4, 6.4.4, 6.4.5) • 요구사항 기반 시험 커버리지 분석을 분명하게 함(6.4.4.1)

	• 구조적 커버리지 분석 또한 인터페이스를 평가한다는 것을 분명하게 함(6.4.4.2) • 특히 오브젝트 코드 커버리지와 요구사항 기반 시험으로의 관계에 대해 구조적 커버리지 지침을 분명하게 함(6.4.4.2) • 데이터 및 컨트롤 결합도 분석이 요구사항 기반 시험에 기반한다는 것을 분명하게 함(6.4.4.2.c) • 데드 코드(dead code)를 포함해서 관련 없는 코드(extraneous code)로 불리는 커버되지 않는 코드 클래스를 추가(6.4.4.3.c) • 비활성화된 코드 지침을 분명하게 함(6.4.4.3.d) • 요구사항과 시험 케이스, 시험 케이스와 시험 절차 그리고 시험 절차와 시험 결과 간의 양방향 추적을 추가(6.5) • 개발 작업의 출력으로써 추적 데이터(trace data)를 추가(6.5 그리고 Table A–6) • 파라미터 데이터 아이템 검증 지침을 추가(6.6)
7(형상 관리)	• 파라미터 데이터 아이템이 사용될 때 파라미터 데이터 아이템 형상 관리를 추가(7.0.b, 7.1.h, 7.2.1.e, 7.2.7.c, 7.2.7.d) • 더 나은 흐름을 위해 몇 개의 섹션 위치를 재편성(7.4, 7.5)
8(품질 보증)	• 계획과 표준의 일관성 리뷰를 포함하기 위해 품질 보증 목표를 업데이트(8.1.a, Table A–9) • 8.1.a(DO-178B에서)에서 8.1.b(DO-178C에서)로 목표를 이동하고 공급업체 프로세스의 평가를 목표에 추가(8.1.b) • 공급업체 프로세스와 출력 준수를 보장하기 위한 활동을 추가(8.2.i)
9(인증 교섭)	만약 파라미터 데이터가 사용된다면 형식 설계 데이터로써 파라미터 데이터 아이템 파일을 추가(9.4.d)
11(라이프 사이클 데이터)	• 공급업체 감독 정보를 포함하는 것에 대한 필요성을 PSAC에 추가(11.1.h) • (필요한 경우) 자동 코드 생성기 옵션 및 제약을 소프트웨어 개발 계획의 개발 환경 섹션에 추가(11.2.c.3) • 컴파일러, 링커 그리고 로더 정보를 추가하는 것에 대한 필요성을 소프트웨어 개발 계획에 추가(11.2.c.4) • 소프트웨어 검증 계획에서 재검증 콘텐츠 또한 단지 변경된 소프트웨어가 아니라 영향을 받는 소프트웨어를 기술해야 한다는 것을 분명하게 함(11.3.h) • 컴파일러, 링커 그리고 로더 데이터가 소스 코드 일부보다는 소스 코드 전체와 함께 사용된다는 것을 분명하게 함(11.11) • 시스템 프로세스를 지원하는 소프트웨어 검증을 기술하기 위한 지침을 추가(11.14) • 소프트웨어 라이프 사이클 환경 형상 인덱스에 포함하기 위한 정보 리스트에 자동 코드 옵션을 추가(11.15.b) • 만약 사용된다면 파라미터 데이터 아이템 파일을 소프트웨어 형상 인덱스에 추가(11.16.b, 11.16.g) • 만약 사용된다면 사용자 수정가능 소프트웨어를 수행하기 위한 절차, 방법, 도구를 소프트웨어 형상 인덱스에 추가(11.16.j) • 소프트웨어 형상 인덱스에 로딩 절차 및 방법을 추가(11.16.k) • 소프트웨어 완수 요약 콘텐츠를 약간 재편성(11.20) • 소프트웨어 완수 요약에서 소프트웨어 형상 인덱스로의 참조를 분명하게 함(11.20.g)

	• 소프트웨어 완수 요약에 공급업체 감독에 대한 섹션을 추가(11.20.g) • 소프트웨어 완수 요약에 포함되어야 하는 미해결 문제점 리포트 요약 정보를 분명하게 함(11.20.k) • 추적 데이터(11.21)와 파라미터 데이터 아이템 파일(11.22)의 콘텐츠를 설명하기 위한 섹션을 추가(11.22)
12(추가적인 고려사항)	• 소프트웨어에 영향을 줄 수 있는 변경 리스트에 자동 코드 생성기와 하드웨어 변경을 추가(12.1.3.c 그리고 12.1.3.f) • 도구 인증 지침을 업데이트하고 DO-330으로의 참조를 추가(12.2) • 현재는 DO-333으로 기술되기 때문에 대체 방법으로써 정형 기법을 제거 • 제품 서비스 히스토리 지침을 분명하게 함(12.3.4)
Annex A (목표 테이블)	• 활동에 대한 참조를 추가하기 위해 Annex A 테이블을 업데이트(모든 테이블) • Annex A 테이블 출력을 분명하게 함(모든 테이블) • 파라미터 데이터 아이템에 대한 목표를 추가하거나 수정(Table A-2 Objective 7 그리고 Table A-5 Objective 8 및 9) • 참조되는 지침과의 일관성을 위해 목표에 사용된 단어들을 업데이트(Table A-1 Objective 2 및 7, Table A-2 Objective 2 및 5, Table A-9 Objective 5) • 레벨 D를 위한 설계 목표의 적용가능성을 제거(Table A-2 Objective 4, 5, 그리고 6) • 출력으로써 추적 데이터 추가(Table A-2 그리고 A-6) • 오브젝트 코드로의 소스 추적성을 기술하기 위해 목표를 추가(Table A-7 Objective 9) • 계획 프로세스에서 품질 보증의 역할을 위한 목표를 업데이트(Table A-9 Objective 1) • 계획과 표준 준수를 평가하는 데 있어서 품질 보증의 역할에 대한 목표를 분리(Table A-9 Objective 2 그리고 3)
Annex B (용어 사전)	• 일부 용어를 분명하게 함(예를 들면, 파생 요구사항) • 일부 누락된 용어를 추가 • DO-178C에서 사용되지 않는 몇 가지 용어를 제거

4.2.1 DO-278A와 DO-178C의 차이점

DO-278A는 Guidelines for Communication, Navigation, Surveillance, and Air Traffic Management(CNS/ATM) Systems Software Integrity Assurance라는 타이틀을 가지고 있다. DO-278A는 지상 기반 CNS/ATM 소프트웨어에 포커스를 두고 있고, 그것은 항공기 안전에 직접적인 영향을 미칠 수 있다. DO-178C와 DO-278A 간의 주된 차이점은 다음과 같다.

- DO-178C는 항공 소프트웨어(airborne software)를 사용한다. 반면에 DO-278A는 CNS/ATM 소프트웨어(CNS/ATM software)를 사용한다.
- DO-178C는 인증(certification)을 사용한다. 반면에 DO-278A는 승인(approval)을 사용한다.

- DO-178C는 감항 요구사항을 사용한다. 반면에 DO-278A는 적용가능한 승인 요구사항을 사용한다.
- DO-178C는 파라미터 데이터 아이템 파일을 사용한다. 반면에 DO-278A는 적응(adaptation) 데이터 아이템 파일을 사용한다.
- DO-178C는 소프트웨어 인증 계획(PSAC)을 사용한다. 반면에 DO-278A는 소프트웨어 승인 계획(PSAA)을 사용한다.
- DO-278A Section 2는 DO-178C와 약간 다르다. 왜냐하면 안전성 평가 프로세스로의 연결이 CNS/ATM 지상 시스템 vs. 항공기가 서로 다르기 때문이다.
- DO-278A는 소프트웨어 레벨 A~E 대신에 보증 레벨 1~6(AL1~AL6)을 사용한다. DO-278A 보증 레벨은 DO-278A가 DO-178C의 레벨 C와 D 사이에 추가적인 레벨을 가지고 있다는 것을 제외하면 DO-178C 레벨과 동등하다. 〈표 4-3〉은 DO-278A와 DO-178C 레벨 사이의 맵핑을 보여준다.
- DO-278A는 DO-178C에서는 제공되지 않는 보안 요구사항, 적합성, 컷오버(핫스와핑) 그리고 개발 이후 라이프 사이클에 대한 간략한 섹션을 가지고 있다.
- 서비스 경험에 대한 DO-278A의 섹션은 제품 서비스 히스토리에 대한 DO-178C의 섹션과는 약간 다르다.
- DO-278A는 DO-178C에는 존재하지 않는 COTS(Commercial Off-The-Shelf) 소프트웨어에 대한 긴 섹션을 가지고 있다.

표 4-3 DO-178C와 DO-278A 레벨의 상관관계

DO-178C 소프트웨어 레벨	DO-278A 보증 레벨
A	AL1
B	AL2
C	AL3
해당하는 대상 없음	AL4
D	AL5
E	AL6

출처: RTCA DO-278A, *Guidelines for Communications, Navigation, Surveillance, and Air Traffic Management (CNS/ATM) Systems Software Integrity Assurance*, RTCA, Inc., Washington, DC, December 2011. DO-278A Table 2-2에 기반. RTCA, Inc.의 허락하에 사용됨

4.2.2 DO-178C Annex A 목표 테이블의 개요

흔히들 DO-178C는 뒤에서부터 읽어 나가는 것이 가장 좋다고 말한다. DO-178C Annex A는 목표, 적용가능한 섹션 그리고 DO-178C Section 4에서 11까지 요구되는 데이터를 요약한다. 하지만 앞부분을 읽지 않으면, DO-178C Annex A 목표 테이블은 해당 주제에 대한 내용의 완전한 이해를 제공하지 않을 것이다. DO-178C Annex A 테이블은 기본적으로 소프트웨어 레벨에 따른 목표를 적용하기 위한 로드맵을 제공한다. 이번 서브 섹션은 각각의 테이블의 주제, 테이블이 어떻게 관련되어 있는지 그리고 테이블을 해석하는 방법을 간략하게 설명한다. 목표는 기술적인 것들이 좀 더 깊게 탐구되면서 Chapter 5에서 Chapter 12에 걸쳐서 좀 더 논의된다.

〈표 4-4〉는 각각의 테이블에 포함된 목표의 숫자뿐만 아니라 DO-178C Annex A의 10개 테이블의 제목을 포함하고 있다. 〈표 4-5〉는 소프트웨어 레벨에 따라 적용가능한 목표의 숫자를 보여준다. [그림 4-3]은 DO-178C의 10개의 목표 테이블 간의 관계를 보여준다. 계획 프로세스는 다른 프로세스들 그리고 전체 프로젝트에 걸쳐서 일어나는 형상 관리, 품질 보증 그리고 인증 교섭 프로세스를 이끌게 된다.

표 4-4 DO-178C Annex A 테이블의 요약

테이블 #	목표수	DO-178C Annex A 테이블 제목
A-1	7	소프트웨어 계획 프로세스
A-2	7	소프트웨어 개발 프로세스
A-3	7	소프트웨어 요구사항 프로세스의 출력에 대한 검증
A-4	13	소프트웨어 설계 프로세스의 출력에 대한 검증
A-5	9	소프트웨어 코딩 및 통합 프로세스의 출력에 대한 검증
A-6	5	통합 프로세스의 출력에 대한 시험
A-7	9	검증 프로세스 결과에 대한 검증
A-8	6	소프트웨어 형상 관리 프로세스
A-9	5	소프트웨어 품질 보증 프로세스
A-10	3	인증 교섭 프로세스

출처: RTCA DO-178C, *Software Considerations in Airborne Systems and Equipment Certification*, RTCA, Inc., Washington, DC, December 2011.

표 4-5 | 소프트웨어 레벨에 따른 DO-178C 목표의 수

소프트웨어 레벨	A	B	C	D	E
목표의 수	71	69	62	26	0

그림 4-3 | DO-178C Annex A 테이블 간의 관계

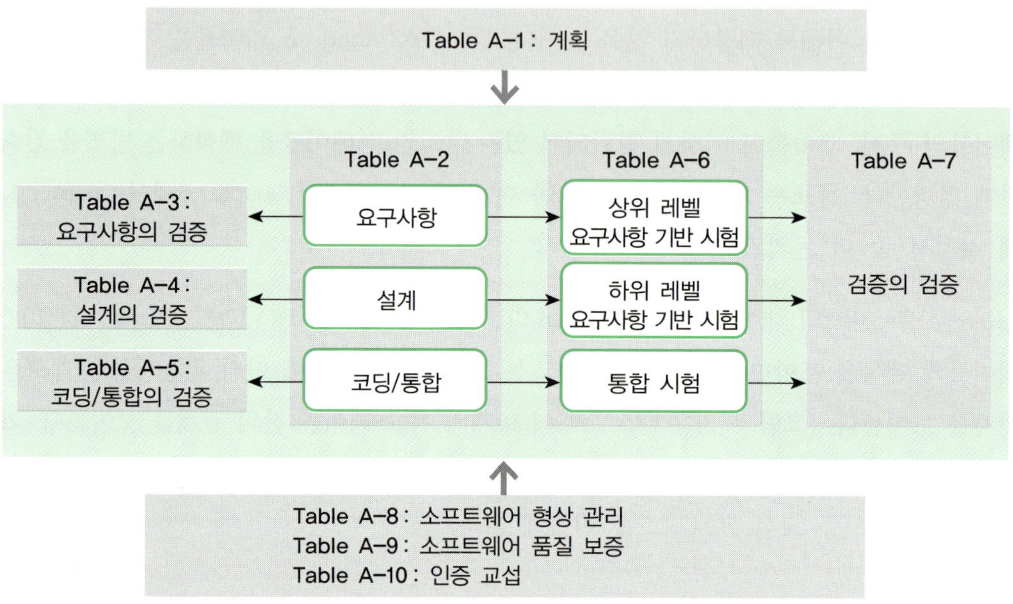

〈표 4-6〉은 DO-178C(Table A-6 Objective 3)로부터의 대표적인 목표를 보여준다.

표 4-6 | DO-178C 목표의 예시

	목표		활동	소프트웨어 레벨에 따른 적용가능성				출력		소프트웨어 레벨에 따른 컨트롤 분류			
	설명	참조	참조	A	B	C	D	데이터 아이템	참조	A	B	C	D
3	실행가능 오브젝트 코드가 하위 레벨 요구사항을 준수한다.	6.4.c	6.4.2 6.4.2.1 6.4.3 6.5	●	●	○		소프트웨어 검증 케이스 및 절차	11.13	①	①	②	
								소프트웨어 검증 결과	11.14	②	②	②	
								추적 데이터	11.21	①	①	②	

출처 : RTCA DO-178C, *Software Considerations in Airborne Systems and Equipment Certification*, RTCA, Inc., Washington, DC, December 2011. RTCA, Inc.의 허락하에 사용됨

각각의 목표 테이블에는 5개의 주요 섹션들이 있다. 각각의 섹션은 다음과 같이 간략하게 설명된다.

- **목표**(Objective) 섹션은 목표를 요약하고 목표가 설명된 문서 본문으로의 참조를 제공한다. 목표는 **무엇**(what)이 수행될 필요가 있는지에 대한 것이다. 그것을 **어떻게**(how) 하는지를 설명하지 않는다. 목표를 완전하게 이해하기 위해 참조된 섹션을 읽는 것이 중요하다. 대부분의 설명이 다소 직관적이지만 더 복잡한 것이 몇 가지 있다. 목표에 대해서는 좀 더 어려운 목표를 포함해서 Chapter 5에서 12에 걸쳐서 설명될 것이다.
- **활동**(Activity) 섹션은 DO-178C 본문으로의 참조를 제공하는데, 거기에는 목표를 만족하기 위한 방법에 대한 활동들이 제안되어 있다. 활동은 목표를 만족하기 위한 일반적인 접근법을 제공하지만 계획에서는 다른 접근법이 제시될 수도 있다.
- **소프트웨어 레벨에 따른 적용가능성**(Applicability by Software Level)은 어떤 목표가 소프트웨어 레벨에 따라서 적용되는지를 식별한다. 앞서 언급된 것처럼 모든 목표는 레벨 A에 적용한다. 하지만 레벨 B~D는 부분집합이다. A, B, C 혹은 D 칼럼에 있는 ○ 혹은 ●은 그 목표가 해당 소프트웨어 레벨에 대해서 만족해야 한다는 의미이다. 채워진 원(●)은 목표가 독립적으로 완료되어야 한다는 의미이다. 검증 목표에 대해서 독립성은 단순히 별개의 사람 혹은 도구가 그 검증을 수행한다는 것을 의미한다(즉, 원래 산출물을 생성하지 않은 대상에 의해서 검증되는 것). 독립성은 이 책에서 나중에 설명된다(검증 독립성에 대해서는 Section 9.3, 소프트웨어 품질 보증 독립성에 대해서는 Section 11.1.3).

  DO-178C에는 총 71개의 목표가 있다. 레벨 A에 대해서는 71개의 목표 모두 만족해야 한다. 레벨 B와 그 이하에 대해서는 〈표 4-5〉에서 보이는 것처럼 숫자가 더 적다. 소프트웨어 개발 접근법에 따라서 일부 목표는 적용가능하지 않을 수 있다(예를 들면, 만약 파티션이 사용되지 않으면 Table A-4 Objective 13은 적용되지 않으며, 만약 파라미터 데이터가 없다면 Table A-5 Objective 8과 9는 적용되지 않는다).
- **출력**(Output) 칼럼은 목표가 만족되는 것을 증명하기 위해 생성되어야 하는 데이터와 각각의 데이터 아이템에 대한 간략한 설명이 제공되는 DO-178C Section 11에 대한 적용가능한 참조를 식별한다. 인증 세계에는 다음과 같은 말이 있다. "만약 작성되지 않았다면 일어나지 않은 것이다." 출력 칼럼은 목표에 대한 준수를 증명하기 위해 사용되는 데이터를 식별한다. 〈표 4-7〉은 Annex A 테이블에서 참조되는 DO-178C Section

11 데이터 아이템 전체의 요약을 제공한다. 별표와 함께 표시된 아이템들은 항상 인증 당국에 제출된다. 다른 아이템들은 요청에 따라 제공되거나 조사에 대해서 사용가능하게 된다.

- 소프트웨어 레벨에 따른 컨트롤 분류(Control Category by Software Level)는 출력 데이터 아이템에 적용하는 형상 관리의 레벨을 가리킨다. ①은 컨트롤 분류 #1(CC1)을 의미하며 좀 더 엄격한 형상 관리 프로세스가 필요하다. ②는 컨트롤 분류 #2(CC2)를 가리키며 덜 엄격하다. CC1과 CC2는 Chapter 10에서 설명한다.

표 4-7 소프트웨어 라이프 사이클 데이터의 개요

DO-178C Section	라이프 사이클 데이터 아이템	설명
11.1*	PSAC	인증 당국과의 문서 동의를 위해 사용되는 최상위 레벨 소프트웨어 계획
11.2	Software development plan	개발팀을 가이드하고 DO-178C 개발 목표에 대한 준수를 보장하기 위한 소프트웨어 개발 절차와 라이프 사이클을 설명
11.3	Software verification plan	검증자를 가이드하고 DO-178C 검증 목표에 대한 준수를 보장하기 위한 소프트웨어 검증 절차를 설명
11.4	Software configuration management plan	소프트웨어 개발 및 검증 작업 전반에 사용되기 위한 소프트웨어 형상 관리 환경, 절차, 활동, 프로세스를 생성
11.5	Software quality assurance plan	DO-178C 목표와 계획 및 표준에 대한 준수를 보장하기 위해 프로젝트의 소프트웨어 품질 보증의 감독에 대한 계획을 생성
11.6	Software requirements standards	요구사항 작성자를 위한 지침, 방법, 규칙, 도구를 제공
11.7	Software design standards	설계자를 위한 지침, 방법, 규칙, 도구를 제공
11.8	Software code standards	프로그래밍 언어를 효과적으로 사용하기 위한 지침, 방법, 규칙, 도구를 제공
11.9	Software requirements data	상위 레벨 및 파생된 상위 레벨 소프트웨어 요구사항을 정의
11.10	Software design description	소프트웨어 아키텍처, 하위 레벨 요구사항, 파생된 하위 레벨 요구사항을 정의
11.11	Source code	실행가능 오브젝트 코드를 생성하기 위해 컴파일, 링크, 로드 데이터와 함께 사용되는 코드 파일들로 구성하고 그것을 타깃 컴퓨터로 통합
11.12	Executable object code	타깃 컴퓨터의 프로세서에 의해서 직접 읽히는 코드

11.13	Software verification cases and procedures	소프트웨어 검증 프로세스가 수행되는 방법을 상세화
11.14	Software verification results	검증 프로세스의 출력
11.15	Software life cycle environment configuration index	소프트웨어 개발, 컨트롤, 빌드, 검증, 로드를 위해 사용되는 도구들을 포함한 소프트웨어 환경을 식별
11.16*	Software configuration index	소스 코드, 실행가능 오브젝트 코드, 지원 라이프 사이클 데이터를 포함하는 소프트웨어 제품의 형상을 식별. 또한 빌드 및 로드 명령을 포함
11.17	Problem reports	해결을 확인하기 위해 제품 및 프로세스 이슈를 식별
11.18	Software configuration management records	다양한 소프트웨어 형상 관리 활동의 결과를 포함
11.19	Software quality assurance records	소프트웨어 적합성 리뷰를 포함하는 소프트웨어 품질 보증 활동의 결과를 포함
11.20*	Software accomplishment summary	DO-178C에 대한 준수, PSAC로부터의 차이점, 소프트웨어 특성, 오픈된 문제점 리포트를 요약
11.21	Trace data	요구사항, 설계, 코드, 검증 데이터 사이의 추적에 대한 증빙을 제공
11.22	Parameter data item file	타깃 컴퓨터의 프로세서에 의해서 직접적으로 사용가능한 데이터(구성 데이터와 같은)를 포함

* 이들 문서들은 인증 당국에 최소한으로 제출된다.

출처 : RTCA DO-178C, *Software Considerations in Airborne Systems and Equipment Certification*, RTCA, Inc., Washington, DC, December 2011.

4.3 DO-330 : 소프트웨어 도구 인증 고려사항

DO-178C는 소프트웨어 도구를 다음과 같이 정의한다. “다른 프로그램을 개발, 시험, 분석, 생산, 변경하거나 그것의 문서화를 지원하기 위해 사용되는 컴퓨터 프로그램이다. 예로는 자동화된 설계 도구, 컴파일러, 시험 도구 및 변경 도구가 있다.”[1] 도구 사용의 증가와 써드파티 도구 제조사의 증가 때문에 도구 인증 지침은 확장되었고 DO-178C 코어로부터 DO-330이라는 독립 문서로 분리되었다. DO-178C Section 12.2는 도구가 인증을 받을 필요가 있는지 그리고 도구가 어떤 레벨로 인증을 받을 필요가 있는지를 결정하는 방법을 설명한다. 다섯 가지 TQL이 정의되어 있다. TQL-1은 가장 엄격하다. DO-330은 도구를 인증하기 위해 무엇이 수행될 필요가 있는지를 설명한다. DO-330은 DO-178C와 유사하게 구성되어 있고 자신만의 목표 세트를 가지고 있다. DO-330은 도구 개발자가 DO-178C 자체의 상세한 지식 없이 인증가능한 도구를 개발할 수 있도록 하는 독립 문서이다. DO-330은 가능한 한 도메인에 독립되게 만들어졌고, 그래서 다른 도메인(항공용 데이터베이스 개발자, 전자 하드웨어 개발자, 시스템 안전성 평가 도구 개발자, 시스템 개발자)에 의해서 사용될 수 있다. DO-330 지침은 소프트웨어로 구현되는 도구에 적용한다(즉, 하드웨어로 구현되는 도구에는 적용하지 않는다). 적절한 TQL과 그 도메인을 위한 라이프 사이클에서 도구의 사용을 식별하기 위해 그 지침을 참조하는 각각의 특정 도메인을 위한 일부 적응이 필요할 수 있다. 하지만 전체 인증 프로세스는 도구가 사용되는 도메인에 대해서 상대적으로 독립적이다. DO-330 Appendix C와 D는 도구 인증에 대해서 여러 가지 FAQ를 제공한다. DO-330과 도구 인증은 Chapter 13에서 살펴본다.

4.4 DO-178C 기술 부속서

기술과 트렌드에 따라 변경할 수 있는 접근법을 개발하기 위해 RTCA와 EUROCAE 위원회는 기술 부속서를 개발하기로 했다. 그 시각은 기술이 변경되면서 DO-178C의 본문은 유지될 수 있고 기술 부속서는 필요에 따라서 변경되거나 추가될 수 있다는 것이다. 세 가지 기술 부속서가 DO-178C와 동시에 발행되었다. 각각의 기술 부속서는 목표 기반이고 특정 기술에 대해서 DO-178C 코어에 있는 목표를 확장한다. 각각의 부속서는 다음에 간략하게 요약되고 다른 챕터에서 좀 더 상세하게 설명할 것이다. 만약 여러 개의 부속서가 함께 사용된다면, PSAC는 소프트웨어 라이프 사이클과 결과 데이터의 각각의 영역에 어떤 부속서와 목표를 적용하는지를 설명해야 한다.

4.4.1 DO-331 : 모델 기반 개발 부속서

Model-Based Development and Verification Supplement to DO-178C and DO-278A라는 타이틀의 DO-331은 모델을 다음과 같이 정의한다.[3][4)]

> 소프트웨어 개발 프로세스 혹은 소프트웨어 검증 프로세스를 지원하기 위해 사용되는 시스템의 소프트웨어 측면 세트에 대한 추상적인 표현이다. 이 부속서[DO-331]는 다음과 같은 특성을 가진 모델(들)을 다룬다.
> 1. 모델은 명확하게 식별된 모델 표기법을 사용하여 완전하게 설명된다. 모델링 표기법은 그래픽 그리고/혹은 텍스트가 될 수 있다.
> 2. 모델은 소프트웨어 요구사항 그리고/혹은 소프트웨어 아키텍처 정의를 포함한다.
> 3. 모델은 소프트웨어 개발 프로세스 혹은 소프트웨어 검증 프로세스에 의해 지원되는 직접 분석 혹은 행위 평가를 위해 사용되는 형태와 유형이다.

DO-331은 DO-178C 코어를 기반으로 하며 해당 코어에 지침을 수정하거나 추가한다. 모델 기반 개발과 모델 기반 검증 모두 DO-331 부속서에 기술된다. DO-331은 모델 커버리지 분석과 모델 시뮬레이션뿐만 아니라 **명세 모델**(specification models) 및 **설계 모델**(design model)에 대한 지침을 제공한다. DO-178C와 DO-331 사이에 차이의 대부분은 Section 5와 6(개발 및 검증 프로세스)이다. 또한 계획(Section 4), 소프트웨어 라이프 사이클 데이터(Section 11) 그리고 Annex A 목표 테이블에도 영향이 있다. 모델 기반 개발 및 검증 그리고 DO-331은 Chapter 14에서 좀 더 논의된다.

4.4.2 DO-332 : 객체 지향 기술 부속서

Object-Oriented Technology and Related Techniques Supplement to DO-178C and DO-278A라는 타이틀의 DO-332는 다음과 같이 설명하고 있다. "객체 지향 기술은 객체 중심의 시스템 분석, 설계, 모델링 그리고 프로그래밍에 대한 패러다임이다. 소프트웨어 안전성을 고려할 때 감안할 필요가 있는 객체 지향 언어에서 공통적으로 발견되는 개념과 기법이 있다."[4] DO-332는 객체 지향 기술(OOT)을 둘러싼 가장 적절한 이슈들을 식별하며 이를 설명하기 위해 해야 할 것이 무엇인지에 대한 지침을 제공한다. 추가적으로 DO-332는 OOT와 공통적으로 관련되지만 국한되지는 않는, 여섯 가지 **관련 기법**(related techniques) — 매개변수 다형성, 오버로딩, 타입 변환, 예외 처리, 동적 메모리 관리 및 가상화를 설명한다. Chapter 15에서 설명하겠지만, 이러한 **관련 기법**에 대한 지침은 그 언어

4) 명확하게 하기 위해서 대괄호가 추가되었다.

가 이러한 고급 기법을 이용할 때 비 OOT 프로젝트에도 적용될 수 있다.

다른 부속서처럼 DO-332 부속서는 DO-178C 코어에 기반하며 지침이 변경되거나 개선될 필요가 있는 부분을 식별한다. DO-178C로부터의 일부 변경은 DO-332 Section 4에서 6 그리고 11에서 확인된다. 하지만 일반적으로 그 변경은 상대적으로 사소한 부분이다. DO-332 Section 1부터 12까지에서 제공되는 지침에 더해서 부속서는 객체 지향 기술 및 관련된 기법(OOT&RT)에서 취약성을 식별하는 Annex D를 포함하고 있으며, 이러한 취약성들을 해결하기 위해서 해야 하는 것에 대한 지침을 제공한다. 취약성에 대한 Annex D는 DO-332에 고유한 부분이다. 다른 부속서들은 그런 섹션을 가지고 있지 않다. DO-330 및 다른 부속서들과 마찬가지로 DO-332는 FAQ를 요약하는 Appendix를 가지고 있다. OOT&RT FAQ는 다음과 같은 카테고리로 나누어진다 : ① 일반, ② 요구사항, ③ 설계, ④ 프로그래밍, ⑤ 검증. DO-332와 OOT는 Chapter 15에서 설명된다.

4.4.3 DO-333 : 정형 기법 부속서

Formal Methods Supplement to DO-178C and DO-278A라는 타이틀의 DO-333은 정형 기법(formal methods)을 다음과 같이 정의한다. "시스템 행위의 수학적 모델에 대한 생성, 개발 및 추론에 사용되는 기술 표기법 및 분석 방법이다. 정형 기법은 정형 모델에 대해 수행하는 공식적인 분석이다."[5] DO-178B는 정형 기법을 대체 방법으로 식별했다. 하지만 그 지침은 모호했고 널리 적용되지 않았다. DO-178B의 출간 이후에 정형 기법의 영역에서 발전이 이루어졌고 그 기술이 좀 더 실현가능하도록 만들기 위해 도구와 기법들이 개선되어왔다. 그래서 DO-178C부터 정형 기법 섹션은 제거되고 부속서(DO-333)에 작성되었다. DO-333은 그 기반으로 DO-178C 코어를 사용하며 정형 기법에 특화된 지침으로 코어를 보완한다. DO-178C와 DO-333 사이의 차이를 만드는 주요 섹션은 Annex A 목표 테이블뿐만 아니라 Section 5, 6, 11이다. 다른 대부분의 섹션은 상대적으로 변경되지 않고 그대로 남아 있다. Chapter 16은 정형 기법과 DO-333에 대한 더 많은 정보를 제공한다.

4.5 DO-248C : 지원 항목

Supporting Information for DO-178C and DO-278A라는 타이틀의 DO-248C는 DO-178C 주제에 대한 FAQ와 DP의 모음이다. 그것은 DO-248B를 대체하며 다음의 차이점과 함께 DO-248B와 상당히 유사하다.

- 제목에서 추론할 수 있는 것처럼 DO-248C는 DO-178C뿐만 아니라 DO-278A를 설명한다.5)
- DO-248C가 발행되었을 때 DO-178C 정오표가 식별되지 않았기 때문에 DO-248C는 정오표를 가지고 있지 않다.
- DO-248B에 있는 일부 FAQ와 DP는 지금은 그 정보가 다른 곳(예를 들면, DO-178C, DO-330, 부속서 혹은 시스템 및 안전성 문서[ARP4754A 및 ARP4761])에 존재하기 때문에 DO-248C에서 삭제되었다.
- 일부 FAQ와 DP는 DO-178C와 일치하도록 업데이트되었다(예를 들면, 오브젝트 코드 레벨에서의 구조적 커버리지에 대한 FAQ #42와 데이터 및 컨트롤 결합도 분석에 대한 FAQ #67).
- 일부 새로운 FAQ와 DP가 관련 있는 주제를 분명하게 하기 위해 추가되었다. 새로운 FAQ 혹은 DP의 일부는 새로운 DO-178C 주제를 분명하게 하기 위해 추가되었다(예를 들면, 파라미터 데이터 아이템에 대한 DP #20). DO-248B의 발행 이후에 좀 더 관련 있게 된 주제들을 분명하게 하기 위해 다른 FAQ와 DP가 추가되었다(예를 들면, 캐시 관리에 대한 DP #16, 부동소수점 연산에 대한 DP #17 그리고 단일 이벤트 업셋(Single Event Upset)에 대한 DP #21). 일부 FAQ 혹은 DP는 몇 가지 공통 인증 관련 주제를 설명하기 위해 추가되었다(예를 들면, 상위 레벨 및 하위 레벨 요구사항을 합치는 것에 대한 FAQ #81, 의사 코드 형태의 하위 레벨 요구사항에 대한 FAQ #83, 독립성에 대한 DP #19).
- Section 5가 DO-248C에 추가되었다. 그것은 DO-178C, DO-278A, DO-330 그리고 부속서에 대한 이유를 포함한다.

5) 이 섹션의 나머지 부분에서 DO-178C가 언급될 때마다 DO-278A에도 동일한 사항을 적용한다.

DO-248C는 앞에서부터 뒤쪽으로 읽도록 작성되지 않았다. 대신, 그것은 DO-178C의 공통된 오해와 골치 아픈 측면을 일반적으로 설명하는 일련의 짧은 페이퍼들이다. DO-248C를 사용하는 핵심은 Appendix C와 D이다. DO-248C Appendix C는 문서에서 키워드의 인덱스를 제공한다. DO-248C Appendix D는 DO-248C 페이퍼에 대한 DO-178C 섹션으로의 맵핑을 제공한다. 하나의 주제 혹은 하나의 DO-178C 섹션을 조사할 때 관련된 DO-248C 섹션을 찾기 위해 Appendix C 혹은 D를 사용할 수 있다. 사용성을 높이기 위해 전자책에는 하이퍼링크가 포함되어 있다. 여러 가지 DO-248C의 FAQ와 DP를 주제에 적절하게 이 책 전반에 걸쳐서 언급할 것이다.

도구 인증 혹은 기술 부속서에 대한 FAQ와 DP는 DO-248C보다는 해당 문서에 포함되어 있다는 점에 유의해야 한다.

항공 커뮤니티가 DO-178C에 대한 경험을 얻으면서, DO-248C는 정오표를 캡처하고 추가적인 명확성을 제공하기 위해 업데이트될 것으로 기대된다.

참고문헌

[1] RTCA DO-178C, *Software Considerations in Airborne Systems and Equipment Certification* (Washington, DC: RTCA, Inc., December 2011).

[2] RTCA DO-248C, *Supporting Information for DO–178C and DO-278A* (Washington, DC: RTCA, Inc., December 2011).

[3] RTCA DO-331, *Model–Based Development and Verification Supplement to DO-178C and DO–278A* (Washington, DC: RTCA, Inc., December 2011).

[4] RTCA DO-332, *Object–Oriented Technology and Related Techniques Supplement to DO-178C and DO-278A* (Washington, DC: RTCA, Inc., December 2011).

[5] RTCA DO-333, *Formal Methods Supplement to DO-178C and DO-278A* (Washington, DC: RTCA, Inc., December 2011).

[6] RTCA DO-278A, *Guidelines for Communications, Navigation, Surveillance, and Air Traffic Management (CNS/ATM) Systems Software Integrity Assurance* (Washington, DC: RTCA, Inc., December 2011).

Chapter 5

소프트웨어 계획

약어

CC1	control category #1
CC2	control category #2
COTS	commercial off-the-shelf
CRC	cyclic redundancy check
FAA	Federal Aviation Administration
MISRA	Motor Industry Software Reliability Association
PQA	product quality assurance
PQE	product quality engineer
PR	problem report
PSAC	Plan for Software Aspects of Certification
RTOS	real-time operating system
SAS	Software Accomplishment Summary
SCI	Software Configuration Index
SCM	software configuration management
SCMP	Software Configuration Management Plan
SDP	Software Development Plan
SLECI	Software Life Cycle Environment Configuration Index
SOI	stage of involvement
SQA	software quality assurance
SQAP	Software Quality Assurance Plan
SVP	Software Verification Plan

5.1 소개

당신은 아마도 다음과 같은 말을 들어봤을 것이다. "만약 당신이 계획에 실패하면, 당신은 실패를 계획하게 된다." 혹은 당신은 내가 즐겨 듣는 말들 중 또 다른 하나를 들어봤을 것이다. "만약 당신이 아무것도 목표로 하지 않으면, 당신은 아무것도 얻지 못할 것이다." 훌륭한 소프트웨어는 그저 생기는 것이 아니다. 광범위한 계획이 필요하고, 또한 그 계획을 수행하고 받아들이기 위한 제대로 자격을 갖춘 인력을 요구한다.

DO-178C 계획 프로세스는 프로젝트에 특화된 계획과 표준의 개발과 관련된다. DO-178C 준수(그리고 일반적으로 개발 보증)는 계획이 문서화되고 따르는 것 모두를 요구한다. 만약 계획이 적용가능한 DO-178C 목표를 해결하는 것으로 작성되면, 그것을 따르는 것은 목표에 대한 준수를 보장할 것이다. 따라서 DO-178C 준수와 인증 당국의 승인은 계획을 세우는 작업을 성공적으로 하는 것에 달려있다.

DO-178C는 다섯 가지 계획과 세 가지 표준을 식별하고 각 문서의 예상되는 내용을 설명한다. 대부분의 조직이 다섯 가지 계획 및 세 가지 표준 제안을 따르지만, 조직의 필요에 가장 잘 맞도록 계획과 표준을 패키징하는 것이 허용된다. 추천되지는 않지만, 개발자는 계획 및 표준 전체를 단일 문서로 합칠 수 있다(이 경우에 전체 문서가 인증 당국에 제출될 필요가 있다는 점을 명심하라). 전통적이지 않은 계획 구조를 사용하는 것은 인증 당국에 처음 노출할 때 어떤 어려움을 만들 수 있고 추가적인 제출이 필요할 수 있다. 하지만 DO-178C에서 식별되는 필요한 모든 주제가 적절하게 논의되는 한 그것은 받아들여질 수 있다. 계획과 표준이 어떻게 패키징되는지와 관계없이 DO-178C Section 11.1에서 11.8까지의 추천 내용을 설명할 필요가 있고 문서는 일관성이 있어야 한다.

5.2 일반적인 계획 권고사항들

다섯 가지 계획 각각을 설명하기 전에 몇 가지 일반적인 계획 권고사항들을 고려해보자.

권고사항 1 : 계획이 적용가능한 모든 DO-178C 목표와 적용가능한 부속서의 목표를 커버하는지를 확인하라.[1] 계획은 팀이 계획을 수행할 때 적용가능한 모든 목표를 팀이 준수하도록 작성되어야 한다. 이것을 보장하기 위해 DO-178C 목표(그리고 적용가능한 부속서)와 계획 사이의 맵핑이 도움이 된다. 완료되면 맵핑은 대체로 PSAC[2]의 부록에 포함된다. 나는 각각의 칼럼이 다음에 설명하는 네 개의 칼럼 테이블로 그러한 맵핑을 나타내는 것을 권장한다.

- **테이블/목표 #:** DO-178C(그리고 적용가능한 부속서) Annex A 테이블과 목표 번호
- **목표 요약:** DO-178C의 Annex A 그리고/혹은 적용가능한 부속서에서 보이는 것처럼 목표 요약을 포함
- **PSAC 참조:** 목표가 어떻게 만족할지를 설명하는 PSAC의 섹션을 식별
- **다른 계획 참조:** 목표를 만족하기 위해 상세한 활동을 설명하는 팀 계획문서(예를 들면, 소프트웨어 개발 계획[SDP], 소프트웨어 검증 계획[SVP], 소프트웨어 형상 관리 계획[SCMP] 그리고 소프트웨어 품질 보증 계획[SQAP])에서의 섹션을 식별

권고사항 2 : 팀이 그것을 수행함으로써 따를 수 있는 방식으로 계획과 표준을 작성하라. PSAC에 대한 대상 독자는 인증 당국이다. 하지만 다른 계획과 표준에 대한 의도된 독자는 그 계획을 실행할 팀(예를 들면, 개발팀, 검증팀 그리고 품질 보증팀)이다. 그것들은 팀멤버들이 계획과 표준을 이해하고 올바르게 수행할 수 있도록 적절한 수준으로 작성되어야 한다. 만약 경험이 많은 팀이라면 계획이 그렇게 상세할 필요는 없을 것이다. 하지만 경험이 적은 팀이거나 광범위한 아웃소싱이 필요한 프로젝트는 일반적으로 좀 더 상세한 계획이 필요하다.

권고사항 3 : 무엇을, 어떻게, 언제, 누구인지를 분명하게 하라. 각각의 계획에는, 무엇이 수행될 것인지, 어떻게 수행될 것인지, 언제 수행될 것인지(특정한 날짜가 아니라, 활동의 전체 진행 내에서 언제), 누가 그것을 할 것인지(특정 엔지니어의 이름일 필요는 없지만 태스크를 수행할 팀)를 설명한다.

권고사항 4 : 계획을 완료하고 소프트웨어 개발이 시작되기 전에 그것들을 형상 관리에 두어라. 계획이 프로젝트에서 일찍 완성되지 않으면 의도된 방향을 만들고, 나중에 그것을 작성할

[1] Chapter 4는 기술 부속서의 개요를 제공한다. Chapter 14에서 16은 기술 부속서의 각각에 대해 좀 더 상세한 내용을 제공한다.

[2] PSAC(소프트웨어 인증 계획)는 인증 당국에 제출되는 최상위 수준의 소프트웨어 계획이다. 이 챕터에서 나중에 논의한다.

시간을 찾고, 그것이 실제로 이행되었다는 것을 인증 당국이 확신하게 하는 것이 어렵게 된다. 개발이 시작되기 전에 계획이 릴리즈되지 않더라도 그것은 드래프트 버전이 되어야 하며 형상 관리되어야 한다. 공식화(즉, 리뷰 및 릴리즈)는 가능한 한 빨리 이루어져야 한다. 계획의 드래프트 버전에서 릴리즈 버전으로의 모든 변경은 데이터를 업데이트하고 그에 따라서 실행하기 위해 팀에 전달되어야 한다.

권고사항 5 : 각각의 계획이 내부적으로 일관성을 가지며 계획들 사이에 일관성이 있다는 것을 보장하라. 이것은 상식처럼 보이지만 불일치는 내가 계획을 리뷰할 때 발견하는 가장 공통된 문제점 중의 하나이다. 계획이 일관되지 않을 때 한 팀의 노력이 다른 팀의 노력을 훼손할 수 있다. 만약 SDP가 어떤 것을 말하고 SVP가 다른 것을 말한다면 팀은 따라야 할 것에 대해서 그들 자신만의 결정을 할지 모른다. 같은 작성자와 리뷰어를 사용하는 것을 포함해서, 계획들 사이에 일관성을 보장하기 위한 여러 가지 방법이 있다. 일관된 계획을 생성하기 위해 내가 발견한 가장 효과적인 방법 중 하나는 기술 책임자들을 모으고 시작부터 마지막까지 각 단계를 위한 활동, 진입 기준, 진출 기준 그리고 출력을 포함하는 소프트웨어 라이프 사이클을 집합적으로 결정하는 데 어느 정도 시간을 소비하는 것이다. 공통된 시각을 포착하기 위한 큰 화이트보드 혹은 컴퓨터 프로젝션은 상당한 역할을 한다. 일단 라이프 사이클이 문서화되고 합의되면 계획이 작성될 수 있다.

권고사항 6 : 계획 간에 프로세스에 대한 일관된 전이 기준을 식별하라. 모든 계획 문서들, 특히 개발과 검증 계획에서 프로세스 사이에 일관된 전이 기준을 정의하는 것에 조심스러운 주의가 필요하다.

권고사항 7 : 여러 개의 소프트웨어 제품을 개발한다면, 회사 전반의 계획 템플릿이 도움이 될 수 있다. 템플릿은 프로젝트에 특화된 계획에 대해서 출발점을 제공할 수 있다. 적어도 하나의 성공적인 프로젝트에 사용되어왔고 교훈을 구현해온 한 세트의 계획을 사용해서 템플릿을 생성하는 것이 최선이다. 인증 당국, 고객, 피지명자, 다른 팀 등으로부터의 교훈과 피드백에 기반해서 템플릿이 주기적으로 업데이트되는 것을 권장한다.

권고사항 8 : 가능한 한 계획 프로세스에서 일찍 인증 전문가(승인된 피지명자[3])와 같은)를 포함시켜라. 피지명자 혹은 인증 경험을 가진 사람으로부터 입력을 얻는 것은 시간을 절약하고

3) 피지명자는 데이터를 리뷰하고 승인하거나 승인을 추천하는 권한을 가진 인증 당국 혹은 위임된 조직의 대표자이다. 프로젝트는 일반적으로 인증 당국과의 상호작용 이전에 피지명자와 조율한다.

프로젝트에서 나중에 발생하는 불필요한 문제들을 방지할 수 있다.

권고사항 9 : 계획에 대한 경영진의 동의를 확보하라. 효과적인 프로젝트 실행은 계획에 대한 경영진의 이해와 지원에 의지한다. 경영진의 동의를 촉진하는 많은 방법이 있다. 가장 효과적인 것 중 하나는 경영진을 작성자 혹은 리뷰어로 계획 프로세스에 포함하는 것이다. 일단 계획이 작성되면, 경영진은 그 계획을 실행하기 위한 상세 전략을 세울 필요가 있을 것이다(예를 들면, 필요한 리소스를 식별하는 것). 이 전략의 성공은 경영진이 계획을 이해하는 것에 달려 있다.

권고사항 10 : 계획에 적절한 수준의 상세 내용을 포함하라. 상세한 절차가 계획에 포함되기보다는 그 절차가 엔지니어링 매뉴얼 혹은 작업 지시에 있을 수 있다. 계획은 절차를 식별하고 절차의 요약을 제공해야 하지만 상세 내용이 계획 자체에 있어야 하는 것은 아니다. 예를 들면, 구조적 커버리지 분석과 데이터 및 컨트롤 결합도 분석은 보통 어떤 특별한 절차와 지시가 필요하다. 이들 절차는 SVP 이외의 다른 곳에 패키징될 수 있다. 이 접근법은 SVP를 실제로 수행하기 위한 시점에서 가장 좋은 솔루션을 선택하는 융통성을 허용한다. 어떤 절차를 적용할 것인지, 어떻게 절차가 형상 컨트롤될 것인지, 어떻게 변경이 발생할 것인지 그리고 변경이 어떻게 팀으로 전달될 것인지를 계획이 분명하게 설명하는 것이 중요하다.

권고사항 11 : PSAC를 제출하기 전에 인증 당국에 요약해서 설명하라. PSAC 그리고 어쩌면 다른 계획 문서들을 인증 당국에 제출하는 것에 더해서, 인증 당국에 계획된 접근법을 프레젠테이션으로 제공하는 것은 가치가 있다. 이는 새롭거나 기발한 제품에 혹은 현지 인증 당국과 강력한 업무관계를 가지고 있지 않을 수도 있는 회사에 특히 추천된다. 때때로 인증 당국에 계획을 제출하기에 앞서 해결되어야 할 필요가 있는 이슈들을 구두 논의를 통해서 식별할 수 있을 것이다.

권고사항 12 : 계획을 팀에 전파하라. 일단 계획이 무르익으면 팀이 그 내용을 이해하는지 확인하라. 나는 내가 감사하는 프로젝트들 중에 엔지니어들이 계획을 어디에서 찾아야 하는지를 모르거나 혹은 계획이 무엇을 말하는지 모르는 프로젝트가 얼마나 많은지에 놀라곤 한다. 엔지니어들은 언제나 문서화에 열광하지 않기 때문에, 나는 모든 팀멤버들에게 훈련기간이 필수이며, 그들의 특정 역할에 대한 읽기 과제를 권장한다. 일부 인증 당국은 이런 증거를 요구할 수 있기 때문에 반드시 정확한 훈련 기록을 보관하라.

권고사항 13 : 계획이 변경될 수 있도록 개발하라. 향후를 고려하는 프로젝트는 프로젝트가 진행됨에 따라 계획이 변경될 수 있다는 것을 깨닫는다. 따라서 계획 자체에 변경에 대한 프로세스를 문서화하는 것이 현명하다. DO-178C Section 4.2.e는 PSAC가 프로젝트 전체에 걸쳐서 소프트웨어 계획을 개정하는 방법에 대한 설명을 포함해야 한다는 것을 지적한다.

때때로 계획된 프로세스는 예상대로 움직이지 않는다. 프로세스에 대한 개선이나 환골탈태가 필요할 수 있다. 계획은 변경을 반영하도록 업데이트될 필요가 있다. 계획 프로세스 동안에 시기적절하게 계획을 업데이트하기 위한 프로세스를 가정해서 생각해야 한다. 이것은 실제로 그것이 발생하는 시기(when)에 그것을 더 쉽게 만들 것이다.

때때로 계획을 업데이트하는 것보다는 소프트웨어 완수 요약(SAS)[4]의 변경사항을 단순히 문서화하려는 유혹이 있다. 프로세스에서 늦게 발생하는 변경의 경우 이는 받아들일 수 있을지 모른다. 하지만 거기에는 약간의 위험이 있다. 먼저 인증 당국이 그것을 허용하지 않을지 모른다. 왜냐하면 많은 인증 당국이 계획을 그대로 유지하는 것을 항상 선호하기 때문이다. 두 번째는 그 계획을 사용(소프트웨어의 업데이트 혹은 다음 프로젝트의 시작점을 위해)하는 다음 팀이 그 변경에 대해서 알지 못할 수 있다. 따라서 만약 계획이 업데이트되지 않는다면, 그 변경사항은 명확하게 문서화하고 인증 당국과 합의해야 한다. 또한 변경사항은 엔지니어링팀에 공식적으로 전달되어야 하며, 변경이 간과되지 않는다는 것을 보장하기 위해 계획에 대한 문제점 리포트(들)가 문서화되어야 한다.

권고사항 14 : 인증 이후 프로세스를 계획하라. 초기 인증 작업 과정에서의 변경에 추가해서, 계획 구조가 인증 이후 프로세스를 수용하는 것이 권장된다. 고려해야 할 질문은 다음과 같다 : 인증 이후의 변경사항이 새로운 PSAC를 요구할 것인가?, PSAC의 부록인 변경 영향 분석에서 변경을 설명할 것인가?, 변경이 PSAC의 부록에 설명될 것인가?, 몇 가지 다른 패키징 접근법이 사용될 것인가?

만약 인증 이후 프로세스가 초기 인증 과정에서 고려되지 않는다면 나중에 더 많은 시간이 걸릴 수 있고, 아무리 사소한 변경처럼 보여도 변경에 대해서 업데이트된 PSAC가 요구되는 결과가 되기 쉬울 것이다. 만약 계획을 초기 개발 작업 과정에서 최신 상태로 유지하면

4) SAS는 DO-178C를 준수하는 소프트웨어에 대한 준수 리포트이며 인증 당국에 제출된다. SAS는 소프트웨어 프로젝트의 마지막에 완성되며 계획과의 차이점을 식별한다. SAS는 Chapter 12에서 논의된다.

그것은 인증 이후 변경을 훨씬 더 쉽게 만든다는 것에 주목해야 한다.

이 챕터의 나머지는 DO-178C에서 언급된 다섯 가지 계획과 세 가지 표준 각각을 설명하며 그것들을 개발하는 동안 고려해야 할 몇 가지 권고사항을 포함한다.

5.3 다섯 가지 소프트웨어 계획

이 섹션은 다섯 가지 계획의 예상 내용을 설명하고 고려할 제안사항을 제공한다. 익숙하지 않을 수 있는 몇 가지 기술적인 주제들이 이 챕터에서 소개되고 향후 챕터에서 좀 더 자세히 설명될 것이다.

5.3.1 소프트웨어 인증 계획(PSAC)

PSAC는 인증 당국에 항상 제출되는 하나의 계획이다. 그것은 지원자와 인증 당국 사이의 계약서와 비슷하다. 따라서 더 일찍 준비되고 합의되는 것이 더 낫다. 프로젝트에서 늦게까지 제출되지 않는 PSAC는 프로젝트에 위험을 주입하는 것이다. 그 위험은 팀이 프로젝트의 마지막에 가서야 프로세스 그리고/혹은 데이터가 충족하지 않는다는 것을 발견하게 될지 모른다는 것이다. 이것은 일정과 예산의 착오, 상당량의 재작업, 그리고 인증 당국에 의한 증가된 엄격함의 원인이 될 수 있다.

PSAC는 전체적인 프로젝트의 상위 수준 설명을 제공하고 DO-178C(그리고 적용가능한 부속서) 목표가 어떻게 만족될 것인지를 설명한다. 또한 다른 네 가지 계획에 대한 요약을 제공한다. PSAC는 흔히 인증 당국에 제출되는 유일한 계획이기 때문에 독립적이어야 한다. PSAC는 개발, 검증, 형상 관리 그리고 품질 보증 계획에 있는 모든 것을 반복할 필요는 없지만 계획들의 정확하고 일관된 요약을 제공해야 한다. 이따금씩 단지 다른 문서들을 가리키기만 하는 PSAC를 마주치게 된다(나는 그것을 **포인터 PSAC**라고 부른다). 개발, 검증, 형상 관리, 그리고 소프트웨어 품질 보증(SQA) 프로세스를 요약하는 대신 단순히 다른 계획들을 가리킨다. 이것은 확실히 중복되는 텍스트를 줄여준다. 하지만 그것은 또한 인증 당국이 프로세스를 완전하게 이해하기 위해서는 다른 계획 문서들을 인증 당국에 제출해야 할 가능성이 대단히 높다는 것을 의미한다. 이상적으로는 PSAC는 인증 당국이 프로세스를 이해하고 준수에 대한 정확한 판단을 할 수 있을 정도로 충분히 상세한 내용을 포함하지만 다른 계획의 내용을 반복할 정도로 상세하지는 않다.

PSAC는 분명하고 간결하게 작성되어야 한다. 나는 같은 것을 여러 번 반복하고 사실상 DO-178B의 섹션을 복사한 PSAC 문서들을 리뷰한 적이 있다. 문서가 분명해질수록 혼선이 적어질 것이고 인증 당국에 의해서 승인받을 가능성이 높아질 것이다.

DO-178C Section 11.1은 예상되는 PSAC 내용의 요약을 제공하며 때로는 PSAC의 아웃라인으로 사용된다. 다음은 각 섹션의 내용에 대한 간략한 요약과 함께 PSAC의 일반적인 섹션이다.[1]

- **시스템 개요**: 이 섹션은 전반적인 시스템을 설명하고 소프트웨어가 시스템에 어떻게 적합한지를 설명한다. 일반적으로 2페이지 정도의 길이이다.
- **소프트웨어 개요**: 이 섹션은 아키텍처적인 관심사뿐만 아니라 소프트웨어의 의도된 기능을 설명한다. 이것 역시 2페이지 정도로 구성된다. 이 계획은 소프트웨어에 대한 것이기 때문에 시스템뿐만 아니라 개발될 소프트웨어를 설명하는 것이 중요하다.
- **인증 고려사항**: 이 섹션은 준수 방법을 설명한다. 만약 DO-178C 부속서가 사용된다면, 이는 소프트웨어의 어떤 부분에 어떤 부속서가 적용될지를 설명하기에 적합하다. 추가적으로 이 섹션은 보통 할당된 소프트웨어 레벨을 정당화하기 위한 안전성 평가를 요약한다. 레벨 A 소프트웨어에 대해서조차도, 무엇이 그 결정을 내리는지를 자세히 설명하고 추가적인 구조적 완화가 필요한지를 설명하는 것이 중요하다. 또한 많은 프로젝트가 SOI(Stage of Involvement) 감사를 지원하기 위한 계획을 PSAC의 이 섹션에서 설명한다. SOI 감사는 Chapter 12에서 설명한다.
- **소프트웨어 라이프 사이클**: 이 섹션은 소프트웨어 개발 및 필수 프로세스의 단계를 설명하며 일반적으로 다른 계획(SDP, SVP, SCMP, SQAP)의 요약이다.
- **소프트웨어 라이프 사이클 데이터**: 이 섹션은 프로젝트 과정에서 개발되는 라이프 사이클 데이터를 나열한다. 비록 가끔씩 TBD 혹은 XXX가 있을 수 있지만, 일반적으로 문서번호가 할당된다. 이 섹션은 DO-178C Section 11의 22개 데이터 항목들을 나열하는 테이블을 포함하고 문서명과 번호를 포함하는 경우가 많다. 또한 그 데이터가 인증 당

국에 제출될지 혹은 단지 이용가능한지에 대한 지시를 포함하는 것이 보통이다. 일부 지원자들은 데이터가 컨트롤 분류 #1(CC1) 혹은 컨트롤 분류 #2(CC2)로 다루어질지를 식별하며, 데이터가 피지명자에 의한 승인에 대해서 승인될 것인지 추천될 것인지를 식별한다. 대안으로 CC1/CC2 정보가 SCMP에 있을 수 있다. 하지만 만약 전사적인 SCMP가 사용된다면, PSAC는 프로젝트에 특화된 형상 관리 세부사항을 식별할 수 있다. CC1과 CC2는 이 책의 Chapter 10에서 논의된다.

- **일정**: 이 섹션은 소프트웨어 개발 및 승인 일정을 포함한다. 나는 아직 이러한 일정 중에서 실제로 충족한 것을 본 적이 없다. 따라서 다음의 질문이 종종 발생한다. "만약 아무도 그것을 충족하지 않는다면 우리는 왜 일정이 필요한가?" 그 목적은 프로젝트와 인증 당국 양쪽 모두가 그들의 리소스를 계획하는 것을 돕기 위해서이다. 프로젝트 전반에 걸친 일정에서 어떤 변경이든 인증 당국과 조율되어야 한다(이것은 PSAC에 대한 업데이트를 요구하지는 않지만 만약 PSAC가 다른 목적으로 업데이트된다면 일정 또한 업데이트되어야 한다). 통상적으로는 PSAC에 있는 일정은 상대적으로 상위 수준이며 언제, 계획이 릴리즈될지, 요구사항이 완료될지, 설계가 완료될지, 코드가 완료될지, 시험 케이스가 작성되고 리뷰될지, 시험이 수행될지, SAS가 작성되고 제출될지와 같은 주요 소프트웨어 마일스톤을 포함한다. 또한 일부 지원자들은 그들의 일정에 SOI 감사 준비 날짜를 포함한다.
- **추가 고려사항**: 이것은 인증 당국이 알 필요가 있는 특별한 이슈들을 전달하기 때문에 PSAC의 가장 중요한 섹션 중 하나이다. 인증에서 **깜짝 놀라는 것을 피하기 위한(avoid surprises)** 모든 노력을 기울이는 것이 중요하다. 모든 추가 고려사항을 분명하고 간결하게 문서화하는 것은 놀라는 것을 최소화하기 위한 방법이며 인증 당국과의 합의를 얻기 위한 방법이다. DO-178C는 추가 고려사항 주제(이전에 개발된 소프트웨어, COTS 소프트웨어, 도구 인증과 같은)의 포괄적이지 않은 리스트를 포함한다. 만약 당신의 프로젝트에 대해서 평범하지 않은 것으로 간주될 수 있는 어떤 것이 있다면, 여기가 그것을 드러내기 위한 장소이다. 파티션된 실시간 운영체제(RTOS), 해외에 있는 팀 혹은 자동화의 사용을 포함할 수 있다. 추가적으로 계획된 비활성화 코드 혹은 옵션 선택가능 소프트웨어가 있다면 설명해야 한다. 비록 DO-178C는 그것을 요구하지 않지만, 나는 PSAC의 추가 고려사항 섹션이 도구가 어떻게 사용될 것인지에 대한 간략한 설명과 그 도구가 왜 인증받을 필요가 있는지, 없는지에 대한 정당성과 함께 프로젝트에서 사용될 모든 도구의 목록을 포함하는 것을 추천한다. 계획 과정에서 그런 정

보를 드러내는 것은 특히 도구가 인증을 받아야 하는데 인증이 필요한 것으로 식별되지 않고 그대로 남아있는 것과 같은, 어떤 것이 늦게 발견되는 것을 방지하도록 도울 수 있다.

앞서 권고사항 #1에서 언급된 것처럼 적용가능한 DO-178C 목표의 모든 것에 대한 리스트를, 각각의 목표가 어떻게 만족될 것인지 그리고 각각의 목표가 계획에서 어디에 설명되는지에 대한 간략한 설명과 함께 PSAC의 부록에 포함하는 것은 유용하다. 그것은 프로젝트가 DO-178C 준수에 대한 상세한 내용을 충분히 고려했다는 증거를 제공하기 때문에 피지명자와 인증 당국은 이러한 정보의 진가를 인정한다. 참고로 만약 당신이 목표를 맵핑한 것을 당신의 PSAC에 포함하려 한다면, 정확한지를 확인하라. 피지명자와 인증 당국은 이 정보를 좋아하기 때문에 일반적으로 이 정보를 읽는다. 이 정보를 정확하고 완전하게 만드는 것은 그들의 확신을 돕는다.

5.3.2 소프트웨어 개발 계획(SDP)

SDP는 요구사항, 설계, 코드, 통합 단계를 포함해서 소프트웨어 개발을 설명한다(DO-178C Table A-2). 추가로 SDP는 종종 요구사항, 설계, 코드 통합에 대한 검증을 간략하게 설명한다(DO-178C Table A-3에서 A-5). SDP는 요구사항, 설계, 코드를 작성하고 통합 활동을 수행할 개발자들을 위해 작성된다. SDP는 개발자들을 성공적인 구현으로 가이드하기 위해 작성되어야 한다. 이는 그들에게 올바른 방향을 제공할 만큼 충분히 상세할 필요가 있지만 그들의 엔지니어링 판단을 발휘할 능력을 제한할 만큼 상세하지는 않다는 것을 의미한다. 이것은 미묘한 균형이다. 권고사항 #10에서 언급된 것처럼 거기에는 좀 더 상세한 절차 혹은 작업 지침이 있을 수 있다. 만약 이것이 그 경우라면 SDP는 어떤 절차가 적용되고 언제 적용되는지를 분명하게 설명해야 한다(즉, SDP는 계획에 상세한 내용을 포함하기보다는 절차를 가리킨다). 경우에 따라서 상세한 절차에 대해서 좀 더 융통성이 필요할 수 있다. 예를 들면, 계획이 릴리즈된 후에도 여전히 절차가 개발되고 있는 경우이다. 만약 이것이 그 경우라면 SDP는 그 절차를 개발하고 컨트롤하기 위한 절차를 설명해야 한다. 하지만 이런 접근법을 사용할 때는 조심해야 한다. 왜냐하면 모든 엔지니어들이 올바른 버전의 절차를 따르고 있다는 것을 보장하기가 어려울 수 있기 때문이다.

DO-178C Section 11.2는 SDP의 선호되는 내용을 식별한다. SDP는 세 가지 주요 항목에 대한 설명을 포함하고 있다: ① 개발을 위해 사용되는 표준(때때로 표준은 계획에 포함되기도 한다), ② 단계 간의 전이에 대한 각 단계와 기준에 대한 설명과 함께 소프트웨어 라이프 사이클, ③ 개발 환경(계획된 컴파일러, 링커, 로더, 하드웨어 플랫폼뿐만 아니라 요구사항, 설계, 코드를 위한 방법 및 도구). 각각에 대해서는 다음과 같이 설명된다.

- **표준**: 각각의 프로젝트는 요구사항, 설계, 코드에 대한 표준을 식별해야 한다. 이러한 표준은 개발자들이 효과적인 요구사항, 설계, 코드를 작성하는 것을 돕기 위한 규칙과 지침을 제공한다. 또한 표준은 안전성 혹은 소프트웨어 기능에 부정적으로 영향을 미칠 수 있는 어려움을 개발자들이 피하도록 돕기 위해 제약사항들을 식별한다. 표준은 사용되는 방법론 혹은 언어에 적용가능해야 한다. SDP는 일반적으로 표준을 참고하지만, 일부 상황에서는 표준이 SDP에 포함될 수 있다(이것은 제한된 소프트웨어 개발 혹은 작은 프로젝트를 가지는 회사에서 종종 나타난다). 세 가지 개발 표준은 이 챕터의 뒷부분에서 논의된다.
- **소프트웨어 라이프 사이클**: SDP는 소프트웨어 개발에 대해서 계획된 라이프 사이클을 식별한다. 이것은 일반적으로 라이프 사이클 모델에 기반한다. 모든 라이프 사이클 모델이 모든 사람들에게 같은 의미는 아니기 때문에 이름으로 라이프 사이클 모델을 식별하는 것 이외에 그 모델을 설명하는 것이 권장된다. 라이프 사이클 그래픽과 각 단계에 대해서 생성된 데이터가 도움이 된다. 인증 프로젝트에 성공적으로 사용되어온 라이프 사이클 모델 중 몇 가지는 폭포수, 빠른 프로토타이핑, 나선형, 리버스 엔지니어링이다. 나는 빅뱅, 토네이도 그리고 smoke-and-mirrors 라이프 사이클 모델[5]을 피할 것을 강력하게 추천한다.

  불행하게도 일부 프로젝트는 그들의 계획에서 하나의 라이프 사이클 모델을 식별하지만 실제로는 다른 것을 따른다. 예를 들면, 어떤 경우 프로젝트는 그들이 DO-178C가 필요한 것이고 인증 당국이 선호하는 것이라고 믿기 때문에 폭포수 모델을 사용한다고 주장한다. 하지만 DO-178C는 폭포수 모델을 요구하지 않으며 실제 사용하지 않으면서 폭포수 모델을 주장하는 것은 여러 가지 어려움을 낳게 된다. DO-178C 목표를 만족하

5) 빅뱅은 프로젝트의 마지막에 마법처럼 모든 것이 나타날 것이라는 가설 모델이다. 토네이도와 smoke-and-mirrors 모델은 Leanna**이즘**이다. 나는 재앙으로 향하는 프로젝트를 묘사하기 위해 **토네이도 모델**을 사용하고, 실제로는 계획이 없는 프로젝트를 묘사하기 위해 **smoke-and-mirrors 모델**을 사용한다.

는 것을 보장하고 문서화된 라이프 사이클 모델을 따르기 위해 당신이 실제로 사용할 계획인 라이프 사이클 모델을 식별하는 것이 중요하다. 만약 문서화된 라이프 사이클 모델이 필요로 하는 것이 아니라면, 인증기관과 별도로 합의하지 않는 한 그에 따라 계획을 업데이트해야 한다.

앞서 언급된 것처럼 SDP는 소프트웨어 개발에 대한 전이 기준을 문서화한다. 이것은 개발의 각 단계에 대한 진입 기준과 진출 기준을 포함한다. 전이 기준을 문서화하는 많은 방법이 있다. 테이블은 그런 정보를 문서화하기 위한 효과적이고 직접적인 방법이 될 수 있다. 테이블은 각각의 단계, 그 단계에서 수행되는 활동들, 그 단계로 진입하기 위한 기준 그리고 그 단계를 진출하기 위한 기준을 나열한다. 부록 A는 개발 작업에 대한 전이 기준 테이블을 제공한다. DO-178C가 개발 활동에 대해서 순서를 지시하지는 않지만 검증 작업은 하향식이 될 필요가 있을 것이라는 점을 명심하는 것이 중요하다(즉, 코드를 검증하기에 앞서서 설계를 검증하고, 설계를 검증하기에 앞서서 요구사항을 검증하라).

- **소프트웨어 개발 환경**: 표준을 식별하고 소프트웨어 라이프 사이클을 설명하는 것 이외에도 SDP는 개발 환경을 식별한다. 이것은 개발 요구사항, 설계, 소스 코드, 오브젝트 코드에 사용되는 도구를 포함한다(예를 들면, 컴파일러, 링커, 에디터, 로더, 하드웨어 플랫폼). 만약 도구의 전체 리스트가 PSAC에서 식별되었다면 제안된 대로 SDP는 단순히 PSAC를 참조할 수 있다. 하지만 SDP는 도구가 소프트웨어 개발에서 사용되는 방법에 대해서 좀 더 세부적으로 들어갈 수 있다. 많은 경우에 PSAC와 SDP는 도구 파트 넘버를 제공하지 않는데, 왜냐하면 그 정보는 SLECI(Software Life Cycle Environment Configuration Index)에 포함되어 있기 때문이다. 중복을 피하기 위해, 일부 프로젝트는 SLECI를 프로젝트에서 일찍 생성하고 SDP에서 그것을 참조한다. 그런 경우에는 비록 SLECI는 프로젝트가 성숙하면서 나중에 업데이트될 필요가 있겠지만 SLECI의 초기 버전이 계획과 함께 완료되어야 한다.

  환경 식별은 그것을 컨트롤하기 위한 방법을 제공하고 소프트웨어가 지속적으로 재생산될 수 있다는 것을 보장한다. 컨트롤되지 않는 도구는 구현, 통합, 검증 단계 과정에서 문제를 야기할 수 있다. 나는 서로 다른 개발자들이 서로 다른 컴파일러 버전과 설정을 사용하는 한 상황을 목격했었다. 그들이 모듈을 통합했을 때, 상황은 흥미로워졌다.

만약 어떤 개발 도구가 인증이 필요하다면, 그것은 SDP에 설명되어야 한다. PSAC가 인증에 대한 요약을 이미 제공했을지 모르지만, SDP는 전체 라이프 사이클에서 도구가 사용되는 방법과 도구 사용자들이 올바른 도구 운영을 어떻게 알 수 있는지를 설명해야 한다(도구 운영 요구사항 혹은 사용자 가이드로의 참조와 같은). 도구 인증에 대한 정보는 Chapter 13을 보라.

Chapter 6에서 8은 소프트웨어 요구사항, 설계, 구현 각각에 대해서 좀 더 많은 정보를 제공한다.

5.3.3 소프트웨어 검증 계획(SVP)

SVP에 대한 주요 독자는 시험을 포함해서 검증 활동을 수행할 팀멤버들이다. SVP는 검증 작업이 개발 단계 과정에서 생성되었던 데이터의 평가를 포함하기 때문에 SDP와 긴밀하게 관련되어 있다. 앞서 언급된 것처럼 SDP는 흔히 요구사항, 설계, 코드, 통합 검증의 높은 수준의 요약을 제공한다(동료 검토와 같은). SVP는 일반적으로 리뷰에 대한 추가적인 세부 내용(리뷰 프로세스 세부 내용, 체크리스트, 필요한 참석자 등을 포함해서)을 제공한다. SDP에 리뷰에 대한 세부 내용을 포함하고, 시험과 분석에 초점을 맞추기 위해 SVP를 사용하는 것이 가능하다. 패키징과 관계없이 어떤 계획이 어떤 활동을 포함하고 있는지를 분명하게 해야 한다.

모든 계획 중에서 SVP는 소프트웨어 레벨에 따라서 가장 많이 달라지는 경향이 있다. 이것은 DO-178C 레벨 차이점의 대부분이 검증 목표에 있기 때문이다. 일반적으로 SVP는 팀이 DO-178C 테이블 A-3에서 A-7에 있는 목표를 어떻게 만족할지를 설명한다.

SVP는 DO-178C에서 요구되는 독립성이 만족되는 방법뿐만 아니라 검증팀 조직과 구성을 설명한다. 비록 그것이 요구되는 것은 아니지만, 대부분의 프로젝트는 시험 개발 및 수행을 수행하기 위한 별도의 검증팀을 가지고 있다. DO-178C는 독립성을 요구하는 여러 가지 검증 목표들을 식별한다(그것들은 DO-178C 부록 A 테이블에서 채워진 원[●]을 가지고 있다.). DO-178C 검증 독립성은 별도의 조직이 필요하지는 않지만, 검증될 데이터를 개발하지 않은 한 명 혹은 그 이상의 사람(혹은 아마도 도구)이 검증을 수행하는 것을 요구한다. 독립성은 기본적으로 데이터의 정확성, 완전성, 표준 준수 등을 조사하기 위해 다른 눈과 두뇌(도구와 함께할 수 있는)가 사용된다는 것을 의미한다. Chapter 9는 검증 독립성에 대해서 좀 더 설명하고 있다.

DO-178C 검증은 리뷰, 분석, 시험을 포함한다. SVP는 리뷰, 분석, 시험이 어떻게 수행될지를 설명한다. 또한 검증과 함께 사용되는 체크리스트는 SVP에 포함되거나 SVP로부터 참조된다.

많은 DO-178C 목표는 리뷰를 통해 충족될 수 있다. 테이블 A-3, A-4 그리고 A-5의 대부분은 동료 검토 프로세스를 사용해서 충족되는 경향이 있다(이에 대해서는 Chapter 6에서 좀 더 논의된다). 추가적으로 테이블 A-7 목표의 일부(목표 1 그리고 2와 같은)는 리뷰를 통해 만족된다. SVP는 리뷰 프로세스(상세한 리뷰 절차를 포함하거나 참조), 리뷰에 대한 전이 기준 그리고 리뷰를 기록하기 위해 사용되는 체크리스트와 레코드를 설명한다. SVP 혹은 표준은 일반적으로 요구사항, 설계, 코드를 리뷰하기 위한 체크리스트를 포함(혹은 참조)한다. 엔지니어들은 체크리스트를 리뷰 과정에서 중요한 기준을 간과하지 않는다는 것을 확인하기 위해 사용한다. 간략한 체크리스트가 가장 효과적인 경향이 있다. 만약 너무 상세하면 대개 그것들은 완전하게 사용되지 않는다. 간결하지만 포괄적인 체크리스트를 만들기 위해, 나는 체크리스트 항목과 상세한 지침을 개별적인 칼럼으로 분리하는 것을 추천한다. 체크리스트 칼럼은 간략하지만 지침 칼럼은 리뷰어가 각각의 체크리스트 항목의 의도를 이해하는 것을 확인하기 위해 상세한 정보를 제공한다. 이러한 접근은 대규모의 팀, 새로운 엔지니어들과 함께하는 팀 혹은 아웃소싱 리소스를 사용하는 팀에게 특히 유용하다. 그것은 리뷰를 위한 기준을 세우고 일관성을 확보하는 데 도움을 준다. 체크리스트는 일반적으로 요구되는 DO-178C 목표가 평가되고(추적성, 정확성, 일관성을 포함) 표준이 만족된다는 것을 확인하기 위한 항목을 포함하지만, DO-178C 지침으로만 제한되지는 않는다.

DO-178C의 테이블 A-6은 일반적으로 시험 개발과 실행에 의해서 만족된다. SVP는 정상 및 강건성 시험이 어떻게 사용될 것인지, 시험을 실행하기 위해 어떤 환경이 사용될 것인지, 요구사항, 검증 케이스, 검증 절차 사이에 추적성이 어떻게 나타날 것인지, 검증 결과가 어떻게 유지될 것인지, pass/fail 기준이 어떻게 식별될 것인지, 시험 결과가 어디에 문서화될 것인지와 같은 시험 접근법을 설명한다. 많은 경우에 SVP는 시험 계획, 특정 시험 케이스 및 절차, 시험 장비 및 셋업 등을 상세히 언급하는 소프트웨어 검증 케이스 및 절차 문서를 참조한다.

DO-178C 테이블 A-5(목표 6과 7)와 A-7(목표 3에서 8)은 일반적으로 분석을 수행함으로써(적어도 부분적으로) 만족된다. 각각의 계획된 분석은 SVP에 설명되어야 한다. 일반적인 분석은 추적성 분석(시스템 요구사항, 상위 레벨 소프트웨어 요구사항, 하위 레벨 소프트웨어 요구사항 그리고 시험 데이터 사이의 완전하고 정확한 양방향 추적성을 보장하는), 워스트 케이스 실행시간 분석, 스택 사용 분석, 링크 분석, 로드 분석, 메모리맵 분석, 구조적 커버리지 분석, 요구사항 커버리지 분석을 포함한다. 이러한 분석은 Chapter 9에서 설명된다. SVP는 각각의 분석에 대한 의도된 접근법과 절차 및 결과가 어디에 문서화될 것인지를 식별해야 한다.

도구는 흔히 검증 작업을 위해 사용되기 때문에 SVP는 도구들을 나열한다. 만약 PSAC의 리스트가 광범위하다면(앞서 권장된 것처럼), 같은 리스트를 SVP에 반복하는 대신 PSAC를 참조하도록 만드는 것이 가능할 수 있다. 하지만 SVP는 보통 각각의 도구가 소프트웨어 검증에서 어떻게 사용될지에 대해서 좀 더 상세한 내용을 제공하며 도구를 올바로 사용하기 위해 필요한 명령을 참조한다. 개발 도구와 마찬가지로 SVP는 도구의 상세한 내용(버전 및 파트 넘버)을 식별하기 위해 SVP 자체에 정보를 포함하기보다는 SLECI를 참조할 수 있다. 만약 그런 경우라면 SLECI는 계획과 함께 완료되어야 하며, 공식적인 검증 프로세스의 시작 전에 개정이 필요할 수 있다. SLECI는 Chapter 10에서 설명한다.

만약 에뮬레이터 혹은 시뮬레이터가 소프트웨어를 검증하기 위해 사용될 예정이라면, 그 사용은 SVP에 설명되고 정당화되어야 한다. 일부 경우에 에뮬레이터 혹은 시뮬레이터가 인증을 받아야 할 수 있다. Chapter 9는 에뮬레이션과 시뮬레이션을 논의한다.

SVP는 또한 검증 활동에 대한 전이 기준을 식별한다. 부록 A는 프로젝트의 검증 활동에 대한 진입 기준, 활동, 진출 기준의 예를 포함하고 있다.

개발되고 검증되는 소프트웨어가 파티션을 가지고 있다면, SVP는 파티션 무결성이 어떻게 검증될지(DO-178C 테이블 A-4 목표 13)를 설명해야 한다. 파티션은 Chapter 21에서 논의된다.

또한 DO-178C Section 11.3은 컴파일러, 링커, 로더의 정확성에 대해서 만들어지는 가정을 논의해야 한다고 언급한다. 만약 컴파일러 최적화가 사용된다면 그것은 계획에 설명되어야 하는데, 왜냐하면 그것이 구조적 커버리지 분석을 얻기 위한 혹은 오브젝트 코드로의 소스 코드 추적성 분석을 수행하기 위한 능력에 영향을 미칠 수 있기 때문이다. 또한 SVP는 링커의 정확성이 어떻게 검증될지를 설명해야 한다. 만약 로더가 무결성 체크(CRC [Cyclic Redundancy Check]와 같은) 없이 사용된다면 로더의 기능은 검증될 필요가 있을 것이다. 만약 무결성 체크가 사용된다면, SVP는 그 접근법을 설명해야 하며 체크의 적절성(예를 들면, CRC가 보호되는 데이터에 적절하다는 것을 보장하기 위한 알고리즘 정확도를 수학적으로 계산하는)을 정당화해야 한다.

최종적으로 SVP는 재검증이 어떻게 수행될지를 설명해야 한다. 만약 개발 과정에서 변경이 이루어지면, 모든 것이 재시험될 것인가 혹은 회귀 분석이 수행되고 단지 영향을 받고 변경되는 항목만 재시험될 것인가? SVP는 계획된 접근법, 사용 기준, 결정이 어디에 문서화될지를 설명해야 한다. 재검증은 변경되고 영향을 받는 소프트웨어 모두를 고려해야 한다.

만약 이전에 개발된 소프트웨어(예를 들면, COTS 소프트웨어 혹은 재사용되는 소프트웨어)가 사용된다면 일부 재검증이 필요할 수 있다(예를 들면, 만약 그것이 새로운 환경에 설치되거나 다른 방법으로 사용된다면). SVP는 이것을 설명해야 한다. 만약 재검증이 필요 없다면 SVP는 왜 그러지 않아도 되는지를 정당화해야 한다.

Chapter 9는 검증에 대해서 좀 더 자세한 내용을 제공한다.

5.3.4 소프트웨어 형상 관리 계획(SCMP)

SCMP는 소프트웨어 개발 및 검증 작업 전반에 걸쳐서 라이프 사이클 데이터의 형상을 관리하는 방법을 설명한다. 소프트웨어 형상 관리(SCM)는 계획 단계 과정에서 시작해서 소프트웨어의 배포, 유지보수, 폐기를 거쳐 전체 소프트웨어 라이프 사이클에 걸쳐서 계속된다.

DO-178C Section 11.4는 SCMP가 포함해야 하는 것에 대한 요약을 제공한다. SCMP는 SCM 프로세스에 대한 전이 기준뿐만 아니라 개발 SCM(공식 베이스라인 혹은 릴리즈에 앞서 엔지니어들에 의해서 사용되는) 그리고 공식 SCM에 대한 SCM 절차, 도구, 방법을 설명한다.

DO-178C Section 7.2는 SCM 활동들을 설명하고 있는데, 이는 SCMP에서 상세해질 필요가 있다. 각각의 활동에 대해서 SCMP에서 일반적으로 설명하는 것의 간략한 요약이 다음에 포함되어 있다.

- **형상 식별**: SCMP는 각각의 형상 항목(개별 소스 코드 및 시험 파일 포함)이 유일하게 식별되는 방법을 설명한다. 고유의 식별은 일반적으로 문서 혹은 데이터 넘버링과 리비전 혹은 버전을 포함한다.
- **베이스라인 및 추적성**: SCMP는 베이스라인을 생성하고 식별하기 위한 접근법을 설명한다. 만약 엔지니어링 베이스라인이 프로젝트 전반에 걸쳐서 생성된다면, 이를 설명해야 한다. 마찬가지로 인증 및 제품 베이스라인을 포함한 공식적인 베이스라인의 생성도 설명해야 한다. 베이스라인 사이의 추적성 또한 SCMP에 상세화되어야 한다.
- **문제점 리포팅**: 문제점 리포팅 프로세스는 SCM 프로세스의 일부이며, 언제 문제점 리포팅 프로세스가 시작될지에 대한 설명, 요구되는 문제점 리포트(PR)의 내용 그리고 PR을 검증하고 종료하기 위한 프로세스를 포함해서 SCMP에서 설명해야 한다. 문제점 리포팅 프로세스는 효과적인 변경 관리 프로세스에 필수적이며 계획에 잘 정의되어야 한다. 또한 엔지니어들은 PR 프로세스에 대해서 훈련되어야 한다. 대체로 SCMP는 각각의 필드를 채우는 방법에 대한 간략한 설명과 함께 PR 양식을 포함한다. 대부분의 PR은 분류 필드(PR의 엄격함을 분류하기 위해)와 상태 필드(오픈, 작업 중, 종료 혹은 연기와 같은 PR의 상태를 식별하기 위해)를 포함한다. 문제점 리포팅은 Chapter 9와 10에서 논의된다.

  만약 PR 프로세스 이외에 다른 프로세스가 이슈 혹은 조치를 모으기 위해 사용된다면, SCMP에 마찬가지로 설명되어야 한다. 이것은 회사가 문제점 리포팅 시스템의 최상위에서 추가적인 변경 요구, 차이점 그리고/혹은 조치 항목 추적 프로세스를 가지고 있을 때 발생할 수 있다.
- **변경 컨트롤**: SCMP는 데이터 아이템을 변경하기 전에 변경 요인이 만들어지고 승인되는 것을 보장하기 위해 라이프 사이클 데이터가 컨트롤되는 방법을 설명한다. 이것은 문제점 리포팅 프로세스와 밀접하게 연관되어 있다.
- **변경 리뷰**: 변경 리뷰 프로세스의 목적은 변경이 계획되고, 승인되고, 문서화되고, 올바로 실행되고, 종료되는 것을 확인하기 위한 것이다. 변경 리뷰 프로세스는 일반적으로 변경 실행을 승인하고 변경이 종료되기 전에 검증되었다는 것을 확인하는 변경 리

뷰 위원회가 모니터한다. 변경 리뷰 프로세스는 문제점 리포팅 프로세스와 밀접하게 연관되어 있다.

- **형상 상태 감사**: 프로젝트 전반에 걸쳐서 작업의 상태를 아는 것이 필요하다. 형상 상태 감사는 이것을 가능하게 한다. 대부분의 SCM 도구는 상태 리포트를 생성하는 기능을 제공한다. SCMP는 상태 리포트에 포함되는 것이 무엇인지, 상태 리포트가 언제 만들어질지, 상태 리포트가 어떻게 사용될지, (가능하다면) 도구가 이 프로세스를 어떻게 지원하는지를 설명한다. 개발 전반에 걸친 문제점 리포트의 상태와 분류는 특히 인증과 관련되어 있다. DO-178C Section 7.2.6은 상태 감사 리포트에 고려해야 할 것에 대한 정보를 제공한다.
- **보관, 릴리즈, 복구**: 많은 회사들은 릴리즈, 보관, 복구에 대한 상세한 절차가 있다. 이러한 경우에 회사 절차는 SCMP에서 참조될 수 있지만, 그런 회사의 절차가 DO-178C Section 7.2.7과 11.4.b.7에 있는 지침을 적절하게 설명한다는 것이 확인되어야 한다.[1] 다음은 SCMP에서 설명되거나 참조되기 위한 특정 항목들이다.
  - **보관**: SCMP는 보관이 어떻게 달성되는지를 설명한다. 일반적으로 이것은 매체 유형, 저장, 리프레시율에 대한 설명뿐만 아니라 오프라인에 보관하는 프로세스를 포함한다. 매체에 대한 장기간의 신뢰성과 가독성을 고려해야 한다.
  - **릴리즈**: 릴리즈되는 데이터에 대한 공식적인 릴리즈 프로세스는 SCMP에 설명된다. 프로젝트는 릴리즈되지 않는 데이터 또한 유지할 것이다. SCMP는 그런 데이터가 어떻게 저장될 것인지를 나타내야 한다.
  - **복구**: 추가적으로 복구 프로세스가 설명되거나 참조되어야 한다. 복구 프로세스는 장기간 복구와 매체 호환성을 고려한다(예를 들면, 그 프로세스는 미래에 데이터를 복구하기 위해 특정 장비를 보관해야 할 수 있다).
- **소프트웨어 로드 컨트롤**: SCMP는 소프트웨어가 타깃에 정확하게 로드되는 방법을 설명한다. 만약 무결성 체크가 사용된다면 상세하게 작성되어야 한다. 만약 무결성 체크가 없다면 정확하고, 완전하며, 손상되지 않는 로드를 보장하기 위한 접근법이 정의되어야 한다.
- **소프트웨어 라이프 사이클 환경 컨트롤**: SDP, SVP 그리고/혹은 SLECI에서 식별되는 소프트웨어 라이프 사이클 환경이 컨트롤되어야 한다. 컨트롤되는 환경은 모든 팀멤버들이 승인된 환경을 사용하고 있다는 것을 보장하고 반복가능한 프로세스를 보장한다. SCMP는 환경이 컨트롤되는 방법을 설명한다. 일반적으로 이것은 릴리즈된 SLECI와

SLECI에 나열된 도구들이 완전하고, 정확하고, 활용된다는 것을 확인하기 위한 평가를 포함한다. 때때로 공식적인 소프트웨어 빌드 그리고 공식적인 시험 수행 단계에 앞서서 형상 감사(혹은 적합성)가 필요하다. SQA는 형상 감사를 수행하거나 참관할 수 있다.

- **소프트웨어 라이프 사이클 데이터 컨트롤**: SCMP는 CC1/CC2 분류와 함께 생산될 모든 소프트웨어 라이프 사이클 데이터를 식별한다. 또한 이것은 특정 프로젝트가 그들의 데이터를 위해 CC1과 CC2를 시행하고 있는 방법을 포함한다. DO-178C의 CC1/CC2 기준은 필요한 최소한의 SCM을 정의하지만, 많은 프로젝트들이 그 최소한을 넘어서며, 데이터 항목들을 합치고, 혹은 일부를 DO-178C의 제안과 다르게 변경한다. 만약 CC1/CC2가 각각의 형상 항목에 대해서 PSAC에서 식별된다면, SCMP에서 그것을 반복하기보다는 PSAC가 참조될 수 있다. SCMP는 DO-178C로부터 최소한의 CC1/CC2 할당을 나열하며, PSAC는 프로젝트에 특화된 할당을 제공하는 경우가 많다. 이것은 일반적이고, 회사 전반의 SCMP를 사용할 수 있게 한다. CC1/CC2는 Chapter 10에서 설명한다.

만약 공급업체(하청업체 혹은 해외 자원)가 사용된다면, SCMP는 또한 공급업체의 SCM 프로세스를 설명한다. 많은 경우에 공급업체는 별도의 SCMP를 가지고 있으며, 이를 참조한다. 만약 여러 개의 SCMP가 사용될 경우 일관성과 호환성을 위해 리뷰되어야 한다.

공급업체의 문제점 리포팅 프로세스를 감독하기 위한 계획 또한 SCMP(혹은 SCMP로부터 참조되는 다른 계획)에 포함해야 한다. FAA(Federal Aviation Administration) Order 8110.49 Section 14-3.a는 다음과 같이 언급한다. "소프트웨어 문제점들이 지속적으로 리포트되고 해결된다는 것 그리고 소프트웨어 개발 보증이 인증 이전에 달성된다는 것을 보장하기 위해 지원자는 소프트웨어 형상 관리 계획 혹은 다른 적절한 계획 문서에서 공급업체와 하청업체의 소프트웨어 문제점 리포팅 프로세스를 어떻게 감독할 것인지를 논의해야 한다."**[2]** Order는 공급업체의 문제점들이 어떻게 "리포트되고, 평가되고, 해결되고, 구현되고, 재검증되고(재시험 및 분석), 종료되고, 컨트롤될 것인지"에 대한 설명을 포함해서 SCMP에 대한 FAA의 기대치를 계속해서 제공한다. EASA(European Aviation Safety Agency)는 그들의 Certification Memorandum CM-SWCEH-002에서 비슷한 기대치를 식별한다.**[3]**

최종적으로 SCMP는 PR, 소프트웨어 형상 인덱스(SCI), SLECI 그리고 SCM 기록을 포함해서 생성된 SCM 특정 데이터를 식별한다. 이러한 SCM 데이터 항목 전체는 Chapter 10에서 논의한다.

수십 개의 SCMP를 읽은 후에, 나는 여러 가지 공통된 결함을 식별해왔는데 당신이 알 수 있도록 여기에 나열한다.

- 개발 및 검증팀에 의해서 올바로 실행될 수 있도록 문제점 리포팅 프로세스가 충분히 상세하게 설명되지 않는 경우가 많다. 아울러 그것은 문제점 리포팅 프로세스가 시작할 때 분명하지 않을 수 있다.
- 환경을 컨트롤하기 위한 프로세스가 거의 정의되지 않는다. 그 결과로 많은 프로젝트는 적절한 환경 컨트롤을 가지고 있지 않다.
- 환경(소프트웨어 개발, 검증, 형상, 관리를 위해 사용되는 도구들)이 어떻게 보관될지를 포함해서 보관하는 법에 대해서 설명하지 않는다.
- 엔지니어링이 일상적으로 사용하는 개발 SCM 프로세스가 그다지 상세하지 않다.
- 공급업체 컨트롤이 종종 SCMP에 적절하게 설명되지 않으며, 회사들 간의 다양한 SCM 프로세스의 일관성에 대해서 거의 리뷰되지 않는다.
- 개발 베이스라인을 생성하기 위한 계획이 상세하게 설명되지 않는다.
- SCM 도구가 식별되거나 컨트롤되지 않는 경우가 많다.

대부분의 회사들은 회사 전반의 SCMP를 가지고 있다. 그런 경우에 프로젝트에 특정한 상세 내용이 여전히 어딘가에 설명될 필요가 있다. 이것은 회사 전반의 SCMP 혹은 PSAC(혹은 다른 논리적인 문서)를 보완하는 별도의 프로젝트별 SCMP에 있을 수 있다. 어떻든 간에 팀원들이 승인된 프로세스를 이해하고 따를 수 있도록 그것은 SDP와 SVP뿐만 아니라 PSAC에서 분명해야 한다.

5.3.5 소프트웨어 품질 보증 계획(SQAP)

SQAP는 소프트웨어가 DO-178C 목표뿐만 아니라 승인된 계획과 표준을 준수하는 것을 보장하기 위한 소프트웨어 품질팀의 계획을 설명한다. SQAP는 전체 회사 내에 SQA팀의 조직을 포함하며 그들의 독립성을 강조한다.

또한 SQAP는 소프트웨어 품질 엔지니어[6]의 역할을 설명하며, 일반적으로 다음을 포함한다.

- 계획과 표준을 리뷰
- 동료 검토 프로세스를 적절하게 따르고 있다는 것을 보장하기 위해 동료 검토 프로세스에 참석
- 계획에서 식별되는 전이 기준을 강제
- 컴파일러, 링커, 시험 도구, 장비 등을 포함해서 SLECI에서 식별되는 도구들을 개발자와 검증자가 적절한 설정으로 사용하고 있다는 것을 확인하기 위해 환경을 감사
- 계획을 준수하는지를 평가
- 소프트웨어 빌드와 시험을 참관
- 핵심 문서들을 서명/승인
- PR을 종료
- 변경 컨트롤 위원회에 참석
- 소프트웨어 적합성 리뷰를 수행

SQA는 Chapter 11에서 좀 더 논의된다. 소프트웨어 품질 엔지니어들이 책임을 수행하면서, 그들이 수행한 것 그리고 발견된 차이점들을 설명하는 SQA 기록을 생성한다. 여러 SQA 활동들을 위해 공통 양식이 사용되며 하나의 빈 양식이 SQAP에 포함되는 경우가 많다. SQAP는 어떤 기록이 보관될 것인지, 그것들이 어디에 보관될 것인지 그리고 그들의 형상이 어떻게 관리될 것인지를 포함해서 SQA 기록 보관에 대한 접근법을 설명해야 한다.

많은 경우에 SQAP는 품질의 관여에 대한 목표 퍼센티지를 식별한다. 여기에는 동료 검토 참석률과 시험 참관률이 포함될 수 있다. 이 경우에 측정 지표를 어떻게 수집할 것인지가 분명해야 한다.

SQAP는 언제 SQA 활동이 수행될지에 대해서 핵심 타이밍에 대한 세부사항뿐만 아니라 SQA 프로세스를 위한 전이 기준(즉, SQA 활동이 시작되는 때)을 설명해야 한다.

많은 회사들이 SQA 외에도 제품 품질 보증(PQA)을 만들어왔다. 제품 품질 엔지니어(PQE)

6) 대부분의 소프트웨어 프로젝트는 할당된 한 명의 SQA 엔지니어가 있다. 하지만 대규모 혹은 분산된 프로젝트는 여러 명의 품질 엔지니어들이 있을 수 있다.

는 프로세스 준수뿐만 아니라 프로젝트의 일상 활동들을 감독하고 기술적인 품질에 초점을 맞춘다. 만약 PQA가 DO-178C Table A-9의 어떤 목표를 만족하기 위해 사용된다면, SQAP는 PQA의 역할과 그것이 SQA 역할과 조화를 이루는 방법을 설명해야 한다.

만약 공급업체가 소프트웨어 개발 혹은 검증에 도움을 준다면, SQAP는 SQA가 어떻게 이들을 모니터할지를 설명해야 한다. 만약 공급업체가 자체적인 SQA팀과 SQA 계획을 가지고 있다면, 상위 레벨의 SQAP와의 일관성에 대해서 평가해야 한다.

만약 SQAP가 회사 전반의 계획이라면, 프로젝트에 특화된 계획과의 일관성이 확인되어야 한다는 것에 유의하라. 때때로 회사 전반의 계획에는 일부 프로젝트에 특화된 요구사항이 언급되지 않는다. 이 경우에는 별도의 SQAP, PSAC 혹은 SQAP 부록을 사용하여 프로젝트에 특화된 SQA 요구사항을 설명할 수 있다.

5.4 세 가지 개발 표준

다섯 가지 계획에 더해서 DO-178C는 세 가지 표준에 대한 필요성을 식별한다. 요구사항 표준, 설계 표준 그리고 코딩 표준이다. DO-178C를 새로 접하는 많은 회사들이 이것들을 업계 전반의 표준(예를 들면, IEEE(Institute of Electrical and Electronic Engineers) 표준)과 혼동한다. 업계 전반의 표준은 프로젝트에 특화된 표준의 입력으로서 역할을 할 수 있지만, 각각의 프로젝트는 업계 전반의 표준에서 다루지 않는 특별한 요구사항을 가진다. 만약 여러 프로젝트가 같은 방법과 언어를 사용한다면, 회사 전반의 표준이 만들어지고 적용될 수 있다. 하지만 회사 전반의 표준에 대한 적용가능성은 각각의 프로젝트에 대해서 평가되어야 한다. 표준은 개발자들이 그들의 일을 올바르게 하고 안전성과 기능에 부정적인 영향을 줄 수 있는 활동들을 피하는 것을 돕기 위한 규칙과 제약사항을 제공한다. 많은 표준들은 다음과 같은 이유 때문에 효과적이지 않다.

- 표준은 단지 DO-178C 준수에 대한 체크 표시를 만족하기 위해 만들어지고 프로젝트에는 실질적인 가치가 거의 없다.
- 표준은 업계 전반의 표준으로부터 잘라서 붙여넣기를 하지만 프로젝트에 특화된 요구

사항을 만족하지 않는다.

- 표준은 검증 단계까지는 읽히지 않는다(개발자들은 표준에 관해서 알지 못하거나 무시한다).

이 섹션은 효과적인 표준을 개발하기 위한 몇 가지 실질적인 충고를 제공하기 위한 의도이다.

비록 그것이 요구되지는 않지만, 대부분의 표준은 강제적인 자료와 자문 자료를 모두 포함하고 있다. 강제적인 항목은 일반적으로 **규칙**(rules)으로 불리고 자문을 하는 항목은 **지침**(guideline)으로 불린다. 많은 경우에 규칙과 지침의 적용가능성은 소프트웨어 레벨에 따라서 달라진다(예를 들면, 하나의 항목은 레벨 C에 대해서 자문일 수 있지만 레벨 A와 B에 대해서는 강제조항이다). DO-178C는 비록 그것이 금지되는 것은 아니지만, 레벨 D에 대해서는 표준이 필요하지 않다는 것에 유의해야 한다.

표준으로 들어가기 전에, 나는 그 중요성을 강조하고 싶다. 표준은 안전하고 효과적인 사례를 구현하기 위해 개발자들에게 지시하는 역할을 한다. 만약 표준이 분명하게 작성되고, 타당성과 훌륭한 예시를 포함한다면, 개발자들에게 훌륭한 리소스를 제공할 수 있다. 일단 표준이 개발되면 모든 개발자들에게 훈련을 제공하는 것이 중요하다. 훈련은 표준의 내용을 커버하고, 표준을 사용하는 방법을 설명하며 표준을 읽고 따르는 것이 강제적이라는 것을 강조해야 한다.

5.4.1 소프트웨어 요구사항 표준(SRS)

소프트웨어 요구사항 표준은 소프트웨어 요구사항 개발에 대한 방법, 도구, 규칙, 제약사항을 정의한다.[1] 이는 일반적으로 상위 레벨 요구사항에 적용한다. 하지만 일부 프로젝트는 요구사항 표준을 하위 레벨 요구사항에도 적용한다. 일반적으로 요구사항 표준은 팀이 요구사항을 작성하기 위한 가이드이다. 예를 들어, 효과적이고 구현가능한 요구사항을 작성하는 방법, 요구사항 관리 도구를 사용하는 방법, 추적성을 수행하기 위한 방법, 파생 요구사항을 다루는 방법 그리고 DO-178C 기준을 만족하는 법을 설명한다. 또한 요구사항 표준은 요구사항 리뷰에 대한 성공 기준을 제공하는 것 이외에 엔지니어들을 위한 훈련 도구로써 역할을 할 수 있다.

다음은 요구사항 표준에 일반적으로 포함되는 항목들의 리스트이다.

- DO-178C Table A-3으로부터의 기준(DO-178C의 기대치를 적극적으로 해결하기 위해)
- 상위 레벨 요구사항, 하위 레벨 요구사항 그리고 파생 요구사항의 정의 및 예시(참조 목적으로)
- 요구사항의 품질 특성(검증가능한, 모호하지 않은, 일관된 등)인 Chapter 2(Section 2.2.3)와 6(Section 6.7.6.9)은 훌륭한 요구사항의 특징들을 설명한다.
- 추적성 접근법과 지침
- 요구사항 관리 도구를 사용하는 것에 대한 기준(강제적인 정보 vs. 선택적인 정보에 대한 각각의 특성 및 지침에 대한 설명을 포함)
- 요구사항을 식별하기 위한 기준(넘버링 계획 혹은 숫자를 재사용하는 것에 대한 금지와 같은)
- 만약 요구사항을 나타내기 위해 테이블이 사용된다면, 테이블을 올바로 사용하고 식별하는 방법을 설명(예를 들면, 각각의 행과 열의 넘버링)
- 만약 요구사항을 나타내거나 보충하기 위해 그래픽이 사용된다면 각각의 그래픽 유형과 심벌을 사용하는 방법을 설명. 추가적으로 각각의 블록 혹은 심벌을 식별하고 추적하기 위한 방법을 구체화하는 것이 필요할 수 있다. 모델 기반 개발에 대한 정보에 대해서는 Chapter 14를 보라.
- 요구사항과 설명 자료를 구분하는 기준
- 파생 요구사항을 문서화하는 기준(안전성 평가 시 안전성 담당자를 지원하기 위한 파생 요구사항의 근거를 포함)
- 사용되는 도구의 제약사항 혹은 제한사항
- 강건성 요구사항을 개발하기 위한 기준
- 요구사항 내에 허용 오차를 다루기 위한 기준
- 인터페이스 컨트롤 문서를 사용하고 그것을 참조하는 요구사항을 문서화하기 위한 기준
- 적용되는 규칙과 지침의 예시

Chapter 6은 소프트웨어 요구사항을 설명한다. Chapter 6에서 설명하는 개념 중 몇 가지는 요구사항 표준에 포함되는 것이 적절할 수 있다.

5.4.2 소프트웨어 설계 표준(SDS)

소프트웨어 설계 표준은 소프트웨어 설계를 개발하기 위한 방법, 도구, 규칙, 제약사항을 정의한다.[1] DO-178C에서 설계는 하위 레벨 요구사항과 소프트웨어 아키텍처를 포함한다. 설계 표준은 팀이 설계를 개발하기 위한 가이드이다. 설계 표준은 효과적이고 구현가능한 설계를 작성하는 방법, 설계 도구를 사용하는 방법, 파생된 하위 레벨 요구사항을 다루는 법 그리고 DO-178C 기준을 만족하는 설계 데이터를 생성하는 방법을 설명한다. 또한 설계 표준은 설계 리뷰에 대한 기준을 제공하는 것 이외에 엔지니어들에게 훈련 도구로써 역할을 할 수 있다.

설계는 서로 다른 접근법을 사용해서 표현될 수 있기 때문에, 일반적인 설계 표준을 개발하는 것은 어려운 일이다. 많은 회사들이 일반적인 설계 표준을 가지고 있지만, 프로젝트에 특화된 요구사항에 대해서는 대개 효과적이지 않다. 각각의 프로젝트는 원하는 방법론을 결정하고 설계자들이 그 방법론을 올바로 사용하도록 지침을 제공해야 한다. 회사 전반의 표준을 출발점으로 사용하는 것이 가능할 수 있지만, 보통 약간의 교정이 필요하다. 만약 그 교정이 적다면 표준을 업데이트하는 것보다는 SDP에서 설명하는 것이 타당할 수 있다.

다음은 설계 표준에 일반적으로 포함되는 항목들의 리스트이다.

- DO-178C Table A-4로부터의 기준(DO-178C의 기대치를 적극적으로 해결하기 위해)
- 설계 문서에 대해 선호되는 레이아웃
- 하위 레벨 요구사항에 대한 기준(하위 레벨 요구사항은 상위 레벨 요구사항과 같은 품질 특성을 가질 것이다. 하지만 하위 레벨 요구사항은 설계이고 무엇(what)보다는 어떻게(how)를 설명할 것이다)
- 상위 레벨과 하위 레벨 요구사항 사이의 추적성 접근법
- 파생된 하위 레벨 요구사항과 그 타당성을 문서화하기 위한 기준
- 블록 다이어그램, 구조차트, 상태 전이 다이어그램, 컨트롤 및 데이터 플로우 다이어그램, 플로우차트, 콜트리, 엔터티 관계 다이어그램 등을 포함할 수 있는 효과적인 아키텍처에 대한 지침
- 코드에 구현될 것과 일관성이 있어야 하는 모듈에 대한 명명 규칙

- 설계 제약사항(예를 들면, 제한된 수준의 중첩 조건 혹은 재귀 함수, 무조건적인 분기, 재진입 인터럽트 서비스 루틴 및 자체 수정 명령어의 금지)
- 강건한 설계를 위한 지침
- 설계에서 비활성화된 코드를 문서화하는 방법에 대한 지침(Chapter 17은 비활성화된 코드에 대한 정보를 제공)

Chapter 7은 훌륭한 소프트웨어 설계에 대한 권고사항을 제공한다. Chapter 7에서 설명되는 개념 중 몇 가지는 설계 표준에 포함되는 것이 적절할 수 있다.

5.4.3 소프트웨어 코딩 표준(SCS)

요구사항 및 설계 표준과 마찬가지로 코딩 표준은 코딩 작성자에게 지침을 제공하기 위해 사용된다. 코딩 표준은 특정 언어를 올바르게 사용하는 방법을 설명하고, 안전 필수 분야에서 사용하기에 권장되지 않을 수 있는 언어의 일부 구성을 제한하며, 명명 규칙을 식별하고, 전역 데이터의 사용을 설명하며, 읽기 쉽고 유지가능한 코드를 개발하는 방법을 설명한다.

코딩 표준은 소프트웨어 개발에서 상대적으로 흔하며, 코딩 표준을 개발할 때 사용할 업계 전반의 유익한 리소스가 있다. 예를 들면, MISRA-C(Motor Industry Software Reliability Association's C) 표준은 C 코딩 표준에 대한 입력으로 간주되는 훌륭한 표준이다.

코딩 표준은 언어에 특정된다. 만약 하나의 프로젝트가 여러 개의 언어를 사용한다면, 각각의 언어가 표준에서 논의될 필요가 있다. 어셈블리 언어조차도 사용에 대한 지침을 가져야 한다.

다음은 코딩 표준에 일반적으로 포함되는 항목들의 리스트이다.

- DO-178C Table A-5로부터의 기준(DO-178C의 기대치를 적극적으로 해결하기 위해)
- 코드와 하위 레벨 요구사항 사이의 추적성을 문서화하기 위한 접근법
- 모듈 및 함수 혹은 프로시저 명명 규칙
- 로컬 및 전역 데이터 사용을 위한 지침
- 코드 가독성과 유지보수성에 대한 지침(예를 들면, 주석 및 공백 사용, 추상화 적용,

파일 크기 제한 그리고 중첩 조건의 깊이 제한)

- 모듈 구조에 대한 지침(헤더 형식 및 모듈 섹션을 포함)
- 함수 설계에 대한 지침(예를 들면, 헤더 형식, 함수 레이아웃, 함수 고유 식별/이름, 재귀 및 재진입 함수에 대해서 요구되는 제약사항, 진입 및 진출 규칙)
- 조건부로 컴파일되는 코드에 대한 제약사항
- 매크로 사용에 대한 지침
- 기타 제약사항(예를 들면, 포인터 사용의 제한 및 금지, 재진입 및 재귀 코드의 금지)

코딩 표준에서 식별되는 각각의 지침에 대한 타당성과 예시를 포함하는 것이 유용하다. 코드 작성자가 어떤 것이 요구되거나 금지되는 이유를 이해할 때, 자신이 그 지침을 적용하기가 더 쉬워진다.

Chapter 8은 안전 필수 코드를 작성하기 위한 권고사항을 제공한다. Chapter 8에서 설명되는 개념 중 몇 가지는 코딩 표준에 포함되는 것이 적절할 수 있다.

5.5 도구 인증 계획

만약 도구가 인증받을 필요가 있다면, 그것은 몇 가지 계획이 필요하다. 계획 정보는 PSAC에 포함될 수 있다. 하지만 높은 도구 인증 레벨을 가진 도구에 대해서 혹은 다른 프로젝트에 재사용될 도구에 대해서는 추가적인 도구 계획이 필요할 수 있다. 도구 인증은 Chapter 13에서 설명된다. 지금은 단지 도구 인증은 몇 가지 특별한 계획이 필요하다는 것만 인식하라.

5.6 기타 계획들

DO-178C에서 식별된 다섯 가지 계획 이외에도 프로젝트는 프로젝트 관리를 지원하는 다른 계획들이 있을 수 있다. 이것들은 덜 형식적일 수 있지만 여전히 전체적인 프로젝트 관리에 중요하다. 이 섹션에서는 이러한 계획 세 가지를 설명한다.

5.6.1 프로젝트 관리 계획

이 계획은 팀원들(이름과 구체적인 임무를 포함하는)과 책임, 상세한 일정, 활동의 상태, 수집할 측정 기준 등을 식별한다. 또한 프로젝트 조직의 세부 내용에 대해서 SDP와 SVP보다 더 상세하게 다루며, 모든 것이 올바로 관리될 수 있는 방법을 제공한다.

5.6.2 요구사항 관리 계획

이 계획은 요구사항의 적절한 문서화, 할당, 추적을 보장하기 위해 때때로 SDP와 소프트웨어 요구사항 표준에 추가해서 개발된다. 또한 시스템, 하드웨어, 안전성, 소프트웨어팀 사이의 일관된 요구사항 문서화를 보장할 수 있다.

5.6.3 시험 계획

이 계획은 필요한 장비, 절차, 도구, 시험 케이스 레이아웃, 추적 전략 등을 포함해서 시험 전략에 대한 상세한 내용을 설명한다. 그것은 소프트웨어 검증 케이스 및 절차 문서의 일부이거나 별도의 독립된 계획일 수도 있다. 시험 계획은 흔히 팀이 공식적인 시험을 시작할 준비가 되어 있다는 것을 확인하기 위해 사용할 시험 준비 리뷰 체크리스트와 기준을 포함한다. 시험 계획은 Chapter 9에서 논의된다.

참고문헌

[1] RTCA DO-178C, *Guidance Software Considerations in Airborne Systems and Equipment Certification* (Washington, DC: RTCA, Inc., December 2011).

[2] Federal Aviation Administration, *Software Approval Guidelines*, Order 8110.49 (Change 1, September 2011).

[3] European Aviation Safety Agency, *Software Aspects of Certification*, Certification Memorandum CM-SWCEH-002 (Issue 1, August 2011).

Chapter 6

소프트웨어 요구사항

약어

CASE	computer-aided software engineering
CAST	Certification Authorities Software Team
FAA	Federal Aviation Administration
FAQ	frequently asked question
HLR	high-level requirement
IEEE	Institute of Electrical and Electronic Engineers
LLR	low-level requirement
SWRD	Software Requirements Document
TBD	to be determined

6.1 소개

소프트웨어 요구사항은 DO-178C 준수와 안전 필수 소프트웨어 개발에 기초가 된다. 프로젝트의 성공 혹은 실패는 요구사항의 품질에 달려 있다. Nancy Leveson은 다음과 같이 쓰고 있다.

> 소프트웨어가 관여되었던 대부분의 사고는 요구사항 결함에서 원인을 찾을 수 있고 좀 더 구체적으로는, 구체적이고 구현된 소프트웨어 동작의 불완전성, 즉 컨트롤 시스템 혹은 컴퓨터의 요구되는 동작에 대한 불완전하거나 잘못된 가정 그리고 제어되지 않은 컨트롤 시스템 상태 및 환경 조건에서 원인을 찾을 수 있다. 코딩 에러가 흔히 가장 주목을 받지만, 그것들은 안전성에서보다 신뢰성과 다른 품질에 더 많은 영향을 미친다.[1]

요구사항이 진행되면서 프로젝트도 진행된다. 내가 경험하거나 목격한 가장 혼란스러운 프로젝트는 나쁜 요구사항으로 시작해서 거기서부터 악화되었다. 마찬가지로 내가 본 최고의 프로젝트는 요구사항을 제대로 얻기 위해 노력한 것들이다. 시스템 요구사항을 설명할 때 효과적인 요구사항의 여러 가지 원리가 Chapter 2에서 설명되었다. 그래서 나는 만약 당신이 최근에 그렇게 하지 않았다면 Section 2.2를 읽거나 복습할 것을 권한다. 이 챕터는 시스템 요구사항보다는 소프트웨어 요구사항을 강조하면서 Section 2.2 개념을 기초로 한다.

이 챕터에서 설명되는 많은 항목들은 시스템 요구사항에도 적용되며 Chapter 2에서 표현된 자료를 보강할 수 있다. 시스템 요구사항과 소프트웨어 요구사항 사이의 경계는 종종 매우 모호하다. 일반적으로 소프트웨어 요구사항은 확인된 시스템 요구사항을 정제하며 소프트웨어 개발자가 소프트웨어를 설계하고 구현하기 위해 사용된다. 또한 소프트웨어 요구사항은 시스템이 무엇을 하느냐보다 소프트웨어가 무엇을 하는지를 식별한다. 소프트웨어 요구사항을 작성할 때 시스템 요구사항에 있는 에러, 부족한 점들 그리고 생략된 것들을 식별할 수 있으며 문제점 리포트에 문서화하고 시스템팀이 해결해야 한다.

이 챕터는 좋은 요구사항의 중요성과 요구사항을 작성·검증·관리하는 방법을 살펴본다. 추가적으로 본 챕터는 요구사항 개발과 밀접하게 연관되어 있는 두 주제인 프로토타이핑과 추적성에 대한 논의로 끝난다.

6.2 요구사항 정의하기

IEEE(Institute of Electrical and Electronic Engineers)는 **요구사항**(requirement)을 다음과 같이 정의한다.[2]

> ① 사용자가 문제점을 해결하거나 혹은 목표를 달성하기 위해 필요한 조건 혹은 능력
> ② 계약, 표준, 명세 혹은 다른 공식적으로 적용된 문서를 충족하기 위해 시스템 혹은 시스템 컴포넌트가 충족하거나 보유해야 하는 조건 혹은 능력
> ③ ① 혹은 ②와 같은 조건 혹은 능력의 문서화된 대표 항목

DO-178C 용어집은 **소프트웨어 요구사항**(software requirement), **상위 레벨 요구사항**(high-level requirements), **하위 레벨 요구사항**(low-level requirements), **파생 요구사항**(derived requirements)을 다음과 같이 정의한다.[3]

- **소프트웨어 요구사항**: "입력과 제약이 주어진 소프트웨어에 의해서 생성되어야 하는 것에 대한 설명. 소프트웨어 요구사항은 상위 레벨 요구사항과 하위 레벨 요구사항을 모두 포함한다."
- **상위 레벨 요구사항**: "시스템 요구사항, 안전성 관련 요구사항, 시스템 아키텍처의 분석으로부터 개발되는 소프트웨어 요구사항"
- **하위 레벨 요구사항**: "소스 코드가 더 이상의 정보 없이 직접적으로 구현될 수 있는 상위 레벨 요구사항, 파생 요구사항 그리고 설계 제약으로부터 개발된 소프트웨어 요구사항"
- **파생 요구사항**: "① 상위 레벨 요구사항으로 직접 추적할 수 없는 그리고/혹은 ② 시스템 요구사항 혹은 상위 레벨 소프트웨어 요구사항에 의해서 구체화되는 것과 관계없이 행동을 구체화하는, 소프트웨어 개발 프로세스에 의해서 만들어지는 요구사항"

IEEE 정의와 달리 DO-178C는 소프트웨어 요구사항을 상위 레벨 요구사항(HLR)과 하위 레벨 요구사항(LLR)의 두 가지 레벨로 정의한다. 이 챕터는 HLR에 집중하며 그것은 이 챕터 전반에 걸쳐서 단순히 **요구사항**으로 언급될 것이다. DO-178C는 설계에 LLR을 포함한다. 따라서 그것들은 다음 챕터에서 논의할 것이다.

일반적으로 요구사항은 "우리가 프로젝트를 완료했을 때 얻을 수 있는 것을 설명"하려는 것이다.[4] 소프트웨어 요구사항은 일반적으로 다음을 이야기한다. 기능, 외부 인터페이스, 성능, 품질 특성(예를 들면, 이식성 혹은 유지보수성), 설계 제약사항, 안전성 그리고 보안 등이다.

좋은 요구사항은 설계 혹은 구현에 대한 상세한 내용, 프로젝트 관리에 대한 상세한 내용(비용, 일정, 개발 방법론과 같은) 혹은 시험에 대한 상세한 내용을 이야기하지 않는다.

6.3 좋은 소프트웨어 요구사항의 중요성

안전 필수 소프트웨어 개발에 요구사항이 왜 그렇게 중요한지 다섯 가지 이유를 생각해 보자.

6.3.1 이유 1 : 요구사항은 소프트웨어 개발에 대한 근간이다

나는 건축가는 아니지만 집을 지을 때 기초가 대단히 중요하다는 것을 상식적으로 알고 있다. 만약 기초가 약하거나 결함이 있는 재료로 만들어졌거나, 구획이 없거나, 평평하지 않다면 그 위에 지어진 집은 장기적인 문제점을 가질 것이다. 소프트웨어 개발에서도 마찬가지다. 만약 요구사항(기초)이 약하다면 장기적인 영향을 주고 고객을 포함해서 관련된 모든 사람들에게 말로 표현할 수 없는 문제점과 어려움을 초래한다.

내가 몇 년 동안 근근히 버텨온 프로젝트들을 돌이켜 보면, 거기에는 나쁜 요구사항을 초래한 몇 가지 공통된 특징들이 있다. 첫째, 소프트웨어 요구사항을 경험이 부족한 팀이 개발하였다. 둘째, 팀이 준비가 되기 전에 고객에게 무언가를 전달하도록 강요받았다. 셋째,

소프트웨어를 전달하기에 앞서 시스템 요구사항이 확인되지 않았다.

이러한 특징들은 다음과 같은 공통된 결과를 가져왔다.

- 고객이 기뻐하지 않았다.
- 제품은 대단히 많은 수의 문제점 리포트로 고통받았다.
- 소프트웨어는 적어도 한 번의 완전한 재설계를 요구했다(몇 가지 상황에서는 두 번의 추가적인 반복이 이루어졌다).
- 프로젝트는 시간과 예산을 상당히 초과했다.
- 여러 리더들이(다른 희망 없는 프로젝트로 바로) 재배치되었고 경력이 손상되었다.

그림 6-1 | 나쁜 요구사항과 불충분한 리뷰 프로세스의 영향

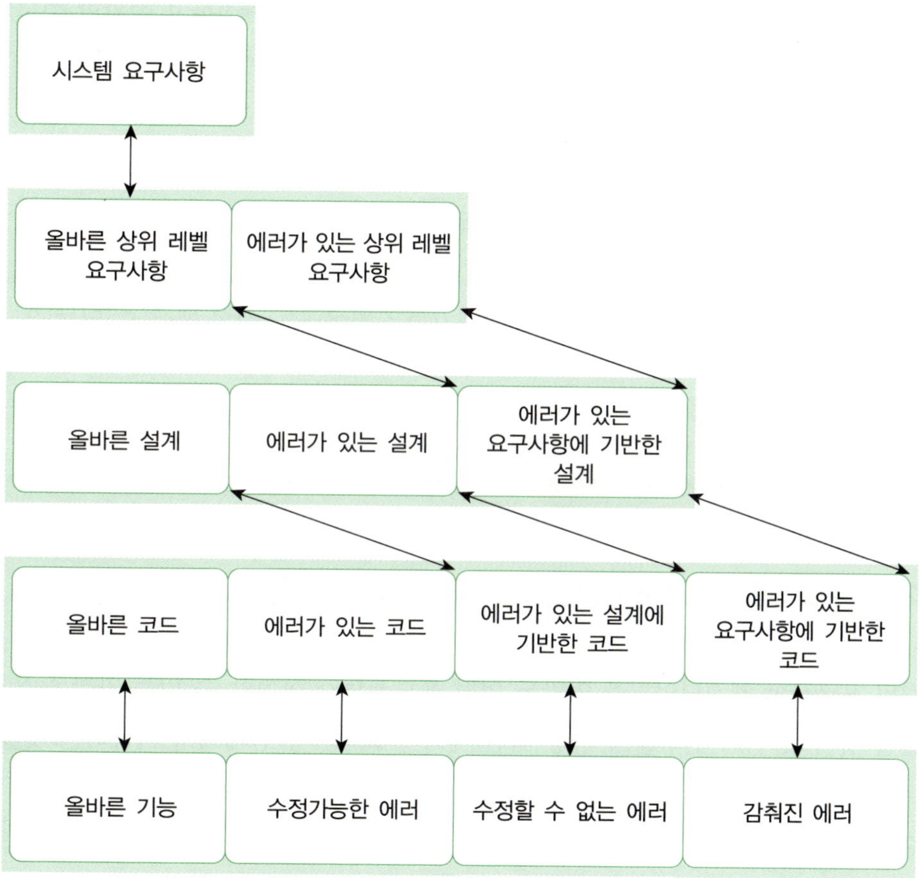

나쁜 요구사항의 결과는 내가 **눈덩이 효과**(snowball effect)라고 부르는 것으로 이어진다. 문제점과 복잡도는 프로젝트가 거대하고 관리할 수 없는 눈덩이가 될 때까지 누적된다. [그림 6-1]은 그 문제를 보여주고 있다.

개발의 다음 단계로 가기 전에 개발 산출물들이 리뷰되지 않고 성숙되면, 나중에 그 에러(들)를 식별하고 제거하는 것은 더 어렵고 비용이 많이 들게 된다. 어떤 경우에는 심지어 근본 원인이 데이터(**눈덩이**)에 너무 깊게 묻혀버렸기 때문에 에러를 식별하는 것이 불가능하게 될 수도 있다. 모든 개발 단계는 반복적이며 프로젝트가 진행되면서 변경될 수 있다. 하지만 불완전하고 에러가 있는 입력에 대한 연속적인 개발 활동을 구축하는 것이 소프트웨어 엔지니어링에서의 가장 공통된 에러와 비효율성의 하나이다.

요구사항은 절대 처음부터 완전하지는 않겠지만, 그 목표는 적어도 설계와 구현을 진행해 나갈 수 있을 만큼은 받아들일 수 있을 정도의 위험 수준으로 완전하고 정확한 정도의 요구사항 일부를 얻는 것이다. 시간이 흘러가면서 요구사항은 기능을 더하거나 수정하기 위해, 그리고 설계와 구현의 성숙도에 기반해서 변경하기 위해 업데이트된다. 이 반복 접근법은 양질의 요구사항을 얻고 동시에 고객의 요구를 만족하기 위한 가장 공통된 방법이다. '*Software Requirements*'에서 Karl Wiegers는 다음과 같이 쓰고 있다.

> 반복은 요구사항 개발 성공의 핵심이다. 요구사항을 찾아내고, 상위 레벨 요구사항을 상세하게 정제하고 사용자와 정확성을 확인하는 여러 번의 사이클을 계획하라. 이것은 시간이 걸리고 짜증나는 것일 수 있지만, 그것이 새로운 소프트웨어 제품을 정의하는 모호한 불확실성을 다루는 본질적인 측면이다.**[4]**

6.3.2 이유 2 : 좋은 요구사항은 시간과 돈을 절약한다

효과적인 요구사항 엔지니어링은 아마도 어떤 프로젝트가 실현할 수 있는 가장 높은 투자 수익률일 것이다. 여러 연구들이 가장 비싼 에러가 요구사항 단계에서 시작되는 것들이고 소프트웨어 재작업의 가장 큰 이유가 나쁜 요구사항이라는 것을 보여준다. 심지어 한 연구는 "요구사항 에러는 재작업 비용의 70에서 85%를 차지한다"라는 것을 보여주기도 했다.**[5]**

Standish Group에 의한 연구는 소프트웨어 프로젝트에서의 실패에 대해서 다음과 같은 이유를 제시했다(이유 중 몇 가지는 요구사항과 관련된다).[6]

- 불완전한 요구사항: 13.1%
- 사용자 참여의 부족: 12.4%
- 충분하지 않은 리소스/일정: 10.6%
- 비현실적인 기대: 9.9%
- 경영 지원 부족: 9.3%
- 요구사항의 변경: 8.7%
- 빈약한 계획: 8.1%
- 소프트웨어가 더 이상 필요하지 않음: 7.4%

비록 이 연구는 다소 오래된 것이지만, 결과는 매년 항공 분야의 프로젝트에서 보는 것과 일치한다. 좋은 요구사항은 성공적인 결과를 얻기 위해 필요하다. 나는 처음에는 제대로 할 시간을 가지지 않다가 결국에는 두 번 혹은 세 번을 하게 되면서 시간과 돈을 들이는 프로젝트가 얼마나 많은지에 대해 계속해서 놀라게 된다.

6.3.3 이유 3: 좋은 요구사항은 안전에 필수이다

FAA의 연구 보고서 '*Requirements Engineering Management Findings Report*'에서는 "안전 필수 시스템에 초점을 맞춘 조사자들은 설계 혹은 구현 과정에서 주입되는 에러보다 요구사항 에러가 임베디드 시스템의 안전성에 영향을 미칠 가능성이 가장 높다는 것을 발견했다."[7]라고 말한다. 좋은 요구사항이 없이는 규정을 만족하는 것이 불가능하다. FAA와 전 세계의 다른 규제 당국은 항공기의 모든 시스템이 예측가능한 운영 조건하에서 의도된 기능을 충족하는 것을 보일 것을 요구하는 법적 구속력이 있는 규정을 가지고 있다. 이것은 의도된 기능을 식별하고 증명해야 한다는 것을 의미한다. 요구사항은 안전성 고려사항과 의도된 기능을 전달하는 공식적인 방법이다.

6.3.4 이유 4 : 좋은 요구사항은 고객의 요구를 충족하기 위해 필요하다

정확하고 완전한 요구사항이 없이는 고객의 기대를 충족할 수 없을 것이다. 요구사항은 고객과 개발자 사이에 커뮤니케이션하기 위해 사용된다. 부족한 요구사항은 보통 불량한 제품으로 이어지는 부족한 커뮤니케이션을 나타낸다.

내가 몇 년 전에 리뷰한 어떤 레벨 A 프로젝트는 끔찍한 소프트웨어 요구사항을 가지고 있어서 레벨 A 활동들을 항공기 일정에 맞게 끝낼 희망이 없었다. 소프트웨어의 부족함 때문에 고객은 안전 필수 동작에서 시스템을 비활성화하도록 항공기의 일부를 재설계해야 했고, 소프트웨어가 수행해야 했던 것을 보완하기 위해 하드웨어를 추가해야 했으며 소프트웨어에 대한 신뢰성을 레벨 D로 낮추어야 했다. 초기 인증 이후에 새로운 공급업체가 선택되었고 원래 공급업체는 해고되었다. 이러한 대실패의 주된 이유는 다음과 같다. ① 소프트웨어 요구사항이 고객의 시스템 요구사항과 일치하지 않았고 ② 시스템 요구사항이 분명하지 않은 상태에서, 소프트웨어팀이 고객에게 필요한 것이 무엇인지 묻기보다는 그저 임시방편으로 진행했다. 물론, 시스템 요구사항은 이슈를 가지고 있었지만, 양쪽 회사에서 더 나은 커뮤니케이션과 요구사항 개발이 있었다면 전체적인 실패는 피할 수 있었다.

6.3.5 이유 5 : 좋은 요구사항은 시험을 위해 중요하다

요구사항은 시험에 대한 노력을 촉진한다. 만약 요구사항이 부족하게 작성되거나 불완전하다면 다음과 같은 것들이 일어날 수 있다.

- 결과적인 요구사항 기반 시험이 잘못된 것을 시험할 수 있고/혹은 올바른 것을 잘못 시험할 수 있다.
- 실제(real) 요구사항을 개발하고 찾아내기 위해 시험과정에서 엄청난 노력이 필요할 수 있다.
- 의도된 기능을 증명하는 것이 어려울 것이다.
- 의도되지 않은 기능이 없다는 것을 증명하는 것이 어렵거나 불가능할 것이다(즉, 소프트웨어가 해야 하는 것을 하고 오로지 해야 하는 것만 한다는 것을 보여주는 것).

안전성은 의도된 기능을 충족한다는 것과 의도하지 않은 기능이 안전에 영향을 미치지 않을 것임을 보여주는 능력에 달려있다.

6.4 소프트웨어 요구사항 엔지니어

요구사항 개발은 일반적으로 한 명 이상의 요구사항 엔지니어(요구사항 분석가로도 알려진)1)에 의해서 수행된다. 대부분의 성공적인 프로젝트는 프로젝트 전반에 걸쳐서 긴밀하게 협력하는 최소 두 명의 선임 요구사항 엔지니어가 있다. 그들은 요구사항을 개발하면서 함께 일하며, 서로의 작업을 진행하면서 계속해서 리뷰한다. 또한 그들은 요구사항이 정렬되고 실행가능한지를 확인하기 위해 지속적인 **무결성 체크**(sanity checks)를 수행한다. 미래의 프로젝트를 위해 그러한 지식이 필요할 것이고 조직은 미래의 요구사항 전문가를 개발할 필요가 있기 때문에 일부 후배 엔지니어들이 선임 엔지니어들과 함께 일하는 것은 언제나 좋은 일이다. 조직은 요구사항 개발에 신뢰를 받는 엔지니어를 선택할 때 주의해야 한다. 모든 사람이 좋은 요구사항을 개발하고 문서화하는 것이 가능한 것은 아니다. 효과적인 요구사항 엔지니어에 필요한 기술은 다음과 같이 논의된다.

기술 1 : 요구사항 작성 경험. 경험을 대체할 수 있는 것은 없다. 여러 프로젝트를 경험해온 사람은 제대로 되는 것과 제대로 되지 않는 것을 안다. 물론 그들의 경험이 성공적인 프로젝트에 기반한다면 가장 좋지만, 성공적이지 않은 프로젝트도 개인이 실수로부터 기꺼이 배우려고 한다면 경험을 쌓을 수 있다.

기술 2 : 팀워크. 요구사항 엔지니어는 팀의 거의 모든 사람들과 상호작용하기 때문에 다른 사람들과 잘 지내는 팀플레이어가 되는 것이 중요하다. 소프트웨어 요구사항 엔지니어는 시스템 엔지니어(그리고 아마도 고객), 설계자 및 코딩 담당자, 프로젝트 관리자, 품질 보증 그리고 테스터와 긴밀하게 작업할 것이다. 외로운 방랑자와 병적으로 자기중심적인 사람은 함께 일하기 어렵고 팀의 최고의 관심을 염두에 두지 않는다.

1) **요구사항 엔지니어**는 다른 책무를 지고 있을 가능성이 높지만, 이 챕터는 요구사항 작성자로서의 역할에 초점을 맞추고 있다. 따라서 **요구사항 엔지니어**(requirements engineer)라는 용어는 이 챕터 전반에 걸쳐서 사용된다.

기술 3 : 듣기와 관찰 기술. 요구사항 엔지니어는 종종 시스템 엔지니어 혹은 고객으로부터 미묘한 단서를 알아차리게 된다. 누락된 항목들에 대해서 탐지하고 조치를 취하는 능력이 필요하다. 그것은 거기에 무엇이 있다는 것을 이해하는 문제일 뿐만 아니라 거기에 무엇이 없고 무엇이 있어야 하는지를 결정하는 것이다.

기술 4 : 큰 그림과 세부사항 모두에 대한 주의. 요구사항 엔지니어는 소프트웨어, 하드웨어, 시스템이 조화를 이루는 방법을 볼 수 있을 뿐만 아니라 상세한 내용을 시각화하고 문서화할 수 있어야 한다. 요구사항 엔지니어는 상향식과 하향식 모두 생각할 수 있어야 한다.

기술 5 : 서면 의사소통 능력. 분명히 요구사항 엔지니어의 주요 역할 중 하나는 요구사항을 문서화하는 것이다. 요구사항 엔지니어는 정돈되고 분명한 스타일로 작성할 수 있어야 한다. 성공적인 요구사항 엔지니어들은 복잡한 아이디어와 이슈들을 분명하게 소통할 수 있는 사람들이다. 추가적으로 요구사항 엔지니어는 문장으로 설명하기 어려운 아이디어들을 소통하기 위해 그래픽 기법을 사용하는 데 능숙해야 한다. 그래픽 기법이 사용되는 예로는 테이블, 플로우차트, 데이터 플로우 다이어그램, 컨트롤 플로우 다이어그램, 유스케이스, 상태 다이어그램, 상태차트, 시퀀스 및 타이밍 다이어그램이 있다.

기술 6 : 헌신. 선임 요구사항 엔지니어(들)는 프로젝트를 끝까지 지켜보는 것에 헌신적인 사람이어야 한다. 나는 선임 엔지니어가 다른 일을 맡아서 중요한 지식을 그의 머리에 남기고 떠나버렸기 때문에 고생하는 여러 프로젝트를 보아왔다. 이것은 내가 요구사항 개발에 대해서 팀접근법을 추천하는 또 다른 이유이다.

기술 7 : 해당 분야의 경험. 해당 분야에 정통한 요구사항 엔지니어를 가지는 것이 현명하다. 내비게이션 시스템에 경험을 가진 사람은 브레이크나 연료 시스템을 구체화하기 위해 필요한 미묘한 것들을 알지 못할 수 있다. 다소 주관적이지만, 적어도 개발팀의 반이 해당 분야의 경험을 가지는 것이 최선이라는 것을 나는 알게 되었다.

기술 8 : 창의적. 억지로 만들어진 요구사항은 일반적으로 가장 효과적이지 않다. 좋은 요구사항은 예술과 과학의 혼합이다. 의도된 기능을 포착하고 의도되지 않은 기능을 방지하는 최상의 요구사항을 개발하기 위해 창의적인 생각(**새로운 사고**를 하는 능력)이 필요하다.

기술 9 : 조직화. 요구사항 엔지니어가 조직화되지 않으면, 그 혹은 그녀의 아웃풋은 의도된 것을 효과적으로 전달할 수 없을지 모른다. 또한 요구사항 엔지니어들은 프로젝트에 핵심적이기 때문에 덜 중요한 작업으로 자주 주의가 분산될 수 있다. 따라서 그들은 조직화되고 우선순위를 정하고 집중을 유지할 수 있어야 한다.

6.5 소프트웨어 요구사항 개발의 개요

Chapter 5는 요구사항 개발에 선행하는 계획 프로세스를 조사했다. 요구사항 방법론과 형식, 요구사항 관리 도구의 사용, 개발팀 식별, 요구사항 리뷰 프로세스, 추적 전략, 요구사항 표준 정의 등을 포함해서 계획에서 고려해야 하는 여러 가지 요구사항 측면들이 있다. 요구사항 개발 작업은 다음과 같은 일곱 가지 활동으로 구성될 수 있다: ① 입력을 모으고 분석, ② 요구사항을 작성, ③ 요구사항을 리뷰, ④ 요구사항 베이스라인 설정, 릴리즈, 보관, ⑤ 요구사항을 구현, ⑥ 요구사항을 시험, ⑦ 변경 관리 프로세스를 사용해서 요구사항을 변경. [그림 6-2]는 이러한 활동들을 보여준다.

그림 6-2 | 요구사항 개발 활동들

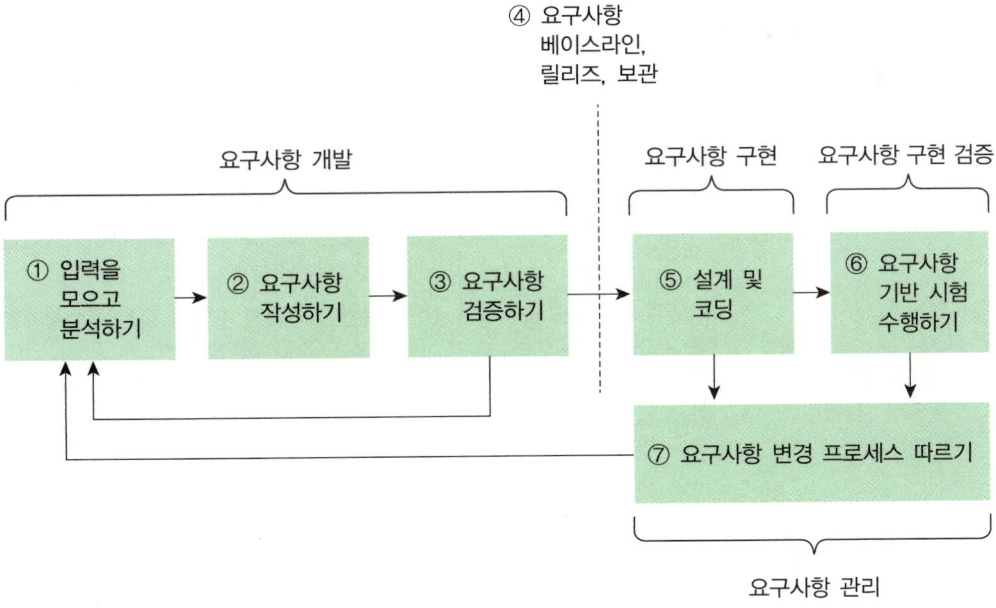

활동 ①~③은 이 챕터에서 논의된다. 활동 ④와 ⑦은 Chapter 10, 활동 ⑤는 Chapter 7과 8, 활동 ⑥은 Chapter 9에서 논의된다.

각각의 프로젝트는 조금씩 다른 방식으로 시스템 및 소프트웨어 요구사항 개발을 진행한다. 〈표 6-1〉은 각각의 접근법의 유리한 점 및 불리한 점과 함께 시스템 및 소프트웨어 요구사항 개발에 대한 가장 공통된 접근법을 요약하고 있다.

표 6-1 시스템 및 소프트웨어 요구사항 개발 접근법

접근법	유리한 점 (장점)	불리한 점 (단점)
1. 공급업체 주도 제품 시스템 및 소프트웨어 요구사항이 같은 회사에 의해서 개발된다.	• 좀 더 개방된 커뮤니케이션을 장려한다. • 일반적으로 시스템과 소프트웨어 양쪽에 동일한(혹은 아주 유사한) 리뷰와 릴리즈 프로세스를 가진다는 것을 의미한다. • 공급업체 내에 해당 분야의 전문가가 있다. • 높은 재사용과 재응용에 대한 잠재성이 있다.	• 고객과 시스템팀이 세부사항을 상세하게 지정하지 않을 수 있다. • 같은 회사에 있다고 하더라도 팀이 같은 장소에 있지 않을 수 있다(예를 들면, 다른 빌딩 혹은 다른 지리적인 위치). • 흔히 소프트웨어팀이 시스템팀보다 요구사항 문서화에 좀 더 훈련되어 있다(DO-178C 요구사항 때문에).
2. 고객 주도 제품 시스템 요구사항은 고객(예를 들면, 항공기 회사)이 개발하고 소프트웨어 구현을 위해 공급업체에게 보낸다.	• 흔히 고객 요구사항은 아웃소싱하려고 할 때 매우 상세해진다. • 고객이 사내에 존재하지 않을 수 있는 해당 분야의 적절한 전문성을 가진 공급업체를 선택할 수 있게 한다.	• 신경 쓰지 않고 넘겨버리는 마인드가 될 수 있다. • 시스템 요구사항이 잘못된 수준으로 과도하게 규정되어서 소프트웨어 설계 옵션을 제한할 수 있다. • 결함이 발견되었을 때 고객이 시스템 요구사항을 업데이트하는 것이 늦어지거나 업데이트하는 것에 저항할 수 있다. • 공급업체는 모든 요구사항을 시험할 능력을 가지고 있지 않을 수 있다.
3. 결합된 요구사항 시스템 및 소프트웨어 요구사항이 단일 수준으로 결합된다(동일한 회사에 의해서).	• 시스템과 소프트웨어 요구사항 사이에 일관성을 보장한다. • 시험 작업이 덜 중복될 가능성이 있다. • 간단한 제품이라면 인위적인 요구사항 레이어를 제거할 수 있다.	• 요구사항에 적절한 수준의 결정성과 상세함을 가지는 것을 어렵게 한다. • 시스템 요구사항을 너무 상세하게 하거나 소프트웨어 요구사항을 적절하지 않은 높은 수준에 방치할 수 있다. • 하드웨어와 소프트웨어 할당에 문제를 일으킬 수 있다. • 간단한 제품 이외에는 모든 목표가 달성된다는 것을 인증 당국에 보여주기가 어렵다.

더 많은 시스템팀과 인증 당국이 ARP4754A를 받아들임에 따라, 시스템 요구사항의 상태가 개선되어야 한다. 높은 품질의 요구사항은 고객, 시스템팀(안전성 인력을 포함해서), 하드웨어팀 그리고 소프트웨어팀을 포함해서 이해관계자들 사이의 효과적인 커뮤니케이션과 파트너십에 달려있다.

6.6 소프트웨어 요구사항에 대한 입력 수집 및 분석

DO-178C는 소프트웨어팀에 주어지는 시스템 요구사항은 완전하게 문서화되고 확인된다는 것을 가정한다. 하지만 나의 경험으로는 그런 경우는 거의 없다. 궁극적으로는 시스템 요구사항은 완전하고, 정확하고, 올바르고, 일관성이 있어야 한다. 그리고 그런 일이 빨리 일어날수록 더 좋다. 하지만 요구사항의 부족한 점 혹은 모호함을 식별하고 완전히 확인된 시스템 요구사항 세트를 만들기 위해 시스템팀과 일하는 것은 종종 소프트웨어팀의 몫이 된다.

먼저 문제를 분석하는 시간을 보내지 않고 요구사항 명세를 만드는 것은 흔히 요구사항 엔지니어에게 상당한 압력이 된다. 이것은 결과적으로 방대하고, 무질서하고, 분명하지 않은 억지로 만들어진 요구사항을 나오게 한다. 예술가가 작품을 계획하기 위해 시간을 들이는 것처럼 요구사항 엔지니어는 요구사항 작업을 모으고, 분석하고, 체계화하기 위한 시간이 필요하다. 이는 문제를 명확하게 시각화하는 문제이다. 일단 이것이 수행되면 명세의 실제 작성은 상대적으로 빨리 나타나고 재작업이 덜 필요하게 된다.

소프트웨어 요구사항 엔지니어는 일반적으로 소프트웨어 요구사항을 개발하기 위해 다음과 같은 수집과 분석 활동을 수행한다.

6.6.1 요구사항 수집 활동

단일 요구사항을 작성하기 전에 요구사항 엔지니어는 그들이 조사하고 있는 제품을 이해하기 위해 데이터와 지식을 수집한다. 수집 활동은 다음을 포함한다.

- 시스템과 안전성 요구사항에 존재하는 모든 상태를 완전히 이해하도록 리뷰하고 노력하라. 소프트웨어 엔지니어는 시스템 요구사항과 친숙하게 익숙해져야 한다. 예비 안전성 평가를 이해하는 것 또한 안전성 요인을 이해하기 위해 필요하다.
- 시스템 요구사항에 대해서 어떤 질문이든 답하기 위해, 그리고 누락된 정보를 채우기 위해 고객, 시스템 엔지니어, 해당 분야의 전문가를 만나라.
- 소프트웨어 요구사항을 개발하기 전에 시스템 및 안전성 요구사항의 성숙도와 완전성을 결정하라.
- 시스템 요구사항을 변경하기 위해 시스템 엔지니어와 작업하라. 소프트웨어팀이 시스템 요구사항을 소프트웨어 요구사항으로 세분화하기 전에, 시스템 요구사항은 상대적으로 성숙하고 안정화될 필요가 있다. 어떤 시스템팀은 아주 응답을 잘하고 시스템 요구사항을 업데이트하기 위해 소프트웨어팀과 긴밀하게 작업한다. 하지만 많은 경우에 소프트웨어팀은 필요한 변경을 위해서 시스템 엔지니어들에게 적극적으로 압력을 가해야 한다.
- 관련된 과거 프로젝트들을 해당 프로젝트들에 대한 문제점 리포트와 함께 고려하라. 종종 고객, 시스템 엔지니어 혹은 소프트웨어 개발자들은 해당 분야에서 몇 가지 과거의 경험을 가지고 있을 것이다. 요구사항이 이전 형태로는 사용할 수 없지만 무엇이 구현되었고, 무엇이 동작했고, 무엇이 동작하지 않았는지에 대한 이해를 제공하는 데 확실히 도움이 될 수 있다.
- 요구사항 표준과 인증 기대치에 대해서 완전하게 교육을 받아라.

6.6.2 요구사항 분석 활동

분석 프로세스는 엔지니어가 요구사항을 작성하도록 준비한다. 때로는 요구사항 명세를 바로 작성하려는 유혹이 있다. 하지만 먼저 여러 관점에서 문제를 분석하고 고려하지 않으면 나중에 상당한 재작업을 하게 될 수 있다. 항상 어느 정도의 반복과 정제하는 과정이 있겠지만, 분석 프로세스는 그것을 최소화하도록 도울 수 있다. 요구사항 분석 과정에서 다음을 고려하라.

- 수집 프로세스 동안에 얻은 입력을 가능한 한 분명하고 완전하게 구성한다. 요구사항 엔지니어는 다양한 관점에서 문제가 해결되도록 분석해야 한다. 때때로 사용자의 관점

에서 문제를 고려하기 위해 유스케이스[2)]가 사용된다.

- 요구사항 명세 작업에 대한 프레임워크를 작성한다. 콘텐츠의 테이블이 될 수 있는 것을 식별함으로써 요구사항은 논리적인 흐름으로 구성될 수 있다. 또한 이 프레임워크는 완전함에 대한 기준으로서의 역할을 한다. 요구사항 프레임워크를 결정하기 위한 한 가지 공통된 전략은 제공되는 안전성과 시스템 기능을 나열하고 의도한 대로 동작하고 의도하지 않은 영향으로부터 보호하기 위해 필요한 소프트웨어가 무엇인지를 결정하는 것이다.
- 고객 요구사항에 대한 이해를 보장하기 위해 소프트웨어 동작 모델을 개발한다. 이들 모델 중 일부는 소프트웨어 요구사항으로 정제되고 통합되며 일부는 단지 요구사항 개발을 지원하는 매개체가 될 것이다. 또한 모델 중 일부는 부족한 점이 지적되는 경우 시스템 요구사항에 추가될 수 있다.
- 경우에 따라서 프로토타입이 요구사항의 개발을 돕기 위해 사용될 수 있다. 요구사항 분석가는 프로토타입을 개발하는 것을 돕거나, 요구사항을 문서화하기 위한 프로토타입을 사용할 수 있다. 빠른 프로토타입은 기능을 증명하고 요구사항의 상세한 내용을 성숙하게 하는 데 매우 유용할 수 있다. 프로토타입의 위험은 빈약한 기본 설계 및 코드에도 불구하고 겉으로는 이상적으로 보일 수 있다는 점이다. 그래서 프로젝트 관리자들 혹은 고객들은 **작업 중인**(working) 프로토타입으로부터 코드를 사용할 것을 주장한다. 나는 비용과 일정 압박에 직면하면, 원래 (그리고 승인된) 계획을 포기하고 비행 시험과 인증을 위해 프로토타입 코드를 사용하려고 노력하는 여러 프로젝트들을 지금껏 보아왔다. 나는 아직 그것이 잘 된 것을 본적이 없다. 비용, 일정, 고객과의 관계 모두 고통을 받는다. Section 6.10은 프로토타입에 대해서 추가적인 생각을 제공한다.

---

2) 유스케이스는 요구사항을 식별하고, 분명하게 하고 조직화하기 위한 분석에 사용되는 방법론이다. 각각의 유스케이스는 특정 환경에서 소프트웨어와 사용자 사이에 가능한 상호작용의 세트로 구성되며 특정 목표와 관련된다. "유스케이스는 특정 목표와 관련된 가능한 시나리오의 모음으로 생각할 수 있고 유스케이스와 목표는 때때로 동의어로 간주된다."**[8]** 유스케이스는 기능 요구사항을 구성하고, 사용자 상호작용을 모델링하며, 이벤트로부터 목표까지의 시나리오를 기록하고, 이벤트의 주요 흐름과 여러 레벨의 기능을 설명하기 위해 사용될 수 있다.**[8]**

6.7 소프트웨어 요구사항 작성하기

수집과 분석 활동은 계속해서 진행된다. 일단 충분한 지식을 얻고 문제를 충분히 분석하였다면, 본격적인 요구사항 작성을 시작한다. 요구사항 작성은 많은 병렬 및 반복 활동을 포함한다. 그것들은 이어지는 활동들이 아니기 때문에 **작업**(tasks)으로 제시된다. 여섯 가지 작업을 다음에서 설명하고 있다.

6.7.1 작업 1 : 방법론을 결정하라

요구사항을 문서화하는 데에는 처음부터 끝까지 텍스트만으로 하는 것부터 모두 그래픽으로 하는 것, 텍스트와 그래픽을 합치는 것까지 다양한 접근법이 있다. 추적성과 확인가능성에 대한 요구 때문에 많은 안전 필수 소프트웨어 요구사항은 텍스트를 좀 더 설명하기 위해 사용되는 그래픽과 함께 주로 텍스트로 되어 있다. 하지만 그래픽은 요구사항 개발 작업에 중요한 역할을 한다. "그림은 언어와 어휘 장벽을 연결하는 데 도움이 된다. …"[4] 이 단계에서 그래픽은 설계(소프트웨어가 그것을 **어떻게**(how) 할지)가 아닌 요구사항(소프트웨어가 **무엇**(what)을 할지)에 초점을 맞춘다. 그래픽의 많은 부분이 설계 단계에서 좀 더 정교하게 될 수 있지만 요구사항 단계에서 구현에 자유로울 수 있도록 노력해야 한다. 개발자들은 요구사항을 작성하면서 일부 설계 개념을 문서화하는 경향이 있을 수 있지만 이는 소프트웨어 요구사항 명세의 일부가 아닌 설계자를 위한 메모가 되어야 한다.

간단한 주의사항은 시험하기 어려운 그림에 전적으로 의지하지 않도록 주의하라는 것이다. 요구사항을 설명하기 위해 그래픽을 사용할 때, 요구사항의 시험가능성을 지속적으로 고려해야 한다.

텍스트 설명을 보강하는 그래픽 기법의 몇 가지 예는 다음과 같은 것을 포함한다.[9]

- **컨텍스트 혹은 유스케이스 다이어그램** : 외부 엔터티와의 인터페이스를 보여준다. 인터페이스에 대한 상세한 내용은 일반적으로 인터페이스 컨트롤 명세에 식별된다.
- **상위 수준 데이터 사전** : 프로세스 사이에 흐르는 데이터를 정의한다. 데이터 사전은 설계 단계 동안에 좀 더 상세해질 것이다.

- **엔터티 관계 혹은 클래스 다이어그램**: 엔터티 사이에 논리적인 관계를 보여준다.
- **상태 전이 다이어그램**: 소프트웨어 내의 상태 간 전이를 보여준다. 각각의 상태는 일반적으로 텍스트 형식으로 설명된다.
- **시퀀스 다이어그램**: 타이밍 정보뿐만 아니라 실행과정에서의 이벤트 순서를 보여준다.
- **로직 다이어그램 그리고/혹은 결정 테이블**: 기능 요소의 로직 결정을 식별한다.
- **플로우차트 혹은 활동 다이어그램**: 단계별 흐름 및 결정을 식별한다.
- **그래픽 사용자 인터페이스**: 텍스트로 설명하기 어려울 수 있는 관계를 분명하게 한다.

모델 기반 개발 접근법은 모델의 사용을 통해서 요구사항의 그래픽적인 표현을 늘리려고 노력한다. 하지만 현재까지 모델조차도 일부 텍스트 설명이 필요하다. 모델 기반 개발은 Chapter 14에서 살펴본다.

선택된 기법은 텍스트와 그래픽 표현 사이의 연결을 설명해야 한다. 텍스트 요구사항은 일반적으로 그래픽 그림에 대한 문맥과 참조를 제공한다. 이것은 추적성과 완전성에 도움이 되며 시험을 용이하게 한다. 때때로 그래픽은 요구사항을 지원하기 위해 **참조용으로만(reference only)** 제공된다. 만약 이런 경우에는 이를 분명하게 언급해야 한다.

요구사항 작성으로 들어가기 전에 고려해야 할 또 다른 방법론의 측면은 CASE(Computer-Aided Software Engineering) 도구와 요구사항 템플릿을 사용할지 여부인데, 왜냐하면 그것이 방법론에 영향을 미칠 수 있기 때문이다.

이상적으로는 선택된 방법론의 적용은 요구사항 표준에 설명되고 묘사된다. 표준은 요구사항 작성자를 가이드하고 모두가 동일한 접근법을 따르고 있는지 확인하는 데 도움이 된다. 만약 여러 개발자들이 요구사항 작성에 참여한다면, 방법론과 레이아웃의 예시가 문서화되어 모든 사람이 동일한 방식으로 적용해야 한다. 더 많은 예시와 상세한 내용이 제시될수록 좋다.

6.7.2 작업 2: 소프트웨어 요구사항 문서 레이아웃을 결정하라

소프트웨어 요구사항 문서화 프로세스의 마지막 결과는 소프트웨어 요구사항 문서(SWRD)이다. SWRD는 다음과 같다.

> 소프트웨어 시스템이 제공해야 하는 기능과 능력 그리고 반드시 준수해야 하는 제약사항을 기술한다. SWRS[SWRD]는 시스템 시험과 사용자 문서화에 대한 기반일 뿐만 아니라 이어지는 프로젝트 계획, 설계, 코딩을 위한 기준이다. 그것은 다양한 조건에서 [소프트웨어] 시스템의 동작을 필요한 만큼 완전하게 기술해야 한다. 또한 알려진 설계 및 구현 제약사항 이외에 설계, 구조, 시험 혹은 프로젝트 관리 상세 내역들을 포함하지 않아야 한다.[4][3]

SWRD는 소프트웨어 기능과 한계를 포괄적으로 설명해야 한다. 그것은 가정의 여지를 남기지 않아야 한다. 만약 일부 기능 혹은 품질이 SWRD에 나타나지 않을 경우, 누구도 최종 제품에 그것이 마법처럼 나타날 것을 예상해서는 안 된다.[4]

요구사항 개발 프로세스 초기에 SWRD의 일반적인 레이아웃을 결정해야 한다. 나중에 변경될 수 있지만, 특히 여러 개발자들이 관련된다면 시작과 함께 일반적인 아웃라인 혹은 프레임워크를 갖추는 것이 가치가 있다. 아웃라인 혹은 템플릿은 모든 사람이 자신의 영역의 목표에 집중하고 다른 곳에서 다룰 내용을 이해할 수 있도록 도와준다. SWRD의 가독성과 사용성을 개선하기 위해서 다음과 같은 제안이 제시된다.

- 하위 섹션을 가진 콘텐츠 테이블을 포함하라.
- 각각의 섹션과 섹션들 간의 관계에 대한 간략한 요약을 포함해서 문서의 레이아웃에 대한 개요를 제공하라.
- 요구사항 전체에 사용될 핵심 용어를 정의하고 일관성 있게 사용하라. 이것은 좌표계 및 외부 특징 명명법과 같은 것을 포함할 수 있다. 만약 요구사항이 언어나 해당 분야에 익숙하지 않은 사람에 의해서 구현되거나 검증된다면, 이는 SWRD의 중요한 요인이다.
- 완전하고 정확한 약어 리스트를 제공하라.
- 문서 내의 요구사항 그룹화를 설명하라(컨텍스트 다이어그램과 같은 그래픽이 유용할 수 있다).
- 문서를 논리적으로 구성하고 섹션/하위 섹션 라벨과 번호를 사용하라(일반적으로 요구사항은 특징 혹은 핵심 기능으로 구성된다).

3) 명확하게 하기 위해서 대괄호가 추가되었다.

- 소프트웨어가 동작할 환경을 식별하라.
- 가독성을 돕기 위해 여백을 사용하라.
- 강조를 위해서 볼드체, 이탤릭체, 밑줄을 사용하고 전체적으로 일관성 있게 사용하라. 관습적인 부분, 문장 스타일 등의 의미를 설명해야 한다.
- 기능적인 요구사항, 비기능적인 혹은 비동작적인 요구사항, 외부 인터페이스를 식별하라.
- 적용할 제약사항을 포함하라(예를 들면, 도구 제약사항, 언어 제약사항, 호환성 제약사항, 하드웨어 한계 혹은 인터페이스 관행).
- 그림과 표에 번호와 라벨을 지정하고 텍스트 요구사항에서 분명하게 참조하라.
- 명세 내에서 그리고 필요에 따라 다른 데이터와의 상호 참조를 제공하라.

6.7.3 작업 3 : 소프트웨어 기능을 하위 시스템 그리고/혹은 특징으로 나누어라

소프트웨어를 이치에 맞고 쉽게 통합될 수 있는 관리가능한 그룹으로 분해하는 것이 중요하다. 대부분의 경우에 컨텍스트 다이어그램 혹은 유스케이스는 요구사항 구성의 상위 레벨 관점을 제공하기 위해 사용된다.

더 큰 시스템의 경우, 소프트웨어는 하위 시스템으로 나누어질 수 있다. 더 작은 시스템과 하위 시스템의 경우, 소프트웨어는 종종 특정 기능을 포함하는 각각의 특징으로 더 나누어진다.

앞서 언급한 것처럼 기능을 구성하는 한 가지 방법은 제공되어야 하는 안전성과 시스템 기능을 정의하기 위해 안전성 및 시스템 엔지니어와 함께 일하는 것이다. 그런 다음 이 입력은 의도하지 않은 영향을 방지하기 위해 필요한 보호가 무엇인지를 결정하기 위해서뿐만 아니라 각각의 기능이 의도한 대로 동작하기 위해 소프트웨어가 필요한 것이 무엇인지를 결정하기 위해 사용된다.

요구사항을 구성하기 위한 다른 방법들이 있다. 선택된 접근법과 관계없이 재사용과 변경에 대한 최소화된 영향은 일반적으로 기능을 나눌 때 고려해야 할 중요한 특징이다.

6.7.4 작업 4 : 요구사항의 우선순위를 결정하라

프로젝트는 흔히 일정이 촉박하고 반복적 혹은 나선형 라이프 사이클 모델을 사용해서 개발되기 때문에, 어떤 요구사항이 먼저 정의되고 구현되어야 하는지 우선순위를 정하는 것이 필요할 수 있다. 우선순위는 시스템팀 그리고 고객과 조율되어야 한다. 소프트웨어가 활성화(부팅, 실행 그리고 입력/출력과 같은)된 후에는 시스템 기능이나 안전성에 필수적인 혹은 매우 복잡한 소프트웨어 기능이 가장 높은 우선순위를 가져야 한다. 때때로 우선순위는 고객과 전체 시스템 기능의 중요도에 따라 정의된 긴급함에 기반한다. 적절하게 우선순위를 정하기 위해 하위 시스템, 특징 그리고/혹은 기능을 ① 긴급한/중요한(높은 우선순위), ② 긴급하지 않은/중요한(중간 우선순위), ③ 긴급한/중요하지 않은(낮은 우선순위), ④ 긴급하지 않은/중요하지 않은(구현될 필요가 없을 수 있는) 등의 네 개의 그룹으로 나누는 것이 도움이 된다. 크고 복잡한 프로젝트의 경우, 우선순위를 결정할 때 평가할 요인들이 많다. 일반적으로 우선순위 프로세스를 가능한 한 간단하고 정치적으로 자유롭게 유지하는 것이 바람직하다. 하위 시스템, 특징 그리고/혹은 기능의 우선순위를 결정하는 것은 프로젝트 관리 계획에서 식별되어야 한다. 우선순위는 프로젝트가 진행되면서 고객의 피드백과 프로젝트 요구에 따라서 재조정될 필요가 있을 수 있다는 점을 명심하라.

6.7.5 잠시 우회하기(작업이 아님) : 피해야 할 위험한 상황

요구사항 문서화 작업을 논의하기 전에 많은 성공하지 못한 프로젝트들이 시도하는 것으로 보이는 몇 가지 위험한 상황을 논의하기 위해 잠시 우회해보자. 이는 프로젝트들이 때때로 요구사항에 초점을 맞추는 대신 하나 혹은 그 이상의 위험한 상황에서 시작하는 경우가 있기 때문에 여기에서 언급하고 있다. 일단 프로젝트가 비탈을 내려가기 시작하면 그것을 벗어나서 요구사항에 다시 집중하기가 어렵다.

6.7.5.1 위험한 상황 #1 : 너무 빨리 설계하기

요구사항을 작성하는 가장 어려운 부분 중 하나는 설계를 피하는 것이다. 선천적으로 엔지니어들은 문제를 해결하려는 경향이 있고 설계를 바로 진행하기를 원한다. 일정 압력 또한 엔지니어들을 그들이 만들려고 하는 것이 무엇인지를 확실하게 하기 전에 너무 빨리 설계를 진행하도록 강요한다. 하지만 설계가 너무 빨리 진행되면 문제가 완전히 정의되기 전까지는 최선의 구현이 분명해지지 않는 경우가 많기 때문에 절충된 구현을 초래할 수 있다. 요구사항 엔지니어들은 트레이드오프를 강조하기 위해 여러 가지 잠재적인 솔루션을 고려할 수 있다. 옵션을 통해서 자주 생각하는 것은 요구사항을 성숙하게 하는 것을 도와주고 소프트웨어에 정말로 필요한 것이 무엇인지를 식별한다. 하지만 구현에 대한 상세한 내용은 요구사항 자체에 속하지 않는다.

이런 위험한 상황을 피하기 위해, 엔지니어들이 다음과 같은 것을 할 것을 제안한다.

- 요구사항(**무엇**)과 설계(**어떻게**) 사이의 분리를 표준에 분명하게 정의하라.
- 요구사항 프로세스가 메모 혹은 주석을 허용하는 것을 보장하라. 이러한 주석은 설계에 대한 상세한 내용으로 상위 레벨 요구사항에 부담을 주지 않고 의도를 전달할 가치 있는 정보를 제공한다.
- 프로세스가 설계 아이디어를 문서화하는 것을 허용하는지 확인하라. 몇 가지 잠재적인 솔루션이 식별되면 설계 프로세스를 시작할 수 있다.

6.7.5.2 위험한 상황 #2 : 한 가지 레벨의 요구사항

DO-178C는 상위 레벨 요구사항과 하위 레벨 요구사항 모두에 대한 필요성을 식별한다. 상위 레벨 요구사항은 SWRD에 문서화되고 하위 레벨 요구사항은 설계의 일부이다. 개발자들은 직접적으로 코드를 얻을 수 있는 하나의 레벨을 가진 소프트웨어 요구사항을 식별하려고 자주 시도한다(즉, 그들은 상위 레벨 요구사항과 하위 레벨 요구사항을 단일 레벨의 요구사항으로 합친다). 좋은 소프트웨어 엔지니어링 사례와 경험은 이에 대해서 끊임없이 경고한다. 요구사항과 설계는 분리된 다른 프로세스이다. 내가 평가해온 수많은 프로젝트 중에 상위 레벨 요구사항과 하위 레벨 요구사항을 하나의 레벨로 성공적으로 합친 것을 본 적이 거의 없다. 따라서 나는 아주 정당한 이유가 있는 경우를 제외하고는 이런 접근을 피해야 한다고 권고한다. 나는 요구사항을 작성하는 동안 설계 문서 초안에 구현 아이디어를 문서화하는 것이 더 도움이 된다는 것을 알게 되었다(즉, 요구사항과 설계를 합치기보다는 병렬로 작업). 어떤 이들은 모델링이 두 가지 레벨의 요구사항에 대한 필요성을 제거할 것으로 믿는다. 하지만 Chapter 14에서 논의할 것처럼 이것은 그 경우가 아니다. 나는 구현으로 좀 더 빨리 가기 위해 한 가지 레벨의 요구사항을 가지기를 원하는 모든 사람에게 주의를 준다. 처음에는 그것이 좋아 보일지 모르지만 결국에는 실패하는 경향이 있다. 시험과 검증 단계는 이슈가 발생하는 한 가지 영역이다. 좀 더 엄격한 소프트웨어(레벨 A와 B)의 경우, 요구사항이 충분히 상세화되지 않을 때에는 구조적 커버리지를 얻기가 어렵다(한 가지 레벨의 요구사항은 완전한 구조적 커버리지를 위해 충분히 상세한 내용을 가지고 있지 않을 것이다). 또한 하위 레벨 시험이 필요하지 않은 레벨 D 프로젝트의 경우, 요구사항을 합치는 것은 더 많은 시험을 하는 결과가 될 수 있다(상위 레벨과 하위 레벨 요구사항을 합치는 것은 전통적인 상위 레벨 요구사항보다 더 상세한 요구사항이 되는 경향이 있기 때문).

"오직 한 가지 레벨의 요구사항만 있을 때 (혹은 만약 상위 레벨 요구사항과 하위 레벨 요구사항이 합쳐진다면) 어떤 측면이 고려되어야 하나?"라는 제목을 가진 DO-248C의 FAQ #81과 "상위 레벨과 하위 레벨 요구사항을 합치기"라는 제목을 가진 CAST(Certification Authorities Software Team)4) 문서인 CAST-15는 소프트웨어 요구사항을 단일 레벨로 합치는 것에 대해서 경고한다.[10, 11] 오직 한 가지 레벨의 소프트웨어 요구사항이 필요한 (예를 들면, 운영체제나 수학 라이브러리 함수의 일부와 같은 하위 레벨 기능) 몇 가지 프로젝트가 있지만 그것은 소수이다.

6.7.5.3 위험한 상황 #3 : 코드로 바로 가기

지난 몇 년 동안 프로젝트에서 코딩을 바로 시작하는 경향이 증가해왔다. 그들은 일부 개념과 문서화된 몇 가지 요구사항을 가지고 있을 수 있지만 현장에서 동작하는 소프트웨어를 얻도록 압력을 받으면, 그들은 그저 그들이 가장 잘할 수 있는 방법으로 구현한다. 나중에 개발자들은 생산을 위해 제대로 되지 않은 혹은 임시방편의 코드를 사용하도록 강요받게 된다. 그러한 코드는 보통 최종 개발되는 요구사항과 정렬되지 않으며, 설계 결정사항의 어떤 것도 문서화되지 않으며, 때로는 명목상의 조건을 고려하지 않는다. 게다가 프로토타입 코드는 일반적으로 억지로 만들어지며 최선이자 가장 안전한 솔루션이 아니다. 나는 프로토타입 코드로부터 설계 결정사항과 누락된 요구사항을 리버스 엔지니어링하려고 노력하면서, 몇 달 그리고 심지어는 몇 년을 프로젝트 일정으로 추가한 프로젝트를 본 적이 있다. 그러한 프로젝트는 흔히, 리버스 엔지니어링 작업을 하는 동안 코드가 안전은 말

4) CAST는 항공 소프트웨어와 항공전자 하드웨어에 대한 그들의 입장을 CAST 문서에 조화시키려고 노력하는 국제 인증 당국의 팀이다.

할 것도 없고 완전하거나 강건하지 않다는 것을 발견하게 된다.

이제 위험한 상황을 벗어나서 상위 레벨 소프트웨어 요구사항을 문서화하는 것에 포함되는 것이 무엇인지를 생각해보자.

6.7.6 작업 5 : 요구사항 작성하기

요구사항 작성의 어려움 중 하나는 상세함의 수준을 결정하는 것이다. 때때로 시스템 요구사항이 매우 상세해서 소프트웨어 요구사항에서 선호되는 것보다 더 낮은 수준의 상세함을 강요한다. 어떤 경우에는 시스템 요구사항이 너무 모호해서 소프트웨어 요구사항 작성자에 의한 추가적인 작업과 분해가 필요하다. 상세함의 수준은 판단에 달려있다. 요구사항은 소프트웨어가 무엇을 할 것인지를 충분히 설명해야 하지만 구현에 대한 상세한 내용으로 들어가지 않아야 한다. 소프트웨어 상위 레벨 요구사항을 작성할 때 설계 레이어(소프트웨어 하위 레벨 요구사항을 포함하는)가 여전히 나타난다는 것을 기억하는 것이 중요하다. 소프트웨어 상위 레벨 요구사항은 설계 작업에 대한 적당한 상세함을 제공해야 하지만 설계로 들어가지 않아야 한다.

6.7.6.1 기능 요구사항 작성하기

SWRD에서 요구사항의 대부분은 기능 요구사항(또한 동작 요구사항으로도 알려진)이다. 기능 요구사항은 다음과 같다.

> 소프트웨어가 기대하는 입력, 소프트웨어가 생성할 출력, 그리고 그러한 입력과 출력 사이에 존재하는 관계의 세부사항을 정확하게 정의한다. 요약하면 동작 요구사항은 소프트웨어와 환경(즉, 하드웨어, 인간, 다른 소프트웨어) 사이의 인터페이스에 대한 모든 측면을 설명한다.[12]

기본적으로 기능 요구사항은 소프트웨어가 무엇을 하는지를 정의한다. 앞서 설명한 것처럼 기능 요구사항은 일반적으로 하위 시스템 혹은 특징에 의해서 구성되며 자연어 텍스트와 그래픽을 사용해서 문서화된다.

다음 개념들은 기능 요구사항을 문서화할 때 고려해야 한다.

- 요구사항을 논리적인 그룹으로 구성하라.
- 소프트웨어 전문가가 아닌 고객 혹은 사용자가 이해할 수 있도록 하는 것을 목표로 하라.
- 설계자에게 명확한 요구사항을 문서화하라(어려울 수 있는 영역을 확장하기 위해 주석 혹은 메모를 사용).
- 내부 동작(이것은 설계를 위해 저장)이 아닌 외부 소프트웨어 동작에 초점을 맞추어 요구사항을 문서화하라.
- 시험할 수 있는 요구사항을 문서화하라.
- 변경할 수 있는 접근법을 사용하라(요구사항 넘버링과 구성을 포함해서).
- 요구사항의 소스를 식별하라(추적성에 대해 더 자세한 내용은 Section 6.7.6.6과 6.11을 보라).
- 텍스트와 그래픽을 일관되게 사용하라.
- 각각의 요구사항을 식별하라(유일한 식별에 대해서는 Section 6.7.6.4를 보라).
- 중복성을 최소화하라. 요구사항을 다시 언급할 때마다 불일치의 가능성이 증가한다.
- 요구사항 표준을 따르고 기법과 템플릿에 동의하라. 만약 표준, 기법 혹은 템플릿이 특정 요구를 만족하지 않으면 계획, 표준, 절차에 대해서 업데이트 혹은 포기가 필요한지를 결정하라.
- 만약 요구사항 관리 도구가 사용된다면, 동의된 형식을 따르고 적절한 모든 필드를 적극적으로 완성하라(Section 6.9에서 좀 더 논의한다).
- 좋은 요구사항의 특징을 구현하라(Section 6.7.6.9를 보라).
- 피드백을 일찍 받고 팀 전체의 일관성을 보장하기 위해 팀원들과 협력하라.
- 안전성 요구사항을 식별하라. 대부분의 회사들은 안전성에 직접적으로 기여하는 요구사항을 식별하는 것이 유리하다는 것을 알게 된다. 이것들은 안전성 평가에 직접 연관되어 있고 ARP4754A 준수를 지원하는 요구사항이다.
- 파생 요구사항을 문서화하고 그것이 존재하는 이유(즉, 논리적 근거 혹은 정당성)를 포함하라(파생 요구사항은 나중에 논의된다).
- 강건성 요구사항을 포함하고 식별하라. 강건성은 "잘못된 입력, 연결된 소프트웨어나 하드웨어 컴포넌트에서의 결함 혹은 예상하지 못한 동작 조건을 마주쳤을 때 시스템이

올바르게 기능을 지속하는 것에 대한 정도"이다.[4] 각각의 요구사항에 대해서 잠재적인 비정상 조건(예를 들면, 잘못된 입력 혹은 잘못된 상태)이 있는지 고려하고 각각의 조건에 대해서 정의된 동작이 있는지를 고려하라.

6.7.6.2 비기능 요구사항 작성하기

비기능(비동작) 요구사항은 "결과 소프트웨어에 의해서 보여주게 될 전체 품질 혹은 속성을 정의하는" 것이다.[12] 비록 기능을 설명하지는 않지만, 이들 요구사항은 고객이 기대하고 설계 결정을 주도하기 때문에 문서화하는 것이 중요하다. 또한 제품이 얼마나 잘 동작하는지를 설명하기 때문에 중요하다. 비기능 요구사항은 동작 속도, 사용 편의성, 고장률 및 응답 그리고 비정상 조건 처리와 같은 특성을 포함한다.[4] 본질적으로 비기능 요구사항은 설계자가 반드시 이해해야 하는 제약사항을 포함한다.

비기능 요구사항은 특성 혹은 기능에 의해서 변할 때, 그러한 특성 혹은 기능과 함께 구체화되어야 한다. 비기능 요구사항이 모든 특성 혹은 기능에 적용될 때, 일반적으로 별도의 섹션에 포함된다. 비기능 요구사항은 일반적으로 코드를 추적하지 않고 시험 전략에 영향을 미치기 때문에 요구사항의 개별 섹션 혹은 어떤 종류의 속성으로 식별되어야 한다. 비기능 요구사항은 여전히 검증이 필요하지만 시험가능한 기능을 보이지 않을 수 있기 때문에 주로 시험보다는 분석 혹은 조사에 의해서 검증된다.

다음은 비기능 요구사항으로 식별되는 몇 가지 공통된 요구사항 유형이다.

- **성능 요구사항(Performance requirements)**은 아마도 가장 공통된 클래스의 비기능 요구사항일 것이다. 여기에는 예를 들면, 응답 시간, 계산 정확도, 타이밍 기대치, 메모리 요구사항, 처리량과 같은 설계자들에게 도움이 되는 정보를 포함한다.
- 기능의 일부가 아닐 수 있는 **안전성 요구사항(Safety requirements)**이 비기능 요구사항으로 문서화된다. 예로는 다음을 포함한다.
  - **데이터 보호**: 데이터의 손실 혹은 손상을 방지
  - **안전성 규정**: 만족해야 하는 특정 규정 지침 혹은 규칙을 구체화
  - **가용성**: 소프트웨어가 사용가능하며 완전하게 동작할 시간을 정의
  - **신뢰성**: 소프트웨어의 일부 측면이 시스템 신뢰성을 지원하기 위해 사용될 때를 식별

- **안전성 마진**: 예를 들면, 타이밍 혹은 메모리 마진 요구사항과 같은 안전성을 지원하기 위해 필요한 마진 혹은 허용 오차를 정의
- **파티셔닝**: 파티셔닝 무결성이 유지된다는 것을 보장
- **서비스의 저하**: 소프트웨어가 고장에서 어떻게 **자연스럽게 저하**(degrade)될지 혹은 조치할지를 설명
- **강건성**: 비정상적인 조건에서 소프트웨어가 어떻게 응답할지를 식별
- **무결성**: 손상 혹은 부적절한 실행으로부터 데이터를 보호
- **지연시간**: 지연 실패에 대한 보호

- **보안 요구사항**(Security requirements)은 안전성을 지원하거나 시스템 신뢰성을 보장하거나 혹은 독점적 정보를 보호하기 위해 필요할 수 있다.
- **효율성 요구사항**(Efficiency requirements)은 시스템이 프로세서 용량, 메모리, 통신을 얼마나 잘 사용하는지에 대한 측정이다.[4] 그것은 성능 요구사항과 밀접하게 관련되어 있지만 소프트웨어의 다른 중요한 특성을 식별할 수 있다.
- **사용성 요구사항**(Usability requirements)은 소프트웨어가 사용자 친화적이 되도록 만들기 위해 필요한 특성이 무엇인지를 정의한다. 이것은 인적 요인 고려사항을 포함한다.
- **유지보수가능성 요구사항**(Maintainability requirements)은 소프트웨어를 쉽게 변경하거나 고치기 위해 필요한 것을 설명한다. 이것은 초기 개발 과정, 통합 과정 그리고 소프트웨어가 생산으로 들어간 이후의 유지보수가능성을 포함한다.
- **이식성 요구사항**(Portability requirements)은 소프트웨어가 다른 환경 혹은 타깃 컴퓨터로 쉽게 옮기기 위해 필요한 것을 설명한다.
- **재사용성 요구사항**(Reusability requirements)은 소프트웨어를 다른 응용 혹은 시스템에 사용하기 위해 필요한 것을 정의한다.
- **시험가능성 요구사항**(Testability requirements)은 시스템 혹은 소프트웨어 개발 시험, 통합 시험, 고객 시험, 항공기 시험, 생산 시험을 포함해서 시험을 위해 소프트웨어로 만들어질 필요가 있는 능력이 무엇인지를 설명한다.
- **상호운영성 요구사항**(Interoperability requirements)은 소프트웨어가 다른 컴포넌트들과 데이터를 얼마나 잘 교환할 수 있는지를 문서화한다. 특정 상호운영성 표준이 적용될 수 있다.
- **유연성 요구사항**(Flexibility requirements)은 초기 개발 과정과 제품 수명 동안 소프트웨어에 새로운 기능을 쉽게 추가하기 위해 필요한 것을 설명한다.

6.7.6.3 인터페이스 작성하기

인터페이스는 사용자 인터페이스(예를 들면, 디스플레이 시스템에서), 하드웨어 인터페이스(특정 디바이스에 대한 통신 프로토콜 내에서처럼), 소프트웨어 인터페이스(API 혹은 라이브러리 인터페이스와 같은), 통신 인터페이스(예를 들면, 데이터버스 혹은 네트워크를 사용할 때)를 포함한다. 하드웨어, 소프트웨어, 데이터베이스와의 인터페이스에 대한 요구사항이 문서화될 필요가 있다. 종종 SWRD는 인터페이스 컨트롤 문서를 참조한다. 어떤 경우에는 명시적인 SWRD 요구사항, 독립된 표준, 혹은 데이터 사전이 데이터와 컨트롤 인터페이스를 설명한다. 인터페이스는 데이터 및 컨트롤 결합도 분석을 지원하는 방식으로 문서화되어야 하며, 이는 Chapter 9에서 설명하고 있다.

요구사항으로부터 참조되는 모든 인터페이스 문서는 요구사항, 시험, 시스템 동작 그리고 소프트웨어 유지에 영향을 미치기 때문에 형상 관리하에 있을 필요가 있다.

6.7.6.4 각각의 요구사항을 유일하게 식별하기

각각의 요구사항은 유일한 태그(넘버, 라벨 혹은 식별자로도 알려진)를 가져야 한다. 대부분의 조직은 요구사항을 식별하기 위해 shall을 사용한다. 각각의 shall은 하나의 요구사항을 식별하며 하나의 태그를 가진다. 이러한 접근법을 사용하는 것은 무엇이 실제로 필요한 것이고 무엇이 주석 혹은 지원 정보인지를 엔지니어가 구분하는 것을 도와준다.

일부 도구는 요구사항 태그를 자동으로 할당하는 반면에 다른 것들은 태그의 수동 할당을 허용한다. 식별 방법은 표준에 문서화되고 엄격하게 따라야 한다. 일단 태그가 사용되면 요구사항이 삭제되더라도 그 태그는 재할당되지 않아야 한다. 추가적으로 각각의 태그는 오직 하나의 요구사항을 가지는 것을 보장하는 것이 중요하다. 즉, 여러 요구사항을 함께 묶지 말라. 왜냐하면 그것은 모호함을 가져오고 시험 완료를 확인하기 어렵게 만들기 때문이다.

6.7.6.5 근거를 작성하기

요구사항과 함께 근거를 포함하는 것은 그것이 요구사항의 품질을 개선하고, 요구사항을 이해하기 위해 필요한 시간을 줄이며, 정확도를 높이고, 유지보수 과정에서 시간을 줄이며, 소프트웨어 기능에 대해서 엔지니어들을 교육하기에 유용할 수 있기 때문에 좋은 관행이다. 근거를 작성하는 프로세스는 요구사항에 대한 독자의 이해를 높일 뿐만 아니라 작성자가 더 나은 요구사항을 작성하는 것을 돕는다. FAA의 '*Requirements Engineering Management Handbook*'은 다음과 같이 설명한다.

> 나쁜 요구사항 혹은 가정에 대해서 근거를 제시하는 것은 어려울 수 있다. 요구사항이 왜 필요한지 혹은 가정이 왜 만들어지는지를 스펙 작성자에게 강제로 생각하게 하는 것은 흔히 요구사항의 품질을 개선할 것이다. … 요구사항은 시스템이 무엇을 할 것인지를 문서화한다. 설계 문서는 시스템이 어떻게 할 것인지를 문서화한다. 근거는 요구사항이 왜 존재하는지 혹은 그것이 왜 그런 방법으로 작성되는지를 문서화한다. 독자에게 명확하지 않은 무언가 혹은 요구사항이 왜 존재하는지를 독자가 이해하도록 도울 수 있는 어떤 것이 요구사항에 있을 때마다 근거를 포함해야 한다.**[13]**

핸드북은 다음을 포함해서 근거를 작성하기 위한 권고사항을 제공한다.

- 요구사항이 왜 필요하고 왜 특정한 값이 포함되어야 하는지를 설명하기 위해 요구사항 전반에 걸쳐서 근거를 제공하라.
- 근거에서 요구사항을 구체화하는 것을 피하라. 만약 근거에 있는 정보가 요구되는 시스템 동작에 필수라면, 그것은 근거가 아니라 요구사항의 일부가 되어야 한다.
- 요구사항의 존재 이유가 명확하지 않을 때 근거를 제공하라.
- 시스템이 의존하는 환경적인 가정에 대한 근거를 포함하라.
- 각각의 요구사항에서 값과 범위에 대한 근거를 제공하라.
- 각각의 근거는 짧고 설명할 요구사항에 관련되도록 유지하라.
- 생각의 흐름을 잃지 않기 위해 가능한 한 빨리 근거를 포착하라.

6.7.6.6 요구사항에 대한 소스를 추적하기

각각의 요구사항은 하나 이상의 부모 요구사항(요구사항이 분해된 상위 레벨 요구사항)으로 추적해야 한다. 요구사항 엔지니어는 소프트웨어에 할당된 각각의 시스템 요구사항이 그것으로 추적되는 소프트웨어 요구사항(즉, 자식 요구사항)에 의해서 완전하게 구현된다는 것을 보장해야 한다.

추적성은 요구사항이 작성되면 문서화되어야 한다. 추적성을 나중에 되돌아가서 수정하는 것은 사실상 불가능하다. 많은 요구사항 관리 도구가 추적 데이터를 포함하는 능력을 제공하지만 도구가 추적관계를 자동으로 아는 것은 아니다. 개발자들은 요구사항을 개발하면서 추적성을 연결하도록 훈련받아야 한다.

요구사항은 위쪽으로 추적하는 것뿐만 아니라 하위 레벨 요구사항과 시험 케이스까지 추적가능한 방법으로 작성되어야 한다. Section 6.11은 추적성에 대한 추가 정보를 제공한다.

6.7.6.7 불확실성과 가정을 식별하기

요구사항 정의 과정에서는 알려지지 않은 정보를 갖는 것이 흔한 일이다. 이러한 것들은 TBD(to be determined) 혹은 다른 분명한 표기로 식별할 수 있다. 누가 TBD를 기술할 책임이 있고 언제 그것이 완료될 것인지를 식별하기 위한 메모나 각주를 포함하는 것은 좋은 관행이다. 모든 TBD는 요구사항이 공식적으로 리뷰되고 구현되기 전에 기술되어야 한다. 마찬가지로 어떤 가정이든 적절한 팀(예를 들면, 시스템, 하드웨어, 검증, 안전성)이 확인하고 검증할 수 있도록 문서화되어야 한다.

6.7.6.8 데이터 사전을 시작하기

일부 프로젝트는 데이터 사전을 유지하는 것이 짜증나는 일이기 때문에 데이터 사전을 갖는 것을 피하려고 한다. 하지만 데이터 사전은 데이터 집약적인 시스템에서는 매우 중요하다. 대부분의 데이터 사전은 설계 과정에서 완료된다. 하지만 요구사항 정의 과정에서 공유되는 데이터(데이터 의미, 유형, 길이, 포맷 등을 포함해서)를 문서화하기 시작하는 것은 도움이 된다. 데이터 사전은 통합과 전반적인 일관성에 도움이 된다. 또한 데이터의 모순된 이해로 발생하는 에러를 방지하는 것을 돕는다.[4] 프로젝트의 상세함에 따라서 데이터 사전과 인터페이스 컨트롤 문서는 통합될 수 있다.

6.7.6.9 좋은 요구사항의 특징을 구현하기

Chapter 2는 좋은 시스템 요구사항의 특징을 식별한다. 소프트웨어 요구사항은 원자적인, 완전한, 간결한, 일관된, 정확한, 구현에 자유로운, 필요한, 추적가능한, 모호하지 않은, 검증가능한 그리고 실행가능을 포함하는 동일한 특징을 가져야 한다. 높은 품질의 소프트웨어 요구사항 작성을 위한 추가적인 제안을 여기에 제공하고 있다.

- 올바른 문법과 철자법으로 간결하고 완전한 문장을 사용하라.
- 각각의 요구사항에 대해서 하나의 shall을 사용하라.
- 능동태를 사용하라.
- 그래픽, 볼드체, 순서, 여백 혹은 몇 가지 다른 방법을 사용해서 중요한 항목을 강조하라.
- SWRD 용어집 혹은 정의 섹션에 식별되는 것처럼 일관성 있게 용어를 사용하라.
- 모호한 용어를 피하라. 모호한 용어의 예시에는 다음과 같은 것을 포함한다 : **목표로서**(as a goal), **실제적인 정도까지**(to the extent practical), **모듈의**(modular), **달성할 수 있는**(achievable), **충분한**(sufficient), **적시에**(timely), **사용자 친화적인**(user-friendly) 등. 만약 그런 용어가 사용된다면 정량화될 필요가 있다.
- 요구사항을 적절한 레벨로 세분화해서 작성하라. 일반적으로 적절한 레벨은 한 번 혹은 단지 몇 번의 테스트로 시험할 수 있는 수준이다.
- 요구사항의 세분화 혹은 상세함을 일관성 있는 수준으로 유지하라.
- unless 혹은 except와 같은 여러 요구사항을 지시하는 단어의 사용을 최소화하거나 피하라.
- 모호할 수 있으므로 두 단어를 분리하기 위해 and/or의 사용 혹은 슬래시(/)의 사용을 피하라.
- 대명사를 주의해서 사용하라(예를 들면, it 혹은 they). 일반적으로 명사를 반복하는 것이 더 낫다.
- 많은 사람들이 그 의미를 혼동하기 때문에 i.e.(that is를 의미하는)와 e.g.(for example을 의미하는)를 피하라.
- 요구사항에 대한 근거 및 배경을 메모 혹은 주석 필드에 포함하라(Section 6.7.6.5를 보라). 작성자의 의도를 이해하는 데에는 좋은 주석만한 것이 없다.
- 검증하기가 어렵기 때문에 부정적인 요구사항을 피하라.
- 생략된 부분(즉, 명시되어야 하는데 그렇지 않은 것들)을 살펴봄으로써 요구사항이 기능을 완전하게 정의하는지를 확인하라.
- 소프트웨어가 비정상적인 입력에 어떻게 응답할지를 생각함으로써 요구사항에 대한 강건성을 구축하라.
- 비슷하게 혹은 유사하게 들리는 단어를 피하라.
- 모호할 수 있으므로 -ly로 끝나는 부사(예를 들면, reasonably, quickly, significantly,

occasionally)를 조심해서 사용하라.

Leveson은 완전한 요구사항의 중요성을 강조하면서 다음과 같이 쓰고 있다.

> 안전성에 관한 요구사항 명세의 가장 중요한 특성은 완전성 혹은 모호함이 없는 것이다. 요구되는 소프트웨어 동작은 설계될 수도 있는 요구되지 않는 프로그램으로부터 그것을 구분할 수 있도록 충분히 상세하게 구체화되어 왔어야 한다. 만약 요구사항 문서가 요구되면서도 요구되지 않는(혹은 안전하면서도 안전하지 않은) 동작을 나타내는, 관찰할 수 있는 분명한 동작 패턴을 설계자가 구분하기에 충분하지 않은 정보를 포함하고 있다면, 그러한 특징은 모호함 혹은 불완전함이다.[1]

6.7.7 작업 6 : 시스템 요구사항에 피드백을 전달하기

소프트웨어 요구사항을 작성하는 것은 시스템 요구사항의 조사를 포함한다. 소프트웨어팀은 종종 틀린, 누락된 혹은 상충되는 시스템 요구사항을 발견한다. 시스템 요구사항에서 발견된 모든 이슈는 문제점 리포트에 문서화되고, 시스템팀으로 전달되며, 조치가 수행되는지를 확인해야 한다. 많은 프로그램에서 소프트웨어팀은 시스템팀이 구두 혹은 이메일 피드백을 기반으로 시스템 요구사항을 수정했다고 가정한다. 하지만 인증의 마지막 과정에서 시스템 요구사항이 업데이트되지 않았다는 것이 발견된다. 이러한 이슈를 피하기 위해 소프트웨어팀은 시스템 요구사항에 대해서 문제점 리포트를 작성하고 각각의 문제점 리포트를 추적함으로써 시스템 요구사항이 업데이트되는 것을 사전에 확인해야 한다. 이슈를 통한 추적을 실패하는 것은 인증 프로세스를 중단시킬 수 있는, 시스템 요구사항과 소프트웨어 기능 사이의 불일치를 가져올 수 있는데, 요구사항 단절은 DO-178C 미준수로 간주될 수 있기 때문이다.

6.8 요구사항 검증하기(리뷰하기)

일단 요구사항이 성숙해지고 안정화되면 검증이 이루어진다. 이것은 보통 한 건 이상의 동료 검토를 수행함으로써 발생한다. 리뷰 프로세스의 목적은 요구사항이 구현되기 전에 에러를 잡아내는 것이다. 따라서 그것은 안전 필수 소프트웨어 개발의 가장 중요하고 가치 있는 활동 중 하나이다. 제대로 수행되면 리뷰는 에러를 방지하고, 상당한 시간을 절약하며, 비용을 절감할 수 있다. 동료 검토는 한 명 이상의 리뷰어가 포함된 팀에 의해서 수행된다.

리뷰 프로세스를 최적화하기 위해 나는 공식과 비공식이라는 두 가지 단계의 동료 검토를 권고한다. 비공식 단계가 먼저이고 가능한 한 빨리 요구사항을 성숙하게 하는 것을 도와준다. 사실 앞서 언급한 것처럼 나는 적어도 두 명의 개발자가 함께 요구사항을 개발하고 지속적으로 서로 상의하며, 서로의 작업을 체크하는 팀개발 콘셉트을 지지한다. 목표는 공식적인 동료 검토 과정에서 발견되는 이슈들을 최소화하기 위해 비공식 리뷰를 자주 수행하는 것이다.

공식 요구사항 리뷰(들) 동안에 리뷰어는 체크리스트(일반적으로 소프트웨어 검증 계획 혹은 요구사항 표준에 포함되는)를 사용한다. DO-178C에 따라서 일반적으로 다음 항목들(최소한)이 체크리스트에 포함되고 요구사항 리뷰 과정에서 평가된다.[3][5]

- 리뷰를 위해 계획에서 식별된 진입 기준을 만족한다. 대부분의 경우 이것은 시스템 요구사항의 릴리즈, 소프트웨어 요구사항 표준의 릴리즈, 소프트웨어 개발 및 검증 계획의 릴리즈, 그리고 소프트웨어 요구사항의 형상 컨트롤을 필요로 한다.
- 상위 레벨 소프트웨어 요구사항이 시스템 요구사항을 준수한다. 이것은 상위 레벨 요구사항이 소프트웨어에 할당된 시스템 요구사항을 완전하게 구현하는 것을 보장한다.
- 상위 레벨 소프트웨어 요구사항이 시스템 요구사항을 추적한다. 이것은 양방향 추적이다. 소프트웨어로 할당된 모든 시스템 레벨 요구사항은 시스템 요구사항을 구현하는 상위 레벨 요구사항을 가져야 하며, 모든 상위 레벨 요구사항(파생 요구사항을 제외하고)은 시스템 요구사항을 추적해야 한다. Section 6.11은 추적성에 대한 추가적인 생각

5) 이는 달리 언급되지 않는 한 DO-178C Section 6.3.1 그리고 11.9를 기반으로 한다.

을 제공한다.

- 상위 레벨 소프트웨어 요구사항은 정확하고 모호하지 않으며 일관되고 완전하다. 이는 입력과 출력이 분명하게 정의되고 정량적인 형태(측정 단위, 범위, 스케일링, 정확도 그리고 도착 빈도를 포함)로 정상 및 비정상 조건이 모두 설명되며, 모든 다이어그램이 정확하고 분명하게 라벨링되는 것 등에 대한 확인을 포함한다.
- 상위 레벨 소프트웨어 요구사항은 요구사항 표준을 따른다. 앞서 권고된 것처럼 요구사항 표준은 앞서 언급된 좋은 요구사항의 속성을 포함해야 한다. Chapter 5에서 요구사항 표준을 설명했다.
- 상위 레벨 소프트웨어 요구사항은, 예를 들면 허용 오차를 포함하는 측정이 포함된 요구사항, 식별자/태그당 오직 하나의 요구사항, 정량화할 수 있는 용어 그리고 부정적이지 않은 요구사항처럼 검증가능하다.
- 상위 레벨 소프트웨어 요구사항은 유일하게 식별된다. 앞서 언급된 것처럼 각각의 요구사항은 하나의 shall과 유일한 식별자/태그를 가져야 한다.
- 상위 레벨 요구사항은 타깃 컴퓨터와 호환된다. 그 목적은 상위 레벨 요구사항이 타깃 컴퓨터의 하드웨어/소프트웨어 특성, 특히 응답시간과 입력/출력 하드웨어에 대해서 일치하는 것을 보장하기 위한 것이다. 때때로 이것은 요구사항 리뷰 과정보다는 설계 리뷰 과정에서 좀 더 적용가능하다.
- 제안된 알고리즘은, 특히 불연속 영역에서 정확도와 동작을 확인하기 위해 조사되어 왔다.
- 파생 요구사항이 적절하고, 올바르게 평가되며, 안전성팀에 제공되어왔다.
- 기능 및 운영 요구사항이 각각의 운영 모드에 대해서 문서화된다.
- 상위 레벨 요구사항은, 예를 들어 정밀도와 정확도와 같은 성능 기준을 포함한다.
- 상위 레벨 요구사항은 타이밍 요구사항과 제약을 포함한다.
- 상위 레벨 요구사항은 메모리 크기 제약을 포함한다.
- 상위 레벨 요구사항은 입력 및 출력에 대한 프로토콜, 형식, 주기와 같은 하드웨어 및 소프트웨어 인터페이스를 포함한다.
- 상위 레벨 요구사항은 고장 탐지 및 안전성 모니터링 요구사항을 포함한다.
- 상위 레벨 요구사항은 소프트웨어 컴포넌트가 서로 상호작용하는 법과 각각의 파티션의 소프트웨어 레벨을 구체화하기 위해 파티셔닝 요구사항을 포함한다.

공식적인 리뷰 과정에서 요구사항은 전체 혹은 기능 그룹으로 검증될 수 있다. 만약 리뷰가 기능으로 나누어진다면, 일관성과 응집성에 대해서 통합된 그룹을 조사하는 리뷰가 여전히 필요하다.

리뷰가 효과적이기 위해서는 올바른 리뷰어가 구성되어야 한다. 리뷰어는 소프트웨어 개발자, 시스템 엔지니어, 시험 엔지니어, 안전성 담당자, 소프트웨어 품질 보증 엔지니어 그리고 인증 교섭 담당자를 포함해서 자질 있는 기술 인력을 포함해야 한다.6) 모든 리뷰어가 리뷰를 수행하기 전에 체크리스트 항목을 읽고 완전하게 이해하는 것이 필수이다. 만약 리뷰어가 체크리스트에 친숙하지 않다면, 체크리스트 항목 각각에 대한 지침 및 예시와 함께 훈련되어야 한다.

공식 리뷰로부터의 코멘트는 문서화되고, 분류되고(예를 들어, 중요한 이슈, 사소한 이슈, 편집 코멘트, 중복 코멘트, 변경 없음), 처리되어야 한다. 코멘트를 제시한 사람은 리뷰가 종료되기 전에 취해진 조치에 동의해야 한다. 또한 요구사항 체크리스트는 리뷰가 종료되기 전에 성공적으로 완료되어야 한다. 동료 검토 프로세스에 대한 추가적인 권고사항이 다음 단락에 포함되어 있다.

6.8.1 추천되는 동료 검토 사례들

비록 필요한 것은 아니지만, 대부분의 프로젝트는 그들의 계획, 요구사항, 설계, 코드, 검증 케이스 및 절차, 검증 리포트, 형상 인덱스, 달성 요약 그리고 다른 핵심 라이프 사이클 데이터를 검증하기 위해 공식적인 동료 검토 리뷰 프로세스를 사용한다. 적절한 멤버를 가진 팀은 흔히 개인이 놓칠 수 있는 에러를 발견할 수 있다. 동일한 동료 검토 프로세스가 여러 라이프 사이클 데이터 항목에 걸쳐서 사용될 수 있다(그것은 요구사항으로 한정되지 않는다). 다시 말하면, 리뷰 프로세스는 표준화될 수 있고, 그래서 실제 리뷰를 위해서는 오직 체크리스트, 리뷰될 데이터 그리고 리뷰어만을 바꾼다. 이 섹션은 동료 검토 프로세스로 통합하기 위해 추천되는 사례들을 몇 가지 식별한다.

- 리뷰 스케줄을 잡고, 데이터를 제공하며, 할당하고, 리뷰 의견을 모으고 통합하며, 리

6) 보통 품질 및 인증 담당자는 그들의 재량에 따라서 참석한다. 추가적으로 안전성은 리뷰 미팅에 참석 없이 요구사항을 리뷰할 수 있다. 의무적인 리뷰는 계획에 분명하게 구체화되어야 한다.

뷰 미팅을 중재하고, 리뷰 체크리스트가 완료되었다는 것을 확인하며, 모든 리뷰 의견이 리뷰의 종료에 앞서서 해결되었다는 것을 확인하기 위해 중재자 혹은 기술 리더를 할당하라.

- 리뷰될 데이터가 형상 관리하에 있다는 것을 보장하라. 그것은 비공식 혹은 개발 형상 관리일 수 있지만, 컨트롤되어야 하며 동료 검토 기록에 버전이 식별되어야 한다.
- 동료 검토 기록에서 리뷰될 데이터와 관련된 버전을 식별하라.
- 동료 검토의 데이터, 초대된 리뷰어, 의견을 제시하는 리뷰어, 각각의 리뷰어가 리뷰에 소비하는 시간의 양을 식별하라. 리뷰어의 정보는 독립성과 실사의 증거를 제공하기 위해 중요하다.
- 계약, 절차에 의한 필요, 요구에 따라서 고객을 참여시켜라.
- 리뷰를 위해 체크리스트를 사용하고 모든 리뷰어가 리뷰되는 데이터를 위해 체크리스트와 적절한 표준에 대해서 훈련받아왔다는 것을 보장하라. 체크리스트는 일반적으로 승인된 계획 혹은 표준에 포함되거나 참조된다.
- 리뷰 패키지(라인 혹은 섹션 번호, 체크리스트, 리뷰 양식 그리고 리뷰를 위해 필요한 다른 데이터를 가진 평가될 데이터를 포함해서)를 리뷰어에게 제공하고, 필요한 리뷰어와 선택적인 리뷰어를 식별하라.
- 각각의 리뷰어에게 책임을 부여하라(예를 들면, 한 사람은 추적성을 리뷰하고 다른 사람은 표준과의 준수를 리뷰하는 것 등). 필요한 리뷰어가 체크리스트의 모든 측면을 다루고 있는지, 리뷰어가 그들의 작업을 수행하는지 그리고 리뷰어가 할당된 작업에 자격이 있는지를 확인하라. 만약 필요한 리뷰어가 사라지거나 자신의 작업을 수행할 수 없다면, 동일하게 자격을 갖춘 다른 누군가가 리뷰를 수행해야 하거나 리뷰 일정을 다시 잡아야 할 수 있다.
- 리뷰어에게 지시사항을 전달하라(예를 들면, 의견 기한, 미팅 날짜, 역할, 집중할 부분, 오픈된 이슈들, 파일 위치, 참조 문서 식별하기).
- 리뷰어가 리뷰를 수행하기에 충분한 통지와 시간을 제공하라. 만약 필요한 리뷰어가 더 많은 시간이 필요하면 리뷰 스케줄을 재조정하라.
- 독립성의 적절한 레벨이 달성되는 것을 보장하라. DO-178C Annex A 테이블은 독립성이 필요할 때를 소프트웨어 레벨에 의해서 식별한다. Chapter 9는 검증 독립성을 논의한다.
- 자격을 갖춘 리뷰어를 이용하라. 핵심 기술 리뷰어에는 데이터를 사용할 사람들(예를

들면, 테스터와 설계자)과 한 명 이상의 독립된 개발자(독립성이 필요할 때)를 포함한다. 앞서 언급한 것처럼 요구사항 리뷰어에 대해서는 시스템 및 안전성 인력이 참여하는 것을 추천한다. 리뷰의 결과는 그것을 수행하는 사람만큼만 좋을 것이기 때문에 기술적인 역할에 최고이자 가장 자격을 갖춘 사람들을 이용하는 것이 프로젝트 전체에 성과를 가져오게 된다. 신참 엔지니어는 지원하는 역할을 수행함으로써 배울 수 있다.

- 필요한 지원 인력뿐만 아니라 품질 보증 및 인증 교섭 담당자를 초청하라.
- 팀 크기를 합리적인 숫자로 유지하라. 이것은 주관적이며 소프트웨어 레벨과 리뷰될 데이터의 중요도에 따라서 달라지는 경향이 있다.
- 리뷰어의 코멘트를 문서화하는 방법(스프레드시트 혹은 코멘트 도구가 일반적이다)을 제공하라. 다음 데이터는 일반적으로 리뷰어에 의해서 입력된다: 리뷰어 이름, 문서 식별자와 버전, 문서의 섹션 혹은 라인 넘버, 코멘트 넘버, 코멘트, 코멘트 분류(중요한, 사소한, 편집의, 등).
- 사소하지 않은 코멘트 혹은 질문들을 논의할 미팅 일정을 잡아라. 일부 회사들은 미팅의 횟수를 제한하는 것을 선호하며 오직 논란이 되는 주제에 대해서만 그것을 사용한다. 만약 미팅이 열리지 않는다면, 필요한 조치에 대해서 모든 리뷰어들로부터 동의를 얻기 위한 방법이 있는지 확인하라. 나의 경험으로는 기술적인 이슈를 논의하기 위해 간단한 미팅을 하는 것이 이메일을 지속적으로 주고받는 것보다 훨씬 더 효과적이고 효율적이다.
- 미팅이 있다고 가정하면, 데이터의 작성자에게 미팅에 앞서 각각의 코멘트에 대한 응답을 검토하고 제안할 시간을 주어라. 미팅시간은 직접 대면하는 상호작용이 필요한 사소하지 않은 아이템들에 초점을 맞추어야 한다.
- 만약 팀이 지역적으로 떨어져 있다면, 적절한 사람이 참여하기 위해 전자 네트워킹 기능(예를 들면, WebEx, NetMeeting, Live Meeting)과 원격 회의를 사용하라.
- 이슈를 논의할 전체 시간을 제한하라. 일부 회사들은 2분 규칙을 부과한다. 2분 이상이 필요한 논의는 향후의 논의를 위해 연기된다. 만약 어떤 아이템이 할당된 시간 내에 해결될 수 없다면, 적절한 이해관계자와 함께 후속 미팅을 잡아라. 중재자는 논의를 예정대로 진행하도록 돕는다.
- 신속 처리 경로, 선임 조정자, 제품 컨트롤 보드와 같은 논란이 되는 이슈를 논의하기 위한 프로세스를 식별하라.
- 리뷰 체크리스트를 완료하라. 여러 가지 잠재적인 접근법이 사용될 수 있다. 체크리스

트(들)는 분야별로 각각의 팀원들, 동료 검토 미팅 동안의 팀 혹은 자격을 갖춘 리뷰어에 의해서 완료될 수 있다. 일반적으로 모든 검토 의견이 해결될 때까지 체크리스트를 성공적으로 완료하는 것은 가능하지 않다.

- 리뷰가 종료되기 전에 모든 이슈들이 해결되고 종료되었는지를 확인하라. 리뷰가 종료되기 전에 이슈가 해결되어야 하지만 만약 해결될 수 없다면, 문제점 리포트가 생성되어야 한다. 이슈가 최종적으로 해결되거나 적절하게 처리되는 것을 확인하기 위해 문제점 리포트 번호가 동료 검토 레코드에 포함되어야 한다.
- 양이 많은 문서들을 더 작은 패키지로 나누고 고위험 영역을 먼저 리뷰하라. 일단 개별적인 패키지가 모두 리뷰되면, 패키지 전체가 일관되고 정확하다는 것을 확인하기 위해 숙련된 엔지니어나 팀이 통합 리뷰를 수행해야 한다. 즉, 데이터를 함께 살펴보아라.
- 리뷰 레코드와 체크리스트가 인증 증빙이므로 그것들을 저장하고 검색하기 위해 조직화된 접근법을 가져라.

여기에 동료 검토 프로세스의 실제 구현 과정에서 발생하는 몇 가지 공통된 이슈들이 있는데, 이는 동료 검토의 적절한 관리에 의해서 피할 수 있다.

- 그러한 활동을 기술적인 이슈들을 초기에 해결하고, 최종 제품에 가치를 더하며, 프로젝트 수명 동안 시간과 비용을 줄이기 위한 도구로써보다는 **체크 표시(check mark)**로 간주한다.
- 리뷰어에게 데이터를 완전하게 리뷰할 시간을 주지 않는다.
- 지나치게 거대한 리뷰팀을 갖는다.
- 자격을 갖추고 잘 훈련된 리뷰어를 이용하지 않는다.
- 다음 단계로 진행하기 전에 코멘트에 대해서 정리하지 않는다.
- 요구되는 체크리스트를 완전하게 혹은 신속하게 완료하지 않는다.

6.9 요구사항 관리하기

6.9.1 요구사항 관리의 기본

소프트웨어 개발의 필수적인 부분이 요구사항 관리이다. 요구사항을 작성하는 데 있어서 아무리 철저한 계획과 부단한 노력을 하더라도 변경은 일어나기 마련이다. 체계적인 요구사항 관리 프로세스는 불가피한 변경을 관리하기 위해 필수이다. 요구사항 관리는 "프로젝트가 진행됨에 따라 요구사항 합의의 무결성, 정확도, 통용성을 유지하기 위한 모든 활동들"[4]을 포함한다.

요구사항을 관리하기 위해 다음이 수행되어야 한다.

- **변경가능하도록 요구사항을 개발하라.** 앞서 언급한 것처럼 변경가능성은 좋은 요구사항의 특징이다. 변경가능한 요구사항은 적절한 수준의 세분화, 구현에 자유로움, 분명하게 식별되는 그리고 추적가능함으로 잘 구성된다.
- **요구사항에 대해서 베이스라인을 설정하라.** 기능 및 비기능 요구사항 모두 베이스라인이 설정되어야 한다. 베이스라인은 일반적으로 요구사항이 동료 검토를 거친 후에 나타난다. 대형 프로젝트의 경우, 개별 요구사항뿐만 아니라 전체 SWRD의 섹션에 대해서도 버전 컨트롤을 가지는 것이 유용하다.
- **베이스라인에 대한 모든 변경을 관리하라.** 이것은 일반적으로 문제점 리포팅 프로세스와 변경 컨트롤 보드를 통해서 나타난다. 요구사항에 대한 변경이 식별되고, 변경 컨트롤 보드에 의해서 승인되며, 구현되고 리뷰된다.
- **승인된 프로세스를 통해서 요구사항을 업데이트하라.** 요구사항에 대한 업데이트는 계획에 정의된 것과 동일한 요구사항 프로세스를 사용해야 한다. 즉, 표준을 따르고, 품질 속성을 구현하며, 리뷰를 수행하는 것 등이다. 어떤 회사들은 처음에는 부지런히 프로세스를 따르지만 업데이트 과정에서 느슨해진다. 이런 경향 때문에 외부 감사자와 품질 보증 엔지니어가 변경의 철저함에 대해서 면밀하게 관찰하는 경향이 있다.
- **요구사항을 리뷰하라.** 일단 변경이 이루어지면, 변경과 변경으로 영향을 받는 요구사항이 다시 리뷰되어야 한다. 만약 여러 요구사항이 변경된다면, 팀리뷰가 적절할 수 있다. 만약 변경되는 혹은 영향을 받는 요구사항의 수가 적고 간단하다면, 그 리뷰는 개

인이 수행할 수 있다. 여전히 적절한 수준의 독립성이 필요하다.

- **상태를 추적하라.** 각각의 요구사항 상태가 추적되어야 한다. 요구사항 변경의 일반적인 상태는 다음과 같다: proposed, approved, implemented, verified, deleted, rejected.[9] 종종 상태는 두 개의 상태 시스템을 가지는 것을 피하기 위해 문제점 리포팅 프로세스를 통해서 관리된다. 문제점 리포팅 프로세스는 일반적으로 다음 상태들을 포함한다: open(요구사항 변경이 제안됨), in-work(변경이 승인됨), implemented(변경이 이루어짐), verified(변경이 리뷰됨), cancelled(변경이 승인되지 않음), closed(변경이 완전하게 이루어지고, 리뷰되고 형상 관리하에 있음).

변경 관리는 Chapter 10에서 좀 더 논의된다.

6.9.2 요구사항 관리 도구들

대부분의 회사들은 그들의 요구사항을 문서화하고 관리하는 것을 돕기 위해 상업적으로 사용가능한 요구사항 관리 도구를 사용한다. 하지만 일부는 그들 자신이 직접 만든 도구를 가지고 있다. 고객은 모든 계층 레벨에서 일관된 요구사항 관리 접근법을 장려하기 위해 특정 도구를 강제할 수 있다. 요구사항 관리 도구가 무엇이든, 최소한 다음과 같은 것을 할 수 있는 능력을 가져야 한다.

- 요구사항 속성 혹은 필드를 쉽게 추가
- 읽을 수 있는 문서 포맷으로 내보내기
- 수용할 수 있는 그래픽(예를 들면, 테이블, 플로우차트, 사용자 인터페이스 그래픽)
- 요구사항에 대한 베이스라인 설정
- 요구사항을 추가하거나 삭제
- 여러 지리적 위치에서 여러 사용자를 처리
- 요구사항에 대한 의견이나 근거를 문서화
- 상위 및 하위로 추적
- 추적성 리포트를 생성
- 승인되지 않은 변경으로부터 보호(예를 들면, 패스워드)
- 백업이 되어야 함

- 다시 넘버링하지 않고도 요구사항을 재정렬
- 여러 레벨의 요구사항을 관리(시스템, 상위 레벨 소프트웨어, 하위 레벨 소프트웨어)
- 필요한 경우 요구사항 레벨을 추가
- 여러 개발 프로그램을 지원

요구사항 관리 도구에 포함된 일반적인 요구사항 필드 혹은 속성은 다음과 같다.

- **요구사항 ID**: 요구사항에 대한 유일한 식별자/태그이다.
- **요구사항 적용가능성**: 만약 여러 프로젝트가 관여된다면 일부 요구사항은 적용될 수도 적용되지 않을 수도 있다.
- **요구사항 설명**: 요구사항을 명시한다.
- **요구사항 코멘트**: 근거와 관련된 요구사항과 같이 요구사항에 대해서 중요한 것들을 설명한다. 파생 요구사항의 경우, 파생 요구사항이 왜 필요한지에 대한 근거를 포함한다.
- **상태**: 각각의 요구사항에 대한 상태를 식별한다(변경 컨트롤 보드에 의한 approved, in-work, implemented, verified, deleted, rejected와 같은).
- **변경 권한**: 요구사항 구현 혹은 변경을 승인하기 위해 사용된 문제점 리포트, 변경 요청 번호 등을 식별한다.
- **추적 데이터**: 부모 요구사항으로의 상위 추적, 자식 요구사항으로의 하위 추적, 승인 상태 등을 문서화한다.
- **특별 필드**: 안전성 요구사항, 파생 요구사항, 강건성 요구사항, 승인 상태 등을 식별한다.

문서 혹은 스프레드시트가 요구사항 문서화를 위해 사용될 수 있다. 하지만 더 복잡한 프로젝트와 더 큰 개발팀은 요구사항 관리 도구를 사용하는 것이 더 이득이 된다.
만약 요구사항 관리 도구가 사용된다면, 다음을 가지는 것이 중요하다.

- 기술적인 지원과 훈련. 개발자들은 도구를 적절하게 사용하는 법에 대해서 훈련받아야 한다.
- 주어진 환경에서 도구를 적절하게 사용하는 법을 설명하기 위한 프로젝트 고유의 지침(그런 정보는 흔히 표준 혹은 프로세스 매뉴얼에 포함)

- 마주치게 될 공통된 이슈를 해결하는 것을 돕기 위해 자주 묻는 질문과 예제

요구사항 관리 도구는 강력할 수 있다. 그것은 요구사항과 버전을 관리하고, 규모가 큰 팀을 지원하며, 추적성을 용이하게 하고, 요구사항의 상태를 추적하며, 여러 프로젝트에서 요구사항을 사용하는 것을 지원하고, 그 외에 여러 가지를 도울 수 있다. 하지만 요구사항 관리 도구를 가지고 있더라도 훌륭한 요구사항 변경 관리는 필요하다. 도구는 "프로세스, 훈련, 경험 혹은 이해의 부족을 보완"[4]하지는 않을 것이다.

6.10 요구사항 프로토타이핑하기

Alan Davis는 다음과 같이 설명한다. "프로토타이핑은 고객, 사용자, 개발자가 문제에 관해서 혹은 그 문제로의 솔루션에 대해서 좀 더 배울 수 있도록 하기 위해 시스템의 일부 구현을 구성하는 기법이다."[12] 프로토타입은 핵심 기능에 대한 고객의 피드백을 얻고, 요구사항을 성숙시키며, 모호하거나 불완전한 요구사항을 식별하고, 요구사항 오해를 최소화하며, 요구사항 강건성을 개선하는 것을 도울 수 있다.

하지만 내가 **프로토타입**(prototype)이라는 단어를 들을 때면, (적어도 아주 조금) 움츠러드는 경향이 있다. 많은 프로젝트가 요구사항 개발을 돕기 위해 프로토타입을 사용할 뿐만 아니라 프로토타입 코드를 그대로 사용하려고 한다. 이것은 거의 성공할 수 없다. 프로토타입 코드는 종종 콘셉트를 증명하기 위해 빠르게 개발된다. 그것은 일반적으로 강건하게 설계되지 않으며 개발 표준을 따르지 않는다. 프로토타이핑은 요구사항을 성숙하게 하고, 고객의 피드백을 얻으며, 무엇이 동작하고 무엇이 동작하지 않는지를 결정하기 위한 훌륭한 방법이 될 수 있다. 문제는 고객 혹은 경영진이 통합과 인증을 위해서 프로토타입 코드를 사용하기를 원할 때 발생한다. 이것은 설계 및 요구사항의 리버스 엔지니어링 그리고 코드의 상당한 재작업으로 이끌 수 있다. 그것은 결국 그 코드를 버리고 다시 시작하는 것보다 더 오래 걸리고 더 많은 이슈들을 가지게 된다.

그럼에도 불구하고 예외는 있으며 특히 프로토타입 코드가 계획되고 체계적인 프로세스의

일부이며, 단지 잃어버린 시간을 회복하기 위한 마지막 시점의 아이디어가 아니라면 프로토타이핑은 성공적으로 사용될 수 있다. 성공적인 프로토타이핑으로의 두 가지 공통된 접근법이 있다.[4, 12]

- 일회용(throwaway) 프로토타입: 이것은 기능 타당성을 결정하고, 고객의 피드백을 얻으며, 누락된 요구사항을 식별하기 위해 확실한 요구사항과 설계 없이 개발되는 빠른 프로토타입이다. 일회용 프로토타입은 요구사항을 성숙하게 하기 위해 사용되며 그런 후에 그 코드는 폐기된다. 프로토타입을 계속 사용하려는 유혹을 피하기 위해, ① 오직 기능 파트만 구현하고, ② 코드가 폐기될 것임을 미리 확실하게 확인받으며, ③ 서로 다른 환경을 사용한다. 이러한 보호가 없다면, 일부 고객들 혹은 프로젝트 관리자들은 인증을 위해서 프로토타입을 사용하려는 유혹에 빠질 것이다. 일회용 프로토타입은 강건하게 혹은 효율적으로 만들어지지 않으며, 유지할 수 있도록 설계되지도 않는다. 일회용 프로토타입을 그대로 사용하는 것은 큰 실수이다.
- 진화하는(evolutionary) 프로토타입: 이 접근법은 완전히 다르다. 그것은 코드와 지원 데이터를 나중에 사용하려는 의도로 개발된다. 진화하는 프로토타입은 일반적으로 핵심 기능의 부분적인 구현이다. 일단 기능이 증명되면, 그것은 확실해지는 것이며 추가적인 기능이 더해진다. 진화하는 프로토타입은 최종 제품에 사용되려는 의도를 가지고 있다. 따라서 그것은 엄격한 프로세스를 사용하고, 요구사항과 설계의 품질 특성을 고려하며, 여러 설계 옵션들을 평가하고, 강건성을 구현하며, 요구사항 및 설계 표준을 따르고, 코드 주석과 코딩 표준을 사용한다. 프로토타입은 최종 제품의 근간을 이루며 또한 나선형 라이프 사이클 모델과 밀접한 관련이 있다.

두 가지 프로토타입 접근법이 모두 사용될 수 있지만, 계획에 설명되고, 인증 당국의 합의를 받아야 하며, 합의된 대로 구현되어야 한다.

6.11 추적성

DO-178C는 시스템과 소프트웨어 상위 레벨 요구사항, 소프트웨어 상위 레벨 요구사항과 소프트웨어 하위 레벨 요구사항, 소프트웨어 하위 레벨 요구사항과 코드, 요구사항과 시험 케이스, 시험 케이스와 시험 절차 그리고 시험 절차와 시험 결과 사이의 양방향 추적성을 요구한다.[3] 이 섹션은 ① 추적성의 중요성과 장점, ② 상위에서 하위로 하위에서 상위로의 추적성, ③ 추적성에 대해서 DO-178C가 말하는 것, ④ 피해야 할 추적성의 어려움들을 살펴본다.

6.11.1 추적성의 중요성과 장점

DO-178C 목표를 준수하기 위해 요구사항, 설계, 코드, 시험 데이터 간의 추적성은 필수적이다. 양호한 추적성의 다양한 장점들이 있다.

장점 1 : 추적성은 인증 당국의 감사를 통과하기 위해 필요하다. 추적성은 소프트웨어 프로젝트와 DO-178C 준수에 필수적이다. 양호한 추적성이 없다면 인증 당국이 **확신(assured)**할 수 없기 때문에 개발 보증의 전체 주장이 무너진다. DO-178C와 훌륭한 소프트웨어 엔지니어링의 많은 목표와 개념이 추적성의 개념에 기반한다.

장점 2 : 추적성은 규정이 충족된다는 확신을 제공한다. 추적성은 제대로 수행되면 모든 요구사항이 구현되고 검증된다는 것 그리고 **오직(only)** 요구사항만 구현된다는 것을 보장한다. 이는 규정이 의도된 기능이 구현된다는 증거를 요구하기 때문에 규정 준수를 직접적으로 지원한다.

장점 3 : 추적성은 변경 영향 분석과 관리에 필수적이다. 요구사항, 설계, 코드에 대한 변경은 소프트웨어 개발에 필수적이기 때문에, 엔지니어들은 소프트웨어와 그것을 지원하는 라이프 사이클 데이터를 변경가능하게 만드는 방법을 고려해야 한다. 변경이 발생할 때, 추적성은 어떤 데이터가 영향을 받는지, 업데이트될 필요가 있는지 그리고 재검증이 필요한지 식별하는 것을 돕는다.

장점 4 : 추적성은 프로젝트 관리에 도움이 된다. 최신 추적 데이터는 구현 및 검증된 것과 수행을 위해 남아 있는 것을 프로젝트 관리자가 파악하는 것을 돕는다.

장점 5: 추적성은 완료를 결정하는 데 도움이 된다. 양호한 양방향 추적성 체계는 엔지니어가 각각의 데이터 아이템을 언제 완료했는지를 알게 한다. 그것은 또한 아직 구현되지 않은 것 혹은 이유 없이 구현된 데이터 아이템을 식별한다. 어떤 단계(예를 들면, 설계 혹은 시험 케이스 개발)가 완료될 때, 추적 데이터는 소프트웨어 라이프 사이클 데이터가 완전하고 이전 단계의 데이터와 일관성이 있다는 것 그리고 다음 단계로의 입력으로써 사용될 준비가 되어 있다는 것을 보여준다.

6.11.2 양방향 추적성

'요구사항 전체 그리고 요구사항만 구현(all-requirements-and-only-requirements)'이라는 목표를 달성하기 위해 두 가지 종류의 추적성이 필요하다. 하향식 추적성과 상향식 추적성이다. [그림 6-3]은 DO-178C에서 요구되는 양방향 추적성 개념을 보여준다.

그림 6-3 | 라이프 사이클 데이터 간의 양방향 추적성

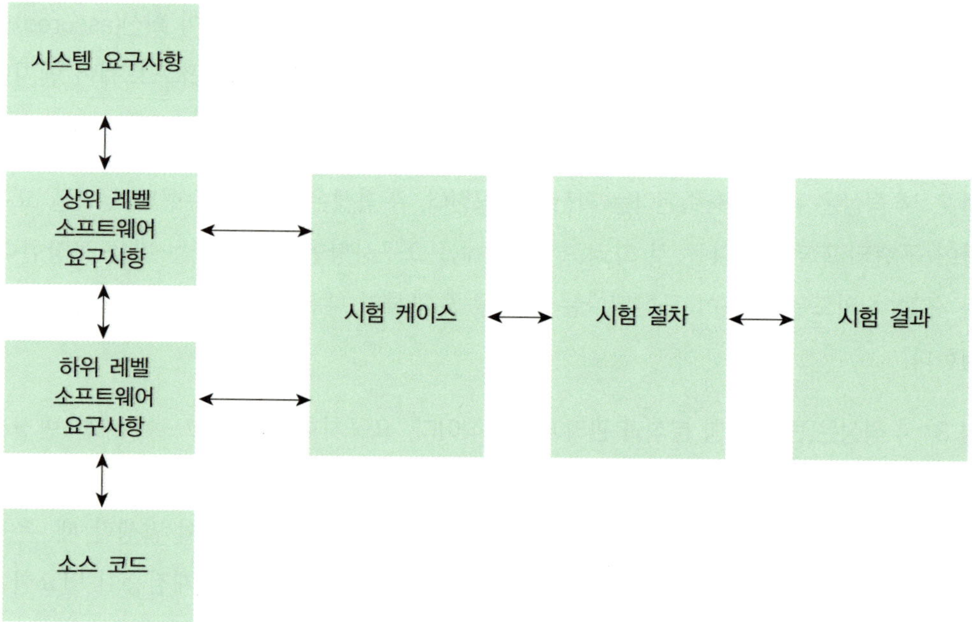

양방향 추적성은 그냥 생기는 것이 아니라 개발 프로세스 전반에 걸쳐서 고려해야 한다. 그것을 강제하는 가장 좋은 방법은 다음에 언급된 것처럼 개발 작업의 각 단계마다 양방향 추적성을 구현하고 체크하는 것이다.

- **소프트웨어 요구사항의 리뷰** 동안에 시스템 요구사항과 상위 레벨 소프트웨어 요구사항 간의 하향식 추적성과 상향식 추적성을 검증하라.
- **설계 설명의 리뷰** 동안에 상위 레벨 소프트웨어 요구사항과 하위 레벨 소프트웨어 요구사항 간의 양방향 추적성을 검증하라.
- **코드 리뷰** 동안에 하위 레벨 소프트웨어 요구사항과 소스 코드 간의 양방향 추적성을 검증하라.
- **테스트 케이스와 절차의 리뷰** 동안에 테스트 케이스와 요구사항(상위 레벨 그리고 하위 레벨 모두) 간의 그리고 테스트 케이스와 테스트 절차 간의 양방향 추적성을 검증하라.
- **시험 결과의 리뷰** 동안에 시험 결과와 시험 절차 간의 양방향 추적성을 검증하라.

리뷰 과정에서 두 가지 방향이 모두 고려되어야 한다. 한 방향이 완전하다는 것만으로 반드시 추적성이 양방향이라는 것을 의미하지는 않는다. 예를 들면, 소프트웨어에 할당된 모든 시스템 요구사항은 상위 레벨 소프트웨어 요구사항으로 추적해서 내려갈 것이다. 하지만 시스템 요구사항으로 추적해서 올라가지 않는 일부 상위 레벨 소프트웨어 요구사항이 있을 수 있다. 파생 요구사항이 부모를 가지지 않는 유일한 요구사항이 되어야 한다.

추적 활동은 추적의 완전성을 찾는 것뿐만 아니라 추적의 기술적인 정확도 또한 평가해야 한다. 예를 들면, 시스템 요구사항과 그 자식(상위 레벨 소프트웨어 요구사항) 간의 추적성을 평가할 때, 이러한 질문들을 고려하라.

- 상위 레벨 소프트웨어 요구사항이 시스템 요구사항을 완전하게 구현하는가?
- 상위 레벨 소프트웨어 요구사항에 반영되지 않는 시스템 요구사항의 부분이 있는가?
- 요구사항들 간의 관계가 정확하고 완전한가?
- 누락된 추적성이 있는가?
- 상위 레벨 소프트웨어 요구사항이 여러 시스템 요구사항을 추적한다면, 요구사항 그룹의 관계가 정확하고 완전한가?

- 개별 요구사항 레벨에 대한 세분화가 적절한가? 예를 들면, 상위 레벨 소프트웨어 요구사항에 대한 시스템의 비율이 적절한가? 매직 넘버가 있는 것은 아니지만, 1:1 혹은 1:>10을 가지는 요구사항의 의미심장한 숫자는 세분화 이슈를 나타낼 수 있다.
- 다대다 추적성이 있다면 그것이 적절한가? 다대다 추적(즉, 자식들이 많은 부모들을 추적하고 부모들이 많은 자식들을 추적하는)의 상당부분은 문제를 나타내는 것일 수 있다(이것은 Section 6.11.4에서 논의된다).

6.11.3 DO-178C와 추적성

DO-178B는 추적성을 검증 활동으로 식별했지만 추적 정보가 어떻게 문서화되어야 하는지에 대해서는 다소 모호했다. 대부분의 지원자들은 추적 정보를 그들의 검증 리포트의 일부로 포함한다. 하지만 일부는 그것을 개발된 데이터 자체(즉, 요구사항, 설계, 코드 그리고 시험 케이스 및 절차 안에)에 포함한다. DO-178C는 추적 정보가 어디에 문서화되는지에 대해서 여전히 유동적이다. 하지만 요구사항, 설계, 코드, 그리고 시험의 개발과정에서 **추적 데이터(trace data)**라고 불리는 산출물이 정말로 필요하다.

DO-178C Section 5.5는 소프트웨어 개발 과정에서 발생하는 추적 활동들을 식별한다. 그것은 명시적으로 ① 소프트웨어에 할당된 시스템 요구사항과 상위 레벨 소프트웨어 요구사항, ② 상위 레벨 소프트웨어 요구사항과 하위 레벨 소프트웨어 요구사항, ③ 하위 레벨 소프트웨어 요구사항과 소스 코드 사이의 양방향 추적성을 요구한다.**[3]** DO-178C Table A-2는 추적 활동의 증거와 개발 프로세스의 출력으로 **추적 데이터(trace data)**를 식별한다.

유사하게 DO-178C Section 6.5는 검증 프로세스 과정에서의 추적 활동을 설명하고 ① 소프트웨어 요구사항과 시험 케이스, ② 시험 케이스와 시험 절차, ③ 시험 절차와 시험 결과 사이의 양방향 추적성을 요구한다.

DO-178B는 비록 그것이 암시되고 본질적으로 필요하지만, 양방향 추적성이라는 용어를 포함하지 않았다. DO-178B Section 6은 하향식 추적성을 논의한 반면, DO-178B Table A-3(목표 6), A-4(목표 6), A-5(목표 5), A-7(목표 3과 4)은 상향식 추적성을 암시했다. 따라서 둘 다 인증 당국에 의해서 요구되어왔다. 하지만 DO-178C는 이런 부분에서 좀 더 명확하다. DO-178C는 **추적 데이터(trace data)**의 개발뿐만 아니라 **양방향 추적성(bidirectional** traceability)에 대한 필요성을 명확하게 식별한다.

6.11.4 추적성에 대한 어려움

소프트웨어 엔지니어링에서 다른 모든 것과 마찬가지로 훌륭한 추적성을 구현하는 데에는 어려움이 있다. 공통된 어려움들 중 일부는 다음과 같다.

어려움 1 : 적극적으로 추적하기. 대부분의 소프트웨어 엔지니어들은 문제를 풀고 설계 혹은 코드를 만드는 것을 좋아한다. 하지만 그들 중 그러한 작업과 계속해서 함께 가는 문서작업과 기록을 즐기는 사람은 거의 없다. 정확하고 완전한 추적성을 가지기 위해서는 개발이 진행되면서 추적성이 문서화되는 것이 필수적이다. 다시 말해서 소프트웨어 상위 레벨 요구사항이 작성되면서 시스템 요구사항으로 그리고 시스템 요구사항으로부터의 추적이 기록되어야 한다. 설계가 문서화되면서 상위 레벨 요구사항으로 그리고 상위 레벨 요구사항으로부터의 추적이 작성되어야 한다. 코드가 개발되면서 하위 레벨 요구사항으로 그리고 하위 레벨 요구사항으로부터의 추적이 문서화되어야 한다 등등이다.

만약 데이터 작성자가 추적을 적극적으로 하지 않으면 다른 사람이 원래 개발자의 사고과정, 문맥이나 결정을 알지 못할 수 있고, 추측이나 가정(틀릴지도 모르는)을 하도록 강요될 수 있기 때문에 그 데이터에 익숙하지 않은 누군가가 나중에 추적을 하는 것은 어렵다. 게다가 그 이후에 추적이 이루어지면 양방향 추적성에 구멍이 생기는 경향이 있다. 다른 말로 하자면, 어떤 요구사항은 일부만 구현될 수 있고 일부 기능은 요구사항에 없는 것이 구현될 수 있다. 요구사항을 올바로 고치는 대신, 사후에 정리하는 엔지니어는 부분적으로 추적하기(완전하게 보이도록 만들기 위해), 많은 요구사항들을 파생된 것으로 부르기(왜냐하면 부모를 가지고 있지 않기 때문에), 일반적인 요구사항으로 추적하기(한 개에 너무 많은 것이 연결되거나 다대다 연결의 딜레마에 빠지는)를 할 수 있다. 특히 이것은 숙련되지 않은 엔지니어가 사후 추적을 수행하는 경우에 보게 된다.

어려움 2 : 추적 데이터를 현재 상태로 유지하기. 일부 프로젝트는 초기 추적 데이터를 매우 잘 만들어낸다. 하지만 그들은 변경이 생겼을 때 업데이트에 실패한다. 추적성은 데이터가 변경될 때마다 평가되고 적절하게 업데이트되어야 한다. 현재의 그리고 정확한 추적 데이터는 요구사항 관리 결정과 변경 영향 평가(Chapter 10에서 논의되는)에 중요하다.

어려움 3: **양방향으로 추적하기.** 한 방향에서의 추적성이 완성되었을 때, 모든 것이 완성되었다고 생각하려는 유혹이 있을 수 있다. 하지만 앞서 언급한 것처럼 단지 하향식 추적이 완전하다는 것 때문에 상향식 추적이 있다는 것을 의미하지는 않으며 그 반대도 마찬가지다. 추적 데이터는 하향식과 상향식 관점 양쪽으로부터 고려되어야 한다.

어려움 4: **다대다(many-to-many) 추적성.** 이것은 부모 요구사항들이 여러 자식들을 추적할 때 그리고 여러 자식이 여러 부모를 추적할 때 나타난다. 다대다 추적이 정확하고 적절한 상태가 분명 있긴 하지만 다대다 추적이 과다하게 나타나는 것은 문제의 증상인 경향이 있다. 종종 그 문제는 요구사항이 잘 정리되지 않았거나 한참 후에 추적이 이루어졌다는 것이다. 다대다 추적에 대한 인증 지침은 없지만, 개발자와 인증 당국에게는 매우 혼란스러울 수 있으며 정당화하고 유지하기 매우 어려운 경우가 많다. 다대다 추적은 가능한 한 최소화되어야 한다.

어려움 5: **파생되는 것과 파생되지 않는 것에 대해서 결정하기.** 파생 요구사항은 과제가 될 수 있다. 나는 누락되는 상위 레벨 요구사항이 있고 프로젝트에서는 요구사항을 추가하는 것을 원하지 않았기 때문에 파생(derived) 플래그가 설정되었던 프로젝트를 평가한 적이 한 번 이상 있었다. 파생 요구사항은 조심해서 사용해야 한다. 그것들은 누락된 상위 레벨 요구사항에 대한 플러그가 아니라 상위 레벨에서는 중요하지 않은 설계 세부사항을 나타낸다. 파생 요구사항은 상위 레벨에서 누락된 기능을 보완하기 위한 의도로 추가되어서는 안 된다. 파생 요구사항의 부정확한 분류를 피하는 것을 돕기 위한 한 가지 기법은 각각의 요구사항이 왜 필요한지 그리고 그것이 왜 파생으로 구분되는지를 정당화하는 것이다.[7)] 만약 요구사항이 설명되거나 정당화될 수 없다면 그것이 필요하지 않거나 더 상위 레벨의 요구사항이 누락되는 것일 수 있다. 모든 파생 요구사항은 안전성팀에 의해서 평가될 필요가 있고, 모든 코드가 요구사항으로 추적되어야만 한다는 것을 명심하라. 파생 코드로 불리는 분류는 없다.

어려움 6: **약한 링크.** 추적되는 것인지 아니면 파생된 것인지에 대해서 논쟁이 되는 일부 요구사항이 종종 있을 것이다. 그것들은 더 높은 레벨의 요구사항과 관련될 수 있지만 더 높은 레벨 요구사항의 직접 결과는 아닐 수 있다. 만약 누군가 그 추적을 포함하기로 결정한다면, 더 높은 그리고 더 낮은 레벨 요구사항 간의 관계에 대한 근거를 포함하는 것이

7) DO-178C Section 5.1.2.h는 이것을 하나의 활동(activity)으로 식별한다.

도움이 된다. 더 나은 설명이 부족하기 때문에, 나는 이들 논쟁의 여지가 있는 추적을 **약한 링크**(weak links)라고 부른다. **약한 링크**(weak links)가 포함된 이유에 대해서 간단한 메모를 제공함으로써 요구사항의 모든 사용자가 그 연결을 더 잘 이해하고 추후 변경에 대한 영향을 평가하는 것을 돕는다. 또한 그 메모는 명백한 관계가 아닐 수 있는 것을 설명함으로써 인증과 소프트웨어 유지 작업에 도움이 된다. 설명은 장황할 필요는 없다. 한두 문장이 일반적으로 아주 적당하다. 요구사항이 파생된 것으로 분류되더라도 나중에 변경 영향 분석과 변경 관리(즉, 그것은 변경가능성을 지원한다)에 도움이 될 수 있기 때문에 관계를 언급하는 것은 여전히 권장된다.

어려움 7: 암묵적인 추적성. 일부 프로젝트는 **암묵적인 추적성**(implicit traceability) 개념을 사용한다. 예를 들면, 추적은 명명 규칙 혹은 문서 레이아웃에 의해서 가정될 수 있다. 그런 접근법은 인증 당국에 의해서 받아들여져 왔다. 새로운 어려움은 **추적 데이터**(trace data)에 대한 DO-178C의 요구사항이다. 암묵적인 추적은 내장되며 분리된 추적 산출물이 되지 않는다. 따라서 암묵적인 추적은 조심스럽게 다루어져야 한다. 여기에 몇 가지 제안이 있다.

- 개발자들이 기대치를 알 수 있도록 표준과 계획에 추적 규칙을 포함하라.
- 묵시적인 추적이 정확하고 완전하다는 것을 보장하기 위해 추적에 대한 리뷰를 잘 문서화하라.
- 소프트웨어 계획에서 그 접근법을 식별하고 인증 당국의 승인을 받아라.
- 일관성을 가져라. 하나의 섹션에 암묵적인 추적과 명백한 추적을 혼합하지 마라.

어려움 8: 강건성 시험 추적. 때때로 개발자 혹은 테스터들은 강건성 시험이 의도된 기능을 증명하기보다는 소프트웨어를 **망가뜨리려는**(break) 것이기 때문에 요구사항으로 추적가능할 필요가 없다고 주장한다. 그들은 테스터들을 단지 요구사항으로 제한함으로써 소프트웨어에서의 일부 약점을 놓칠 수 있다고 주장한다. Chapter 9에서 논의할 것처럼 **망가뜨린다**(break-it)는 사고방식은 효과적인 소프트웨어 시험을 위해 중요하다. 테스터는 시험에 대한 작업을 심사숙고하면서 그들 자신을 요구사항으로 제한하지 않아야 한다. 하지만 테스터는 요구사항으로 추적하지 않는 강건성 시험을 만들기보다는 요구사항이 완전하지 않는 시점을 식별해야 한다. 테스터가 요구사항에 반영되어야 하는 누락된 시나리오를 식별하는 경우가 많다. 테스터가 잠재적인 요구사항의 약점을 적극적으로 식별하기 위해 요구사항과 설계 리뷰에 참여하는 것은 대단히 권장된다. 마찬가지로 개발자는 요구사항의 갭을 신속하게 채우고 테스터가 요구사항을 이해하는 것을 보장하기 위해 시험 리뷰에 참여하기를 원할 수 있다.

참고문헌

[1] N. Leveson, *Safeware: System Safety and Computers* (Reading, MA: Addison–Wesley, 1995).

[2] IEEE, *IEEE Standard Glossary of Software Engineering Terminology*, IEEE Std–610– 1990 (Los Alamitos, CA: IEEE Computer Society Press, 1990).

[3] RTCA DO-178C, *Software Considerations in Airborne Systems and Equipment Certification* (Washington, DC: RTCA, Inc., December 2011).

[4] K. E. Wiegers, *Software Requirements*, 2nd edn. (Redmond, WA: Microsoft Press, 2003).

[5] D. Leffingwell, Calculating the return on investment from more effective requirements, *American Programmer* 10(4), 13–16, 1997.

[6] Standish Group Study (1995) referenced in I. F. Alexander and R. Stevens, *Writing Better Requirements* (Harlow, U.K.: Addison–Wesley, 2002).

[7] D. L. Lempia and S. P. Miller, *Requirements Engineering Management Findings Report*, DOT/FAA/AR–08/34 (Washington, DC: Office of Aviation Research, June 2009).

[8] SearchSoftwareQuality.com, Software quality resources. http://searchsoftwarequality.techtarget.com/definition/use–case (accessed on 5/1/2012).

[9] K. E. Wiegers, *More about Software Requirements* (Redmond, WA: Microsoft Press, 2006).

[10] RTCA DO-248C, *Supporting Information for DO-178C and DO-278A* (Washington, DC: RTCA, Inc., December 2011).

[11] Certification Authorities Software Team (CAST), Merging high–level and low–level requirements, Position Paper CAST-15 (February 2003).

[12] A. M. Davis, *Software Requirements* (Upper Saddle River, NJ: Prentice–Hall, 1993).

[13] D. L. Lempia and S. P. Miller, *Requirements Engineering Management Handbook*, DOT/FAA/AR–08/32 (Washington, DC: Office of Aviation Research, June 2009).

추천 자료

1. K. E. Wiegers, *Software Requirements*, 2nd edn. (Redmond, WA: Microsoft Press, 2003). 안전 필수 소프트웨어를 위해서 작성되지는 않았지만, 이 책은 요구사항 작성자에게 훌륭한 리소스이다.
2. D. L. Lempia and S. P. Miller, *Requirements Engineering Management Handbook*, DOT/FAA/AR–08/32 (Washington, DC: Office of Aviation Research, June 2009). 이 핸드북은 FAA의 후원을 받았으며 안전 필수 소프트웨어 요구사항을 작성하는 사람들을 위한 귀중한 지침을 제공한다.

Chapter 7

소프트웨어 설계

약어

CSPEC	control specification
HLR	high-level requirement
LLR	low-level requirement
PSPEC	process specification
UML	Unified Modeling Language

7.1 소프트웨어 설계의 개요

DO-178C는 설계 영역에서 다른 소프트웨어 개발 문헌과는 다른 길을 택한다. DO-178B, 그리고 이제 DO-178C는 소프트웨어 설계가 소프트웨어 아키텍처와 하위 레벨 요구사항(LLR)을 포함한다고 설명한다. 소프트웨어 아키텍처는 설계에서 공통적으로 이해되어온 부분이다. 하지만 LLR이라는 용어는 상당한 혼란을 야기했다. DO-178C 위원회의 논의 과정에서 다른 분야 그리고 공통된 소프트웨어 엔지니어링 방법과 맞추기 위해 용어를 조정하려는 시도가 있었지만, 조정에 대한 합의가 이루어지지 않았다. 그래서 LLR이라는 용어는 유지되었고 이 챕터에서 논의된다.

설계는 소프트웨어 구현 단계를 위한 청사진 역할을 한다. 설계는 소프트웨어가 **어떻게(how)** 합쳐질지(아키텍처), 요구되는 기능을 **어떻게(how)** 수행할지(LLR)에 대한 것의 양쪽 모두를 설명한다. 설계에 대한 DO-178C 지침을 이해하기 위해 아키텍처와 LLR이라는 소프트웨어 설계의 두 가지 요소를 이해하는 것이 중요하다.

7.1.1 소프트웨어 아키텍처

DO-178C는 **소프트웨어 아키텍처(software architecture)**를 "소프트웨어 요구사항을 구현하기 위해 선택되는 소프트웨어 구조"[1]라고 정의한다. Roger Pressman은 다음과 같이 좀 더 포괄적인 정의를 제시한다.

> 가장 단순한 형태로 아키텍처는 프로그램 컴포넌트들(모듈들)의 구조 혹은 조직, 이들 컴포넌트들이 상호작용하는 방식 그리고 컴포넌트들에 의해서 사용되는 데이터의 구조이다. 하지만 더 넓은 의미에서 컴포넌트는 주요 시스템 요소와 그들의 상호작용을 나타내는 것으로 일반화될 수 있다.[2]

아키텍처는 설계 프로세스의 결정적인 부분이다. 아키텍처를 문서화하면서 명심해야 할 사항은 다음과 같다.

첫째, DO-178C 준수는 아키텍처가 요구사항과 호환되는 것을 요구한다. 따라서 호환성을 보장하기 위한 어떤 방법이 필요하다. 때때로 요구사항과 아키텍처 사이의 추적성 혹은 맵핑이 사용된다.

둘째, 아키텍처는 분명하고 일관된 형식으로 문서화되어야 한다. 코드를 구현하기 위해 설계를 사용할 코딩 작성자를 고려하는 것이 중요할 뿐만 아니라 미래에 소프트웨어와 그 설계를 유지할 개발자 또한 고려하는 것이 중요하다. 아키텍처는 정확하게 구현되고 유지되기 위해 분명하게 정의되어야 한다.

셋째, 아키텍처는 필요에 따라서 업데이트될 수 있고 반복해서 구현될 수 있는 방식으로 문서화되어야 한다. 이것은 반복적인 혹은 진화적인 개발 노력, 구성 옵션, 안전성 접근법을 지원하기 위한 것이 될 수 있다.

넷째, 서로 다른 아키텍처적인 스타일이 존재한다. 대부분의 스타일에 있어서 아키텍처는 컴포넌트와 커넥터를 포함한다. 하지만 이러한 컴포넌트와 커넥터의 유형은 사용되는 아키텍처적인 접근법에 달려있다. 대부분의 실시간 항공 소프트웨어는 기능 구조를 사용한다. 이 경우에 컴포넌트는 함수를 나타내고 커넥터는 함수들 간의 인터페이스(데이터 혹은 컨트롤의 형태로)를 보여준다.

7.1.2 소프트웨어 하위 레벨 요구사항

DO-178C는 LLR을 다음과 같이 정의한다 : "상위 레벨 요구사항, 파생 요구사항, 설계 제약으로부터 개발된, 더 이상의 정보 없이 그것으로부터 소스 코드가 직접 구현될 수 있는 소프트웨어 요구사항"[1]. LLR은 코드가 직접 작성될 수 있는 수준까지 상위 레벨 요구사항(HLR)을 분해한 것이다. DO-178C는 기본적으로 상세한 엔지니어링 사고 과정을 코딩 단계가 아닌 설계 단계에 둔다. 만약에 설계가 올바로 문서화되면 코딩 노력은 상대적으로 직관적이어야 한다. 이 철학은 논란이 없는 것은 아니다. 두 레벨의 소프트웨어 요구사항(상위 레벨 그리고 하위 레벨)에 대한 필요성은 상당한 논쟁이 되어왔다. 다음은 LLR을 계획하고 작성할 때 명심해야 할 열 가지 개념이다.

개념 1 : LLR은 설계 세부사항이다. LLR은 설계의 부분이기 때문에 **요구사항**(requirements)이라는 단어는 오해의 소지가 있을 수 있다. 그것들을 코딩 작성자가 따르기 위한 구현 단계로 생각하는 것이 도움이 된다. 때때로 LLR은 심지어 의사 코드 혹은 모델로 표현된다.

일부 프로젝트는 LLR에 대해서 shall의 사용을 요구하지만 일부는 그렇지 않다. 나는 두 가지 접근법 모두 성공적으로 사용된 것을 보아왔다.

개념 2: LLR은 유일하게 식별되어야 한다. LLR은 HLR로 상위 추적되고 코드로 하위 추적되어야 하기 때문에, LLR은 유일하게 식별될 필요가 있다(이것이 일부 조직이 요구사항에 shall을 포함하는 것을 선호하는 이유이다).

개념 3: LLR은 Chapter 2와 6에 설명된 품질 속성을 가져야 한다. 하지만 LLR은 what이 아닌 how에 초점을 맞춘다. LLR은 구현 세부사항이며, HLR에 문서화되어 있는 기능을 수행하기 위해 소프트웨어를 구현하는 방법을 자세히 설명해야 한다.

개념 4: LLR은 검증가능해야 한다. 요구사항이라는 단어가 DO-178C에 유지되었던 이유 중 하나는 레벨 A, B, C에 대해서 LLR이 시험될 필요가 있기 때문이다. 요구사항을 작성할 때 이것을 고려하는 것이 중요하다.

개념 5: 때때로 LLR이 전혀 필요하지 않을 수 있다. 일부 프로젝트에서는 HLR로부터 직접 코드를 작성할 수 있을 정도로 HLR이 상세하다. 이것은 예외사항이지 규칙이 아니다. 그리고 Chapter 6에서 언급한 것처럼 이러한 접근법은 추천되지 않는다. HLR은 기능에 초점을 맞추어야 하며, 반면에 LLR은 구현에 초점을 맞추어야 한다. 하지만 HLR이 정말로 충분히 상세하다면(이는 what과 how가 섞여 있을 가능성이 높다는 것을 의미한다), 그런 단일 레벨이 상위 레벨과 하위 레벨 요구사항 목표(즉, DO-178C Table A−2 목표 1, 2, 4, 5, Table A−3, Table A−4) 모두를 만족할 수 있다면, DO-178C Section 5.0은 단일 레벨의 소프트웨어 요구사항을 허용한다. 추가적으로 소프트웨어 아키텍처와 결합된 단일 레벨 요구사항의 내용은 DO-178C Section 11.9(소프트웨어 요구사항)와 11.10(소프트웨어 설계)에서 식별되는 지침을 설명해야 한다. 하지만 이것은 인증 당국이 항상 받아들이는 것은 아니며, 만약 적절히 조율되지 않으면 프로젝트를 재시작하는 결과가 될 수 있다는 점을 유의하라. 만약 이런 접근법이 당신의 프로젝트에 실현가능하게 보인다면, 반드시 당신의 계획에 그것을 설명하고 왜 그것이 통하는지를 정당화하며 DO-178C 목표들이 어떻게 충족될지를 자세하게 설명하라.

개념 6: 때때로 LLR이 일부 영역에서 필요하지 않을 수 있다. 일부 프로젝트의 경우, 대부분의 영역에서 그것으로부터 코드를 작성하기에 적당한 세부 내용을 가지지만 일부 영역에서는 추가적인 개선이 필요할 수 있다. 즉, 일부 HLR은 LLR로 분해될 필요가 있고 일부는 그렇지 않다. 만약 이런 접근법이 사용된다면, 어떤 요구사항이 HLR이고 어떤 것이 LLR인지를 분명하게 해야 한다. 또한 HLR이 언제 더 분해되지 않을지를 분명하게 해야 하고, 그렇게 해서 프로그래머는 어떤 요구사항이 코딩 작업을 위한 기반을 만들 것인지를 알게 된다. 이러한 접근법은 현실에서 수행하기에는 상당히 애매할 수 있으므로 극히 주의해서 그것을 사용하라.

개념 7 : 더 위험한 소프트웨어는 더 상세한 LLR이 필요한 경향이 있다. 내 경험으로는 소프트웨어 위험도가 더 높을수록(레벨 A와 B) 요구사항을 완전하게 기술하고 필요한 구조적 커버리지를 얻기 위해 LLR이 더 상세해야 한다. 소프트웨어가 더 위험할수록 구조적 커버리지에 대한 기준이 더 엄격해진다. 구조적 커버리지는 Chapter 9에서 논의된다. 하지만 그것은 설계 단계 과정에서 명심해야 하는 것이다.

개념 8 : 파생 LLR은 신중하게 취급되어야 한다. 설계 단계 과정에서 식별되는 몇 가지 파생 LLR이 있을 수 있다. DO-178C는 파생 요구사항을 다음과 같이 정의한다: "① 상위 레벨 요구사항으로 직접 추적가능하지 않은, 그리고/혹은 ② 시스템 요구사항 혹은 더 상위 레벨 소프트웨어 요구사항에 의해서 구체화되는 것과 관계없는 행위를 구체화하는, 소프트웨어 개발 프로세스에 의해서 생성된 요구사항."[1] 파생 LLR은 HLR에서의 구멍을 채우려는 의도가 아니라, 대신 요구사항 단계 과정에서 아직 알려지지 않았던 구현 세부 내역을 나타내려는 의도이다. 파생 LLR은 HLR로 추적해서 올라가지는 않지만 코드로 추적해서 내려갈 것이다. 파생 LLR은 문서화되고 파생된 것으로 식별되며, 왜 필요한지에 대해서 정당화되고, 그것이 시스템 혹은 안전성 가정의 어떤 것도 위반하지 않는다는 것을 보장하기 위해 안전성 평가팀에 의해서 평가되어야 한다. 안전성팀을 지원하기 위해 설계의 세부 내용에 대해서 친숙하지 않은 누군가가 요구사항을 이해하고, 안전성 및 전체 시스템 기능에 미치는 영향을 평가할 수 있도록 정당성 혹은 근거를 작성해야 한다.

개념 9 : LLR은 일반적으로 텍스트이지만 모델로 표현될 수도 있다. LLR은 주로 필요에 따라서 세부 내역을 전달하기 위해 테이블과 그래픽이 포함된 텍스트 형태로 표현된다. Chapter 14에서 논의할 것처럼 LLR은 모델로 캡처될 수 있다. 만약 그런 경우라면 그 모델은 **설계 모델(design model)**로 분류되고 DO-331의 지침을 적용할 것이다.

개념 10 : LLR은 의사 코드로 표현될 수 있다. 때때로 LLR은 의사 코드로 표현되거나 의사 코드로 보완된다. "만약 의사 코드가 하위 레벨 요구사항의 일부로 사용된다면, 어떤 이슈들이 해결될 필요가 있는가?"라는 제목을 가진 DO-248C FAQ #82는 LLR에 대해서 의사 코드를 사용하는 것에 대한 인증 우려를 제공한다.[3] LLR이 의사 코드로 표현될 때, 다음과 같은 우려가 존재한다.[3]

- 이 접근법은 HLR과 LLR 사이의 구분에 큰 갭이 생겨서, 의도되지 않은 그리고 누락된 기능을 탐지하는 것을 어렵게 만들 수 있다.
- 이 접근법은 데이터 결합도와 컨트롤 결합도 분석을 포함해서 검증에 영향을 미치는 충분하지 않은 아키텍처적인 세부 내역이 될 수 있다.
- LLR의 유일한 식별이 어려울 수 있다.
- HLR과의 양방향 추적이 어려울 수 있다.
- 소스 코드와 의사 코드가 상당히 비슷하기 때문에 하위 레벨 시험을 사용해서 구조적 커버리지를 수행하는 것이 일반적으로 적절하지 않다. 그런 시험 프로세스는 에러를 탐지하거나 누락된 기능을 식별하는 혹은 의도하지 않은 기능을 찾는 데 효과적이지 않다.

7.1.3 설계 패키징

설계 패키징은 프로젝트마다 다르다. 어떤 프로젝트는 아키텍처와 LLR을 통합하는 반면에 다른 프로젝트는 그것들을 완전히 분리된 문서에 넣는다. 어떤 프로젝트는 그것들을 같은 문서에 포함하지만 서로 다른 섹션에 배치한다. DO-178C는 선호하는 패키징을 지시하지 않는다. 그것은 때때로 사용되는 방법론에 달려 있다. 패키징 결정과 관계없이 아키텍처와 요구사항 간의 관계는 분명해야 한다. 설계(LLR을 포함해서)는 소프트웨어를 구현하는 이들이 사용할 것이므로 설계가 문서화될 때 코딩 작성자를 염두에 두어야 한다.

7.2 설계 접근법

소프트웨어 아키텍처와 행위를 모델링하기 위해 설계자가 적용하는 다양한 기법들이 있다. 항공 소프트웨어에 사용되는 두 가지 설계 접근법은 구조 기반 설계와 객체 지향 설계이다. 일부 프로젝트는 두 가지 접근법의 개념을 결합한다.

7.2.1 구조 기반 설계(전통적인)

구조 기반 설계는 보통 실시간 내장 소프트웨어에 대한 것이며 다음과 같은 표현의 일부 혹은 전체를 사용한다.

- **데이터 컨텍스트 다이어그램**: 소프트웨어의 기능적인 동작을 설명하고 소프트웨어로부터의 데이터 입력 및 출력을 보여주는 최상위 레벨 다이어그램이다.
- **데이터 플로우 다이어그램**: 프로세스 간 데이터 흐름을 보여주는, 소프트웨어가 수행하는 프로세스에 대한 그래픽 표현이다. 이는 데이터 컨텍스트 다이어그램의 분해이다. 데이터 플로우 다이어그램은 일반적으로 여러 레벨로 표현되며, 각각의 레벨은 좀 더 세부적으로 들어간다. 데이터 플로우 다이어그램은 프로세스, 데이터 플로우, 데이터 저장을 포함한다.
- **프로세스 명세(PSPEC)**: 데이터 플로우 다이어그램과 함께하며 프로세스를 위한 출력이 주어진 입력으로부터 어떻게 생성되는지를 보여준다.[4]
- **컨트롤 컨텍스트 다이어그램**: 시스템과 그 환경 사이의 컨트롤 인터페이스를 형성함으로써 시스템의 컨트롤을 보여주는 최상위 다이어그램이다.
- **컨트롤 플로우 다이어그램**: 시스템을 통한 컨트롤의 흐름이 데이터 흐름보다 더 잘 식별된다는 것을 제외하고 데이터 플로우 다이어그램과 동일하다.
- **컨트롤 명세(CSPEC)**: 컨트롤 플로우 다이어그램과 함께하며 프로세스를 위한 출력이 주어진 입력으로부터 어떻게 생성되는지를 보여준다.[4]
- **결정 테이블(진리표로도 불리는)**: 주어진 입력을 기반으로 만들어지는 결정의 조합을 보여준다.
- **상태 전이 다이어그램**: 시스템이 상태가 변하도록 하는 상태와 이벤트를 보여줌으로써

시스템의 동작을 설명한다. 일부 설계에서 이것은 다이어그램 대신 상태 전이 테이블로 표현될 수 있다.

- **응답시간 명세**: 명확히 서술될 필요가 있는 외부 응답시간을 설명한다. 이벤트 구동, 연속, 주기적 응답시간을 포함할 수 있다. 또한 입력 이벤트, 출력 이벤트 그리고 각각의 외부 입력 신호에 대한 응답시간을 식별한다.[4]
- **플로우차트**: 소프트웨어 행동 및 결정의 순서를 그래픽으로 나타낸다.
- **구조차트**: 시스템의 파티션을 그들의 계층, 조직, 통신을 보여주면서 모듈로 설명한다.[5]
- **콜 트리(콜 그래프로도 불리는)**: 소프트웨어 모듈, 기능, 절차 사이의 호출관계를 설명한다.
- **데이터 사전**: 시스템을 통해 흐르는 데이터 및 컨트롤 정보를 정의한다. 일반적으로 각각의 데이터 아이템에 대해서 다음의 정보를 포함한다: 이름, 설명, 속도, 범위, 해상도, 단위, 사용되는 곳/방법 등.
- **세부사항에 대한 설명**: 구현 세부사항을 기술한다(예를 들면, LLR).
- **태스크 다이어그램**: 태스크의 특징(예를 들면, 산발적 혹은 주기적), 태스크 절차, 각각의 태스크 입력/출력 그리고 운영체제와의 상호작용(세마포(semaphores), 메시지, 큐(queues)와 같은)을 보여준다.

7.2.2 객체 지향 설계

객체 지향 설계 기법은 다음과 같은 표현을 사용할 수 있다.[2]

- **유스케이스**: 특정 환경에서 사용자가 어떻게 시스템과 상호작용하는지를 그래픽적으로 그리고 텍스트로 설명하기 위해 요구사항과 함께한다. 유스케이스는 행위자(시스템을 사용하는 사람 혹은 디바이스)를 식별하고 행위자가 시스템과 어떻게 상호작용하는지를 설명한다.
- **활동 다이어그램**: 시나리오 내에서 상호작용의 흐름을 그래픽으로 표현하여 유스케이스를 보완한다. 또한 시스템이 수행하는 행위 사이의 컨트롤 흐름을 보여준다. 활동 다이어그램은 현재 흐름 또한 보여준다는 것을 제외하고 플로우차트와 유사하다.
- **스윔 레인(swimlane) 다이어그램**: 활동 다이어그램의 변형이다. 유스케이스가 설명하는

활동의 흐름을 보여주고 동시에 어떤 행위자가 활동에 의해서 기술되는 행동에 대한 책임이 있는지를 나타낸다. 기본적으로 각각의 행위자의 활동을 병렬 방식으로 보여준다.

- **상태 다이어그램**: 앞서 설명한 상태 전이 다이어그램과 비슷하게, 객체 지향 상태 다이어그램은 시스템의 상태, 그러한 상태에 따라서 수행된 행위, 상태 전이로 이끄는 이벤트를 보여준다.
- **상태차트**: 추가된 계층과 동시성 정보를 포함하는 상태 다이어그램의 확장이다.
- **클래스 다이어그램**: 시스템의 정적 혹은 구조적 관점을 제공함으로써 클래스(모델 특성, 동작 그리고 다른 클래스와의 관계를 포함하는)를 모델링하는 UML(Unified Modeling Language) 접근법이다.
- **시퀀스 다이어그램**: 태스크를 완수하기 위해 오브젝트 간에 전달되는 메시지에서의 시간 순서를 포함해서, 태스크의 실행과정에서 오브젝트 사이의 커뮤니케이션을 보여준다.
- **객체-관계 모델**: 클래스 사이의 연결에 대한 그래픽 표현이다.
- **클래스-책임-협력자 모델**: 요구사항과 관련된 클래스를 식별하고 구조화하는 방법을 제공한다. 각각의 클래스는 박스로 표현되며, 때때로 **인덱스 카드(index card)**라고도 한다. 각각의 박스는 클래스명, 클래스 책임, 협력자를 포함한다. 책임은 클래스와 관련된 특성과 동작이다. 협력자는 책임을 완수하고 다른 클래스에 정보를 제공하기 위해 필요한 클래스이다. 협력은 정보에 대한 요청이거나 혹은 일부 행위에 대한 요청이다.

Chapter 15는 객체 지향 기술에 대한 더 많은 정보를 제공한다.

7.3 좋은 설계의 특성

DO-178C는 설계를 문서화하기 위한 융통성을 제공한다. 다른 많은 책에서 볼 수 있는, 설계 기법으로 자세하게 들어가기보다는, 훌륭한 소프트웨어 설계의 특성들을 생각해보자.

특성 1 : 추상화. 좋은 설계는 여러 레벨에서 추상화 개념을 구현한다. 추상화는 구현 세부 내역을 숨기면서 그 취지(의미)와 유사한 표현으로 프로그램(혹은 데이터)을 정의하는 프로세스이다. 추상화는 설계자가 한 번에 몇 가지 개념을 집중할 수 있도록 하기 위해 세부 내용을 줄이고 분해하려고 노력한다. 개발의 각 계층 레벨에서 추상화를 적용할 때, 각 레벨은 해당 레벨과 관련된 세부사항만 처리할 수 있다. 절차적 추상화와 데이터 추상화 모두 바람직하다.

특성 2 : 모듈화. 모듈식 설계는 소프트웨어가 논리적으로 요소, 모듈 혹은 하위시스템(종종 **컴포넌트**(components)로 표현되는)으로 파티션되어 있는 것이다(**컴포넌트**(component)는 단일 코드 모듈 혹은 관련된 코드 모듈의 그룹이 될 수 있다). 전체 시스템은 특성 혹은 기능을 분리함으로써 나누어진다. 각각의 **컴포넌트**(component)는 특정한 특성 혹은 기능에 초점을 맞춘다. 특성과 기능을 더 작게, 관리할 수 있는 컴포넌트로 분리함으로써 전체 문제를 해결하기 덜 어렵게 만든다. Pressman은 다음과 같이 쓰고 있다.

> 당신은 개발을 좀 더 쉽게 계획할 수 있도록 하기 위해 설계(그리고 결과 프로그램)를 모듈화한다. 소프트웨어 증가를 정의하고 제공할 수 있다. 변경을 좀 더 쉽게 수용할 수 있다. 시험과 디버깅을 더 효율적으로 수행할 수 있다. 심각한 부작용 없이 장기간 유지보수를 수행할 수 있다.[2]

설계가 적절하게 모듈화되면 각 컴포넌트의 목적을 이해하고, 각 컴포넌트의 정확도를 검증하며, 컴포넌트 간의 상호작용을 이해하고 소프트웨어 구조와 동작에 대한 각 컴포넌트의 전반적인 영향을 평가하는 것이 매우 간단해진다.[6]

특성 3 : 강한 응집도. 시스템을 진정으로 모듈화하기 위해서 설계자는 각각의 컴포넌트와 함께 기능적인 독립을 위해 노력한다. 이것은 응집도와 결합도에 의해서 이루어진다. 좋은 설계는 강한 응집도와 느슨한 결합도를 위해 노력한다. "응집도는 컴포넌트를 함께 유지하기 위한 접착제로 볼 수 있다."[7] 비록 DO-178C는 컴포넌트의 응집도에 대한 평가를 요구하지 않지만, 설계의 전반적인 품질에 영향을 미치기 때문에 설계 과정에서 반드시 고려해야 한다. 응집도는 컴포넌트의 강도를 측정하는 척도이며 컴포넌트 활동들을 함께 모으는 체인처럼 작용한다.[5] Yourdon과 Constantine은 응집도의 일곱 가지 계층을 다음과 같이 정의하고 있으며, 리스트의 아래로 내려갈수록 응집도가 더 약해진다.

- **기능적 응집도**: 모든 요소들이 단일 기능에 기여한다. 각각의 요소는 오직 하나의 태스크 실행에 기여한다.
- **순차적 응집도**: 컴포넌트는 한 요소의 출력이 다음 요소에 입력 역할을 하는 요소들의 순서로 구성된다.
- **통신적 응집도**: 컴포넌트의 요소들은 같은 입력 혹은 출력 데이터를 사용하지만 순서는 중요하지 않다.
- **절차적 응집도**: 요소들이 주어진 순서로 반드시 실행되어야 하는 서로 다른 그리고 관련되지 않을 수도 있는 활동들에 포함된다.
- **시간적 응집도**: 요소들은 기능적으로 독립적이지만 그것들의 활동은 시간에 연계되어 있다(즉, 그것들은 동시에 수행된다).
- **논리적 응집도**: 요소들은 논리적으로 연관되어 있는 태스크를 포함한다. 논리적인 응집력의 컴포넌트는 동일한 일반 종류의 여러 활동들을 포함한다. 사용자가 필요로 하는 것을 선택한다.
- **우연적 응집도**: 요소들은 우연한 방식으로 컴포넌트로 그룹화된다. 요소들 간에 의미 있는 관계는 없다.

특성 4 : 느슨한 결합도. 결합도는 두 컴포넌트 사이의 독립에 대한 정도이다. 좋은 설계는 불필요한 관계를 제거하고, 필요한 관계의 수를 줄이고, 필요한 관계의 긴밀성을 완화하여 결합도를 최소화한다.[5] 느슨한 결합도는 컴포넌트를 이해하고 받아들이기가 더 쉽기 때문에 컴포넌트가 변경될 때 파급 효과를 최소화하는 것을 돕는다. 따라서 효과적인 모듈식의 설계를 위해서는 느슨한 결합도가 요구된다.

DO-178C는 두 가지 유형의 결합도를 정의한다.[1]

- **데이터 결합도**: "소프트웨어 컴포넌트의 컨트롤에 독점적이지 않은 데이터에 대한 소프트웨어 컴포넌트의 의존성"
- **컨트롤 결합도**: "하나의 소프트웨어 컴포넌트가 다른 소프트웨어 컴포넌트의 실행에 영향을 주는 방식 혹은 정도"

하지만 소프트웨어 엔지니어링 문헌은 가장 엄격한 결합도에서 시작해서 가장 느슨한 것으로 이어지는 다음과 같이 나열되는 여섯 가지 유형의 결합도를 식별한다.**[5, 7]**

- **내용 결합도**: 하나의 컴포넌트가 다른 컴포넌트의 내부를 참조하기 때문에, 하나의 컴포넌트가 다른 컴포넌트의 작업에 직접적으로 영향을 준다.
- **공통 결합도**: 두 개의 컴포넌트가 동일한 전역 데이터 영역을 참조한다. 즉, 컴포넌트들이 리소스를 공유한다.
- **외부 결합도**: 컴포넌트들이 파일 혹은 데이터베이스와 같은 외부 매체를 통해서 통신한다.
- **컨트롤 결합도(DO-178C 정의와 동일하지 않음)**: 하나의 컴포넌트가 필요한 컨트롤 정보를 전달함으로써 다른 컴포넌트의 실행을 지시한다.
- **스탬프 결합도**: 두 개의 컴포넌트가 동일한 데이터 구조를 참조한다. 이것은 때때로 **데이터 구조 결합도(data structure coupling)**로 불린다.
- **데이터 결합도(DO-178C 정의와 동일하지 않음)**: 두 개의 컴포넌트가 기본적인 파라미터들(동종 테이블 혹은 단일 필드)을 전달함으로써 통신한다.

불행하게도 DO-178C는 **데이터 결합도(data coupling)**와 **컨트롤 결합도(control coupling)**라는 용어를 다르게 정의하고 있다. **데이터 결합도(data coupling)**에 대한 DO-178C의 사용은 데이터, 스탬프, 공통 그리고 외부 결합도의 주류 소프트웨어 엔지니어링 개념과 호환된다. **컨트롤 결합도(control coupling)**에 대한 DO-178C의 사용은 컨트롤 및 내용 결합도의 소프트웨어 엔지니어링 개념에 의해서 커버된다.**[9]** 데이터 및 컨트롤 결합도 분석은 이들 분석이 검증 단계의 일부이기 때문에 Chapter 9에서 논의된다.

잘 설계된 소프트웨어 제품은 느슨한 결합도와 강한 응집도를 위해 노력한다. 이들 특성을 구현하는 것은 프로그래머들 사이의 통신을 단순하게 하고, 컴포넌트의 정확도를 증명하며, 컴포넌트가 변경될 때 컴포넌트 간에 전파되는 영향을 줄이고 컴포넌트를 더 이해할

수 있게 만들며, 에러를 감소시키는 것을 돕는다.[7]

특성 5 : 정보 은닉. 정보 은닉은 추상화, 응집도 그리고 결합도의 개념과 밀접하게 관련되어 있다. 그것은 모듈화와 재사용성에 기여한다. 정보 은닉의 개념은 "모듈[컴포넌트]은 모듈[컴포넌트] 내에 포함된 정보(예를 들면, 알고리즘과 데이터)가 그런 정보가 필요 없는 다른 모듈[컴포넌트]이 접근할 수 없도록 하기 위해 구체화되고 설계되어야 한다."[2][1]고 제안한다.

특성 6 : 복잡도의 감소. 좋은 설계는 더 큰 시스템을 더 작은, 잘 정의된 서브시스템 혹은 기능으로 분해함으로써 복잡도를 감소시키려고 노력한다. 이것은 추상화, 모듈화 그리고 정보 은닉이라는 다른 특성과 관련되어 있지만, 그것은 설계자의 양심적인 노력이 필요하다. 설계는 직접적이고 이해할 수 있는 방식으로 문서화되어야 한다. 만약 복잡도가 너무 크다면, 설계자는 기능의 역할을 여러 개의 더 작은 기능으로 나누기 위한 대체 방법을 찾아야 한다. 지나치게 복잡한 설계는 변경이 필요할 때 에러와 상당한 영향을 초래한다.

특성 7 : 반복가능한 방법론. 좋은 설계는 요구사항에 의해서 나오는 반복가능한 방법의 결과이다. 반복가능한 방법은 의도된 것이 무엇인지를 효과적으로 전달하는 잘 정의된 표기법과 기법을 사용한다. 그러한 방법론은 설계 표준에 식별되어야 한다.

특성 8 : 유지보수성. 프로젝트의 전반적인 유지보수는 설계가 문서화될 때 고려해야 한다. 유지보수성에 대한 설계는 재사용되고(전체적으로 혹은 부분적으로), 적재되고, 변경될 소프트웨어를 최소한의 영향으로 설계하는 것을 포함한다.

특성 9 : 강건성. 설계의 전반적인 강건성은 설계 단계 과정에서 고려하고 설계에 대한 설명에 분명하게 문서화해야 한다. 견고한 설계 고려사항의 예는 비공칭(off-nominal) 기능, 인터럽트 기능 및 의도되지 않은 인터럽트 처리, 에러 및 예외 처리, 고장 응답, 의도되지 않은 기능의 탐지 및 제거, 전력 손실 및 복구(예를 들면, 콜드부팅(cold start)과 웜부팅(warm start)), 리셋, 대기시간, 처리량, 대역폭, 응답시간, 리소스 제한, 파티셔닝(필요하다면), 사용되지 않는 코드의 비활성화(비활성화된 코드가 사용된다면) 그리고 허용치를 포함한다.

특성 10 : 문서화된 설계 결정. 설계 프로세스 과정에서 만들어진 결정에 대한 근거를 문서

1) 일관성을 위해서 대괄호가 추가되었다.

화해야 한다. 이것은 올바른 검증을 가능하게 하고 유지보수를 지원한다.

특성 11 : 문서화된 안전성 특성. 안전성을 지원하기 위해 사용된 설계 특성을 분명하게 문서화해야 한다. 예로는 와치독 타이머, 채널 간 비교, 타당성 체크, 빌트인 테스트 프로세싱, 그리고 무결성 체크(CRC(Cyclic Redundancy Check) 혹은 체크섬과 같은)를 포함한다.

특성 12 : 문서화된 보안 특성. 해커의 정교함이 증가하면서 설계는 공격에 대한 약점으로부터의 보호와 탐지 메커니즘을 포함해야 한다.

특성 13 : 리뷰됨. 설계 단계 내내 기술적인 리뷰를 비공식적으로 수행해야 한다. 이러한 비공식적인 리뷰 과정에서 리뷰어는 설계의 품질과 적절성을 신중하게 평가해야 한다. 일부 설계는(혹은 적어도 그들 중 일부는) 최선의 솔루션에 도달하기 위해 폐기할 필요가 있을 수 있다. 기술적으로 정통한 엔지니어와의 반복적인 리뷰는 최고, 최선의 설계를 좀 더 일찍 식별하는 데 도움이 되고, 따라서 공식적인 설계 리뷰 과정과 시험 과정에서 나중에 발견되는 이슈들을 줄여준다.

특성 14 : 시험가능성. 소프트웨어는 시험이 가능하도록 설계해야 한다. 시험가능성은 소프트웨어가 얼마나 쉽게 시험될 수 있는가이다. 시험가능한 소프트웨어는 가시적이며 제어가능하다. Pressman은 시험가능한 소프트웨어가 다음과 같은 특징을 가진다고 설명한다.[2]

- **운용가능성** : 소프트웨어는 요구사항과 설계에 따라서 해야 할 일을 한다.
- **관찰가능성** : 소프트웨어 입력, 내부 변수 그리고 출력은 시험의 pass/fail을 결정하기 위해 실행과정에서 관찰될 수 있다.
- **제어가능성** : 소프트웨어 출력은 주어진 입력을 사용해서 달라질 수 있다.
- **분할가능성** : 소프트웨어는 필요한 경우 독립적으로 분해되고 시험될 수 있는 컴포넌트로 만들어진다.
- **단순성** : 소프트웨어는 기능적인 단순성, 구조적인 단순성, 코드 단순성을 가진다. 예를 들면, 간단한 알고리즘은 복잡한 알고리즘보다 더 시험가능하다.
- **안정성** : 소프트웨어는 변하지 않거나 약간만 변하고 있다.
- **이해용이성** : 좋은 문서는 테스터가 소프트웨어를 이해하고 그래서 그것을 좀 더 완전하게 시험할 수 있도록 지원한다.

소프트웨어를 시험가능하게 만들도록 도와줄 수 있는 몇 가지 특성은 다음과 같다.[10]

- **에러 혹은 오류 로그 남기기**: 소프트웨어에서 이런 기능은 테스터가 소프트웨어 동작을 더 잘 이해하는 방법을 제공할 수 있다.
- **진단**: 진단 소프트웨어(코드 무결성 체크 혹은 메모리 체크와 같은)는 시스템에서 문제를 식별하는 것을 도울 수 있다.
- **시험 포인트**: 시험에 도움이 되는 소프트웨어로의 연결점을 제공한다.
- **인터페이스로의 접근**: 인터페이스와 통합 시험에 도움이 될 수 있다.

시험 엔지니어와 설계자 사이의 협조는 소프트웨어를 좀 더 시험가능하게 만드는 것을 도울 수 있다. 특별히 시험 엔지니어는 설계 리뷰 과정에, 가능하다면 더 빨리 참여해야 한다.

특성 15: **원하지 않는 특성은 피하라.** 일반적으로 다음과 같은 것들은 안전 필수 설계에서는 금지된다.

- **재귀 함수 실행**: 직접적 혹은 간접적으로 자기 자신을 호출할 수 있는 함수이다. 극도의 주의와 특별한 설계 조치 없이 재귀 절차를 사용하면 예측할 수 없게 되고 잠재적으로 많은 용량의 스택을 사용할 수 있다.
- **자체 수정 코드**: 성능을 향상시키기 위해 혹은 비슷한 반복되는 코드를 줄이기 위해 보통 명령어 경로 길이를 줄임으로써, 실행되는 동안 자신의 명령어를 바꾸는 코드이다.
- **동적 메모리 할당**: 만약 동적 메모리 할당을 사용한다면 시스템 초기화 과정에서 결정론적인 방식으로 오직 한 차례만 수행한다. DO-332는 동적 메모리 할당에 대한 우려를 설명하고 지침을 제공한다.

7.4 설계 검증

소프트웨어 요구사항과 마찬가지로 소프트웨어 설계는 검증될 필요가 있다. 이것은 일반적으로 동료 검토를 통해서 수행된다. Chapter 6에서의 동료 검토에 대한 추천사항들은 설계 리뷰에도 역시 적용된다. 설계 리뷰 과정에서 LLR과 아키텍처 모두 평가된다. 설계 검증에 대한 DO-178C Table A-4의 목표를 다음에 나열하고 설명하고 있다.[1]

- DO-178C Table A-4 목표 1: "하위 레벨 요구사항이 상위 레벨 요구사항을 준수한다." 이것은 LLR이 완전하고 정확하게 HLR을 구현하는 것을 보장한다. 즉, HLR에서 식별된 모든 기능은 LLR에서 식별되어왔다.
- DO-178C Table A-4 목표 2: "하위 레벨 요구사항이 정확하고 일관성이 있다." 이것은 LLR이 에러가 없고, HLR뿐만 아니라 자체적으로도 일관성이 있다는 것을 보장한다.
- DO-178C Table A-4 목표 3: "하위 레벨 요구사항이 타깃 컴퓨터와 호환된다." 이것은 LLR의 타깃 의존성을 검증한다.
- DO-178C Table A-4 목표 4: "하위 레벨 요구사항이 검증가능하다." 이것은 일반적으로 LLR의 시험가능성에 초점을 맞춘다. 레벨 A~C의 경우 LLR을 시험할 필요가 있을 것이다. 따라서 검증가능성은 LLR의 초기 개발 과정에서 고려될 필요가 있다(Section 7.3의 특성 #14는 시험가능성에 대한 추가적인 논의를 제공한다).
- DO-178C Table A-4 목표 5: "하위 레벨 요구사항이 표준을 준수한다." Chapter 5는 설계 표준의 개발을 논의한다. 리뷰 과정에서 LLR이 표준을 준수하는지 평가된다.
- DO-178C Table A-4 목표 6: "하위 레벨 요구사항이 상위 레벨 요구사항으로 추적가능하다." 이것은 Table A-4 목표 1과 밀접하게 관련된다. HLR과 LLR 사이의 양방향 추적성은 HLR에 대한 LLR의 준수를 뒷받침한다. 리뷰 과정에서 추적성의 정확도 또한 검증된다. 분명하지 않은 추적을 평가하며 근거를 가지고 수정하거나 설명한다. 추적성 개념은 Chapter 6에서 논의하고 있다.
- DO-178C Table A-4 목표 7: "알고리즘이 정확하다." 모든 수학적인 알고리즘은 알고리즘의 정확도를 확인하기 위해 적절한 배경을 가진 누군가가 리뷰해야 한다. 만약 알고리즘이 완전하게 리뷰되었던 이전 시스템으로부터 다시 사용되고 있고 알고리즘이 변경되지 않는다면, 이전 개발에서의 리뷰 증거가 사용될 수 있다. 그런 검증 증거의 재

사용은 계획에 언급해야 한다.

- DO-178C Table A-4 **목표** 8 : "소프트웨어 아키텍처가 상위 레벨 요구사항과 호환된다." 때때로 요구사항과 아키텍처 사이의 호환성을 확인하는 데 도움을 주는 추적성 혹은 맵핑이 있다.
- DO-178C Table A-4 **목표** 9 : "소프트웨어 아키텍처가 일관성이 있다." 이 검증 목표는 소프트웨어 아키텍처의 컴포넌트가 일관되고 정확하다는 것을 보장한다.
- DO-178C Table A-4 **목표** 10 : "소프트웨어 아키텍처가 타깃 컴퓨터와 호환된다." 이것은 아키텍처가 소프트웨어가 구현될 특정 타깃에 적절하다는 것을 확인한다.
- DO-178C Table A-4 **목표** 11 : "소프트웨어 아키텍처가 검증가능하다." 이전에 언급된 것처럼 시험가능성은 아키텍처를 개발할 때 고려되어야 한다(Section 7.3의 특성 #14는 시험가능성에 대해서 추가적인 논의를 제공한다).
- DO-178C Table A-4 **목표** 12 : "소프트웨어 아키텍처가 표준을 준수한다." 아키텍처를 개발할 때 설계 표준을 따라야 한다. 레벨 A, B, C의 경우 아키텍처와 LLR 모두 설계 표준 준수를 평가한다.
- DO-178C Table A-4 **목표** 13 : "소프트웨어 파티셔닝 무결성이 확인된다." 만약 파티션이 사용된다면, 설계에 설명하고 검증해야 한다. Chapter 21은 파티션 주제를 살펴본다.

체크리스트는 일반적으로 엔지니어가 설계에 대해서 철저하게 평가하는 것을 돕기 위해 설계 리뷰 과정에서 사용된다. 앞서의 권고사항(Section 7.3)과 DO-178C Table A-4 목표는 설계 표준과 리뷰 체크리스트에 대한 좋은 시작점을 제공한다.

참고문헌

[1] RTCA DO-178C, *Software Considerations in Airborne Systems and Equipment Certification* (Washington, DC: RTCA, Inc., December 2011).

[2] R. S. Pressman, *Software Engineering: A Practitioner's Approach*, 7th edn. (New York: McGraw-Hill, 2010).

[3] RTCA DO-248C, *Supporting Information for DO-178C and DO-278A* (Washington, DC: RTCA, Inc., December 2011).

[4] K. Shumate and M. Keller, *Software Specification and Design: A Disciplined Approach for Real-Time Systems* (New York: John Wiley & Sons, 1992).

[5] M. Page–Jones, *The Practical Guide to Structured Systems Design* (New York: Yourdon Press, 1980).

[6] J. Cooling, *Software Engineering for Real–Time Systems* (Harlow, U.K.: Addison–Wesley, 2003).

[7] H. V. Vliet, *Software Engineering: Principles and Practice*, 3rd edn. (Chichester, U.K.: Wiley, 2008).

[8] E. Yourdon and L. Constantine, *Structured Design: Fundamentals of a Discipline of Computer Program and Systems Design* (New York: Yourdon Press, 1975).

[9] S. Paasch, Software coupling, presentation at *Federal Aviation Administration Designated Engineering Representative Conference* (Long Beach, CA: September 1998).

[10] C. Kaner, J. Bach, and B. Pettichord, *Lessons Learned in Software Testing* (New York: John Wiley & Sons, 2002).

Chapter 8

소프트웨어 구현: 코딩 및 통합

약어

ACG	autocode generator
ANSI	American National Standards Institute
ARM	Ada Reference Manual
CAST	Certification Authorities Software Team
CPU	central processing unit
CRC	cyclic redundancy check
DoD	Department of Defense
FAQ	frequently asked question
I/O	Input/output
IEC	International Electrical Technical Commission
ISO	International Standards Organization
LRM	Language Reference Manual
MISRA	Motor Industry Software Reliability Association
PPP	Pseudocode Programming Process
PSAC	Plan for Software Aspects of Certification
RTOS	real-time operating system
SCI	Software Configuration Index
SLECI	Software Life Cycle Environment Configuration Index
WORA	write once, run anywhere

8.1 소개

이 챕터는 소프트웨어 개발의 두 가지 측면을 살펴본다. ① 코딩 그리고 ② 통합이다. 추가적으로 코딩 및 통합 프로세스의 검증이 논의된다.

코딩(coding)은 설계에 대한 설명으로부터 소스 코드를 개발하는 프로세스이다. 코딩이 단지 기계적인 단계가 아니라 건물이나 다리를 건설하는 것처럼 깊은 생각과 기술이 필요하다는 함축적인 의미를 가지기 때문에 흔히 **구축**(construction) 혹은 **프로그래밍**(programming)이라는 용어가 선호된다. 하지만 DO-178C는 전체적으로 **코딩**(coding)이라는 용어를 사용한다. DO-178C는 구축(construction) 활동의 대부분이 코딩보다는 설계의 일부라는 철학을 따른다. 하지만 DO-178C는 설계자가 코드를 작성하는 것 또한 금지하지 않는다. 코드 구성의 세부 내용을 누가 결정하는 것에 관계없이, 소스 코드 개발의 중요성이 훼손되어서는 안 된다. 요구사항과 설계가 중요하지만, 실제로 비행하는 것은 컴파일되고 링크된 코드이다.

통합(integration)은 실행가능 오브젝트 코드를 만들고(컴파일러와 링커를 사용해서) 그것을 타깃 컴퓨터로 로딩하는(로더를 사용해서) 프로세스이다. 비록 통합 프로세스는 때때로 하찮게 간주되지만, 안전 필수 소프트웨어의 개발에서 절대적으로 중요한 프로세스이다.

8.2 코딩

코딩 프로세스는 결국은 실제로 안전 필수 시스템으로 마무리되는 실행가능한 이미지로 변경될 소스 코드를 생성하기 때문에 소프트웨어 개발 프로세스에서 특별히 중요한 단계이다. 이 섹션은 코딩에 대한 DO-178C의 지침, 안전 필수 소프트웨어를 개발하기 위해 사용되는 공통 언어 그리고 안전 필수 분야에서 프로그래밍에 대한 권장사항들을 다룬다. C, Ada 그리고 어셈블리 언어는 내장형 안전 필수 시스템에서 가장 일반적으로 사용되는 언어이기 때문에 간략하게 살펴본다. 일부 다른 언어들이 간략하게 언급되지만 상세하지는 않다. 이 섹션은 코드와 관련된 한 쌍의 특별한 주제들인 라이브러리와 ACG(Autocode Generator)를 논의하는 것으로 마무리된다.

파라미터 혹은 구성 데이터의 주제는 코딩과 밀접하게 관련되어 있다는 것에 유의하라. 하지만 그것은 이 챕터보다는 Chapter 22에서 논의한다.

8.2.1 DO-178C 코딩 지침의 개요

DO-178C는 소스 코드의 계획, 개발, 검증에 대한 지침을 제공한다.

첫째, 계획 단계 과정에서 개발자는 특정 프로그래밍 언어, 코딩 표준, 컴파일러(DO-178C Section 4.4.2에 따라)를 식별한다. Chapter 5는 전반적인 계획 프로세스와 코딩 표준을 논의한다. 이 챕터는 계획 단계 과정에서 회사별 코딩 표준에서 고려되어야 하는 일부 코딩 권장사항을 제공한다.

둘째, DO-178C는 코드 개발에 대한 지침(DO-178C Section 5.3)을 제공한다. DO-178C는 코딩 프로세스의 주요 목표는 "추적가능한, 검증가능한, 일관된 그리고 하위 레벨 요구사항을 정확하게 구현하는"[1] 소스 코드를 개발하는 것이라는 점을 설명한다. 이 목표를 달성하기 위해, 소스 코드는 설계에 대한 설명 및 오직 설계에 대한 설명(하위 레벨 요구사항과 아키텍처)만을 구현하고, 하위 레벨 요구사항을 추적하며, 식별된 코딩 표준을 준수해야 한다. 코딩 단계의 출력은 소스 코드와 추적 데이터이다. 빌드 명령어(컴파일과 링크 데이터를 포함하는)와 로드 명령어 또한 코딩 단계에서 개발되지만 Section 8.4에서 논의하는 통합의 일부로 취급된다.

셋째, 소스 코드는 정확도, 일관성, 설계에 대한 준수, 표준에 대한 준수 등을 보장하기 위해 검증된다. DO-178C Table A-5는 Section 8.3에서 논의되는 소스 코드 검증에 대한 목표를 요약한다.

8.2.2 안전 필수 소프트웨어에 사용되는 언어

현 시점에서 항공 안전 필수 시스템에 사용되는 세 가지 주요 언어들이 있다. C, Ada 어셈블리이다. 다른 언어(FORTRAN 그리고 Pascal을 포함하는)로 된 일부 레거시 제품들이 있다. C++는 일부 프로젝트에 사용되어왔지만 대체로 엄격하게 제한적이어서 사실상 C와 비슷하다. Java와 C#은 여러 가지 도구 개발 작업에 제법 잘 사용되어왔다. 하지만 현재까지 그것들을 안전 필수 시스템을 구현할 때 사용하는 것은 여전히 준비되어 있지 않다. 다른 언어들이 사용되거나 제안되어왔다. C, Ada, 어셈블리가 가장 지배적이기 때문에 다음 섹션에서 간단하게 설명한다. 〈표 8-1〉은 다른 언어들도 함께 요약한다. 언어에 대한 좀 더 상세한 논의를 제공하고 싶은 유혹이 있었다. 하지만 언어를 잘 설명하는 다른 자료들이 있다.

표 8-1 항공 소프트웨어에서 종종 사용되는 언어

언어	설명
C++	C++는 C를 강화하기 위해 벨연구소에서 Bjarne Stroustrup가 1979년에 소개하였다. C++는 처음에 C with Classes로 명명되었고 이후 1983년에 C++로 재명명되었다. 이는 고수준과 저수준 언어의 특성을 모두 가지고 있다. C++는 정적인 유형, 자유 형식, 다중 패러다임, 범용의 고수준 프로그래밍 언어이다. 그것은 애플리케이션, 디바이스 드라이버, 내장 소프트웨어, 고성능 서버 및 클라이언트 애플리케이션 그리고 하드웨어 설계를 위해 사용된다. C++는 C에 다음과 같은 객체 지향 개선을 더한다 : 클래스, 가상 함수, 다중 상속, 연산자 오버로딩, 예외 처리 그리고 템플릿. 대부분의 C++ 컴파일러는 C 또한 컴파일할 것이다. C++(그리고 임베디드 C++ 서브셋)는 여러 가지 안전 필수 시스템에 사용되어왔지만, 많은 객체 지향 특성이 사용되지 않았다.
C#	C#은 Microsoft의 Anders Hejlsberg이 이끄는 팀에 의해서 2001년에 소개되었다. C#은 초기에는 단순하고 현대적이며 객체 지향인 범용의 고수준 프로그래밍 언어로 설계되었다. C#의 특징은 강한 형지정, 명령형, 기능적, 선언적, 형식 매개 변수, 객체 지향 그리고 컴포넌트 지향을 포함한다. C#은 항공기에 사용된 소프트웨어 도구를 위해 사용되어왔지만 아직 안전 필수 소프트웨어에 충분히 성숙하다고 간주되지는 않는다.
FORTRAN	FORTRAN은 IBM의 John Backus가 1957년에 소개하였다. FORTRAN은 숫자 연산 및 과학적 컴퓨팅을 위해 설계된 범용의 고수준 프로그래밍 언어이다. 요구되는 특성 중 하나는 고성능 컴퓨팅이다. 다른 특징으로는 이후 버전에 배열 프로그래밍, 모듈식 프로그래밍, 객체 지향 프로그래밍, 범용 프로그래밍을 가지는 절차적 그리고 명령형 프로그래밍을 포함한다. 이는 과거에 항공전자에서 사용되었고 일부 레거시 시스템에 여전히 존재한다.

Java	Java는 Sun Microsystems의 James Gosling에 의해서 1995년에 소개되었다. Java는 C와 C++를 기반으로 했다. 이것은 구현 의존성을 거의 가지지 않도록 설계된 범용의 고수준 프로그래밍 언어이다. 다른 특징으로는 클래스 기반, 동시성 그리고 객체 지향을 포함한다. Java는 한 플랫폼에서 구동하는 코드가 다른 플랫폼에서 구동하기 위해 재컴파일될 필요가 없다는 것을 의미하는 "Write Once, Run Anywhere"(WORA) 철학을 사용한다. Java 애플리케이션은 일반적으로 클래스 파일에 저장되는 바이트코드로 컴파일된다. 그런 다음 이 바이트코드는 컴퓨터 아키텍처에 관계없이 모든 Java 가상 머신에서 실행될 수 있다. 실시간 Java 가상 머신이 개발되었고 안전 필수 서브셋이 작동하고 있다. Java는 일부 항공 소프트웨어 도구에 사용되어왔지만 아직 안전 필수 소프트웨어에 충분히 성숙하다고 간주되지는 않는다.
Pascal	Pascal은 1970년 Niklaus Wirth가 소개하였고 ALGOL 프로그래밍 언어를 기반으로 했다. Pascal은 명령형 그리고 절차적 고수준 프로그래밍 언어이다. 이것은 구조적인 프로그래밍과 데이터 구조를 사용해서 좋은 프로그래밍 관행을 촉진하기 위해 설계되었다. Pascal의 추가적인 특징은 열거형, 서브루틴, 레코드, 연관된 포인터를 가진 동적으로 할당된 변수 그리고 리스트, 트리 및 그래프와 같은 프로그래머 정의 복합 데이터를 허용하는 세트를 포함한다. Pascal은 모든 오브젝트에 대해서 강하게 형을 지정하며, 어떤 깊이든 중첩된 절차 정의를 허용하고 함수와 절차 내에 대부분의 정의와 선언을 허용한다. 이는 과거에 항공전자에서 사용되었고 몇 가지 레거시 시스템에 여전히 존재한다.

출처 : Wikipedia, Programming languages, http://en.wikipedia.org/wiki/List_of_programming_languages, accessed on April 2012.

8.2.2.1 어셈블리 언어

어셈블리 언어는 컴퓨터, 마이크로프로세서 그리고 마이크로컨트롤러를 위해 사용되는 저수준 프로그래밍 언어이다. 주어진 CPU(Central Processing Unit)를 프로그램하기 위해 기계어 코드의 심벌 표현을 사용한다. 어셈블리 언어는 일반적으로 CPU 제조사가 정의한다. 따라서 고수준 언어와 달리 어셈블리는 플랫폼이 다르면 이식할 수 없다. 하지만 하나의 프로세서 계열 내에서는 종종 이식이 가능하다. **어셈블러(assembler)**로 알려진 유틸리티 프로그램은 어셈블리 구문을 타깃 컴퓨터를 위한 기계어 코드로 변환하기 위해 사용된다. 어셈블러는 어셈블리 명령과 데이터로부터 기계어 명령어와 데이터에 대한 1:1 맵핑을 수행한다.

단일 패스(one pass)와 이중 패스(two pass) 두 가지 유형의 어셈블러가 있다. 단일 패스 어셈블러는 일단 소스 코드를 통과하고 그들을 참조하는 어떤 명령 이전에 모든 심벌들이 정의될 것으로 가정한다. 단일 패스 어셈블러는 속도의 이점을 가진다. 이중 패스 어셈블러는 첫 번째 패스에서 모든 심벌과 그 값을 가진 테이블을 만들고 그런 다음, 코드를 생성하기 위해 두 번째 패스에서 그 테이블을 사용한다. 이때 어셈블러는 심벌의 주소가 계산될 수 있도록 하기 위해서 최소한 첫 번째 패스에서 각각의 명령어 길이가 결정될 수 있어야 한다. 이중 패스 어셈블러의 장점은 심벌이 프로그램 소스 코드 어디에서나 정의될 수 있다는 것이다. 이것은 프로그램을 좀 더 논리적이고 의미 있는 방법으로 정의할 수 있게 하고 이중 패스 어셈블러 프로그램을 더 읽기 쉽고 유지보수하기 쉽게 만든다.[2]

일반적으로 어셈블리는 가능하면 피해야 한다. 그것은 유지보수가 어렵고, 극도로 약한 데이터형을 가지며, 흐름 제어 메커니즘이 제한적이거나 없고, 읽기가 어려우며, 일반적으로 이식가능하지 않다. 하지만 인터럽트 처리, 하드웨어 시험 및 에러 탐지, 프로세서 및 주변장치로의 인터페이스, 성능 지원(예를 들면, 중요한 영역에서 실행 속도)을 포함해서 그것이 필요한 경우가 있다.

8.2.2.2 Ada

Ada는 1983년에 Ada-83으로 알려지면서 처음 소개되었다. ALGOL과 Pascal 언어의 영향을 받았고 최초의 컴퓨터 프로그래머로 추정되는 Ada Lovelace의 이름을 따서 명명되었다. Ada는 처음에 U.S. DoD(Department of Defense)의 요청으로 개발되었고 여러 해 동안 DoD에 의해서 강제되었다. Ada의 등장에 앞서 그야말로 수백 개의 언어가 DoD 프로젝트에 사용되었다. DoD는 내장형, 실시간 그리고 임무 필수 애플리케이션을 지원하기 위해 언어를 표준화하기를 원했다. Ada는 다음과 같은 특성을 포함한다. 강한 형지정, 패키지(모듈 방식을 제공하기 위해), 런타임 체크, 태스크(병렬 프로세싱을 허용하기 위해), 예외처리 그리고 형식 매개 변수가 그것들이다. Ada 95와 Ada 2005는 객체 지향 프로그래밍 능력을 추가한다. Ada 언어는 ISO(International Standards Organization), ANSI(American National Standards Institute) 그리고 IEC(International Electrical Technical Commission) 표준화 작업을 통해서 표준화되어왔다. 대부분의 ISO/IEC 표준과 달리 Ada 언어 정의1)는 무료로 프로그래머와 컴파일러 제조사들에 의해서 공개적으로 사용가능하다.

Ada는 일반적으로 안전에 가장 헌신적인 사람들이 선호하는데, 이는 사용가능한 가장 강력한 특성 세트를 가지고 있기 때문이다. 그것은 "할당되지 않은 메모리로의 접근, 버퍼 오버플로우 에러, off-by-one 에러, 배열 접근 에러 그리고 다른 탐지할 수 있는 버그들에

1) ARM(Ada Reference Manual) 혹은 LRM(Language Reference Manual)으로 알려져 있다.

대한 보호를 위해 런타임에 체크하는 것을 지원한다."[4] 또한 Ada는 다른 언어에서는 런타임까지는 탐지할 수 없거나 소스 코드에 명시적인 체크를 추가해야 하는 많은 컴파일 타임 체크를 지원한다.

1997년에 DoD는 Ada 사용에 대한 의무를 사실상 제거했다. 그 무렵, 사용된 언어의 전체적인 숫자가 감소되었고 나머지 언어들은 양질의 제품을 생산하기에 충분할 만큼 성숙해졌다(즉, 수백 개의 미성숙한 언어들보다는 몇 가지 성숙한 언어들을 사용할 수 있었다).

8.2.2.3 C

C는 역사상 가장 유명한 프로그래밍 언어 중 하나이다. C는 처음에 UNIX 운영체제와 사용하기 위해 Bell Telephone Laboratories의 Dennis Ritchie가 1969년에서 1973년 사이에 개발하였다. 1973년까지, 그 언어는 UNIX 운영체제 커널의 대부분이 C로 다시 작성될 만큼 충분히 강력했다. 이것은 UNIX를 비어셈블리 언어로 구현된 최초의 운영체제 중 하나로 만들었다.[5] C는 메모리로의 저수준 접근을 제공하고 기계어 명령어에 잘 배치되는 구조를 가진다. 따라서 그것은 최소한의 런타임 지원이 필요하고 이전에 어셈블리로 코딩되었던 애플리케이션에 유용하다.

일부 사람들은 C를 **고수준**(high-level) 언어로 부르기를 주저한다. 대신 **중간수준**(mid-level) 언어로 부르는 것을 선호한다. C는 구조화된 데이터, 구조화된 제어 흐름, 장치 독립성 그리고 연산자와 같은 고수준 언어 특성을 가진다.[6] 하지만 또한 저수준 구조(예를 들면 비트 조작)도 가지고 있다. C는 모든 실행가능한 코드를 포함하기 위해 **함수**(functions)를 사용한다. C는 약한 형지정을 가지고 있으며, 중첩된 블록에 변수를 숨길 수 있고, 포인터를 사용해서 컴퓨터 메모리를 접근할 수 있으며, 상대적으로 적은 수의 예약어를 가지며, 복합 기능(예를 들면, 입력/출력[I/O], 수학 함수, 그리고 문자열 조작)을 위해 라이브러리 루틴을 사용하고, 여러 가지 복합 연산자(+=, -=, *=, ++ 등과 같은)를 사용한다. C프로그램을 위한 텍스트는 자유 형식이며 구문을 종료하기 위해 세미콜론을 사용한다.

C는 강력한 언어이다. 그 강력한 능력 때문에 그것을 사용할 때 극도의 주의가 필요하다. MISRA-C(Motor Industry Software Reliability Association's C standard)는 안전하게 C를 구현하기 위한 훌륭한 지침을 제공하며 회사별 코딩 표준에 대한 입력으로 자주 사용되고 있다.

8.2.3 언어와 컴파일러 선택하기

안전 필수 프로젝트 혹은 프로젝트들을 위해 사용될 언어와 컴파일러를 선택할 때 여러 가지 측면들이 고려되어야 한다.

고려사항 1 : 언어와 컴파일러의 능력. 언어와 컴파일러는 그들의 작업을 할 수 있어야 한다. 나는 Ada의 안전 서브셋을 구현하기 위해 컴파일러를 개발하는 회사와 일한 적이 있었다. 그들은 심지어 그것을 레벨 A 개발 도구로 인증받기 위한 작업과 비용을 들였다. 하지만 그렇게 개발된 Ada 서브셋은 현실에서 프로젝트를 지원하기에 충분할 정도로 광범위하지 않았다. 그래서 업계에서 사용되지 않았다. 대부분의 프로젝트에 중요한 기본적인 언어 능력의 몇 가지는 다음과 같다.

- 코드의 가독성 : 대소문자 인식 및 혼합, 예약어 및 수학 심벌 이해도, 가변 형식 규칙 그리고 명확한 명명 규칙과 같은 것들을 고려한다.
- 오타와 일반적인 코딩 에러와 같이 컴파일 타임 에러를 탐지하는 능력
- 메모리 누수 체크, 예외 처리 구조, 수학 에러 처리(예를 들면, 숫자 오버플로우, 배열 경계 위반 그리고 0으로 나누기)를 포함한 런타임 에러를 탐지하는 능력[3]
- 플랫폼 간의 이식성(고려사항 #9에서 좀 더 논의한다)
- 캡슐화 및 정보 은닉을 포함해서 모듈화를 지원하는 능력
- 강한 데이터 형지정
- 잘 정의된 컨트롤 구조
- 만약 RTOS를 현재 혹은 미래의 프로젝트에 사용한다면 실시간 운영체제(RTOS)와의 인터페이스를 지원
- 멀티태스킹 그리고 예외 처리와 같은 실시간 시스템 요구사항을 지원하는 능력
- 다른 언어(어셈블리와 같은)와의 인터페이스 능력
- 분리해서 컴파일하고 디버깅하는 능력
- 만약 RTOS를 사용하지 않는다면 하드웨어와 상호작용하는 능력

고려사항 2 : 소프트웨어 위험도. 위험도가 높을수록 언어는 더 컨트롤되어야 한다. 레벨 D 프로젝트는 Java 혹은 C#으로 인증될 수 있지만, 레벨 A 프로젝트는 더 높은 수준의 결정론과 언어의 성숙도가 필요하다. 일부 컴파일러 제조사들은 그들의 범용 언어의 실시간 그리

고/혹은 안전 필수 서브셋을 제공한다.

고려사항 3 : 담당자의 경험. 프로그래머들은 그들이 가장 친숙한 언어로 생각하는 경향이 있다. 만약 엔지니어가 Ada 전문가라면 C로 바꾸기가 어려울 것이다. 마찬가지로 어셈블리로 프로그래밍하는 것은 특별한 기술 세트가 필요하다. 프로그래머는 여러 언어들로 프로그래밍하는 것이 가능하지만 능숙해지고 개별 언어의 능력과 함정을 충분히 인식하는 데 시간이 걸린다.

고려사항 4 : 언어의 안전성 지원. 언어와 컴파일러는 필요한 안전성 요구사항뿐만 아니라 적용가능한 DO-178C 목표를 만족할 수 있어야 한다. 레벨 A 프로젝트는 의도되지 않은 코드를 생성하지 않는다는 것을 증명하기 위해 컴파일러 출력을 검증해야 한다. 이것은 일반적으로 조직이 성숙하고 안정적이며, 잘 만들어진 컴파일러를 선택하도록 유도한다.

고려사항 5 : 언어의 도구 지원. 개발 작업을 지원하는 도구를 가지는 것이 중요하다. 고려해야 할 몇 가지 사항은 다음과 같다.

- 컴파일러는 에러를 탐지하고 안전성 요구를 지원할 수 있어야 한다.
- 신뢰할 수 있는 링커가 필요하다.
- 좋은 디버거가 중요하다. 디버거는 선택된 타깃 컴퓨터와 호환되어야 한다.
- 언어의 시험가능성이 고려되어야 한다. 시험과 분석 도구는 보통 언어에 특정되며 심지어 때로는 컴파일러에 특정되기도 한다.

고려사항 6 : 다른 언어와의 인터페이스 호환성. 대부분의 프로젝트는 어셈블리뿐만 아니라 적어도 하나의 고수준 언어를 사용한다. 내가 일했던 한 프로젝트는 항공 소프트웨어를 위해서 Ada, C, 어셈블리를 사용했을 뿐만 아니라 도구를 위해서 C++, Java, C#을 사용했다. 선택된 언어와 컴파일러는 어셈블리 그리고 다른 활용된 언어의 코드와 인터페이스할 수 있어야 한다. 일반적으로 어셈블리 파일은 고수준 언어의 컴파일된 코드와 연결된다. Jim Cooling은 그것을 다음과 같이 잘 설명하고 있다. "한 가지 대단히 바람직한 특성은 어셈블리 코드로부터 고수준 지정자(즉, 변수)를 참조(그리고 반대로)하는 능력이다. 전문적인 작업을 위해 이것은 필수가 되어야 한다. 고수준 및 어셈블리 루틴상에서 링커에 의해서 수행되는 크로스 체크의 정도(예를 들면, 버전 넘버)가 중요하다."[3]

고려사항 7 : 컴파일러 이행 실적. 보통 국제 표준(예를 들면, ANSI 혹은 ISO)과 호환되는 컴파일러가 요구된다. 비록 컴파일러의 서브셋만 활용되더라도, 사용되는 기능이 언어를 올바로 구현하는지 확인하는 것이 중요하다. 대부분의 안전 필수 소프트웨어 개발자들은 검증된 이행 실적을 가진 성숙한 컴파일러를 선택한다. 레벨 A 프로젝트의 경우, 컴파일러 생성 코드가 소스 코드와 일관성을 가지는 것을 보이는 것이 필요하다. 모든 컴파일러가 이런 기준을 준수할 수 있는 것은 아니다.

고려사항 8: 선택된 타깃과의 호환성. 대부분의 컴파일러는 타깃에 특정된다. 선택된 컴파일러와 환경은 활용되는 프로세서 및 주변 장치와 호환되는 코드를 생성해야 한다. 일반적으로 프로세서와 장치를 접근하기 위해 다음의 능력이 필요하다: 메모리 접근(데이터, 코드, 힙 그리고 스택 운영의 컨트롤을 위한), 주변 장치 인터페이스 및 컨트롤, 인터럽트 처리 그리고 특별한 머신 오퍼레이션의 지원.[3]

고려사항 9: 다른 타깃으로의 이식성. 대부분의 회사들은 언어와 컴파일러를 선택할 때 코드의 이식성을 고려한다. 대다수의 항공 프로젝트는 완전히 새로운 코드를 개발하기보다는 기존의 소프트웨어 혹은 시스템에 기반한다. 시간이 경과함에 따라 프로세서는 더 유능해지고 오래된 것들은 구식이 된다. 따라서 다른 타깃에 어느 정도 이식가능한 언어와 컴파일러를 선택하는 것이 중요하다. 이것이 언제나 예상가능한 것은 아니지만, 적어도 고려는 되어야 한다. 예를 들면, 어셈블리는 일반적으로 이식가능하지 않고, 그래서 프로세서가 변경될 때마다 코드가 수정될 필요가 있다. 만약 같은 프로세서 패밀리가 사용된다면 그 변경은 최소화될 수 있지만, 여전히 고려되어야 한다. Ada와 C는 좀 더 이식가능한 경향이 있지만, 여전히 타깃 의존성이 일부 있을 수 있다. Java는 이식성이 뛰어나게 개발되었지만, 이전에 설명된 것처럼 현재는 안전 필수 분야에서 사용될 준비가 되어 있지 않다.

8.2.4 프로그래밍에 대한 일반적인 권고사항

이 섹션은 포괄적인 프로그래밍 가이드가 되려는 의도가 아니다. 대신 내가 지금까지 살펴본 다양한 언어 그리고 다양한 회사들에서의 수천 라인의 코드에 기반한 안전 필수 프로그래밍 관행들에 대한 높은 수준의 개요를 제공한다. 이들 권고사항은 모든 언어에 적용할 수 있고 회사 코딩 표준에서 고려될 수 있다.

권고사항 1 : 좋은 설계 기법을 사용하라. 설계는 코드에 대한 청사진이다. 따라서 좋은 설계는 좋은 소프트웨어의 생성을 위해 중요하다. 프로그래머가 요구사항과 설계의 단점을 보완할 것으로 기대해서는 안 된다. Chapter 7은 좋은 설계의 특징(예를 들면, 느슨한 결합도, 강한 응집도, 추상화, 모듈화)을 제공한다.

권고사항 2 : 좋은 프로그래밍 관행을 장려하라. 좋은 프로그래머는 많은 이들이 불가능하다고 간주하는 것을 할 수 있다는 것에 자부심을 가진다. 그들은 정기적으로 작은 기적을 이뤄낸다. 하지만 프로그래머는 이상한 존재일 수 있다. 내가 함께 일했던 한 엔지니어는 저녁이면 알고리즘 책을 읽으면서 시간을 보냈다. 나는 책벌레이며 집안 가득 책을 가지고 있지만, **그렇게**(that) 재미있는 알고리즘 책을 발견하지는 못했다. 좋은 프로그래밍 관행들을 장려하기 위해 다음과 같은 권고사항들이 제공된다.

- **공동 작업(Teamwork)을 장려하라.** 공동 작업은 나쁜 관행과 가독성이 떨어지는 코드를 걸러내는 데 도움이 된다. 짝프로그래밍(한 쌍의 프로그래머에 의해서 코딩이 수행되는), 일간 혹은 주간 단위의 비공식 리뷰 혹은 멘토-멘티 제도를 포함해서 공동 작업을 실현하는 여러 가지 방법이 있다.
- **코드 워크스루를 계속하라.** 공식적인 리뷰는 더 높은 소프트웨어 레벨에 대해서는 필수적으로 요구된다. 하지만 작은 팀으로 구성된 프로그래머에 의해서 덜 공식적인 리뷰를 받는 것은 큰 이점이 있다. 일반적으로 코드의 모든 라인을 적어도 두 명의 다른 프로그래머가 리뷰하는 것이 좋다. 첫째, 그것은 동료들 간에 약간의 건강한 경쟁을 하게 만든다. 아무도 동료들 앞에서 멍청하게 보이기를 원치 않기 때문이다. 둘째, 리뷰는 코딩 관행을 표준화하게 한다. 셋째, 리뷰는 지속적인 개선을 증가시킨다. 프로그래머는 다른 누군가가 문제를 해결한 방법을 알게 되면, 그것을 자신의 노하우로 만들 수 있다. 넷째, 리뷰는 또한 재사용성을 증가시킬 수 있다. 함수들 사이에 사용될 수 있는 몇 가지 루틴들이 있을 수 있다. 마지막으로 리뷰는 만약 누군가가 팀을 떠나더라도 연속성을 제공한다.
- **좋은 코드 예제를 제공하라.** 이것은 팀을 위한 훈련 매뉴얼로 역할을 할 수 있다. 일부 회사들은 **최고의 코드 리스트**(best code listing)를 유지한다. 리스트는 좋은 예제들로 업데이트된다. 이것은 훈련 도구를 제공하며 프로그래머가 그것을 리스트로 만들 수 있는 좋은 코드를 개발하도록 권장한다.
- **코딩 표준에 대한 준수를 요구하라.** DO-178C는 레벨 A에서 C까지에 대해서 코딩 표준의

준수를 요구한다. 너무나 자주, 표준은 공식적인 코드 리뷰를 위한 시간까지 무시되는데, 이때는 그것을 변경하기가 어렵다. 프로그래머는 표준에 대해서 훈련받아야 하며 그것을 따를 필요가 있다. 이것은 적용될 수 있는 합리적인 기준을 가진다는 것을 의미한다.

- **전체 팀이 코드를 사용할 수 있게 만들어라.** 사람들은 다른 사람이 그들의 작업을 보고 있을 것임을 알게 되면 그것을 더 깨끗하게 유지하는 경향이 있다.
- **좋은 코드에 대해서 보상하라.** 좋은 코드를 만들어내는 사람들을 인정하라. 코드 품질의 결정은 흔히 동료의 피드백, 리뷰 과정에서 발견되는 결함의 수, 코드 개발의 속도 그리고 프로젝트 전체에서 코드의 전반적인 안전성과 성숙도에 기반한다. 보상은 그들이 원하는 것이 되어야 한다. 동시에, 사람들은 그들이 평가되고 있는 것을 최적화하는 경향이 있기 때문에 보상은 조심해서 다루어져야 한다. 예를 들면, 생성되는 코드 라인수에 대한 성과에 기반하는 것은 실제로는 비효율적인 프로그래밍을 권장할 수 있다.
- **팀이 그들의 작업에 대해서 책임을 지도록 격려하라.** 각각의 팀원이 자신의 작업에 대해서 책임을 지게 만들어라. 기꺼이 실수를 인정하고 서로를 비난하는 것을 피하라. 변명은 팀에게 해가 된다. 변명 대신 해결책을 제시하라.**[8]**
- **전문적인 발전에 대한 기회를 제공하라.** 훈련과 프로그래머들의 전문적인 발전을 장려할 수 있는 모든 것을 지원하라.

권고사항 3 : 소프트웨어 악화를 피하라. 소프트웨어 악화는 소프트웨어에 무질서가 증가할 때 나타난다. 깨끗한 코드에서 복잡하고 부정확한 코드로의 진행은 천천히 시작된다. 먼저, 누군가는 **나중에(later)** 주석을 추가하기 위해 기다리기로 결정한다. 그런 다음 누군가는 그것이 어떻게 동작하는지를 보기 위해 일부 시험 코드를 넣고는 제거하는 것을 잊어버리는 등의 일이 발생한다. 얼마 지나지 않아 읽을 수 없고 고칠 수 없는 코드 세트가 나타난다. 코드 악화는 세부사항을 소홀히 할 때 나타난다. 그것은 선제적인 대처를 통해 해결된다. 무언가 잘못되어 보일 때 그것을 처리하라. 그것을 무시하지 마라. 처리할 시간이 없다면 처리할 필요가 있는 이슈들의 정리된 리스트를 유지하고 코드 리뷰 전에 그것들을 해결하라.

권고사항 4 : 유지보수를 내내 염두에 두어라. Steve McConnell은 다음과 같이 쓰고 있다. "당신의 코드를 수정해야 하는 사람을 항상 염두에 두어라. 프로그래밍은 먼저 다른 프로그래머와 소통하고 그 다음 컴퓨터와 소통하는 것이다."[6] 코드 작성자의 대부분의 시간은 첫 번째 프로젝트 혹은 유지보수 작업에서 코드를 리뷰하고 수정하는 데 소비된다. 따라서 코드는 기계만이 아니라 사람을 위해서 작성해야 한다. 이 섹션에서 제시되는 많은 제안들이 유지보수성을 도울 것이다. 가독성 및 잘 정돈된 프로그램 구조가 우선되어야 한다. 결합도를 낮춘 코드 또한 유지보수성을 지원한다.

권고사항 5 : 미리 코드를 깊이 생각해보라. 이 책의 각 챕터를 위해 나는 주제를 찾고 내 생각에 대한 개요를 정리하는 데 많은 시간을 소비했다. 일단 조사가 완료되고 구성이 결정되면 실제 작성은 다소 빨라진다. 코드를 작성할 때도 마찬가지다.

내 경험상 가장 문제가 되는 코드는 프로그래머가 코드를 빨리 만들도록 강요받을 때 악화된다. 요구사항과 설계는 성숙하지 않거나 존재하지 않고, 프로그래머는 단지 기계적으로 코드를 만들어낸다. 그것은 청사진 없이 그리고 양질의 재료 없이 새로운 집을 건설하는 것과 같다. 그것은 부서질 것이고 당신은 단지 그때가 언제인지를 모를 뿐이다.

확실한 설계 문서는 프로그래머에게 훌륭한 시작점을 제공한다. 하지만 어떤 종류의 중간 단계 없이 설계로부터 코드로 바로 갈 수 있는 사람은 거의 없다. 이 단계는 공식적 혹은 비공식적이 될 수 있다. 그것은 설계의 일부가 될 수 있고, 코드 자체에 주석이 될 수도 있다.

McConnell은 PPP(Pseudocode Programming Process)를 추천한다.[6] PPP는 루틴을 코딩하고 리뷰하며, 시험하기 전에 설계 및 체크를 위해 의사 코드를 사용한다. PPP는 루틴의 특정 동작을 설명하기 위해 영어와 비슷한 구문을 사용한다. 구문은 언어에 독립적이어서 의사 코드는 어떤 언어로도 프로그램될 수 있으며, 의사 코드는 코드 자체보다 추상화 수준이 높다. 의사 코드는 타깃 언어에서의 구현보다는 의도를 전달한다. 의사 코드는 상세 설계의 일부가 될 수 있고 때로는 코드 그 자체보다 정확도에 대한 리뷰가 더 쉽다. PPP의 흥미로운 장점은 의사 코드가 소스 코드 자체에 대한 개요가 될 수 있으며 코드에 주석으로 유지될 수 있다는 것이다. 또한 의사 코드는 코드 자체보다는 업데이트하기가 더 쉽다. PPP에 대한 상세한 단계에 대해서는 Steve McConnell이 쓴 '*Code Complete*'의 Chapter 9를 보라. PPP는 루틴 혹은 클래스를 생성하기 위한 많은 가능한 접근법들 중 단지 하나일 뿐이지만, 매우 효과적일 수 있다. Chapter 7에서 언급된 것처럼 LLR에 대해서 의사 코드를 사용하는 것은 DO-248C의 FAQ #82에서 논의된 것처럼 몇 가지 인증 문제가 있을 수 있다. 우려에 대한 요약은 Section 7.1.2를 보라.

권고사항 6: **코드를 가독성 있게 만들어라.** 코드의 가독성은 대단히 중요하다. 그것은 코드를 이해하고 리뷰하고 유지하는 능력에 영향을 미친다. 그것은 리뷰어가 코드를 이해하는 것 그리고 코드가 요구사항을 만족하는지를 확인하는 것을 돕는다. 또한 그것은 프로그래머가 다른 프로젝트로 이동한 지 오랜 후에도 코드를 유지하기 위해 중요하다.

언젠가 나는 통신 시스템에 대한 코드를 리뷰하도록 요청받은 적이 있었다. 나는 특정 기능에 대해서 요구사항과 설계를 읽고 코드를 훑어보았다. C코드는 매우 영리하고 간결했다. 주석은 없었고 공백은 드물었다. 코드가 수행하는 것과 그것이 요구사항과 어떻게 관련되는지를 결정하기가 대단히 어려웠다. 그래서 나는 마침내 프로그래머에게 나에게 그것을 설명해달라고 부탁했다. 그가 자신의 의도를 기억하는 데 시간이 걸리긴 했지만, 그는 결국 나에게 그 코드를 설명할 수 있었다. 내가 그의 사고 과정을 이해한 후에, 나는 다음과 같이 말했다. "그 코드는 읽기가 정말 어렵네요." 거기에 대해서 그는 주저 없이 다음과 같이 대답했다. "그것은 코딩하기가 어려웠습니다. 나는 다른 사람들이 읽기 어려워야 한다고 생각했습니다." FAA의 감사자에게 말하기에 현명한 말은 분명히 아니지만, 적어도 그 사람은 솔직했다. 그리고 나는 그가 많은 프로그래머들의 사고방식을 매우 잘 요약했다고 생각한다.

일부 프로그래머들은 수수께끼 같은 코드를 작성하는 것을 **직업 보안**(job security)으로 생각한다. 하지만 그것은 실제로는 회사의 책임이다. 그것은 충분히 강조될 수 없다. 코드는 컴퓨터뿐만 아니라 사람을 위해서 작성해야 한다. McConnel은 다음과 같이 쓰고 있다. "프로그래밍 작업의 작은 부분은 컴퓨터가 읽을 수 있도록 프로그램을 작성하는 것이다. 큰 부분은 다른 사람이 그것을 읽을 수 있도록 작성하는 것이다."[6]

읽을 수 있는 코드를 작성하는 것은 이해가능성, 리뷰가능성, 에러율, 디버그 능력, 변경가능성, 품질, 비용에 영향을 미친다.[6] 이들 모두는 실제 프로젝트에 중요한 요인들이다.

가독성에 크게 영향을 미치는 코딩의 두 가지 측면이 있다. ① 레이아웃 그리고 ② 주석이다. 다음은 최저 수준으로 고려할 레이아웃과 주석에 대한 권고사항의 요약이다. 이 챕터의 '추천 자료' 섹션은 고려해야 할 다른 몇 가지 자료들을 제공한다.

- **코드 레이아웃 권고사항**
  - **코드의 논리적인 구조를 보여라.** 일반적으로 논리적으로 종속되는 구문은 들여쓰기를 하라. 연구에 따르면 들여쓰기가 이해도를 높여준다. 2~4칸 공백의 들여쓰기가 일반적으로 선호되는데, 왜냐하면 그 이상은 이해도를 감소시키기 때문이다.[6]
  - **빈칸을 많이 사용하라.** 빈칸은 코드의 논리적인 구조를 보여주기 위한 들여쓰기뿐만 아니라 코드 블록 혹은 함께 그룹화되는 관련된 구문들의 섹션 사이의 빈 라인을 포함한다. 예를 들면, 하나의 루틴을 코딩할 때 루틴 헤더, 데이터 선언 그리고 본체 사이에 빈 라인을 사용하는 것이 도움이 된다.
  - **레이아웃 사례에 변경가능성을 고려하라.** 스타일과 레이아웃 사례들을 결정할 때 변경하기 쉬운 것을 사용하라. 일부 프로그래머들은 헤더가 예쁘게 보이게 만들려고 일정 개수의 별표를 사용하는 것을 좋아한다. 하지만 그것은 변경하는 데 불필요한 시간과 리소스가 소모될 수 있다. 프로그래머들은 그들의 시간을 낭비하는 것을 무시하는 경향이 있다. 따라서 레이아웃 사례들은 실용적이어야 한다.
  - **밀접하게 관련된 요소들을 함께 유지하라.** 예를 들어, 하나의 구문이 라인을 넘어가면, 읽기 적당한 위치에서 그것을 나누고 두 번째 라인을 들여쓰기하라. 그럼으로써 그것들이 함께 보기 쉬워진다.
  - **라인당 오직 하나의 구문만 사용하라.** 많은 언어들이 한 라인에 여러 구문을 허용한다. 하지만 그것은 읽기 어렵다. 라인당 하나의 구문은 가독성, 복잡도 평가, 에러 탐지를 촉진한다.
  - **구문 길이를 제한하라.** 일반적으로 구문은 80자를 넘어서는 안 된다. 80자를 넘는 라인은 읽기가 어렵다. 이것은 엄격한 규정은 아니지만 가독성을 높이기 위해 일반적으로 권고되는 사례이다.
  - **데이터 선언을 명확하게 하라.** 데이터를 명확하게 선언하기 위해 다음이 제안된다. 라인당 하나의 데이터 선언 사용하기, 처음 사용되는 곳 가까이에 변수 선언하기, 그리고 형에 따라서 순서대로 선언하기 등이다.[6]
  - **괄호를 사용하라.** 괄호는 두 개 이상의 용어를 포함하는 표현식을 분명하게 하는 데 도움이 된다.
- **코드 주석 권고사항**

코드에 주석을 작성하는 것은 종종 부족하거나 부정확하거나 비효율적이다. 여기에 효과적으로 코드에 주석을 작성하는 몇 가지 권고사항이 있다.

- **'왜(why)'에 대한 주석을 작성하라.** 일반적으로 주석은 어떻게(how) 그것이 수행되는지가 아니라 어떤 것이 왜(why) 수행되는지를 설명해야 한다. 주석은 코드의 목적과 목표(들)(즉, 의도)를 요약해야 한다. 코드 자체는 그것이 어떻게 수행되는지를 보일 것이다. 독자가 다음에 나오는 것을 준비하기 위해 주석을 사용하라. 일반적으로 코드 각 블록에 대해서 한두 문장 정도가 적당하다.
- **명백한 것에 주석을 작성하지 마라.** 좋은 코드는 자기 문서화, 즉 설명 없이 읽을 수 있어야 한다. "잘 작성된 많은 프로그램의 경우, 코드는 프로그램 자체의 최고의 문서이다."**[9]** 목적과 목표(들) 같은, 코드에서 명확하지 않은 것을 문서화하기 위해 주석을 사용하라. 마찬가지로 단지 코드를 그대로 나타내는 주석은 유용하지 않다.
- **루틴에 주석을 작성하라.** 루틴의 목적, 입력과 출력 그리고 중요한 가정들을 설명하기 위해 주석을 사용하라. 루틴의 경우, 설명하는 코드에 가깝게 주석을 유지하는 것이 현명하다. 만약 주석이 루틴의 최상단에 모두 포함된다면, 그 코드는 여전히 읽기 어려울 것이고 주석은 코드와 함께 업데이트되지 않을 것이다. 최상단에서 루틴을 간략하게 설명한 다음 루틴 본체 전반에 걸쳐서 특정 주석을 포함하는 것이 바람직하다. 만약 루틴이 전역 데이터를 변경한다면, 그것을 설명하는 것이 중요하다.
- **전역 데이터를 위해 주석을 사용하라.** 전역 데이터는 조심스럽게 사용되어야 한다. 하지만 그것이 사용될 때는 올바로 사용되는 것을 보장하기 위해 주석을 사용해야 한다. 전역 데이터가 선언될 때 데이터의 목적 그리고 그것이 왜 필요한지를 포함해서 주석을 작성하라. 일부 개발자들은 심지어 전역 데이터에 대한 명명 규칙(예를 들면, 변수를 g_로 시작하기)을 사용하는 것을 선택하기도 한다. 만약 명명 규칙이 사용되지 않는다면, 주석은 전역 데이터의 올바를 사용을 보장하기 위해 매우 중요하게 될 것이다.**[6]**
- **나쁜 코드에 대해서 보완하기 위해 주석을 사용하지 마라.** 나쁜 코드는 설명되는 것이 아니라 피해야 한다.
- **주석은 코드와 일치해야 한다.** 만약 코드가 업데이트되면 주석 또한 업데이트된다.
- **가정을 문서화하라.** 프로그래머는 만들어지는 모든 가정을 문서화하며, 이를 가정으로 분명하게 식별해야 한다.
- **놀라게 만들 수 있는 것은 모두 문서화하라.** 명확하지 않은 코드는 재작성될 필요가 있는지를 결정하기 위해 평가되어야 한다. 만약 코드가 적절하다면 그 근거를 설명하기 위해 주석이 포함되어야 한다. 예를 들어, 성능 이슈는 때때로 어떤 **독창적인**

(clever) 코드를 유도한다. 하지만 이것은 규칙이 아니라 예외가 되어야 한다. 그런 코드는 주석으로 설명되어야 한다.

- **주석을 대응하는 코드와 정렬하라.** 각각의 주석은 그것을 설명하는 코드와 정렬되어야 한다.
- **끝부분에 주석을 작성하는 것을 피하라.** 일반적으로 주석을 코드 라인의 끝에 추가하는 것보다는 다른 라인에 놓는 것이 가장 좋다. 가능한 예외는 데이터 선언과 긴 코드 블록의 끝에 작성하는 주석이다.[6]
- **각각의 주석에 빈 라인을 앞세워라.** 이것은 전체적인 가독성에 도움이 된다.
- **유지보수가능하게 주석을 작성하라.** 주석은 유지보수가 쉬운 스타일로 작성되어야 한다. 때때로 보기 좋게 만들려는 노력이 또한 그것을 유지보수하기 어렵게 만들 수 있다. 코드 작성자는 그들의 소중한 시간을 대시 부호의 숫자를 카운트하고 별(별표)을 정렬하는 데에 소비하지 않아야 한다.
- **적극적으로 주석을 작성하라.** 주석을 작성하는 것은 코딩 프로세스의 필수 부분이 되어야 한다. 올바로 사용된다면 주석은 심지어 프로그래머가 코드를 구성하기 위해 사용하는 코드를 위한 아웃라인이 될 수 있다. 만약 코드가 주석을 작성하기 어렵다면, 그것은 시작하기에 좋은 코드가 아니며 수정될 필요가 있을 수 있다는 것을 명심하라.
- **너무 많은 주석을 작성하지 마라.** 너무 적은 주석이 나쁠 수 있는 것처럼 너무 많은 것도 그럴 수 있다. 나는 주석이 너무 많은 코드를 거의 보지 못하지만, 너무 많은 주석은 불필요한 중복의 결과인 경향이 있다. IBM의 연구는 10개의 구문당 하나의 주석이 주석에 대한 확실한 최고치라는 것을 보여준다. 더 많거나 적은 주석은 이해도를 감소시켰다.[10] 확실히 이것은 그저 일반적인 지침이지만, 주목할 가치가 있다. 주석의 숫자에 너무 집중하지 않도록 주의하고, 대신 코드가 거기에 있어야 하는 이유를 주석이 설명하는지를 평가하라.

권고사항 7 : 복잡도를 관리하고 최소화하라. 복잡도를 관리하고 최소화하는 것은 소프트웨어 개발에서 가장 중요한 기술적 주제 중 하나이다. 복잡도를 다루는 것은 요구사항과 설계에서 시작하지만, 코드 복잡도 또한 조심스럽게 모니터되고 컨트롤되어야 한다. 코드가 너무 복잡해지면, 불안정하고 감당할 수 없게 되며 생산성은 부정적인 방향으로 움직이게 된다.

특별히 어려웠던 한 프로젝트에서 나는 소프트웨어가 무엇을 하는지를 이해하기 위해 실제로 난해한 코드를 읽어야 했다. 요구사항은 소용없었고 설계는 존재하지 않았으며 코드는 엉망이었다. 코드를 정리하고, 요구사항과 설계를 생성하며, 그것이 실제로 해야 할 일을 했다는 것을 증명하는 데 몇 년이 걸렸다. 복잡도는 이 특별한 프로젝트에서 많은 도전 중 하나에 불과했다.

그런 시나리오를 피하기 위해 나는 복잡도를 관리하고 최소화할 수 있도록 다음과 같이 제안한다.

- 문제를 더 작게, 관리가능한 조각으로 나누기 위해 모듈 방식의 개념을 사용하라.
- 루틴 사이의 결합도를 낮추어라.
- 가능한 경우, 연산자와 변수명에 대한 오버로딩을 조심스럽게 사용하거나 모두 금지하라.
- 루틴에 대해서 단일 진입 및 진출점을 사용하라.
- 루틴을 짧고 응집력 있게 유지하라.
- 논리적이고 이해가능한 명명 규칙을 사용하라.
- 상속 트리 깊이뿐만 아니라 중첩된 의사결정의 수를 줄여라.
- 이해하기 어려운 독창적인 루틴을 피하라. 대신 간단하고 이해하기 쉬운 것을 위해 노력하라.
- 가능하다면 중첩된 if절을 if-then-else 구문 혹은 case 구문으로 변환하라.
- 지나치게 복잡한 코드를 식별하기 위해 복잡도 측정 도구 혹은 기법을 사용하라. 그런 다음에는 필요에 따라서 코드를 재작업하라.
- 코드와 친숙하지 않은 사람들이 이해할 수 있는지를 확인하기 위해 코드를 리뷰하게 만들어라. 데이터에 너무 깊게 빠져버리면 더 큰 그림을 놓치기 쉽다. 기술적으로 유능한 사람들에 의한 독립적인 리뷰는 분별력 있는 체크를 제공할 수 있다.
- 모듈 사용으로부터 낮은 수준의 세부 내용을 분리하기 위해 모듈화와 정보 은닉을 사용하라. 이것은 기본적으로 문제를 더 작은 모듈들(혹은 루틴, 컴포넌트 혹은 클래스)로 나누고 복잡도를 숨김으로써 매번 처리할 필요가 없도록 한다. 각각의 모듈은 잘 정의된 인터페이스와 본체를 가져야 한다. 본체는 모듈을 구현하는 반면, 인터페이스는 사용자가 보는 것이다.
- 가능한 경우 인터럽트 기반의 그리고 멀티태스킹 프로세싱의 사용을 최소화하라.

- 파일 크기를 제한하라. 매직 넘버는 없지만 일반적으로 코드가 200~250라인 이상인 파일들은 읽기와 유지보수하기가 어려워진다.

권고사항 8: 방어적인 프로그래밍을 실천하라. DO-248C, FAQ #32는 다음과 같이 언급한다. "방어적인 프로그래밍 관행은 조작 실패와 에러를 코드로 주입할 가능성이 있는 구조, 구성 그리고 관행의 사용을 제한함으로써 코드가 의도되지 않은 혹은 예측할 수 없는 동작을 수행하는 것을 방지하기 위해 사용될 수 있는 기법이다."[11] DO-248C는 계속해서 프로그래밍 과정에서의 입력 데이터 에러, 비결정론, 복잡도, 인터페이스 에러 그리고 논리적인 에러에 대한 회피를 권고한다. 방어적인 프로그래밍은 바람직하지 못한 결과를 피하고 예측할 수 없는 사건으로부터 보호하기 위해 코드의 전반적인 강건성을 증가시킨다.

권고사항 9: 소프트웨어가 결정론적인지를 확인하라. 안전 필수 소프트웨어는 결정론적이어야 한다. 따라서 비결정론으로 이끌 수 있는 코딩 관행은 피하거나 조심스럽게 컨트롤되어야 한다(예를 들면, 자체 수정 코드, 동적 메모리 할당/해제, 동적 바인딩, 포인터의 광범위한 사용, 다중 상속 혹은 다형성). 잘 정의된 언어, 증명된 컴파일러, 최적화의 제한 및 복잡도의 제한 또한 결정론에 도움이 된다.

권고사항 10: 일반적인 에러를 사전에 해결하라. 일반적인 에러를 피하는 방법에 대한 지침과 함께, 전체팀에 대한 훈련을 지원하고 이해를 높이기 위해 일반적인 에러의 로그를 유지하는 것이 도움이 될 수 있다. 예를 들면, 인터페이스 에러는 흔하다. 그것은 인터페이스에 대한 복잡도를 최소화하고, 단위와 정밀도를 일관되게 사용하며, 전역 변수의 사용을 최소화하고, 인터페이스에 대한 가정의 불일치를 식별하기 위해 가정 설정문(assertion)을 사용함으로써 해결될 수 있다. 또 다른 예로 정확도와 변환 이슈(고정 소수점 스케일링과 같은)를 조사하고, 루프 카운트 에러에 대한 감시, 그리고 부동 소수점 숫자에 대한 적절한 정밀도를 사용함으로써 일반적인 논리 및 계산 오류를 피할 수 있다.

Myers는 그의 저서 '*The Art of Software Testing*'에서 67개의 공통 코딩 에러를 나열하고 다음과 같은 범주로 분류했다: 데이터 참조 에러, 데이터 선언 에러, 계산 에러, 비교 에러, 컨트롤 플로우 에러, 인터페이스 에러, 입력/출력 에러 그리고 기타 에러들.[12] 이와 유사하게, '*Testing Computer Software*'라는 책에서 Cem Kaner 등은 480개의 공통 소프트웨어 결함을 식별하고 분류하고 있다.[13] 이러한 소스는 공통 에러 리스트를 위한 시작점을 제공한다. 하지만 그것들은 그저 시작점일 뿐이다. 공통 에러는 사용되는 언어, 경험, 시스템 유형 등에 따라서 변할 것이다.

권고사항 11 : 개발 과정에서 가정 설정문(assertion)을 사용하라. 가정 설정문은 절대 일어나서는 안 되는 조건에 대해서 체크할 때 사용될 수 있고, 반면에 에러 처리 코드는 일어날 수 있는 조건을 위해 사용된다. 다음은 가정 설정문에 대한 몇 가지 지침들이다.[6, 8]

- 가정 설정문은 일반적으로 컴파일 타임에 꺼지기 때문에 실행가능한 코드를 포함해서는 안 된다.
- 만약 그것이 절대 일어날 수 없는 것처럼 보인다면, 그것을 확실히 하기 위해 가정 설정문을 사용하라.
- 가정 설정문은 이전 조건과 이후 조건을 검증하는 데에 유용하다.
- 가정 설정문은 실제 에러 처리를 대신하기 위해 사용되어서는 안 된다.

권고사항 12 : 에러 처리를 구현하라. 에러 처리는 일어날 수 있는 조건에 대해서 사용된다는 것을 제외하고 가정 설정문(assertion)과 유사하다. 에러 처리는 잘못된 입력 데이터를 체크한다. 가정 설정문은 잘못된 코드(버그)를 체크한다.[6] 데이터가 언제나 올바른 형식이나 받아들일 수 있는 값을 갖는 것은 아닐 것이다. 따라서 유효하지 않은 입력으로부터 데이터를 보호해야 한다. 예를 들면, 허용 그리고/혹은 손상 범위에 대한 외부 소스로부터의 값을 체크하고, 버퍼 및 정수 오버플로우를 찾고, 루틴 입력 파라미터의 값을 체크한다.[11] 중간값을 리턴하기, 유효한 데이터의 다음 부분을 대체하기, 이전과 동일한 응답을 리턴하기, 가장 근접한 유효값을 대체하기, 경고 메시지에 대한 로그를 파일에 남기기, 에러 코드를 리턴하기, 에러 처리 루틴을 호출하기, 에러 메시지를 디스플레이하기, 에러를 로컬로 처리하기, 시스템 종료하기를 포함해서 에러에 대해 여러 가지 가능한 응답들이 있다.[6] 분명히 에러에 대한 응답은 소프트웨어와 전체적인 아키텍처의 중요도에 달려 있을 것이다. 프로그램 전반에 걸쳐서 일관되게 에러를 처리하는 것이 중요하다. 추가적으로 낮은 수준의 코드에 의해서 리포트되는 에러를 높은 수준의 코드가 실제로 처리하는 것을 확인하라.[6] 예를 들면, 애플리케이션(높은 수준의 코드)은 실시간 운영체제(낮은 수준의 코드)에 의해서 리포트되는 에러를 처리해야 한다.

권고사항 13 : 예외 처리를 구현하라. 예외는 프로그램의 추가 실행을 무의미하게 만드는 에러 혹은 오류 조건들이다.[3] 예외가 발생하면 예외 처리 루틴이 호출되어야 한다. 예외 처리는 런타임 문제점을 다루기 위한 가장 효과적인 방법 중 하나이다.[3] 하지만 언어마다 예외를 구현하는 방법이 다르고 어떤 것은 예외 구조를 전혀 포함하지 않는다. 만약 예외가 언어의 일부가 아니라면, 프로그래머는 코드에서 에러 조건에 대한 체크를 구현할 필요가 있다. 예외에 대해서 다음 팁들을 고려하라.

- 프로그램은 예외적인 조건(즉, 다른 코딩 관행들에 의해서 해결될 수 없는)에 대해서만 예외를 발생시켜야 한다.
- 예외는 조치가 필요한 에러에 대해서 프로그램의 다른 부분에 통보해야 한다.
- 에러 조건은 전달하기보다는 가능하면 로컬로 처리해야 한다.
- 예외는 올바른 추상화 수준에서 발생해야 한다.
- 예외 메시지는 예외를 초래한 정보를 식별해야 한다.
- 프로그래머는 라이브러리와 루틴이 발생시키는 예외를 알아야 한다.
- 프로젝트는 예외를 사용하기 위한 표준 접근법이 있어야 한다.

권고사항 14 : 루틴, 변수 사용, 조건, 루프, 컨트롤에 대한 공통 코딩 관행을 사용하라. 코딩 표준은 루틴(함수 혹은 프로시저와 같은), 변수 사용(예를 들면, 명명 규칙 그리고 전역 데이터의 사용), 조건, 컨트롤 루프, 컨트롤 이슈(예를 들면, 재귀, goto의 사용, 중첩 깊이, 그리고 복잡도)를 위해 추천되는 관행들을 식별해야 한다.[2)]

권고사항 15 : 문제를 일으키는 것으로 알려진 것들을 피하라. 코딩 프로세스에서 잘못될 수 있는 모든 것의 철저한 리스트를 개발하는 것은 불가능하다. 하지만 다음에 언급되는 것처럼 몇 가지 문제를 일으키는 것으로 알려진 것들과 이를 피하기 위한 관행들이 있다.

- **포인터의 사용을 최소화하라.** 포인터는 가장 에러가 발생하기 쉬운 프로그래밍 영역 중 하나이다. 항상 말도 안 되는 마감일을 눈앞에 두고 포인터와 관련된 이슈들을 추적하느라 내가 보낸 시간들을 생각하면 말로 다 표현할 수 없을 정도이다. 일부 회사들은 포인터를 사용하는 것을 모두 피하기로 선택한다. 만약 당신이 포인터를 다루는 합리적인 방법을 찾을 수 있다면, 그것은 전적으로 권장된다. 하지만 이것이 항상 선택

2) 비록 안전 필수 소프트웨어에 대해서 특정하지는 않지만, Steve McConnell의 저서, '*Code Complete*'[6]는 이들 주제 각각에 대해 상세한 권고사항들을 제공한다.

사항은 아니다. 만약 포인터를 사용한다면, 사용을 최소화하고 조심스럽게 사용해야 한다.[3)]

- **상속과 다형성의 사용을 제한하라.** 이는 Chapter 15에서 논의되는 객체 지향 기술과 관련이 있다.
- **동적 메모리 할당을 사용할 때 주의하라.** 대부분의 인증 프로젝트는 동적 메모리 할당을 금지한다. DO-332(객체 지향 부속서)는 만약 그것이 사용된다면, 그것을 안전하게 다루는 방법에 대해서 몇 가지 권고사항을 제공한다.
- **결합도를 최소화하고 응집도를 최대화하라.** Chapter 7에서 언급한 것처럼 코드 컴포넌트들 간에 데이터 및 컨트롤 결합도를 최소화하고 고응집도의 컴포넌트를 개발하는 것이 바람직하다. 설계는 이러한 개념의 발판을 마련한다. 하지만 설계를 실제 구현하는 사람은 프로그래머이다. 따라서 그것은 다시 강조할 가치가 있다. Andrew Hunt와 David Thomas는 다음과 같이 권고한다. "다른 모듈에 불필요한 어떤 것도 드러내지 않고 다른 모듈의 구현에 의존하지 않는 모듈과 같은 샤이 코드(Shy Code)를 작성하라."[8] 이것은 결합도를 낮춘 코드의 개념이다. 결합도를 최소화하기 위해 모듈 상호작용을 제한하라. 모듈들에 대한 상호작용이 필요할 때, 상호작용이 필요한 이유와 상호작용이 발생하는 방법이 명확한지를 확인하라.
- **전역 데이터의 사용을 최소화하라.** 전역 데이터는 모든 설계 섹션에 적용가능하며, 따라서 작업이 진행되면서 누구든 변경할 수 있다. 이미 언급한 것처럼 느슨한 결합도를 지원하고 좀 더 결정론적인 코드를 개발하기 위해 전역 데이터는 최소화되어야 한다. 전역 데이터가 가지고 있는 잠재적인 이슈들 중 몇 가지는 다음과 같다. 데이터가 의도치 않게 변경될 수 있고 코드 재사용이 방해되며, 전역 데이터의 초기화 순서가 불확실하게 될 수 있고 코드가 덜 모듈화된다. 전역 데이터는 절대적으로 필요할 때에만 사용되어야 한다. 전역 데이터가 사용될 때, 이를 구분하는 것이 어쨌든 도움이 된다(아마도 명명 규칙에 의해서). 또한 전역 데이터로의 접근을 컨트롤하기 위해 일종의 잠금 혹은 보호 기능을 구현하는 것이 유용하다. 추가적으로 전역 데이터 이름, 설명, 유형, 단위, 읽는 대상, 쓰는 대상이 포함된 정확하고 최신의 데이터 사전이 중요하다. 전역 데이터의 정확한 문서화는 데이터 결합도(Chapter 9에서 논의하는)를 분석할 때 필수이다.

---

3) Steve McConnell의 '*Code Complete*'[6]는 포인터 사용에서의 에러를 피하기 위한 몇 가지 제안들을 제공한다.

- **재귀는 조심해서 사용하거나 아예 사용하지 마라.** 일부 코딩 표준은 특별히 더 엄격한 소프트웨어 레벨에 대해서 재귀를 완전히 금지한다. 아마도 더 낮은 레벨의 위험도에 대해서 만약 재귀가 사용된다면, 무제한의 재귀로 인한 스택 오버런을 방지하기 위해 명시적인 안전장치가 설계에 포함되어야 한다. DO-178C Section 6.3.3.d는 '무한 재귀 알고리즘'의 방지를 장려한다.[11] DO-248C FAQ #39는 다음과 같이 설명한다. "무한 재귀 알고리즘은 자신을 직접적으로 호출하거나(자체 재귀) 혹은 간접적으로 자신을 호출하고(상호 재귀), 완료되기 전에 이것을 수행할 수 있는 횟수를 제한하기 위한 메커니즘을 가지고 있지 않은 알고리즘이다."[11] 계속해서 FAQ는 재귀 알고리즘이 재귀 호출의 횟수에 대해서 상위 한계가 필요하고, 상위 한계를 수용할 적당한 스택 공간이 있다는 것을 보여야 한다고 설명하고 있다.[11]
- **재진입 함수는 조심해서 사용해야 한다.** 재귀와 비슷하게, 많은 개발자들은 재진입 코드의 사용을 금지한다. 멀티스레드 코드에서 흔히 그런 것처럼 만약 그것이 허용된다면 그것은 반드시 요구사항으로 직접 추적가능해야 하며 전역 변수에 값을 할당하지 않아야 한다.
- **자체 수정 코드를 피하라.** 자체 수정 코드는 런타임에 명령 스트림을 변경하는 프로그램이다. 자체 수정 코드는 에러가 발생하기 쉽고, 읽기, 유지하기, 시험하기가 어렵다. 따라서 이를 피해야 한다.
- **goto 구문의 사용을 피하라.** 대부분의 안전 필수 코딩 표준은 그것이 읽기 어렵고, 올바른 코드 기능을 증명하기 어려울 수 있으며, **스파게티 코드**(spaghetti code)를 만들 수 있기 때문에 goto의 사용을 금지한다. 하지만 만약 사용된다면, 드물고 매우 조심스럽게 사용해야 한다.[4)]
- **이들 권고사항들을 따르지 않기로 한 모든 상황을 정당화하라.** 이것들은 단지 권고사항일 뿐이며 권고사항 중 하나 혹은 그 이상을 위반하는 것이 정당화될 수 있는 몇 가지 상황이 있을 수 있다. 하지만 이들 권고사항이 수년간의 관행과 국제적인 인증 당국과의 조율에 기반하고 있다는 것 또한 유의해야 한다. 이들 권고사항을 따르지 않기로 한 경우에는 반드시 그것을 기술적으로 정당화하고 인증 당국과 조율해야 한다.

권고사항 16 : 요구사항 혹은 설계에 이슈가 언급될 때 피드백을 제공하라. 코딩 단계 동안에

4) 그의 저서인 '*Code Complete*'[6]에서 Steve McConnell은 goto를 사용하는 방법에 대해서 몇 가지 제안을 진지하게 제시한다.

프로그래머는 요구사항 혹은 설계로 식별되는 모든 이슈에 대해서 피드백을 제공하도록 장려된다. 설계와 코딩 단계는 밀접하게 연관되어 있고 때로는 중복된다. 어떤 프로젝트에서 설계자는 또한 프로그래머이기도 하다. 설계자와 프로그래머가 분리되어 있을 때, 프로그래머를 요구사항 그리고 설계 리뷰에 포함하는 것이 유용하다. 이를 통해 프로그래머는 요구사항과 설계를 이해하고 초기 피드백을 제공할 수 있다.

일단 코딩이 시작되면, 프로그래머가 요구사항 및 설계와 관련된 이슈들을 식별하고 적절한 조치가 취해지는 것이 보장되도록 체계적인 방법이 있어야 한다. 일반적으로 요구사항 혹은 설계와 관련된 이슈들을 표시하기 위해 문제점 리포팅 프로세스가 사용된다. 하지만 그렇게 식별된 이슈에 대해서는 적극적인 대응이 필요하다. 그렇지 않으면 요구사항, 설계 그리고 코드가 일치하지 않을 위험이 있다.

권고사항 17 : 코드를 사전에 디버그하라. Chapter 9에서 논의할 것처럼 디버그와 개발 시험(예를 들면, 단위 시험 및 정적 코드 분석)은 코딩 단계 과정에서 나타나야 한다. 공식적인 시험이 코드 에러를 발견할 때까지 기다리지 마라.

8.2.5 코드와 관련된 특별한 주제들

8.2.5.1 코딩 표준

Chapter 5에서 언급한 것처럼 코딩 표준은 선택된 프로그래밍 언어가 프로젝트에 어떻게 사용될지를 정의하기 위해 계획 프로세스 과정에서 개발한다.[5] 완전한 코딩 표준을 만들고 표준을 사용하는 방법에 대해서 팀을 교육하는 것이 중요하다. 일반적으로 기업은 표준을 기업 전반에 걸쳐서 여러 프로젝트에 사용할 것이기 때문에 그들의 코딩 표준에 상당한 시간을 소비한다. 이 챕터에서 제공되는 정보는 코딩 표준을 설명하기 위해 몇 가지 개념과 이슈들을 제공한다.

나는 표준에서 각각의 규칙과 권고사항에 대해서 예제와 함께 근거를 포함하는 것을 추천한다. 프로그래머들은 권고사항이 왜 존재하는지를 이해하면 표준을 적용하기가 더 쉽다. 코드는 너무나 자주 표준에 대해 제대로 주의를 기울이지 않고 작성된다. 그러면 코드 리

5) DO-178C Section 11.8은 표준의 예상되는 내용을 설명한다.

뷰 과정에서 중요한 문제점들이 발견되고 코드를 재작업해야 한다. 코드 작성자가 처음부터 표준을 이해하고 적용하도록 하는 것이 더 효율적이다.

8.2.5.2 컴파일러 제공 라이브러리

대부분의 컴파일러 제조사들은 프로그래머들이 코드에서 기능을 구현하기 위해 사용할 컴파일러와 함께 라이브러리를 제공한다(예를 들면, 수학 기능). 호출되는 경우, 그런 라이브러리 기능들은 항공 소프트웨어의 일부가 되며 다른 항공 소프트웨어와 같이 DO-178C 목표를 만족해야 한다. 이 주제에 있어서 CAST(Certification Authorities Software Team)의 입장[6]은 'Compiler-Supplied Libraries'라는 타이틀을 가진 CAST-21 문서에 작성되어 있다. 그 입장은 기본적으로 DO-178C 목표를 충족하기 위해 라이브러리 코드를 요구한다(즉, 그것은 라이브러리 기능에 대한 요구사항, 설계 그리고 시험이 필요하다).[14] 일반적으로 제조사들은 지원 산출물을 포함해서 자체 라이브러리를 개발하거나 요구사항, 설계 그리고 시험 케이스를 개발하기 위해 컴파일러 제공 라이브러리 코드를 리버스 엔지니어링한다. 지원 산출물(요구사항, 설계, 소스 코드, 시험 등)을 가지고 있지 않은 기능들은 라이브러리에서 제거하거나 의도적으로 비활성화(제거가 선호되며 그럼으로써 그 기능이 라이브러리를 다음에 사용할 때 의도치 않게 활성화되지 않는다)해야 한다. 많은 기업들이 전체 라이브러리를 개발하며, 이에 따라 여러 프로젝트에 사용할 수 있다. 라이브러리를 재사용할 수 있게 만들기 위해서 라이브러리 요구사항, 설계 그리고 시험 데이터를 다른 항공 소프트웨어로부터 분리하는 것이 현명하다. 프로젝트에 따라서 라이브러리를 다음 프로젝트에서 다시 시험할 수 있다(컴파일러 설정 차이, 프로세서 차이 등 때문에). 레벨 C와 D 애플리케이션의 경우, 라이브러리 기능을 증명하기 위해 시험과 서비스 히스토리를 사용하는 것이 가능할 수 있다. 인증 당국의 동의를 확보하기 위해 라이브러리에 대한 접근법을 소프트웨어 인증 계획(PSAC)에서 설명하는 것이 바람직하다.

8.2.5.3 자동 코드 생성기(Autocode Generators)

이 챕터는 대부분 손으로 작성한 소스 코드에 초점을 맞추어왔다. 만약 ACG를 사용한다면 이 챕터에서의 많은 우려사항을 ACG를 개발할 때 고려해야 한다. 또한 Chapter 13은 만약

6) CAST는 CAST 문서에서 항공 소프트웨어와 항공전자 하드웨어에 대한 그들의 입장을 조율하기 위해 노력하는 국제 인증 당국의 하나의 팀이다.

ACG에 의해서 생성된 코드가 리뷰되지 않는다면 필요할 수 있는 도구 인증 프로세스에 대한 몇 가지 추가적인 통찰력을 제공한다.

8.3 소스 코드를 검증하기

DO-178C Table A-5 목표 1~6 그리고 Section 6.3.4는 소스 코드 검증을 설명한다. 이들 목표의 대부분은 코드 동료 검토(Chapter 6에서 설명된 동일한 기본 리뷰 프로세스를 사용하지만 코드에 초점을 맞춘)로 충족된다. DO-178C Table A-5의 각각의 목표는, 기대되는 것에 대한 간략한 요약과 함께 다음과 같이 설명할 수 있다.[1][7]

- DO-178C Table A-5 목표 1: "소스 코드가 하위 레벨 요구사항을 준수한다." 이 목표를 만족하려면 소스 코드와 하위 레벨 요구사항을 비교하여 소스 코드가 요구사항을 그리고 오로지 요구사항만 구현했다는 것을 확인해야 한다. 이 목표는 추적성이 규정 준수 결정을 돕기 때문에 Table A-5 목표 5와 밀접하게 관련되어 있다.
- DO-178C Table A-5 목표 2: "소스 코드가 소프트웨어 아키텍처를 준수한다." 이 목표의 목적은 소스 코드가 아키텍처와 일치하는지를 확인하는 것이다. 이 목표는 아키텍처에서 데이터 및 컨트롤 흐름과 코드가 일치하는지를 확인한다. Chapter 9에서 논의할 것처럼 이러한 일치는 데이터 및 컨트롤 결합도 분석을 지원하기 위해 중요하다.
- DO-178C Table A-5 목표 3: "소스 코드가 검증가능하다." 이 목표는 코드 자체의 시험 가능성에 초점을 맞춘다. 코드는 시험을 지원하도록 작성할 필요가 있다. Chapter 7은 시험가능한 소프트웨어의 특징을 식별하고 있다.
- DO-178C Table A-5 목표 4: "소스 코드가 표준을 준수한다." 이 목표의 목적은 코드가 계획에서 식별되는 코딩 표준을 준수하는지를 확인하는 것이다. 이 챕터와 Chapter 5는 코딩 표준을 설명하고 있다. 일반적으로 코드가 표준을 만족하는지를 확인하기 위해 동료 검토 그리고/혹은 정적 분석 도구가 사용된다. 만약 도구가 사용된다면, 인증을 받아야 할 수 있다.

[7] DO-178C Table A-5 목표 7은 Chapter 9에서 설명한다.

- DO-178C Table A-5 **목표** 5 : “소스 코드가 하위 레벨 요구사항으로 추적가능하다.” 이 목표는 소스 코드와 하위 레벨 요구사항 사이의 추적성에 대한 완전함과 정확도를 확인한다. 추적성은 반드시 양방향이어야 한다. 모든 요구사항을 구현해야 하며 하나 이상의 요구사항을 추적하지 않는 코드가 있어서는 안 된다. 일반적으로 하위 레벨 요구사항은 소스 코드 기능 혹은 절차를 추적한다(양방향 추적성에 대한 더 많은 정보는 Chapter 6을 보라).
- DO-178C Table A-5 **목표** 6 : “소스 코드가 정확하고 일관성이 있다.” 이 목표는 어려운 것이다. 이를 준수하기 위해서는 정확도와 일관성을 찾기 위한 코드 리뷰를 수반한다. 하지만 이 목표는 또한 다음 항목들이 검증된다고 설명한다. “스택 사용, 메모리 사용, 고정 소수점 연산 오버플로우 및 해상도, 부동 소수점 연산, 리소스 경합 및 제약, 워스트 케이스 실행시간, 예외 처리, 초기화되지 않은 변수의 사용, 캐시 관리, 사용되지 않는 변수 그리고 태스크 혹은 인터럽트 충돌로 인한 데이터 손상“[1] 등이다.이러한 검증 활동은 코드 리뷰보다 많은 것을 포함한다. Chapter 9는 스택 사용, 워스트 케이스 실행시간, 메모리 사용 등을 평가하는 데 필요한 추가적인 검증 활동의 일부를 설명한다.

8.4 개발 통합

DO-178C는 통합의 두 가지 측면을 식별한다. 첫 번째는 개발 활동 과정에서의 통합이다. 즉, 컴파일, 링크 그리고 로딩 프로세스이다. 두 번째 측면은 시험 활동 과정에서의 통합으로 이는 소프트웨어/소프트웨어 통합 그리고 소프트웨어/하드웨어 통합을 포함한다. 통합은 일반적으로 호스트에서 기능 영역 내의 소프트웨어 모듈을 통합하고 이후 호스트에서 여러 기능 영역을 통합하며, 그런 다음 타깃 하드웨어에 소프트웨어를 통합하는 것으로 시작한다. 통합의 효과는 테스트 활동을 통해서 증명된다. 이 섹션은 개발 활동 과정에서의 통합을 고려한다([그림 8-1]을 보라). Chapter 9는 시험 단계 과정에서의 통합을 고려한다.

그림 8-1 | 코드 및 통합 단계

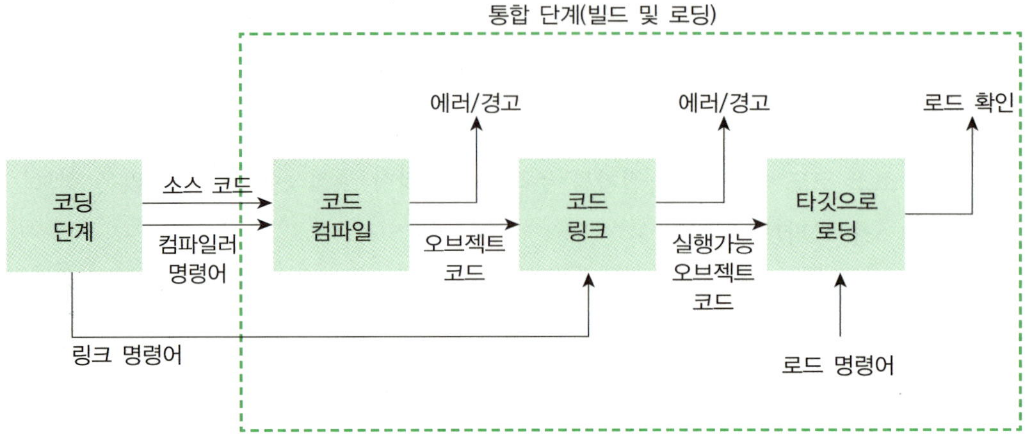

8.4.1 빌드 프로세스

[그림 8-1]은 코드 컴파일, 링크 그리고 타깃으로 로딩하는 것을 포함하는 통합 프로세스의 높은 수준의 뷰를 제공한다. 실행가능 오브젝트 코드를 개발하기 위해 소스 코드를 사용하는 프로세스는 **빌드 프로세스**(build process)로 불린다. 코딩 단계의 출력은 컴파일 및 링크 명령어를 포함해서 소스 코드를 포함한다. 컴파일 및 링크 명령어는 **빌드 명령어**(build instructions)에 문서화된다. 빌드 명령어는 안전 필수 운영을 위해 사용될 실행가능한 이미지를 빌드하기 위해 사용되는 프로세스를 문서화하기 때문에 반복가능한 단계들로 잘 문서화되어야 한다. DO-178C Section 11.16.g는 빌드 명령어가 소프트웨어 형상 인덱스(SCI)에 포함되어야 한다고 제안한다.

빌드 명령어는 때때로 여러 스크립트(makefile과 같은)를 포함한다. 이들 스크립트는 실행가능한 이미지(들)의 개발에서 중요한 역할을 하기 때문에, 소스 코드와 같이 형상 관리되고 정확성을 리뷰해야 한다. 불행히도 컴파일 및 링크 데이터의 리뷰는 계획 단계에서 자주 간과된다. 일부 조직은 소스 코드에 대해서 대단히 주의를 기울이지만 빌드 프로세스를 완전하게 하는 스크립트는 방치한다. **소스 코드**(source code)를 설명할 때 DO-178C Section 11.11은 다음과 같이 설명한다. "이 데이터는 소스 언어(들)로 작성된 코드로 구성된다. 소스 코드는 통합된 시스템 혹은 장비를 개발하기 위한 통합 프로세스에서 컴파일, 링크 그리고 로딩 데이터와 함께 사용된다."[1] 따라서 컴파일과 링크 데이터는 소스 코드와 함께 조심스럽게 컨트롤되어야 한다. 이를 위해 데이터의 검증과 형상 관리를 요구한다. 소프트웨어 레벨은 검증 및 형상 관리의 정도를 결정한다.

빌드 프로세스는 잘 통제된 개발 환경에 의존한다. 개발 환경은 빌드 환경의 모든 도구(버전 포함), 하드웨어 및 설정(컴파일러 혹은 링커 설정을 포함해서)을 나열한다. DO-178C는 이 정보가 소프트웨어 라이프 사이클 환경 형상 인덱스(SLECI)에 문서화되어야 한다고 제안한다. SLECI는 Chapter 10에서 논의한다.

릴리즈를 위한 소프트웨어를 빌드하기에 앞서, 대부분의 회사들은 클린 빌드를 요구한다. 이 경우에 빌드 머신은 소프트웨어의 모든 것을 제거함으로써 **클린(cleaned)**된다. 그런 다음 빌드 머신은 **클린 빌드 절차(clean build procedure)**를 사용해서 승인된 소프트웨어로 로드된다. 이 클린 빌드는 승인된 환경을 사용하고 빌드 환경이 다시 만들어질 수 있다는 것(이것은 유지보수를 위해서 중요하다)을 보장한다. 빌드 머신이 제대로 구성된 후 릴리즈를 위한 소프트웨어를 생성하기 위해 소프트웨어 빌드 명령이 뒤따른다. 클린 빌드 절차는 일반적으로 SLECI 혹은 SCI에 포함되거나 참조된다.

때때로 간과되는 빌드 프로세스의 한 가지 측면은 컴파일러와 링커의 경고와 에러를 처리하는 것이다. 빌드 명령은 컴파일과 링크 후에 경고와 에러를 조사해야 한다. 또한 빌드 명령은 받아들일 수 있는 경고 혹은 그것들을 받아들일 수 있는지를 결정하기 위해 경고를 분석하는 프로세스를 식별해야 한다. 에러는 일반적으로 허용되지 않는다.

내 경험으로는 클린 빌드 절차와 소프트웨어 빌드 명령이 문서화가 잘 되지 않는 경우가 많아서 반복되지 않는다. 빌드 프로세스는 거의 매일 빌드를 수행하는 엔지니어에게 의존하는 경우가 많다. 이러한 일반적인 부족한 점을 해결하기 위해서는 반복가능성을 확인할 수 있도록 절차를 작성하지 않았던 사람 그리고 절차를 수행하기 위한 빌드를 일반적으로 수행하지 않는 사람이 있는 것이 도움이 된다. 나는 절차 리뷰를 구축하기 위한 일환으로 이것을 하는 것을 추천한다.

8.4.2 로드 프로세스

로드 프로세스는 실행가능한 이미지(들)에 대한 타깃으로의 로딩을 컨트롤한다. 일반적으로 연구실, 공장, 항공기(만약 소프트웨어가 현장 적재가능(field-loadable)이라면)를 위한 로드 절차가 있다. 로드 절차는 문서화되고 컨트롤되어야 한다. DO-178C Section 11.16.k는 소프트웨어를 타깃 하드웨어로 로드하기 위해 사용하는 절차와 방법이 SCI에 문서화되어야 한다고 설명한다.[8)]

로드 명령은 완전한 로드가 검증되는 방법, 불완전한 로드가 식별되는 방법, 손상된 로드가 해결되는 방법 그리고 만약 로딩 프로세스 과정에서 에러가 발생하면 무엇을 해야 하는지를 식별해야 한다.

항공기 시스템의 경우, 많은 제조사들이 소프트웨어가 타깃에 올바로 로드되는지를 확인하기 위해 ARINC 615A[15] 프로토콜과 높은 무결성 CRC 체크를 사용한다.

8.5 개발 통합을 검증하기

개발 통합 프로세스의 검증은 통합 프로세스가 완전하고 정확하다는 것을 확인하기 위해 일반적으로 다음과 같은 활동들을 포함한다.

- 컴파일 데이터, 링크 데이터 그리고 로드 데이터(예를 들면, 빌드와 로드를 자동화하기 위해 사용된 스크립트)를 리뷰하라.
- 완전함과 반복가능성을 확인하기 위해 명령의 독립된 실행을 포함해서 빌드 그리고 로드 명령을 리뷰하라.
- 하드웨어 주소가 정확하고, 메모리 중복이 없으며, 누락된 소프트웨어 컴포넌트가 없다는 것을 확인하기 위해 링크 데이터, 로드 데이터 그리고 메모리맵을 분석하라. 이것은 "소프트웨어 통합 프로세스의 출력은 완전하고 정확하다."[1]라고 언급하는 DO-178C Table A-5 목표 7을 해결한다. 이들 분석은 Chapter 9에서 좀 더 논의한다.

8) 이것은 DO-178B에는 포함되어 있지 않다.

참고문헌

[1] RTCA DO-178C, *Software Considerations in Airborne Systems and Equipment Certification* (Washington, DC: RTCA, Inc., December 2011).

[2] Wikipedia, Assembly language, http://en.wikipedia.org/wiki/Assembly_ language (accessed on January 2011).

[3] J. Cooling, *Software Engineering for Real-Time Systems* (Harlow, U.K.: Addison-Wesley, 2003).

[4] Wikipedia, Ada programming language, http://en.wikipedia.org/wiki/ Ada_(programming_language) (accessed on January 2011).

[5] Wikipedia, C programming language, http://en.wikipedia.org/wiki/ C_(programming_language) (accessed on January 2011).

[6] S. McConnell, *Code Complete*, 2nd edn. (Redmond, WA: Microsoft Press, 2004).

[7] The Motor Industry Software Reliability Association (MISRA), *Guidelines for the Use of the C Language in Critical Systems*, MISRA-C:2004 (Warwickshire, U.K.: MISRA, October 2004).

[8] A. Hunt and D. Thomas, *The Pragmatic Programmer* (Reading, MA: Addison-Wesley, 2000).

[9] C. M. Krishna and K. G. Shin, *Real-Time Systems* (New York: McGraw-Hill, 1997).

[10] C. Jones, *Software Assessments, Benchmarks, and Best Practices* (Reading, MA: Addison-Wesley, 2000).

[11] RTCA DO-248C, *Supporting Information for DO-178C and DO-278A* (Washington, DC: RTCA, Inc., December 2011).

[12] G. J. Myers, *The Art of Software Testing* (New York: John Wiley & Sons, 1979).

[13] C. Kaner, J. Falk, and H. Q. Nguyen, *Testing Computer Software*, 2nd edn. (New York: John Wiley & Sons, 1999).

[14] Certification Authorities Software Team (CAST), Compiler-supplied libraries, Position Paper CAST-21 (January 2004, Rev. 2).

[15] Aeronautical Radio, Inc., Software data loader using ethernet interface, ARINC REPORT 615A-3 (Annapolis, MD: Airlines Electronic Engineering Committee, June 2007).

추천 자료

1. S. McConnell, *Code Complete*, 2nd edn. (Redmond, WA: Microsoft Press, 2004).
2. A. Hunt and D. Thomas, *The Pragmatic Programmer* (Reading, MA: Addison-Wesley, 2000).
3. B. W. Kernighan and R. Pike, *The Practice of Programming* (Reading, MA: Addison-Wesley, 1999).
4. The Motor Industry Software Reliability Association (MISRA), *Guidelines for the Use of the C Language in Critical Systems*, MISRA-C: 2004 (Warwickshire, U.K.: MISRA, October 2004).
5. ISO/IEC PDTR 15942, *Guide for the Use of the Ada Programming Language in High Integrity Systems*, http://anubis.dkuug.dk/JTC1/SC22/WG9/documents.htm (July 1999).
6. L. Hattan, Safer C: *Developing Software for High-Integrity and Safety-Critical Systems* (Maidenhead, U.K.: McGraw-Hill, 1995).
7. S. Maguire, *Writing Solid Code* (Redmond, WA: Microsoft Press, 1993).

Chapter 9

소프트웨어 검증

약어

BVA	boundary value analysis	RAM	random access memory
CAST	Certification Authorities Software Team	SAS	Software Accomplishment Summary
CC1	control category #1	SCMP	Software Configuration Management Plan
CC2	control category #2	SDP	Software Development Plan
CCB	change control board	SLECI	Software Life Cycle Environment Configuration Index
DC/CC	data coupling and control coupling	SQA	software quality assurance
DP	discussion paper	SQAP	Software Quality Assurance Plan
FAA	Federal Aviation Administration	SVCP	Software Verification Cases and Procedures
IMA	integrated modular avionics	SVP	Software Verification Plan
ISR	interrupt service routine	SVR	Software Verification Report
MC/DC	modified condition/decision coverage	TRR	test readiness review
OOT	object-oriented technology	WCET	worst-case execution timing
PR	problem report		
PSAC	Plan for Software Aspects of Certification		

9.1 소개

검증은 전체 소프트웨어 라이프 사이클에 걸쳐서 적용하는 필수 프로세스이다. 그것은 계획 단계에서 시작하고 생산 릴리즈를 거치며 심지어 유지보수에까지 이른다.

DO-178C 용어 사전은 검증을 다음과 같이 정의한다. "해당 프로세스에 제공되는 입력과 표준에 대해서 정확도와 일관성을 보장하기 위한 프로세스의 출력에 대한 평가"[1]이다. DO-178C에서 검증 지침은 리뷰, 분석 그리고 시험의 조합을 포함한다. 리뷰와 분석은 각각의 라이프 사이클 단계(계획, 요구사항, 설계, 코드/통합, 시험 개발 그리고 시험 실행을 포함하는)의 출력에 대한 정확도, 완전성, 검증가능성을 평가한다. 일반적으로 리뷰는 정확도의 질적인 평가를 제공하는 반면에 분석은 정확도에 대한 반복가능한 증거를 제공한다.[1] 시험은 "시스템 혹은 시스템 컴포넌트가 지정된 요구사항을 만족하는지를 검증하고 에러를 탐지하기 위해 수행하는 프로세스"이다.[1] 세 가지 접근법은 모두 안전 필수 소프트웨어를 검증할 때 광범위하게 사용된다.

검증을 수행할 때 에러(error), 결함(fault), 고장(failure)이라는 용어가 공통적으로 사용된다. DO-178C 용어 사전은 각각의 용어를 다음과 같이 정의한다.[1]

- "에러(Error) : 소프트웨어와 관련해서 요구사항, 설계 혹은 코드에서의 실수이다."
- "결함(Fault) : 소프트웨어에서 에러의 표시. 만약 결함이 발생하면 결함은 고장을 일으킬 수 있다."
- "고장(Failure) : 시스템 혹은 시스템 컴포넌트가 지정된 한계 내에서 요구되는 기능을 수행할 수 없음. 고장은 결함을 마주쳤을 때 발생할 수 있다."

검증의 주된 목적은 에러를 식별해서 결함 혹은 고장이 되기 전에 수정할 수 있도록 하기 위한 것이다. 가능한 한 일찍 에러를 식별하기 위해 검증은 소프트웨어 라이프 사이클에서 일찍 시작해야 한다.

9.2 검증의 중요성

Ronald Reagan은 "믿지만 검증하라."라는 말을 한 것으로, 최소한 대중화시킨 것으로 알려져 있다. George Romanski는 이렇게 말한다. "많은 사람들이 소프트웨어를 작성할 수 있지만, 검증될 때까지는 소프트웨어로 그들의 삶을 신뢰하는 사람은 많지 않을 것이다." 검증은 모든 소프트웨어 라이프 사이클에서 중요한 프로세스이지만 특별히 안전 필수 소프트웨어에 대해서 그러하다. DO-178C에서 목표의 절반 이상이 검증 목표로 분류된다. 소프트웨어가 더 위험할수록 더 많은 검증 활동이 요구되며, 에러가 식별되고 제거되었다는 것을 더 많이 확신하게 된다.

나와 대화를 나누고 함께 작업하는 많은 프로그램 매니저들에 따르면, 안전 필수 소프트웨어의 경우, 소프트웨어 프로젝트 예산의 반 이상이 검증에 사용된다. 불행하게도 너무 많은 프로젝트에서 검증 활동은 필요악으로 간주된다. 따라서 그것은 인원이 부족하고 단지 체크 표시 활동으로 접근된다. 많은 증거들이 빠른 에러 탐지가 시간과 돈을 절약한다는 것을 보여주고 있음에도 불구하고, 많은 프로젝트들이 인증 당국을 만족시키기 위한 리뷰를 **근근히** 지속하면서 시험을 끝까지 미룬다. 너무도 자주 신참 엔지니어들이 **그냥 끝을 내려고** 리뷰, 분석, 시험에 던져진다. 나는 신참 엔지니어들에게 나쁜 감정이 없다. 사실, 나도 한때는 신참이었다. 하지만 훌륭한 검증 기술을 개발하는 것은 시간과 적절한 훈련이 필요하다. 검증은 숙련된 엔지니어를 포함해야 한다. 덜 숙련된 엔지니어를 이용하는 것도 좋다. 하지만 여러 프로젝트를 거친 사람들은 대체로 만약 탐지되지 않고 방치될 경우 프로젝트를 파괴할 에러를 발견하는 사람들이다.

한 동료가 연구실에 들어갔다가 신참 엔지니어가 사소한 기능의 시험을 수행하는 것을 관찰한 과정에 대해서 나에게 말해주었다. 시험 중인 시스템의 작은 부분이 올바로 동작하고 있는 동안, 신참 엔지니어는 시스템에서 주요 결함으로 표시되고 있었던 조종석 경고를 알아차리지 못했다. 그것은 숙련되지 않은 엔지니어가 그에게 할당된 작업에 대해서 **체크 표시**를 얻었지만 기본적인 시스템 이해를 놓치는 경우였다. 그것은 현재 엔진에서 연기가 뿜어져 나오고 있는데 정비사가 당신 차를 체크해보고는 타이어에 적당하게 바람이 들어 있다고 말하는 것과 비슷하다. 문제는 전체 시스템을 이해하고 타깃에 집착(편협한 시선)하지 않는 것이다.

안전성 관점에서 검증은 절대적으로 필수이다. 그것은 소프트웨어가 의도된 기능을, 그리고 오직 의도된 기능만을 수행하는 것을 보장함으로써 규정을 만족하기 위해 사용된다. 기본적으로 제품에 신뢰를 만드는 것은 검증이기 때문에 훌륭한 검증이 없이는 개발 보증은 아무런 장점이 없다.

9.3 독립성과 검증

검증에 대한 몇 가지 세부사항으로 들어가기 전에 독립성에 대한 주제를 간략하게 살펴보자. 만약 당신이 당신 자신의 작업을 편집하려고 해보았다면, 교묘한 오타를 발견하는 것이 얼마나 어려운지를 알 것이다. 소프트웨어 데이터를 검증할 때도 마찬가지이다. 따라서 소프트웨어의 위험도가 증가하게 되면, 활동들 사이에 요구되는 독립성이 증가한다.

DO-178C는 독립성을 다음과 같이 정의한다.

> 객관적인 평가의 달성을 보장하는 책임의 분리. ① 소프트웨어 검증 프로세스 활동의 경우, 독립성은 검증되는 항목의 개발자가 아닌 사람이 검증 활동을 수행할 때 달성되며, 사람의 검증 활동과 동등한 결과를 달성하기 위해 도구(들)가 사용될 수 있다. ② 소프트웨어 품질 보증 프로세스의 경우, 독립성은 수정 조치를 보장하기 위한 권한 또한 포함한다.**[1]**

이 챕터는 **검증 독립성**(verification independence)을 다루는 정의의 전반부에 관한 것이다. 정의에서 볼 수 있는 것처럼 검증 독립성은 별도의 조직이 요구되지 않고 오직 분리된 사람(들) 혹은 도구(들)가 요구된다. Chapter 11은 **소프트웨어 품질 보증 독립성**(software quality assurance independence)을 다루는, 정의의 후반부를 살펴볼 것이다.

DO-178C Table A-3에서 A-7은 독립성(채워진 원[●]으로 보이는)을 요구하는 검증 목표들을 식별한다. 레벨 A의 경우, 25개의 검증 목표가 독립성을 요구한다. 레벨 B의 경우, 단지 13개의 검증 목표가 독립성을 만족해야 한다. 그리고 레벨 C와 D의 경우, 독립성이 요구되는 검증 목표가 없다. DO-178C Table A-3에서 A-5는 일반적으로 데이터를 작성하지 않는 누군가가 그 데이터를 리뷰함으로써 충족된다. 하지만 DO-178C Table A-5 목표 6과 7은 일부 분석 그리고/혹은 시험 또한 요구되는 경향이 있다. DO-178C Table A-6에 있는 두 개의 독립성 목표는 일반적으로 코드를 작성하지 않는 누군가가 시험을 작성하도록 함으로써 만족된다. DO-178C Table A-7의 경우 레벨 A 목표 전체와 세 개의 레벨 B 목표는 독립성을 요구한다. Table A-7 독립성은 일반적으로 리뷰(목표 1~4) 그리고 분석(목표 5~9)의 조합에 의해서 만족된다.1)

DO-248C DP(Discussion Paper) #19는 검증 독립성의 전형적인 해석을 설명한다. 이 DP는 CAST2) 문서(CAST-26)에 기반한 것이었다. 따라서 그것은 인증 당국이 일반적으로 검증 독립성을 어떻게 해석하는지에 대한 통찰력을 제공한다.[2] CAST 문서가 DO-248C DP #19가 식별하는 것보다 개발 활동들 사이의 독립성을 좀 더 장려한다는 것에 유의해야 한다. DO-248C는 소스 코드와 시험 스펙의 개발자 사이에서만 개발 독립성이 필요하다는 것을 분명히 한다. 다른 개발 활동들은 독립된 사람(혹은 도구)을 요구하지 않는다.[3] DO-178C 또한 Section 6.2.e에서 이것을 분명히 하고 있으며, 다음과 같이 설명한다. "독립성의 경우, 한 세트의 하위 레벨 요구사항 기반 시험 케이스를 만드는 사람은 그 하위 레벨 요구사항으로부터 관련된 소스 코드를 개발하는 사람과 같지 않아야 한다."[1]

다른 곳에서 언급한 것처럼 검증은 검증을 하는 사람 혹은 도구만큼만 좋다. 따라서 숙련된 인력 혹은 효과적인 도구를 사용하는 것이 중요하다. 어떤 경우에는 도구가 인증받을 필요가 있을 수 있다(Chapter 13을 보라).

독립성이 요구되지 않는 몇 가지 DO-178C 목표가 있다. 하지만 독립성을 가지는 것은 — 특히 레벨 A와 B 소프트웨어에 대해서 — 여전히 좋은 관행이다. 독립된 검증이 에러를 일찍 발견하기 위한 가장 효과적인 방법 중 하나라는 것을 경험은 보여준다. 많은 성숙한 회사들은 독립된 검증이 에러를 발견하는 데에 효과적이고 장기적으로 시간과 돈을 절약하기 때문에, 독립성이 요구되지 않더라도 모든 레벨에서 요구사항과 설계 리뷰를 위한 독립성을 사용한다. 또한 곧 논의되겠지만 검증자는 개발자와 다른 심리 상태를 가지는 경향이 있으며, 그래서 그들은 개발자가 자신의 작업을 리뷰하는 것보다 더 많은 에러를 발견할 수 있는 경우가 더 많다.

1) 검증 목표의 세부사항은 나중에 논의한다. 지금은 어떤 목표가 독립성이 요구되느냐가 초점이다.

2) CAST는 CAST 문서에서 항공 소프트웨어와 항공전자 하드웨어에 대한 그들의 입장을 조율하기 위해 노력하는 국제 인증 당국의 하나의 팀이다.

9.4 리뷰

이제 DO-178C에서 세 가지 검증 접근법을 살펴보자. 이 섹션은 리뷰를 고려한다. 다음 두 섹션은 분석과 시험을 각각 살펴볼 것이다.

앞서 언급한 것처럼 리뷰는 요구되는 목표에 대한 정확도와 준수에 대한 산출물의 질적인 평가이다.[1] Chapter 6에서 8은 요구사항, 설계 그리고 코드의 리뷰를 설명했다. 대부분의 회사들은 그들의 산출물을 리뷰하기 위해 동료 검토 프로세스를 사용한다. 동료 검토는 각각 특별한 목적과 초점을 가진 리뷰어들의 팀을 포함한다. Chapter 6은 효과적인 동료 검토를 수행하기 위한 제안들을 제공했다. 일반적으로 리뷰는 적용가능한 표준(들)을 참조하고 리뷰어들을 가이드할 체크리스트를 포함한다. 리뷰어들은 그들의 의견을 문서화하고 그런 다음 각각의 의견은 적절하게 해결되거나 처리되고 검증된다. 만약 리뷰가 중요한 업데이트로 이어질 경우, 데이터를 완전히 다시 리뷰하는 것이 필요할 수 있다.

9.4.1 소프트웨어 계획 리뷰

Chapter 5는 다섯 가지 소프트웨어 계획과 세 가지 표준의 개발을 설명했다. 레벨 A, B, C의 경우, DO-178C Table A-1 목표 6과 7은 계획이 DO-178C를 준수하고 조정되는 것을 요구한다.[1] 이들 목표는 DO-178C 지침과의 일관성과 준수를 확인하기 위해 일반적으로 계획과 표준의 리뷰로 만족하게 된다. 선호되는 관행은 각각의 문서를 별도로 리뷰하는 것이다. 일단 그것들이 모두 작성되면 계획과 표준 전체를 함께 리뷰하게 된다. 문서들을 함께 리뷰하지 않으면 불일치와 갭이 탐지되지 않을 수 있다. 나는 종종 다음과 같이 강조한다. "인증 당국 혹은 공인된 피지명자가 당신의 계획과 표준을 함께 읽는 첫 번째가 되지 않도록 하라."

9.4.2 소프트웨어 요구사항, 설계 그리고 코드 리뷰

Chapter 6에서 8은 좋은 요구사항, 설계 그리고 코드의 특징을 설명했다. 추가로 이들 챕터는 산출물 각각을 검증하기 위한 목표(DO-178C Table A-3에서 A-5에 걸쳐)를 식별했다.

각각의 라이프 사이클 데이터 항목의 리뷰는 에러를 사전에 식별하고 수정하기 위해 라이프 사이클에서 가능한 한 빨리 이루어져야 한다. 요구사항, 설계, 코드는 흔히 공식적인 동료 검토 전에 비공식적으로 여러 차례 리뷰된다. 추가로 코드 작성자는 일반적으로 코드 동료 검토에 앞서 그들 자신의 디버그 시험을 수행한다. 비공식 리뷰와 디버그 활동은 크고 가장 명백한 에러를 더 일찍 걸러내고, 나중에 재작업을 줄여준다.

9.4.3 시험 데이터 리뷰

동료 검토가 시험 케이스 및 절차, 분석 절차 및 결과 그리고 시험 결과를 검증하기 위해서도 사용된다는 것에 유의하기 바란다. 이들 리뷰는 이 챕터의 뒷부분에 설명되어 있다.

9.4.4 다른 데이터 항목들의 리뷰

리뷰는 또한 다른 중요한 데이터 항목들(예를 들면, 소프트웨어 라이프 사이클 환경 형상 인덱스, 소프트웨어 형상 인덱스 그리고 소프트웨어 완수 요약)의 정확도를 보장하기 위해 사용된다.

9.5 분석

분석은 정확도의 반복가능한 증거를 제공하는 검증 활동이다.[1] 안전 필수 소프트웨어 라이프 사이클 과정에서 수행되는 여러 유형의 분석들이 있다. DO-178C를 준수하기 위해 분석에 대한 두 가지 주요 분류가 필요하다. ① 코드 및 통합 분석, ② 커버리지 분석이다. 선택된 검증 접근법에 따라서 다른 분석들 또한 자주 수행된다. 일반적인 코드/통합 분석이 이 섹션에서 설명된다. 커버리지 분석은 이 챕터의 뒷부분에 논의된다(Section 9.7을 보라).

엔지니어들(나 자신을 포함해서)은 때때로 **분석**(analysis) 혹은 **분석하다**(analyze)라는 용어를 막연하게 사용한다. 하지만 DO-178C 준수를 위한 **분석**은 특별한 의미를 가지고 있다. 그것은 반복될 수 있어야 하고, 따라서 문서화가 잘 될 필요가 있다. FAA 피지명자로서 데이터를 리뷰할 때, 나는 분석과 관련된 중대한 이슈들을 자주 발견한다. 흔히, 소위 말하는 **분석**은 작성되지 않는다. 따라서 그것은 반복가능하지 않다. 마찬가지로 **분석**이 작성될 때 성공을 결정하는 기준이 누락되는 경우가 많다.

smoke-and-mirrors, hand-waving 혹은 black-magic 분석은 허용되지 않는다. 분석은 절차와 결과를 가져야 한다. 절차는 다음을 포함한다.[4]

- 목적, 기준, 관련 요구사항
- 분석을 수행하기 위한 상세 지시
- 분석 수락가능성과 완료 기준

분석 결과는 다음을 포함한다.[4]

- 분석 절차의 식별
- 분석된 데이터 항목의 식별
- 분석을 수행한 사람의 식별
- 분석 결과와 지원 데이터
- 분석의 결과로써 만들어진 수정 조치
- 증명 데이터와 함께 분석 결론

분석은 DO-178C Annex A의 테이블에서 식별되는 것처럼 적절한 독립성 레벨로 수행되어야 한다. 만약 분석이 시험을 대신해서 사용된다면, 시험 목표에 대해서 필요로 하는 같은 레벨의 독립성이 필요하다.

가능한 한 일찍 이슈를 식별하기 위해 가능한 한 빨리 분석이 시작되어야 한다. 보통, 일단 코드의 베이스라인이 만들어지면, 분석 활동이 시작될 수 있다. 최종 분석은 소프트웨어가 완료될 때까지 수행되지 않겠지만 예비 분석이 일부 이슈를 밝혀낼 수 있다. 나는 최근에 워스트 케이스 실행시간(WCET)이 요구되는 수준의 약 110~130%였다는 것을 발견한 프로젝트를 컨설팅했다. 그것은 분명 부정적인 허용 범위였고, 기능이 실행되지 않을 수 있다는 것을 의미했다. 불행히도 그 문제는 목표로 했던 인증 날짜 몇 주 전에 발견되었고 오랜 기간의 지연을 초래했다. 분석에 관한 한 이상과 현실은 종종 충돌한다(일반적으로 직원 부족과 일정 압박 때문에). 하지만 팀이 분석을 시작하는 것을 더 오래 기다릴수록 더 많은 위험이 발생하게 된다.

DO-178C 준수를 위해 수행되는 일반적인 통합 분석은 간단하게 설명된다.3) 모든 통합 분석의 결과는 일반적으로 Section 9.6.7에서 설명되는 소프트웨어 검증 리포트에 요약된다. 또한 일부 분석은 소프트웨어 특성으로 소프트웨어 완수 요약(SAS)에 요약된다. SAS에 요약되는 분석은 나중에 언급된다. SAS 자체는 Chapter 12에서 논의된다.

9.5.1 워스트 케이스 실행시간(Worst-Case Execution Time : WCET) 분석

프로그램의 타이밍 특성을 아는 것은 실시간 시스템의 성공적인 설계와 실행을 위해서 필수적이다. 중요한 타이밍 측정은 프로그램의 WCET이다. WCET는 타깃 환경에서 주어진 프로세서상에서의 일련의 작업에 대한 실행을 완료하는 데 가장 오래 걸리는 시간이다. WCET 분석은 워스트 케이스 시간이 할당 내에 있는지를 확인하기 위해 수행된다. 비록 채택되는 접근법은 소프트웨어와 시스템 아키텍처에 의존하지만, WCET는 일반적으로 분석과 측정이 모두 이루어진다.

WCET를 분석할 때 일반적으로 코드를 통해서 워스트 케이스 실행 경로(들)를 결정하기 위해 코드에서 각각의 분기와 루프가 분석된다. 그런 다음 워스트 케이스 실행 경로에서 각각의 분기와 루프를 위한 시간이 함께 합쳐져서 WCET를 제공한다.4) 이 시간은 요구사항에서 할당된 시간에 대해서 검증된다. 이 분석은 실제 타이밍 측정으로 확인될 필요가 있다. 인터럽트, 다중 결정 단계를 가진 알고리즘, 데이터 혹은 명령어 캐시 사용, 스케줄링 방법 그리고 실시간 운영체제의 사용을 포함해서 WCET 분석을 복잡하게 하는 여러 가지 요인들이 있다.[3] 이들 요인들은 WCET가 허용 범위 내로 떨어질 것을 보장하기 위해 소프트웨어의 개발 과정에서 고려되어야 한다. 캐시 메모리(L1, L2, L3 캐시와 같은)의

3) DO-178C Section 6.3.4.f와 6.3.5는 이들 중 몇 가지를 코드 및 통합 검증의 일부로 언급한다.

4) WCET 데이터를 수집할 때는 주의를 기울여야 한다. WCET가 100%를 넘지만 시스템이 안전하게 작동하도록 하는 것이 제법 가능하다. 예를 들면, 프로시저에서 워스트 케이스에 해당하는 분기는 상호 배타적일 수 있다. 문제는 상호 배제가 컴포넌트들 사이에 나타날 때, 즉 컴포넌트 A에서 워스트 케이스 시간이 컴포넌트 B에서 워스트 케이스 시간으로 동시에 발생할 수 없을 때 더 나빠진다. 하지만 만약 두 컴포넌트가 동일한 실행 프레임에 있다면, WCET 데이터는 그것들 모두를 더할 것이다.

사용 혹은 파이프라이닝은 WCET 분석을 더 복잡하게 만들며 타이밍에 대한 캐시와 파이프라인 영향을 이해하도록 하기 위해 추가적인 분석이 필요하다.[5]

종종 워스트 케이스 경로를 식별하는 데 도움이 되는 도구가 사용된다. 이런 경우에 도구의 정확도가 결정될 필요가 있다. ① 도구의 출력을 수동으로 검증하는 것, ② 도구를 인증하는 것 혹은 ③ 독립된 도구를 병렬로 실행하고 결과를 비교하는 것을 포함해서 도구의 정확도를 확인하기 위한 여러 가지 접근법이 있다. 캐시 혹은 파이프라이닝이 사용될 때, 도구가 수동 분석과 같은 유사한 어려움을 가진다는 점에 유의하라.

WCET 분석 접근법과 결과는 <u>소프트웨어 특성</u>(software characteristics)(Chapter 12에서 논의할 것처럼)의 일부로 SAS에 요약된다.

9.5.2 메모리 마진 분석

메모리 마진 분석은 제품 운영 및 향후의 증가에 대한 충분한 마진이 있다는 것을 보장하기 위해 수행된다. 비휘발성 메모리(NVM), 랜덤 액세스 메모리(RAM), 힙, 스택 그리고 동적으로 할당되는 모든 메모리(만약 사용된다면)를 포함해서 사용되는 모든 메모리가 분석된다. 메모리 마진 분석 접근법과 결과는 <u>소프트웨어 특성</u>(software characteristics)의 일부로써 SAS에 요약된다.

예를 들어, 스택 사용은 일반적으로 루틴 프로세싱과 인터럽트 프로세싱 과정에서 소스 코드를 분석하고 가장 깊은 레벨의 함수 콜 트리를 결정함으로써 수행된다. 그런 다음, 이들 함수들은 결합된 콜 트리로부터 스택 메모리 최대 용량을 결정하기 위해 사용된다. 만약 이것이 소스 레벨에서 수행된다면, 저장된 레지스터, 형식 매개변수, 지역 변수, 리턴 주소 데이터 그리고 컴파일러에 필요한 중간 결과에 대해 각각의 함수에서 얼마나 많은 추가 데이터가 사용되는지를 결정하기 위해 추가 분석이 필요하다. 실행가능 이미지에 대해 수행되는 스택 분석은 이를 반영할 것이다. 그런 다음 분석된 스택 사용량은 충분한 마진이 있다는 것을 결정하기 위해 가용한 스택 용량과 비교된다. 파티션되는 혹은 멀티태스킹되는 소프트웨어의 경우, 각각 그 자신의 스택을 가지므로 모든 파티션과 태스크에

5) Addressing cache in airborne systems and equipment라는 타이틀의 CAST-20[5]은 캐시 그리고/혹은 파이프라이닝이 사용될 때 WCET에 대한 우려의 추가적인 세부 내용을 제공한다.

대해서 이것이 반복된다. 타이밍 분석과 마찬가지로 스택 사용 분석은 인증된 스택 분석 도구가 사용되지 않는 한, 일반적으로 실제 측정을 사용해서 확인된다.

9.5.3 링크 및 메모리맵 분석

링크 분석은 소프트웨어 빌드를 위한 모듈이 대응하는 링커 커맨드 파일에 의해서 정의된 프로세서 메모리 세그먼트로 정확하게 맵핑되어 있는지를 검증한다. 랑크 분석은 일반적으로 다음을 검증하기 위해 메모리맵 파일에 대한 조사를 포함한다.

- 링커에 의해서 할당된 각각의 세그먼트에 대한 시작점, 최대 길이 그리고 속성이 링커 커멘드 파일에 정의된 세그먼트 정의와 일치한다.
- 할당된 세그먼트의 어떤 것도 중복되지 않는다.
- 각각의 세그먼트에 실제로 할당된 전체 길이가 링커 커멘드 파일에 정의된 최대 길이보다 작거나 같다.
- 각각의 소스 코드 모듈에 의해서 정의된 다양한 섹션들이 링커에 의해서 적절한 세그먼트로 맵핑된다.
- 소스 코드에서 예상되는 오브젝트 모듈만 나타난다.
- 링크된 오브젝트 모듈에서 예상되는 프로시저, 테이블 그리고 변수만 나타난다.
- 링커는 출력 링커 심벌에 정확한 값을 할당한다.

통합 모듈형 항공전자(IMA) 시스템에서 이 체크의 일부는 구성 데이터에 대해서도 수행될 수 있다.[6)]

9.5.4 로드 분석

로드 분석은 때때로 링크 분석과 연계해서 수행되며, 다음과 같은 것들을 검증한다.

- 모든 소프트웨어 컴포넌트들이 빌드되고 정확한 위치로 로드된다.

6) IMA 시스템은 Chapter 20과 Chapter 21에서 간략하게 논의한다. 마찬가지로 구성 데이터는 Chapter 22에서 살펴본다.

- 유효하지 않은 소프트웨어는 타깃으로 로드되지 않는다.
- 부정확한 혹은 손상된 소프트웨어는 실행되지 않을 것이다.
- 로딩 데이터가 정확하다.

9.5.5 인터럽트 분석

실시간 시스템의 경우, ① 소프트웨어에 의해서 활성화되는 모든 인터럽트가 소프트웨어에 정의된 해당 인터럽트 서비스 루틴(ISR)에 의해서 정확하게 처리된다는 것, ② 사용되지 않는 ISR이 없다는 것을 검증하기 위해 인터럽트 분석이 흔히 사용된다. 인터럽트 분석은 활성화된 인터럽트 세트를 결정하기 위해 소스 코드를 검사하는 것 그리고 각각의 활성화된 인터럽트를 위한 ISR이 존재하는 것에 대해 검증하는 것을 포함한다. 각각의 ISR은 일반적으로 다음을 확인하기 위해 분석된다.

- ISR이 메모리에 정확하게 위치한다.
- ISR의 시작시점에 시스템 컨텍스트가 저장된다.
- ISR 내에서 수행되는 동작은 해당하는 물리적 인터럽트에 적합하며, 예를 들면 인터럽트 컨텍스트에서는 no blocking 동작이 허용된다.
- ISR 내에서 발생하는 시간에 민감한 모든 연산은 다른 인터럽트가 발생하기 전에 끝난다.
- 인터럽트는 컨트롤 루프로 데이터를 전달하기 전에 비활성화된다.
- 데이터를 전달하기 위해 인터럽트가 비활성화되는 시간은 최소화된다.
- 시스템 컨텍스트는 ISR의 끝에서 복구된다.

9.5.6 수학 분석

항상 필요한 것은 아니지만, 일부 팀은 수학적인 연산이 소프트웨어 동작에 부정적인 영향을 주지 않는다는 것을 보장하기 위해 **수학 분석**(math analysis)을 수행한다. 수학 분석은 종종 코드 리뷰의 일부로써 수행되고, 그래서 별도의 분석으로 항상 문서화되는 것은 아니다(만약 그런 경우, 그것은 코드 리뷰 체크리스트에 언급해야 한다). 수학 분석은 일반적으로 다음을 수행하기 위해 코드에서 각각의 산술 혹은 논리 연산을 리뷰하는 것을 포함한다.

- 각각의 산술/논리 연산을 구성하는 변수들을 식별하라.
- 산술/논리 연산에 사용되는 변수가 적절하게 선언되고 정확하게 스케일링되는지(적절한 해상도로) 검증하기 위해 각각의 변수 선언(스케일링을 포함해서)을 분석하라.
- 산술 연산으로부터 오버플로우가 발생할 수 없다는 것을 검증하라.

일부 프로젝트에서는 이 분석을 수행하거나 보완하기 위해 정적 코드 분석기가 사용된다. 또한 만약 수학 라이브러리가 사용된다면, 이 또한 정확도를 위해서 검증될 필요가 있을 것이다(Section 8.2.5.2를 보라). 특히 관심사는 경계에서의 부동 소수점 연산에 대한 동작이다. 전형적인 현대의 프로세서는 ±0, ±∞ 그리고 NaN(not a number)으로 알려진 비표준 숫자와 같은 부동 소수점 상태를 가질 수 있다.[7] 그런 값을 얻을 수 있는 부동 소수점 알고리즘의 동작은 강건성 요구사항에 구체화되고 검증되어야 한다.

9.5.7 에러와 경고 분석

Chapter 8에서 언급한 것처럼 빌드 절차 과정에서 컴파일러와 링커는 에러와 경고를 생성할 수 있다. 에러는 반드시 해결해야 한다. 하지만 일부 경고는 허용될 수 있다. 빌드 절차에서 정당화되지 않는 미해결된 경고는 그것들이 소프트웨어의 의도된 기능에 영향을 주지 않는다는 것을 확인하기 위해 분석될 필요가 있다.

9.5.8 파티션 분석

만약 시스템이 파티션을 포함한다면, 파티션의 강건성을 확인하기 위해 파티션 분석이 흔히 수행된다. 이 분석은 특히 IMA 시스템과 파티션된 운영체제와 관련된다(파티션 분석에 대한 논의에 대해서는 Chapter 21을 보라).

7) NaN은 quiet NaN 혹은 signaling NaN이 될 수 있다.

9.6 소프트웨어 시험

상위 레벨과 하위 레벨 요구사항 기반 시험은 DO-178C 준수를 위해 필요한 주요 활동들이다.8) DO-178C Table A-6은 시험을 위한 목표를 요약한다. 목표는 다음을 검증하기 위한 시험 케이스와 절차의 개발 및 실행을 포함한다.[1]

- DO-178C Table A-6 목표 1: "실행가능 오브젝트 코드가 상위 레벨 요구사항을 준수한다."
- DO-178C Table A-6 목표 2: "실행가능 오브젝트 코드가 상위 레벨 요구사항에 대해서 강건하다."
- DO-178C Table A-6 목표 3: "실행가능 오브젝트 코드가 하위 레벨 요구사항을 준수한다."
- DO-178C Table A-6 목표 4: "실행가능 오브젝트 코드가 하위 레벨 요구사항에 대해서 강건하다."
- DO-178C Table A-6 목표 5: "실행가능 오브젝트 코드가 타깃 컴퓨터와 호환된다."

시험은 전반적인 검증 노력의 일부일 뿐이지만, 중요한 부분이며 특히 높은 레벨의 소프트웨어에 대해서 엄청난 양의 노력이 필요하다. 따라서 다음과 같은 네 개의 섹션이 그 주제를 담고 있다.

- Section 9.6은 ① 소프트웨어 시험의 목적, ② DO-178C의 시험 지침에 대한 개요, ③ 시험 전략에 대한 조사, ④ 시험 계획, ⑤ 시험 개발, ⑥ 시험 수행, ⑦ 시험 리포팅, ⑧ 시험 추적성, ⑨ 회귀 시험, ⑩ 시험가능성, ⑪ 시험 자동화를 포함해서 시험 주제에 대한 긴 논의를 제시한다.
- Section 9.7은 ① 시험 케이스 및 절차의 리뷰, ② 시험 결과의 리뷰, ③ 요구사항 커버리지 분석, ④ 구조적 커버리지 분석을 포함해서 시험 활동의 검증을 설명한다. 이것은 DO-178C Table A-7에서 **검증에 대한 검증**(verification of verification)으로 참조된다.

8) 정형 기법(Formal Methods)과 같은 일부 기술은 일부 시험 활동에 대한 필요성을 완화할 수 있다. 정형 기법은 Chapter 16에서 논의한다.

- Section 9.8은 시험 활동이 문제를 식별하려는 의도이기 때문에 문제점 리포팅에 대한 제안을 제시한다.
- Section 9.9는 전반적인 시험 프로그램에 대한 몇 가지 권고사항들을 제공함으로써 챕터를 마무리한다.

9.6.1 소프트웨어 시험의 목적

소프트웨어 시험의 목적은 개발 단계 과정에서 만들어졌던 에러를 찾아내는 것이다. 비록 일부는 이것을 반대의 관점으로 보긴 하지만 **성공 기반 시험**(success-based testing)은 효과적이지 않다는 것을 경험은 보여준다. 만약 누군가가 소프트웨어가 정확하게 동작한다는 것을 증명하려고 기를 쓴다면, 아마도 그렇게 될 것이다. 하지만 그것은 제품의 전반적인 품질에는 도움이 되지 않는다. 내가 종종 말하듯이, "'예스'맨은 보통 훌륭한 테스터가 아니다."

많은 사람들은 어떤 에러도 발견하지 않는 것을 **성공적인**(successful) 시험이라고 간주한다. 하지만 시험 관점에서 보면, 사실은 그 반대이다. 성공적인 시험은 에러를 발견하는 것이다. 시험은 일반적으로 성공에 직접적으로 초점을 맞추지 않는 프로젝트의 유일한 부분이다. 대신, 테스터는 소프트웨어를 망가뜨리거나 파괴하려고 한다. 어떤 사람들은 이것을 냉소적인 마음가짐으로 간주하고 시험 노력에 긍정적인 의견을 두려고 한다. 하지만 작업을 제대로 하기 위해, 실패를 발견하는 것에 초점을 맞출 필요가 있다. 만약 에러가 발견되지 않는다면, 수정될 수 없고, 현장에서 그것을 발견하게 될 것이다.[6, 7]

본질적으로 시험은 파괴적인 프로세스이다. 훌륭한 테스터는 에러를 사냥하며 정확하다는 것을 보이기보다는 소프트웨어를 망가뜨리기 위해 **창조적인 파괴**(creative destruction)를 사용한다. Edward Kit은 다음과 같이 쓰고 있다.

> 시험은 파괴에 대한 긍정적이고 창조적인 노력이다. 복잡한 구조에서 약점을 체계적으로 찾아내고 실패를 증명하기 위해 상상력, 끈기, 강한 사명감이 필요하다. 이것이 우리 자신의 작업을 시험하는 것이 특히 어려운 한 가지 이유이다. 우리는 우리 자신의 것에서 에러를 발견하기를 원하지 않는 자연적인 의식이 있다.[8]

모든 사람이 시험에 유능한 것은 아니다. 사실, 내 경험상 훌륭한 테스터는 소수인 경향이 있다. 대부분의 사람들은 물건을 망가뜨리기보다는 잘 작동하게 만들고 싶어 한다.[7] 하지만 Alan Page 등은 유능한 테스터는 대부분의 개발자들과는 다른 DNA를 가지고 있다고 지적한다. 테스터 DNA는 ① 시스템 수준의 사고에 대한 타고난 능력, ② 문제 분해 기술, ③ 품질에 대한 열정, ④ 무언가가 작동하는 방법과 그것을 망가뜨리는 방법을 발견하려는 애정을 포함한다.[9] 비록 테스터들이 종종 비관적인 사람처럼 보이기는 하지만 그들의 임무는 중요하다. 테스터는 소프트웨어의 결함을 찾아 문제를 해결하고 고품질의 안전한 제품을 제공할 수 있다.

DO-178C는 요구사항을 만족하고 그리고 오직 요구사항만 만족한다는 것을 보장하기 위해 요구사항 기반 시험에 초점을 맞춘다. 하지만 요구사항은 프로그램이 올바르게 코딩되었을 때 어떻게 동작해야 하는지를 우리에게 말해준다는 점을 유념하는 것이 중요하다. "그것은 어떤 실수가 예상되는지 혹은 그것을 발견하기 위해 시험을 어떻게 설계하는지를 말해주지 않는다."[6] 좋은 테스터는 에러를 예상하고 그것을 발견하기 위해 시험을 작성한다. "소프트웨어 에러는 휴먼 에러이다. 인간의 모든 활동, 특히 복잡한 활동은 에러를 수반하기 때문에, 시험은 이 사실을 받아들이고 고안할 수 있는 가장 생산적이고 효과적인 방법으로 에러를 탐지하는 데 집중한다."[8] 시험이 더 가혹할수록 우리는 제품의 품질에 대한 확신이 더 높아진다.

일부 사람들은 소프트웨어가 **완전하게 시험될**(completely tested) 수 있다고 믿는다. 하지만 이것은 오류이다. **완전한 시험**(complete testing)은 소프트웨어의 모든 측면이 시험되었고, 모든 시나리오가 실행되었으며, 모든 버그가 발견되었다는 것을 나타낸다. 하지만 Cem Kaner 등의 저서인 '*Testing Computer Software*'에서는 세 가지 이유로 소프트웨어를 완전하게 시험하는 것이 불가능하다고 지적한다.[10]

- 가능한 입력의 범위가 너무 커서 테스트할 수 없다.
- 프로그램을 테스트할 수 있는 경로가 너무 많다.
- 사용자 인터페이스 이슈는 (그래서 설계 이슈는) 완전하게 시험하기에는 너무 복잡하다.

Kit의 저서 '*Software Testing in the Real World*'는 다음에 요약되어 있는 몇 가지 시험 격언들을 포함하고 있다.[8]

- 시험은 에러의 부재가 아니라 에러의 존재를 보이기 위해 사용된다.
- 시험의 가장 도전적인 측면 중 하나는 언제 멈출지를 아는 것이다.
- 시험 케이스는 예상되는 출력 혹은 결과의 정의를 포함해야 한다.
- 시험 케이스는 유효하고 예상되는 입력 조건뿐만 아니라 유효하지 않은 그리고 예상되지 않는 것에 대해서도 작성되어야 한다.
- 최대 개수의 오류를 찾기 위해 시험은 독립된 활동이 되어야 한다.

9.6.2 DO-178C 소프트웨어 시험 지침의 개요

이제 소프트웨어 시험의 전반적인 목적이 리뷰되었으므로 DO-178C가 말하는 것을 고려해 보자. DO-178C는 요구사항 기반 시험에 초점을 맞춘다. 요구사항을 만족한다는 것을 보이고 의도되지 않은 기능이 없다는 것을 보장하기 위해 시험이 작성되고 실행된다. 소프트웨어가 더 중요할수록 시험 활동은 더욱 엄격해진다.

9.6.2.1 요구사항 기반 시험 방법

- **요구사항 기반 소프트웨어/하드웨어 통합 시험[1]** : 이 시험 방법은 많은 소프트웨어 에러가 오직 타깃 환경에서만 식별될 수 있기 때문에 소프트웨어가 운영 환경에서 실행될 때 에러를 드러내기 위해 타깃 컴퓨터에서 시험을 실행한다. 소프트웨어/하드웨어 통합 시험 과정에서 검증되는 기능 영역의 일부는 인터럽트 처리, 타이밍, 하드웨어 일시 정지 혹은 고장에 대한 응답, 데이터 버스 혹은 리소스 경합과 관련된 다른 문제들, 빌트인 테스트, 하드웨어/소프트웨어 인터페이스, 컨트롤 루프 동작, 소프트웨어에 의해서 컨트롤되는 하드웨어 디바이스, 스택 오버플로우의 부재, 현장 적재 메커니즘 그리고 소프트웨어 파티션이다. 이 시험 방법은 일반적으로 타깃 컴퓨터에서 정상 및 비정상(강건) 입력 모두를 사용해서 상위 레벨 요구사항에 대해 시험을 실행함으로써 수행된다.
- **요구사항 기반 소프트웨어 통합 시험[1]** : 이 시험 방법은 소프트웨어 **컴포넌트**(일반적으로 함수, 프로시저 혹은 모듈)가 올바로 상호작용하고 요구사항과 아키텍처를 만족하는지를 확인하기 위해 소프트웨어의 상호관계에 초점을 맞춘다. 이 시험은 손상된 데이터, 변수 및 상수 초기화 에러, 이벤트 혹은 구동 시퀀스 에러 등과 같은 통합 프로

세스와 컴포넌트 인터페이스에서의 에러에 초점을 맞춘다. 이 시험은 일반적으로 하드웨어/소프트웨어 통합 시험을 위한 상위 레벨 요구사항 기반 시험으로 시작하면서 달성된다. 하지만 소프트웨어 아키텍처를 실행하기 위해 요구사항 기반 시험이 추가될 필요가 있을 수 있다. 마찬가지로 하위 레벨 시험 또한 소프트웨어/하드웨어 통합 시험을 보완하기 위해 필요할 수 있다.

- **요구사항 기반 하위 레벨 시험[1]** : 이 방법은 일반적으로 하위 레벨 요구사항의 준수에 초점을 맞춘다. 그것은 알고리즘 준수와 정확도, 루프 연산, 정확한 로직, 입력 조건의 조합, 손상된 혹은 누락된 입력 데이터에 대한 적절한 응답, 예외 처리, 계산 순서 등과 같은 하위 레벨 기능을 조사한다.

9.6.2.2 정상적인 시험과 강건성 시험

DO-178C는 또한 다음과 같은 두 가지 종류의 시험 케이스 개발을 장려한다. 정상적인 시험과 강건성 시험이다.[9]

9.6.2.2.1 정상적인 시험 케이스

정상적인 시험 케이스는 정상적인/예상되는 조건과 입력으로 소프트웨어의 에러를 찾는다. DO-178C는 레벨 A, B, C의 경우, 상위 그리고 하위 레벨 요구사항에 대해서 그리고 레벨 D의 경우 상위 레벨 요구사항에 대해서 정상적인 시험 케이스를 요구한다. 정상적인 시험 케이스는 유효한 변수들(Section 9.6.3.1 그리고 9.6.3.2에서 논의되는 동등 클래스와 경계값 시험을 사용해서)을 실행하고, 정상적인 조건에서 시간 관련된 기능의 동작을 검증하며, 정상적인 동작 과정에서 상태 전이를 실행하고 정상적인 범위의 변수 사용과 이진 연산(요구사항이 논리 방정식으로 표현될 때)의 정확도를 검증하기 위해 요구사항에 대해서 작성된다.

9.6.2.2.2 강건성 시험 케이스

강건성 시험 케이스는 비정상적인 혹은 예상되지 않은 조건과 입력에 노출되었을 때 소프트웨어가 어떻게 동작하는지를 보이기 위해 만들어진다. DO-178C는 레벨 A, B, C의 경우 상위 그리고 하위 레벨 요구사항에 대해서, 그리고 레벨 D의 경우 상위 레벨 요구사항에

---

9) DO-178C Section 6.4에 따른다.

대해서 강건성 시험 케이스를 요구한다. 강건성 시험 케이스는 유효하지 않은 변수들, 정확하지 않은 상태 전이, 범위를 벗어나서 계산되는 루프 카운트, 파티셔닝과 산술 오버플로우에 대한 보호 메커니즘, 비정상적인 시스템 초기화 그리고 입력되는 데이터의 고장 모드를 고려한다.[1]

DO-178C는 시험 케이스를 결정하기 위한 방법으로 요구사항을 사용하는 것을 강조한다. 요구사항은 의도된 동작을 구체화한다. 그런 동작은 탐구할 필요가 있다. 비록 동작이 명시되어 있더라도, 테스터는 시스템이 의도하는 것이 무엇인지에 대한 이해를 활용해서 시험 케이스를 작성하고 다른 동작이 구현에 존재하지 않는다는 것을 체크하려고 노력할 때 서로 다르거나 추가적인 동작을 탐구하려고 노력해야 한다(즉, **망가뜨리려는 사고방식**(break it mentality)을 적용하라). 이것은 존재할 수 있는 모든 추가적인 동작을 결정하는 것이 불가능하기 때문에 끝이 정해지지 않은 프로세스이다. 초기 요구사항 세트는 가이드로서 역할을 하며 명시된 것을 넘어서는 동작을 체크하기 위해 추가되는 새로운 시험 케이스들은 강건성 요구사항과 같은 추가적인 요구사항이 발생할 수 있다(인증 신뢰를 위해 사용되는 모든 시험은 요구사항으로 추적될 필요가 있기 때문에).

시험은 다음과 같은 두 가지 목적으로 수행한다. ① 요구사항이 만족한다는 것을 확인하기 위해 그리고 ② 에러가 없다는 것을 보이기 위해서이다. 두 번째 목적이 가장 도전적이고 경험이 상당히 도움이 되는 부분이다. 초기에 제안되는 요구사항은 최소한의 세트라는 것을 명심하라. 누락된 혹은 부족한 요구사항, 특히 강건성 요구사항은 시험 케이스를 개발할 때 식별할 수 있다. 요구사항 변경을 제안해야 하며 그것들이 올바로 고려된다는 것을 보장하기 위해 공식적인 변경 프로세스를 통해서 추적해야 한다.

많은 프로젝트가 시험을 작성할 때 **요구사항 블라인더**(requirements blinders)를 적용한다(즉, 시험은 단지 작성된 요구사항을 사용해서 작성된다). 이것은 더 빠른 시험과 더 적은 시험 실패를 가져올 수 있지만, 에러를 발견하기에 효과적인 방법은 아니다. 나는 소프트웨어 테스터가 신의 가호를 빌면서 소프트웨어를 로딩한 후에는 그저 숙련되고 다소 교활한 시스템 엔지니어를 연구실에 들어오게 해서 10분 내에 소프트웨어를 망가뜨리는 수많은 경우들을 보아왔다. 훌륭한 테스트 엔지니어는 요구사항, 설계자/코더가 어떤 식으로 일하는지 그리고 전형적인 에러 소스를 알고 있다. 버튼을 더 길게 누르거나 혹은 아주 짧게 누르는 것과 같은 간단한 것들이 흥미로운 문제점 리포트들을 가져왔다.

James A. Whittaker의 저서 '*How to Break Software*'는 소프트웨어 시험에 대해서 시사하는 바가 많은 전략들을 제공하고 있다. 비록 그의 접근법은 안전 필수 분야에서는 다소 파격적이지만, 강건성 시험에 적용할 수 있는 몇 가지 좋은 제안들을 가지고 있다. 그는 다음과 같은 소프트웨어의 네 가지 기본적인 능력이 있다고 강조한다.[11]

- 소프트웨어는 환경으로부터 입력을 받는다.
- 소프트웨어는 출력을 생성하고 그것을 환경으로 전달한다.
- 소프트웨어는 내부적으로 하나 이상의 데이터 구조에 데이터를 저장한다.
- 소프트웨어는 입력과 저장된 데이터를 사용해서 계산을 수행한다.

그런 다음 그는 네 가지 소프트웨어 능력을 공격하는 데 초점을 맞춘다. 그는 시험 입력, 시험 출력, 시험 데이터, 시험 계산에 대한 권고사항을 제시한다. 입력과 출력 시험은 소프트웨어 기능(상위 레벨 기능)에 대한 상세한 지식을 요구한다. 데이터와 계산 시험은 설계(하위 레벨 기능)에 집중한다.[11]

9.6.3 시험 전략에 대한 조사

소프트웨어 시험에 대한 수십 권의 책을 읽어오면서, 나는 책에 있는 것과 실제 안전 필수 소프트웨어 프로젝트에서 일어나는 것 사이의 간격에 크게 놀란다. 예를 들면, 소프트웨어 엔지니어링 문헌은 **블랙 박스 시험**(black-box testing)과 **화이트 박스 시험**(white-box testing)이라는 용어를 광범위하게 사용한다. 블랙 박스 시험은 코드에 대한 인지 없이 수행되는 기능 및 동작 시험이다. 화이트 박스 시험(때때로 유리 상자 시험으로도 불리는)은 소프트웨어를 시험하기 위해 프로그램의 내부 구조에 대한 지식과 코드를 사용한다. 이들 용어들(특히 **화이트 박스 시험**)은 요구사항으로의 연결 필요성을 모호하게 하는 경향이 있다. 따라서 이들 용어들은 DO-178C에는 보이지 않는다. 사실, DO-178C는 화이트 박스 시험 전략을 피하는 경향이 있다. 대신, DO-178C는 코드가 요구사항을 제대로 구현한다는 것을 확인하기 위해 상위 그리고 하위 레벨 요구사항을 시험하는 데 집중한다.

문헌과 DO-178C의 간극에도 불구하고, 블랙 박스 시험 개념의 상당 부분 그리고 화이트 박스 시험의 일정 부분은 안전 필수 소프트웨어에 적용할 수 있다. 내 경험으로는 블랙 박스 시험 접근법은 상위 그리고 하위 레벨 요구사항 기반 시험에 모두 적용할 수 있다.

화이트 박스 시험 전략은 적용하기에 조금 더 어렵다. 하지만 만약 그 전략이 코드 자체보다는 하위 레벨 요구사항과 아키텍처에 적용된다면 그것은 정말로 몇 가지 유용한 관행을 제공한다. 물론 이것은 하위 레벨 요구사항이 적절한 수준으로 작성될 것을 요구한다. DO-178C 용어집은 하위 레벨 요구사항을 다음과 같이 정의한다. "소스 코드가 더 이상의 정보 없이 바로 구현될 수 있는, 상위 레벨 요구사항, 파생 요구사항 그리고 설계 제약으로부터 개발된 소프트웨어 요구사항"이다.[1] 만약 하위 레벨 요구사항이 코드 바로 위의 설계 세부사항으로 취급된다면, 화이트 박스 시험 개념의 상당 부분이 적용될 수 있다. 그러나 시험이 코드가 아니라 요구사항에 대해서 작성하도록 주의해야 한다.

이 섹션에서는 프로젝트에 적용될 수 있는 몇 가지 시험 전략들을 간략하게 살펴본다. 정보는 DO-178C 시험 개념과 소프트웨어 시험 교재에 제시된 개념 사이의 간격을 메우는 것을 시작하기 위해 높은 수준에서 제공된다.

9.6.3.1 동등 클래스 분할

Pressman은 다음과 같이 쓰고 있다.

> 동등 분할은 프로그램의 입력 영역을 시험 케이스가 파생될 수 있는 데이터의 클래스로 나누는 블랙 박스 방법이다. 이상적인 시험 케이스는 일반적인 에러가 관찰되기 전에 많은 시험 케이스가 필요할 수 있는 에러 클래스(예를 들면, 모든 문자 데이터에 대한 잘못된 처리)를 단독으로 밝혀낸다.[12]

동등 분할은 동등 클래스의 평가를 요구한다. DO-178C 용어집은 **동등 클래스(equivalence class)**를 다음과 같이 정의한다. "클래스의 대표값의 시험이 클래스의 다른 값의 시험과 동등하도록 하는 프로그램의 입력 영역에 대한 분할"이다.[1] 동등 클래스 시험은 각각의 클래스가 다른 가능한 많은 시험 세트를 커버하는, 시험될 입력 조건의 클래스를 고려한다. 이는 "테스터가 어떤 특성에서 각각의 파라미터에 대해 체계적으로 입력 혹은 출력 변수를 평가할 수 있게 한다."[9] 동등 클래스 분할은 일반적으로 어떤 범위에서 유효한(정상) 그리고 유효하지 않은(강건성) 입력이 식별되는 상황에 적용된다. 특정 범위의 모든 값을 시험하기보다는 오직 대표값만 필요하다(일반적으로 경계의 양쪽 측면에서). 또한 큰 범위의 데이터인 경우, 가운데 값과 양쪽 극단의 끝에 있는 값이 일반적이다. 값의 범위에 추가해서 동등 클래스는 유사한 변수 그룹, 서로 다른 처리가 필요한 고유한 값들 혹은 존재하거나 혹은 존재하지 않아야 하는 특정 값을 고려한다.

비록 동등 클래스 분할이 하찮게 보일지 모르지만, 그것은 적용하기가 대단히 어려울 수 있다. 그 효과는 "주어진 파라미터에 대한 변수 데이터를 특정 서브셋의 모든 요소가 해당 서브셋의 다른 요소와 동일한 예상 결과를 논리적으로 만들어내는 잘 정의된 서브셋으로 정확하게 분해하는 테스터의 능력"에 달려있다.[9] 만약 테스터가 시스템과 그 도메인 공간을 이해하지 못하면, 중요한 결함을 놓칠 수도 그리고/혹은 중복 시험을 수행할 수도 있다.[9]

다음 권고사항은 동등 클래스를 찾을 때 도움이 될 수 있다.[7, 10]

- 유효하지 않은 입력을 고려하라. 그것은 소프트웨어의 취약성 그리고 버그가 자주 발견되는 곳이다. 또한 그것은 강건성 시험으로써의 역할을 한다.
- 다음과 같은 칼럼을 가진 테이블로 분류를 구성하는 것을 고려하라: 입력 혹은 출력 이벤트, 유효한 동등 클래스 그리고 무효한 동등 클래스.
- 숫자의 범위를 식별하라. 일반적으로 숫자의 범위에 대해서 다음이 시험된다. 범위 내의 값(양쪽 끝에서 그리고 중간에서), 범위에서 가장 작은 숫자 아래 값, 범위에서 가장 큰 숫자 위의 값 그리고 숫자가 아닌 것이다.
- 그룹에서 자격을 식별하라.
- 동일해야 하는 변수들을 고려하라.
- 동등 출력 이벤트를 고려하라. 이것은 출력을 생성하는 입력을 결정할 필요가 있기 때문에 때때로 어려울 수 있다.

9.6.3.2 경계값 시험

> 경계값 분석(BVA)은 동등 분할을 보완하는 시험 케이스 설계 기법이다. 동등 클래스의 어떤 요소를 선택하기보다는 BVA는 클래스의 '경계'에서 시험 케이스를 선택하게 한다. 또한 입력 조건에만 전적으로 초점을 맞추기보다는 BVA는 출력 영역으로부터도 시험 케이스를 도출한다.[12]

BVA는 다음과 같은 두 가지 차이점으로 동등 클래스 분할과 밀접하게 관련된다. ① BVA는 동등 클래스의 각각의 경계를 시험한다. 그리고 ② BVA는 동등 클래스의 출력을 조사한다. 경계 조건은 미묘하고 식별하기 어려울 수 있다.[8]

경계값은 동등 클래스의 가장 크고, 가장 작고, 가장 짧고, 가장 시끄럽고, 가장 빠르고, 가장 못생긴 멤버이다(즉, 가장 극단의 값). 또한 부정확한 등가(예를 들면 >= 대신 >)도 고려된다.[10] 프로그래머는 선형 변수에 대해서 의도치 않게 틀린 경계를 만들 수 있다. 따라서 경계는 에러를 발견하기에 가장 좋은 장소 중 하나이다. 경계 시험은 루프 에러, off-by-one 에러 그리고 잘못된 관계 연산자를 탐지하는 데 특별히 효과적이다.[9] 입력뿐만 아니라 출력을 고려하는 것이 중요하다. 중간 범위 값 역시 조사되어야 한다.

전통적인 프로그래밍 에러는 루프 카운트에서 하나를 놓치는 것이다(예를 들면, 프로그래머는 <=를 체크해야 할 때 <를 체크할 수 있다). 따라서 루프 경계를 시험하는 것은 에러를 발견하기에 좋은 곳이 될 수 있다. 그러면 1회, 2회, 최대 횟수, 최대 −1회, 최소 +1회를 반복한다. 이 시험 유형은 루프가 기능 요구사항의 세부사항이기보다는 일반적으로 설계 세부사항이기 때문에 하위 레벨 시험의 일부로써 수행되는 경우가 많다.

9.6.3.3 상태 전이 시험

상태 전이가 사용될 때 상태 전이 시험은 각각의 상태 사이에 유효한 그리고 유효하지 않은 전이를 고려한다. 유효한 전이에 더해서 안전성 혹은 기능에 영향을 미칠 수 있는 유효하지 않은 상태 전이가 시험되어야 한다.

9.6.3.4 결정 테이블 시험

요구사항은 때때로 복잡한 논리관계를 나타내기 위해 결정 테이블을 포함한다. 테이블은 요구사항으로써 기능을 하기 때문에, 시험될 필요가 있다. 일반적으로 테이블에서 조건은 입력으로 해석되고 동작은 출력으로 해석된다. 동등 클래스 또한 테이블에 포함되어 있을 수 있다. 테스터는 테이블에 존재하는 요구사항들이 완벽하게 이행되었다는 것을 보여줄 필요가 있다. 시험은 코드의 잘못된 구현뿐만 아니라 테이블 자체의 결함(잘못된 논리 혹은 완전하지 않은 데이터와 같은)을 드러낼 수도 있다.

9.6.3.5 통합 시험

통합은 소프트웨어 컴포넌트를 합치는 프로세스이다. 컴포넌트는 각각의 컴포넌트에 대한 하위 레벨 시험을 수행할 때 훌륭하게 동작할 수 있다. 하지만 컴포넌트를 통합하는 프로세스는 예상치 못한 결과를 초래할 수 있다. 컴포넌트가 통합될 때, 인터페이스를 거치면서 데이터가 소실될 수 있고, 하나의 컴포넌트가 다른 컴포넌트에 악영향을 줄 수 있으며, 하위 기능이, 요구되는 상위 레벨 기능에 적절하게 기여하지 못할 수 있고, 전역 데이터가 손상될 수도 있는 것 등을 포함해서 여러 가지 일들이 잘못될 수 있다.**[12]** 그런 통합 장애를 피하기 위해 일반적으로 통합 전략이 적용된다. 몇 가지 공통된 통합 접근법이 다음에 논의된다.

빅뱅 통합: 이 접근법은 소프트웨어 컴포넌트를 한꺼번에 넣어서 그것이 동작하는지(보통 그렇지 않다)를 보는 것이다. 통념상 빅뱅이 나쁜 아이디어라고 말하면서도, 그런 일이 일어난다. 나는 여러 회사들이 그것을 시도했다가 성공하지 못하는 것을 보아왔다. 빅뱅의 주요 문제점 중 하나는 문제가 있을 때, 모듈의 통합이나 그들의 상호작용이 알려져 있지 않기 때문에 그것을 추적해가는 것이 어렵다는 것이다. 몇 가지 더 효과적인 통합 전략이 이제 논의된다.

하향식 통합: 이 접근법을 통해서 컴포넌트는 일반적으로 주 컨트롤 모듈로 시작해서 계층을 통해서 아래로 내려가면서 통합된다. 아직 통합되지 않은 컴포넌트를 위해 스텁(stub)이 사용된다. 스텁은 한 번에 하나의 컴포넌트로 대치된다. 각각의 컴포넌트가 통합되면서 시험이 수행된다.

상향식 통합: 이 접근법을 통해서 하위 레벨 컴포넌트는 드라이버를 사용해서 시험된다. 드라이버는 트리에서 다음 상위 레벨의 컴포넌트를 모의한다. 그런 다음 컴포넌트는 상위 계층으로 통합된다.

하향식과 상향식 통합의 조합(때로는 **샌드위치 통합** 혹은 **하이브리드 통합**이라고도 함): 종종 한 번에 하나의 부분이 통합된다. 이 접근법으로는 그렇게 많은 스텁과 드라이버가 필요한 것은 아니다.

선호되는 접근법은 아키텍처와 다른 프로그램적 세부사항에 달려있다. 일반적으로 핵심 기능뿐만 아니라 가장 위험하고 리스크가 높은 모듈을 먼저 시험하는 것이 가장 좋다. 그런 다음 기능에 대한 것이 조직적으로 추가된다.

9.6.3.6 성능 시험

성능 시험은 통합 시스템 내에서 소프트웨어에 대한 런타임 성능을 평가하고 시스템에서의 병목 현상을 식별한다. 성능 시험은 성능 요구사항(타이밍 그리고 처리량과 같은)이 충족되는지를 증명하기 위해 사용된다. 경합 조건과 다른 타이밍 관련 이슈들 또한 살펴본다. 성능 시험은 일반적으로 시험 과정 전체에 걸쳐서 일어나며 만약 결과가 적절하지 않으면, 재설계 혹은 최적화 설정 변경을 초래할 수 있다. Section 9.5에서 언급한 것처럼 이러한 시험은 또한 타깃 환경에서 소프트웨어의 마진을 결정하는 데에도 종종 사용된다.

9.6.3.7 기타 전략들

시스템 아키텍처와 요구사항 구성에 따라서 적용될 수 있는 시험을 위한 여러 가지 다른 전략들이 있다. 예를 들면, 루프 시험은 단순 루프, 중첩 루프, 연쇄 루프를 위해 적용될 수 있다. 또한 만약 요구사항에 모델이 사용된다면, 모델 기반 시험 기법이 적용될 수 있다(모델 기반 개발 및 검증은 Chapter 14에서 논의한다). 추가적으로 알고리즘의 경우, 알고리즘의 성격에 따라서 특별한 시험이 필요할 수 있다. 예를 들면, 1차 지연 필터의 디지털 구현을 시험할 때, 1차 응답이 단순한 선형 램프 신호가 되는 대신 실제로 곡선임을 보이기 위해 충분한 반복이 실행될 필요가 있다.

9.6.3.8 복잡도 측정

경험에 따르면 복잡한 코드와 코드의 복잡한 부분의 상호작용은 일반적으로 더 실수를 하는 경향이 있다.[9] 복잡한 코드는 결함을 가지는 경향이 있고 유지보수가 어렵다. 복잡도 측정은 종종 위험한 코드를 작성하는 코더에게 경고하기 위해 개발 단계에서 코드에 적용된다. 가능하면 소프트웨어는 덜 복잡하게 만들기 위해 재설계되거나 리팩토링된다. 코딩 표준은 종종 복잡도를 측정하고 최소화하기 위한 지침을 포함한다(예를 들면, McCabe의 순환 복잡도 측정이 흔히 적용된다). 하지만 만약 코드 복잡도가 해결되지 않으면, 그것은 테스터에게 코드 취약성이 어디에 존재하는지에 대한 좋은 지표가 될 수 있다. 복잡한 소프트웨어는 일반적으로 더 많은 에러를 가질 것이기 때문에 강하게 두드려야 한다(즉, 더 많은 정상 및 강건성 시험). 그러한 코드는 이해하고 유지하기가 어렵기 때문에 코드가 수정될 때 오류가 종종 발생한다.

내가 겨우 버텨냈던 한 프로젝트는 특히 복잡한 특성을 가지고 있었다. 그것은 **취약 코드** (fragile code)로 불렸다. 변경의 영향을 예상할 수 없었기 때문에 그것이 수정될 때마다 전체 서브 시스템이 완전히 재시험되어야 했다. 그것은 결국 안전 필수 시스템에서 받아들일 수 없는 상태가 되었고 프로젝트 후반에 재설계되어야 했다. 고도로 복잡하거나 취약한 코드는 가능한 한 일찍 재설계되어야 한다. 마지막 순간에 유령 증상을 추적하려고 노력하기보다는 미리 수정하는 것이 덜 고통스럽다.

9.6.3.9 좋은 시험의 요약과 특징

Section 9.6.3에서는 여러 가지 시험 접근법들을 조사했다. 대부분의 프로젝트는 앞서 언급된 접근법들의 많은 혹은 전체의 조합을 사용한다. 우리가 다룰 수 있는 다른 것들이 있다. Kaner 등은 시험 접근법에 관계없이 좋은 시험의 몇 가지 공통된 특징이 있다고 설명한다. 좋은 시험 케이스는 다음 기준을 충족한다.[10]

- "에러를 잡을 가능성이 충분히 있다." 시험은 단지 기능을 증명하기 위해서가 아니라 에러를 발견하기 위해 설계된다. 시험을 작성할 때 프로그램이 어떻게 실패할지를 고려해야 한다.
- "중복이 아니다." 중복 시험은 거의 가치가 없다. 만약 두 시험이 같은 에러를 찾는다면, 왜 둘 다 수행하는가?
- "그중에서 최고다." 에러를 발견할 가능성이 가장 높은 시험이 가장 효과적이다.
- "너무 단순하지도 너무 복잡하지도 않다." 지나치게 복잡한 시험은 유지하기가 어렵고 에러를 식별하기가 어렵다. 지나치게 단순한 시험은 보통 효과적이지 않고 거의 가치가 없다.

9.6.4 시험 계획

Chapter 5는 소프트웨어 검증 계획(SVP)을 이야기한다. SVP는 전체적인 프로젝트에 대한 검증이 어떻게 수행될지에 대한 계획을 제시한다. 그것은 또한 시험 전략과 문서화를 설명한다. 하지만 SVP에 더해서 대부분의 회사들은 또한 소프트웨어 검증 케이스 및 절차

(SVCP) 문서에 포함되는 상세한 시험 계획을 개발하기도 한다. SVCP 문서는 일반적으로 단지 시험만이 아니라 그 이상에 초점을 맞춘다. 또한 그것은 리뷰와 분석을 위한 절차를 포함한다. 하지만 이 섹션은 SVCP의 시험 측면에 집중한다.

SVCP의 시험 계획 부분(때때로 **시험 계획**이라고도 하는)은 시험 환경(필요한 장비, 시험 관련 도구, 시험 스테이션 조립체를 식별하는), 시험 케이스 및 절차의 구성과 레이아웃, 시험 범주, 시험 명명 규칙, 시험 그룹화, 시험 추적 전략, 시험 리뷰 프로세스 및 체크리스트, 책임, 일반적인 시험 셋업 절차, 시험 빌드 절차, 시험 준비 검토 기준 그리고 시험 스테이션 구성 감사 혹은 적합성 계획에 대해서 SVP보다 좀 더 상세하게 들어간다.

SVCP는 일반적으로 시험 프로그램이 성숙함에 따라 업데이트되는 살아있는 문서이다.[10) 프로그램이 성숙함에 따라 적용될 시험 기법의 표기법과 함께 일반적으로 모든 요구사항의 리스트가 추가된다. 시험이 작성되면서 SVCP는 시험 케이스와 요구사항 사이에 그리고 시험 케이스와 시험 절차 사이에 추적성을 보이는 추적성 매트릭스뿐만 아니라 시험 수행 과정에서 실행될 모든 시험 케이스와 절차의 요약을 포함하기 위해 업데이트된다. 시험 예상시간과 시험 수행 계획(실행 순서를 포함해서) 또한 시험 수행에 앞서 추가된다. 또한 SVCP는 회귀 시험 접근법을 포함할 수 있다.

SVCP에서 시험계획은 다음을 보장하는 데 도움이 되기 때문에 유용하다.

- 모든 사람이 같은 지점에 있고 일정, 책임 그리고 할당된 작업을 포함해서 기대치를 알고 있다.
- 시험 개발 및 실행 활동이 조직화된다.
- 필요한 모든 시험이 개발되고 실행된다.
- 불필요한 중복이 없다.
- 일정이 정확하게 개발된다(계획은 시험 관리자가 프로젝트 관리에 의해서 강제되는 가상의 날짜를 목표로 하기보다는 정확한 일정을 개발할 수 있게 한다).
- 우선순위가 식별된다.
- 모든 작업에 담당자가 배치된다(계획은 인력 부족을 식별하는 데 도움이 된다).
- 필요한 장비와 절차가 식별된다.

10) 하나의 살아있는 문서를 가지기보다는 일부 프로젝트는 앞서 완료되는 시험 계획을 가지며, 또한 프로그램 전반에 걸쳐서 진화하는 검증 케이스 및 절차 문서를 가진다.

- 예상되는 시험 레이아웃이 전달된다.
- 시험 케이스와 절차가 개발되고, 리뷰되며 예행 연습된다.
- 미리 TRR 기준이 만들어지므로 모든 사람이 무엇을 기대해야 하는지를 알고 있다.
- 프로그램을 효과적으로 실행하기 위한 시험 수행 순서가 계획된다.
- 평가에 사용될 시험 케이스 및 시험 절차의 버전이 식별된다.
- 시험 셋업 절차가 명확하다.
- 모든 요구사항이 시험된다.
- 시험 그룹화가 논리적이다.
- 필요한 시험 장비가 요구되고 적절히 구성된다.
- 모든 시험이 적절하게 컨트롤된다.
- 시험 파일이 실제 사용될 소프트웨어를 나타내는 방식으로 내장된다.
- 시험 스테이션이 타깃 환경을 나타내기 위해 적절히 설정된다.
- 시험 스테이션 설정을 감사하기 위한 접근법이 식별된다.
- 위험이 식별되고 완화된다.

SVCP는 단순히 완료된 데이터 항목이 되기 위해서가 아니라, 프로젝트를 지원하기 위해 작성되어야 한다. 그것은 프로젝트 전반에 걸쳐서 업데이트되기 쉽도록 체계적이어야 한다. 그것은 체계적이고 완전한 시험 프로그램의 증거를 제공한다. 그렇지 않으면 모든 것이 적절하게 실행되었다는 것을 확인하기 어렵다.

또한 Chapter 12(Section 12.5)는 인증 신뢰를 위한 비행 시험 전에 기대되는 소프트웨어의 성숙도를 설명한다는 점에 유의하라. 이러한 성숙도 기준은 시험 일정과 접근법에 영향을 줄 수 있기 때문에 시험 계획 과정에서 고려되어야 한다.

9.6.5 시험 개발

시험에 대한 DO-178C의 기대치와 적용되는 일반적인 시험 전략이 검토되었다. 이 섹션에서는 DO-178C 관점에서 시험 케이스 및 절차 개발의 좀 더 상세한 부분을 살펴본다.

9.6.5.1 시험 케이스

DO-178C는 시험 케이스를 다음과 같이 정의한다. "특별한 프로그램 경로를 실행하기 위해 혹은 특정 요구사항과의 준수를 검증하는 것과 같이 특별한 목표를 위해 개발되는 입력, 실행 조건 그리고 예상 결과의 세트"이다.[1] 일반적으로 시험 케이스가 공통된 방식으로 작성되는 것을 보장하도록 시험팀을 위한 템플릿이 제공된다. 만약 시험이 자동화된다면 포맷이 특히 중요하다. 추가로 시험 요약 혹은 추적성 리포트를 생성하기 위해 시험 케이스 헤더로부터 정보를 추출하는 도구가 종종 사용된다. 시험이 수동이든 자동이든, 각각의 시험 케이스는 일반적으로 다음을 포함한다.

- 시험 케이스 ID
- 시험 케이스 리비전 히스토리
- 시험 작성자
- 시험되는 소프트웨어의 식별
- 시험 설명
- 시험되는 요구사항(들)
- 시험 분류(상위 레벨, 하위 레벨 혹은 상위 레벨과 하위 레벨 모두)
- 시험 유형(정상적인 혹은 강건한)
- 시험 입력
- 시험 단계 혹은 시나리오(실제 시험)
- 시험 출력
- 예상 결과
- pass/fail 기준

9.6.5.2 시험 절차

시험 케이스 이외에도 DO-178C는 시험 절차에 대한 필요성을 언급한다. 시험 절차는 "주어진 시험 케이스의 세트에 대한 설정과 실행을 위한 상세한 명령 그리고 시험 케이스를 실행한 결과의 평가에 대한 명령"이다.[1] 시험 절차는 서로 다른 형태와 크기로 나온다. 어떤 것은 시험 케이스 자체에 사실상 내장되어 있다. 다른 것들은 시험 케이스를 어떻게 실행하는지를 설명하는 별도의 높은 수준의 문서이다. 시험 절차는 시험 케이스를 실행하고 시험 결과를 얻기 위해 사용되는 단계들이다. 때때로 그것은 수동으로 진행되고 때로는 자동화된다.

각각의 시험 단계 그리고 pass/fail을 검증하는 방법은 명확하고 반복가능해야 한다. 시험을 실행하는 사람은 시험을 작성한 사람이 아닌 경우가 많다. 사실 일부 회사들과 인증 당국은 독립된 시험 수행을 주장한다. 모호한 시험 절차는 흔한 문제이다. 절차가 시험 작성자에게는 명확할 수 있지만, 시험이나 기능에 익숙하지 않은 사람은 시험을 성공적으로 실행하지 못할 수도 있다. 명확성과 반복가능성을 확실히 하기 위해, 시험을 작성하지 않은 누군가가 가능한 한 일찍 시험에 대한 예행 연습을 수행하는 것이 좋은 관행이다. 이것은 실제로 시험 리뷰 프로세스의 일부가 될 수 있으며, 이는 나중에 논의한다.

9.6.5.3 DO-178C 요구사항

〈표 9-1〉은 정상 및 강건성 시험뿐만 아니라 상위 그리고 하위 레벨 요구사항 시험에 대한 DO-178C의 최소 요구사항을 요약한다.

표 9-1 ▌DO-178C 시험 요구사항의 요약

구분	상위 레벨 정상(Normal)	상위 레벨 강건(Robust)	하위 레벨 정상(Normal)	하위 레벨 강건(Robust)
레벨 A	요구됨	요구됨	독립성과 함께 요구됨	독립성과 함께 요구됨
레벨 B	요구됨	요구됨	독립성과 함께 요구됨	요구됨
레벨 C	요구됨	요구됨	요구됨	요구됨
레벨 D	요구됨	요구됨	요구되지 않음	요구되지 않음

출처: RTCA DO-178C, *Software Considerations in Airborne Systems and Equipment Certification*, RTCA, Inc, Washington, DC, December 2011.

9.6.5.4 하위 레벨 요구사항 시험 vs. 단위 시험

시험 수행을 살펴보기 전에, 나는 단위 시험(unit testing)에 대해서 간략히 논의하고 싶다. 일부 회사들은 그들의 하위 레벨 시험에 대해서 단위 시험을 사용하지만 이것은 조심해서 다루어질 필요가 있다. 전통적인 단위 시험은 코드에 대한 시험을 작성함으로써 수행된다. 이것은 분명히 금지되어 있지 않으며 그들의 코드가 그들이 원하는 것을 수행한다는 것을 보장하기 위해 개발자들이 수행하는 좋은 관행이다(즉, 디버깅). 하지만 인증 신뢰를 위한 시험은 요구사항에 대해서여야 한다고 DO-178C는 강조한다. 단위 시험의 개념은 각각의 모듈(혹은 모듈의 그룹)을 하위 레벨 요구사항에 대해 시험할 때 여전히 적용할 수 있지만, 코드가 아니라 요구사항에 대해서 시험이 작성되도록 주의해야 한다.[11] 추가로 모듈별로 시험하는 것은 통합에 대해서 몇 가지 이슈를 만들 수 있다. 만약 하위 레벨 시험이 모듈 혹은 기능 레벨에서 수행된다면, 모듈이 어떻게 통합되고 함께 시험되는지에 대한 구체적인 계획이 필요하다. 앞서 논의한 것처럼 빅뱅 통합은 권장되지 않으며 일반적으로 받아들여질 수 없다. 또한 가장 높은 수준의 통합에서는 소프트웨어 모듈 혹은 기능 간 인터페이스의 정확도를 확인하기가 어려울 수 있다. 모듈 레벨 시험이 사용될 때, 상위 레벨 소프트웨어/하드웨어 통합 시험에 더해서 일반적으로 몇 가지 추가적인 소프트웨어/소프트웨어 통합 시험이 요구된다. 데이터 결합도와 컨트롤 결합도 분석을 나중에 논의할 때 (Section 9.7에서) 소프트웨어/소프트웨어 통합이 필요한 이유가 보다 명확해져야 한다.

9.6.5.5 시험될 수 없는 요구사항의 처리

시험 개발 단계 과정에서, 일부 요구사항이 시험가능하지 않다는 것을 발견할 수 있다. 어떤 경우에는 요구사항을 다시 작성할 필요가 있을 수 있다(예를 들면, 부정적인 요구사항, 허용치가 없는 요구사항 혹은 모호한 요구사항). 다른 경우에는 시험 대신에 분석이나 코드 조사를 사용할 수 있다. 일반적으로 분석과 코드 조사는 시험만큼 효과적이지 않은 것으로 간주되기 때문에 그런 상황은 조심스럽게 취급해야 한다.[12] 만약 시험 대신에 분석 혹은 코드 조사가 사용된다면, 분석과 코드 조사가 시험과 같은 종류의 에러를 발견하게 되는 이유와 분석 혹은 코드 조사가 시험과 동등한(혹은 더 나은) 이유가 정당화되어야 한다. 나는 분석과 코드 조사 그 자체에 정당성을 포함하는 것을 추천하며, 그렇게 함으로써 그것을 기록한다. 또한 분석은 잘 문서화되어야 하며 반복가능해야 한다(Section 9.5에 언급한 것처럼). 시험 대신에 사용되는 분석 혹은 코드 조사는 시험과 같은 레벨의 독립성이 필요하다.

---

11) 모듈별로 하위 레벨 시험 모듈을 작성하는 능력은 하위 레벨 요구사항이 어떻게 구성되는지에 따라 다를 것이다.

12) 코드 조사는 실행가능한 오브젝트 코드가 요구사항을 만족한다는 것을 확인하기 위해 사용될 때 특히 주관적이다. DO-178C Table A-6의 목표들을 만족하기 위해 사용할 때, 코드 조사의 초점은 코드 리뷰(DO-178C Table A-5 목표들)의 반복이 아니라 실행가능한 오브젝트 코드가 요구사항을 어떻게 만족하는지에 대한 것이다.

9.6.5.6 여러 레벨의 시험에 대한 신뢰를 획득하기

일부 상황에서 프로젝트는 일부 시험을 상위 그리고 하위 레벨 요구사항 모두를 수행할 수 있도록 작성할 수 있다. 일반적으로 그것은 하위 레벨 시험이 상위 레벨 요구사항을 만족하기보다는 상위 레벨 시험이 하위 레벨 요구사항을 만족할 가능성이 더 높지만, 통합에 대한 접근법과 요구사항의 세분화에 따라 달라진다. 만약 단일 테스트 혹은 테스트 그룹이 요구사항의 여러 레벨에 대한 신뢰를 주장하기 위해 사용된다면, 추적 데이터와 리뷰 레코드를 포함해서 요구사항의 양쪽 레벨이 만족한다는 증거가 문서화될 필요가 있다. 어떤 경우에는, 특히 시험이 원래 요구사항의 여러 레벨을 커버하기 위해 작성되지 않았다면, 그 시험(들)이 요구사항의 양쪽 레벨을 어떻게 완전하게 수행하는지를 분석을 통해서 증명해야 한다. 그런 분석은 시험 데이터의 일부로써 포함되어야 한다.

9.6.5.7 요구사항의 추가적인 레벨을 시험하기

일부 프로젝트에서는 상위 그리고 하위 레벨 요구사항에 더해서, 요구사항의 다른 중간 레벨이 있을 수 있다. 이들 요구사항 또한 레벨 D 소프트웨어를 제외하고 시험할 필요가 있을 것이다. 이전 섹션에서 언급한 것처럼 여러 레벨의 요구사항을 수행하기 위해 한 세트의 요구사항 기반 시험을 사용하는 것이 가능할 수 있다.

9.6.6 시험 수행

시험 케이스 및 절차는 실행하기 위해서 작성한다. 이 섹션은 시험을 준비하고 실행할 때 고려해야 할 몇 가지 사항에 대해 논의한다.

9.6.6.1 예행 연습 수행하기

대부분의 프로그램은 인증 신뢰를 위해 사용되는, 성적을 위한(for-score) 혹은 공식적인(formal) 수행에 앞서 이슈를 작업하고 문제를 해결하기 위해 시험에 대한 예행 연습을 한다. 시험의 예행 연습은 대단히 권장된다. 페이퍼 리뷰에서 공식 수행으로 바로 가려고 하는 것은 일반적으로 몇 가지 예상하지 못한 그리고 바람직하지 않은 놀라움을 낳는다. 높은 소프트웨어 레벨(레벨 A와 B)의 경우, 절차를 작성하지 않은 독립된 사람이 예행 연습을 하게 하는 것이 좋은 관행이다. 이것은 예상치 못한 실패를 밝혀낼 뿐만 아니라 절차와 관련된 이슈를 해결하는 데 도움을 준다.

9.6.6.2 시험 케이스와 절차를 리뷰하기

시험 수행에 앞서, 시험 케이스와 절차가 리뷰되고(레벨 A, B, C의 경우) 변경 컨트롤되어야 한다. 때때로 시험이 리뷰에 앞서 비공식적으로 실행되고 그 결과가 리뷰 과정에서 참조될 수 있다. 리뷰 프로세스는 Section 9.7에서 좀 더 논의한다.

9.6.6.3 타깃 컴퓨터 vs. 에뮬레이터 혹은 시뮬레이터 사용하기

시험은 일반적으로 타깃 컴퓨터에서, 특히 하드웨어/소프트웨어 통합 시험으로 수행한다. 때때로 타깃 컴퓨터 에뮬레이터 혹은 호스트 기반 컴퓨터 시뮬레이터가 시험을 수행하기 위해 사용된다. 만약 그런 경우라면 에뮬레이터/시뮬레이터와 타깃 컴퓨터 사이의 차이점은 에러를 탐지하는 능력이 타깃 컴퓨터에서의 탐지 능력과 같다는 것을 보장하기 위해 평가될 필요가 있다. 동등하다는 것을 보이는 것은 차이점 분석[13] 혹은 에뮬레이터나 시뮬레이터를 인증(Chapter 13에서 좀 더 논의할, DO-178C와 DO-330에 기술된 도구 인증 접근법을 사용해서)하는 것으로 달성될 수 있다. 비록 에뮬레이터 혹은 시뮬레이터가 사용되더라도, 오직 타깃 컴퓨터 환경에서만 탐지될 수 있는 몇 가지 유형의 에러가 있기 때문에 일부 시험은 타깃 컴퓨터에서 다시 실행할 필요가 있다는 점에 유의해야 한다.[14][15]

9.6.6.4 검증 환경을 문서화하기

소프트웨어 라이프 사이클 환경 형상 인덱스(SLECI)(혹은 동등한)는 인증 신뢰를 위한 시험을 수행하기 전에 최신이어야 한다. SLECI는 검증 환경에 대한 세부 내용을 문서화하고 일반적으로 인증 신뢰를 위한 시험을 수행하기 전에 시험 스테이션을 구성하기 위해 사용된다. Chapter 10은 SLECI 내용에 대한 정보를 제공한다.

13) DO-178C Section 4.4.3.b
14) DO-178C Section 6.4.1.a
15) FAA Order 8110.49(change 1) Chapter 16은 에뮬레이터 혹은 시뮬레이터가 사용될 때 개발 및 검증 환경을 관리하는 것에 대한 일부 지침을 제공한다. 해당 문서는 FAA의 웹사이트에서 찾을 수 있다: www.faa.gov.

9.6.6.5 시험 준비 리뷰(TRR)

DO-178C는 TRR에 대해 논의하지 않는다. 하지만 대부분의 프로젝트는 다음을 보장하기 위해 시험을 수행하기 전에 TRR을 수행한다.

- 요구사항, 설계, 소스 코드 그리고 실행가능 오브젝트 코드가 베이스라인이 설정되었다.
- 시험이 요구사항, 설계 그리고 코드의 베이스라인이 설정된 버전과 정렬된다.
- 시험 케이스와 절차를 리뷰하고 베이스라인을 설정하였다.
- 예행 연습에서의 모든 이슈가 해결되었다.
- 시험 빌드가 완료되었고 시험 중인 소프트웨어의 파트 넘버가 문서화되었다.
- 승인된 시험 환경을 사용한다.
- 시험 스테이션이 승인된 SLECI(혹은 동등한)에 따라 구성되었다.
- 시험 추적 데이터가 최신이다(추적성은 이 챕터의 뒷부분에서 논의한다).
- 시험 일정이 시험을 참관하거나 지원하기 위해 필요한 사람들(예를 들면, 소프트웨어 품질 보증[SQA], 고객 그리고/혹은 인증 교섭 담당자)에게 제공되었다.
- 시험되는 소프트웨어에 대한 모든 알려진 문제 리포트가 해결되었거나 연기하는 것에 동의되었다(실패할 것으로 예상되는 시험이 있다면, 공식 시험 수행에서 예상되는 시험 실패를 아는 것이 중요하다).

일부 더 큰 프로젝트의 경우, 시험이 그룹으로 수행된다는 것에 유의해야 한다. 이런 상황에서는 각 시험 그룹에 대한 TRR이 있을 수 있다. 이런 경우에는 모든 요구사항이 완전하게 평가되고 시험 그룹 간의 의존성이 고려된다는 것을 보장하도록 주의를 기울여야 한다.

9.6.6.6 인증 신뢰를 위한 시험 수행하기

시험 수행은 시험 케이스와 절차를 실행하고, 반응을 관찰하며 결과를 기록하는 프로세스이다. 시험 수행은 흔히 시험을 작성하지 않은 사람이 수행하고 SQA 그리고/혹은 고객이 자주 목격한다.

공식적인 시험 수행 과정에서 시험 절차를 따르고 그것이 완료되면서 체크가 마무리된다(시험 절차는 이미 리뷰되었고 베이스라인이 설정되었다). 시험 로그는 일반적으로 누가 시험을 수행했는지, 누가 시험을 참관했는지, 시험 및 소프트웨어 버전 정보 그리고 시험 결과가 무엇인지에 대해 기록하기 위해 보관된다. 때때로 pass/fail 또한 시험 수행 과정에서 결정될 것이다. 하지만 만약 데이터 분석이 필요하면, pass/fail 결정은 나중에 이루어질 수도 있다.

시험이 인증 신뢰(공식적인 시험 수행)를 위해 실행되기 때문에 절차에 일부 사소한 **빨간 줄**(redline)[16]이 있을 수 있다. 만약 훌륭한 예행 연습이 수행되면 빨간 줄은 최소화되어야 한다. 너무 많은 빨간 줄은 성숙하지 못한 시험 절차의 지표가 되는 경향이 있다. 빨간 줄이 최소화될 때, 그것은 일반적으로 하드 카피 혹은 시험 로그에 기록되고 결과의 릴리즈에 앞서서 엔지니어링과 SQA에 의해서 승인될 것이다. 빨간 줄로 된 데이터는 보통 SQA에 의해서 승인되고 문제점 리포트에 포함되므로 시험은 향후에 업데이트된다.

인증 신뢰를 위해 실행될 때 시험은 일부 예상치 못한 실패를 발견할 수 있다. 이런 경우에 실패는 분석되고 적절한 조치가 취해져야 한다. 때때로 시험 그리고/혹은 요구사항이 업데이트되고 시험이 다시 수행된다. 시험 실패와 결과 업데이트는 문제점 리포팅 프로세스를 통해서 다루어져야 한다. 다시 수행되는 시험의 경우, 회귀 분석이 필요할 수 있다. 회귀 시험 프로세스에 대한 추가적인 논의에 대해서는 Section 9.6.9를 보라.

9.6.7 시험 리포팅

시험이 수행된 후 결과가 분석되고 요약된다. 모든 시험 실패는 문제점 리포트가 작성되어야 하고 분석되어야 한다. 시험 실패의 리뷰는 Section 9.7에서 논의한다.

일반적으로 소프트웨어 검증 리포트(SVR)는 검증 활동의 결과를 요약하기 위해 생성된다. SVR은 검증 활동의 결과뿐만 아니라 리뷰, 분석 그리고 시험을 포함해서 모든 검증 활동을 요약한다. SVR은 종종 최종 추적성 데이터 또한 포함한다.

성공적이지 않았던 검증 활동들의 경우, SVR은 일반적으로 문제점 리포트로부터 분석을 요약하고 실패가 받아들여지는 이유를 정당화한다.

16) **빨간 줄**(redline)은 절차에 대한 수정이다. 일반적으로 하드 카피에 빨간 펜을 사용해서 혹은 전자 카피에 대한 변경 추적을 사용해서 문서화된다.

검증 리포트는 일반적으로 고객뿐만 아니라 인증 당국 그리고/혹은 그들의 피지명자가 리뷰한다. 따라서 리포트는 개발 및 검증 세부 내용에 친숙하지 않을 수 있는 청중을 위해서 작성해야 한다.

9.6.8 시험 추적성

DO-178C Section 6.5는 추적 데이터가 다음의 모든 것들 간에 양방향 추적을 증명하기 위해 존재해야 한다고 강조한다.[1]

- 소프트웨어 요구사항과 시험 케이스
- 시험 케이스와 절차
- 시험 절차와 시험 결과

이러한 추적 데이터는 종종 SVR에 포함되지만 SVCP 혹은 심지어 독립된 문서에 포함될 수도 있다. 추적 데이터의 정확도는 시험 케이스, 시험 절차 그리고 시험 결과의 리뷰 과정에서 검증되어야 한다. 어떤 경우에는 문서가 결합되어 있기 때문에 추적이 암묵적이다. 예를 들면, 시험 케이스와 절차는 동일한 문서에 있을 수 있다. 다른 경우로는 명명 규칙이 사용될 수 있다. 예를 들면, 각각의 시험 절차는 동일한 이름으로 시험 결과를 생성할 수 있다(TEST1.CMD와 TEST1.LOG와 같은). 만약 이런 경우에는 그 전략을 SVP에 설명하고 SVR에 요약해야 한다.

9.6.9 회귀 시험

회귀 시험은 특정 시험 활동을 위해 개발된 시험의 일부 혹은 전체를 다시 실행하는 것이다.[8] 인증 신뢰를 위해 시험이 수행된 후, 몇 가지 추가적인 시험이 실행될 필요가 있을 수 있다. 이들은 초기 수행 과정에서 실패했다가 수정된 시험일 수 있고 혹은 새로운 또는 변경된 기능 때문에 새로운 시험이 추가되거나 변경되었을 수 있다.

Pressman은 회귀 시험 수행이 일반적으로 다음 유형의 시험을 포함한다고 설명한다.[12]

- 모든 소프트웨어 기능을 실행할 대표적인 시험 샘플(사이드이펙트/안전성 회귀를 지

원하기 위해)

- 변경에 초점을 맞춘 시험
- 소프트웨어 변경으로 인한 잠재적인 영향에 초점을 맞춘 시험(즉, 영향을 받는 데이터 항목의 시험)

이러한 시험들이 수행되기 전에 변경 영향 분석이 필요하다. 최소한 변경 영향 분석은 모든 변경과 영향을 받는 데이터 항목들(요구사항, 설계, 코드, 시험 케이스 그리고 시험 절차와 같은)을 식별하기 위해 추적성 데이터와 데이터 및 컨트롤 흐름을 고려한다. 또한 변경 영향 분석은 어떤 검증이 필요한지를 식별할 것이다. 재검증은 일반적으로 업데이트되고 영향을 받는 데이터에 대한 리뷰, 영향을 받은 분석의 재작업, 새로운, 변경되는 그리고 영향을 받는 데이터의 재수행, 그리고 회귀 시험(나중에 설명되는)의 수행을 포함할 것이다. Chapter 10은 변경 영향 분석 과정에서 일반적으로 고려되는 것에 대한 몇 가지 추가적인 통찰력을 제공한다.

변경의 범위에 따라서 부분적인 회귀 접근법을 정당화하려고 노력하기보다는 모든 시험을 다시 수행하는 것이 때로는 현명할 수 있다. 자동화된 시험에 대한 경우가 특히 그렇다. 철저한 변경 영향 분석은 상당한 시간이 걸릴 수 있다. 시험이 재수행될 필요가 없는 이유를 정당화하기보다는 시험을 재수행하는 것이 때로는 더 쉽다.

회귀 접근법을 취하고 변경을 해결하기 위해 소수의 시험이 수행된다면, 의도되지 않은 변경이 없다는 것을 확인하기 위해 전체적인 시험 조합의 서브셋을 수행하는 것이 바람직하다. 일부 프로젝트는 변경되는 혹은 영향을 받는 소프트웨어에 대한 시험 외에도, 변경이 있을 때마다 시험의 표준 서브셋을 수행한다.

서브셋은 일반적으로 안전성 관련 시험과 중요한 기능을 증명하는 시험을 포함한다. 이것은 변경이 사이드이펙트를 주입하거나 코드 베이스의 안전성에 영향을 주지 않았다는 것을 증명하기 때문에, **사이드이펙트 회귀**(side-effect regression) 혹은 **안정성 회귀**(stability regression)로 불린다. 이러한 회귀 시험은 변경이 의도되지 않은 동작 혹은 추가적인 에러를 주입하지 않는다는 것을 보장하는 데 도움이 된다.

9.6.10 시험가능성

시험가능성은 개발 과정에서 고려되어야 한다. Chapter 7은 시험가능한 소프트웨어는 운용가능하고, 관찰가능하고, 제어가능하고, 분할가능하고, 단순하고, 안정적이고, 이해할 수 있다고 설명한다. 또한 Chapter 7은 에러 혹은 오류 로깅, 진단, 시험 포인트 그리고 접근 가능한 인터페이스를 포함해서 소프트웨어를 시험가능하게 해주는 특성을 식별한다. 요구사항과 설계 리뷰 과정에 테스터가 참여하게 하는 것은 소프트웨어를 좀 더 시험가능하게 만들 수 있다.

9.6.11 검증 프로세스에서의 자동화

자동화는 검증 활동 과정에서 일반적으로 사용된다. 도구는 사고의 필요성을 대체하지 않으며 사용자는 그것을 효과적으로 사용하기 위해 도구가 작동하는 방식을 이해해야 한다. 하지만 도구가 인간보다 더 효과적으로 그리고 정확하게 할 수 있는 몇 가지 작업들이 있다. 검증 프로세스 과정에서 사용되는 자동화의 몇 가지 예시는 다음과 같다.

- **시험 템플릿(test templates)**: 일반적으로 시험 일정 및 작업들, 시험 계획, 시험 케이스, 시험 절차, 시험 리포트에 사용된다. 이에 대한 자동화의 양은 매우 다양하다.
- **시험 스크립트 도구(test script tools)**: 일관된 시험 레이아웃을 장려하기 위한 템플릿뿐만 아니라 자동화된 시험을 작성하기 위한 언어를 제공한다.
- **추적성 도구(traceability tools)**: 추적 데이터를 캡처하고 검증하는 데 사용된다. 도구로부터의 데이터는 여전히 검증될 필요가 있지만 추적 도구는 누락된 시험 케이스 혹은 절차, 누락된 결과, 시험되지 않은 요구사항 등을 식별하게 한다.
- **시험 실행 도구(test execution tools)**: 시험 스크립트를 실행하고 시험 통과 혹은 실패 결과를 결정하기 위해 사용될 수 있다. 만약 시험 출력이 리뷰되지 않는다면, 그 도구는 DO-178C 목표를 자동화하기 때문에 인증을 받아야 할 수 있다. 도구 인증 기준은 Chapter 13에서 논의한다.
- **디버깅 도구(debugger tools)**: 시험 프로세스 과정에서 소프트웨어를 조사하거나 조작하기 위해 중단점을 설정하는 데 사용되기도 한다. 그것은 소프트웨어를 부적절하게 변경하지 않는다는 것을 보장하기 위해 공식 시험 과정에서 조심스럽게 사용되어

야 한다. 또한 중단점이 과도하게 많으면 통합의 완전함을 증명할 때 어려움을 초래할 수 있다. 디버깅 도구가 사용되는 방법에 따라 그 기능은 인증을 받아야 할 수도 있다.

- **메모리 도구**(memory tools) : 메모리 문제점, 메모리 겹쳐 쓰기, 할당되지 않았으나 해제되는 메모리 그리고 초기화되지 않은 메모리 사용을 탐지하기 위해 사용된다.[8]
- **에뮬레이터 혹은 시뮬레이터**(emulators or simulators)는 실제 타깃에서 접근하기 어려울 수 있는 내부 데이터를 접근하기 위해 시험 프로세스 과정에서 종종 사용된다.
- **커버리지 도구**(coverage tools) : 구조적 커버리지 분석의 평가에 사용된다. 이들 도구는 코드 실행 상태에서 정보를 모으기 위해 코드를 자주 인스트루먼트한다. 따라서 인스트루먼트와 함께 그리고 인스트루먼트 없이 시험을 수행하고, 결과를 비교하며, 인스트루먼트가 시험 결과에 영향을 미치지 않는다는 것을 보장해야 한다.
- **정적 분석 도구**(static analysis tools) : 코드 복잡도, 규칙 준수, 워스트 케이스 경로, 타이밍, 워스트 케이스 스택 사용 등을 평가하기 위해 사용된다. 또한 정적 분석 도구는 정의되지 않은 변수, 모듈 사이에 일치하지 않는 인터페이스 그리고 사용되지 않는 변수들을 식별하기 위해 데이터 및 컨트롤 흐름을 평가할 수 있다.[7]
- **시험 벡터 생성기**(test vector generators) : 형식적인 방식 혹은 모델로 문서화된다. 그런 도구는 구현의 정확도를 검증하기 위해 시험 벡터를 생성한다. 이들 도구가 사용되는 방법에 따라 인증이 필요할 수 있다. 기능을 철저하게 시험하기 위해 도구로 생성된 시험 벡터를 보완하기 위해 사람에 의해서 생성된 시험이 사용되는 것 또한 추천된다. 시험 벡터 생성기가 입력으로 코드가 아닌 요구사항을 사용한다는 것이 중요하다. 소스 코드로부터 **요구사항**(requirements)을 생성한 다음 그 요구사항에 대한 시험 벡터를 생성하는 일부 도구들이 있다. 이것은 피해야 한다.

9.7 검증의 검증

DO-178C Table A–7은 "Verification of Verification Process Results"라는 타이틀을 가지고 있다. 주로 항공산업 고유의 다른 소프트웨어 엔지니어링 문헌에는 잘 기록되지 않는 여러 가지 목표들(예를 들면, MC/DC)을 포함하고 있기 때문에 아마도 DO-178C에서 가장 많이 논의되고 논쟁이 된 테이블일 것이다. DO-178C Table A–7의 목표는 기본적으로 프로젝트가 시험 프로그램에 대한 정확도와 완전성을 평가할 것을 요구한다. 즉, **시험에 대한 검증(verification of the testing)** 활동을 요구하는 것이다. DO-178C Table A–7의 목표는 시험

그림 9-1 | DO-178C 소프트웨어 시험의 개요

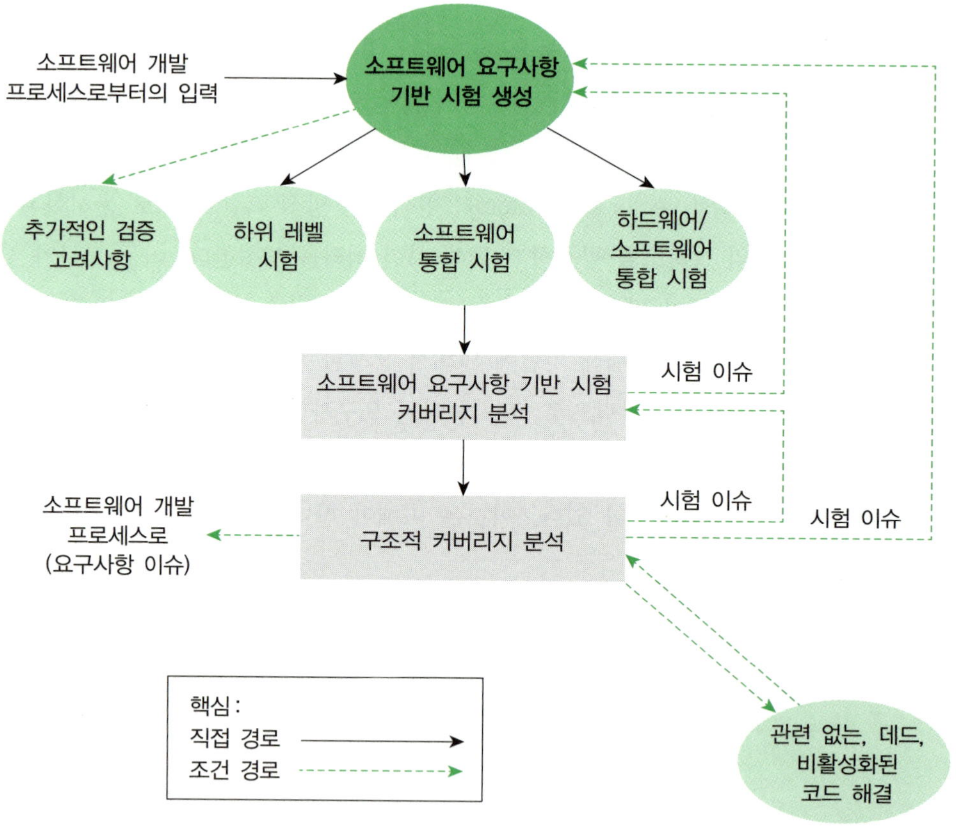

출처: RTCA DO-178C, *Software Considerations in Airborne Systems and Equipment Certification,* RTCA, Inc., Washington, DC, December 2011, DO-178C Figure 6–1에서 변경됨. RTCA, Inc.로부터 허락을 받아서 사용됨

절차와 결과, 요구사항의 커버리지, 그리고 코드 구조의 커버리지를 검증한다. 검증의 검증에 대한 각각의 주요 주제가 이 섹션에서 논의된다. [그림 9-1]은 전형적인 프로세스의 개요를 제공한다.

9.7.1 시험 절차의 리뷰

DO-178C Table A-7 목표 1은 다음과 같이 요약되어 있다. "시험 절차가 정확하다."[1] 그 목표는 시험 케이스가 시험 절차로 정확하게 개발되었다는 것을 보장하는 것이다. 일반적으로 이것은 시험 케이스와 시험 절차 모두에 대한 리뷰에 의해서 충족된다. 일부 사람들은 시험 케이스는 목표 3과 4(DO-178C Table A-7의)의 일부로 해결되기 때문에 시험 절차 리뷰만 커버한다고 주장한다. 하지만 내 경험상 이 목표는 모든 요구사항이 시험된다는 것, 요구사항이 완전하게 시험된다는 것 그리고 시험 케이스와 절차가 정확하고, 일관성 있고 SVP를 준수한다는 것을 보장하기 위한 목표 3과 4를 동시에 충족해왔다.

DO-178C Table A-7 목표 1은 상위 그리고 하위 레벨 시험 모두에 적용되며, 레벨 A, B, C에 대해서 요구된다. 레벨 A는 독립성을 요구한다. 일반적으로 요구사항, 설계, 코드를 리뷰하기 위해 사용되는 것과 비슷한 동료 검토가 그 목표를 충족하기 위해 사용된다(동료 검토 프로세스의 정보에 대해서는 Chapter 6을 보라). 리뷰에 대한 일반적인 입력은 요구사항과 설계, SVP, SVCP, 예비 시험 결과(예행 연습과는 다른), 시험 케이스, 시험 절차 그리고 추적 데이터이다. 만약 시험 대신에 분석이나 코드 조사가 사용된다면, 그것들 또한 제공된다. 때때로 동료 검토팀의 누군가는 시험이 리뷰에서 제시된 것과 동일한 결과를 만들어내는지, 반복가능한지 그리고 정확한지를 검증한다. 수동 시험의 경우, 이것은 시험 절차와 pass/fail 기준에서의 모호함을 해결하는 데 특히 효과적이다. 분명히 동료 검토는 인증 신뢰를 위한 시험이 수행되기 전에 이루어져야 한다.

이러한 리뷰 과정에서 식별되는 가장 흔한 이슈들이 여기에 언급되고 있다.

- 일부 요구사항이 시험되지 않는다.
- 강건성 시험이 적절하지 않다.
- 시험이 요구사항을 완전하게 실행하지 않는다.
- 일부 시험이 잘 설명되지 않거나 주석이 제공되지 않는다(이는 유지보수를 어렵게 만

든다).

- 절차에서 일부 단계가 누락되거나 명확하지 않다.
- pass/fail 기준이 일부 시험에 대해서 명확하지 않다.
- 시험이 제대로 작동하는지 확인하기 위해 실행되지 않았다.
- 요구사항에서 시험으로의 추적성이 문서화되지 않았다(오직 시험에서 요구사항으로만 있음).
- 시험 환경이 잘 문서화되어 있지 않다.

9.7.2 시험 결과의 리뷰

시험이 수행된 후 결과가 리뷰된다. DO-178C Table A-7 목표 2는 다음과 같이 요약되어 있다. "시험 결과가 정확하고 불일치가 설명된다."[1] 그 목표는 시험 결과의 정확성을 확인하며, 실패한 시험이 분석되고 적절히 해결되는지 확인하는 것이다. 이 목표는 일반적으로 시험 결과와 소프트웨어 검증/시험 리포트의 리뷰에 의해서 충족된다. 리뷰는 실패한 시험에 대한 설명(일반적으로 문제점 리포트 그리고 소프트웨어 검증/시험 리포트에 있는)의 평가를 포함한다. 어떤 경우에는 시험 실패가 소프트웨어 혹은 시험 케이스/절차의 수정을 요구할 것이다. 일반적으로 예행 연습이 수행되면 예상하지 못한 시험 실패의 수는 최소화된다. 일정을 단축하려는 노력으로 일부 팀은 예행 연습을 생략하고 공식 시험으로 바로 가려고 한다. 하지만 철저한 예행 연습 없이 공식 시험으로 들어가려는 프로젝트는 적어도 두 번은 공식 시험을 하게 된다. 어떤 경우에도 모든 실패는 문제점 리포트에 문서화되고 적절하게 해결될 필요가 있다. 실패의 분석 또한 일반적으로 SVR에 포함된다.

9.7.3 요구사항 커버리지 분석

DO-178C Table A-7의 목표 3과 4는 **요구사항 커버리지 목표(requirements coverage objectives)**로 불린다. 목표 3은 다음과 같이 요약되어 있다. "상위 레벨 요구사항의 시험 커버리지가 달성된다."[1] 유사하게 목표 4는 다음과 같이 요약되어 있다. "하위 레벨 요구사항의 시험 커버리지가 달성된다."[1] 이들 목표들의 목적은 모든 요구사항이 시험되는(혹은 만약 적절하게 정당화된다면 다른 방법으로 검증되는) 것을 확인하는 것이다. 일반적으로 이들 목표들은 시험 케이스 및 절차 리뷰 과정에서 평가된다. 하지만 최종 시험을 수행하기 바로 전 혹은 후에, 모든 요구사항이 커버되고 시험 프로그램의 최종 단계 과정에서 아무것도 누락된 것이 없는지를 확인하기 위한 최종 커버리지 분석이 종종 있다(예를 들면, 최신 요구사항 변경으로 인한 시험 케이스 누락). 시험 케이스와 요구사항 사이의 추적 데이터는 일반적으로 이 커버리지를 확인하기 위해 사용된다. 하지만 시험 케이스가 요구사항을 완전히 커버한다는 것을 확인하기 위한 기술적인 평가 또한 반드시 있어야 한다(이것은 일반적으로 시험 케이스 리뷰 과정에서 평가된다). 기본적으로 만약 요구사항의 완전한 커버리지를 위해 시험 케이스를 적절하게 리뷰해왔다면, 이 커버리지 분석은 다소 사소한 것이다. 만약 인증 신뢰를 위한 시험을 수행하기 위해 자동화된 도구가 사용된다면, 도구가 실제로 모든 시험을 수행했고 아무것도 생략되지 않았다는 것을 체크하는 것이 중요하다. 이것은 시험을 수행하는 도구의 일부로써 수동 혹은 자동으로 체크될 수 있다. 만약 체크를 수행하는 도구에 대해서 신뢰한다면, 도구는 인증받을 필요가 있다. 하위 레벨 요구사항은 레벨 D에 대해서는 시험할 필요가 없기 때문에, 하위 레벨 요구사항의 요구사항 커버리지는 레벨 D에 대해서는 적용하지 않는다. 내 경험으로는 커버리지 분석은 SVR에 포함되거나 요약된다.

9.7.4 구조적 커버리지 분석

DO-178C Table A-7의 나머지 다섯 가지 목표는 구조적 커버리지를 다룬다. 목표 5~7과 9는 요구사항 기반 시험 과정에서 코드가 적절하게 실행되어왔다는 것을 확인하기 위한 소프트웨어 구조의 시험 커버리지에 속한다. 목표 8은 코드 컴포넌트(예를 들면, 모듈) 사이의 데이터 및 컨트롤 결합도에 대한 커버리지에 초점을 맞추는 것을 제외하고 비슷하다.

구조적 커버리지는 다음과 같은 목적을 가지고 있다.

- 모든 코드가 적어도 한 번은 실행되는 것을 확인한다.
- 의도되지 않은 기능과 시험되지 않은 기능을 발견한다.
- 데드 코드[17] 혹은 관련 없는 코드[18]를 식별한다.

17) 데드 코드는 "타깃 컴퓨터 환경의 어떤 운영 설정에서도 실행될 수 없거나(코드) 사용될 수 없는(데이터), 소프트웨어 개발 에러의 결과로써 존재하는 실행가능한 오브젝트 코드(혹은 데이터)이다. 그것은 시스템 혹은 소프트웨어 요구사항으로 추적할 수 없다. 다음 예외사항들은 종종 데드 코드로 잘못 분류되지만 요

- 비활성화된 코드가 정말로 비활성화되어 있는지 확인하는 것을 돕는다.
- 시험에 대한 최소한의 조합 세트를 식별한다(즉, 소모적인 시험을 요구하지 않는다).
- 부정확한 로직을 식별하는 것을 돕는다.
- 시험 활동에 대한 객관적인 완료 기준으로서 역할을 한다(비록 그것이 강건성 시험의 완전성을 다루지는 않지만).

DO-178C에 있는 **구조적 커버리지 분석**(structural coverage analysis)은 소프트웨어 엔지니어링 문헌의 많은 부분에서 언급하는 **구조적 시험**(structural testing)과 동등하지 않다는 점에 유의해야 한다. 구조적 커버리지 **분석**(analysis)은 요구사항 기반 시험 과정에서 수행되지 않았던 모든 코드 구조를 식별하기 위해 수행된다. 구조적 **시험**(testing)은 소프트웨어를 실행하기 위해 코드로부터 시험을 작성하는 프로세스이다. 구조적 시험은 요구사항 기반이 아니고, 그래서 구조적 커버리지 분석의 목적을 충족하지 않기 때문에 DO-178C에는 적합하지 않다.

구조적 커버리지 기준을 좀 더 자세히 살펴보기 전에 간단한 경고가 있다. 일부팀은 시험 케이스와 절차 개발 전반에 걸쳐서 구조적 커버리지 도구를 적극적으로 실행한다. 이것은 좋은 관행이다. 하지만 일부팀은 필요한 시험을 식별하기 위해 커버리지 데이터를 사용한다. 즉, 요구사항이 시험을 만들어내도록 하기보다는 도구를 만족하기 위해 시험을 작성한다. 이것은 구조적 커버리지의 의도가 아니며 부적절한 시험을 초래할 수 있다. 일부 소프트웨어는 하나의 시험 실행 없이, 단지 시스템을 켜는 것으로 50% 이상의 커버리지를 제공하기도 한다. 따라서 시험은 구조적 커버리지 데이터가 수집되기 전에 요구사항를 작성하고 리뷰해야 한다. 단지 도구를 행복하게 만들고 싶은 유혹을 피하기 위해 일반적으로 다른 엔지니어가 커버리지 분석을 담당한다(이것은 또한 레벨 A와 B 구조적 커버리지 목표에 필요한 독립성을 충족하는 데 도움이 된다).

각각의 DO-178C Table A-7의 구조적 커버리지 목표가 다음 하위 섹션에서 간략하게 논의된다.

구사항/설계의 구현을 위해 필요하다. 내장된 식별자, 방어적인 프로그래밍, 강건성을 개선하기 위한 구조 그리고 사용되지 않는 라이브러리 함수와 같은 비활성화된 코드"**[1]**이다.

18) 관련 없는 코드는 "어떤 시스템 혹은 소프트웨어 요구사항으로 추적할 수 없는 코드(혹은 데이터)이다. 관련 없는 코드의 예는 요구사항과 시험 케이스가 제거되었는데도 불구하고 잘못 남아있는 레거시 코드이다. 관련 없는 코드의 다른 예는 데드 코드이다."**[1]**이다.

9.7.4.1 Statement 커버리지(DO-178C Table A-7 목표 7)

statement 커버리지는 레벨 A, B, C에 대해서 필요하다. 그것은 "프로그램에서 모든 구문이 적어도 한 번 호출되었다."[1]는 것을 보장한다. 이것은 요구사항 기반 시험 과정에서 코드의 커버리지를 평가하고 모든 실행가능한 statement가 적어도 한 번 호출되었는지를 확인함으로써 달성된다. statement 커버리지는 일부 제어 구조를 평가하지 않고 특정 유형의 로직 에러를 탐지하지 않기 때문에 상대적으로 약한 기준으로 간주된다. If-then 구문은 statement를 커버하기 위해 decision이 true로 평가되는 것만 요구한다. If-then-else는 decision이 true와 false 모두 평가되는 것을 요구한다. 기본적으로 statement 커버리지는 코드가 커버되었다는 것을 보장하지만 그것이 정당한 이유로 커버된 것이 아닐 수 있다.

9.7.4.2 Decision 커버리지(DO-178C Table A-7 목표 6)

decision 커버리지는 레벨 A와 B에 대해서 필요하고 일반적으로는 branch 혹은 path 커버리지와 동일하다. 하지만 decision 커버리지는 약간 다르다. DO-178C는 decision 그리고 decision 커버리지를 다음과 같이 정의한다.[1]

- "Decision : condition 그리고 0 이상의 Boolean 연산자로 구성된 Boolean 표현식이다. 만약 하나의 decision에서 condition이 한 번 이상 나타나면, 각각의 발생은 별개의 condition이다."
- "Decision 커버리지 : 프로그램에서 모든 진입점 및 진출점이 적어도 한 번 이상 호출되었고 프로그램에서 모든 decision이 모든 가능한 결과를 적어도 한 번 취했다."

Branch point(일반적으로 if-then-else, do-while 혹은 case 구문)에 대한 전통적인 업계의 이해에 대해서 decision에 대한 DO-178C의 문자 그대로의 정의는 혼란을 준다. 기본적으로 DO-178C의 문자 그대로의 정의를 사용해서, decision은 branch point와 동의어가 아니다. 주요 차이점은 입력/출력(I/O) 포트상의 출력인 Boolean값이 시스템의 동작에 이진 영향을 미칠 것이라는 점이다(예를 들면, TRUE일 때 이륙(wheels up) 그리고 다른 경우에 착륙(wheels down)). 이 값이 시험 과정에서 TRUE 그리고 FALSE 모두 평가되는지를 확인하는 것이 중요하다. 이것은 경계값 문제 혹은 decision 커버리지 문제로 취급될 수 있다.

일반적인 decision 커버리지에서는 코드에서 모든 경로가 취해지는 것을 보장하며, 만약

Boolean 할당이 있다면, 그 값이 직접 외부에서 사용되거나 분기를 초래하는 구문에 사용될 때 true와 false condition이 모두 실행된다.

9.7.4.3 Modified Condition/Decision Coverage(DO-178C Table A-7 목표 5)

modified condition/decision coverage(MC/DC)는 레벨 A 소프트웨어에 대해서 필요하며 대부분의 내 커리어에서 많은 논쟁의 주제가 되어왔고 아마도 내가 은퇴한 후에도 열띤 논쟁이 계속될 것이다.

DO-178C는 condition, decision 그리고 modified condition/decision coverage를 다음과 같이 정의한다.[1]

- "Condition : 단항 연산자(NOT)를 제외하고 Boolean 연산자를 포함하지 않은 Boolean 표현식"이다.
- "Decision : condition 그리고 0 이상의 Boolean 연산자로 구성된 Boolean 표현식이다. 만약 하나의 decision에서 condition이 한 번 이상 나타나면 각각의 발생은 별개의 condition이다."
- "Modified condition/decision coverage : 프로그램에서 모든 진입 및 진출점이 적어도 한 번 이상 호출되었고, 프로그램에서 decision 내의 모든 condition이 적어도 한 번 모든 가능한 결과를 취했으며, 프로그램에서 모든 decision이 적어도 한 번 모든 가능한 결과를 취했고, decision에서 각각의 condition이 decision의 결과에 독립적으로 영향을 미치는 것으로 나타났다. 하나의 condition은 ① 다른 모든 가능한 condition을 고정하는 동안 단지 그 condition만 달라지거나 혹은 ② 결과에 영향을 미칠 수 있는 가능한 다른 모든 condition을 고정하면서 단지 그 condition만 달라지는 것에 의해서 decision의 결과에 독립적으로 영향을 미치는 것을 보여준다."

비록 MC/DC 기준이 1980년대 후반/1990년도 초반부터 항공 프로젝트에 적용되어왔지만, 주류 소프트웨어 엔지니어링 문헌에는 여전히 거의 논의되지 않는다. 항공산업의 경우 decision에 대한 각각의 가능한 입력 조합이 적어도 한 번 이상 실행되는 것을 요구하는 것 없이 시험 완료를 평가하기 위한 포괄적인 기준을 허용하도록 발전되었다(즉, **다중 조건 커버리지(multiple condition coverage)**로 알려진 decision에 대한 입력 조합의 철저한 시험). 다중 조건 커버리지가 가장 광범위한 구조적 커버리지 측정을 제공할지 모르지만, n개의 입력을 가진 decision이 2^n번의 시험을 요구하기 때문에, 많은 경우가 실현가능하지 않다.[13] 반면에 MC/DC는 n개의 입력을 가진 decision의 경우 최소 n+1개의 시험 케이스를 일반적으로 요구한다.

대부분의 프로젝트는 소스 코드 커버리지 도구를 좀 더 많이 사용할 수 있기 때문에, 소스 코드 레벨에서 MC/DC를 적용한다. 하지만 구조적 커버리지 기준을 오브젝트 코드 혹은 실행가능 오브젝트 코드 레벨에서 적용한 몇 개의 프로젝트가 있다. Structural coverage of object code라는 제목을 가진 CAST(Certification Authorities Software Team) 문서 CAST-17에 언급된 것처럼 이러한 접근법에 대해 약간의 논쟁이 있어왔다. 그 문서는 오브젝트 코드 커버리지의 배경에 있는 동기에 대한 요약과 해결되어야 할 몇 가지 이슈를 제공한다.[14] CAST-17 문서는 프로젝트별 FAA(Federal Aviation Association)의 이슈 페이퍼에 대한 기반이 되어왔다. DO-178C Section 6.4.4.2.b는 오브젝트 코드 혹은 실행가능 오브젝트 코드 커버리지가 받아들일만한 접근법이라는 것을 분명하게 하기 위해 DO-178B의 표현을 다음과 같이 변경했다. "구조적 커버리지 분석은 소스 코드, 오브젝트 코드 혹은 실행가능 오브젝트 코드에서 수행될 수 있다."[1] "오브젝트 코드 레벨에서 구조적 커버리지를 수행할 때 무엇이 고려되어야 하는가?"라는 제목을 가진 DO-248C의 FAQ #42 또한 이 주제를 명확하게 한다.[3]

나는 지난 몇 년 동안 구조적 커버리지를 조사하고, 토론하고, 평가하는 데 상당한 시간을 보냈기 때문에 구조적 커버리지, 특히 MC/DC에 대해서 좀 더 쓰고 싶은 생각이 든다. 하지만 그것은 항공 커뮤니티에서 워낙 폭넓게 논의되어왔기 때문에 그 주제를 잘 커버하는 공식적인 문서들이 있다. 이 챕터의 "추천 자료" 섹션에 있는 아이템 1~5는 특별히 도움이 되는 몇 가지 리소스들을 식별한다.

9.7.4.4 추가적인 코드 검증(DO-178C Table A-7 목표 9)

DO-178C Table A-7 목표 9는 다음과 같이 요약되어 있다. "소스 코드로 추적될 수 없는 추가적인 코드의 검증이 달성된다."[1] 비록 DO-178B의 본문에서도 그것을 요구했지만, 이 목표는 DO-178C를 위해 추가되었다. 대부분의 프로젝트는 소스 코드에 대한 구조적 커버리지를 수행한다(비록 일부는 오브젝트 코드 커버리지 혹은 기계어 코드 커버리지를 수행하지만). 하지만 실행가능 오브젝트 코드는 실제로 비행하는 것이다. 레벨 A 소프트웨어의 경우, 컴파일러가 추적할 수 없는 혹은 비결정론적인 코드를 생성하지 않는다는 것을 확인하기 위한 어떤 종류의 분석이 필요하다.

소스 코드에 대한 구조적 커버리지를 수행하는 프로젝트의 경우, 소스로부터 오브젝트 코드로의 추적성 분석이 일반적으로 수행된다. 내 경험으로는 이것은 컴파일러가 코드를 추가, 삭제 혹은 변형하지 않는다는 것을 확인하기 위해 소스 코드와 오브젝트 코드 사이의 비교를 포함한다. 분석은 일반적으로 코드의 100%보다는 실제 코드의 샘플을 사용해서 적용된다.19) 사용되는 샘플은 소스 코드에서 허용되는 모든 구문을 포함하고 실제 코드 베이스의 최소 10%를 구성해야 한다. 구문의 조합이 평가되는 것 또한 추천된다. 분석은 실제 코드 생성을 위해 사용될 컴파일러 설정을 사용해서 수행되어야 한다. 분석은 일반적으로 소스 코드와 오브젝트 코드(혹은 기계어 코드)의 라인별 비교를 포함한다. 소스 코드로 직접 추적할 수 없는 모든 오브젝트 코드(혹은 기계어 코드)는 분석되고 설명된다. 어떤 상황에서는 분석이 허용할 수 없는 컴파일러 동작을 식별할 수 있으며, 이것은 조치가 필요하다. 레지스터 추적, 명령어 스케줄링 그리고 분기 최적화와 같은 컴파일러 특성들이 분석에 문제를 일으킬 수 있다. 고도로 최적화된 컴파일러 설정과 특정 언어들(예를 들면, 객체 지향 특성을 가진 언어들) 또한 추적할 수 없는 코드를 초래할 수 있으므로 인증할 수 없을 것이다. 분석에는 특정 언어, 어셈블리, 기계어 코드 그리고 컴파일러에 대한 지식을 가진 엔지니어가 필요하다. 만약 소스 코드를 변경하면 추가적인 코드 구문이 추가되지 않고 분석이 여전히 유효하다는 것을 확인하기 위한 평가가 필요할 것이다. 일단 이 분석이 수행되면 컴파일러와 그 설정이 변경되지 않고 코드가 동일한 구문을 사용하는 한 여러 프로젝트에 사용될 수 있다.

내가 작업한 대부분의 프로젝트의 경우, 소스로부터 오브젝트 코드로의 분석은 최적화가 최소로 유지되고 성숙한 언어와 컴파일러가 사용되는 한 중요한 이슈들을 발견하지 못했다. 하지만 그 분석은 여전히 필요하며 철저하게 수행되어야 한다.

19) Guidelines for approving source code to object code traceability라는 제목을 가진 CAST-12는 이 주제에 대한 추가적인 정보를 제공한다.[15]

9.7.4.5 데이터 결합도와 컨트롤 결합도 분석(DO-178C Table A-7 목표 8)

나는 구조적인 커버리지에 대해 이 섹션에서 마지막으로 최선을 다하고 있다. 데이터 결합도와 컨트롤 결합도(DC/CC) 목표(Table A-7 목표 8)는 DO-178B에 포함되었지만 명확하지 않았다. 특히, DO-178B는 데이터 결합도와 컨트롤 결합도의 전반적인 소프트웨어 엔지니어링 정의로부터 달라졌지만 그 의도를 분명하게 설명하지는 않았다. DO-178B를 개발한 RTCA Special Committee #167의 멤버들에 따르면, 데이터 및 컨트롤 결합도 목표는 위원회의 논의에 늦게 추가되었고 광범위한 토론을 하지 않았다. 결론적으로 그 목표가 실제로 무엇을 의미하는지에 대한 혼란이 있어왔다. 고맙게도 DO-178C는 그것을 명확하게 했다. 하지만 많은 회사들이 분명해진 목표를 준수하지 않기 때문에, 그 명확함은 업계 전반에 걸쳐서 몇 가지 어려움을 야기할 가능성이 있다(즉, 원래의 DO-178B 목표에 대한 그들의 해석이 DO-178C 설명과 일치하지 않는다).

DO-178C는 **데이터 결합도**(data coupling), **컨트롤 결합도**(control coupling) 그리고 **컴포넌트**(component)를 다음과 같이 정의한다.[1]

- "**데이터 결합도**: 전적으로 해당 소프트웨어 컴포넌트의 컨트롤하에 있지 않는 데이터에 대한 소프트웨어 컴포넌트의 의존성"
- "**컨트롤 결합도**: 하나의 소프트웨어 컴포넌트가 다른 소프트웨어 컴포넌트의 실행에 영향을 주는 방식 혹은 정도"
- "**컴포넌트**: 시스템의 별도의 기능을 수행하는 독립된 부품, 부품의 조합, 하위 부품 혹은 장치"

DO-178C에 따르면 Table A-7 목표 8의 의도는 "요구사항 기반 시험이 코드 컴포넌트 사이의 데이터 및 컨트롤 결합도를 수행했다는 것을 확인하기 위한 분석"[1]을 수행하는 것이다. CAST-19는 데이터 및 컨트롤 결합도 분석의 목적이 다음과 같다고 말한다.

> 이들 모듈/컴포넌트의 상호작용과 의존성의 정확도에 대한 측정과 보장을 제공하기 위한 것이다. 즉, 그 의도는 소프트웨어 모듈/컴포넌트가 소프트웨어 설계자가 의도한 방식으로 서로 영향을 미치며, 의도되지 않은, 그래서 계획되지 않은, 변칙적인 혹은 잘못된 동작을 초래하는 방식으로 서로 영향을 미치지 않는다는 것을 보이는 것이다. 일반적으로 상호작용과 의존성이 정확하고, 커버리지가 완전하며, 목표를 충족한다는 것을 보

장하기 위해 통합된 컴포넌트의 R-BT[요구사항 기반 시험]에서(즉, 최종 소프트웨어 프로그램 빌드에서) 측정과 보증이 수행되어야 한다.[16][20]

불행히도 이것은 많은 개발자들이 그 기준을 해석해온 방법이 아니다. 많은 이들은 코드가 설계의 컨트롤과 데이터 흐름을 정확하게 구현한다는 것을 확인하기 위해 설계 그리고 코드 리뷰 활동으로 그것을 적용해왔다. 개발 과정에서 이러한 활동은 최종 DC/CC 분석이 성공적일 것이라는 점을 보장하고, DO-178C Table A-4와 A-5 목표들을 만족하는 것이 중요하다. 하지만 이것은 Table A-7 목표의 의도가 아니다. 또한 설계 그리고 코드 리뷰 외에도 DO-178C를 준수하는 사람들은 그들의 시험이 컴포넌트(모듈 혹은 함수와 같은) 사이의 데이터 결합도와 컨트롤 결합도를 커버한다는 것을 보장해야 한다. 일부 조직은 의도한 대로 DC/CC 기준을 적용해왔고, 만약 설계와 코드 리뷰가 부적절하거나 통합 접근법이 충분하지 않으면 특히 그것은 상당히 어려울 수 있다. 만약 요구사항 기반 시험과 구조적 커버리지 측정이 코드에 대한 인스트루먼트 없이 통합된 시스템(모듈별보다는)에서 수행되는 경우, 이것은 신뢰도 향상에 도움이 된다.

요구사항 기반 시험을 사용해서 DC/CC 분석을 성공적으로 수행하기 위해 아키텍처가 요구사항과 일치하고 코드가 아키텍처에 부합하는지를 개발 과정에서 확인하는 것이 중요하다. DC/CC 분석에 대한 DO-178C의 지침을 충족하는 것은 일반적으로 다음에 설명되는 네 가지 단계를 포함한다.

- 첫째, 소프트웨어 아키텍처는 반드시 문서화되어야 한다(DO-178C Table A-2 목표 3). DO-178C Section 11.10은 데이터 혹은 컨트롤 흐름과 관련된 다음 항목들을 포함해서 소프트웨어 설계 내용에 문서화되어야 하는 것에 대한 지침을 제공한다. 데이터 구조, 소프트웨어 아키텍처, 내부 및 외부 입력/출력, 설계의 데이터 흐름 및 컨트롤 흐름, 스케줄링 절차 및 프로세스 간/태스크 간 통신 메커니즘, 파티션 방법 그리고 소프트웨어 컴포넌트에 대한 설명 등이다.[1] Chapter 7은 설계 프로세스에 대해서 설명했다.
- 둘째, 소프트웨어 아키텍처와 코드가 일관성에 대해서 리뷰 그리고/혹은 분석된다. DO-178C Table A-4 목표 9는 DO-178C Section 6.3.3을 참조하는데, 이는 설계 리뷰 그리고/혹은 분석의 한 가지 목적이 "소프트웨어 아키텍처의 컴포넌트" 사이의 정확한

20) 명확하게 하기 위해서 대괄호가 추가되었다.

관계를 확인하는 것이며 "이 관계는 데이터 흐름 그리고 컨트롤 흐름을 통해서 존재한다. …"라고 설명한다. [1] DO-178C Table A-5 목표 2는 DO-178C Section 6.3.4.b를 참조하는데 이는 코드 리뷰 그리고/혹은 분석의 한 가지 목적은 "소스 코드가 소프트웨어 아키텍처에 정의된 데이터 흐름 및 컨트롤 흐름과 일치한다는 것을 확인하는"[1] 것이라고 설명한다. 일반적으로 설계 그리고 코드 리뷰/분석 활동 모두 공통된 데이터 결합도와 컨트롤 결합도 이슈를 고려하기 위해 상세한 체크리스트 혹은 질문지를 포함한다. 〈표 9-2〉는 리뷰 및 분석 과정에서 고려해야 하는 몇 가지 이슈의 예를 제공한다. 구체적인 것은 아키텍처, 언어, 환경 등에 따라 달라질 것이다. 이것은 단지 예시

표 9-2 설계 및 코드 리뷰/분석 과정에서 고려해야 할 데이터 및 컨트롤 결합도 항목의 예시

고려해야 할 데이터 결합도 항목 예시	고려해야 할 컨트롤 결합도 항목 예시
• 모든 외부 입력과 출력이 정의되고 정확하다. • 모든 내부 입력과 출력이 정의되고 정확하다. • 데이터가 정확하고 일관성 있게 타입이 지정된다. • 단위가 일관성있고 데이터 사전과 일치한다. • 데이터 사전과 코드가 일치하고 둘 다 완전하다. • 데이터를 올바른 순서로 보내고 받는다. • 데이터가 일관성 있게 사용된다. • 데이터 손상이 방지되고 탐지된다. • 데이터가 사용되기 전에 초기화되거나 읽기 전용이 된다. • 손상된 혹은 유효하지 않은 데이터가 방지되거나 탐지된다. • 데이터 비교 오류나 데이터 누락이 방지되거나 탐지된다. • 예상하지 못한 부동 소수점 값이 방지되거나 탐지된다. • 파라미터가 올바르게 통과된다. • 전역 데이터 구성 내의 전역 데이터와 데이터 요소들이 정확하다. • I/O가 외부 소스로부터 올바르게 접근된다. • 모든 변수들이 사용되기 전에 설정(혹은 초기화) 된다. • 모든 변수들이 사용된다. • 오버플로우와 언더플로우가 식별되고 수정된다. • 지역 및 전역 데이터가 사용된다. • 배열이 올바르게 인덱스된다. • 코드가 설계와 일치한다.	• 실행 순서가 식별되고 정확하다. • 실행률이 식별되고 정확하다. • 조건 실행이 식별되고 정확하다. • 실행 의존성이 식별되고 정확하다. • 실행 순서, 실행률, 실행 조건이 요구사항을 만족한다. • 인터럽트가 식별되고 정확하다. • 예외가 식별되고 정확하다. • 리셋이 식별되고 정확하다 • 전원 인터럽트로의 응답이 식별되고 정확하다. • 포그라운드 스케줄러가 적절한 순서 그리고 올바른 실행률로 실행된다. • 백그라운드 스케줄러가 실행되고 무한 루프에 빠지지 않는다. • 코드가 설계와 일치한다.

일 뿐이다.

- 셋째, 요구사항 기반 통합 시험이 개발된다(DO-178C Table A-5). DO-178C Section 6.4.3.b는 요구사항 기반 소프트웨어 통합 시험이 "소프트웨어 컴포넌트가 서로 정확하게 상호작용하고 소프트웨어 요구사항과 소프트웨어 아키텍처를 만족한다"[1]는 것을 확인하기 위해 수행된다. 통합 시험은 다음과 같은 종류의 에러[1]를 식별하기 위한 의도이다 : 변수 및 상수의 부정확한 초기화, 파라미터 전달 에러, 데이터 손상(특히 전역 데이터), 이벤트 및 연산자의 잘못된 순서 그리고 불충분한 엔드 투 엔드 수치 해상도이다. 일부 사람들은 DC/CC 분석에 대한 DO-178C 설명에 **요구사항 기반**(requirements-based)에 대한 강조를 포함하는 것은 아키텍처 또한 다루어질 필요가 있기 때문에 기준을 약화시킨다고 주장한다. 하지만 설계 리뷰 과정에서 아키텍처와 요구사항 사이의 일관성이 반드시 검증되어야 한다. 만약 그러한 경우 요구사항 기반 시험 또한 아키텍처를 다루어야 한다. 또한 DO-178C Section 6.4.3.b에 언급된 것처럼 아키텍처는 DC/CC 분석 과정에서 고려되어야 한다.
- 넷째, 컴포넌트 사이에 데이터 및 컨트롤 결합도가 요구사항 기반 시험에 의해서 다루어진다는 것을 확인하기 위해 시험이 분석된다(DO-178C Table A-7 목표 8). 만약 1~3단계가 적절하게 수행되지 않으면 4단계를 적절하게 완료하기가 어려울(아마도 불가능할) 것이다. 내가 아는 한 데이터 결합도와 컨트롤 결합도 분석을 수행할 수 있는 상용 도구는 없다. 대부분의 회사들은 직접 도구(들)를 개발하거나 수동으로 분석을 수행한다. 향후에는 데이터 및 컨트롤 결합도 분석을 돕기 위해 더 나은 상용 도구의 확장이 있기를 바란다.

이 챕터의 "추천 자료" 섹션에서 6번 항목은 데이터 결합도와 컨트롤 결합도에 대한 몇 가지 추가적인 통찰력을 제공한다. 추가적으로 파티션은 데이터 및 컨트롤 결합도와 밀접하게 관련되어 있기 때문에, Chapter 21은 DO-178C Table A-7 목표 8을 만족하기 위한 접근법을 개발할 때 고려할 가치가 있는 몇 가지 추가적인 항목들을 논의한다.

9.7.4.6 구조적 커버리지 갭을 해결하기

요구사항 기반 시험을 통해서 얻어진 코드 커버리지를 측정할 때 커버리지에서 일부 갭이 식별될 수 있다. 갭에 대한 이유를 결정하기 위해 분석이 수행된다. 다음 조치들이 취해질 수 있다.

- 만약 커버리지 갭이 시험의 누락 때문에 발생하는 경우 추가적인 시험 케이스가 추가되고 실행된다.
- 만약 갭이 누락된 요구사항(문서화되지 않은 특성) 때문에 발생하는 경우 요구사항이 업데이트되며 시험이 추가되고 실행된다.
- 만약 갭이 데드 코드이거나 관련 없는 코드로 식별된다면 데드 코드 혹은 관련 없는 코드는 제거되며, 그 영향과 재검증에 대한 필요성을 평가하기 위해 분석이 수행된다. 일반적으로 몇 가지 재검증이 필요하다. 데드 코드 그리고 관련 없는 코드에 대한 정보에 대해서는 Chapter 17을 보라.
- 만약 갭이 비활성화된 코드에 의한 것이라면 비활성화 접근법이 요구사항과 설계에 대해서 적절하고 일관되는지를 확인하기 위해 분석된다. 비활성화된 코드에 대한 논의는 Chapter 17을 보라.
- 만약 갭이 앞서 설명된 어떤 것으로도 해결되지 않으면 코드가 적절히 검증되었고 의도된 대로 동작하는지를 확인하기 위해 추가적인 분석이 필요하다. 일반적으로 이 분석은 SVR에 포함되거나 요약된다.

9.7.4.7 구조적 커버리지 분석에 대한 최종 고찰

우리가 구조적 커버리지의 주제를 떠나기 전에 나는 네 가지 중요한 것을 요약하고 싶다.

첫째, 구조적 커버리지 신뢰가 요구될 때, 그것은 통과하는(그리고 추적되는 요구사항을 충족하는) 요구사항 기반 시험에 기반해야 한다. 만약 시험이 실패한다면 커버리지는 유효하지 않을 수 있다.

둘째, 구조적 커버리지는 일반적으로 시험 실행 동안에 소스 코드가 실행되어온 위치를 식별하기 위해 소스 코드를 인스트루먼트하는 것에 의해서 측정된다. 소스 코드가 변경되면 인스트루먼트에 의해서 주입된 변경이 괜찮은지(그래야 한다) 평가하는 것이 중요하다. 결과 코드 최적화 또한 정보를 기록하는 커버리지 특성이 정보 흐름을 바꾸기 때문에 인스트루먼트에 의해서 영향을 받는다. 따라서 인스트루먼트 없이 시험을 재수행하고 구조적 커버리지 신뢰를 주장하기 전에 인스트루먼트된 것과 인스트루먼트되지 않은 것을 비교해야 한다.

셋째, 모든 구조적 커버리지 도구가 DO-178C의 기준을 완전하게 만족하는 것은 아니다. 특히, 태스크 구성이 존재하는 상태에서 커버리지를 측정하기 위해 설계되지 않은 도구가 동시에 수행되는 코드에서 커버리지를 측정할 때 조심해야 한다. 도구는 시간과 돈을 투자하기 전에 조심스럽게 평가되고 완벽하게 이해되어야 한다. '*Software Verification Tools Assessment Study*'라는 제목의 FAA 연구 보고서는 몇 가지 재미있는 통찰을 제공한다. FAA의 후원을 받은 이 연구는 상업적으로 사용가능한 구조적 커버리지 도구를 평가하기 위해 시험 조합을 제안했다. 평가된 세 가지 도구 각각에서 이상 현상이 발견되었다. 이 연구는 일부 도구가 구조적 커버리지의 DO-178C 정의를 충족하지 못할 수 있기 때문에 도구를 선택할 때 주의해야 한다는 것을 보여준다.**[17]**

마지막으로 구조적 커버리지 분석 결과는 일반적으로 SVR에 포함되거나 참조된다. 모든 구조적 커버리지 갭과 분석이 인증 당국 그리고/혹은 그들의 위임자들에 의해서 면밀히 평가될 것이다. 따라서 그것은 분명하게 설명되어야 하며 완벽하게 정당화되어야 한다.

9.8 문제점 리포팅

비록 문제점 리포팅이 DO-178C에서 형상 관리 섹션의 일부로 포함되고 이 책의 Chapter 10에서 좀 더 탐구되지만, 많은 소프트웨어 문제점이 검증 과정에서 발견되기 때문에 검증에 대한 이 챕터에서 논의한다. 문제점 리포트는 프로젝트의 어떤 단계에서도 생성될 수 있으며 일반적으로 일단 데이터 항목(예를 들면, 요구사항, 설계, 코드, 시험 케이스 혹은 시험 절차)이 리뷰되고 베이스라인이 설정되면 시작된다. 문제점 리포트는 베이스라인 간의 변경을 관리하고 소프트웨어와 그와 관련된 라이프 사이클 데이터에서 알려진 에러를 해결하기 위해 사용된다.

검증 프로세스 과정에서 시스템 요구사항, 소프트웨어 요구사항, 설계 그리고 소스 코드에서 문제를 발견하는 것이 일반적이다. 또한 계획, 라이프 사이클 프로세스, 도구 혹은 심지어 하드웨어에서도 문제가 발견될 수 있다. 문제점 리포트는 프로세스, 데이터 그리고 제품에 대한 이슈들을 문서화하기 위해 사용된다. 문제점 리포팅은 일반적으로 라이프 사이클 데이터 항목이 리뷰되고 업데이트되며(필요한 경우), 베이스라인이 설정될 때까지는 발생하지 않는다. 일단 그러한 상황이 발생하면 모든 변경사항이 문제점 리포트에 문서화되는 것이 일반적이다. 일부 회사들은 하나는 코드를 위한, 그리고 다른 하나는 프로세스와 문서 에러를 위한 두 가지 종류의 문제점 리포트를 가진다. 그들은 때때로 미래의 제품 개선을 위한 또 다른 종류를 가진다. 나는 각각의 문제점 리포트를 위한 훌륭한 분류 시스템을 가진(즉, 문제점 리포트가 코드 이슈, 문서 이슈, 프로세스 이슈, 향후 개선 등으로 분류될 수 있다), 소프트웨어에 대한 모든 종류의 이슈 혹은 가능한 변경을 문서화하는 하나의 문제점 리포팅 시스템을 선호하는 경향이 있다.

각각의 문제점 리포트(PR)는 일반적으로 다음과 같은 정보를 포함한다.

- PR 번호
- PR이 작성된 날짜
- 문제점 요약
- 영향을 받는 라이프 사이클 데이터 항목과 그들의 버전
- 문제 유형(예를 들면, 코드, 설계, 요구사항, 문서, 개선, 프로세스, 도구, 기타)
- 항공기 안전성과 준수 관점(예를 들면, 안전성 영향, 인증/준수 영향, 주요한 기능/운영 영향, 사소한 기능/운영 영향, 문서상으로만)에서의 문제의 심각도(영향 혹은 결과)
- 소프트웨어 개발자의 관점에서 문제점 우선순위(예를 들면, 즉시 수정, 가능한 한 빨리 수정, 다음 릴리즈 전에 수정, 인증 전에 수정, 가능하면 수정, 수정하지 않음)
- PR 작성자 이름과 문제점 발견 날짜
- 문제가 발견된 방법
- 문제의 기능 영역
- 문제점 설명과 그것을 재현하는 방법
- 제안된 수정(일반적으로 옵션 필드)
- 지원 데이터(일반적으로 PR에 첨부됨)
- 문제를 조사하도록 할당된 사람
- 문제점 분석과 주석(즉, 문제점 조사가 문서화되는 경우)
- 상태(예를 들면, 작업 중, 수정되었으나 아직 검증되지 않은, 검증이 진행 중, 수정되고 검증된, 재현할 수 없는, 연기된, 중복 혹은 취소된[만약 그것이 유효한 문제가 아니라면])

심각도 **그리고(and)** 우선순위 분류가 항상 있는 것은 아니라는 점에 유의해야 한다. 일부 문제점 리포팅 시스템은 단지 하나의 분류를 가지며 일부는 두 개를 가진다. 그것은 프로젝트의 성격에 달려 있을 것이다. PR 분류체계는 소프트웨어 형상 관리 계획(SCMP)에 설명되어야 한다. Chapter 10은 인증 당국의 추천 분류 중 일부를 포함해서 문제점 리포팅에 대한 추가적인 정보를 제공한다.

좋은 PR을 작성하는 것은 많은 엔지니어들에게 어려운 일이다. 하지만 그것을 잘 작성하지 못하면 변경이 올바로 평가되고, 구현되고, 검증되는지를 확인하기 어려워진다. 다음은 PR을 작성하고 다루기 위한 몇 가지 실질적인 제안들이다.

제안 1 : 문서, 데이터 혹은 제품이 아직 리뷰되지 않은 경우, **모든 문제를 PR에 문서화하라.** 그런 경우에 문제는 리뷰 기록에 작성되어야 한다. 문제를 구두로 그리고 이메일로 리포트하는 것은 추적할 수 없거나 조치를 취할 수 없다.

제안 2 : **서술적이고, 간결하며, 정확하고, 고유한 문제 요약을 작성하라.** 만약 문제가 연기되면 문제 요약은 SAS에서 끝날 수 있다. 따라서 그것은 높은 가시성을 가질 수 있다. 연기되지 않은 문제점 리포트조차도 관리자, 고객, 시스템 엔지니어, 안전성 담당자, SQA, 인증 교섭 담당자 그리고 때때로 인증 당국이 읽을 수 있다. 따라서 문제 요약은 소프트웨어 세부 내역에 대한 지식이 없는 사람에게도 이치에 맞는 방식으로 작성되어야 한다. 마찬가지로 소프트웨어 세부 내역을 아는 사람들을 위한 부분도 신경 써야 한다. 본질적으로 이슈는 한동안 존재할 수 있기 때문에 좋은 문제 요약을 작성하기 위해 추가시간이 주어져야 한다.

제안 3 : **각각의 PR에 번호를 붙이고 분류하라.** 문제가 조사되면서 분류가 변할 수 있지만 이슈의 심각도 혹은 우선순위를 어느 정도 파악하는 것이 중요하다. Chapter 10은 분류 접근법에 대한 더 많은 논의를 제공한다.

제안 4 : **PR을 분류하는 프로세스가 SCMP에 분명하게 문서화되어 있는지를 확인하라.** 앞서 언급한 것처럼 일부 프로젝트는 여러 분류체계(예를 들면, 심각도에 대한 것과 우선순위에 대한 것)를 가질 것이다. 그 분류 접근법은 개발자, 고객, CCB(Change Control Board), 인증 교섭 담당자, 관리 그리고 PR을 읽고 PR을 사용해서 결정을 내릴 모든 사람에게 명확해야 한다.

제안 5 : 각각의 PR에서 오직 하나의 문제만 식별하라. 때때로 관련된 문제들을 함께 그룹화하려는 유혹이 있다. 하지만 만약 일부가 수정되고 일부가 그렇지 않으면 종료하기가 어렵다.

제안 6 : PR이 읽기 쉽고 이해할 수 있다는 것을 확인하라. 문제에 대한 분명하고 완전한 설명이 필요하다. 문제가 어떻게 지적되었는지, 문제를 어떻게 재현하는지 그리고 문제가 무엇인지에 대한 특정 정보뿐만 아니라 문제의 분명하고 완전한 설명이 필요하다. 문제의 데이터 항목 혹은 스크린샷에서 발췌한 첨부를 사용하는 것이 매우 유용할 수 있다. 만약 문제가 분명하게 기술되지 않으면 적절한 조치가 취해지지 않을 수 있다.

제안 7 : 문제가 발견되면 즉시 문서화하라. 명백한 버그조차 리포트되어야 한다. 그렇지 않으면 수정되지 않을 수 있다.

제안 8 : 재현할 수 없는 버그를 PR에 문서화하라. 그런 버그는 프로젝트가 진행되면서 좀 더 분명해질 수 있다.

제안 9 : 일반적으로 PR 작성자는 문제를 설명하는 데 시간을 들여야 하지만 문제를 해결하려고 해서는 안 된다. 해결을 위한 몇 가지 제안이 포함될 수 있지만 해결책은 조사 과정에서 나올 것이다.

제안 10 : PR이 전문적이며 개인적인 판단을 피하는지 확인하라. 코더, 관리자 혹은 아키텍트를 비난하는 것은 도움이 되지 않는다. 비난하는 것은 생산적이지 않다. PR은 사람이 아니라 기술적인 이슈에 초점을 맞추어야 한다.

제안 11 : 일단 문제가 리포트되면, 그것은 다음 단계를 결정하기 위해 한 사람 이상에 의해서 리뷰되어야 한다. CCB(혹은 PR 리뷰 위원회)는 일반적으로 새로운 문제를 평가하고 할당하기 위해 활용된다. 일단 모든 필요한 데이터가 모아지고 솔루션에 대한 권고사항이 만들어지면, CCB는 그 솔루션을 승인하거나 혹은 솔루션을 연기하는 것을 결정한다.

제안 12 : 문제의 조사 단계 과정에서 엔지니어는 관련된 이슈들을 고려해야 한다. 리포트된 문제는 단지 더 큰 이슈의 증상일 수 있다. 조사자는 증상만이 아니라 근본 원인을 찾는다.

제안 13 : 문제점 조사와 디버깅은 시간이 걸릴 수 있다는 것을 기억하라. 어떤 문제들은 분명하지만 어떤 것들은 평가하는 데 몇 주가 걸릴 수 있다. 조사는 전체적인 시스템과 개발 프로세스에 대한 이해도가 높은 숙련된 엔지니어에게 할당되어야 한다.

제안 14 : 제안된 솔루션이 어떤 항목이 변경되고 영향을 받을지 그리고 각각의 항목에 예상되는 변경사항이 무엇인지를 분명하게 식별하는지 확인하라. 기본적으로 각각의 변경에 대해서 단순화된 변경 영향 분석이 필요하다. 이 분석이 더 잘 문서화되면 소프트웨어 베이스라인에 대한 강화된 변경 영향 분석을 지원하기가 더 쉬워질 것이다.

제안 15 : 일단 데이터 항목이 리뷰되고 베이스라인이 설정되면, 그것은 오직 PR(혹은 동등한 변경 허가 매체)로만 변경된다. 이것은 CC1(Control Category #1) 데이터 항목(요구사항, 설계, 코드, 검증 케이스/절차와 같은)에 적용한다. CC1/CC2는 Chapter 10에서 설명된다. 문서화된 문제에 대해서 데이터 항목을 수정할 때 명백한 에러를 변경하려는 유혹이 있을 수 있다. 그런 에러를 수정하는 것이 잘못된 것은 아니다. 하지만 그 이슈와 솔루션은 그저 기록 없이 수정되는 것이 아니라 PR에 문서화될 필요가 있다.

제안 16 : 문제를 함께 평가하라. 프로젝트 전반에 걸쳐서(고객, 품질 그리고 인증 교섭 담당자뿐만 아니라) 개발자와 관리자는 PR의 전체적인 그룹에 대한 이해를 가져야 한다. 때때로 문제들이 연관되지만, 만약 관련자들이 더 큰 그림으로 조율하지 않으면, 그것들은 연결 고리를 놓칠 수 있다.

제안 17 : 버그 변형에 대한 경향을 알아차려라.[9] 이것은 버그가 보고되고 조사자가 추적을 시작하면 나타난다(아마 조사자는 몇 가지 다른 이슈들을 발견할 것이다). 만약 다른 이슈들이 PR 조사 과정에서 식별되면, 이를 해결하기 위해 추가적인 PR이 만들어져야 한다.

제안 18 : 중복 이슈를 리포트하는 것을 두려워하지 마라. 일부 개발자들은 중복일지도 모른다고 생각하기 때문에 PR로 들어가는 것을 꺼린다. 이 경우 기존 PR의 리스트를 빨리 리뷰하고, 만약 그 문제가 리포트된 것을 확실히 보지 못한다면 그들의 문제를 제출해야 한다. 소프트웨어에서 문제된 부분이 있을 때, 연관되지만 약간 다른(때때로 근원이 되는 이슈의 여러 증상이 있다) 여러 개의 PR이 있을 수 있다는 것 또한 유의해야 한다. 따라서 이슈를 리포트하지 않는 것보다는 잠재적으로 중복인 PR을 작성하는 것이 더 낫다. CCB(혹은 PR 리뷰 위원회)는 중복을 결정하기 위해 좀 더 철저한 평가를 할 것이다.

제안 19 : 품질과 일관된 PR을 보장하기 위해 가독성, 정확도, 완결성 등에 대해서 리뷰할 엔지니어를 할당하라. 또한 이 사람은 때때로 CCB(혹은 PR 리뷰 위원회)를 이끌며 위원회가 평가하기 전에 PR이 성숙한지를 확인한다.

제안 20 : **PR을 종료하기 전에 문제에 대한 솔루션(들)을 검증하라.** 검증 프로세스는 요구사항, 설계, 코드 그리고 시험 데이터의 재리뷰를 포함할 수 있다. 일반적으로 독립된 리뷰어가 선호된다. 데이터 항목은 처음에 했던 것과 동일한 수준의 엄격함을 거쳐야 한다(즉, 동일한 프로세스, 체크리스트 등).

제안 21 : **만약 PR이 연기된다면 PR에 연기에 대한 정당성을 작성하라.** 이러한 정당성은 만약 그 문제가 인증 전에 수정되지 않는 경우 안전성, 운영, 성능 혹은 준수 이슈가 없는 이유를 설명해야 한다. 정당성은 상당히 정밀한 조사를 받을 것이기 때문에, 분명하게 설명되고 데이터에 의해서 잘 뒷받침되어야 한다. 정당성은 연기가 가능한지 여부를 결정하기 위해 CCB(그리고/혹은 PR 위원회), 고객, 안전성 담당자 그리고 인증 교섭에 의해서 평가될 것이다. 일단 연기에 대한 결정이 합의되면 인증 당국 그리고/혹은 그들의 피지명자의 동의를 위해 그 정당성이 SAS에 포함된다.

제안 22 : **PR 연기 그리고 종료 프로세스에 SQA를 포함하라.** SQA는 CCB의 멤버일 수도 있고 혹은 별도의 승인 프로세스를 가질 수도 있다.

9.9 검증 프로세스를 위한 권고사항

일부 사람들은 특정 상황에 너무 많이 의존하기 때문에, 검증에 관한 한 **모범 사례**(best practice) 같은 것이 없다고 주장한다. 하지만 프로젝트를 좀 더 원활하게 하고 성공가능성을 높이는 몇 가지 관행이 있다. 이 섹션은 내가 참여한 수많은 프로젝트에 기반한 권고사항들의 요약을 제공한다. 이들 중 몇 가지는 앞서 언급된 자료들의 요약이며 다른 것들은 아직 다루지 않았다.

권고사항 1 : **일찍 계획하고 자주 조정하라.** 어떤 프로젝트도 발생할 모든 이슈를 예상할 수 없다. 하지만 계획은 여전히 중요하며 더 큰 이슈들의 일부를 줄일 수 있다. 계획에 더해서 실제 이슈들을 해결하기 위해 지속적인 조정이 이루어져야 한다.

권고사항 2: 현실적인 일정을 위해 노력하라. 거짓 일정은 내가 가장 싫어하는 것 중 하나이다. 희망사항에 기반한 계획과 진실을 외면하는 관리는 그저 효과적이지 않을 뿐이다. 한 번은 스케줄 작업을 하다가 매니저에게 스케줄을 계획하기 전에 작업들을 고려해야 한다고 말한 적이 있다. 그는 내가 미쳤다는 듯이 나를 쳐다보았다. 그는 이렇게 말했다. "그건 내가 알아서 해. 당신이 상관할 부분이 아니야." 나는 관리(management hat)가 왜 현실에 기반할 수 없는지 이해가 되지 않는다. 내 동료 중 한 명은 이렇게 말하는 것을 좋아한다. "좋은 리더는 현실을 무시하지 않는다." 너무 많은 일정을 잡는 것은 현실보다는 비즈니스 안건에 기반을 두고 있다. 대부분의 엔지니어들은 현실적인, 심지어 공격적인 일정을 충족하기 위해 미친 사람처럼 일할 것이다. 하지만 너무 많은 불가능한 혹은 희망사항에 기반한 일정은 그들의 사기를 꺾고 동기를 상실하게 만든다.

권고사항 3: 강건성을 위해 설계하라. 강건하게 시험하는 것은 거의 불가능하다(즉, 시험 단계 과정에서 강건성을 실행하는 것). 비정상적인 입력을 예상하고 그 입력을 해결하기 위해 시스템을 설계하는 것이 더 낫다.

권고사항 4: 시험가능성을 위해 설계하라. 앞서 언급한 것처럼 개발자가 시험을 지원하도록 시스템을 구축하는 것이 도움이 된다. 예를 들면, 몇 가지 데이터 구조를 외부 레벨에서 볼 수 있게 하는 것은 접근이 어려운 데이터로 검증하는 것보다 시험이 더 쉬워진다. 테스터가 시험 측면에 대해서 미리 생각할 것이기 때문에, 요구사항과 설계 리뷰에 참여시키는 것이 도움이 된다.

권고사항 5: 일찍 검증을 시작하고 프로젝트 전반에 걸쳐서 지속하라. 검증은 개발 노력에서 가능한 한 일찍 시작해야 한다. 요구사항, 설계 그리고 코드의 리뷰는 데이터가 생성되면서 이루어져야 한다. 공식 리뷰를 실시하기 전에 데이터에 대한 비공식적인 기술적 리뷰를 하는 것이 매우 유익하다. 검증을 마지막으로 연기하는 것은 효과적이지 않으며, 비용이 매우 많이 들 수 있고 인증 당국과 고객과의 관계에 해를 끼칠 수 있다.

권고사항 6: 리뷰 과정에서 역할을 정하라. 동료 검토 과정에서 역할을 정의하는 것이 도움이 된다. 예를 들면, 어떤 사람은 시험이 요구사항을 얼마나 잘 수행하는지에 초점을 맞출 수 있다. 어떤 사람은 추적성의 정확도에 집중할 수 있다. 어떤 사람은 시험 케이스의 정확성과 정밀도를 평가할 수 있다. 그리고 어떤 사람은 반복가능성을 결정하기 위해 시험 절차를 수행할 수 있다.

권고사항 7: 리뷰 단계 과정에 테스터를 참여시켜라. 만약 테스터가 요구사항과 설계의 리뷰에 참여한다면, 테스터는 소프트웨어가 시험가능하다는 것을 보증하는 것을 도울 수 있고 시험할 요구사항과 친숙해질 수 있다.

권고사항 8: 시험 활동을 일찍 시작하라. 요구사항이 성숙함에 따라 누군가는 시험 계획과 시험 케이스 개발을 시작해야 한다.

권고사항 9: 테스터가 시스템을 이해할 시간과 기회를 주어라. 테스터가 시스템의 의도와 실제 기능을 더 잘 이해할수록 에러를 더 잘 식별할 수 있다. 요구사항이 테스터들 간에 나뉘고 사실상 아무도 시스템을 전체적으로 이해하지 못할 때 시험은 효과적이지 않다.

권고사항 10: 환경을 인지하라. 테스터는 소프트웨어의 운영 환경을 이해해야 한다. 개발 환경, 하드웨어 그리고 인터페이스에 대한 지식 또한 효과적인 시험을 위해 중요하다.

권고사항 11: 테스터는 모든 것을 질문하도록 장려되고 허용되어야 한다. 확실히 질문을 목소리를 높여서 할 필요는 없지만, 에러를 발견하기 위한 최선의 방법은 "만약 그렇다면?" 혹은 "어떻게 작동하는가?" 혹은 "왜 작동하는가?"를 계속해서 고려하는 것이다. 호기심이 없는 검증자는 효과가 없는 경향이 있다.

권고사항 12: 숙련된 사람들을 이용하고 그들이 자신들의 경험을 적용할 수 있도록 하라. 확실히 전문가풀은 한정되어 있다. 하지만 숙련된 테스터가 핵심 작업을 위해 이용되어야 한다. 신참 엔지니어도 역할을 할 수 있고, 그들의 작업은 믿을 수 없을 정도로 독창적이다. 하지만 고참 직원이나 좀 더 능숙한 직원이 이끌도록 해야 한다. 일부 회사들은 두 사람이 시험에 대해서 함께 작업하는 **짝 시험**(pair testing)의 형태를 시행한다. 이것은 신참 엔지니어를 훈련하고 능숙한 테스터를 활용하기 위한 효과적인 방법이 될 수 있다.

권고사항 13: 테스터가, 특히 프로젝트 초기에, 요구사항을 넘어서서 생각하도록 장려하라. 만약 요구사항만 시험하고 그 요구사항이 틀리거나 불완전하다면, 일부 심각한 이슈들은 늦게 발견되거나 전혀 발견되지 않을 수 있다.

권고사항 14: 중요한 핵심 기능을 먼저 시험하라. 만약 기본적인 것이 동작하지 않는다면 나머지는 사실상 중요하지 않을 것이다.

권고사항 15: 어떤 것이 혼란스럽다면, 그것은 좀 더 시험되어야 한다. 만약 요구사항, 설계 그리고/혹은 코드가 혼란스럽다면, 대개 이유가 있다. 그것은 개발자가 그 문제를 잘 이해하지 못했거나(누락이나 실수로 인한) 너무 잘 이해하기 때문(과도한 단순화로 이어지는) 일 수 있다. 만약 요구사항이나 설계가 혼란스럽다면 코드에서의 에러로 이어지는 경우가 많다. 많은 경우에 혼란스러운 영역은 재설계 및 재코딩될 필요가 있으며 혹은 최소한 정리가 필요할 수 있다.

권고사항 16 : 복잡한 영역을 시험하는 데 더 많은 시간이 소요될 것을 예상하라. 앞서 언급한 것처럼 에러는 복잡도의 동굴에 숨어 있는 경향이 있다. 만약 어떤 것이 복잡하다면 그것은 더 많은 이슈들을 가지고 있을 것이며 문제가 발견되었을 때 검증하고 수정하는 데 더 많은 시간이 걸릴 것이다.

권고사항 17 : 품질은 마지막에 시험되는 것이 아니라 내장되어야 한다는 것을 깨달아라. 시험은 제품의 전체적인 품질에 대한 지표이지만, 품질을 다루기 위해 시험 단계까지 기다리는 것은 너무 늦다. 품질은 선제적으로 내장되어야 한다. 개발 프로세스에 테스터를 참여시키며 시험을 일찍 개발하고 수행하는 것은 ① 이슈들이 여전히 효율적으로 수정될 수 있는 동안 이슈를 식별하는 데 도움이 되며 ② 품질을 개선한다. 때때로 시험은 재설계와 재구현으로 이끄는 이슈를 밝혀낼 것이다. 이러한 에러는 일찍 발견하는 것이 좋다.

권고사항 18 : 테스터는 사람이 아니라 기술적인 기능에 초점을 맞추어야 한다. 전술한 바와 같이 테스터는 흔히 부정적인 그룹으로 보인다. 그들의 부정적인 성격은 해결될 필요가 있는 문제를 식별하는 것을 도와준다. 하지만 그들은 부정적인 에너지를 소프트웨어를 작성한 사람이 아니라 소프트웨어에 초점을 맞추도록 주의해야 한다.

권고사항 19 : 가능한 한 독립된 검증을 많이 사용하라. 비록 DO-178C는 많은 검증 활동들에 대해서 독립성을 요구하지 않지만, 일정 정도의 독립성은 상당히 효과적이다. 당신 자신의 일에서 에러를 발견하는 것은 정말로 어렵다.

권고사항 20 : 정확한 PR을 작성하고 프로그램 문제의 전반적인 상태를 따라잡아라. 문제가 발견되는 즉시 PR이 생성되어야 한다. 마찬가지로 PR은 가능한 한 정확해야 한다. 나쁜 데이터는 누구에게도 도움이 되지 않는다. 추가적으로 관리자는 프로젝트를 제대로 관리하기 위해 정기적으로 PR을 읽어야 한다.

권고사항 21 : 현명하게 자동화하라. 자동화는 이치에 맞을 때에만 사용되어야 한다. 일부 프로젝트는 단지 자동화를 위해서 자동화한다. 엔지니어들은 도구를 만드는 것을 좋아한다. 때때로 단지 제품을 수동으로 시험하는 것보다 도구를 만들고 인증을 받는 것이 더 오래 걸릴 수 있다. 또한 도구는 생각할 필요성을 대신하지 않는다. 만약 현명하게 사용되지 않으면 도구는 잘못된 안정감을 줄 수 있다.

권고사항 22 : 팀을 성공으로 이끌어라. 효과적인 관리자는 팀워크를 증진하고, 각각의 멤버가 자신의 최선을 다하도록 격려하며, 다양성을 활용하고, 비적대적이며 생산적인 업무 환경을 장려하고, 재능을 보상하며, 테스터가 에러를 발견하도록 격려하고, 이슈를 선제적으로 대응하며, 감정이 아닌 데이터에 기반해서 결정을 내린다(특히, 일정에 관해서는).

권고사항 23 : 창의성을 높여라. 철저한 시험은 창의성을 필요로 한다. 테스터는 소프트웨어를 동작하게 만들기보다는 어떻게 하면 소프트웨어를 망가뜨릴지를 생각해야 하기 때문에 때로는 시험은 개발보다 더 창의성을 요구한다. 창의성은 생각할 자유시간(나는 이것을 꿈꾸는 시간(dream time)이라고 부른다), 재미있는 활동 그리고 경쟁으로 장려될 수 있다.

권고사항 24 : 테스터에 대한 훈련에 투자하라. 좋은 테스터는 항상 배운다. 관리자는 비록 프로젝트에서 하루나 이틀 정도 벗어나더라도 훈련과 성장의 기회를 제공해야 한다.

권고사항 25 : 지속적인 개선을 실현하라. 나는 언젠가 한 사내가 숲속에서 도끼로 나무를 자르고 있는 만화 영화를 본 적이 있다. 그는 일정을 지켜야 했으며 트럭에 있는 전기톱을 사용하는 법을 배울 시간이 없었다. 때때로 우리는 당면한 과제에 너무 집중해서 개선할 기회를 찾지 못한다. 분명히 프로젝트 마지막에 배운 교훈을 포착하고 조치를 취해야 한다. 하지만 프로젝트 과정에서 무언가가 작동하지 않거나 그것을 하기 위한 좀 더 효과적인 방법이 있을 때 경로를 수정하는 것 또한 가치가 있다.

권고사항 26 : 리스크와 이슈를 식별하고 선제적으로 대처하라. 이슈가 나타나면 반드시 해결해야 한다. 이슈는 스스로 없어지지 않는다.

권고사항 27 : 시험의 일부 혹은 전체를 아웃소싱할 때, 단순히 "벽 너머로 던져버리지" 마라. 아웃소싱 혹은 하청 계약을 하는 것은 면밀한 감독, 훈련 그리고 지속적인 커뮤니케이션이 필요하다. 이것은 Chapter 26에서 좀 더 논의한다.

권고사항 28 : 공통 이슈와 에러에 대한 마스터 목록을 유지하고 팀이 그것을 알고 있는지 확인하라. 숙련된 테스터, 문제점 리포트 그리고 문헌의 입력에 기반해서 공통 이슈들의 목록을 작성하는 것이 도움이 된다. 목록은 시간이 지나면서 업데이트될 수 있다. 테스터는 공통된 실수에 대해서 교육받아야 한다. 당연히 검증을 단지 이러한 것들로 제한하지 않아야 하지만 이는 시스템의 문제를 떨쳐버리는 데 좋은 시작이 될 것이다.

권고사항 29: 도전에 대비하라. 소프트웨어를 검증할 때 어떤 종류의 도전을 마주할지는 아무도 모른다. 펀치를 피할 준비를 하라. 가장 일반적인 도전 중 몇 가지는 다음과 같다. 모호한 요구사항, 누락된 요구사항, 어느 정도의 강건성이 충분한지를 결정하기, 일정 압박을 해결하기(시험이 일반적으로 마지막 활동이기 때문에), 요구사항뿐만 아니라 아키텍처를 실행하기, 변경을 관리하기(요구사항, 설계, 코드에 대한 변경 준수하기), 사기를 북돋우기, 프로세스에서 늦게 발견되는 문제들을 다루기, 테스터 대비 개발자 비율을 적절하게 유지하기 등이다. 모든 프로그램은 고유의 특별한 이슈들을 가지고 있다. 모든 것에 대해서 대비하라.

참고문헌

[1] RTCA DO-178C, *Software Considerations in Airborne Systems and Equipment Certification* (Washington, DC: RTCA, Inc., December 2011).

[2] Certification Authorities Software Team (CAST), Verification independence, Position Paper CAST-26 (January 2006, Rev. 0).

[3] RTCA DO-248C, *Supporting Information for DO-178C and DO-278A* (Washington, DC: RTCA, Inc., December 2011).

[4] RTCA DO-254, *Design Assurance Guidance for Airborne Electronic Hardware* (Washington, DC: RTCA, Inc., April 2000).

[5] Certification Authorities Software Team (CAST), Addressing cache in airborne systems and equipment, Position Paper CAST-20 (June 2003, Rev. 1).

[6] C. Kaner, J. Bach, and B. Pettichord, *Lessons Learned in Software Testing* (New York: John Wiley & Sons, 2002).

[7] G. J. Myers, *The Art of Software Testing* (New York: John Wiley & Sons, 1979).

[8] E. Kit, *Software Testing in the Real World* (Harlow, England, U.K.: ACM Press, 1995).

[9] A. Page, K. Johnston, and B. Rollison, *How We Test Software at Microsoft* (Redmond, WA: Microsoft Press, 2009).

[10] C. Kaner, J. Falk, and H. Q. Nguyen, *Testing Computer Software*, 2nd edn. (New York: John Wiley & Sons, 1999).

[11] J. A. Whittaker, *How to Break Software: A Practical Guide to Testing* (Boston, MA: Addison–Wesley, 2003).

[12] R. S. Pressman, *Software Engineering: A Practitioner's Approach*, 7th edn. (New York:

McGraw-Hill, 2010).

[13] K. J. Hayhurst, D. S. Veerhusen, J. J. Chilenski, and L. K. Rierson, *A Practical Tutorial on Modified Condition/Decision Coverage*, NASA/TM-2001-210876 (Hampton, VA: Langley Research Center, May 2001).

[14] Certification Authorities Software Team (CAST), Structural coverage of object code, Position Paper CAST-17 (June 2003, Rev. 3).

[15] Certification Authorities Software Team (CAST), Guidelines for approving source code to object code traceability, Position Paper CAST-12 (December 2002).

[16] Certification Authorities Software Team (CAST), Clarification of structural coverage analyses of data coupling and control coupling, Position Paper CAST-19 (January 2004, Rev. 2).

[17] V. Santhanam, J. J. Chilenski, R. Waldrop, T. Leavitt, and K. J. Hayhurst, *Software Verification Tools Assessment Study*, DOT/FAA/AR-06/54 (Washington, DC: Office of Aviation Research, June 2007).

추천 자료

1. K. J. Hayhurst, D. S. Veerhusen, J. J. Chilenski, and L. K. Rierson, *A Practical Tutorial on Modified Condition/Decision Coverage*, NASA/TM-2001-210876 (Hampton, VA; Langley Research Center, May 2001). 이 튜토리얼은 MC/DC에 대한 DO-178B(그리고 DO-178C) 목표(DO-178C Table A-7 목표 5) 준수에 대해서 항공 소프트웨어를 평가하기 위한 실질적인 접근법을 제공한다. 본 튜토리얼은 커버리지 도구 없이 MC/DC 커버리지를 평가하기 위한 5단계의 접근법을 보여준다. 또한 본 튜토리얼은 구조적 커버리지 분석 도구를 선택 그리고/혹은 인증할 때 고려해야 할 요인들을 설명한다. MC/DC 산출물을 리뷰하기 위한 팁과 구조적 커버리지 분석에 공통된 허점들 또한 논의된다.
2. J. J. Chilenski, *An Investigation of Three Forms of the Modified Condition Decision Coverage (MCDC) Criterion*, DOT/FAA/AR-01/18 (Washington, DC; Office of Aviation Research, April 2001). 이 리포트는 MC/DC의 세 가지 형식을 비교하며 MC/DC가 왜 소프트웨어 시스템 개발 프로세스의 일부가 되어야 하는지에 대한 정당성을 제공한다. MC/DC의 세 가지 형식이 에러 탐지 성능과 충족의 용이성에 대한 최소 가능성에 대해서 이론적으로 그리고 실증적으로 비교된다.
3. V. Santhanam, J. J. Chilenski, R. Waldrop, T. Leavitt, and K. J. Hayhurst, *Software Verification Tools Assessment Study*, DOT/FAA/AR-06/54 (Washington, DC; Office of Aviation Research, June 2007). 이 리포트는 DO-178B(그리고 이제는 DO-178C)를 준수하려고 의도된 프로젝트에 사용하기 위한 구조적 커버리지 분석 도구를 효과적으로 평가하기 위한 조사 기준을 문서화한다. 이 연구 활동은 구조적 커버리지 도구 인증 기준의 적용에서 객관성과 균일성을 높이기 위한 시험 조합을 제안했다. 프로토타입 시험 조합은 DO-178B(그리고 이제는 DO-178C) 목표에 대한 도구의 호환성을 평가하는 것을 돕기 위한 시험 조합의 가능성을 증명하면서, 평가되는 세 가지 커버리지 분석 도구 각각에서의 이상을 식별했다.
4. J. J. Chilenski and J. L. Kurtz, *Object-Oriented Technology Verification Phase 3 Handbook—Structural Coverage at the Source-Code and Object-Code Levels*, DOT/FAA/AR-07/17 (Washington, DC; Office of Aviation Research, June 2007). 이 핸드북은 상업용 항공전자 분야에 객체 지향 기술(OOT)을 사용할 때 소스 코드 vs. 오브젝트 코드 혹은 실행가능 오브젝트 코드 레벨에

서의 DO-178B(그리고 이제는 DO-178C) 구조적 커버리지 분석 목표를 충족하기 위한 지침을 제공한다. 객체 지향 특성과 MC/DC에 대한 소스 코드 그리고 오브젝트 코드 혹은 실행가능 오브젝트 코드 커버리지 분석 간의 차이점들이 식별된다. 초점은 OOT이지만, 많은 개념들이 비 OOT 프로젝트에도 적용가능하다.

5. CAST-17, Structural coverage of object code (Rev 3, June 2003). 국제적인 CAST(Certification Authorities Software Team)에 의해서 작성된 이 논문은 오브젝트 코드 혹은 실행가능 오브젝트 코드 레벨에서의 구조적 커버리지에 담겨 있는 일부 동기를 설명하며 그런 접근법을 사용할 때 해결되어야 할 이슈들을 식별한다.
6. J. J. Chilenski and J. L. Kurtz, *Object-Oriented Technology Verification Phase 2 Handbook—Data Coupling and Control Coupling*, DOT/FAA/AR-07/19 (Washington, DC: Office of Aviation Research, August 2007). 이 핸드북은 상업용 항공전자 분야의 OOT 내에서 데이터 결합도 및 컨트롤 결합도의 검증(확인)에 대한 지침들을 제공한다. 컴포넌트 간 의존성의 커버리지는 DO-178B(그리고 이제는 DO-178C) Table A-7 목표 8을 충족하기 위한 비 OOT 및 OOT 소프트웨어 모두에서 통합 시험의 수락가능한 측정으로 식별된다. 이 접근법은 결합도 기반 통합 시험으로 알려져 있다.

Chapter 10

소프트웨어 형상 관리

약어

CC1	control category #1
CC2	control category #2
CCB	change control board
CD	compact disk
CIA	change impact analysis
CRC	cyclic redundancy check
DVD	digital video disk
EASA	European Aviation Safety Agency
FAA	Federal Aviation Administration
PR	problem report
PSAC	Plan for Software Aspects of Certification
SAS	Software Accomplishment Summary
SCI	Software Configuration Index
SCM	software configuration management
SLECI	Software Life Cycle Environment Configuration Index
SQA	software quality assurance

10.1 소개

10.1.1 소프트웨어 형상 관리가 무엇인가?

소프트웨어 형상 관리(SCM)는 소프트웨어 라이프 사이클의 요람에서 무덤까지 가는 필수 프로세스이다. 소프트웨어 라이프 사이클의 모든 영역에 걸쳐 있으며 모든 데이터와 프로세스에 영향을 준다. Babich는 다음과 같이 쓰고 있다. "형상 관리는 프로그래밍팀에 의해서 만들어지는 소프트웨어 변경을 식별하고 체계화하고 컨트롤하는 기술이다. 그 목표는 실수를 최소화함으로써 생산성을 극대화하는 것이다."[1]

SCM은 일반적으로 믿어지는 것처럼 단지 소스 코드를 위한 것만이 아니다. 그것은 모든 소프트웨어 라이프 사이클 데이터를 위해 필요하다. 소프트웨어를 생산하고, 소프트웨어를 검증하며, 소프트웨어의 준수를 보이기 위해 사용되는 모든 데이터와 문서는 일정 수준의 형상 관리를 요구한다. 다시 말하면, DO-178C Section 11에 나열된 모든 소프트웨어 라이프 사이클 데이터가 SCM을 요구한다. 적용되는 SCM 프로세스의 엄격함은 소프트웨어 레벨과 산출물의 특성에 따라 달라진다. DO-178C는 데이터 항목에 어느 정도의 형상 컨트롤을 적용할지를 식별하기 위해 CC1/CC2(control category #1 혹은 control category #2) 개념을 사용한다. CC1으로 분류된 데이터 항목은 모든 DO-178C SCM 활동을 적용해야 한다. 하지만 CC2 데이터 항목은 서브셋만 적용할 수 있다. CC1/CC2는 이 챕터의 뒷부분에 논의된다.

이 챕터는 DO-178C에서 요구되는 그리고 모든 안전 필수 분야에서 모범 사례로 간주되는 SCM 활동들을 살펴본다. 문제점 리포팅, 변경 영향 분석(CIA) 그리고 환경 컨트롤 프로세스는 기업들이 현실에서 흔히 어려움을 겪는 중요한 SCM 프로세스이기 때문에 특히 주의를 기울인다.

10.1.2 소프트웨어 형상 관리가 왜 필요한가?

안전 필수 분야를 포함해서 모든 분야에서 소프트웨어 개발은 압박이 많은 활동이다. 소프트웨어 엔지니어는 빠듯한 일정과 예산으로 복잡한 시스템을 개발하도록 요구된다. 그들은 신속하게 업데이트하고 표준과 규정을 준수하는 높은 품질의 소프트웨어를 유지해야 한다.

> 이런 잔인하게 경쟁적인 세상에서 살아남기 위해서는 조직이 상황을 통제하기 위한 어떤 종류의 메커니즘이 필요하다. 그렇지 않으면 모든 것이 혼란과 혼돈에 빠져서 제품 혹은 프로젝트의 실패로 이어지고 회사를 파산시킬 수도 있다. 적절하게 구현된 소프트웨어 형상 관리(SCM) 시스템은 소프트웨어 개발팀이 혼란과 혼돈 없이 최고 품질의 소프트웨어를 만들 수 있도록 도울 수 있는 메커니즘이다.**[2]**

좋은 SCM은 다음과 같은 문제들을 방지하는 데 도움이 된다. 소스 코드 모듈의 누락, 파일의 최신 버전을 찾을 수 없음, 요구사항의 누락, 무엇이 변경되었고 언제 변경되었는지를 규정할 수 없음, 공유된 파일을 업데이트할 때 두 명의 프로그래머가 서로의 작업을 덮어쓰는 것, 그리고 그 외 여러 가지가 있다. SCM은 같은 프로젝트에서 일하는 여러 사람들의 작업과 노력을 조율함으로써 이들 이슈들을 줄여준다. 적절하게 구현되면, SCM은 "기술적인 무질서를 방지하고, 고객 불만에 대한 당혹감을 피하며, 제품과 제품 정보 사이의 일관성을 유지한다."**[3]**

또한 SCM은 효과적인 변경 관리를 가능하게 한다. 소프트웨어 집약적인 시스템은 변하기 마련이다. 그것은 소프트웨어 본질의 일부이다. Pressman은 다음과 같이 쓰고 있다. "만약 당신이 변경을 컨트롤하지 않으면, 변경이 당신을 컨트롤한다. 그리고 그것은 절대 좋은 것이 아니다. 컨트롤되지 않은 변경의 흐름이 잘 진행되고 있는 소프트웨어 프로젝트를 혼란으로 바꾸는 것은 매우 쉽다."**[4]** 변경은 매우 자주 일어나기 때문에, 효과적으로 관리되어야 한다. 좋은 SCM은 변경을 관리하기 위한 다음과 같은 방법을 제공한다. ① 변경될 가능성이 있는 데이터 항목들을 식별하기, ② 데이터 항목들 사이의 관계를 정의하기, ③ 데이터의 리비전 컨트롤을 위한 접근법을 식별하기, ④ 구현된 변경을 컨트롤하기, ⑤ 변경사항을 리포트하기이다.

효과적인 SCM은 다음을 포함해서 소프트웨어팀, 전체적인 조직, 고객에게 많은 이점을 제공한다.

- 조직화된 태스크와 활동을 사용해서 소프트웨어의 무결성을 유지한다.

- 인증 당국과 고객과의 신뢰를 구축한다.
- 더 높은 품질의, 그래서 더 안전한 소프트웨어를 지원한다.
- DO-178C에서 요구하는 라이프 사이클 데이터의 관리를 가능하게 한다.
- 소프트웨어의 형상이 알려져 있고 정확한지를 확인한다.
- 프로젝트의 일정 및 예산 요구를 지원한다.
- 소프트웨어와 데이터 항목들의 베이스라인을 설정하기 위한 능력을 제공한다.
- 베이스라인에 대한 변경을 추적하는 기능을 제공한다.
- 데이터 관리에 대한 체계적인 접근법을 제공함으로써 개발팀 멤버들 간의 혼선을 피하고 커뮤니케이션을 강화한다.
- 갑작스러운 일과 시간 낭비를 피하거나 최소한 줄이는 것을 돕는다.
- 코드와 그것을 지원하는 라이프 사이클 데이터에서 문제를 식별하고, 기록하고, 해결하는 방법을 제공한다.
- 소프트웨어를 개발하고, 검증하고, 시험하고, 재생산하기 위한 컨트롤된 환경을 촉진한다.
- 초기 개발 후 몇 년이 지나더라도 소프트웨어가 재생산되는 것을 보장한다.
- 프로젝트 전반에 걸쳐서 상태 감사를 제공한다.
- 개발자와 고객이 결정을 내리기 위한 기반을 제공한다.
- 문제점 조사 과정에서 이슈를 재현할 수 있는 기능을 제공한다.
- 프로세스 개선을 위한 기반을 제공한다.
- 소프트웨어가 완료되는 시점을 확인하기 위한 데이터를 제공한다.
- 장기 유지보수를 지원한다.

좋은 SCM을 가지지 않는 위험성은 상당하다. 빈약한 SCM은 시간, 돈, 품질, 신뢰를 잃게 한다. 나는 최근에 빈약한 SCM을 가졌던 한 회사의 프로젝트를 컨설팅했다. 회사는 똑똑한 엔지니어들이 있었지만 소프트웨어 혹은 항공전자 장치를 일관성 있게 복제할 수 없었다. 그것은 엄청난 지연, 강화된 FAA(Federal Aviation Administration)의 감독 그리고 제품의 지연으로 인한 값비싼 패널티를 가져왔다.

비록 SCM은 흥미로운 읽을거리를 만들지는 않지만 대단히 중요하다. SCM이 적용되지 않을(not) 때 프로젝트는 너무나 흥미진진해진다.

10.1.3 소프트웨어 형상 관리를 구현하는 것은 누구의 책임인가?

SCM은 소프트웨어 개발 프로세스에 관련된 모든 사람의 책임이다. 안전 필수 분야를 포함해서 모든 분야에서 소프트웨어 개발은 압박이 큰 활동이다. 모든 개발자들은 좋은 SCM의 이점, 빈약한 SCM의 위험, SCM 모범 사례 그리고 특정 회사의 SCM 절차에 대해서 교육을 받을 필요가 있다. 그런 훈련은 엔지니어가 전반적으로 더 나은 작업을 수행하도록 돕는다. 적절히 구현되고 자동화될 때 SCM은 개발자가 일상적으로 수행하기 어렵지 않아야 한다.

과거에는 SCM이 수동이었고 시간이 많이 걸리는 프로세스였다. 하지만 이제는 좋은 SCM 도구의 사용으로 SCM 프로세스가 개발자에게 큰 부담 없이 구현될 수 있다.

> 하지만 SCM 도구가 모든 것을 처리할 것이라고 생각하는 것은 재앙으로 가는 비결이 될 수 있다. 변경 관리, 빌드 및 릴리즈 관리 그리고 형상 감사를 포함해서 많은 SCM 활동들은 인간의 개입과 판단이 필요하다. 비록 SCM 도구가 이러한 작업들을 좀 더 쉽게 만들어주지만, 인간의 지능과 의사 결정을 대신할 수는 없다.**[2]**

SCM은 모두의 책임이다. 소프트웨어와 데이터를 원하는 사람들, 소프트웨어와 데이터를 생성하는 사람들 그리고 소프트웨어와 데이터를 사용하는 사람들 사이의 커뮤니케이션과 팀워크가 필요하다. 여기에 효과적인 SCM을 가능하게 하는 커뮤니케이션을 장려하기 위한 몇 가지 권고사항이 있다.

- 목적과 목표가 분명하게 기술되어 있는지를 확인하라.
- 모든 이해관계자들이 목적과 목표를 이해하는지를 확인하라.
- 모든 이해관계자들이 협력하고 있는지를 확인하고 협력을 방해하는 모든 이슈들을 해결하라.
- 모든 프로세스가 문서화되고 모든 이해관계자들이 분명하게 이해하는지 확인하라.
- 피드백을 자주 제공하라.
- 결정을 위해 필요한 데이터를 사용할 수 있는지 확인하라.
- 이슈가 발생하면 해결하라.

10.1.4 소프트웨어 형상 관리가 관여하는 것은 무엇인가?

DO-178C Table A-1 목표의 출력인 SCM 계획의 개발 이외에도 DO-178C는 Table A-8에 있는 SCM 프로세스를 위한 여섯 가지 목표를 식별한다. 각각의 목표는 모든 소프트웨어 레벨에 대해서 요구된다. 여섯 가지 목표는 다음과 같다.[5]

- DO-178C Table A-8 목표 1: "형상 항목들이 식별된다."
- DO-178C Table A-8 목표 2: "베이스라인과 추적성이 확립된다."
- DO-178C Table A-8 목표 3: "문제점 리포팅, 변경 컨트롤, 변경 리뷰 그리고 형상 상태 감사가 확립된다."
- DO-178C Table A-8 목표 4: "보관, 복구, 릴리즈가 확립된다."
- DO-178C Table A-8 목표 5: "소프트웨어 로드 컨트롤이 확립된다."
- DO-178C Table A-8 목표 6: "소프트웨어 라이프 사이클 환경 컨트롤이 확립된다."

이들 목표들은 소프트웨어 라이프 사이클 데이터가 진화함에 따라 무결성, 신뢰성, 재현성, 가시성, 조정 그리고 컨트롤을 보장하기 위해 적용된다. DO-178C 목표를 충족하기 위해 다음을 포함해서 여러 가지 활동들이 필요하다. 형상 식별, 베이스라인 설정, 추적성, 문제점 리포팅, 변경 컨트롤, 변경 리뷰, 상태 감사, 릴리즈, 보관 및 복구, 로드 컨트롤, 환경 컨트롤 등이다. 각각의 활동은 다음 섹션에서 논의된다.

10.2 SCM 활동들

이 섹션은 SCM 프로세스의 활동들을 설명한다. 각각의 활동은 프로젝트 초기 SCM 계획에 상세하게 설명되어야 한다. SCM 계획은 SCM팀과 프로젝트팀이 SCM을 지원하고 유지하기 위해 프로젝트 과정에서 그들이 수행해야 하는 절차, 의무, 책임을 알고 있도록 보장한다. SCM팀과 프로젝트팀 모두 SCM 기대치와 요구사항을 훈련받아야 한다. SCM 계획은 요구되는 SCM 프로세스에 대해 SCM 및 프로젝트팀을 훈련하고 준비하도록 하기 위한 기반이다. SCM 계획에 대한 좀 더 상세한 내용은 Chapter 5를 보라.

10.2.1 형상 식별

"형상 식별은 당신이 알지 못하는 어떤 것을 컨트롤하는 것은 불가능하기 때문에 형상 관리의 초석 중 하나이다."[6] 그것은 형상 관리의 첫 번째 활동이다. 형상 식별은 컨트롤될 항목들을 식별하고, 항목들과 그들의 버전에 대한 식별 체계를 수립하며, 컨트롤되는 항목들을 획득하고 관리하는 데 사용하기 위한 도구와 기법을 확립한다."[2] 형상 식별은 다른 SCM 활동들을 위한 출발점을 제공한다. 그것은 프로젝트에서 시작될 필요가 있는 첫 번째 주요 SCM 기능이다. 다른 모든 활동들이 형상 식별 활동의 출력을 사용하기 때문에 그것은 본질적으로 다른 SCM 활동들을 위한 전제 조건이다.[2]

10.2.2 베이스라인

소프트웨어에서 베이스라인은 어느 시점에서의 소프트웨어와 그것을 지원하는 라이프 사이클 데이터이다. 베이스라인은 더 개발하기 위한 기초가 된다. 일단 베이스라인이 설정되면 변경은 변경 컨트롤 프로세스를 통해서만 수행해야 한다.[2, 7]

베이스라인은 프로젝트 초기에 설정해야 한다. 하지만 모든 항목들을 너무 일찍 형상 관리하에 두는 것은 불필요한 절차를 강요하고 개발자의 작업을 늦출 수 있다.[2] "소프트웨어 형상이 베이스라인되기 전에는 변경이 신속하고 비공식적으로 이루어질 수 있다. 하지만 일단 베이스라인이 설정되면 변경될 수는 있지만, 각각의 변경을 평가하고 검증하기 위해 구체적이고 공식적인 절차가 적용되어야 한다."[4] 그래서 다음과 같은 질문이 생긴다. "언제 베이스라인이 설정되어야 하는가?" 단호하고 빠른 규칙은 없다. 일반적으로 베이스라인은 각각의 라이프 사이클 단계 이후에 단계를 끝내는 공식적인 리뷰를 완료할 때 설정된다. 그래서 요구사항 베이스라인, 설계 베이스라인, 코드 베이스라인 등이 있다. SCM 계획은 베이스라인을 위한 계획을 식별해야 한다. 코드 베이스라인을 구현하는 요구사항 및 설계와 정렬하는 것 또한 중요하다.

베이스라인은 변경할 수 없어야 한다. 이것은 데이터 항목(들)이 잠겨서(locked down) 변경할 수 없다는 것을 의미한다. 소프트웨어 시험, 비행 시험, 생산 등을 위한 릴리즈를 빌드하기 위해 사용되는 코드 버전(그리고 지원 데이터)의 불변의 기록이 필요하기 때문에

이러한 불변성 특성은 중요하다.[8]

"베이스라인의 수와 유형은 프로젝트가 구현하고 있는 라이프 사이클 모델에 따라서 달라진다. 나선형, 점진적인 개발 그리고 빠른 프로토타이핑과 같은 라이프 사이클 모델은 베이스라인의 설정에 더 많은 유연성이 필요하다."[9] 인증 신뢰를 위해 사용되는 형상 항목들에 대해서 베이스라인이 설정될 필요가 있다.[5]

10.2.3 추적성

추적성은 베이스라인 설정 그리고 문제점 리포팅과 밀접하게 연관되어 있다. 일단 형상 항목의 베이스라인이 설정되면 변경은 문서화된다(일반적으로 문제점 리포트[PR] 그리고/혹은 변경 요청을 통해서). 따라서 새로운 베이스라인이 설정되면, 그것이 유래된 베이스라인을 추적할 수 있어야 한다.

10.2.4 문제점 리포팅

문제점 리포팅은 가장 중요한 SCM 활동 중 하나이다. PR은 베이스라인이 설정된 데이터, 프로세스 미준수 그리고 소프트웨어의 비정상적인 동작과 관련된 이슈를 식별하기 위해 사용된다. PR은 소프트웨어 기능을 추가하거나 강화하기 위해서뿐만 아니라 문제를 해결하기 위해 생성될 수 있다. 효과적인 문제점 리포팅은 변경을 관리하고 알려진 이슈를 적시에 수정하기 위해 필수적이다. 앞서 언급한 것처럼 문제점 리포팅은 일반적으로 일단 데이터 항목의 베이스라인이 설정되면 시작한다.

PR이 포함하고 있는 것에 대한 요약과 PR을 작성하고 해결하기 위한 제안에 대해서는 Section 9.8을 보라. 문제점 리포팅은 소프트웨어 개발과 검증 전반에 걸쳐서 계속되는 프로세스이다. 문제는 식별 후에 신속하게 조사하고 해결해야 한다. 추가적으로 개발자, 관리자, 품질, 안전성 엔지니어, 시스템 담당자, 인증 교섭 대표자, 인증 당국을 포함해서 광범위한 청중이 이해할 수 있는 PR을 작성하기 위해 모든 노력을 기울여야 한다.

다음은 인증을 위해 특별히 중요한 PR 관리와 관련된 몇 가지 주제들이다.

10.2.4.1 여러 이해관계자들과 함께 문제점 리포트 관리

대부분의 소프트웨어 집약적인 시스템은 여러 이해관계자들이 포함된다. 예를 들면, 일반적인 항공전자 시스템은 다음과 같은 이해관계자들을 가질 수 있다. 항공기 제작업체, 시스템 통합자, 항공전자 시스템 엔지니어, 안전성팀, 항공전자 소프트웨어 개발자, 운영체제 공급업체, 소프트웨어 검증팀, 인증 담당자 등이다. 각각의 개체는 서로 다른 초점과 전문분야를 가지고 있다. 여러 이해관계자들이 관계될 때 다음과 같은 여러 가지 이슈들이 발생할 수 있다.

- 소프트웨어와 검증팀이 일부 문제에 대해서 시스템, 안전성 혹은 항공기 영향을 이해하지 못할 수 있다.
- 항공기 제작업체 혹은 시스템 통합팀은 소프트웨어 문제 데이터에 접근하지 못할 수 있다. 만약 접근할 수 있다면, 그들은 그 이슈를 완전히 이해하고 항공기 및 비행 시험 승무원에게 미치는 위험과 관련해서 적절한 안전성 결정을 내리기 위한 충분한 소프트웨어 배경이 없을 수 있다.
- 많은 수의 문제는 소프트웨어와 시스템 레벨 모두에서 다른 이슈들을 가릴 수 있다.

여러 이해관계자들과 관련된 이러한 이슈 및 다른 유사한 이슈들을 해결하기 위해 다음과 같은 권고사항들이 제시된다.

권고사항 1 : **PR 분류 접근법을 조율하고 합의하라.** 일반적으로 최종 고객(예를 들면, 항공기 제조사)은 그들의 문제 분류체계를 모든 하위 공급업체에게 밝힌다. PR은 안전성, 기능, 성능, 운영 혹은 개발 보증에 대한 잠재적인 영향을 기반으로 분류된다.**[10]** 예를 들면, 항공기 제조사는 다음과 같은 심각도 분류를 가질 수 있다.

- 안전성 및 준수 이슈(즉시 수정되어야 함)
- 중요한 기능, 성능 혹은 운영 이슈(인증 전에 수정되어야 함)
- 중요하지 않은 기능, 성능 혹은 운영 이슈(가능하면 수정)
- 기능과 관계없는 이슈(예를 들면, 문서만 해당)(연기될 수 있음)

EASA(European Aviation Safety Agency)는 그들의 인증 각서인 CM-SWCEH-002에서 〈표 10-1〉에 요약된 것처럼 네 가지 유형의 분류체계를 제안한다. error, failure, fault 용어는

다음과 같이 정의된다.[11]

- 에러(Error): 소프트웨어와 관련한 요구사항, 설계 혹은 코드에서의 실수
- 결함(Fault): 소프트웨어에서 에러의 표시. 결함(fault)이 발생한다면 고장(failure)을 야기할 수 있다.
- 고장(Failure): 시스템 혹은 시스템 컴포넌트가 규정된 한계 내에서 요구되는 기능을 수행할 수 없다. 결함이 발생하면 고장이 생길 수 있다. 그러나 또한 결함이 시스템 레벨에서 숨겨져 있을 수 있으며 작동 결과가 없을 수 있다.

▌표 10-1▐ PR 분류체계 예시

유형	잠재적인 영향	설명
0	안전성 영향	시스템의 특정 조건하에서 부정적인 안전성 영향을 가진, 그 결과로 고장이 발생하는 문제
1A	중요한 기능의 고장	시스템/장비에 부정적인 안전성 영향을 가지고 있지 않지만, 고장이 중요한(significant) 기능적인 결과를 가지는, 그 결과로 고장이 발생하는 문제. 중요한(significant)의 의미는 관련된 시스템의 문맥에서 정의될 필요가 있다.
1B	중요하지 않은 기능의 고장	시스템/장비에 부정적인 안전성 영향을 가지고 있지 않으며 고장이 중요한(significant) 기능적인 결과를 가지지 않는, 그 결과로 고장이 발생하는 문제. 중요한(significant)과 중요하지 않은(nonsignificant)의 의미는 관련된 시스템의 문맥에서 정의될 필요가 있다.
2	기능과 관계없는 결함	고장을 초래하지 않는 결함 문제
3A	계획 혹은 표준으로부터의 중요한 편차	유형 0, 1 혹은 2가 아니지만 소프트웨어 계획 혹은 표준에 편차가 있는 모든 문제. 유형 3A는 그 영향이 소프트웨어가 의도대로 동작하고 의도되지 않은 동작이 없다는 보증을 낮출 수 있는 중요한(significant) 편차이다.
3B	계획 혹은 표준으로부터의 중요하지 않은 편차	유형 0, 1 혹은 2가 아니지만 소프트웨어 계획 혹은 표준에 편차가 있는 모든 문제. 유형 3B는 획득한 보증에 영향을 주지 않는 중요하지 않은(nonsignificant) 편차이다.
4	다른 모든 유형의 문제점들	이전 분류 유형 0~3에 속하지 않는 다른 모든 오픈된 PR. 이들 분류의 상호 배타적 특성 때문에 유형 4의 문제는 기능적인 결과가 아니다. 많은 경우에 이러한 문제들은 타이핑 에러로 설명될 수 있다.

출처: European Aviation Safety Agency, Software aspects of certification, Certification Memorandum CM-SWCEH-002, Issue 1, August 2011.

추가적으로 소프트웨어팀은 PR 관리를 돕기 위해 추가적인 우선순위 분류체계를 가질 수 있다. 그것은 다음을 포함할 수 있다.

- 즉시 수정되어야 함
- 비행 전에 수정되어야 함(안전성 이슈)
- 인증 전에 수정되어야 함(기능 이슈)
- 문서/비코드 이슈(가능하면 수정, 연기해도 됨)
- 취소됨

모든 개체에 대한 분류체계는 조정되고, 합의되고, 계획(SCM 계획과 시스템 레벨 계획을 포함)에 설명될 필요가 있다.

권고사항 2 : PR 구현, 취소, 종료를 조정하라. PR에 취해지는 조치, PR의 취소, PR의 종료는 이해관계자와 합의해야 한다.

권고사항 3 : 하위 레벨로 PR을 할당하는 것을 조정하라. 상위 레벨(예를 들면, 항공기 혹은 시스템 레벨)에서 발견되는 소프트웨어와 관련된 모든 PR은 해결하기 위해서 소프트웨어 팀으로 내려가야 한다. 일반적으로 별도의 소프트웨어 PR이 오픈된다.

권고사항 4 : 상위 레벨로 PR을 전달하는 것을 조정하라. 모든 소프트웨어 개발자들은 그들의 PR을 적시에 고객에게 제공하고 피드백을 설정해야 한다.

문제의 심각도와 이를 해결하기 위한 계획에 대해서 동의를 받아야 한다. 조정이 일어날 수 있는 여러 가지 방법이 있다. PR이 고객에게 전달될 수 있고, PR 데이터베이스를 고객이 사용하게 만들 수 있으며 그리고/혹은 고객이 참여하는 PR 리뷰 위원회가 있을 수 있다. 여러 이해관계자를 가진 복잡한 시스템의 경우, 주간 혹은 격주의 PR 리뷰 미팅이 매우 효과적일 수 있다. 항공기 프로젝트의 경우, 이해관계자들은 항공기 시스템, 항공전자 시스템, 비행 시험, 소프트웨어, 안전성, 소프트웨어 품질 보증(SQA) 그리고 인증의 대표자들을 포함한다. 한 관점에서는 중요하지 않은 이슈로 보일 수 있는 것이 다른 관점에서 조사할 때 실제로 안전성 이슈가 될 수 있기 때문에 이러한 광범위한 이해관계자팀이 필요하다. 복수의 분야가 모든 이슈를 철저히 분석하고 이해하여 적절히 다룰 수 있도록 도와준다. PR 리뷰 미팅 전에 리뷰를 위해서 모든 이해관계자들에게 PR을 제공한다. PR은 또한 일정에 충돌이 있는 이들에게 의견을 제공하거나 대리인을 보낼 기회를 준다.

인증 당국은 복수 이해관계자와 관련된 PR 관리에 대한 이슈 페이퍼와 정책 문서를 발행해왔다(예를 들면, FAA의 Order 8110.49**[10]** 그리고 EASA의 CM-SWCEH-002**[11]**). 지침의 일부는 여전히 진화하고 있다. 당신의 특정한 프로그램에 대해서 인증 당국이 지적한 모든 특정 이슈들을 반드시 해결하라.

10.2.4.2 오픈/연기된 문제점 리포트 관리하기

PR은 인증 전에 해결되고 종료되는 것이 대단히 바람직하고 권장된다. 오픈된 PR을 정당화하고 유지보수 과정에서 그들을 관리하는 것은 프로젝트에 큰 오버헤드이자 이어지는 업그레이드 프로젝트에 잠재적인 문제의 소지가 될 수 있다.

나는 최근에 모호한 요구사항 때문에 2,000개의 시험 실패를 겪은 프로젝트를 컨설팅했었다. 개발자는 PR을 연기하기를 원했다. 하지만 2,000개의 실패를 정당화하는 것은 쉬운 작업이 아니다. 많은 토론 후에 모든 사람들은 2,000개의 실패한 시험을 가진 채로 인증하는 것이 왜 괜찮은지 정당화하기 위해 노력하기보다는 요구사항을 수정하고 시험을 통과하는 것이 더 쉽고 깔끔하다는 것에 동의했다.

대부분의 프로젝트는 적어도 몇 개의 PR이 연기된 채로 끝난다. 이 경우에 연기된 PR은 그 연기가 왜 안전성 혹은 준수에 영향을 미치지 않는지에 대해서 철저한 분석과 정당성을 문서화해야 한다. 안전성 혹은 준수에 영향을 미치는 문제는 연기하기에 적합하지 않다. 연기에 대한 결정은 모든 이해관계자들이 이해하고 합의해야 하며 인증 당국의 동의를 위해서 소프트웨어 완수 요약(SAS)에 요약되어야 한다. Chapter 12는 SAS를 설명하며, 뿐만 아니라 모든 연기된 PR에 대해서 SAS에서 예상되는 것을 설명한다.

많은 수의 연기된 PR은 다음과 같은 여러 가지 이유로 문제가 있다.

- 시스템이 성숙하지 않을 수 있다는 것을 나타낸다.
- 개발 보증이 의심스러울 수 있다는 것을 나타낸다.
- 문제점의 상호작용을 평가하기 어렵다.
- 안전성과 준수 관점에서 많은 수의 이슈를 적절하게 정당화하기는 어렵다.
- 소프트웨어가 규정에서 요구되는 것처럼 의도된 기능을 수행한다고 주장하는 것이 어려울 수 있다.
- 유지보수 과정에서 PR을 유지하는 것이 대단히 어렵다. 소프트웨어가 변경되거나 다

른 설치에서 사용될 때마다 PR은 재평가될 필요가 있다.

이 모든 것은 PR을 수정하거나 연기하는 것을 결정할 때 고려해야 한다.1)

10.2.5 변경 컨트롤과 리뷰

PR이 변경을 관리하는 수단으로 자주 사용되기 때문에 변경 컨트롤과 리뷰는 문제점 리포팅 프로세스와 밀접하게 관련되어 있다. 변경은 소프트웨어 개발 프로세스의 어떤 단계에서도 발생할 수 있고 실제로 소프트웨어의 근본적인 특징이다. 변경은 기능을 추가하거나 수정하기, 버그를 수정하기, 성능을 개선하기, 하드웨어와 지원하는 인터페이스를 업데이트하기, 프로세스를 개선하기, 환경을 변경하기(예를 들면, 컴파일러 개선) 등으로 발생할 수 있다. 소프트웨어는 상대적으로 변경하기 쉬우며, 그것은 소프트웨어를 사용하는 주요 장점 중 하나이다. 하지만 그것을 관리하는 것은 그렇게 쉽지 않다. 효과적인 변경 관리 없이는 혼란이 발생한다. 변경 관리는 복잡하지만 필수이다. 효과적인 변경 관리 프로세스는 다음을 포함해서 여러 가지 작업들을 포함한다.

- **승인되지 않은 변경으로부터의 보호**: 일단 베이스라인이 설정되면, 그것은 우발적이고 승인되지 않은 변경으로부터 보호되어야 한다. 베이스라인에 대한 모든 변경은 계획되고, 문서화되고, 승인(일반적으로 변경 컨트롤 보드[CCB]를 통해서)되어야 한다.
- **변경 개시**: 베이스라인에 대해 제안된 모든 변경은 문서화되어야 한다. PR 혹은 변경 요청은 제안된 변경을 문서화하기 위한 일반적인 수단이다.
- **변경 분류**: 앞서 Section 10.2.4에서 언급한 것처럼 변경은 전체적인 시스템 안전성, 기능 그리고 준수에 대한 그들의 영향에 의해서 분류된다.
- **변경 영향 평가**: 변경과 요구되는 재검증의 양을 구현하기 위해 필요한 리소스를 적절하게 계획하기 위해, 변경의 영향은 PR 혹은 변경 요청에 문서화된다. 만약 소프트웨어가 이미 공식 시험 혹은 인증을 거쳤다면, 이 챕터의 나중에 논의할 것처럼 일반적으로 좀 더 공식적인 CIA가 필요하다는 것에 유의해야 한다.

1) FAA Order 8110.49**[10]**의 Chapter 14와 EASA CM-SWCEH-002**[11]**의 Chapter 16은 오픈된 문제점 리포트를 관리하는 것에 대한 지침을 제공한다.

- **변경 리뷰**: DO-178C Section 7.1.e는 변경 리뷰의 목표가 "문제 그리고 변경이 평가되거나 승인되거나 혹은 승인되지 않으며, 승인된 변경이 구현되며, 소프트웨어 계획 프로세스 과정에서 정의된 문제점 리포팅 및 변경 컨트롤 방법을 통해서 영향을 받는 프로세스에 피드백이 제공되는"[5] 것을 확인하는 것이라고 설명한다. 변경 리뷰는 변경의 잠재적인 영향을 결정하기 위해 모든 변경의 리뷰를 포함한다. 일반적으로 CCB는 변경 프로세스에 대한 게이트 키퍼로 설정된다. CCB는 모든 PR과 변경 요청을 리뷰하고, 제안된 변경을 승인하거나 승인하지 않으며, 승인된 변경이 올바르게 구현되고 검증되고 있다는 것을 확인하고, PR 혹은 변경 요청이 개발과 검증 노력 전반에 걸쳐서 적절하게 업데이트되며 그리고 완료되면 종료된다는 것을 확인한다. 따라서 CCB는 소프트웨어와 시스템을 잘 알고 변경할 권한과 지식을 가진 멤버를 포함해야 한다. 때때로 고객(예를 들면, 항공기 제조사 그리고/혹은 항공전자 통합팀)이 CCB의 일부가 될 것이다. 앞서 PR 리뷰 위원회가 언급되었다. 대부분의 프로젝트에서 PR 리뷰 위원회와 CCB는 동일한 위원회이다. 하지만 일부 대형 프로젝트의 경우, 분리될 수 있다.
- **변경 결정**: CCB는 제안된 변경을 평가하며 승인, 거절, 연기 혹은 더 많은 정보를 위해 다시 돌려보낸다.
- **변경 구현**: 일단 제안된 변경이 CCB에 의해서 승인되면 변경은 PR 혹은 변경 요청에 합의된 대로 이루어진다. 만약 변경의 범위가 구현 과정에서 변경되면, PR 혹은 변경 요청이 업데이트될 필요가 있으며 CCB에 의해서 추가적인 리뷰가 필요할 수 있다. 앞서 언급한 것처럼 형상 항목에 대한 변경은 식별이 변경되어야 한다(일반적으로 버전 혹은 리비전이 업데이트된다. 그러나 때로는 파트 넘버 변경이 필요하다). 추가적으로 이전에 언급한 것처럼 소프트웨어 변경은 그 기원을 추적할 수 있어야 한다. Anne Hass는 다음과 같이 쓰고 있다. "어떤 구성 항목이든 이전의 것과 비교하여 그것에 대한 변화를 식별하는 것이 가능해야 한다. 어떤 변경이든 그 변경이 구현된 항목으로 추적할 수 있어야 한다."[6]
- **변경 검증**: 일단 변경이 구현되면 그것은 검증된다. 이것은 일반적으로 필요한 시험의 재실행뿐만 아니라 모든 변경된 혹은 영향을 받은 산출물에 대한 독립적인 리뷰에 의해서 수행된다.
- **변경 요청 혹은 PR 종료**: 일단 변경이 구현되고 검증되고 받아들여지면 그것은 종료될 수 있다. CCB는 일반적으로 PR 혹은 변경 요청 종료에 대한 책임이 있다.

- **업데이트된 베이스라인 릴리즈:** 베이스라인은 모든 승인된 PR 혹은 변경 요청이 검증될 때까지 릴리즈되어서는 안 된다.

10.2.6 형상 상태 감사

형상 상태 감사는 소프트웨어 개발 및 검증 활동을 효과적으로 관리하기 위해 필요한 정보를 기록하고 리포팅하는 것을 포함한다. 리포트는 프로젝트의 상태에 대해서 관리자, 개발자 그리고 다른 이해관계자들에게 알리기 위해 생성된다. 형상 상태 감사는 커뮤니케이션을 강화하고 중복을 피하며 반복된 실수를 방지하는 것을 도와주는 일관되고 신뢰할 수 있는 적시의 최신 상태 정보를 제공한다. 그것은 흔히 다음을 제공하는 리포트를 포함한다.

- 형상 식별을 포함해서 데이터 항목의 상태
- PR 및 변경 요청의 상태(분류, 영향을 받는 데이터 항목들, 문제의 근본 원인, 업데이트된 데이터 항목의 형상 식별을 포함해서)
- 릴리즈된 데이터 및 파일의 상태
- 베이스라인 콘텐츠의 목록과 이전 베이스라인으로부터의 차이점

SCM 도구는 형상 상태 감사 리포트를 자동화하는 데 흔히 사용된다. 도구가 성공하려면 데이터가 정확하고 일관되게 입력되어야 한다. 추가적으로 잘못된 사용을 피하기 위해 도구 기능은 사용하는 사람들이 도구를 잘 이해해야 한다.

형상 상태 리포트는 데이터를 올바르게 포착하기 위해 프로젝트에서 일찍 계획해야 한다. 하지만 프로젝트가 진행되면서 측정 기준을 변경하거나 확장하는 것이 바람직할 때도 있다. 예를 들어, PR을 요약할 때 인력 배치에 대한 요구를 돕기 위해 담당자 정보(누가 문제를 식별했는지, 어떤 팀이 문제를 일으켰는지, 누가 문제를 수정했는지 등)를 식별하기 위한 필드를 추가하기로 결정할 수 있다.

상태 리포트는 정해진 주기로 업데이트되어야 한다. 대부분의 회사들은 상태 리포트를 자동화해서, 언제나 최신 상태이거나 혹은 프로젝트팀 미팅 전에 주단위로 업데이트한다. 기한이 지났거나 혹은 잘못된 리포트는 쓸모가 없으며 심지어는 나쁜 결정으로 이어질 수도

있다. 나는 최근에 기한이 지난 그리고 부정확한 PR의 요약을 빈번하게 제공하는 프로젝트에 참여했었다. 그것은 FAA 피지명자로서, 안전성 영향에 대해서 살펴봐야 할 데이터를 내가 결정하는 것이 매우 어려웠다. 또한 잘못된 데이터는 내가 다른 데이터의 정확도에 의문을 가지게 만들었다. 따라서 정확한 상태 리포트를 생성하기 위해 모든 노력을 하는 것이 중요하다. 그렇지 않으면 그것은 득보다는 해를 끼칠 수 있다.

10.2.7 릴리즈

일단 데이터 항목이 성숙해지면, 이는 공식적인 형상 관리 시스템(일반적으로 전사적인 라이브러리)으로 릴리즈된다. DO-178C는 **릴리즈(release)**를 "복구할 수 있는 형상 항목의 사용을 공식적으로 허용하고 승인하는 활동"[5]으로 정의한다.

모든 데이터가 공식적인 릴리즈 프로세스를 거칠 필요는 없다. 일부 데이터는 단지 저장 및 보호만 될 수도 있다. 일반적으로 소프트웨어를 재구축하고 유지하기 위해 필요한 데이터(요구사항, 설계, 코드, 구성 파일 그리고 형상 인덱스와 같은)는 공식적으로 릴리즈될 필요가 있다. 지원 데이터(리뷰 레코드 그리고 SQA 레코드)는 프로젝트 레코드와 함께 단지 저장만 하면 된다(일반적으로 안전한 서버에). DO-178C는 CC1/CC2 분류를 사용해서 릴리즈될 데이터 항목의 최소 세트를 식별한다. 이것은 이 챕터의 나중에 컨트롤 분류를 살펴볼 때 좀 더 논의될 것이다(Section 10.2.9).

릴리즈 프로세스는 일반적으로 핵심 이해관계자들(예를 들면, 작성자, 리뷰어, 소프트웨어 품질 엔지니어, 인증 교섭 대표자 그리고 데이터 품질)에 의한 문서/데이터의 리뷰와 서명을 포함한다. 이는 데이터 항목의 서명/승인 전에 실제로 읽어야 한다. 이것은 아마도 많은 사람들에게 분명해 보이지만, 나는 읽지도 않은 서명된 문서들을 여러 번 마주쳐왔다.

일반적으로 데이터(실행가능한 코드를 포함)는 고객에게 제공하기 전 그리고 인증 신뢰를 위해 사용되기 전에 릴리즈된다.

10.2.8 보관과 복구

보관과 복구 프로세스는 승인된 담당자가 접근할 수 있도록 하기 위해 데이터의 저장(릴리즈된 데이터와 인증을 지원하기 위해 사용되는 다른 데이터 모두)을 포함한다. 보관과 복구 프로세스는 다음을 고려해야 한다.[5]

- **정확도와 완성도**: 적절한 데이터가 보관되는지 검증해야 한다. 이것은 주로 SCI에 있는 데이터가 보관되어 있는 것과 일치하는지를 확인하기 위해 소프트웨어 형상 인덱스(SCI)를 준비하고 리뷰할 때 수행된다.
- **승인되지 않은 변경으로부터 보호**: 데이터는 오직 승인된 담당자와 적절한 변경 권한만을 가지고 업데이트되어야 한다.
- **저장 매체의 품질**: 단기적으로는 재생성 시의 에러를, 장기적으로는 에러가 악화되는 것을 최소화하기 위한 것이다. 모든 매체가 안전 필수 소프트웨어를 저장하기에 적합한 것은 아니다.
- **재난 중의 보호**: 이것은 일반적으로 어떤 종류의 별도 저장소를 사용해서 수행한다.
- **데이터의 가독성**: 형식 설계 데이터는 장비가 항공기에 있는 한 사용할 수 있고 읽을 수 있어야 한다. 이것은 저장 매체가 얼마나 신뢰할 수 있는지에 따라서 주기적인 일정으로 데이터 리프레시가 필요할 수 있다.
- **지원 도구의 보관**: 만약 데이터를 읽거나 생성하기 위해 도구가 필요하다면, 도구 역시 보관되어야 할 수 있다. 이것은 개발 및 검증 환경을 포함할 수 있다. 만약 도구가 라이선스 동의가 필요하다면, 그것 또한 고려해야 한다.
- **복구 및 복제의 정확도**: 데이터가 복구되거나 복제될 때, 손상되지 않아야 한다.
- **데이터 손실 없이 수정 작업을 처리하는 능력**: 데이터가 변경될 때, 이전에 릴리즈되고 보관된 데이터가 영향을 받지 않아야 한다.

10.2.9 데이터 컨트롤 분류

데이터 유형에 의해서 얼마나 많은 형상 컨트롤이 요구되는지를 식별하기 위해, DO-178C는 **컨트롤 분류**(control category)의 개념을 사용한다. 컨트롤 분류의 개념은 항공기에 유일하며 DO-178C에서 설명되어 있다. 다음과 같은 두 가지 컨트롤 분류가 정의되어 있다.

컨트롤 분류 1(CC1) 그리고 컨트롤 분류 2(CC2)이다. DO-178C Annex A 테이블은 각각의 데이터 항목에 대한 CC1 혹은 CC2의 적용을 식별한다.[2)]

CC1은 최대한의 컨트롤이 필요하며 핵심 인증 데이터 그리고 재생성 혹은 사고 조사를 위해 필요한 데이터에 적용한다. 또한 레벨 A와 B의 경우, 더 많은 데이터 항목들이 CC1로 분류된다. CC1은 다음과 같은 SCM 프로세스들의 적용이 필요하다. 형상 식별, 베이스라인, 추적성, 문제점 리포팅, 변경 컨트롤(무결성, 식별 그리고 추적), 변경 리뷰, 형상 상태 감사, 복구, 승인되지 않은 변경에 대한 보호, 매체 선택, 리프레시, 복제, 릴리즈 그리고 데이터 보존 등이다.[5]

CC2는 CC1의 서브셋이며 제한된 형상 관리를 요구한다. CC2는 SCM 레코드 및 검증 레코드와 같은, 실행가능 오브젝트 코드 재생성에 그렇게 중요하지 않은 데이터 항목들에 적용한다. CC2는 다음과 같은 SCM 프로세스들의 적용이 필요하다. 형상 식별, 소스로의 추적성, 변경 컨트롤(무결성 및 식별), 복구, 승인되지 않은 변경에 대한 보호 그리고 데이터 보존 등이다.[5]

〈표 10-2〉는 DO-178C의 데이터 항목별로 CC1과 CC2 요구사항을 요약하고 있다. 언제나 CC1인 데이터 항목이 몇 가지 있다. 소프트웨어 인증 계획(PSAC), 요구사항, 개발 추적성 데이터, 소스 코드, 실행가능 오브젝트 코드, 파라미터 데이터 아이템 파일, SCI 그리고 SAS이다. 마찬가지로 언제나 CC2인 데이터 항목이 몇 가지 있다. PR, SQA 레코드, 검증 결과, 그리고 SCM 레코드이다. 다른 데이터 항목들에 대한 컨트롤 분류는 소프트웨어 레벨에 따라서 달라진다.

DO-178C 컨트롤 분류 할당은 최소한으로 고려해야 한다. 많은 회사들이 DO-178C에서 요구하는 것보다 더 많은 항목을 CC1로 하는 것을 선택하고 있다. 예를 들어, 비록 DO-178C가 소프트웨어 검증 결과를 CC2로 식별하더라도 소프트웨어 검증 리포트는 종종 CC1로 취급한다.

2) DO-330, DO-331, DO-332 그리고 DO-333 Annex A 테이블 또한 각각의 데이터 항목에 대한 CC1 혹은 CC2를 식별한다.

표 10-2 데이터 유형에 따른 컨트롤 분류

DO-178C 소프트웨어 라이프 사이클 데이터	DO-178C 섹션	A	B	C	D
PSAC	11.1	CC1	CC1	CC1	CC1
Software Development Plan	11.2	CC1	CC1	CC2	CC2
Software Verification Plan	11.3	CC1	CC1	CC2	CC2
SCM Plan	11.4	CC1	CC1	CC2	CC2
SQA Plan	11.5	CC1	CC1	CC2	CC2
Software Requirements Standards	11.6	CC1	CC1	CC2	N/A
Software Design Standards	11.7	CC1	CC1	CC2	N/A
Software Code Standards	11.8	CC1	CC1	CC2	N/A
Software Requirements Data	11.9	CC1	CC1	CC1	CC1
Design Description	11.10	CC1	CC1	CC1	CC2*
Source Code	11.11	CC1	CC1	CC1	CC1
Executable Object Code	11.12	CC1	CC1	CC1	CC1
Software Verification Cases / Procedures	11.13	CC1	CC1	CC2	CC2*
Software Verification Results	11.14	CC2	CC2*	CC2*	CC2*
SLECI	11.15	CC1	CC1	CC1	CC2
SCI	11.16	CC1	CC1	CC1	CC1
PRs	11.17	CC2	CC2	CC2	CC2
SCM Records	11.18	CC2	CC2	CC2	CC2
SQA Records	11.19	CC2	CC2	CC2	CC2*
SAS	11.20	CC1	CC1	CC1	CC1
Trace Data (Development)	11.21	CC1	CC1	CC1	CC1
Trace Data (Verification)	11.21	CC1	CC1	CC2	CC2*
Parameter Data Item File	11.22	CC1	CC1	CC1	CC1

* 소프트웨어 라이프 사이클 데이터가 필요할 때만 적용한다(목표에 따라서 달라진다).

10.2.10 로드 컨트롤

실행가능한 코드는 실제로 타깃 하드웨어에 로드될 때까지 아무것도 하지 않는다. 어떤 소프트웨어는 공장에서 로드되며 어떤 것은 현장에서 로드된다(현장 적재가능 소프트웨어의 정보에 대해서는 Chapter 18을 보라). 다음은 컨트롤되는 소프트웨어 로드 프로세스의 핵심 컴포넌트들이다.

- **승인된 로드 절차**: 비록 실제 로딩은 소프트웨어 개발과 DO-178C 영역 밖에 있는 경우가 많지만(로딩은 흔히 제조 프로세스 혹은 항공기 유지보수의 일부이기 때문에), 그것은 소프트웨어 승인 프로세스 과정에서 고려할 필요가 있다. 로딩 절차는 DO-178C 준수 활동의 일부로 개발되고 검증되어야 한다. DO-178C Section 11.16.k는 빌드 명령어와 마찬가지로 로딩 절차를 SCI에 포함하는 것을 권고한다. 이것은 DO-178B 이후 DO-178C에서 추가되었다. DO-178B에서는 로드 절차가 어디에 문서화되어야 하는지 명확하지 않았다.
- **로드 검증**: 소프트웨어가 손상되지 않고 완전하게 로드되는 것을 보장하는 방법이 있어야 한다. 예를 들면, 순환 중복 검사(CRC)와 같은 어떤 종류의 무결성 체크에 의해서 종종 수행된다.
- **파트 표시 검증**: 로드된 파트 넘버와 버전이 승인된 것과 일치하는지 확인하기 위해 로드된 소프트웨어를 식별할 수 있는 방법이 필요하다. 일단 소프트웨어가 로드되면 식별이 승인된 데이터와 일치하는지 검증해야 한다.
- **하드웨어 호환성**: 승인된 하드웨어와 소프트웨어 호환성을 문서화하고 준수해야 한다.

10.2.11 소프트웨어 라이프 사이클 환경 컨트롤

소프트웨어 라이프 사이클 환경은 소프트웨어 라이프 사이클 데이터와 소프트웨어 제품을 개발하고, 검증하고, 컨트롤하고, 생산하기 위해 사용될 방법, 도구, 절차, 프로그래밍 언어 그리고 하드웨어를 포함한다.[5] 컨트롤되지 않은 환경은 코드에서의 에러, 데이터 항목의 손실, 시험 과정에서의 파악하기 어려운 에러, 부적절한 시험, 반복할 수 없는 빌드 프로세스 등을 포함해서 수많은 문제들을 초래할 수 있다. "소프트웨어 라이프 사이클 환경 컨트롤은 소프트웨어를 생산하기 위해 사용하는 도구를 식별하고 컨트롤하며 복구가능하다는 것을 보장한다."

계획 단계에서 소프트웨어 개발 환경은 소프트웨어 개발 계획에 설명되고, 검증 환경은 소프트웨어 검증 계획에 설명되며, SCM 환경은 SCM 계획에 설명되고, SQA 환경은 SQA 계획에 설명된다. 계획은 프로세스를 구현하기 위해 사용되는 절차, 도구, 방법, 표준 그리고 하드웨어를 설명한다. 도구의 모든 것을 PSAC에 요약하는 것 또한 추천된다.

하지만 계획 단계 과정에서, 흔히 환경의 세부사항은 알려지지 않는다(예를 들면, 컴파일러는 알 수 있지만 특정 버전, 옵션/셋팅, 그리고 지원 라이브러리는 계획 중에는 알려지지 않을 수 있다). 결정론적인 환경을 갖추기 위해 세부사항(특정 실행 파일을 포함해서)이 문서화되어야 한다. 소프트웨어 라이프 사이클 환경의 세부사항은 소프트웨어 라이프 사이클 환경 형상 인덱스(SLECI) 혹은 동등한 문서에서 식별된다. SLECI의 일반적인 내용은 나중에 설명한다(Section 10.4.3을 보라). SLECI는 환경을 컨트롤하기 위해 사용된다. SLECI에서 식별되는 환경이 실제로 개발자에 의해서 사용되고 있는지를 확인할 프로세스가 있어야 한다. 이것은 흔히 간과되는 태스크이다. SLECI는 프로그램이 끝날 때까지 완료되지 않는 경우가 많다. 하지만 환경이 컨트롤되기 위해 프로세스 초기에 완료되어야 한다. 개발, SCM 그리고 SQA 환경이 검증 환경보다는 더 일찍 알려질 수 있기 때문에, SLECI가 여러 번 반복될 수 있다.

추가적으로 소프트웨어와 그 데이터를 개발하고, 검증하고, 컨트롤하고, 빌드하고, 로드하기 위해 사용하는 도구는 형상 컨트롤하에 유지할 필요가 있다. 따라서 도구는 CC1 혹은 CC2 데이터로 컨트롤되어야 한다. DO-178C는 인증을 받지 않는 도구에 대해서 실행가능 오브젝트 코드가 최소한, CC2로 컨트롤될 것을 요구한다. 인증된 도구와 그것을 지원하는 인증 데이터에 대한 적절한 컨트롤 분류는 DO-330, Software Tool Qualification Consideration에 명시되어 있다. 도구 인증은 Chapter 13에서 논의한다. 하지만 인증된 도구를 위해 사용되는 환경에 대해서는 미리 주의를 기울여야 한다. 만약 당신의 프로젝트가 인증된 도구를 사용한다면, 당신이 도구를 사용하고 있는 환경(운영 환경)이 도구가 인증을 받았던 환경을 대표하는지를 검증하는 것이 중요하다. 그렇지 않으면 도구 인증 신뢰가 적용되지 않을 수 있다.

10.3 특별한 SCM 기술들

숙련되고 자격을 갖춘 담당자는 SCM을 위해 중요하다. 형상 관리는 모든 사람의 작업이지만, SCM 관리자 혹은 라이브러리 담당자 그리고 CCB 멤버들은 SCM 프로세스에서 독특한 역할을 한다.

SCM 라이브러리 담당자는 SCM 라이브러리 하나 혹은 여러 개를 만들고 라이브러리 간의 무결성뿐만 아니라 라이브러리 각각의 무결성도 보장한다.[6] 라이브러리 담당자의 역할은 자동화에 의해서 지원될 수 있다. SCM 라이브러리 담당자는 다음 기술들을 보유하고 있어야 한다. 회사의 전반적인 형상 관리 요구에 대한 이해, 세부사항에 대한 주의, 세부 절차를 문서화하는 능력, 절차 준수를 확인하는 능력, 다양한 유형의 사람들과 커뮤니케이션을 잘하는 능력 그리고 사용되는 모든 자동화에 대한 이해 등이다.

CCB는 변경을 평가하고, 변경을 승인/반대하고, 합의된 모든 조치에 대한 후속 처리를 책임진다. CCB 멤버들은 제품, 변경의 잠재적인 영향 그리고 전체적인 SCM 시스템을 이해해야 한다. CCB 리더 혹은 의장은 다양한 개성의 사람들을 조정하고, 미팅을 관리하며, 완수를 보장하고, 여러 레벨에서 커뮤니케이션을 잘해야 한다. 이것은 변경 영향, 우선순위 그리고 안전성 관련 이슈들을 결정할 때 다양한 이해관계자들의 요구를 고려하는 능력을 포함한다.

10.4 SCM 데이터

DO-178C Table A-8은 프로세스 과정에서 생성되는 SCM 프로세스와 데이터에 대한 목표를 식별한다. 이 섹션에서는 각각의 SCM 라이프 사이클 데이터 항목을 간략하게 설명한다.

10.4.1 SCM 계획

SCM 계획에 대한 내용은 Chapter 5에서 설명했다. SCM 계획은 프로젝트 초기에 개발되어야 SCM이 적절하게 적용될 수 있다. SCM 계획은 Chapter 5에서 논의했던 것뿐만 아니라 이 챕터에서 논의하는 항목들을 다루어야 한다. SCM 계획에 추가해서 일부 SCM 활동들에 대해서 좀 더 상세한 절차가 필요할 수 있다. 예를 들면, 문제점 리포팅 프로세스와 CIA 프로세스는 종종 SCM 계획에 있는 것 이상의 구체적인 세부사항을 요구한다.

10.4.2 문제점 리포트

PR은 이 챕터 앞부분과 Chapter 9에서 논의되었다. PR은 프로젝트 전반에 걸쳐서 식별되고 최신 상태가 유지되어야 한다. 또한 인증과 안전성 평가뿐만 아니라, 프로젝트 관리 결정을 위해 PR에 대한 상태 요약을 잘 하는 것이 중요하다.

10.4.3 소프트웨어 라이프 사이클 환경 형상 인덱스

DO-178C Section 11.15와 앞서 언급된 것처럼 SLECI는 개발, 빌드, 로드, 검증 그리고 컨트롤을 위한 환경을 문서화하고 컨트롤하기 위해 사용된다. 그것은 소프트웨어 재생성, 재검증 혹은 변경을 지원하는 데 도움이 된다. 그것은 다음의 리스트를 포함한다.[5]

- 개발 환경의 하드웨어와 운영체제
- 소프트웨어를 개발하고, 빌드하며, 로드하기 위해 사용되는 도구(컴파일러, 링커, 로더, 요구사항 관리 도구와 같은)
- 소프트웨어를 검증하기 위해 사용되는 도구(시험을 위한 하드웨어와 운영체제를 포함)
- SCM과 SQA 프로세스에 의해서 사용되는 도구
- 인증을 지원하기 위해 사용된 인증된 도구 및 데이터

많은 프로젝트들이 SLECI를 SCI와 패키지화한다. 그럴 경우에 코드가 빌드되고 릴리즈되기 전에 환경이 컨트롤될 필요가 있기 때문에, SCI가 여러 번 반복될 필요가 있을 것이라는 점을 유의해야 한다.

10.4.4 소프트웨어 형상 인덱스

SCI는 소프트웨어 제품의 특정 형상(소스 코드와 실행가능 오브젝트 코드 파일들을 포함)과 함께 소프트웨어 제품에 대한 모든 라이프 사이클 데이터의 리스트를 제공한다. 만약 소프트웨어가 여러 컴포넌트를 포함하고 있다면, SCI의 계층이 있을 수 있다. 예를 들면, 각각의 컴포넌트에 대한 SCI가 있고 그런 다음 컴포넌트 전체를 하나로 만들기 위한 최상위 레벨 SCI가 있다.

SCI는 근본적으로 "소프트웨어 제품의 형상을 식별"**[5]**하기 때문에 중요한 데이터 항목이며 인증과 유지보수를 위해 중요하다. SCI는 소프트웨어가 무엇이고 그것을 개발하기 위해 어떤 데이터가 사용되었는지를 정의한다. 또한 SCI는 인증 당국에 제출될 필요가 있는 세 가지 데이터 항목들 중 하나이다(PSAC와 SAS에 더해서).

DO-178C Section 11.16에 따라 SCI는 소프트웨어 제품(장비로 로드되는 소프트웨어의 파트 번호(들)), 실행가능 오브젝트 코드, 소스 코드 파일(버전 정보와 함께), 저장 및 릴리즈 매체, 라이프 사이클 데이터, 실행가능 오브젝트 코드를 생성하기 위한 빌드 명령어, SLECI의 참조 혹은 포함, 사용된 데이터 무결성 체크(CRC와 같은), 로딩 절차와 방법 그리고 사용자 수정가능 소프트웨어에 대한 절차 및 방법(사용된다면)을 식별한다.**[5]** 만약 파라미터 데이터 아이템 파일이 사용된다면, 생성하기 위한 모든 빌드 명령어와 함께 이 파일 또한 나열된다(파라미터 데이터 아이템 파일은 Chapter 22에서 논의한다).

일반적으로 SCI는 소프트웨어의 각각의 베이스라인을 위해 생성된다. 개발 베이스라인의 경우, SCI는 흔히 단지 소스 코드 파일의 리스트, 빌드 명령어, 해결된 PR과 변경 요청사항 그리고 SLECI 데이터의 참조 혹은 포함만을 가지게 된다. 하지만 각각의 베이스라인에 대해서 코드를 생성하기 위해 사용되었던 계획, 표준, 요구사항 그리고 설계의 버전을 식별하는 것 또한 추천된다. 프로젝트가 진행되면서 다른 데이터가 추가될 수 있지만 이들 항목들은 무엇이 코드를 만들게 했는지를 알기 위해 중요하다.

나는 보통 매년 여러 가지 SCI를 조사한다. 거기에는 내가 자주 보는 몇 가지 경향이 있다. 당신의 이해를 위해 언급하자면 다음과 같다.

- 때때로 SCI는 코드 리스트를 포함하지만 다른 소프트웨어 라이프 사이클 데이터를 포함하지 않는다. 이것은 군사적인 배경을 가지고 있고 VDD(Version Description Document)(이는 DOD-STD-2167A와 다른 군표준에 의해서 요구되었던)를 개발하는 데 익숙한 회사들에게 특히 널리 퍼져 있는 것으로 보인다.
- 많은 팀들이 SLECI와 SCI를 단일 문서로 합치는 것을 선택했다. 이것은 괜찮으며 DO-178C에도 명시적으로 언급되어 있다. 하지만 팀은 소프트웨어가 릴리즈될 때까지 그 문서를 완료하지 않는 경우가 많다. 만약 SLECI가 SCI의 일부라면, 이것은 개발 환경을 정의하기 위해 그 문서의 초기 버전이 필요하다는 것을 의미한다. 그렇지 않으면 환경이 컨트롤되었다는 것을 증명하기가 어렵다.

10.4.5 SCM 레코드

SCM 레코드는 상태 감사 리포트, 릴리즈 레코드, 변경 레코드, 소프트웨어 라이브러리 레코드 그리고 베이스라인 레코드와 같은 SCM 프로세스에 사용된 추가적인 데이터를 포함한다. 생성되는 구체적인 레코드는 회사에 따라서 달라진다. SCM 계획은 생성되어야 할 데이터를 식별하거나 세부사항을 제공하는 회사 절차를 가리켜야 한다.

10.5 SCM 함정들

피해야 할 여러 가지 SCM 함정들이 있다. 몇 가지 함정들은 다른 것들보다 깊지만 SCM 함정 모두가 문제가 될 수 있으며 반드시 피해야 한다. 특정 이슈들은 앞서 언급했지만 통합된 리스트를 제공하기 위해 여기에서 다시 언급한다.

함정 1 : 필요한 모든 활동들을 처리하지 못함. Section 10.2에서 언급한 모든 SCM 활동들이 필요하다. 만약 일부가 누락된다면 빠르게 혼란을 초래할 수 있다.

함정 2 : 적절하지 않은 계획. 좋은 SCM은 그냥 나타나는 게 아니다. 계획과 세부적인 절차가 필요하다. 계획과 절차는 전사적인 혹은 공식적인 형상 관리뿐만 아니라 엔지니어링 혹은 개발상의 형상 관리도 다루어야 한다.

함정 3 : 경영진의 이해, 헌신 혹은 지원의 부족. SCM은 도구, 훈련 그리고 직원을 포함해서 리소스가 필요하다. 경영진의 지원이 없으면 리소스는 일반적으로 제한되므로 SCM 프로세스는 필요한 것에 미치지 못하게 된다.

함정 4 : 자격을 갖춘 담당자의 부족. SCM은 Section 10.3에서 언급한 것처럼 전문화된 기술 세트를 요구한다. 이러한 기술을 가진 사람을 가지지 못하면 효과 없는 SCM으로 이어진다.

함정 5 : 적절하지 않은 자동화의 사용. 도구만으로는 조직의 SCM 문제를 해결할 수 없을 것이다. Jessica Keyes가 말했듯이 "손해 보는 프로세스를 자동화하는 것은 당신이 더 빠르고 더 정확하게 더 많은 돈을 잃게 한다."[9] 무료에서부터 매우 비싼 것까지 사용가능한 SCM 도구가 많다. 일부는 대규모 소프트웨어팀에 맞게 조정된 반면, 다른 것들은 소규모 팀에 더 적합하다. 일부는 공식적인 SCM과 장기간 저장에 좋은 반면에, 다른 것들은 일상적인 엔지니어링 요구에 더 잘 작동한다. 일부 프로젝트는 장기적이고 일상적인 도구 세트를 모두 사용하는 것이 유리하다는 것을 알게 될 수 있다. 자동화 대상을 결정하고 자동화를 수행할 도구를 선택할 때는 매우 주의해야 한다.

함정 6 : 훈련 부족. SCM을 지속적으로 적용하기 위해서는 모든 당사자가 절차를 이해해야 한다. SCM 훈련은 모든 팀원들에게 의무적이어야 한다. 또한 시간을 낭비할 필요가 없다. 컴퓨터 기반 훈련이 꽤 효과적일 수 있다.

함정 7 : 환경이 컨트롤되지 않음. 앞서 언급한 것처럼 컨트롤되는 개발 및 검증 환경의 부족은 소프트웨어 프로젝트에 일반적인 문제점이다. SLECI는 엔지니어들이 모두 올바른 환경을 사용할 수 있도록 적시에 개발되고 최신 상태를 유지해야 한다. 추가적으로 도구가 적절하게 설정되고 사용되고 있는 것을 확인하기 위해 모든 도구의 설정이 어딘가(일반적으로 SLECI 혹은 SCI의 빌드 명령어 섹션에)에 문서화되어야 한다.

함정 8 : PR 프로세스가 적절하게 정의되거나 구현되지 않음. 계획과 절차가 문제점 리포팅 프로세스를 언제 시작할지 그리고 팀원들이 어떻게 그것을 수행해야 하는지를 설명하지 못하는 경우가 많다. 그 결과 문제가 올바로 문서화되지 않는, 시의적절하게 수정되지 않는, 문서화 없이 수정되는, 영향에 대해서 평가되지 않는, 이해관계자들 간에 조율되지 않는 등의 상황이 발생한다.

함정 9 : 좀 더 일반적인 청중을 위해서 작성되지 않은 PR. 관리자, 고객 그리고 인증 당국과 같이 그것들을 이해할 필요가 있는 광범위한 사람들에 의해서 읽힐 수 있도록 PR이 작성되지 않는 경우가 많다.

함정 10 : 승인 없이 변경됨. 때때로 엔지니어는 자신의 작업을 하는 동안 다른 문제를 보고 그 문제를 수정하기로 결정한다. 아무도 그 변경을 알리지 않고 그것을 문서화하지 않는 것을 제외하면 그 자체로는 나쁘지 않다. 일단 데이터가 베이스라인이 설정되면 모든 변경은 PR 혹은 변경 요청(혹은 동등한 프로세스)에 문서화되어야 한다.

함정 11 : 공급업체의 SCM에 대한 이해와 컨트롤 실패. 일부 공급업체들은 잘 확립된 SCM

프로세스를 가지고 있을 수 있는 반면에 다른 공급업체들은 SCM의 초기 단계에 있을 수 있다. 모든 공급업체들(하청 회사들과 외국팀들을 포함)의 SCM 프로세스를 이해하고 가능한 한 빨리 모든 제한, 약점 혹은 비호환성을 대처하는 것이 중요하다. 공급업체를 활용할 때 고려해야 할 것들의 예는 다음과 같다.[3)]

- 공급업체가 그들의 데이터를 어떻게 식별하며 그것이 당신 회사의 형상 식별체계와 호환되는가? 그들이 그들의 데이터 항목들을 어떻게 이름을 짓는지 혹은 번호를 매기는지를 이해하는 것이 중요하다. 공급업체가 제공한 데이터의 경우 당신 자신의 회사 번호를 추가하거나 고유한 라이브러리에 혹은 특별한 속성으로 데이터를 저장하는 것이 필요할 수 있다.
- 어떤 데이터가 전달되며 공급업체가 어떤 데이터를 유지할 것인가?
- 일단 데이터가 전달되면, 그것을 유지하는 것은 누구의 책임인가?
- 공급업체가 다른 회사에 팔리거나 사업을 그만두면 어떻게 되는가?
- 공급업체의 데이터에 대한 변경 컨트롤은 어떻게 관리되는가? 공급업체는 자신의 CCB를 가질 것인가? 만약 그렇다면 어떤 유형의 통찰력이 공급업체의 CCB 활동에 제공될 것인가?
- 공급업체는 어떤 상태 감사를 제공하는가?
- 공급업체는 어떤 문제점 리포팅 프로세스를 사용할 것인가?
- 공급업체는 어떻게 환경을 컨트롤하는가?

함정 12: 인증받은 도구의 운영 환경이 확인되지 않음. 안전 필수 소프트웨어의 개발 혹은 검증을 지원하기 위해 인증된 도구가 사용될 때, 도구가 인증받았던 운영 환경에서 사용되는지 확인하는 것이 중요하다. 각각의 도구는 하나 이상의 운영 환경에 대해서 인증된다. 도구 사용자는 해당 환경에서 도구를 사용하고 있는지 확인해야 한다. 그렇지 않으면 도구가 제대로 작동하지 않을 수 있다. 어떤 경우에는 부적절한 동작이 명확하지 않을 수 있다. 도구 인증은 Chapter 13에서 살펴본다.

---

3) 이것은 완전한 리스트가 아니라 출발점으로 제공된다.

함정 13 : 환경을 저장하지 않음. 환경(하드웨어, 운영체제 그리고 지원 소프트웨어 도구)은 재생성, 사고 조사, 지속적인 감항성 등을 지원하기 위해서 요구사항, 설계, 소스 코드 그리고 실행가능 오브젝트 코드에 더해서 저장될 필요가 있다.

함정 14 : 절차가 컨트롤되지 않음. 많은 기업들이 기업 전체로의 쉬운 접근을 위해 인트라넷에 대한 전사적인 절차를 가지고 있다. 때때로 계획이 그런 절차를 참조하지만, 절차에 대한 형상 컨트롤은 제한적이다. 절차는 리비전 상태가 없을 수 있고, 통지 없이 업데이트될 수도 있으며, 저장되지 않을 수도 있다(즉, 이전 버전이 복구가능하지 않을 수 있다). 소프트웨어팀은 알려진 일련의 절차에 따라 작업해야 한다. 이것은 그들이 분리된 작업 영역에서 절차 세트를 포착하거나 전사적인 인트라넷을 초월해서 다른 SCM 프로세스를 사용하는 것이 필요할 수 있다.

함정 15 : 장기간의 데이터 가독성을 고려하는 데 실패함. 매체 혹은 데이터 형식은 유지보수의 목적으로 고려해야 한다. 신뢰할 수 있는 매체(콤팩트디스크[CD] 혹은 디지털 비디오 디스크[DVD]와 같은)에 데이터를 저장하는 것에 추가해서, 그 매체를 읽을 장비와 소프트웨어를 사용할 수 있어야 한다. 이러한 이유로 데이터를 향후에 읽을 수 있도록 하드 카피 혹은 PDF 포맷으로 저장하는 것을 추천한다. 이것은 그 데이터를 보기 위해 전용 도구가 필요한 경우, 특히 도구가 연간 계약 연장이나 라이선스가 필요한 경우 중요하다.

함정 16 : 빌드 그리고/혹은 로드 절차가 반복가능하지 않음. 앞서 언급한 것처럼 소프트웨어를 빌드하고 로드하기 위한 절차는 SCI에 문서화된다. 때때로 빌드 혹은 로드를 수행할 수 있는 유일한 사람은 매일 그러한 활동을 수행하는 사람이다. 그 사람이 장비 사용 수명 동안 매일, 매 시간마다 주변에 있는 것은 아니므로 절차를 반복할 수 있도록 문서화될 필요가 있다. 절차를 이해할 수 있고 같은 결과를 얻을 수 있도록(반복가능한) 절차에 익숙하지 않은 사람이 수행할 수 있어야 한다.

10.6 변경 영향 분석

소프트웨어 변경은 안전 필수 시스템의 삶의 방식이다. 몇 년 전 한 컨퍼런스에서 엔진 컨트롤 제조사는 그들의 소프트웨어 개발 활동의 90% 이상이 이미 비행 중인 소프트웨어에 대한 변경으로 구성되어 있다고 주장했다. 항공산업에서 파생 제품은 우리 일의 대부분을 차지한다. 이들 파생 제품들은 필요에 따라서 새로운 특성 혹은 수정을 추가하면서, 가능한 한 많은 소프트웨어를 재사용하는 경향이 있다. 따라서 소프트웨어를 유지보수와 업그레이드가 가능하도록 설계하는 것이 중요하다.

안전 필수 시스템에서 소프트웨어 변경이 발생할 때 상당히 주의해야 한다. 서비스 중인 소프트웨어에 대한 변경은 조심스럽게 계획되고, 분석되고, 구현되고, 컨트롤되고, 검증/시험되어야 한다. 추가적으로 변경이 시스템 혹은 항공기의 다른 기능에 부정적인 영향을 미치지 않도록 조치를 취해야 한다.

변경 프로세스는 Section 10.2.5에서 설명하였다. 개발 과정에서 각각의 변경은 PR 혹은 변경 요청에 문서화된다. 각각의 PR 혹은 변경 요청은 그 변경의 영향을 고려한다. 그런 다음 각각의 변경된 그리고 영향을 받은 소프트웨어 컴포넌트 및 그 지원 라이프 사이클 데이터는 소프트웨어 빌드로 그것을 받아들이고 PR 혹은 변경 요청을 종료하기 전에 검증된다.

일단 소프트웨어가 현장에 투입되면, CIA가 더 공식적인 프로세스가 되어 추가적인 문서화를 요구한다. 또한 그런 형식은 공식 시험이 완료된 후 변경에 대한 회귀 시험이 필요할 때 초기 개발 과정에서 보증될 수도 있다는 점에 유의해야 한다. 2000년에 FAA는 CIA에 대한 정책을 처음으로 발표했다. 그 지침은 그때 이후로 안정적으로 유지되어왔다. 인증된 제품에서 승인되고 변경되고 있는(아마도 버그를 수정하거나 일부 기능을 추가하거나 다른 사용자를 위한 변경을 위해) 소프트웨어의 경우, CIA가 필요하다. CIA에 대한 분석을 할 때 반드시 고려해야 하는 몇 가지 목적이 있다.

- 소프트웨어 개발 및 검증팀이 재작업의 양을 결정하는 것을 가이드한다.
- CCB가 어떤 변경을 승인할지 혹은 승인하지 않을지에 대한 결정을 돕는다.
- 안전성에 대한 변경의 잠재적인 영향을 평가하는 방법을 제공한다.

- 고객의 시스템 레벨 혹은 항공기 레벨 CIA를 지원하기 위해 고객에게 통찰력을 제공한다.
- 변경의 분류를 major 혹은 minor로 정당화하기 위한 수단의 역할을 한다.

일반적으로 예비 CIA는 변경의 구현에 필요한 작업의 양을 평가하고 안전성에 미치는 변경의 잠재적인 영향을 결정하기 위해 그리고 major 혹은 minor 분류에 대한 인증 당국의 동의를 얻기 위해 소프트웨어 변경 활동의 초기에 수행된다. 예비 CIA는 일반적으로 업그레이드된 소프트웨어를 위한 PSAC의 일부로서 문서화되거나 소프트웨어 계획 문서에서 참조되는 별도의 문서에 포함된다. 프로젝트 말미에 CIA는 실제 분석을 반영하여 업데이트되며 흔히 SAS에 포함된다.

FAA Order 8110.49에 따라 안전성에 잠재적인 영향이 없는 소프트웨어 변경은 minor로 분류될 수 있는 데 반해, 안전성에 영향을 줄 수 있는 변경은 일반적으로 major로 분류된다.**[10]** major와 minor 변경 모두 동일한 프로세스를 거친다. 하지만 major 변경은 인증 당국의 개입이 필요하다.

FAA Order 8110.49의 Chapter 11**4)**은 최소한 CIA의 일부로서 평가될 필요가 있는 항목들을 식별한다.**[10]** 각각의 항목은 영향이 없더라도 평가되어야 한다(만약 그것이 해당 사항이 없다면 CIA 섹션은 "해당사항 없음"이라고 말하고 이유를 설명할 수 있다). 다음은 CIA에 요약된 분석의 간단한 개요이다.

- **추적성 분석**: 변경에 의해 직접적 혹은 간접적으로 영향을 받을 수 있는 요구사항, 설계 요소들, 코드 그리고 시험 케이스 및 절차를 식별한다. 변경에 대한 하향식 추적성은 변경의 영향을 받는 설계 컴포넌트들을 식별한다. 상향식 추적성은 변경에 의해서 의도치 않게 영향을 받을 수 있는 다른 설계 특성과 요구사항을 결정하는 데 도움이 된다. 전반적으로 요구사항 추적성은 소프트웨어 프로젝트에 미치는 변경의 영향을 결정하는 데 도움이 된다. 변경 및 영향을 받는 소프트웨어와 데이터 모두를 식별하는 것이 중요하다.
- **메모리 마진 분석**: 메모리 할당 요구사항이 여전히 만족하는지, 원래의 메모리맵이 유

4) DO-178C와 그 부속서의 발행으로 FAA 정책이 업데이트될 것 같다. CIA 프로세스는 매우 비슷하게 유지될 것 같지만, 만약 당신이 CIA를 수행하도록 요구받는다면, 당신이 최신 정책을 사용하고 있는지 확인하기 바란다.

지되는지 그리고 적절한 메모리 마진이 유지되는지를 확인한다. 이 분석은 일반적으로 변경이 구현될 때까지 완료될 수 없다. 그것은 초기에 추정될 수 있지만, 실제 영향 평가는 나중에 이루어진다.

- **타이밍 마진 분석**: 타이밍 요구사항이 여전히 만족되는지, 리소스 경합 특성이 알려져 있는지 그리고 타이밍 마진이 여전히 유지되는지를 확인한다. 메모리 마진 분석과 같이 타이밍 분석은 일반적으로 변경이 구현될 때까지 완료될 수 없다.
- **데이터 흐름 분석**: 컴포넌트들 간 및 컴포넌트들 내에서의 결합도뿐만 아니라 데이터 흐름의 변경으로 인한 부작용을 식별한다. 데이터 흐름 분석을 수행하기 위해서는 변경에 의해서 영향을 받는 변수와 인터페이스를 분석해서 그 변수의 원래 초기값이 유효한지, 변경이 일관되게 이루어졌는지 그리고 변경이 데이터 요소의 다른 사용에 영향을 미치지 않는지를 확인해야 한다. 이것은 대규모 전역 데이터 섹션이 사용된다면 비싸고 어려운 프로세스가 될 수 있다.
- **컨트롤 흐름 분석**: 컨트롤 흐름 및 컴포넌트의 결합도에 대한 변경으로 영향을 미치는 모든 부작용을 식별한다. 태스크 스케줄링, 실행 흐름, 우선순위 지정 그리고 인터럽트 구조가 고려되는 항목들의 예이다.
- **입력/출력 분석**: 변경이 제품의 입력 및 출력 요구사항에 부정적인 영향을 미치지 않았음을 확인한다. 버스 로딩, 메모리 접근, 처리량, 하드웨어 입력, 출력 디바이스 인터페이스와 같은 것들이 고려된다.
- **개발 환경 및 프로세스 분석**: 소프트웨어 제품에 영향을 미칠 수 있는 모든 변경(들)(컴파일러 옵션 혹은 버전 및 최적화 변경, 링커, 어셈블러, 로더 명령어 혹은 옵션 변경 혹은 소프트웨어 도구 변경과 같은)을 식별한다. 타깃 하드웨어 또한 고려해야 한다. 만약 소프트웨어와 인터페이스하는 프로세서 혹은 다른 하드웨어가 변경되면, 의도된 기능을 수행하기 위한 소프트웨어의 능력에 영향을 줄 수 있다.
- **운영상의 특성 분석**: 악영향이 없다는 것을 확인하기 위해 시스템 운영에 영향을 줄 수 있는 변경들을 고려한다(디스플레이 및 심벌, 성능 파라미터, 게인, 필터, 제약, 데이터 확인, 인터럽트 및 예외 처리, 오류 완화에 대한 변경의 평가와 같은).
- **인증 유지보수 요구사항 분석**: 소프트웨어 변경에 의해서 새로운 혹은 변경된 인증 유지보수 요구사항이 필요한지 여부를 결정한다. 항공 제품의 최초 인증 과정에서 인증 유지보수 요구사항이 식별된다. 예를 들면, 브레이크는 100번의 착륙 후에 검사해야 할 수 있다. 만약 소프트웨어에 대한 변경이 인증 유지보수 요구사항에 영향을 미친다면,

이는 변경 프로세스 과정에서 처리해야 한다.

- **파티션 분석**: 변경이 설계에 포함된 보호 메커니즘에 영향을 미치지 않는지를 확인한다. 만약 아키텍처적인 완화가 파티션 체계의 일부로 적용된다면, 변경은 그러한 전략에 영향을 미치지 않아야 한다. 예를 들면, 더 중요한 파티션이 적절하게 데이터를 체크하지 않는 한 데이터가 덜 중요한 파티션으로부터 더 중요한 파티션으로 통과되지 않아야 한다.

CIA는 또한 변경에 의해서 수정된 소프트웨어 라이프 사이클 데이터(요구사항, 설계, 아키텍처, 소스 및 오브젝트 코드, 시험 케이스 및 절차와 같은)와 변경 과정에서 시스템에 부작용이 주입되지 않았다는 것을 확인하기 위해 필요한 검증 활동들(리뷰, 분석, 조사, 시험)을 문서화한다.

체계적이고, 문서화되고, 철저한 CIA 프로세스를 가지는 것은 프로젝트 계획 및 구현, 재검증 및 회귀 시험(회귀 시험에 대한 더 많은 정보는 Chapter 9를 보라) 그리고 인증을 위해 중요하다. 안전 필수 소프트웨어를 개발하는 회사들은 프로젝트 요구를 만족하고, 안전성을 지원하며, 인증 당국의 요구를 충족하는 전사적인 CIA 프로세스를 가져야 한다. 이를 위해서는 그 분석이, 변경되고 영향을 받는 데이터(소프트웨어 자체를 포함해서), 변경되고 영향을 받는 데이터의 검증 그리고 안전성 영향의 분석을 식별해야 한다. CIA는 읽을 수 있고 포괄적이어야 하며 인증 당국의 정책과 지침(예를 들면, FAA Order 8110.49 혹은 EASA Certification Memorandum CM-SWCEH-002)을 다루어야 한다. 예비 CIA는 더 높은 수준일 수 있지만, 최종 CIA는 어떤 데이터가 변경되거나 영향을 받았는지, 어떤 검증이 이루어졌는지, 소프트웨어의 최종 특성이 원래 특성과 비교되는지(예를 들면, 타이밍과 메모리 마진) 그리고 모든 안전성 영향이 어떻게 식별되고 검증되었는지가 분명하게 식별될 필요가 있다. 예비 CIA는 인증 활동을 지원할 뿐만 아니라 소프트웨어 업데이트를 위한 리소스, 예산, 일정을 계획하기 위한 좋은 프로젝트 관리 도구를 제공한다는 것에 주목해야 한다.

또한 전사적인 프로세스는 예비 및 최종 CIA를 문서화하기 위한 접근법을 식별해야 한다. 즉, CIA가 PSAC 및 SAS의 일부인지, 독립된 문서인지 혹은 어떤 다른 것의 일부인지를 설명한다. 또한 그 프로세스는 누가 CIA를 승인하는지 그리고 그것이 인증 당국에 제출되는지를 식별해야 한다. 예를 들면, 일부 조직은 FAA의 승인된 피지명자가 CIA를 리뷰하고 승인할 것을 요구한다. 만약 변경이 major로 간주되면, CIA는 PSAC와 SAS의 일부로 포함되고 FAA에 제출된다. 하지만 만약 변경이 minor이면, CIA는 PSAC와 SAS로부터 분리될 수 있고 FAA에 제출되지 않는다.

많은 회사들이 각각의 PR 혹은 변경 요청에 대해서 CIA를 수행한다. 이것은 좋은 관행이다. 하지만 PR 그리고/혹은 변경 요청의 조합 또한 CIA에서 고려되어야 한다.

참고문헌

[1] W. A. Babich, *Software Configuration Management* (Chichester, U.K.: John Wiley & Sons, 1991).

[2] A. Leon, *Software Configuration Management Handbook*, 2nd edn. (Norwood, MA: Artech House, 2005).

[3] A. Lager, The evolution of configuration management standards, *Logistics Spectrum*, Huntsville, AL, January–March 2002.

[4] R. S. Pressman, *Software Engineering: A Practitioner's Approach*, 7th edn. (New York: McGraw-Hill, 2010).

[5] RTCA DO-178C, *Software Considerations in Airborne Systems and Equipment Certification* (Washington, DC: RTCA, Inc., December 2011).

[6] A. M. J. Haas, *Configuration Management Principles and Practice* (Boston, MA: Addison-Wesley, 2003).

[7] IEEE, *IEEE Standard Glossary of Software Engineering Terminology*, IEEE Std-610- 1990 (Los Alamitos, CA: IEEE Computer Society Press, 1990).

[8] B. Aiello and L. Sachs, *Configuration Management Best Practices* (Boston, MA: Addison-Wesley, 2011).

[9] J. Keyes, *Software Configuration Management* (Boca Raton, FL: CRC Press, 2004).

[10] Federal Aviation Administration, *Software Approval Guidelines*, Order 8110.49 (Change 1, September 2011).

[11] European Aviation Safety Agency, *Software Aspects of Certification*, Certification Memorandum CM-SWCEH-002 (Issue 1, August 2011).

[12] L. Rierson, A systematic process for changing safety-critical software, *IEEE Digital Avionics Systems Conference* (Philadelphia, PA: 2000).

Chapter 11

소프트웨어 품질 보증

약어

CMMI	Capability Maturity Model Integration
IEC	International Electrical Technical Commission
IEEE	Institute of Electrical and Electronic Engineers
ISO	International Standards Organization
PDCA	plan, do, check, act
PQA	product quality assurance
PQE	product quality engineer
SAS	Software Accomplishment Summary
SCI	Software Configuration Index
SCM	software configuration management
SEI	Software Engineering Institute
SQA	software quality assurance
SQE	software quality engineer

11.1 소개 : 소프트웨어 품질 및 소프트웨어 품질 보증(SQA)

11.1.1 소프트웨어 품질 정의하기

안전 필수 분야의 요구를 충족하기 위해 소프트웨어 개발자들은 품질에 전념해야 한다. 고품질의 제품은 그냥 생기는 것이 아니다. 그것은 재능 있고 양심적이며 훈련된 엔지니어들뿐만 아니라 품질에 헌신하는 잘 관리되는 조직의 결과이다.

American Heritage Dictionary는 **품질**(quality)의 정의에 다음을 포함하고 있다. "내재된 혹은 구별되는 성격", "본질적인 성격" 그리고 "우수함의 정도 혹은 등급" 등이다.[1] 소프트웨어 엔지니어링에는 품질이 무엇인지에 대한 여러 가지 견해가 있는데 그중 두 가지가 널리 퍼져 있다. 첫 번째는 개발자의 관점이다. 소프트웨어가 정의된 요구사항을 충족한다면 그것은 품질이 좋은 제품이다. 두 번째는 고객의 관점이다. 소프트웨어가 고객의 요구를 충족한다면 그것은 품질이 좋은 제품이다. 정의된 요구사항을 충족하지만 고객의 요구를 충족하지 않는 제품은 고객이 고품질로 간주하지 않는다. 요구사항은 개발자와 고객의 품질에 대한 관점 사이의 갭을 메우기 위해 중요하다. 고객의 요구를 충족하는 요구사항을 개발해서 개발자들이 그 요구사항을 충족하는 소프트웨어를 생산하고 검증할 수 있도록 해야 한다. Chapter 6에서 언급한 것처럼 요구사항 정의 프로세스에 고객이 참여하도록 하는 것이 중요하다. 요구사항 정의 단계 과정에서 고객과 개발자의 긴밀한 조율이 없다면 품질은 손에 잡히지 않는 목표가 된다.

Roger Pressman은 다음과 같이 쓰고 있다. "당신이 잘할 수도 있고 혹은 다시 할 수도 있다. 만약 소프트웨어팀이 모든 소프트웨어 엔지니어링 활동에서 품질을 강조한다면, 반드시 해야 하는 재작업의 양을 줄여준다. 이를 통해 비용이 낮아지고, 더 중요한 것은 적기 출시를 가져다준다."[2] "품질 프로그램은 제품에 품질을 구축하고, 프레임워크가 동작하고 있는지 여부를 결정하기 위해 필요한 평가를 수행하며, 제품에서 실제로 달성되는 품질을 평가하기 위한 프레임워크이다."[3] 품질은 요구사항 정의, 설계, 코딩, 검증, 유지보수를 포함해서 라이프 사이클 전반에 걸친 활동에 의해 영향을 받는다.

11.1.2 고품질 소프트웨어의 특징

품질 속성은 고품질 소프트웨어의 목표를 식별하기 위해 종종 사용된다. 이런 속성으로는 정확성, 효율성, 유연성, 기능성, 무결성, 상호운용성, 유지보수성, 이식성, 재사용성, 시험가능성, 사용성을 포함한다. ISO(International Standards Organization)와 IEC(International Electrical Technical Commission) Standard 9126(ISO/IEC 9126)은 특성 및 하위 특성이라고 불리는 품질 속성 세트를 정의하고 있다. 이들 특성과 하위 특성은 다음과 같이 요약된다.[4, 5]

- **기능성**: 소프트웨어가 특정 조건하에서 사용될 때 명시이고 묵시적인 요구를 충족하는 기능을 제공하는 소프트웨어 제품의 능력이다. 기능성의 하위 특성은 적합성, 정확성, 상호운용성, 보안성, 기능성 준수를 포함한다.
- **신뢰성**: 특정 조건하에서 사용될 때 명시된 수준의 성능을 유지하는 소프트웨어 제품의 능력이다. 신뢰성의 하위 특성은 성숙도, 허용 오차, 복구성, 신뢰성 준수를 포함한다.
- **사용성**: 특정 조건하에서 사용될 때 사용자가 이해하고, 배우고, 사용하고, 매력적으로 볼 수 있도록 하는 소프트웨어 제품의 능력이다. 사용성의 하위 특성은 이해가능성, 학습가능성, 운영가능성, 매력도, 사용성 준수를 포함한다.
- **효율성**: 명시된 조건하에서 사용되는 리소스의 양과 비교해서 적절한 성능을 제공하는 소프트웨어 제품의 능력이다. 효율성의 하위 특성은 시간 반응성, 리소스 활용, 효율성 준수를 포함한다.
- **유지보수성**: 소프트웨어 제품이 변경되는 능력이다. 변경은 환경, 요구사항 및 기능 명세에서의 변경에 대한 소프트웨어의 수정, 개선 혹은 적응을 포함할 수 있다. 유지보수성의 하위 특성은 분석가능성, 변경가능성, 안정성, 시험가능성, 유지보수성 준수를 포함한다.
- **이식성**: 한 환경에서 다른 환경으로 이전되는 소프트웨어 제품의 능력이다. 이식성의 하위 특성은 적용성, 설치가능성, 공존성, 대체성, 이식성 준수를 포함한다.

비록 많은 속성이 실제로 정량화하기 매우 어렵지만, 기업들은 종종 이들 속성의 서브셋을 측정하기 위한 지표를 구현한다.

11.1.3 소프트웨어 품질 보증

대부분의 회사들은 요구되는 품질 속성이 충족되는지 그리고 소프트웨어가 요구사항을 충족하는지 확인하는 것을 돕기 위해 SQA 프로세스를 구현한다. "소프트웨어 품질 보증의 공식적인 정의는 전체 소프트웨어 제품의 사용에 대해 적합성의 증거를 제공하는 체계적인 활동이라는 것이다."**[6]** Pressman은 다음과 같이 쓰고 있다. "품질 보증은 견고한 소프트웨어 엔지니어링 방법, 합리적인 프로젝트 관리 그리고 품질 컨트롤 활동들을 지원하는 인프라를 구축한다. … 추가로 품질 보증은 품질 컨트롤 활동의 효율성과 완전성을 평가하는 일련의 감사 및 리포팅 기능으로 구성된다."**[2]** SQA 활동은 요구사항과 고객의 요구를 충족하는 제품을 생산하기 위해 적절한 프로세스가 구축되고 이행된다는 확신을 제공한다.

DO-178C의 SQA 프로세스는 소프트웨어 계획, 개발, 검증 그리고 최종 준수 노력 전반에 걸쳐서 지속적으로 수행하는 필수 프로세스이다. 한 명 이상의 품질 엔지니어(SQE)가 계획과 표준이 개발되고 구현 전반에 걸쳐서 따른다는 것을 보장한다. 또한 SQE는 완전성과 준수를 확인하기 위해 적합성 리뷰를 수행한다.

비록 DO-178C는 SQA 프로세스를 요구하지만, 품질은 전적으로 SQA 담당자의 책임만은 아니라는 것을 유의해야 한다. 또한 일부 엔지니어링 분야의 경우처럼 소프트웨어 품질은 프로젝트 종료 시에만 평가될 수는 없다. William Lewis가 언급한 것처럼 "품질은 이미 완료된 제품을 평가하는 것으로 달성될 수 없다. 따라서 그 목표는 우선 품질 결함 혹은 부족을 방지하는 것이며, 품질 보증 측정에 의해서 제품을 평가할 수 있게 만드는 것이다. … 제품 평가에 추가해서 프로세스 평가는 품질 관리 프로그램에 필수적이다."**[6]** Emanuel Baker와 Matthew Fisher는 그러한 정서를 다음과 같이 반영하고 있다. "평가 활동이 필수적인 활동인 반면에, 그것만으로는 특정 품질을 달성하지 못할 것이다. 즉, 제품 품질은 제품으로 평가(시험, 감사, 분석, 측정 혹은 검사)될 수 없다. 품질은 오직 개발 프로세스 과정에서만 '내장'될 수 있다."**[3]** 품질은 진행 중인 프로세스이며 소프트웨어팀 전체의 책임이다. DO-178C는 소프트웨어 라이프 사이클 전반에 걸쳐서 표준과 검증 활동의 사용을 통해서 품질을 촉진한다. 품질은 내장되어야 하며, 감사되거나 감시되거나 시험될 수 없다.

DO-178C는 모든 SQA 목표가 독립적으로 만족되는 것을 요구한다. DO-178C는 SQA의 독립성에 대한 정의가 검증에 대해서 정의하는 것과 약간 다르다. DO-178C는 독립성을 다음과 같이 정의한다.

> 목표 평가의 달성을 보장하는 책임의 분리이다. ① 소프트웨어 검증 프로세스 활동의 경우, 검증되는 항목의 개발자가 아닌 사람에 의해서 검증 활동이 수행될 때 독립성이 달성되며, 도구(들)가 인간의 검증 활동과 동등성을 얻기 위해 사용될 수 있다. ② 소프트웨어 품질 보증 프로세스의 경우, 독립성은 시정 조치를 보장하는 권한도 포함한다.**[7]**

정의의 전반부는 Chapter 9에서 논의되었던 검증 독립성과 관련된다. 후반부는 SQA 프로세스와 그것이 조직 구조에 존재하는 곳에 적용한다. 비록 그것이 요구되지는 않더라도, 대부분의 회사들은 엔지니어링에 리포트하지 않는 분리된 SQA 조직을 가짐으로써 독립성 요구사항을 충족한다. 이 섹션은 SQA라는 용어를 사용해서 SQA 활동 수행에 대한 책임이 있는 그룹을 참조한다. SQA는 한 명 이상의 SQE를 포함하는 분리된 조직(이것이 선호된다) 혹은 엔지니어링 조직 내의 단지 별도의 기능(이 접근법은 매우 작은 회사에 국한되는 경향이 있다)일 수 있다.

DO-178C는 프로세스 지향 SQA 접근법을 장려한다. SQA는 주로 승인된 계획과 표준에서의 프로세스가 지켜지는지를 확인하는 책임이 있다. 하지만 일부 조직들은 프로세스만으로는 부족하다는 것을 깨닫기 시작하고 있다. 일부 회사들은, 엔지니어가 단지 프로세스가 아닌 제품의 품질을 보장하는 책임이 있는, 제품 품질 보증(PQA)의 SEI(Software Engineering Institute) 개념을 받아들이고 있다. PQA 접근법으로 제품 품질 엔지니어(PQE)와 SQE는 제품 및 프로세스 품질 모두를 보장하기 위해 긴밀하게 협력한다. 프로세스 평가는 그 프로세스를 따랐다는 것을 증명한다. 반면에 제품 평가는 프로세스 출력의 정확성을 증명한다. 이것은 DO-178B 그리고 이제는 DO-178C에서 항상 검증의 개념이 되어왔다는 것에 유의해야 한다. 하지만 PQE는 엔지니어링과 SQA 사이의 갭을 해소하도록 도울 수 있다. PQE의 사용은 개발되고 있는 제품에 대한 해당 분야의 지식과 경험을 가진 PQE를 필요로 한다.

ISO는 ISO 9000[1](ISO 9000, 9001, 9004를 포함)으로 참조되는 문서군을 포함해서 좋은

---

1) ISO-9000은 Quality Management Systems - Fundamentals and Vocabulary라는 타이틀을 가지고 있다. ISO-9001은 Quality Management Systems – Requirements이다. 그리고 ISO-9004는 Managing for

SQA 관행을 정의하기 위해 많은 문서들을 개발해왔다. ISO 9000은 품질 시스템상의 일련의 표준에 대한 어휘와 기본을 제공한다. ISO 9001은 ISO 9001, 9002, 9003으로 알려진 이전 표준들을 통합한다. ISO 9001은 일반적이며 어떤 제품에도 적용될 수 있다. ISO 9001은 다음과 같은 기본 요소들을 포함한다.[2]

- 품질 관리 시스템의 요소들을 설정
- 품질 시스템을 문서화
- 품질 컨트롤 및 보증을 지원
- 품질 관리 시스템을 위한 리뷰 메커니즘을 확립
- 담당자, 훈련, 인프라 요소들을 포함한 품질 리소스를 식별
- 교정 방법을 정의

안전 필수 소프트웨어의 대부분의 개발자들은 ISO 9000 등록을 추구하고 유지한다. ISO 9000 등록은 공인된 써드파티기관에서 허가한다. 감사는 6개월마다 이루어지고, 3년마다 다시 등록해야 한다.[5]

SEI의 CMMI®(Capability Maturity Model Integration®)와 원래 1980년대에 Motorola에 의해서 유행되었던 6시그마 전략과 같은, 다른 산업 전반의 조직화와 표준 또한 SQA를 위한 프레임워크를 제공한다.

11.1.4 공통 품질 프로세스 및 제품 이슈의 예시

소프트웨어 개발 노력에 나타날 수 있는 다양한 품질 이슈들이 있다. 〈표 11-1〉은 공통된 프로세스 및 제품 이슈들의 일부를 요약하고 있다. 확실히 대부분의 프로세스 이슈들은 사전에 해결되지 않으면 제품 이슈로 이어질 수 있다. 따라서 프로세스 품질과 제품 품질 모두 고려하는 것이 중요하다.

---

the Sustained Success of an Organization – A Quality Management Approach이다.

표 11-1 **공통된 프로세스 및 제품 이슈들**

공통된 프로세스 이슈들	공통된 제품 이슈들
• 요구사항 및 설계 리뷰가 생략되거나 시스템에 대한 적절한 전문적인 기술 혹은 이해가 없는 사람이 수행한다. • 빌드 프로세스가 반복가능하지 않다. 소프트웨어가 빌드될 때마다 그 결과가 다르다. • 일부 잘못된 기능을 수정하기 위해 소스 코드가 추가되지만, 요구사항과 설계가 그 변경을 반영해서 업데이트되지 않는다. • 소스 코드를 포함해서 라이프 사이클 데이터의 형상이 유지되지 않는다. • 계획과 표준을 따르지 않는다. • 개발 및 검증 환경이 정의되어 있지 않다.	• 결함 있는 소프트웨어가 고객에게 전달된다. • 소프트웨어가 모든 요구사항을 충족하지 않는다. • 소프트웨어가 강건하지 않다. 정상 상태에서는 문제없이 동작하지만 비정상적인 일이 일어나면 실패한다. • 요구사항이 불완전하거나 모호하다. 따라서 제품이 고객의 기대치나 요구를 충족하지 않는다. • 소스 코드가 요구사항 및 설계와 정렬되지 않는다.

11.2 효과적인 SQA와 효과적이지 않은 SQA의 특징

11.2.1 효과적인 SQA

지금까지 SQA의 목적을 설명했고 이제 SQA의 활동들을 탐구할 것이다. SQA가 무엇을 하는지를 살펴보기 전에, 효과적인 SQA를 위한 몇 가지 전제 조건을 고려해보자. “품질은 결코 우연이 아니다. 항상 지적인 노력의 결과이다.”[8] 다음 특징들은 효과적인 SQA 구현에 필수적이다.

특징 1 : 최상위 경영진의 지원. SQA가 효과적이기 위해서는 반드시 최상위 경영진의 동의, 헌신, 지원을 받아야 한다. 이것은 단지 립서비스가 아니라 진심 어린 헌신이 필요하다. 최상위 경영진은 그들 제품의 전체적인 품질과 SQA 조직의 인력과 훈련에 필요한 리소스를 제공하는 데 전념해야 한다. 이 개념은 Kaoru Ishikawa, Joseph M. Juran, W. Edward Deming 그리고 Watts S. Humphrey와 같은 품질 전문가들이 강력하게 주장하는 것이다.

특징 2 : 독립성. 효과적인 SQA는 개발 및 검증 조직에 독립적이다. 독립성은 평가되는 일상적인 프로세스 혹은 제품에 대한 광범위한 친숙함으로부터의 에러를 줄이는 데 도움이 된다. 추가적으로 독립성은 필요할 때 수정 조치를 시행하는 데 도움이 된다. 독립성이 없으면 예산과 일정 요구가 발생할 때 타협하라는 압력(때로는 의도적으로 때로는 의도치 않게)이 있다.

특징 3: 기술적인 완성도. SQA 조직이 효과적이며 개발 및 검증팀의 존중을 받기 위해, 제대로 자격을 갖추고 숙련된 기술 엔지니어가 배치되어야 한다. 기술력이 없으면 SQA는 실제 이슈를 적시에 식별하지 못할 것이며 엔지니어링 조직의 존중을 받지 못할 것이다.

특징 4: 훈련. 전체적인 엔지니어링 조직뿐만 아니라 SQA 담당자는 소프트웨어 품질 기대치에 대해서 적절하게 훈련되어야 한다. 훈련은 모든 부적절한 사고방식이나 행동이 지워지거나 적어도 최소화되고 새로운 담당자가 적절하게 배우는 것을 보장하도록 지속적이어야 한다. 내가 지난 15년 이상을 전 세계의 DO-178B(그리고 지금은 DO-178C) 클래스를 가르치면서, SQA 담당자가 참석한 것은 10명이 되지 않는다. 불행히도 대부분의 회사들은 SQA 엔지니어를 훈련하는 데 투자하지 않으며 전반적인 소프트웨어 품질은 투자의 부족을 반영한다.

특징 5: 지속적인 개선. 좋은 품질을 가진 조직은 항상 개선을 목표로 하고 있다. Deming은 그것이 원형의 프로세스이기 때문에 일반적으로 **Deming 사이클(Deming Cycle)** 혹은 **PDCA 서클(PDCA Circle)**로 불리는 PDCA(plan, do, check, act)를 권장한다. 이 개념은 계획을 개발한 다음 그 계획을 실행하는 것이다. 활동은 모니터링(체크)되고 프로세스를 개선하기 위한 조치가 취해진다. PDCA 프로세스는 프로세스의 전체적인 효과와 생산되는 제품의 품질을 지속적으로 개선하기 위해 계속된다.

11.2.2 효과적이지 않은 SQA

여러 해 동안 나는 많은 조직에서 좋은 SQA 프로세스의 부족으로 좌절을 겪어왔다. 왜 SQA가 효과적이지 않은지를 평가하면서, 나는 그것이 앞서 언급되었던 다섯 가지 영역(즉, 최상위 경영진의 지원, 독립성, 기술적인 완성도, 훈련 혹은 지속적인 개선) 중 하나에서의 실패와 거의 항상 관련된다는 것을 발견한다. 이들 영역에서의 하나 이상의 실패는 다음과 같은 이슈들로 이어진다.

- **부족한 인원의 SQA 조직**: 만약 경영진이 SQA를 지원하지 않으면, 종종 그들은 한꺼번

에 너무 많은 일을 하게 된다.

- **자격이 없는 SQE**: 좋은 엔지니어를 SQA로 끌어들이는 것은 어려운 일이다. 최고 수준의 많은 엔지니어들은 다른 사람들의 설계를 살펴보기보다는 소프트웨어를 설계하기를 원한다. 따라서 SQA 관리자는 좋은 인재를 끌어들이기 위해 창조적이 될 필요가 있다. 일부 회사들은 프로젝트 관리로의 디딤돌로 순환 프로세스(1년 혹은 2년 임기를 사용)를 사용한다. 또한 일부 회사들은 권한 부여 프로세스(회사의 품질에 대한 헌신을 훈련하고 이끌기 위해 SQA 담당자를 사용)를 사용한다. 사람들이 SQA에 있는 것의 이점을 이해할 때, 그들은 팀에 합류할 가능성이 더 크다. 〈표 11-2〉는 SQE를 고용할 때 찾아야 하는 자질과 특성을 요약하고 있다.
- **무시되고 그래서 효과적이지 않은 SQA 조직**: SQA가 자격이 없거나 효과적이지 않은 인력인 경우, 엔지니어링은 SQA의 입력을 존중하지 않거나 조치를 취하지 않는다.

표 11-2 **효과적인 SQE의 자질과 특성**

SQE 배경 및 기술 세트
• 3년에서 5년 정도의 개발 혹은 검증 경험 • 엔지니어링 혹은 컴퓨터 학문에서의 교육적인 배경 • 개발의 다양한 측면에서의 경험(예를 들면, 코딩, 요구사항 작성, 시험) • 좋은 쓰기 및 말하기 커뮤니케이션 기술(SQE는 경영진, 엔지니어, 인증 교섭 담당자와 상호작용할 것이기 때문에) • 경영진 혹은 프로그램 관리직으로의 진출을 모색(SQA는 그들에게 회사 전반에 대한 훌륭한 통찰력을 줄 것이다) • 도전적인 상황을 처리하는 능력 • 다르게 하도록 압력을 받을 때조차도 옳은 것을 옹호하려는 의지 • 신뢰할 수 있는(압박에 굴하지 않고 신뢰를 심어주고 여러 이해관계자들과 잘 지내는 사람) • 독립적이지만 기꺼이 방향을 잡으려고 하는(감독이 거의 없이 일할 수 있지만 또한 권위에 대한 존경을 가진 사람) • 품질 및 안전성에 대해서 열정적인 • 교육될 수 있고 배우려고 열망하는

11.3 SQA 활동들

이 섹션에서는 계획, 표준 그리고 회사의 프로세스가 잘 지켜지고 있다는 것을 보장하기 위해 SQA 조직(한 명 이상의 SQE를 사용하는)이 수행하는 일반적인 태스크들을 고려한다.

태스크 1 : 계획을 리뷰하기. SQA는 DO-178C 목표의 준수와 계획 간의 일관성을 고려하여 PSAC, 소프트웨어 계획, 개발 표준을 리뷰한다[7][2)](Chapter 5는 계획 및 표준에 대한 정보를 제공한다). 대부분의 회사들은 계획에 대한 동료 검토를 수행하며 SQA는 동료 검토에 참석한다. 리뷰 활동의 일환으로 일반적으로 프로젝트 그리고 SQA 모두에 의해서 체크리스트가 완료된다. 소프트웨어 계획 이외에도 SQA는 소프트웨어 프로세스에 영향을 줄 수 있기 때문에 시스템 레벨 및 안전성 계획에 대해서 알아야 한다.

태스크 2 : SQA 계획을 작성하기. SQA팀은 SQA 계획을 작성하고 업데이트를 유지할 책임이 있다. 대부분의 회사들은 전사적인 SQA 계획을 가지고 있다. 하지만 각각의 프로젝트는 일반적으로 프로젝트별 SQA 계획 혹은 PSAC에 상세화하는 몇 가지 고유한 고려사항들을 가질 수 있다.

Chapter 5는 SQA 계획에 일반적으로 포함되는 것의 요약을 제공한다. 추가적으로 SQA 계획의 컴포넌트들을 식별하는 것을 돕기 위해 다른 리소스들이 사용될 수 있다. 예를 들면, IEEE(Institute of Electrical and Electronic Engineers) 표준 730은 SQA 계획에 포함될 일반적인 컴포넌트들을 식별한다.[9] 〈표 11-3〉은 IEEE 표준 730 제안 섹션을 요약하고 있다.

태스크 3 : 핵심 데이터 항목들을 승인하기. SQA는 일반적으로 계획, 표준, 요구사항, 설계, 검증 케이스 및 절차 문서, 검증 리포트, 소프트웨어 라이프 사이클 환경 형상 인덱스(SLECI), 소프트웨어 형상 인덱스(SCI), 도구 인증 데이터, 소프트웨어 완수 요약(SAS)과 같은 핵심 데이터 항목들을 승인한다. 많은 경우에 핵심 데이터 항목들은 SQA의 승인 없이 릴리즈될 수 없다.

---

2) 이것은 DO-178C Table A-9 목표 1에서 식별된다. 이 목표는 DO-178B Table A-1의 일부였지만 DO-178C에서는 Table A-9로 옮겨졌다. 일관성과 DO-178B 목표의 준수를 위해서 계획을 리뷰하는 것은 항상 SQA의 책임이었다.

▌표 11-3 ▌IEEE 표준 730의 요약

섹션 이름	섹션 설명
Purpose	SQA 계획의 목적을 설명한다.
Referenced documents	계획에서 참조되는 모든 문서들을 나열한다.
Management	프로젝트의 조직 구조, 태스크, 책임을 설명한다.
Documentation	소프트웨어의 개발, 검증, 형상을 정의하기 위해 사용되는 문서화를 식별한다.
Standards, practices, conventions, and metrics	적용될 표준, 관행, 규약, 측정 기준을 식별하고, 준수가 모니터링되고 보장되는 방법을 설명한다.
Reviews and audits	기술팀에 의해서 수행되는 리뷰뿐만 아니라 리뷰에 참석하고 프로세스를 감사하기 위한 품질 보증의 계획을 정의한다.
Test	시험 접근법과 기법뿐만 아니라, 시험을 참관하고 감시하는 데 있어서 SQA의 역할을 설명한다.
Problem reporting and corrective action	문제점 리포팅 프로세스와 SQA의 역할을 설명한다.
Tools, techniques, and methodologies	SQA가 그들의 역할을 수행하기 위해 사용하는 모든 도구, 기법 혹은 방법론을 식별하고 설명한다.
Code control	소프트웨어를 문서화하고, 유지하고, 저장하고, 릴리즈하고, 복구하기 위한 프로세스를 설명한다.
Media control	각각의 제품을 위한 매체를 식별하기 위해 사용되는 방법을 설명한다.
Supplier control	공급업체 컨트롤 및 감독에서 SQA의 역할을 설명한다.
Records collection, maintenance, and retention	SQA 문서화 접근법을 설명한다.
Training	프로젝트 엔지니어들뿐만 아니라 SQA 담당자에 대해서 필요한 훈련을 설명한다.
Risk management	프로젝트 전반에 걸쳐서 리스크가 식별되고 관리되는 방법을 설명한다.

출처: Software Engineering Standards Committee of the IEEE Computer Society, *IEEE Standard for Software Quality Assurance Plans*, IEEE Std. 730-2002, IEEE, New York, 2002.

태스크 4: 라이프 사이클 데이터를 감사하기. SQA는 프로세스를 따르고, 표준을 사용하며, 체크리스트가 완전하게 완료되고, DO-178C 목표를 만족하는지를 확인하기 위해 소프트웨어 라이프 사이클 데이터를 감사한다.[3] 때로는 감사가 동료 검토 과정 혹은 인증 교섭 리

3) DO-178C Table A-9 목표 2와 3에 따라 SQA의 목표 중 하나는 계획과 표준의 준수를 확인하는 것이다. 감사는 이것이 수행되는 방법 중 하나이다.

뷰와 함께 수행된다. 하지만 SQA 감사는 다른 활동들과 독립해서 수행될 수 있다. 일부 SQA 조직은 소프트웨어 감사킷(software audit kit)을 개발하기 위해 계획과 표준을 사용한다. 그런 다음 SQA는 감사킷을 사용해서 프로세스와 데이터를 감사한다. 이러한 접근법은 프로젝트가 승인된 계획 및 표준을 따르고 있다는 상세한 증거를 제공한다.

태스크 5: 리뷰에 참석하기. 재량에 따라서4) SQA는 소프트웨어 개발과 검증 프로세스 전반에 걸쳐서 동료 검토에 참여한다. SQA는 기술적인 이슈들뿐만 아니라 엔지니어링팀의 동료 검토 프로세스에 대한 준수, 체크리스트의 완료, 진입 및 진출 기준의 충족 등을 찾는다. 동료 검토에 참여하는 것은 SQA가 프로젝트 활동 및 이슈들에 보조를 맞추는 좋은 방법이다.

태스크 6: 전이 기준 평가. DO-178C Table A-9 목표 4는 다음과 같이 설명한다. "보증은 소프트웨어 라이프 사이클 프로세스에 대한 전이 기준이 충족되는 것으로 얻어진다."[7] 이 SQA 목표는 흔히 SQA가 동료 검토 프로세스에 참여함으로써 해결된다. 하지만 SQA는 전이 기준을 평가할 별도의 평가 활동을 가질 수 있다.

태스크 7: 시험 참관하기. SQA는 흔히 소프트웨어 시험을 참관하는 핵심 역할을 수행한다. 일부 조직들은 시험 수행 과정에서 SQA 참관의 특정 퍼센티지를 필요로 한다. 그 기대치는 SQA 계획에 식별되고 프로젝트에 분명하게 전달되어야 한다.

태스크 8: 환경 감사하기. SQA는 일반적으로 개발 및 검증 환경이 승인된 형상(보통 SLECI에 문서화되는)과 일치한다는 것을 확인하기 위해 개발 및 검증 환경을 감사한다. 릴리즈를 위해 소프트웨어를 빌드하기 전에, SQA는 승인된 절차를 준수하고 빌드 머신이 승인된 형상을 준수한다는 것을 확인하기 위해 빌드 머신 셋업(Section 8.4.1에서 설명된 것처럼)을 참관할 수 있다. 공식적인 시험(즉, 인증 신뢰를 위한 시험)전에 SQA는 일반적으로 시험 스테이션 셋업이 승인된 형상을 준수한다는 것을 확인하기 위해 시험 스테이션 셋업을 조사하거나 참관한다.

태스크 9: 빌드 및 로드를 참관하기. 문서화된 빌드 및 로드 절차를 사용해서 SQA는 반복성을 확인하기 위해 빌드 및 로드 자체를 수행하거나 다른 사람이 빌드 및 로드 절차를 수행하는 것을 목격할 수 있다. Chapter 8에서 설명한 것처럼 일반적으로 빌드 및 로드를 수행

4) SQA 계획은 SQA가 참여할 동료 검토의 목표 퍼센티지를 식별하는 경우가 많다. 퍼센티지는 프로젝트의 전반적인 리스크에 의해서 좌우될 수 있다.

하지 않는 사람(예를 들면, SQE 혹은 다른 엔지니어)이 그 절차를 실행하도록 하는 것이 가장 좋다.

태스크 10: 변경 컨트롤 위원회에 참석하기. SQA는 흔히 제안된 변경을 평가하고 변경의 구현을 평가하기 때문에 변경 컨트롤 위원회에서 핵심 플레이어이다. SQA의 승인은 일반적으로 문제점 리포트 혹은 변경 요청의 종료를 위해 필요하다.

태스크 11 : 문제점 리포트를 추적하고 평가하기. SQA는 소프트웨어 형상 관리(SCM) 계획에 정의된 문제점 리포팅 프로세스가 지켜지는지를 확인하기 위해 소프트웨어 개발 및 검증 전반에 걸쳐서 문제점 리포트를 추적한다. 또한 문제점 리포트는 완전성, 정확성, 적절성에 대해 평가된다. SQA는 또한 문제점 리포트(혹은 변경 요청)에 의해서 유도되는 모든 변경이 종료 전에 검증되도록 보장한다.

태스크 12: SCM 프로세스와 레코드를 평가하기. SQA는 SCM 계획을 준수하는지를 확인하기 위해 SCM 레코드와 프로세스들을 감사한다. SQA는 개발 및 검증 활동 과정에서 SCM을 평가한다. SQA는 형상 관리 시스템 내의 데이터가 SCI에 식별된 데이터와 정렬되는지를 확인한다. 즉, 그들은 형상 관리 라이브러리와 SCI가 완전하고 정확하다는 것을 검증한다. 또한 SQA는 문제들이 적절하게 문서화되고, 변경이 합의되며, 변경이 정확하게 구현되고 검증되며, 모든 문서화가 적절하게 업데이트된다는 것을 확인하기 위해 소프트웨어 개발 및 검증 활동 전반에 걸쳐서 변경 컨트롤 프로세스를 감사한다.

태스크 13: 공급업체 감사하기. 만약 프로젝트가 공급업체 혹은 하청업체를 사용한다면, SQA는 공급업체의 전반적인 개발 및 검증 활동뿐만 아니라 그들의 SQA 프로세스를 감사한다.

태스크 14: 수정 조치 식별하기. SQA가 그들의 태스크를 수행함에 따라 그들은 필요한 수정 조치를 식별할 수 있다. 수정 조치는 문제점 리포트 혹은 수정 조치 리포트나 다른 비슷한 것으로 알려진 별도의 SQA 레코드에 문서화될 수 있다. 수정 조치의 식별과 더불어 SQA는 그 조치가 제대로 수행되는지를 확인하기 위해 추적해야 한다. 수정 조치는 SAS의 릴리즈 전에 해결되어야 한다.

태스크 15: 차이점과 면제를 리뷰하고 승인하기. SQA는 DO-178C 준수와 안전성이 영향을 받지 않는다는 것을 확인하기 위해 승인된 프로세스에 대한 차이점과 면제를 리뷰한다.

또한 SQA는 모든 차이점 혹은 면제가 승인된 프로세스(문제점 리포트와 같은)에 따라 문서화되는지를 확인한다. 유사하게 SQA는 승인된 시험 절차에 대한 모든 변경을 리뷰하고 승인한다.

태스크 16 : 적합성 리뷰를 수행하기. 일반적으로 DO-178C 준수 활동의 마지막 단계는 적합성 리뷰이다. DO-178C Section 8.3에 따르면 다음과 같다. "소프트웨어 적합성 리뷰의 목적은 인증 적용의 일부로 제출되는 소프트웨어 제품에 대해서, 소프트웨어 라이프 사이클 프로세스와 소프트웨어 라이프 사이클 데이터가 완전하며, 실행가능 오브젝트 코드가 컨트롤되고 재생성될 수 있다는 보증을 확보하기 위한 것이다."**[7]** 리뷰는 일반적으로 적합성 리뷰 리포트에 문서화되며 다음을 보증한다.**[7]**

- 계획된 소프트웨어 라이프 사이클 프로세스가 완료되고 소프트웨어 라이프 사이클 데이터가 생성되었다.
- 라이프 사이클 데이터는 원천이 되는 시스템 및 안전성 요구사항으로 추적가능하다.
- 소프트웨어 라이프 사이클 데이터가 계획 및 표준에 따라서 생성되고 컨트롤되었다는 증거가 있다.
- 각각의 문제점 리포트가 평가되고 상태에 대한 기록을 가지고 있다는 증거가 있다.
- 모든 요구사항 차이점들이 문서화되고 승인되었다(일반적으로 문제점 리포팅 프로세스를 사용해서).
- 실행가능 오브젝트 코드가 식별된 빌드 명령어를 사용해서 SCI에 문서화된 소스 코드로부터 생성될 수 있다.
- 승인된 소프트웨어가 릴리즈된 로드 명령어를 사용해서 로드될 수 있다.
- 이전 적합성 리뷰로부터 연기된 모든 문제점 리포트가 재평가된다.
- 이전에 개발된 소프트웨어가 인증 신뢰를 위해 사용된다면, 현재 소프트웨어 베이스라인이 이전 베이스라인으로 추적가능하고 모든 변경이 승인되었는지가 확인된다.

태스크 17 : SQA 레코드에 활동을 문서화하기. SQA 활동들은 소프트웨어 개발 및 검증 노력 전반에 걸쳐서 SQA의 참여에 대한 증거를 제공하기 위해 SQA 레코드에 문서화된다. SQA 레코드는 일반적으로 다음 정보를 포함한다. 평가 대상, 날짜, 평가자의 이름, 평가 기준, 평가 상태(준수 혹은 미준수), 위반 항목(findings), 응답해야 하는 사람(들), 응답 기한, 위반 항목(finding(s))의 엄격함, 응답 수락과 관련된 업데이트 등이 있다.**[10]** SQA 레코드는 컨트롤 분류 #2(CC2) 데이터로 간주되기 때문에, 고유의 형상 식별이 필요하다(CC2에 대한 정보는 Chapter 10을 보라). 형상 식별은 일반적으로 SQA 파일의 제목에 날짜와 주제를 포함함으로써 달성된다.

참고문헌

[1] *The American Heritage Dictionary of the English Language*, 4th edn. (Boston, MA: Houghton Mifflin Company, 2009).

[2] R. S. Pressman, *Software Engineering: A Practitioner's Approach*, 7th edn. (New York: McGraw-Hill, 2010).

[3] E. R. Baker and M. J. Fisher, Chapter 1—Organizing for quality management, in *Software Quality Assurance Handbook*, 4th edn., G. Gordon Schulmeyer, Ed. (Norwood, MA: Artech House, 2008), pp. 1–34.

[4] ISO/IEC 9126, *Software Engineering—Product Quality Int'l Standard* (International Standard, 2003).

[5] H. Van Vliet, *Software Engineering: Principles and Practice*, 3rd edn. (Chichester, U.K.: Wiley, 2008).

[6] W. E. Lewis, *Software Testing and Continuous Quality Improvement*, 2nd edn. (Boca Raton, FL: CRC Press, 2005).

[7] DO-178C, *Software Considerations in Airborne Systems and Equipment Certification* (Washington, DC: RTCA, Inc., December 2011).

[8] G. Gordon Schulmeyer, Chapter 2—Software quality lessons learned from the quality experts, in *Software Quality Assurance Handbook*, 4th edn., G. Gordon Schulmeyer, Ed. (Norwood, MA: Artech House, 2008), pp. 35–62.

[9] Software Engineering Standards Committee of the IEEE Computer Society, *IEEE Standard for Software Quality Assurance Plans*, IEEE Std 730–2002 (New York: IEEE, 2002).

[10] J. Meagher and G. Gordon Schulmeyer, Chapter 13—Development quality assurance, in *Software Quality Assurance Handbook*, 4th edn., G. Gordon Schulmeyer, Ed. (Norwood, MA: Artech House, 2008), pp. 311–330.

Chapter 12

인증 교섭

약어

CAST	Certification Authorities Software Team
CC1	control category #1
CC2	control category #2
CM	configuration management
CRI	certification review item
DER	Designated Engineering Representative
EASA	European Aviation Safety Agency
FAA	Federal Aviation Administration
ODA	Organization Designation Authorization
PR	problem report
PSAC	Plan for Software Aspects of Certification
PSCP	Project-Specific Certification Plan
SAS	Software Accomplishment Summary
SCI	Software Configuration Index
SCM	software configuration management
SCMP	Software Configuration Management Plan
SDP	Software Development Plan
SLECI	Software Life Cycle Environment Configuration Index
SOI	stage of involvement
SQA	software quality assurance
SQAP	Software Quality Assurance Plan
SVP	Software Verification Plan
TQL	tool qualification level
TSO	Technical Standard Order
WCET	worst-case execution time

12.1 인증 교섭이 무엇인가?

인증 교섭은 지원자[1])와 인증 당국 간의 지속적인 커뮤니케이션과 조정이다. 그것은 성공적인 인증을 위한 필수적인 프로세스이다. 대부분의 산업은 몇 가지 종류의 인증 혹은 승인 프로세스를 가지고 있다. 항공산업의 경우, 인증은 지속적인 주의가 필요한 부담스러운 프로세스이다. 프로젝트 전반에 걸친 인증 요구를 해결하지 못하면 인증 획득에 실패하거나 인증이 지연되고 과도한 지출을 하게 만든다. 이 챕터는 FAA(Federal Aviation Administration)와 다른 민간 항공 인증 당국이 요구하는 소프트웨어의 항공기 인증 프로세스에 특정된다. DO-178C는 인증 교섭을 **필수 프로세스**(integral process)로 식별하는데, 이는 전체 소프트웨어 라이프 사이클 내내 그것을 적용한다는 것을 의미한다. 인증 교섭은 계획과 함께 일찍 시작되며 최종 준수 증명과 함께 끝난다. DO-178C Table A-10은 인증 교섭 프로세스에 대해서 모든 소프트웨어 레벨에 적용하는 세 가지 목표를 식별한다. 다음은 인증 교섭 목표의 요약이다.[1]

- DO-178C Table A-10 목표 1: "지원자와 인증 당국 사이의 커뮤니케이션과 이해가 형성된다." 이것은 소프트웨어 인증 계획(PSAC)(Chapter 5에서 PSAC를 논의했다)의 개발 및 제출에 의해서 달성된다. 대부분의 프로젝트에서 인증 당국과 지원자 사이의 커뮤니케이션은 프로젝트의 라이프 사이클 내내 지속된다.
- DO-178C Table A-10 목표 2: "준수 방법이 제안되고 소프트웨어 인증 계획(PSAC)과의 합의가 이루어진다." 이것은 일반적으로 서면으로 전달되는, PSAC에 대한 인증 당국의 승인에 의해서 달성된다.
- DO-178C Table A-10 목표 3: "준수 입증이 제공된다." 이 목표의 출력은 소프트웨어 형상 인덱스(SCI)(Chapter 10에서 논의했다)와 소프트웨어 완수 요약(SAS)(이 챕터에서 나중에 논의한다)이다. 이들 두 문서의 승인은 적어도 소프트웨어의 해당 버전에 대해서 DO-178C 활동의 완료를 나타낸다.

1) 지원자는 인증 혹은 TSO 승인을 지원하는 주체이다. 지원자는 규정에 대한 준수를 보여줄 책임이 있다. 또한 DO-178C가 준수 방법으로 선택될 때, 지원자는 DO-178C 목표 및 지침에 대한 준수를 보여줄 책임이 있다.

12.2 인증 당국과 커뮤니케이션하기

대부분의 회사들은 인증 당국과의 커뮤니케이션을 위한 잘 정의된 프로세스를 가지고 있다. 그들은 인증 사무소(때때로 감항 사무소로 불리는)를 보유하거나, 인증 당국에 의해서 승인받은 피지명자(예를 들면, DER[Designated Engineering Representatives] 혹은 ODA [Organization Designation Authorization] 유닛 멤버들)를 이용하거나 혹은 그 두 가지의 조합을 이용할 수 있다. 일반적으로 피지명자(DER 혹은 ODA 유닛 멤버들)는 인증 규정 및 지침에 대한 준수를 발견하는 기술적인 측면에 초점을 맞추는 반면, 인증 사무소는 FAA와의 조율에 대한 지원 그리고 기본적인 인증 활동들을 다룬다. 또한 더 큰 회사들은 DO-178C 준수 활동을 위해 데이터를 준비하고 피지명자와 조정하는 인증 교섭 엔지니어를 보유할 수도 있다. 전반적인 인증 교섭 프로세스가 구성되는 방법에 대한 구체적인 부분은 지원자와 인증 당국의 위치, 요구되는 승인의 유형(예를 들면, 항공기, 엔진 혹은 프로펠러 형식 증명 vs. TSO[Technical Standard Order] 승인), 지원자와 소프트웨어 개발자의 관계 등에 따라서 달라진다. FAA의 인증 프로세스에 대한 더 많은 정보는 FAA Order 8110.4[ ] Type Certification 그리고/혹은 Order 8150.1[ ] Technical Standard Order Program에서 확인할 수 있다.[2)]

Chapter 5에서 언급한 것처럼 PSAC에 대해서 인증 당국의 동의를 확보하는 것이 중요하다. 인증 당국과의 커뮤니케이션은 심지어 PSAC의 제출 전에도 시작된다. 프로젝트의 시작부터 마지막까지 정기적인 기술 미팅은 효과적인 조정 수단이다. 미팅은 데이터에 대한 필요성을 대체하지는 않지만, 어느 쪽도 **놀라게 하지 않는다**(no surprises)는 목표로 프로젝트 전반에 걸쳐서 이슈를 논의하고 해결하기 위한 포럼을 제공한다. 인증 당국과의 상호작용을 기록하고 합의된 조치가 완료되는 것을 보장하기 위해 상세한 미팅 회의록과 진행 중인 조치 항목 리스트가 추천된다.

인증 당국 혹은 피지명자는 일반적으로 프로젝트 초기에 일정 수준의 평가에 관여한다(공식적으로 혹은 비공식적으로). 이 평가는 인증 및 DO-178C(혹은 DO-178B) 준수, 제안된 기술의 새로움 및 독창성, 항공기 기능에 대한 소프트웨어의 중요도, 소프트웨어 및 항공

2) 대괄호([ ])는 최신 리비전을 나타낸다. 이들 문서들은 시간이 지나면서 업데이트된다. 최신 버전은 FAA의 웹사이트인 www.faa.gov에서 찾을 수 있다.

전자 혹은 전기 시스템팀의 추적 레코드, 인증 교섭 담당자(예를 들면, 피지명자)의 자질 등과 함께 팀의 경험을 고려한다. FAA Order 8110.49 Chapter 3과 부록 1은 인증 당국의 평가 프로세스 및 기준에 대한 통찰력을 제공한다.[2][3] 고위험으로 평가되고 안전성에 영향을 줄 수 있는 프로젝트의 경우, 인증 당국의 관여도가 높다. 더 낮은 위험 및 중요도의 경우, 인증 당국은 피지명자에게 준수 활동의 상당 부분을 위임할 수 있다. 평가에 관여하는 수준은 다음을 결정한다.

- 얼마나 많은 데이터가 인증 당국에 제출될 필요가 있는지(더 높은 위험을 가진 프로젝트는 종종 PSAC, SCI, SAS에 추가해서 모든 계획 및 시험 결과를 제출해야 한다)
- 얼마나 많은 감사를 인증 당국이 수행할지
- 얼마나 많은 준수 활동이 피지명자에게 위임될지
- 얼마나 자주 지원자와 인증 당국이 만날 필요가 있을지

12.2.1 인증 당국과의 조율에 대한 모범 사례

앞서 언급한 것처럼 지원자와 인증 당국 사이의 커뮤니케이션 접근법은 프로젝트의 세부 내용과 당국의 선호도에 따라서 달라진다. 준수 위반 항목(findings)의 대부분은 일반적으로 인증 당국에 의한 감독하에 피지명자 혹은 위임된 조직에 위임된다. 다음은 인증 당국과의 효과적인 조율을 위한 몇 가지 제안들이다.

제안 1 : 프로젝트 수준의 계획을 제출하라. 대부분의 회사들은 전체 프로젝트 계획을 개략적으로 설명하는 PSCP(Project-Specific Certification Plan)(혹은 등가물)를 제출한다. 이 계획은 프로젝트의 개요(항공기와 시스템을 포함해서)를 포함하기, 계획된 소프트웨어 및 항공기 전자 하드웨어 활동들(소프트웨어 및 하드웨어 레벨 그리고 선택된 공급업체/개발자들과 함께) 식별하기, 적용가능한 규정에 대한 제안된 준수 방법 정의하기, 콘택트 포인트 식별하기, 프로젝트 일정 제공하기 등을 포함한다. 이 계획은 소프트웨어 활동에 대한 프레임워크를 확립하며 인증 당국과의 커뮤니케이션을 개시한다.

---

3) EASA 인증 메모 CM-SWCEH-002의 Section 4는 유럽에서 인증되는 프로젝트에 대한 유사한 정보를 포함하고 있다.[3]

제안 2: **초기에 친숙해지기 위한 미팅을 열어라.** 인증 당국이 프로젝트와 더 빨리 익숙해지는 것이 더 낫다. 초기에 친숙해지기 위한 미팅은 일반적으로 PSCP가 제출될 준비가 된 시기와 거의 같은 시기에 예정된다. 킥오프 미팅은 프로젝트, 시스템, 소프트웨어, 일정 그리고 인증 계획의 개요를 제공한다. 비록 미팅의 주된 목적은 인증 당국이 계획된 프로젝트에 친숙해지도록 하는 것이지만, 미팅은 또한 지원자에게 귀중한 정보를 제공한다. 인증 당국은 일반적으로 우려사항과 예상되는 인증 이슈들을 식별하고, 기대되는 역할 및 책임을 논의하며, 커뮤니케이션 기대치를 설명하고 다음 단계를 제안한다.

제안 3: **잠재적인 인증 및 기술 이슈들을 식별하라.** 예상되는 인증 이슈들 혹은 기술적인 어려움들에 대해서 솔직해져라. 새로운 기술 혹은 기발한 접근법이 계획되면 인증 당국에게 알리는 것이 중요하다. 일반적으로 인증 당국은 놀라는 것을 좋아하지 않는다. 놀란다는 것은 누군가가 무엇을 숨기고 있다는 인상을 줄 수 있고 인증 당국의 신뢰 수준을 떨어뜨릴 수 있다. 따라서 잠재적인 어려움에 대해 정직해지는 것이 중요하다. 또한 그 어려움을 완화하거나 해결하기 위한 계획을 식별하는 것이 중요하다. 잠재적인 이슈의 빠른 공개는 어떤 우려사항이든 당국이 공식적으로 문서화하게 해줄 것이다. FAA는 고유한 준수 이슈들을 식별하기 위해 이슈 페이퍼를 생성한다. 그러면 지원자는 그 이슈를 다루기 위한 그들의 의도된 접근법을 설명하기 위해 이슈 페이퍼에 대한 응답을 제공한다. 다른 인증 당국은 인증 이슈들을 식별하기 위한 유사한 수단을 가지고 있다(예를 들면, EASA[European Aviation Safety Agency]는 CRI[Certification Review Items]를 사용하고 Transport Canada Certification Agency는 인증 각서를 사용한다).

제안 4: **이슈 페이퍼에 적시에 응답하라.** 이슈 페이퍼는 유쾌하지는 않지만, 일찍 발행되고 해결될수록 좋다. 프로그램에서 이슈 페이퍼를 늦게 받는 것은 프로젝트에 매우 지장을 줄 수 있다. 일단 이슈 페이퍼가 접수되면 가능한 한 빨리 철저한 대응을 개발하는 것이 중요하다. 대부분의 이슈 페이퍼는 예상할 수 있다. FAA는 대부분의 새로운 인증 프로젝트에 대해 발행되는 소프트웨어 이슈 페이퍼의 표준 세트를 가지고 있다(이슈 페이퍼에 대한 공통 주제의 예로는 객체 지향 기술, 모델 기반 개발, 오브젝트 코드 커버리지를 포함한다).[4] 이들 일반적인 이슈 페이퍼들은 때때로 **일반 이슈 페이퍼(generic issue papers)**로 불리며 프로젝트별 이슈 페이퍼에 대한 출발점의 역할을 한다. 추가적으로 프로젝트의 어

4) 일단 인증 당국이 DO-178C, DO-330 그리고 부속서를 공식적으로 인정하면, 일반적인 소프트웨어 이슈 페이퍼의 몇 가지는 더 이상 필요하지 않다.

려움에 기반해서 몇 가지 다른 프로젝트별 이슈 페이퍼가 있을 수 있다(예를 들어, 만약 많은 양의 작업이 아웃소싱되거나 해외에서 수행된다면, 감독 및 문제점 리포트를 처리하기 위한 이슈 페이퍼가 있을 수 있다). 각각의 이슈 페이퍼에 대한 지원자의 응답은 모든 이슈들을 명확하게 해야 하며(때때로 이슈 페이퍼가 세부사항에 대해 약간 잘못된 이해를 나타낼 수 있다), 특정 프로젝트에서 이슈가 어떻게 해결될지를 설명해야 한다. 이슈 페이퍼가 마무리될 때까지 인증 당국과 보조를 맞추는 것이 중요하다(즉, 프로젝트 입장에서의 인증 당국의 승인을 얻기 위해). 때때로 합의를 얻으려면 몇 번의 반복이 필요하다. 해결되지 않은 이슈 페이퍼는 아직 발행되지 않은 이슈 페이퍼만큼 위험할 수 있다.

제안 5 : PSAC를 일찍 준비하고 간략화하고 제출하라. Chapter 5에서 언급한 것처럼 PSAC를 일찍 준비하고 제출하는 것이 가장 좋다. 프로젝트가 PSAC의 제출을 기다리는 것이 더 길어질수록 인증 당국이 그 계획을 거부할 위험이 더 높아진다. 높은 위험도 프로젝트의 경우, 제출 전에 인증 당국에 PSAC에 대해서 브리핑하는 것이 적극 권장된다. 이것은 필요한 경우 계획을 조정하거나 혹은 계속 진행하고 제출하는 비공식적인 피드백을 일부 허용한다(PSAC에 대한 세부 내용에 대해서는 Chapter 5를 보라).

제안 6 : PSAC에 대한 어떤 질문이나 이슈들에 대해서도 신속하게 조치하라. 인증 당국은 종종 PSAC에 대해서 몇 가지 질문을 할 것이다. 질문에 신속, 철저, 정확하게 답해야 한다. 인증 당국은 일반적으로 과로와 저임금에 시달리기 때문에, 인증 당국이 당신의 데이터를 작업할 때에는 빠른 반응을 보이는 것이 중요하다. 그렇지 않으면 PSAC의 수락이 지연될 수 있다.

때때로 인증 당국은 PSAC에 대해서 일부 업데이트를 요청할 것이다. 이슈를 이해하는 것이 중요하다. 만약 확실하게 해야 한다면, 미팅 혹은 전화가 도움이 될 수 있다. 종종 이슈들은 간단한 토론과 어쩌면 SAS에 주석을 남기는 것을 합의함으로써 해결될 수도 있다. 합의는 서면으로 문서화되어야 한다. 만약 토론 후에도 여전히 이슈가 존재한다면, PSAC를 업데이트하고 다시 제출하기 전에 의도된 업데이트를 인증 당국에 제시하고 일반적인 동의를 얻어라.

제안 7 : 프로젝트 내내 인증 당국과 만나라. 높은 수준의 인증 당국 관여를 요구하는 프로젝트의 경우, 인증 당국과의 정기적인 미팅이 수립되어야 한다. 주기는 일이 어떻게 진행되는지에 따라 프로젝트 전반에 걸쳐서 달라질 수 있다. 월간 미팅이 필요할 경우도 있을 수 있다. 다른 경우에는 분기별 혹은 필요시 미팅이 더 적절할지 모른다. 고위험 프로젝트의 경우, 피지명자는 프로젝트 전반에 걸쳐서 자문을 받아야 하며 인증 당국과의 모든 조율에 참여해야 한다.

만약 프로젝트가 중간 수준 혹은 낮은 수준의 인증 당국 관여라면, 조정의 대부분은 피지명자 혹은 회사 인증 교섭 그룹과 함께할 가능성이 크다.

인증 당국과의 상호작용은 프로젝트의 상태, 발생한 모든 이슈들 그리고 이슈를 해결하기 위한 계획에 초점을 맞추어야 한다. 조치 항목 및 마감일이 정해지고 공식적인 회의록에 포함되어야 한다. 합의된 조치를 따르는 것이 중요하다.

제안 8 : 이슈가 발생하는 대로 처리하라. 문제점은 무시해도 좀처럼 사라지지 않는다. 문제점은 통제 불능이 되기 전에 즉각적으로 처리해야 한다. 준수에 영향을 미칠 수 있는 모든 이슈는 피지명자 혹은 인증 교섭 담당자에게 알려야 한다. 그들은 인증 당국에 알리기 위한 선호되는 접근법을 결정하는 데 도움을 줄 것이다. 인증 당국에 이슈를 공개할 때는 항상 이슈를 해결하기 위한 제안된 계획을 가져라.

제안 9 : 모든 변경이나 차이점을 승인 혹은 수락받기 위해서 인증 당국에 제출하라. Chapter 5에서 언급한 것처럼 PSAC는 승인된 프로세스에 대한 변경을 다루기 위한 계획을 식별해야 한다. 인증 당국은 소프트웨어 라이프 사이클 전반에 걸쳐서 프로세스의 변경사항을 통보받기를 원할 것이다.

제안 10 : 인증 당국 그리고/혹은 그들의 피지명자에 의한 감사를 지원하라. 소프트웨어 프로젝트는 일반적으로 DO-178C와 식별된 이슈 페이퍼(혹은 등가물)의 준수를 확인하기 위해 인증 당국 혹은 그들의 피지명자에 의해서 감사받는다. 감사는 준비와 지원이 필요하다. 감사 과정에서 예상되는 것과 감사를 준비하는 방법에 대한 더 많은 정보는 이 챕터의 나중에 제공한다.

제안 11 : 소프트웨어 준수 데이터를 적시에 제출하라. SCI와 SAS는 DO-178C 및 규정에 대한 준수를 증명하기 위해 인증 당국에 일반적으로 제출되는 두 가지 라이프 사이클 데이터 항목들이다. 이들 항목들은 일반적으로 항공기 혹은 엔진 형식 증명의 최종 발행 몇 달 전에 제출된다. TSO 승인 프로젝트의 경우, SCI와 SAS가 TSO 패키지와 함께 제출된다. 인증 당국이 리뷰하고 승인할 충분한 시간을 가지도록 데이터의 제출을 조율해야 한다.

또한 일부 프로젝트에서는 인증 당국이 소프트웨어 검증 결과를 준수 데이터의 일부로 제출하도록 요구할 수도 있다. 예상되는 제출 항목들은 일반적으로 계획 단계 과정에서 인증 당국과 논의되며 PSAC에 문서화된다.

12.3 소프트웨어 완수 요약

DO-178C Table A-10은 인증 교섭 프로세스를 지원하기 위한 PSAC, SCI, SAS의 세 가지 유형의 데이터를 식별한다. 앞서 언급한 것처럼 소프트웨어 검증 결과 또한 때때로 제출된다. PSAC 콘텐츠는 Chapter 5에서 설명되었다. SCI는 Chapter 10에서 설명되었다. 그리고 소프트웨어 검증 결과는 Chapter 9에서 설명되었다. SAS의 예상되는 내용이 이제 다루어진다.

SAS는 DO-178C 준수 노력을 요약한다. DO-178C Section 11.20은 그 내용에 대한 지침을 제공한다. PSAC와 SAS는 구조가 비슷하다. PSAC는 프로젝트 초기에 제출되고 무엇이 수행될 것인지를 설명한다. SAS는 프로젝트 마지막에 제출되며 실제로 무엇이 일어났는지를 설명한다. SAS는 PSAC와 같은 내용(시스템 개요, 소프트웨어 개요, 인증 고려사항, 라이프 사이클 요약, 라이프 사이클 데이터 요약 혹은 참조를 포함해서)을 많이 포함하고 있지만 SAS는 미래형 대신에 과거형으로 작성된다. 추가적으로 SAS는 다음을 식별한다.[1]

- 승인된 계획 및 프로세스와의 **차이점**(이것은 때때로 SAS 전반에 언급되고 부록에 요약된다). 예를 들면, 만약 실제 사용된 도구가 계획된 것과 다르다면, 이를 설명해야 한다.
- 승인될 소프트웨어 **형상**
- 안전성, 기능, 운영 혹은 준수에 영향을 미치지 않는 이유에 대한 정당성을 포함해서, **오픈된 혹은 연기된 문제점 리포트**(PR), 일반적으로 인증 혹은 TSO 승인 시점에 해결되지 않은 모든 PR에 대한 다음 정보를 요약하기 위해 테이블이 포함된다.[1~3]
  - PR 번호
  - PR 제목

- 오픈된 날짜
- 원인이 되는 케이스(알려져 있다면)와 영향을 받는 데이터를 포함한 문제에 대한 설명
- 분류(PR 분류의 논의에 대해서는 Chapter 10을 보라)
- 문제가 안전성, 기능, 운영 혹은 지침(XX.1301 및 XX.1309를 포함)[5)]에 대한 준수에 부정적인 영향을 미치지 않는 이유를 포함한 지연에 대한 정당성
- 적용가능한 경우 완화 방법(예를 들면, 운영 제한 혹은 기능 제약)
- 다른 오픈된 PR과의 관계

추가적으로 일부 인증 당국은 PR 해결을 위한 계획이 SAS에 포함될 것을 요구할 수 있다. 이것은 인증 당국으로부터의 상대적으로 새로운 기대사항이며 PR을 몇 년 동안 오픈된 채로 두기보다는 종료를 촉진하기 위한 의도로 요청되고 있다.

또한 인증 이후 문제점들이 어떻게 문서화되고, 평가되고, 관리될지를 SAS에서 설명하는 것은 좋은 관행이다.

- **해결된 PR**: 만약 SAS가 후속 인증을 위한 혹은 이전에 개발된 소프트웨어 기반이라면, 지난 승인 이후의 모든 PR 혹은 변경 요청이 식별된다(SAS 혹은 SCI에).
- 실행가능 오브젝트 코드, 타이밍 마진 그리고 메모리 마진과 같은 **소프트웨어 특성들**. Chapter 9는 이들 특성들을 결정하기 위한 분석을 논의한다.
- 소프트웨어가 DO-178C와 다른 인증 요구사항을 준수한다는 것을 명시하는 **준수 성명서**. 흔히 SAS는 각각의 DO-178C 목표가 어떻게 만족되는지 그리고 준수를 증명하는 데이터를 요약하는 준수 매트릭스를 포함하거나 참조한다.

---

5) XX는 CFR(Code of Federal Regulations) Title 14의 Part 23, 25, 27 혹은 29가 될 수 있다.

12.4 SOI(Stage of Involvement) 감사

12.4.1 SOI 감사의 개요

1990년대 중반에 미국과 유럽 양쪽의 인증 당국은 DO-178B에 대한 준수를 평가하기 위해 소프트웨어 프로젝트를 감사하기 시작했다. 불행히도 많은 프로젝트들이 목표를 준수하지 않는 것으로 밝혀졌다. 또한 인증 당국이 프로젝트를 평가한 방법에도 큰 차이가 있다는 것이 지적되었다. 이것 때문에 CAST(Certification Authorities Software Team)는 소프트웨어 준수 평가 접근법을 조정하고 식별했다. CAST 문서는 프로젝트 전반에 걸쳐서 네 가지 개입점을 식별했다. ① 계획, ② 개발, ③ 시험, ④ 최종이다. FAA는 이 접근법을 Order 8110.49 Chapter 2 그리고 Conducting Software Reviews prior to Certification이라는 타이틀의 Job Aid[6]에 좀 더 문서화했다. Order 8110.49는 FAA 혹은 인증된 피지명자가 무엇을 할지 그리고 어떤 데이터가 조사될지를 설명한다.[7] Job Aid는 인증 당국이 어떻게 리뷰(SOI[Stage of Involvement] 리뷰로도 불리는)를 수행할지에 대한 프로세스를 제공한다. Job Aid는 FAA 엔지니어들과 그들의 피지명자들의 리뷰 프로세스를 표준화하기 위한 훈련 도구로 의도되었다. 하지만 많은 프로젝트에 대해서 FAA는 이제 Job Aid의 질문들이 인증 데이터의 제출 전에 지원자 혹은 그들의 피지명자들에 의해서 완료될 것을 요구한다. 〈표 12-1〉은 SOI 번호 및 유형, 조사되는 데이터 그리고 평가되는 DO-178C 목표의 개요를 제공하고 있다.

Job Aid와 FAA Order 8110.49는 SOI **리뷰(review)**를 참조한다. 하지만 **감사(audit)**라는 용어는 검증 리뷰와 구별된다. 따라서 **감사(audit)**, **감사자(auditor)**, **피감사자(auditee)**라는 용어가 이 챕터에서 사용된다. SOI 감사를 수행하는 것(감사자를 위한)과 SOI 감사를 준비하는 것(피감사자를 위한)에 대해서 더 많은 정보가 나중에 제공된다.

6) 원래 Job Aid는 1988년 6월에 릴리즈되었다. Rev 1이 2004년 1월에 릴리즈되었다. Job Aid는 DO-178C, DO-330 그리고 그 부속서와 일치되도록 업데이트될 것으로 기대된다. Software Review Job Aid의 최신 버전에 대해서는 FAA의 웹사이트(www.faa.gov)를 보라.

7) EASA의 Certification Memorandum CM-SWCEH-002의 Chapter 4는 FAA Order 8110.49 Chapter 2와 매우 유사하다.

표 12-1 **네 가지 SOI의 요약**

SOI # 및 유형	조사되는 데이터	평가되는 DO-178C 목표
1. 계획	PSAC, SDP, SVP, SCMP, SQAP, 개발 표준, 검증 결과(계획 리뷰 레코드), SQA 레코드, SCM 레코드, 도구 인증 계획(만약 PSAC로부터 분리된다면)	• 주로 Table A-1 • 계획에 적용되는 Table A-8에서 A-10
2. 개발	SOI 1에서 완료되지 않은 혹은 SOI 1 이후 변경된 모든 계획 데이터, 소프트웨어에 할당된 시스템 요구사항, 소프트웨어 요구사항(상위 레벨 및 파생 상위 레벨), 소프트웨어 설계 설명(하위 레벨 요구사항, 파생 하위 레벨 요구사항, 아키텍처), 소스 코드, 빌드 절차, 소프트웨어 라이프사이클 환경 형상 인덱스(SLECI), 검증 레코드(요구사항, 설계 그리고 코드 검증을 위한), 추적 데이터, PR 그리고/혹은 변경 요청, SQA 레코드, SCM 레코드	• 주로 Table A-2에서 A-5 • 개발에 적용되는 Table A-8에서 A-10
3. 검증(시험)	이전 SOI에서 조사되지 않은 혹은 해결되지 않은 데이터, 오브젝트 코드, 검증 케이스 및 절차, 검증 결과, SLECI, SCI(시험 베이스라인과 함께), 추적 데이터, PR 그리고/혹은 변경 요청, SQA 레코드, SCM 레코드	• 주로 Table A-6에서 A-7 • 시험에 적용되는 Table A-8에서 A-10
4. 최종	이전 SOI에서 완료되지 않은 혹은 조사되지 않은 모든 데이터, 검증 결과(때때로 소프트웨어 검증 리포트로 패키징되는), SLECI, SCI, SAS, PR 그리고/혹은 변경 요청, 추적 데이터, SQA 레코드, 소프트웨어 적합성 리뷰 리포트, SCM 레코드	• 주로 Table A-10 • 이전 SOI에서 평가되지 않았던 목표들 • 이전 SOI에서 언급된 이슈를 가졌던 목표들

12.4.2 소프트웨어 Job Aid의 개요

DO-178C Section 9.2와 10.3은 인증 당국이 리뷰를 수행할 수 있다고 설명한다. 하지만 리뷰가 무엇을 포함하고 있는지에 대해서는 더 이상의 설명이 없다. Order 8110.49와 FAA의 소프트웨어 리뷰 Job Aid는 **무엇(what)**이 평가될지(Order 8110.49) 그리고 그것을 **어떻게(how)** 평가하는지(Job Aid)에 대해서 추가적인 설명을 제공한다. <표 12-1>은 평가되는 데이터 및 DO-178C 목표를 포함해서, 네 가지 SOI 리뷰의 개요를 제공하고 있다. Job Aid는 SOI 감사를 수행하는 방법에 대한 권장사항을 제공하고 감사 과정에서 평가되는 활동들과 질문들을 제공한다. Job Aid는 인증 당국의 사고 과정 및 기대치에 대한 통찰력을 제공한다. 이러한 통찰력은 개발자들이 감사에 대비하고 처음부터 프로젝트를 더 잘 계획하는 데 도움이 될 수 있다. 일부 회사들은 자체 감사를 수행하기 위해 Job Aid를 사용한다.

Job Aid는 4파트로 나누어진다. 파트 1은 네 가지 SOI 감사에 대한 소개와 몇 가지 핵심 용어의 정의를 포함해서 개요를 제공한다. 다음은 특별히 이해해야 할 중요한 용어들이다.[4]

- 준수(compliance): DO-178B 목표의 충족이다.
- 위반 항목(finding): RTCA/DO-178B 목표의 하나 이상을 준수하지 못하는 것에 대한 식별이다.
- 관찰(observation): 잠재적인 소프트웨어 라이프 사이클 프로세스 개선의 식별이다. 관찰은 RTCA/DO-178B 준수 이슈가 아니며 소프트웨어 승인 전에 평가될 필요가 없다.
- 조치(action): 소프트웨어 리뷰를 수행할 때 식별되는 위반 항목, 에러 혹은 결함을 수정하기 위한 완료 날짜와 함께 조직 혹은 개인에게 할당하는 것이다.
- 이슈(issue): 소프트웨어 준수 혹은 프로세스 개선에 특정되지 않는 문제이지만 소프트웨어 리뷰 과정에서 탐지되는 안전성, 시스템, 프로그램 관리, 조직적인 혹은 다른 문제일 수 있다.

파트 2는 일반적인 감사 태스크를 설명한다. SOI 유형(계획, 개발, 검증/시험 혹은 최종)에 관계없이 감사자는 감사를 준비하고, 감사를 수행하며, 감사 결과를 문서화하고, 종료 브리핑(혹은 때때로 서면으로 작성된 실행 요약)에서 감사를 요약하며, 후속 활동(SOI 리포트 준비하기 그리고 위반 항목, 관찰, 및 조치가 해결되는지를 확인하기와 같은)을 수행해야 한다.

파트 3은 Job Aid의 대부분을 구성하고, 각각의 SOI에 대한 활동들과 질문들을 요약하고 있다. SOI 활동들(볼드체로 식별되는)과 그 활동을 완료하기 위해 사용되는 질문들을 요약하는 각각의 SOI 감사를 위한 테이블이 포함되어 있다. 각각의 질문은 그 질문이 평가하는 DO-178B 목표(들)에 맵핑된다.8) 〈표 12-2〉는 하나의 SOI 1 활동과 지원하는 질문 몇 가지의 예시를 제공한다. 일반적으로 SOI 감사 과정에서 각각의 질문에 대한 응답을 제공하기 위해 하나의 칼럼이 테이블에 추가되며(프로젝트의 데이터에 대한 평가에 기반해서) SOI 감사 리포트에 포함된다.

8) 이것을 작성하는 시점에 Job Aid는 DO-178C 목표보다는 DO-178B 목표를 참조하고 있다. Job Aid의 대부분은 여전히 DO-178C에 적용된다. FAA가 DO-178C와 정렬하기 위해 Job Aid를 업데이트할 것으로 예상된다.

▌표 12-2▐ 소프트웨어 Job Aid SOI 1 활동/질문에서 발췌

Item #	SOI #1 평가 활동/질문	DO-178B 목표(들)
1.1	모든 계획(PSAC, SCMP, SQAP, SDP, SVP, 소프트웨어 도구 인증 계획 등)과 표준을 리뷰하라. 모든 계획에 대한 당신의 리뷰를 기반으로 다음 질문들을 고려하라.	
1.1.1	계획 데이터가 서명되고 형상 관리하에 비치되어 있는가? (소프트웨어 레벨에 맞게 CC1 혹은 CC2) 소프트웨어 계획 및 표준에 의해서 컨트롤되고 영향을 받는 모든 조직의 조율에 대한 객관적인 증거(예를 들면, 승인된 서명)가 있는지 검증하라.	• A–1, #1–7
1.1.2	계획과 표준을 소프트웨어 피지명자가 리뷰하고 승인하였는가? (승인된 대로)	• A–1, #1–7
1.1.3	계획과 표준이 완전하고 분명하며 일관되게 언급되어 있는가?	• A–1, #1–7
1.1.4	계획과 표준의 리뷰가 수행되었고 리뷰 결과가 유지되었는가? 그리고 리뷰 결함이 수정되었는가? (DO-178B의 Section 4.6을 보라)	• A–1, #6, 7
1.1.5	계획과 표준이 DO-178B Section 11(즉, Section 11.1에서 11.8)에 명시된 내용을 준수하는가? 주의 : 계획과 표준은 11.1에서 11.8에 식별된 대로 패키지될 필요는 없다. 하지만 11.1에서 11.8에 명시된 항목들은 계획과 표준 어딘가에 문서화되어야 한다.	• A–1, #1–7
1.1.6	계획과 표준이 항공 소프트웨어 및 도구(도구가 사용된다면)에 대한 소프트웨어 변경 프로세스 및 절차를 다루고 있는가?	• A–1, #1, 2
1.1.7	모든 소프트웨어 도구가 계획에서 식별되고, 왜 각각이 인증되어야 하는지 혹은 인증될 필요가 없는지에 대한 타당성이 포함되어 있는가?	• A–1, #4
1.1.8	각각의 프로세스의 입력, 활동, 전이 기준, 출력이 구체화되어 있는가?	• A–1, #1
1.1.9	개발 및 검증 라이프 사이클 활동이 DO-178B의 Section 4.2를 만족하기에 충분할 만큼 상세하게(DO-178B Section 11.1에서 11.3을 참조) 정의되어 있는가?	• A–1, #1–7
1.1.10	계획과 표준이 Table A–1에 있는 DO-178B 계획 목표를 충족하는가? (즉, 각각의 계획 및 표준이 내부적으로 일관성을 가지는가? 소프트웨어 라이프 사이클이 정의되어 있는가? 전이 기준이 정의되어 있는가?)	• A–1, #7
1.1.11	만약 계획과 표준을 따르면, Table A–2에서 A–10에 있는 모든 적용가능한 DO-178B 목표를 충족한다는 것을 보장하는가? (즉, 계획과 표준이 적용가능한 각각의 DO-178B 목표를 어떻게 충족할지를 다루고 있는가?)	• A–2~A–10 (모든 목표)

출처 : Federal Aviation Administration, *Conducting Software Reviews prior to Certification*, Aircraft Certification Service, Rev. 1, January 2004.

Job Aid의 파트 4는 SOI 감사 결과를 요약하는 방법의 몇 가지 예시를 제공한다. 일반적인 SOI 감사 리포트 내용은 이 챕터의 나중에 논의한다.

또한 Job Aid는 감사자와 감사되는 프로젝트팀(피감사자)을 돕기 위해 다음을 포함하는 네 가지 부속서를 포함한다.

- **부속서 1**: "FAA 소프트웨어팀의 일반적인 역할과 책임." 이 부속서는 소프트웨어 프로젝트 과정에서 다양한 FAA 오피스로부터 기대되는 것에 대한 요약을 제공한다. SOI 감사의 대부분은 피지명자가 수행하지만, 일부 고위험 프로젝트에는 인증 당국이 참여할 수 있다.
- **부속서 2**: "소프트웨어 피지명자의 일반적인 역할과 책임." 이 부속서는 소프트웨어 피지명자가 수행하는 것에 대한 요약을 제공한다. 이 정보는 피지명자를 적절히 이용하기 위해 대단히 유용할 수 있다.
- **부속서 3**: "레터, 의제 그리고 리포트의 예시." 이 부속서는 감사자가 지원자에게 감사를 통지할 때 사용하기 위한 몇 가지 예시 자료를 제공한다. 샘플 리포트 또한 포함되어 있다.
- **부속서 4**: "리뷰어를 위한 선택적 작업 시트." 이 부속서는 감사자가 그들의 기록 보관 작업을 도울 수 있는 몇 가지 작업 시트를 포함하고 있다. 이것들은 선택사항으로 간주되며 주로 훈련 목적으로 제공된다.

12.4.3 소프트웨어 Job Aid 사용하기

다음 섹션은 감사자와 피감사자를 위한 권고사항을 제시한다. 일반적인 권고사항이 먼저 제시되고, SOI 감사 과정에서 기대되는 것과 SOI 감사를 준비하는 방법에 대한 요약이 이어진다. 수백 건의 감사를 수행하거나 지원해왔기 때문에, 이어지는 섹션은 나의 개인적인 경험과 교훈에 기반하고 있다. 이 정보는 나의 개인적인 경험으로부터 제시되기 때문에 이 책의 다른 섹션들보다 좀 더 쌍방향의 어조를 사용해서 제시된다.[9] 다음의 섹션 내내 **지원자/개발자**(applicant/developer)라는 용어는 **지원자 그리고/혹은 개발자**를 참조하도록 사용되고 있다는 것에 유의하기 바란다. 때때로 지원자는 소프트웨어 개발자이다. 하지만 많은 경우에 소프트웨어 개발자는 지원자에게 공급자가 된다. 지원자와 개발자가 분리된 조직인 경우에 둘 다 감사에 참석해야 한다.

9) 일부 개인적이고 다소 유머러스한 이야기들이 박스 안의 내용에 포함되어 있다.

12.4.4 감사자에 대한 일반적인 권고사항

다음은 감사 역할을 하고 있는 당신을 위한 몇 가지 권고사항들이다. 당신은 피지명자, 인증 당국, 인증 교섭 엔지니어, 소프트웨어 품질 엔지니어 혹은 프로젝트 엔지니어일 수 있다. 당신이 SOI 감사를 수행해야 하는 이유와 관계없이, 이들 권고사항들은 당신이 더 나은 작업을 수행하고 일반적인 실수를 피하도록 도우려는 의도이다.

감사자 권고사항 1: 감사 계획을 미리 소통하고 조정하라. 다음을 해결하기 위해 감사 몇 주 전에 지원자/개발자의 콘택트 포인트와 연락하라.

- 당신이 지원자/개발자의 상태를 이해하고 그들이 SOI 감사에 대해서 합의한 진입 기준(일반적으로 진입 기준은 나중에 논의한다)을 충족하는지 혹은 충족할 것인지를 확인하라.
- 감사 날짜를 조율하라.
- 현장 혹은 원격 감사에 대한 의제를 준비하라[10](Job Aid 부속서 3이 몇 가지 샘플 의제를 제공한다).
- 기대치가 분명하게 소통되는지를 확인하라.

누가 감사팀에 포함될지, 감사가 얼마나 걸릴지, 어떤 종류의 미팅 공간이 필요할지(한 개 이상의 룸) 등을 지원자/개발자가 알게 하라. 감사계획이 미리 전달될수록 현장에서는 일이 원활해지는 경향이 있다. 상세한 계획은 현장에서의 시간이 좀 더 생산적이고 즐겁게 하는 데 도움이 될 수 있다.

감사자 권고사항 2: 조력자를 구하라. 준수를 평가할 때, 특히 좀 더 공식적인 감사(예를 들면, 인증 신뢰를 위해 수행되는 SOI 감사)의 경우, 팀동료가 있는 것이 매우 유익하다. 팀 접근법에는 여러 가지 장점이 있다. 첫째, 오래 걸리지 않는다. 팀은 더 많은 데이터를 더 빨리 조사하기 위해 작업을 나눌 수 있다. 둘째, 좀 더 철저한 리뷰를 제공한다. 여러 눈과 두뇌가 더 많은 이슈들을 더 빠르게 식별한다. 나는 특히 조사할 데이터가 많은 SOI 2와 3에 팀이 도움이 된다는 것을 발견했다. 셋째, 공동작업은 증인을 제공한다. 나는 프로

10) 현장 감사는 개발자의 시설 혹은 때때로 지원자의 시설에서 일어난다(만약 지원자와 개발자가 분리되어 있다면). 원격 감사는 데이터에 대한 조사가 원격으로 수행된다. 많은 경우에 SOI 1과 4는 원격으로 수행될 수 있지만 SOI 2와 3은 현장 감사가 수행된다.

젝트에서 일어났던 것에 대한 이야기를 조작한 몇 가지 감사에 관여했었다. 목격자가 있으면 그렇게 하는 것이 더 어렵다.

확실히 기술적으로 숙련된 리뷰어를 팀원으로 두는 것은 멋진 일이다. 하지만 때때로 이것은 리소스 제약 때문에 가능하지 않다. 아무리 감사를 이끌어갈 만큼의 경험이 부족하더라도, 지원 역할을 할 수 있는 사람이 있는 것은 여전히 도움이 된다. 사실 그것은 미래의 감사자를 훈련시키는 훌륭한 방법이 될 수 있다. 그들은 메모하기, 형상 관리(CM) 및 품질 보증 데이터 리뷰하기, 리뷰 레코드 조사하기, 빌드 및 로딩 참관하기 등을 도울 수 있다.

> 나의 첫 감사에서 나는 혼자 갔었다. 그 프로젝트는 엉망이었다. 추적성이 없었다. 요구사항, 설계, 코드는 일치하지 않았다. 그리고 품질 보증은 존재하지 않았다. 나는 감사를 수행하고, 종료 브리핑을 하고, 공항으로 떠났다. 나중에 나는 지원자(그들이 적절한 감독을 수행하지 못했기 때문에, 부분적으로는 엉망에 대한 책임이 있는)가 공급업체를 비난하기 위해 감사 결과를 사용했다는 것을 알았다. 지원자는 종료 브리핑을 선택적으로 듣고 그것을 오로지 공급업체에 책임을 떠넘기기 위해 사용했다. 위반 항목은 잘못 해석되었고 인용도 잘못되었다. 목격자가 있었으면, 지원자가 결과를 조작하는 것이 더 힘들었을 것이다.
>
> 반대로 나는 최근에 준수 이슈가 너무 많은 어려운 프로젝트를 경험했다. 이번에는 두 명의 팀동료가 있었다. 한 명은 지원자(개발자는 아니었다)를 대표했고 다른 한 명은 피훈련자였다. 감사하는 동안 우리는 업무량을 나누었다. 그것은 우리가 더 많은 데이터를 조사하고 서로 다른 관점으로 조사하도록 해주었다. 그렇게 많은 이슈들을 발견하는 것이 즐겁지는 않았지만, 평가는 훨씬 더 철저했다. 나중에 그 프로젝트는 여러 인증 당국에 의해서 평가되었다. 우리가 초기 감사 과정에서 너무 철저하게 평가했기 때문에, 알려진 후속 이슈들은 매우 미미했다.

감사자 권고사항 3: 준비하라. 감사를 준비하는 것은 중요하다. 이것은 계획을 읽거나 다시 읽고(만약 그것이 변경되었거나 마지막 감사 이후 상당한 시간이 흘렀다면), 이전 SOI 감사에 대한 대응을 리뷰하며, 이전 SOI 감사로부터의 이슈를 종료하는 것을 포함할 수 있다. 준비되지 않은 감사자는 비효율적인 경향이 있다.

감사자 권고사항 4: 사려 깊고 친절하라. 나는 프로 의식과 존경심이 파워 게임과 두려움 전술보다 훨씬 더 생산적이라는 것을 안다. 나는 다음과 같은 말을 들었다. "상냥한 것이 무례한 것보다 효과적이다." 사람들은 존경심을 가지고 대하며 위협을 느끼지 않을 때 더 잘 답한다.

> 나는 한때 이 충고를 따르지 않았던 사람과 일한 적이 있다. 그는 개발자에게 극도로 대립적이었다. 엔지니어 혹은 프로그래머가 그를 만났을 때, 그들은 떨고 있었다. 그가 질문을 하면 그들은 어떻게 대답해야 할지 몰라서 그저 그를 빤히 쳐다보기만 했다. 모든 사람이 그의 앞에서는 헤드라이트 불빛에 비치는 사슴처럼 보였기 때문에 우리는 그 감사자에게 **헤드라이트 존**(Headlight John)이라는 별명을 붙여주었다. 그들은 너무 겁을 먹어서 자유롭게 그와 공유할 수 없었다. 그의 태도는 그들의 사고 과정을 산만하게 했으며 그래서 그들은 그들이 아는 것을 정확하게 설명할 수 없었다.

감사자 권고사항 5 : 시스템, 프로세스, 구현을 실제로 이해하도록 노력하라. 감사의 첫 번째 부분에서 지원자/개발자는 그들의 시스템, 소프트웨어, 프로세스, 상태에 대한 높은 수준의 관점을 제공할 것이다. 프로젝트의 프레임워크, 프로세스, 철학을 이해하는 것이 중요하다. 미리 계획을 읽고, 무엇을 개발하고 있는지, 그것이 어떻게 개발되고 있는지를 당신이 확실히 이해할 수 있도록 하기 위해 프레젠테이션 및 시연 과정에서 질문하라. 세부사항(나무)으로 나누어지기 전에 큰 그림(숲)을 이해하는 것이 정말로 중요하다.

감사자 권고사항 6 : SOI 감사 전반에 걸쳐서 의도를 전달하라. 매일 지원자/개발자의 팀 리더와 당신의 의도에 대해서 커뮤니케이션하라. 만약 계획이 변경되면 그들에게 알려라. 나는 우리가 어디에 있고 우리가 어디로 가고 있는지를 커뮤니케이션하기 위해 종종 그 날의 시작 몇 분 전 그리고 마지막에 일정을 잡는다. 대부분의 지원자/개발자들은 만약 당신이 생각하고 있는 것을 그들에게 알려주면 상당한 호응을 얻게 된다.

감사자 권고사항 7 : 지원자/개발자가 먼저 데이터를 안내하도록 하라. 만약 회사가 친숙하지 않고 프로젝트가 여전히 당신에게 비교적 생소하다면, 지원자/개발자가 먼저 그들의 데이터를 안내하도록 하는 것이 좋다. 그들이 당신에게 그들의 요구사항, 설계, 코드, 검증 케이스, 검증 절차, 검증 결과를 보여주게 하라. 그들의 추적성이 어떻게 작동하는지 시연하게 하라. 그들이 하나의 하향식 스레드(시스템 요구사항에서 상위 레벨 소프트웨어 요구사항[들]으로, 하위 레벨 요구사항[들]으로, 코드로)와 하나의 상향식 스레드(코드에서 하위 레벨 요구사항[들]으로, 상위 레벨 요구사항[들]으로, 시스템 요구사항[들]으로)를 수행하도록 당신이 요구할 수 있다. 이후에 당신이 스스로 데이터를 조사하는 것이 편하게 느껴질 수도 있고, 혹은 지원자/개발자가 단지 당신의 드라이버(driver)(즉, 당신의 명령에 따라서 컴퓨터를 조작하는 사람)로서 역할을 하도록 할 수도 있다. 나는 스스로 수행하는 것을 선호하는 경향이 있지만 일부 감사자들은 지원자/개발자가 수행하도록 하는 것을 좋아하는데, 그렇게 함으로써 그들이 자유롭게 첨언하고 질문할 수 있게 된다. 어떤 것이든 괜찮다. 단지 당신이 선호하는 것을 지원자/개발자와 반드시 소통하라.

감사자 권고사항 8 : 끈질기게 답을 얻어내라. 때로는 이슈의 진상을 규명하기 위해 여러 번 시도해야 할 수 있다. 모든 이슈가 명백한 것은 아니다. 나는 추가적인 데이터를 살펴보고 복수의 출처를 인터뷰하는 것이 더 명확한 관점을 갖게 하는 데 종종 도움이 된다는 것을 발견한다.

감사자 권고사항 9 : 당신이 진행하는 대로 문서화하라. 당신이 감사를 수행하면서 계속해서 메모하는 것이 중요하다. 만약 당신이 바로 메모하지 않으면, 나중에 세부사항이 흐릿해지고 불완전하게 될 수 있다. 나는 진행하면서 메모 초안을 보관했다가 매일 저녁때 그것을 정리하는 것이 도움이 된다는 것을 발견한다. 만약 내가 하루 혹은 이틀 밤을 지체하게 되면, 세부 내용을 기억하기가 더 어려워진다.

감사자 권고사항 10 : 신뢰를 잃지 말라. 데이터를 평가할 때 당신은 많은 잠재적인 이슈들을 볼 것이다. 그중 일부는 주요한 치명적 버그가 될 수도 있고 일부는 단지 사소한 과속방지턱이 될 수도 있다. 이슈의 중요한 점을 보정하는 데에는 보통 시간이 걸린다. 만약 당신이 사소한 세부사항을 고르기 시작하면, 당신이 정말로 중요한 이슈들을 발견했을 때 지원자/개발자들이 제대로 듣지 않을 수 있다. 나는 상대적으로 새로운 프로젝트를 평가하고 있을 때는 내가 그 데이터에 더 익숙해질 때까지 적어도 하루 혹은 이틀 동안은 생각을 혼자만 가지고 있는다. 때때로 처음에 큰일인 것처럼 보이는 것들이 시간이 가면서 내가 발견한 것과 비교해서 퇴색된다.

감사자 권고사항 11 : 성격에 유의하라. 감사에 대한 어려움 중 하나는 자신을 드러내는 흥미로운 성격이다. 감사는 누구에게도 그다지 유쾌하지 않다. 때때로 상황이 주는 스트레스는 사람들에게 최악을 상황을 불러온다. 어떤 사람들은 대립적인 자세를 취한다. 일부 사람들은 어떠한 유용한 정보도 제공하지 않는다. 일부는 불안해하고 몹시 신경질적이다. 다른 이들은 약속을 하고는 지키지 않는다. 성격 요인은 팀동료가 있는 것이 도움이 되는 또 다른 이유이다. 때때로 만약 당신이 어떤 사람과 제대로 커뮤니케이션하기가 어렵다고 느낄 때, 아마도 당신의 팀동료는 할 수 있을 것이다.

성격 이야기 #1 – 불쾌한 반대론자

나는 최근에 원격 pre-SOI 1 감사를 수행했었다. 그것은 SOI 1 감사로 시작했지만 계획이 너무 부실하게 준비되어 있어서, 나는 **실제 SOI(real SOI)**를 하기 전에 해당 팀이 함께 작업할 기회를 주기 위해 **pre-SOI**로 다운그레이드하기로 선택했다. 나의 친절에도 불구하고 그 팀은 대립적이었다. 그들은 "이것을 처음 해보는 것이 아니라는 것" 그리고 여러 개의 FAA 승인 "타이틀 벨트"를 가지고 있다는 것을 나에게 알려주었다. 그들은 마치 내가 소프트웨어 계획을 보거나 DO-178B를 읽은 적이 없는 것처럼 행동했다. 나는 어처구니가 없고 조금 짜증이 나기도 했다. 하지만 나는 끈기가 결실을 맺을 것이라는 것을 알았다. 두 번의 짜증스러운 원격 회의(나는 그들을 **불쾌한 반대론자(nasty–cons)**라고 불렀다) 후에야 기술적인 이슈들에 초점을 맞출 수 있도록 팀이 경청할 수 있게 되었다.

성격 이야기 #2 – 내 목숨에 대한 두려움

몇 년 전에 나는 혼자서 현장 감사를 수행했었다. 감사 결과는 엉망이었고, 종료 브리핑을 부드럽게 할만한 것이 거의 없었다. 나는 이슈에 대해 솔직했다. 나는 심지어 그들의 활동 부족에 대한 SQA(그들은 5년의 프로젝트에 대해서 보여줄 3개의 SQA 레코드를 가지고 있었다)에 대해서도 위반 항목을 발표했다. 그 후에 소프트웨어 품질 엔지니어(나는 그를 Mister SQA로 부를 것이다)가 부차적인 논의를 위해 나를 볼 수 있을지를 물었다. 나는 동의했고 그는 나를 그의 사무실로 안내했다. 그 무렵은 어두웠고, 그의 사무실은 시설 저편에 있었다. 우리는 빈 공장을 가로질러 걸어갔고 나는 초조해지기 시작했다. 마침내 다른 사람들로부터 떨어져 그의 사무실에 도착했을 때, 그는 나에게 소리치기 시작했다. "당신 이거 어떻게 할 거야?"라고 다그치면서 이렇게 말했다. "내가 회사에서 잘릴 수도 있단 말이야!" 내 상상력은 제 멋대로 굴러갔다. 나는 그가 야구 방망이를 꺼내 내 머리를 후려치고, 내 몸을 작은 조각으로 자르고, 나를 교정기 밑에 묻는 것을 상상했다. 나는 즉시 가장 빨리 탈출할 방법을 찾기 시작했다. 나는 몇 마디 작별의 말을 하고 비행기를 타기 위해 공항에 가야 한다고 말했다. 다행히 나는 Mister SQA의 귀에서 연기가 뿜어져 나오는 채로 두고 목숨을 걸고 그곳을 탈출했다. 목격자가 있어야 하는 또 다른 이유이다!

감사자 권고사항 12 : 목표를 잣대로 사용하라. 감사 내내 평가 기준으로 목표(준수 방법으로 DO-178B 혹은 DO-178C 중 하나와 적용되는 모든 부속서)를 사용하는 것이 중요하다. Job

Aid 질문과 당신의 경험이 도움이 되지만, 당신이 평가하고 있는 것은 목표이다.

감사자 권고사항 13 : 계속해서 집중하고 끝까지 따라가라. 대부분의 감사는 적어도 몇 가지 혼란스러운 부분을 가지기 마련이다. 데이터가 명확하지 않을 수 있고, 사람들이 특이할 수 있으며 혹은 일이 계획대로 되지 않을 수도 있다. 이런 상황에서는 초점을 잃지 않고 이슈(들)의 근본을 파악하는 것이 중요하다. 데이터를 혼자 보기 위해 추가시간을 요청하거나 다른 사람이 데이터를 안내하도록 해야 할 수도 있다.

감사자 권고사항 14 : 잠재적인 이슈를 완전하게 전달하라. 일단 당신이 프로젝트와 회사의 프로세스에 친숙해지고 당신이 팀의 존경을 얻게 되면, 당신이 이슈를 식별하면서 그것을 언급하는 것이 좋다. 이것은 지원자/개발자에게 이슈를 해결하기 위한 전략을 개발하고 어쩌면 감사가 끝나기 전에 당신과 그것을 논의할 기회를 준다. 나는 종료 브리핑까지 기다렸다가 지원자/개발자에게 한 번에 모든 이슈들을 알려주고는 했지만, 브리핑 후에 모든 이슈를 한꺼번에 전달하는 접근법이 효과적이지 않다는 것을 곧 알게 되었다. 주목할만한 이슈를 팀에게 알리는 다양한 방법들이 있다. 한 가지 옵션은 하루가 끝날 때 주목할만한 예비(preliminary) 이슈들을 공유하는 간단한 미팅을 갖는 것이다. 감사가 여전히 진행 중이기 때문에 그것들을 예비로 강조하는 것이 최선이다. 또 다른 옵션은 당신이 그때그때 이슈들을 구두로 언급하는 것으로, 그렇게 함으로써 지원자/개발자는 자신의 이슈 리스트를 유지할 수 있다. 중요한 것은 감사 내내 적절한 사람들과 정보를 교환하는 것으로, 따라서 종료 브리핑과 SOI 리포트는 단지 당신이 이미 논의한 것에 대한 요약이 된다.

감사자 권고사항 15 : 필요하면, 일정을 재조정하거나 등급을 낮추어라. 때때로 당신이 아무리 많은 계획과 준비를 하더라도, 감사를 시작하면 데이터가 아직 준비되지 않은(다르게 말하면 준수하지 않았다는) 것을 깨달을 것이다. 이 경우에 예를 들어 다음과 같은 여러 가지 옵션이 있다.

- 당신은 감사를 계속하고 지원자/개발자가 처리할 위반 항목과 관찰을 작성할 수 있다. 보통은 당신은 나중에 다시 감사해야 할 것이다.
- 당신은 pre-SOI 혹은 비공식 평가로 감사를 다운그레이드할 수 있다.
- 당신은 감사를 중지하고 나중에 다시 오는 것으로 선택할 수 있다.

다른 옵션도 있다. 결정은 개인적인 선호를 포함해서 여러 가지 요인들에 의지할 것이다.

감사자 권고사항 16 : 리포트를 빨리 제공하라. 일단 당신이 SOI 감사를 마치면 지원자/개발자가 즉각적인 조치를 할 수 있도록 가능한 한 빨리 리포트를 전달하는 것이 중요하다. 나는 보통 종료 브리핑의 일부로 위반 항목, 관찰, 조치의 예비 목록을 제공하고 그런 다음 일주일 이내에 공식적인 리포트를 보낸다. 나는 **시스템적인 위반 항목**(systemic finding)과 **격리된 위반 항목**(isolated finding)을 구분하는 것이 도움이 된다는 것을 발견한다. 시스템적인 위반 항목은 여러 장소에서 언급되어 프로젝트 전반의 조치가 필요한 위반 항목이다. 격리된 위반 항목은 주목되며 수정될 필요가 있지만 널리 퍼지지는 않는다. 단지 특정한 사례를 고칠 것을 요구한다.

나는 일반적으로 테이블 형식에 위반 항목, 관찰, 조치, 주석을 문서화한다. 테이블은 일반적으로 지원자/개발자가 답변할 충분한 공간을 가지기 위해 가로 보기로 나타낸다. 각각의 칼럼에 대한 설명은 다음과 같다.

- **이슈 #** : 이 칼럼은 테이블 엔트리의 숫자를 식별한다. 요구사항처럼 만약 숫자가 할당되면 다시 넘버링하지 않는 것이 가장 좋다. 그런 식으로 상호참조는 보고서의 다른 곳에서도 이루어질 수 있다(예를 들면, 만약 위반 항목이 삭제되면 숫자는 유지되고 삭제를 설명하는 메모가 작성된다).
- **FOCA** : 이 칼럼은 이슈를 위반 항목(F), 관찰(O), 주석(C) 혹은 조치(A)로 구분한다. 위반 항목과 조치는 지원자/개발자가 조치를 취해야 한다. 관찰은 응답이 필요하지만 반드시 조치를 취해야 하는 것은 아니다. 주석은 일반적으로 준수 평가에 유용할 수 있는 메모이다. 주석은 지원자/개발자의 응답 혹은 조치가 필요하지 않다. 분류를 결정하기 위해 프로젝트 피드백이 필요할 때는 "F?" 혹은 "?"가 사용될 수 있다. 일단 프로젝트 응답을 받으면 분류는 업데이트될 수 있다.
- **목표** : 이 칼럼은 이슈와 관련된 DO-178C(혹은 DO-178B) 목표(들)를 작성한다. 대부분의 경우, DO-178C(혹은 DO-178B) Annex A 테이블 번호로 충분하다. 만약 이슈가 다소 논란이 된다면, 특정 DO-178C(혹은 DO-178B) 목표 숫자와 섹션 참조가 필요할 수 있다.
- **시스템적?** : 이 칼럼에서 "Yes"는 시스템적인 이슈를 식별한다.
- **데이터** : 이 칼럼은 이슈가 언급된 문서 혹은 데이터 항목을 식별한다. 만약 그것이 문서 특성이 아니고 일반적인 이슈라면, "일반적인"이라는 단어가 사용될 수 있다. 리포트 어딘가에 데이터 버전 또한 식별되어야 한다.

- **이슈 설명**: 이 칼럼은 이슈를 식별한다. 그것은 구체적이어야 한다. 섹션, 요구사항 숫자, 코드 라인, 발췌 등을 포함하고 언급된 이슈를 분명하게 설명하라.
- **지원자/개발자 응답**: 이 칼럼은 지원자/개발자가 이슈에 답변하기 위해 사용된다. 때때로 이슈가 해결되기 전에 여러 번 업데이트되기 때문에 답변에 날짜를 작성하고 초기화하는 것이 좋은 관행이다.
- **평가**: 이 칼럼은 SOI 팀 리더의 이슈에 대한 평가를 요약한다. 평가 의견에 날짜를 작성하고 초기화하는 것이 추천된다. 만약 지원자/개발자의 응답이 추가적인 조치를 요구한다면, 기대되는 조치가 설명된다. 만약 지원자/개발자의 응답이 받아들일만하지만 추후에 몇 가지 조치(아마도 이후 SOI에서)를 요구한다면, 이는 메모되어야 한다. 나는 일반적으로 파란색 글자로 향후 조치가 필요한 응답을 식별해서 다음 SOI에서 후속 조치를 취하는 것을 기억한다.
- **상태**: 상태 칼럼 또한 SOI 팀 리더에 의해서 업데이트된다. 일반적인 엔트리로 다음을 포함한다: **오픈(Open)**, **작업 중(In-Work)**, **답변을 받아들임(Response Acceptable)**, **종료(Closed)**. 목표는 모든 엔트리가 **종료(Closed)** 상태가 되도록 하는 것이다.

〈표 12-3〉은 내가 일반적으로 SOI 리포트에 포함하는 섹션의 요약이다.

표 12-3 샘플 SOI 리포트 개요

1.0 **소개**
  - 1.1. 목적 : 프로젝트의 간략한 요약과 SOI 감사 및 리포트의 목적을 포함한다.
  - 1.2. 리포트 개요 : 리포트의 개요를 제공한다.
  - 1.3. 감사 날짜 : SOI 감사가 언제 수행되었는지를 식별한다.
  - 1.4. 참석자 : 감사팀과 참석한 지원자/개발자 팀원 모두를 식별한다.
  - 1.5. 조사된 데이터 : 형상 식별(문서 번호 및 버전)과 함께 조사된 데이터를 나열한다.

2.0 **위반 항목, 관찰, 조치, 주석의 요약** : 이 섹션은 앞서 설명되었던 FOCA 테이블을 포함한다.

3.0 **Job Aid 질문** : 특정 SOI 감사에 대한 Job Aid 질문 각각에 대한 응답을 포함한다. 이것은 일반적으로 Job Aid 테이블을 사용하고 평가 칼럼을 추가해서 테이블 형태로 표현된다. 일부 Job Aid 질문들은 다음 SOI에서 평가될 수 있다. 만약 그런 경우에는 이를 언급해야 한다(나는 파란색으로 문장을 강조해서 다음 SOI 과정에서 잊어버리지 않게 한다).

4.0 **목표 준수 평가** : 준수를 위한 각각의 DO-178C(혹은 DO-178B) 목표의 평가를 포함한다.

5.0 **지원 정보** : 이전 섹션을 지원하기 위해 사용될 수 있는 세부사항들을 포함한다(예를 들면, 시험 참관에서의 메모 혹은 조사된 요구사항의 세부 내용).

12.4.5 피감사자(지원자/개발자)를 위한 일반적인 권고사항

만약 당신이 피감사자(감사를 받고 있는 중인 지원자 혹은 소프트웨어 개발자)라면 여기에 몇 가지 제안이 있다.

피감사자 권고사항 1 : SOI 감사팀 리더와의 인터페이스를 위한 단일 콘택트 포인트를 할당하라. 이것은 일반적으로 소프트웨어 프로젝트 리더이다. 만약 SOI 감사가 인증 당국에 의해서 수행되는 경우, 콘택트 포인트는 프로젝트를 위한 피지명자(예를 들면, DER)가 될 수 있다. 콘택트 포인트는 SOI 감사팀 리더와 프로젝트팀과의 조율을 담당할 것이다.

피감사자 권고사항 2 : 계획과 의제를 이해하기 위해 SOI 감시팀 리더와 조율하라. 할당된 콘택트 포인트는 SOI 감사 시스템, 의제 그리고 기대치가 잘 이해되고 있다는 것을 확인하기 위해 SOI 감사팀 리더와 조율한다. 조율의 대부분은 이메일로 처리할 수 있다. 하지만 전화 혹은 원격 회의를 선호할 수도 있다.

피감사자 권고사항 3 : 자체 감사를 수행하고 모든 알려진 문제들(그리고 그것들이 어떻게 해결되고 있는지)에 대해서 솔직하라. 공식적인 SOI 감사를 하기 전에 미리 예행 연습(pre-SOI)을 하는 것이 대단히 추천된다. 만약 공식적인 SOI 감사를 피지명자가 수행할 예정이라면, 예행 연습은 SQA 그리고 프로젝트 팀원이 수행할 수 있다. 만약 공식적인 감사가 인증 당국에 의해서 수행될 예정이라면, 피지명자 혹은 인증 교섭 담당자가 pre-SOI 감사를 수행할 가능성이 높다.

피감사자 권고사항 4 : 준비하라. SOI 감사팀이 도착했을 때 데이터와 담당자가 준비되어 있도록 하라. 피감사자가 사람들과 데이터를 모으기 위해 감사자가 기다려야 한다면, 그것은 감사자를 실망시키는 것이다. 감사에서는 첫인상이 중요하며 좀처럼 지워지지 않는다. 당신은 감사자가 가장 먼저 주목하는 것이 **준비 부족(lack of preparation)**이 되는 것은 원하지 않는다. 만약 당신이 어떤 데이터가 예상되는지 확실하지 않다면, 미리 분명하게 하라. 모든 소프트웨어 팀원들이 전체 감사를 위해 회의실에 있을 필요는 없지만, 감사 내내 이용할 수 있어야 한다. 만약 핵심 개발자나 검증자 혹은 수석 엔지니어가 감사 동안에 자리를 비울 예정이라면, 감사팀이 미리 알도록 해야 한다. 감사팀은 감사를 연기하는 것을 선호할 수도 있다. 나는 내가 감사를 위해 도착하면, 핵심 담당자가 하루 종일 치과 예약, 휴가 혹은 할머니의 장례식(세 번째)이라는 것이 얼마나 **겹치는지(coincidental)**를 농담 삼

아 말하곤 한다. 분명히 일정 충돌이 일어나겠지만, 핵심 인물들이 있을 수 있도록 당신이 할 수 있는 모든 것을 하라. 일반적으로 SQA와 팀리더는 전체 감사에 참여한다.

피감사자 권고사항 5 : 프로젝트를 정확하고 간결하게 제시하라. 일상적인 감사에서는 지원자/개발자가 프로젝트의 스토리를 이야기하는 반나절 정도의 시간이 있다. 그것이 남은 감사의 기조를 정하게 되므로 그 시간을 현명하게 사용하라. 당신의 시스템, 소프트웨어 아키텍처, 프로세스 그리고 알려진 이슈들의 개요를 정확하고 간결하게 제시하라. 만약 그것이 SOI 3이라면 시험 접근법을 설명하라. SOI 감사팀이 프로젝트의 접근법과 데이터 레이아웃을 이해할 수 있도록 요구사항, 설계, 코드, 시험 데이터를 간략하게 보여주어라. 감사자가 효과적으로 그들의 일을 할 수 있는 배경과 개요를 제공하라. 간결하되 가능한 한 완벽하게 하라. 감사자는 누군가가 그들의 시간을 낭비하고 있다고 의심하면 짜증이 날 수 있다. 내가 감사했던 한 회사는 의제가 첫째 날 정오에 끝나야 한다는 것이 꽤 명확했음에도 불구하고 그들의 프레젠테이션을 3일의 기간 전체로 늘리려고 했다. 그들은 내가 점심식사 후에 데이터를 보기를 원한다고 설명했을 때 놀란 것처럼(surprised) 행동했다.

피감사자 권고사항 6 : 친절하고 협조적이며 긍정적이 되어라. 감사는 누구에게도 즐겁지 않지만 전문성으로 처리할 수 있다. 친절하고 협조적이며 긍정적인 지원자/개발자팀은 거의 항상 더 나은 SOI 리포트를 작성하게 될 것이다. 태도가 정말 중요하다. 비협조적인 태도는 의심과 면밀한 조사를 끌어내지만, 협조적인 태도와 행동은 신뢰를 키운다.

피감사자 권고사항 7 : 감사 경험을 개선할 기회로 바라보라. 모든 분야에서 그런 것처럼 SOI 감사를 수행하는 사람 중에는 경험이 별로 없는 사람도 있다. 하지만 SOI 감사자의 대부분은 방대한 경험을 가지고 있다. 그들은 수많은 프로젝트를 보아왔고 풍부한 지식을 가지고 있을 수 있다. SOI 감사를 고문이라기보다는 배움의 기회로 보는 것이 가장 좋다. 내가 함께 일해온 최고의 회사들은 개선 방법을 배우기를 열망한다.

피감사자 권고사항 8 : DO-178C(혹은 DO-178B) 기초를 포함한 모든 위반 항목을 팀이 완전하게 이해하게 하라. SOI 감사팀에 의해서 문서화되는 위반 항목과 조치를 이해하는 것이 중요하다. 때때로 사실상 의견이라고 할 수 있는 위반 항목(finding)이 있을 것이다. 만약 그런 케이스라고 의심되면 만족하지 않는 DO-178C(혹은 DO-178B) 목표에 대해서 빈틈없이 물어보라. 또한 어떤 위반 항목이 시스템적(systemic)(프로젝트 전반에 적용)인지 그리고 어떤 것이 격리된(isolated) 것인지를 당신이 반드시 이해하라. 왜냐하면 이것은 답변에 중요하게 영향을 주기 때문이다. 의심스러울 때는 설명을 요청하라.

피감사자 권고사항 9 : 위반 항목을 심각하게 받아들이고 후속 조치하라. 정의에 따르면 위반 항목(finding)은 인증 전에 해결해야 하는 미준수사항이다. 따라서 조치가 필요하다.

몇 년 전, 내가 비교적 신참 FAA 엔지니어였을 때, DO-178B 프로젝트를 처음 해보는 회사에서 비행 컨트롤 시스템에 대해 SOI 2 감사에 준하는 활동(이것은 Job Aid 이전이었고, 그래서 SOI라는 용어가 아직 존재하지 않았다)을 수행했었다. 그들은 여러 개의 군용 프로젝트를 수행했지만 DO-178B와 FAA와의 상호작용에 대해서는 그저 배우는 상태였다. 나는 감사를 수행하고 수많은 시스템적인 위반 항목을 포함한 리포트를 전달했다. 그 프로젝트는 DER이 있었고, 그래서 나는 후속 작업을 수행하는 것을 DER에게 의지했다. 일 년 후에 나는 SOI 3에 준하는 활동을 위해 돌아왔다. 나는 그들이 SOI 2 감사 위반 항목의 어떤 것도 아직 해결하지 않았다는 것을 알고 말이 안 나올 정도로 깜짝 놀랐다. 그것은 모든 사람들에게 큰 실수였고 전체 인증 일정에 영향을 주었다. 나를 포함한 모든 사람들이 이 상황을 통해 교훈을 얻었다. 나는 이제 그것이 기술적으로 내 일이 아니더라도 조치가 취해지고 있는지를 확실히 하기 위해 후속 조치를 취한다.

피감사자 권고사항 10 : 팀이 모든 위반 항목, 조치, 관찰을 어떻게 처리할지를 문서화하라. 가능한 한 빨리 SOI 이슈에 대한 대응 작업을 시작하라. 일반적으로 SOI 감사 리포트는 위반 항목, 조치, 관찰의 목록으로 생성될 것이다. 흔히 리스트는 테이블 형태가 될 것이고, 그래서 프로젝트의 응답에 대한 칼럼을 바로 추가할 수 있다. 만약 리스트가 테이블 형태로 제공되지 않는다면, 나는 리스트를 테이블 형태로 넣는 것을 추천한다(일부 회사들은 정렬하고 필터링하는 편리한 방법을 제공하기 때문에 스프레드시트를 사용한다). 반드시 모든 위반 항목, 조치, 관찰에 응답하라. 관찰은 해결해야 하는 것은 아니지만 응답이 필요하다. 만약 질문이 있다면 SOI 감사팀 혹은 당신의 피지명자에게 설명을 들어라. 일단 모든 위반 항목, 조치, 관찰에 대한 대응이 준비되면, 피드백을 얻기 위해 SOI 감사팀에게 그 대응을 제공하라. 많은 경우에 모든 이슈의 합의에 도달하기 위해서는 몇 번이고 반복해야 한다. 어떤 경우에는 이메일을 주고받는 것보다 대응을 논의할 원격 회의 혹은 미팅을 잡는 게 더 편할 수 있다.

12.4.6 SOI 리뷰 상세

이 섹션은 네 가지 SOI 감사 각각에 대해 좀 더 세부사항을 살펴본다. 다음의 주제가 논의된다.

- SOI 감사를 위한 일반적인 진입 기준(SOI 감사가 수행될 수 있기 전에 해야 할 항목들)
- 감사 과정에서 SOI 감사팀이 일반적으로 수행하는 것
- SOI 리뷰를 준비하는 방법

12.4.6.1 SOI 1 진입 기준, 예상 그리고 준비 권고사항

12.4.6.1.1 SOI 1: 발생 시기

SOI 1 감사는 지원자/개발자가 계획 및 표준을 리뷰하고 베이스라인을 설정한 후에 발생한다. 만약 SOI 감사를 인증 당국이 수행하면, 일반적으로 릴리즈된 데이터를 리뷰하기를 원한다. 만약 피지명자가 SOI 감사를 수행하면, 사전 릴리즈된 데이터를 평가할 수 있지만, 여전히 베이스라인을 설정할 필요가 있을 것이다. 데이터 릴리즈에 대한 기대치는 SOI 감사 리더와 함께 명확히 해야 한다.

12.4.6.1.2 SOI 1: 예상되는 것

SOI 1 감사는 종종 원격으로 수행된다. 만약 이런 경우라면 SOI 감사팀 리더는 계획과 표준을 제공할 것을 요구할 것이다. 일반적으로 SOI 감사팀은 데이터를 조사하는 데 적어도 한 달은 걸릴 것이다. 그런 다음 이슈의 요약이 서면으로 — 일반적으로 SOI 감사 리포트에 제시될 것이다. 또한 주목할만한 이슈들을 논의하기 위해 원격 회의 혹은 미팅이 있을 수 있다. 다음은 SOI 감사팀이 일반적으로 수행하는 것들이다.

- 계획과 표준이 평가 전에 형상 컨트롤하에 있는지를 확인한다. 일련의 데이터를 리뷰하는 데 40시간을 소비한 다음 모든 것이 변경되어(변경 추적 없이), 감사자에게 더 많은 작업을 만들어주는 것을 발견하는 것은 좌절감을 줄 수 있다.
- 모든 예상되는 내용을 계획과 표준에 포함하는지를 확인하기 위해 DO-178C Section 11.1~11.8을 사용한다. 데이터는 DO-178C가 제안하는 것과는 다르게 패키지될 수 있

다(예를 들면, 표준이 소프트웨어 개발 계획(SDP)에 포함될 수 있고 혹은 SDP와 소프트웨어 검증 계획(SVP)이 합쳐질 수 있다). 하지만 DO-178C Section 11.1~11.8의 기본적인 내용은 계획과 표준에 포함될 필요가 있다.

- 모든 적용가능한 목표가 계획에 의해서 해결되었는지를 확인하기 위해 DO-178C Annex A 목표를 사용한다. 감사자는 일반적으로 PSAC가 모든 적용가능한 목표를 해결하는지를 확인할 것이다. PSAC는 세부사항으로 들어가지 않을 수 있지만 각각의 목표가 어떻게 해결될지에 대한 어느 정도의 커버리지를 제공해야 한다. 또한 감사자는 목표가 어떻게 해결될지에 대한 세부사항을 제공하는 SDP, SVP, 소프트웨어 형상 관리 계획(SCMP), 소프트웨어 품질 보증 계획(SQAP)을 확인할 것이다.
- **추가적인 고려사항**(예를 들면, 도구 인증)의 세부사항을 조사한다. 감사자는 추가적인 고려사항이 적절하게 설명되고 설명된 접근법이 받아들일 수 있는지를 확인할 것이다.
- 계획이 일관성이 있는지 확인한다. 감사자는 계획이 내부적으로 일관성이 있는지(각 계획의 내용이 일관성이 있는) 그리고 외부적으로 일관성이 있는지(모든 계획이 일치하는) 모두를 확인할 것이다.
- 이슈 페이퍼(혹은 등가물)가 계획에서 다루어지는지를 확인한다. 어떤 경우에는(TSO 프로젝트와 같은) 이슈 페이퍼 번호가 포함되지 않을 수 있지만, 여전히 이슈가 다루어지고 있다는 증거가 있어야 한다. 예를 들면, 비록 모델 기반 개발에 대한 이슈 페이퍼가 PSAC에 언급되지 않더라도, 모델 기반 개발이 어떻게 수행되는지를 설명하는 섹션이 있을 수 있다. 특정 항공기 혹은 엔진에 특정된 소프트웨어의 경우, 소프트웨어 관련 이슈 페이퍼(혹은 등가물) 그리고 프로젝트의 대응이 일반적으로 PSAC에 요약된다.
- 표준이 존재하고, 사용가능하며, 사용되고 있고 프로젝트에 적합한지를 확인하기 위해 표준을 조사한다.
- 도구 인증 계획을 평가한다. 만약 계획이 PSAC로부터 분리되면 DO-330을 사용한다. 만약 도구가 DO-178C 및 DO-330 인식 전에 개발된다면, DO-178B 그리고 FAA Order 8110.49 혹은 EASA CM-SWCEH-002 기준이 사용될 것이다.
- 팀이 계획과 표준을 사용하는 방법을 질문한다. 감사자는 계획을 따르고 있다는 것을 프로젝트가 어떻게 보장하는지를 알고 싶어 할 수 있다. 많은 회사들이 의무적으로 교육을 시키고 읽게 한다. 훈련 및 읽은 기록이 감사 과정에서 조사될 수 있다.

12.4.6.1.3 SOI 1 : 준비하는 방법

다음은 SOI 1을 준비하는 방법에 대한 몇 가지 제안들이다.

- DO-178C Section 11.1~11.8 지침을 사용해서 모든 계획 및 표준을 완료하라.
- 필요하다면 DO-330 지침을 사용해서 도구 인증 계획을 완료하라.
- 계획과 표준을 함께 리뷰하는 것을 포함해서 계획 및 표준의 동료 검토를 수행하라.
- 계획들 간의 일관성을 확인하라. 이것은 일반적으로 계획 동료 검토 과정에서 평가된다.
- DO-178C 목표로의 맵핑을 수행하라. Chapter 5에서 언급된 것처럼 DO-178C 목표, PSAC 그리고 다른 계획들 간의 맵핑을 제공하는 것이 도움이 된다. 만약 DO-178C 부속서 중 어떤 것이 사용된다면, 계획은 그 목표에 대해서도 맵핑해야 한다.
- SOI 감사 전에 계획 문제점을 수정하라. 동료 검토 과정에서 지적된 모든 이슈들이 공식적인 SOI 감사 전에 해결되어야 한다.
- 계획을 형상 관리하에 두어라.
- 표준이 존재하고, DO-178C 기준에 따라 리뷰되었으며, 프로젝트에 사용가능하고 개발팀에서 사용되고 있는지 확인하라.
- 모든 팀원들이 계획, 절차, 표준을 잘 알고 따르고 있는지 확인하라.
- 계획의 개발 및 리뷰 과정에서 Job Aid 질문을 고려하라.
- 공식적인 SOI 감사 전에 모든 Job Aid 질문에 대한 응답을 제공하라.

12.4.6.2 SOI 2 진입 기준, 예상 그리고 준비 권고사항

12.4.6.2.1 SOI 2 : 발생 시기

일반적으로 SOI 2는 적어도 코드의 50%가 개발되고 리뷰된 후에 발생한다. 때때로 예비 SOI 2(위험을 줄이기 위한 비공식 활동)가 좀 더 일찍 수행될 수 있지만 공식적인 SOI 2는 일반적으로 좀 더 성숙한 제품을 요구한다.

12.4.6.2.2 SOI 2 : 예상되는 것

SOI 2는 일반적으로 현장에서 수행된다. 프로젝트의 크기와 성격에 따라 실제로 여러 단계로 수행될 수 있다. 예를 들면, 나는 47개의 기능들(500라인의 코드부터 5,000라인의 코드까지 각각 다양한)로 분할되었던 프로젝트에 컨설턴트 DER(그리고 SOI팀 리더)로서 활동했다. 기능들이 다양한 지리적 위치에 있는 서로 다른 팀에 의해서 개발되었고 고위험 프로젝트였기 때문에 FAA는 모든 기능(모두 47개)이 감사되는 것을 요구했다. 따라서 SOI 2는 모든 기능들을 조사하기 위해 5개의 단계로 나누어졌다(일부 문제를 일으키는 기능은 여러 번 조사되었다). 초기 SOI 2가 수많은 시스템적인 위반 항목을 검출하게 되는 프로젝트에서 SOI 2 감사는 그 이슈들이 해결될 때까지 수행될 것이다. 나는 그것을 케이크를 굽는 것과 비교한다. 당신은 케이크가 완전히 구워져서 이쑤시개를 찌른 부분이 깨끗하게 나올 때까지(즉, 더 이상의 시스템적인 이슈가 식별되지 않을 때까지) 이쑤시개를 계속해서 찔러본다(SOI 2 리뷰를 수행하는 것).

다음은 SOI 감사팀이 SOI 2 감사 과정에서 일반적으로 수행하는 것에 대한 요약이다.

- SOI 1 감사 리포트를 종료한다. SOI 1 감사로부터 종료되지 않는 이슈는 일반적으로 SOI 2 감사의 시작 시점에 논의되고 해결될 것이다. SOI 1 감사 종료는 인증 당국에 PSAC를 제출하기 위한 필요 조건으로 간주되기 때문에, 대부분의 SOI 1 감사 이슈는 SOI 2 감사 전에 해결될 것으로 기대된다. 하지만 SOI 1 감사가 늦게 수행되어서 SOI 2 감사로 바로 들어가는 프로젝트가 있을 수 있다.
- 지원자/개발자가 하향식 요구사항 스레드(시스템 요구사항에서 소프트웨어 요구사항으로, 소프트웨어 설계로, 소스 코드로)와 상향식 스레드(소스 코드에서 소프트웨어 설계로, 소프트웨어 요구사항으로, 시스템 요구사항으로)를 안내하도록 한다. 앞서 언급한 것처럼 이 활동의 목적은 감사자가 지원자/개발자의 데이터 및 추적 메커니즘에 친숙해지도록 하는 것이다.
- 여러 개의 요구사항 스레드를 고르고 하향식 및 상향식 일관성 체크를 수행한다. SOI 감사는 일반적으로 다음을 고려하면서 다양한 스레드를 고를 것이다.
  - **기능성**: 그들은 서로 다른 기능 영역으로부터 스레드를 고를 것이다.
  - **개발팀**: 그들은 다양한 개발팀으로부터 데이터를 샘플링할 것이다(각각의 팀이 정의된 프로세스와 표준을 따르고 있는지를 확인하기 위해).
  - **복잡도**: 그들은 쉬운 스레드 몇 개와 복잡한 스레드 몇 개를 고를 것이다. 어떤 팀들은 어려운 기능에 대해서 훌륭한 작업을 하지만 쉬운 것에는 느슨해진다(또는 그 반대).
  - **알려진 문제점**: 만약 알려진 문제점 영역(연구실 시험, 항공기 시험 혹은 PR에 의해서 식별된)이 있다면, 감사자는 시스템적인 이슈가 있는지 여부를 결정하기 위해 해

당 기능 영역에서 데이터를 샘플링할 수 있다.

- **안전성 특성**: 그들은 종종 안전과 가장 관련이 있는 요구사항을 선택하여 그것들이 정확하게 구현되고 있는지 확인할 것이다.

- 추적성의 완성도와 정확도를 평가한다. 이것은 스레드 추적을 수행하는 동안 발생한다.
- 요구사항, 설계, 코드 간의 불일치를 찾는다. 또한 감사자는 낮은 레벨의 요구사항 그리고/혹은 코드가 추적하는 요구사항을 완전하게 구현하는지를 평가할 것이다.
- 개발 프로세스에서 사용되는 도구가 인증이 필요한 경우 도구 인증 데이터를 조사한다. 추가적으로 인증 결정의 정확성을 확인하기 위해(즉, 인증될 필요가 있는 모든 도구가 인증되고 있는지를 확인하기 위해) 모든 도구의 평가가 있을 수 있다.
- 계획 및 표준에 대한 준수를 평가한다.
- 리뷰 레코드와 완료된 체크리스트를 조사한다(리뷰가 철저했고 적절한 체크리스트가 완료되었는지를 확인하기 위해).
- PR 그리고/혹은 변경 요청 및 변경 프로세스를 살펴본다.
- 컴파일러 설정/옵션을 포함해서 식별된 개발 환경(SLECI 혹은 SCI에 있는)이 사용되고 있는지를 확인한다.
- 소프트웨어 형상 관리(SCM) 프로세스를 평가한다.
- 작성된 절차가 반복가능한지를 확인하기 위해 빌드 프로세스를 참관한다.
- SQA 레코드를 조사하고 SQA 담당자를 인터뷰한다.
- 만약 일부 시험 케이스가 존재한다면, 감사자는 시험 노력이 올바른 경로에 있는지를 확인하기 위해 그것들을 샘플링할 수 있다(이것은 SOI 2 과정에서 비공식적인 평가이지만 일찍 피드백을 주고 SOI 3 위험을 감소시키는 데 도움이 된다).

12.4.6.2.3 SOI 2: 준비하는 방법

다음은 SOI 2를 준비하는 방법에 대한 몇 가지 제안들이다.

- SOI 감사팀 리더와 조율하기 위해 콘택트 포인트를 할당하라.
- 이전 SOI 감사 이슈가 해결되었는지 확인하라. SOI 2 감사 전에 SOI 감사팀 리더에게 답변을 제공하라.
- 모든 데이터가 사용가능한지를 확인하라(감사팀 규모에 따라서 여러 곳의 작업장이 필요할 수 있다). 일부 감사자들은 일부 데이터의 하드 카피를 요구할 수 있기 때문에

필요한 경우 프린트할 준비를 하라.

- Job Aid 질문을 사용해서 예비 SOI 2를 수행하라. 감사팀의 고려사항에 대해서 Job Aid 질문에 대한 응답을 문서화하라.
- 알려진 이슈들(예비 감사에서 식별된 이슈들을 포함)과 그것들에 대한 해결 계획을 식별하라.
- 데이터가 준비되었는지를 확인하기 위해 몇 가지 예비 스레드 추적을 수행하라. 이것은 예비 SOI 2의 일부가 될 수 있다. 예비 스레드는 나중에 SOI 감사팀에 프레젠테이션 과정에서 예시로 사용될 수 있다.
- 개발팀이 계획과 표준을 따르고 있는지를 확인하라. 계획된 해결책과 함께 차이점 혹은 결함을 식별하라.
- 시스템, 사용된 프로세스, 상태, 알려진 문제점들(취해진 수정 조치와 함께)에 대한 프레젠테이션을 준비하라.
- 리뷰 레코드가 완전하고 사용가능한지를 확인하라.
- 만약 개발 프로세스를 위해 사용되는 도구가 인증되었다면 도구 인증 데이터를 사용하라(예를 들면, 코드 생성기 혹은 코딩룰 체커).
- 추적성 데이터가 정확하고 사용가능한지를 확인하라.
- 감사 의제를 조정하고 모든 팀원들이 예상되는 것을 아는지를 확인하라. 개발팀 전체와의 미팅은 가치 있는 일이다. 만약 팀이 처음으로 감사를 경험하는 것이라면, 어떻게 대응해야 하는지를 알려주는 것이 좋다. 정직하고 정확하게 대응하고 오직 직접적인 질문에만 응답할 것을 그들에게 권장하라.
- 감사 과정에서 적절한 소프트웨어 개발자가 가용하게 만들어라.
- SQA는 수정이 이루어지도록 하는 책임이 있기 때문에 SOI 2 준비와 실제 SOI 2 이벤트에 참여시켜라.

12.4.6.3 SOI 3 진입 기준, 예상 그리고 준비 권고사항

12.4.6.3.1 SOI 3 : 발생 시기

일반적으로 SOI 3 감사는 적어도 시험 케이스 및 절차의 50%가 개발되고 리뷰된 후에 발생한다. 추가적으로 SOI 3 감사 과정에서 다음 분석에 대한 몇 가지 샘플 데이터 혹은 잘 정의된 접근법이 필요하다(소프트웨어 레벨에 적절하게). 구조적 커버리지, 데이터 및 컨트롤 결합도, 워스트 케이스 실행시간(WCET), 스택 사용, 메모리 마진, 인터럽트, 소스 코드와 오브젝트 코드 간 추적성 등이다.

12.4.6.3.2 SOI 3 : 예상되는 것

SOI 2 감사와 비슷하게 SOI 3 감사는 일반적으로 현장에서 수행되고 프로젝트의 규모와 직면하게 되는 도전에 따라서 여러 단계로 수행될 수 있다. 다음은 SOI 3 감사팀이 현장에서 일반적으로 수행하는 것에 대한 요약이다.

- 이전 SOI 감사에서 오픈된 항목들을 조사하고 그것들을 종료하거나 추가적으로 요구되는 조치를 결정한다.
- 동일한 프로세스가 사용되었는지 혹은 프로세스 이슈가 일관되게 해결되었는지 확인하기 위해 SOI 2 감사 이후 개발된 추가적인 데이터(예를 들면, 새로운 요구사항, 설계, 코드)를 조사한다.
- 다음과 같은 특징을 가지고 있는지를 확인하기 위해 상위 레벨 요구사항 몇 개를 선택하고 해당하는 시험 케이스 및 절차를 조사한다.
  - **추적가능한**: 요구사항과 시험 케이스, 시험 케이스와 시험 절차 그리고 시험 절차와 시험 결과 사이에 양방향 추적성이 존재하고 정확하다는 것을 확인한다.
  - **완전한**: 요구사항 전체를 시험하는지를 확인한다.
  - **강건한**: 적절하다면 강건성에 대한 요구사항이 확인되어왔다는 것을 확인한다.
  - **적절한**: 시험이 요구사항을 적절히 확인하고 효과적이며 pass/fail 기준을 가지고 있다는 것 등을 확인한다.
  - **반복가능한**: 시험 절차가 분명하고 그 절차를 작성하지 않은 사람에 의해서 수행될 수 있다는 것을 확인한다. 또한 시험을 수행할 때마다 동일한 결과가 얻어질 것임을 확인한다.
  - **통과되는**: 시험이 예상되는 결과를 생성하는 것을 확인한다. 일반적으로 이 시점에는 비공식적인 결과만이 조사된다(공식적인 결과는 SOI 4에서 조사된다).
- 상위 레벨 시험에 대해서 언급되었던 동일한 특징(추적가능한, 완전한, 강건한, 적절한, 반복가능한, 통과되는)을 가지고 있는지를 확인하기 위해 하위 레벨 요구사항 몇 개를 선택하고 해당하는 시험 데이터를 조사한다.

- 리뷰가 철저했고 적절한 체크리스트가 완료되었는지를 확인하기 위해 시험 케이스 및 절차 리뷰 레코드를 조사한다.
- 커버리지가 올바로 측정되고 분석되고 있다는 것을 확인하기 위해 구조적 커버리지 데이터를 조사한다. 구조적 커버리지 분석은 진행 중이겠지만, 일부 데이터는 그 접근법이 DO-178C 목표를 해결하는지를 확인하기 위해 조사될 것이다.
- 데이터 및 컨트롤 결합도, 타이밍, 메모리와 같은 통합 분석을 위해 기존 데이터를 조사한다. 이러한 분석은 여전히 작업 중일 수 있지만, 전반적인 접근법이 정의되고 일부 데이터가 추출되어야 한다. 분석의 반복성이 면밀히 조사될 것이다.
- DO-178C에 의해서 요구되는 소프트웨어/소프트웨어 그리고 소프트웨어/하드웨어 통합을 증명하기 위해 시험 과정에서 통합의 적절성을 조사한다. 만약 시험 과정에서 많은 중단점이 사용되거나 혹은 시험이 통합보다는 모듈 기반이라면, 그 통합 접근법은 면밀히 조사될 것이다.
- 모든 요구사항이 시험되는지를 확인한다. 만약 분석 혹은 코드 조사가 사용된다면, 그 접근법이 실행가능 오브젝트 코드가 식별된 요구사항을 만족한다는 것을 증명하기에 충분한지를 결정하기 위해 조사될 것이다.
- 검증 프로세스에서 사용되는 도구가 인증이 필요한 경우 도구 인증 데이터를 평가한다. 인증이 필요하지 않다는 것을 확인하기 위해 다른 도구 역시 조사될 수 있다.
- PR이 개발 및 시험 데이터의 변경에 대한 설명, 분석, 수정, 검증을 포함해서, 완전하게 작성되었는지를 평가하기 위해 PR을 평가한다.
- 검증 활동의 결과로 구현된 변경을 평가한다.
- 반복성을 확인하기 위해 시험 실행을 참관한다.
- 시험 데이터와 검증 데이터가 형상 컨트롤 및 변경 컨트롤하에 있는지를 확인한다.
- 변경되거나 추가된 요구사항 혹은 시험 케이스/절차에 대한 SCM 레코드를 살펴본다.
- 시험 프로세스 및 통합 분석과 관련된 SQA 데이터를 살펴보고 SQA 담당자를 인터뷰한다.
- 검증 환경이 정확한지를 평가한다(즉, 그것이 SLECI 혹은 SCI에 식별된 환경과 일치하는지를 확인한다).

12.4.6.3.3 SOI 3 : 준비하는 방법

다음은 SOI 3을 준비하는 방법에 대한 몇 가지 제안들이다.

- SOI 감사팀 리더와 조율하기 위해 콘택트 포인트를 할당하라.
- 이전 SOI로부터의 항목들이 해결되고 감사자와 그것을 논의할 준비가 되어 있는지 확인하라.
- 시험 접근법, 시험 데이터, 상태, 알려진 이슈들, 구조적 커버리지 접근법 그리고 다른 분석들의 개요를 제시할 준비를 하라.
- 검증 케이스 및 절차가 리뷰되었는지 확인하라. 만약 그것들 모두가 리뷰된 것이 아니라면, SOI 감사는 일반적으로 리뷰된 것에 초점을 맞추기 때문에, 어떤 것들이 리뷰되었는지 분명하게 식별하라.
- 검증 결과를 제공하라. 프로젝트의 현 시점에는 그 결과가 예비 시험 혹은 훨씬 더 비공식적인 시험에서 올 수 있다. 감사자는 대부분 당신이 어떻게 실행하고 시험 결과를 문서화하려는지를 보고 싶어 할 것이다(조직, 완결성, 반복가능성을 확인하기 위해).
- 감사자가 참관하도록 선택된 시험을 수행할 준비를 하라. 기억에 의지해서 시험하지 말고 시험을 실행하기 위한 절차를 사용하라.
- 리뷰를 위해 사용가능한(만약 그들이 존재한다면) 요구사항과 검증 케이스, 검증 케이스와 검증 절차 그리고 검증 절차와 검증 결과 간의 양방향 추적 데이터를 확보하라. 만약 결과가 아직 존재하지 않는 경우, 결과 추적이 어떻게 수행될지를 보여주는 샘플을 확보하라.
- 상위 레벨 및 하위 레벨 요구사항 모두에 대한 정상 및 강건성 시험을 보이도록 준비하라(하위 레벨 시험이 요구되지 않는 레벨 D를 제외하고).
- 구조적 커버리지, 데이터 및 컨트롤 결합도 데이터 그리고 다른 분석 데이터를 사용할 수 있게 하라. 각각의 분석에 대해서 기술 전문가가 있고 접근법에 대해서 설명할 준비가 되어 있는지 확인하라.
- SLECI 혹은 SCI에서 식별되는 시험 환경이 테스터에 의해서 사용되고 있는지 확인하라.
- 만약 도구가 인증되고 있다면, 도구 인증 데이터의 조사를 준비하라.
- 사전에 Job Aid 질문을 리뷰하라. 알려진 모든 이슈들을 식별하고 Job Aid 질문들에 대한 답을 감사자의 고려에 사용할 수 있게 하라.
- 감사 의제를 조정하고 모든 팀원들이 예상되는 것을 아는지 확인하라. 전체 검증팀과의 미팅이 유용하다. 만약 SOI 감사를 팀이 처음 경험하는 것이라면, 대응 방법을 알려주어라. 정직하고 정확하게 대응하고 직접적인 질문에만 응답하도록 권장하라.

- 감사 과정에서 적절한 테스터가 가용하게 만들어라.
- SQA는 수정이 이루어지도록 하는 책임이 있기 때문에, SOI 3 준비와 실제 SOI 3감사에 SQA를 참여시켜라

12.4.6.4 SOI 4 진입 기준, 예상 그리고 준비 권고사항

12.4.6.4.1 SOI 4 : 발생 시기

SOI 4는 이전 SOI 감사로부터의 이슈들이 해결되고, 검증 결과, SCI 및 SAS가 리뷰되고 베이스라인이 설정된 후에 발생한다. 만약 SOI 감사가 인증 당국에 의해서 수행되면, 그들은 일반적으로 릴리즈된 데이터를 요구한다. 만약 SOI 감사가 피지명자에 의해서 수행되면, 그들은 SOI 감사 과정에서 사전에 릴리즈된(하지만 여전히 베이스라인이 설정된) 데이터를 그리고 SOI를 종료하기 전에 릴리즈된 데이터를 평가할 수 있다.

12.4.6.4.2 SOI 4 : 예상되는 것

SOI 4는 종종 원격으로 수행되지만 일부 감사자들은 특히 이전 SOI 과정에서 많은 이슈들이 있었던 경우 현장에서 완료하는 것을 선호한다. 현장 vs. 원격의 결정은 프로젝트의 성격과 감사자(들)의 선호도에 따라 달라질 것이다. 다음은 SOI 4 감사팀이 일반적으로 수행할 것들이다.

- 이전의 모든 SOI 위반 항목, 조치, 관찰을 검토해서 모든 것이 만족스럽게 해결되었는지 확인하고 SOI 3 리포트(그리고 이전에 종료되지 않은 다른 SOI 리포트)를 종료한다.
- 동일한 프로세스가 사용되었는지 혹은 프로세스 이슈가 일관되게 해결되었는지를 확인하기 위해 지난 SOI 감사 이후 개발된 추가적인 데이터를 조사한다(예를 들면, 시험케이스/절차, 시험 결과, 완료된 구조적 커버리지 데이터 그리고 다양한 분석 결과들).
- 소프트웨어 검증 결과를 조사한다.
- 구조적 커버리지 분석에 의해서 커버되지 않은 코드에 대한 분석과 정당성을 평가한다.
- 릴리즈된 데이터와의 정확성과 일관성에 대해서 최종 SCI 및 SLECI를 조사한다.
- 모든 PR이 적절하게 종료되거나 처리되었는지를 확인한다.
- SAS를 리뷰하고 다음을 확인한다.
  - 모든 협의가 문서화된다(예를 들면, 관련 없는 코드 혹은 시스템상 제약사항).

- 계획으로부터의 차이점이 문서화된다.
- 오픈된/연기된 PR의 안전성, 성능, 운영, 규정 준수 영향에 대해 분석한다.
- SAS는 실제로 프로젝트 과정에서 발생한 것과 일치한다.

- 만약 TQL-1[11]에서 TQL-4의 도구가 사용되었거나 혹은 만약 TQL-5 도구가 SAS와 분리된 도구 형상 인덱스 그리고/혹은 도구 완수 요약을 가진다면, 도구 형상 인덱스 및 도구 완수 요약을 조사한다(도구 인증에 대한 정보는 Chapter 13을 보라).
- SCM 레코드를 조사한다.
- SQA 레코드를 조사한다.
- 적합성 리뷰 결과를 조사한다.

12.4.6.4.3 SOI 4 : 준비하는 방법

다음은 SOI 4를 준비하는 방법에 대한 몇 가지 제안들이다.

- 이전 SOI(들)로부터의 이슈들이 해결되고 논의할 준비가 되어있는지 확인하라.
- SCI, SLECI, 소프트웨어 검증 리포트, SAS를 완료하고 리뷰하라. 그리고 리뷰 과정에서 지적되는 이슈들을 해결하라.
- 소프트웨어 적합성 리뷰가 완료되고 모든 이슈들이 해결되었는지 확인하라. 적합성 리뷰 레코드를 사용할 수 있게 하라.
- 이전 SOI에서 평가되지 않았던 모든 데이터를 볼 수 있게 준비하라(예를 들면, 최종 검증 결과, 구조적 커버리지 데이터, 데이터 및 컨트롤 결합도 분석 데이터, WCET 분석, 스택 사용 분석, 메모리 맵핑 분석, 로드 분석 그리고 소스와 오브젝트 코드 간 분석).
- 미리 Job Aid 질문을 리뷰하라. 지적된 모든 이슈를 해결하라. 감사자의 고려사항에 대해서 Job Aid 질문에 대한 응답을 사용할 수 있게 하라. 이전 SOI 감사 과정에서 답변되지 않았던 모든 Job Aid 질문들 또한 반드시 고려되어야 한다(예를 들면, SOI 3 질문들).

---

11) TQL은 계획 단계 과정에서 할당되는 도구 인증 레벨이다.

12.5 인증 비행 시험 전 소프트웨어 성숙도

인증 활동 과정에서 언제나 발생하는 한 가지 질문은 다음과 같다. "소프트웨어가 공식적인 비행 시험에 사용되기 전에 얼마나 성숙해야 하는가?" 소프트웨어는 시스템 레벨 및 항공기 레벨 시험이 성공적으로 수행되기 전에 증명될 필요가 있다. 시스템이 공식적인 FAA 비행 시험 전에 인증가능한 상태에 있어야 한다는 인증 규정 및 지침이 있다.[12)]

이상적으로는 모든 DO-178C 준수 활동들이 소프트웨어를 사용하는 시스템(들)의 인증 비행 시험 전에 완료된다. 인증 당국은 확실히 이런 상태의 성숙도를 선호한다. 하지만 소프트웨어는 종종 가장 마지막에 성숙하게 되는 항목 중 하나이기 때문에 이상적인 상태는 종종 실현가능하지 않다. 따라서 인증 당국은 소프트웨어 성숙도 기준을 식별해왔다. 현재로서는 소프트웨어 성숙도 기준이 아직 확실하게 정립되지 않았기 때문에 프로젝트마다 차이가 나는 경향이 있다. 하지만 협의를 위한 출발점으로 통상적으로 사용되는 몇 가지 일반적인 지침들이 있다. 다음 기준은 일반적으로 소프트웨어가 인증 비행 시험을 위해 충분히 성숙한지를 확인하기 위해 사용된다.[5]

- SOI 감사 1~3이 수행되고 모든 중요한 위반 항목(미준수)이 해결되었다. 중요한 리뷰 위반 항목은 안전성, 성능, 운영 그리고/혹은 준수 결정에 영향을 미칠 수 있는 것들이다. 따라서 그것들은 소프트웨어의 비행 시험 전에 해결될 필요가 있다.
- 소프트웨어는 해당 소프트웨어의 인증 비행 시험 전에 생산(블랙 라벨)과 동등한 상태에 있어야 한다. 이는 비행 시험 항공기에 있는 소프트웨어가 인증 및 생산되는 항공기에 실제로 설치될 소프트웨어라는 높은 신뢰가 있다는 것을 의미한다. 소프트웨어가 생산과 동등하다는 확신에는 일반적으로 다음을 요구한다.
  - 소프트웨어에 할당된 모든 시스템 요구사항이 소프트웨어에 구현되었다.
  - 모든 소프트웨어 요구사항 기반 시험(상위 레벨, 하위 레벨, 정상, 강건성 시험을 포함)이 타깃에서 수행되었다.[13)] 소프트웨어 시험 실행이 의미하는 것은 다음과 같다.

---

12) 규정은 CFR(Code of Federal Regulations)의 Title 14 Parts 21.33(b), 21.35(a) 그리고 XX.1301(XX는 23, 25, 27 혹은 29가 될 수 있는)을 포함한다. FAA Order 8110.4[ ] Section 5-19, 항목 d~f 또한 지침을 제공한다.

13) 공식적으로 실행되는 소프트웨어 시험이 선호된다. 하지만 만약 예행 연습이 완료되고(모든 요구사항이 실행된) 성공적이라면(받아들일 수 없는 실패가 없는) 예행 연습을 실행한 것이 받아들여진 경우가 있었다.

① 시험 케이스 및 절차가 리뷰되었다. ② 시험 환경, 시험 케이스 및 절차, 시험 스크립트, 시험 소프트웨어가 형상 컨트롤하에 있다. ③ 시험이 실행되고 결과가 유지되며 컨트롤된다. ④ 모든 시험 실패에 대해서 PR이 생성된다.

- 기능과 안전성에 영향을 주는 중요한 소프트웨어 PR이 수정되고, 검증되며, 비행 시험에 사용되는 소프트웨어에 포함된다.
- SCI가 생성되고, DO-178C Section 11.16을 준수하며, 비행 시험을 위해 설치되는 소프트웨어와 함께 제공된다.

이러한 기준을 충족하지 않은 소프트웨어는 일반적으로 인증 비행 시험 전에 인증 당국과 특별한 조정이 필요하다. 이 단계에는 상당한 양의 협의가 이루어지는 경향이 있다. 많은 경우에 소프트웨어가 성숙한 것으로 간주되고, 비행 시험이 수행된 후 소프트웨어가 변경된다. 이런 시나리오에서는 시스템 그리고 소프트웨어 레벨 변경 영향 분석을 기반으로 일부 혹은 전체 비행 시험이 재실행되어야 할 수도 있다.

참고문헌

[1] RTCA DO-178C, *Software Considerations in Airborne Systems and Equipment Certification* (Washington, DC: RTCA, Inc., December 2011).

[2] Federal Aviation Administration, *Software Approval Guidelines*, Order 8110.49 (Change 1, September 2011).

[3] European Aviation Safety Agency, *Software Aspects of Certification*, Certification Memorandum CM-SWCEH-002 (Issue 1, August 2011).

[4] Federal Aviation Administration, *Conducting Software Reviews Prior to Certification*, Aircraft Certification Service (Rev. 1, January 2004).

[5] W. Struck, Software maturity, presentation at *2009 Federal Aviation Administration National Software and Complex Electronic Hardware Conference* (San Jose, CA, August 2009).

PART 04

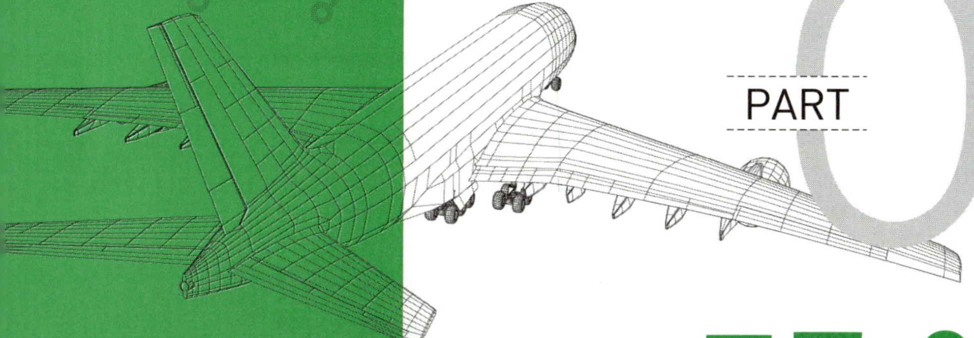

도구 인증과 DO-178C 부속서

Part 4는 RTCA Special Committee #205(SC-205)와 EUROCAE Working Group #71 (WG-71)에 의해서 개발된 네 가지 기술별 지침 문서를 살펴본다.[i]

- DO-330/ED-215, **Software Tool Qualification Considerations**
- DO-331/ED-218, **Model-Based Development and Verification Supplement to DO-178C and DO-278A**
- DO-332/ED-217, **Object-Oriented Technology and Related Techniques Supplement to DO-178C and DO-278A**
- DO-333/ED-216, **Formal Methods Supplement to DO-178C and DO-278A**

Chapter 4는 SC-205/WG-71에 의해서 생성된 이들 문서들 각각의 간략한 개요와 DO-178C와의 전반적인 관계를 제공했다. 각각의 문서는 100페이지가 넘는다. 따라서 상세한 검토는 불가능하다. 하나의 챕터는 네 가지 문서 각각에 전념한다. Chapter 13은 DO-330과 도구 인증을 논의한다. Chapter 14는 모델 기반 개발 및 검증 그리고 DO-331을 간략하게 알아본다. Chapter 15는 DO-332와 객체 지향 기술뿐만 아니라 관련된 기법을 다룬다. Chapter 16은 정형 기법과 DO-333을 조사한다.

각각의 문서는 Chapter 5에서 12까지 상세하게 논의된 DO-178C를 기반으로 하기 때문에 Part 4는 DO-178C에 대한 DO-330, DO-331, DO-332, DO-333의 관계를 조사하고 주요 차이점을 식별한다. 각각의 챕터는 식별된 기술의 개요, DO-178C와의 핵심 차이점, 지침을 적용할 때 마주치게 될 어려움들을 제시한다. 이 개요는 네 가지 문서를 한눈에 볼 수 있도록 하고 그것들을 적용하는 방법을 더 잘 이해할 수 있도록 하기 위한 것이다.

i) EUROCAE ED- 숫자는 참조 목적으로 포함되어 있다. EUROCAE ED 문서는 페이지 분량이 다르고 불어 번역이 포함된 것을 제외하고, RTCA DO-와 정확하게 같다. Part 4 전반적으로 RTCA 문서 번호만 참조된다.

Chapter 13

DO-330과 소프트웨어 도구 인증

약어

CNS/ATM	communication, navigation, surveillance, and air traffic management
COTS	commercial off-the-shelf
FAA	Federal Aviation Administration
FAQ	frequently asked question
MC/DC	modified condition/decision coverage
MISRA	Motor Industry Software Reliability Association
PSAC	Plan for Software Aspects of Certification
SAS	Software Accomplishment Summary
SC-205	Special Committee #205
SLECI	Software Life Cycle Environment Configuration Index
TOR	Tool Operational Requirement
TQL	tool qualification level
TQP	Tool Qualification Plan
WG-71	Working Group #71

13.1 소개

소프트웨어 도구(software tool)는 "다른 프로그램, 데이터 혹은 문서화를 개발, 변환, 시험, 분석, 생산 혹은 변경하는 것을 돕기 위해 사용되는 컴퓨터 프로그램 혹은 그 기능적인 부분"이다.[1] 소프트웨어 라이프 사이클 프로세스뿐만 아니라 시스템, 프로그래밍이 가능한 하드웨어 그리고 항공용 데이터베이스와 같은 다른 영역에서도 도구의 사용은 최근 몇 년간 폭발적으로 증가했다. 나는 최근에 약 50가지 소프트웨어 도구를 사용한 프로젝트에서 일했다. 이는 많은 전문적인 요구를 가진 거대한 프로젝트였고, 따라서 일반적이지 않았다. 하지만 그것은 도구의 사용이 얼마나 늘어왔는지를 그리고 계속해서 증가할 것임을 보여준다. 〈표 13-1〉은 소프트웨어 라이프 사이클에서 도구가 사용되는 몇 가지 일반적인 방법을 식별하고 이를 개발, 검증, 기타의 범주로 나누고 있다.

표 13-1 소프트웨어 라이프 사이클에서 도구 사용의 예시

개발 도구	검증 도구	기타 도구
• 요구사항 캡처 및 관리 • 설계 • 모델링 • 텍스트 편집 • 컴파일 • 링크 • 자동 코드 생성 • 구성 파일 생성	• 디버깅 • 정적 분석 • 워스트 케이스 실행시간 분석 • 모델 검증 • 코딩 표준 적합성 • 추적 검증 • 구조적 커버리지 분석 • 자동 시험 • 에뮬레이션 • 시뮬레이션 • 자동 시험 생성 • 구성 파일 검증 • 정형 기법	• 프로젝트 관리 • 형상 관리 • 문제점 리포팅 • 동료 검토 관리

도구는 인간의 두뇌를 대신할 수 없다. 하지만 그것은 에러를 방지하고 인간이 주입하거나 식별하지 못할 수 있는 에러를 식별할 수 있다. 도구는 엔지니어가 일을 더 잘할 수 있게 도울 수 있고 엔지니어링 기술과 판단이 필요한 좀 더 어려운 문제에 집중할 수 있게 한다.

일부 엔지니어들은 도구 사용에 저항하는 반면 다른 이들은 너무 지나쳐서 모든 것에 도구를 사용한다. 의도된 기능을 수행하는 소프트웨어를 성공적으로 개발하기 위해 도구를 사용할 때 도달해야 하는 절충점이 있다.

2004년에 나는 영광스럽게도 Software Tools Forum을 이끈 적이 있다. 그 포럼은 Embry-Riddle Aeronautical University와 FAA(Federal Aviation Administration)가 공동으로 후원했다. 활동의 목적은 항공 분야에서 도구의 현황을 평가하고 산업계가 도구의 이점을 안전하게 얻을 수 있도록 하기 위해 해결해야 할 이슈들을 식별하는 것이었다. 산업계, 정부, 학계로부터 약 150명의 참가자들이 참석했다. 포럼의 목표는 다음과 같았다: ① 항공 분야에서 사용되는 소프트웨어 도구에 대한 정보를 공유하기, ② 항공 분야에서 사용된 소프트웨어 도구와 관련해서 지금까지의 교훈을 논의하기, ③ 안전 필수 시스템에서 도구의 어려움을 논의하기, ④ 다음 단계를 고려하기.

포럼의 마지막에 항공 분야에서 도구의 효과적인 사용에 대한 가장 중요한 이슈들 중 일부를 식별하기 위한 브레인스토밍 세션이 열렸다. 브레인스토밍 세션은 업계에서 우선순위를 매긴 여섯 가지 요구 범주를 식별했다. 처음 다섯 가지 범주는 구체적이다. 마지막은 갖가지 도구 이슈들에 대한 잡동사니이다. 여섯 가지 범주를 우선순위에 따라서 나열하면 다음과 같다(항목 1~3은 항목 4~6보다 훨씬 더 가중치가 있었다).

1. 개발 도구 인증 기준이 변경되어야 한다.
2. 모델 기반 개발 도구에 대한 기준이 만들어져야 한다.
3. 도구 인증 신뢰를 하나의 프로그램에서 다른 프로그램으로 옮길 수 있도록 하는 기준이 개발되어야 한다.
4. 자동 코드 생성기 사용과 인증에 대한 서로 다른 접근법이 개발되고 문서화되어야 한다.
5. 통합 도구는 해결해야 할 새로운 어려움을 제시한다.
6. 여러 가지 잡다한 도구 이슈들이 해결되어야 한다.

도구 이벤트가 있은 후에 얼마 지나지 않아서, RTCA Special Committee #205(SC-205)와 EUROCAE Working Group #71(WG-71) 합동 위원회가 DO-178C를 업데이트하고 다수의 기술 분야에서 필요한 지침을 제공하기 위해 구성되었다. Software Tools Forum과 다른 출처로부터의 권고사항들이 위원회로의 입력으로 사용되었다. SC-205/WG-71 도구 인증

하부 그룹[1]은 이슈들을 진지하게 받아들이고 그것들을 해결할 지침을 문서화했다. 그 결과는 DO-178C Section 12.2에 대한 업데이트와 Software Tool Qualification Considerations 라는 타이틀의 DO-330을 만드는 것이었다. SC-205/WG-71의 노력을 끝내는 데 걸린 6.5년 동안, 또한 나는 수십 개의 소프트웨어 도구들과 그들의 인증 데이터를 리뷰하고 승인했다. 소프트웨어 도구 인증의 주제는 나에게 아주 가깝고 소중한 것이다.

이 챕터는 도구가 언제 인증되어야 하는지, 어떤 인증 레벨이 필요한지 그리고 도구를 어떻게 인증하는지를 설명하기 위해 DO-178C Section 12.2와 DO-330의 개요를 제공한다. DO-330은 128페이지 분량이다. 따라서 개요만 제공된다. 이 챕터의 관심사는 도구 개발자 및 도구 사용자를 위한 DO-330의 가장 중요한 측면에 있다. 또한 오늘날 DO-178B 기준을 사용해서 인증된 수많은 도구들이 사용되고 있기 때문에, DO-178B와 업데이트된 지침 사이의 차이점이 논의된다. 추가로 도구 인증과 관련된 일부 특별한 주제와 인증된 도구를 인증하거나 사용할 때 피해야 할 잠재적인 위험 요인들이 논의된다.

13.2 도구 인증 필요성과 레벨을 결정하기(DO-178C Section 12.2)

〈표 13-1〉은 소프트웨어 라이프 사이클에서 도구의 일반적인 사용을 식별한다. 이들 도구 중 일부는 인증될 필요가 있을 수 있고 다른 것들은 그렇지 않을 수 있다. 이 섹션은 다음과 같은 질문에 답하기 위해 DO-178C Section 12.2를 살펴본다.

- 도구 인증이 무엇인가?
- 그것은 언제 필요한가?
- 도구는 어떤 레벨로 인증받아야 하는가?
- 도구 인증에 대해서 DO-178B와 DO-178C는 어떻게 다른가?

도구 인증은 도구가 DO-178C에서 요구되는 프로세스를 제거, 감소 혹은 자동화할 때 그 출력이 검증되지 않는 소프트웨어 도구에 대한 인증 신뢰를 얻기 위해 사용된다. 도구 인

1) 공동 운영되었다.

증은 도구를 사용하는 소프트웨어의 승인과 함께 부여된다. 그것은 독립된 승인이 아니다. 도구 인증 프로세스는 도구 기능에 대한 신뢰를 제공한다. 그 신뢰는 적어도 제거, 감소 혹은 자동화되는 프로세스(들)와 동등하다.[2] 도구 인증 활동에 대해서 필요한 엄격함은 "도구 에러가 시스템 안전성에 대해서 가질 수 있는 잠재적인 영향에 따라서 그리고 소프

그림 13-1 | 도구 인증의 필요성과 레벨을 결정하기

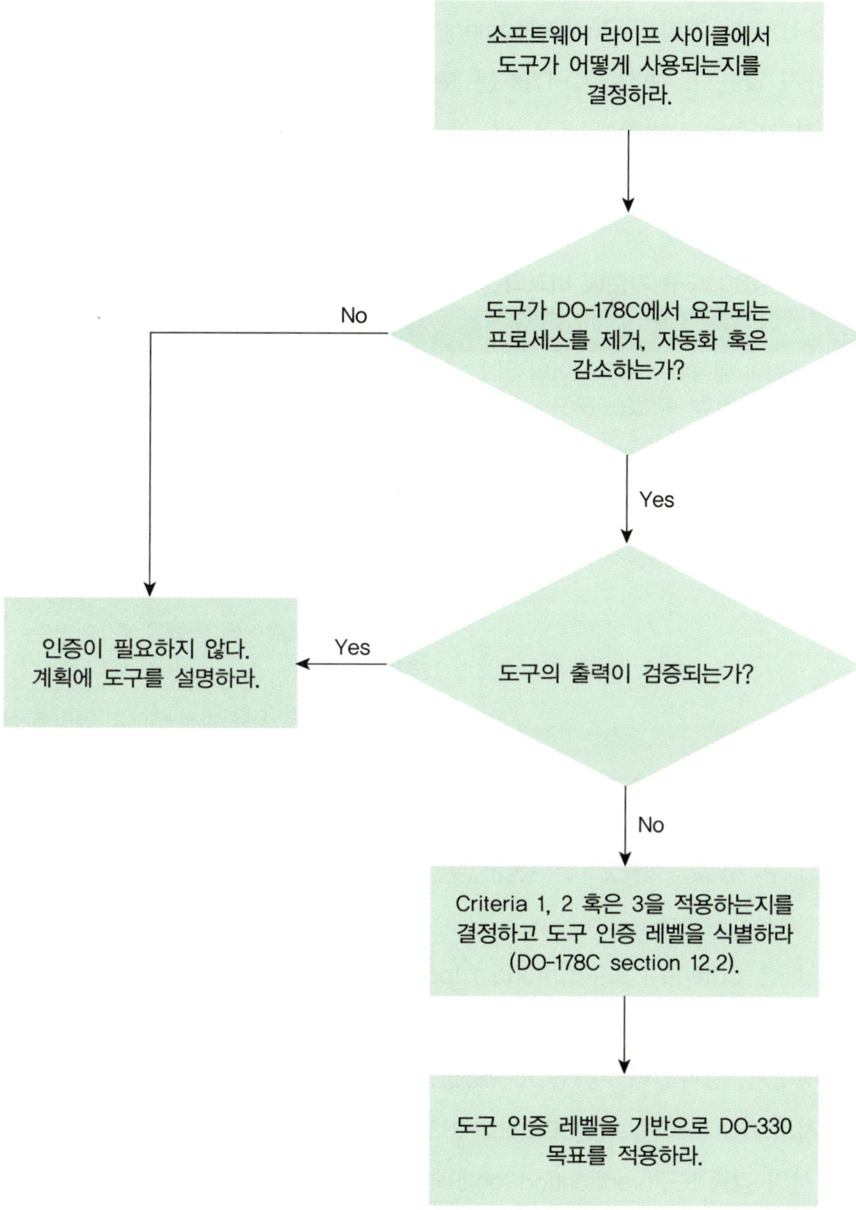

트웨어 라이프 사이클 프로세스에서 도구의 전반적인 사용에 따라서 변한다. 도구 에러가 시스템 안전성에 악영향을 줄 위험이 높을수록 도구 인증에 요구되는 엄격함이 더 높아진다." [그림 13-1]은 도구가 인증될 필요가 있는지 그리고 어떤 레벨이 되어야 하는지를 결정하기 위한 프로세스를 보여준다.

DO-178B는 두 가지 유형의 도구를 정의했다. ① 소프트웨어 개발 도구, ② 소프트웨어 검증 도구이다. 이들 두 분류가 종종 도구 영향보다는 라이프 사이클 단계에 연결되었기 때문에, DO-178C는 **개발 도구**(development tools)와 **검증 도구**(verification tools)라는 용어를 사용하지 않는다. 대신 DO-178C는 도구가 가질 수 있는 잠재적인 영향에 초점을 맞춘 세 가지 기준을 식별한다. 〈표 13-2〉는 DO-178B와 DO-178C 도구 분류의 비교를 보여준다.

표 13-2 DO-178C 도구 기준에 비교되는 DO-178B 도구 분류

DO-178B 도구 분류 및 정의	DO-178C 도구 인증 기준 및 정의
개발 도구 : 출력이 항공기 소프트웨어의 일부이므로 에러를 주입할 수 있는 도구	Criteria 1 : 출력이 결과 소프트웨어의 일부이므로 에러를 주입할 수 있는 도구
검증 도구 : 에러를 주입할 수 없지만 에러를 탐지하는 데 실패할 수 있는 도구	Criteria 2 : 검증 프로세스를 자동화하여 에러를 탐지하는 데 실패할 수 있는, 그리고 출력이 다음의 제거 혹은 감소를 정당화하기 위해 사용되는 도구 • 도구에 의해서 자동화되는 것 이외의 검증 프로세스(들) • 항공기 소프트웨어에 영향을 줄 수 있는 개발 프로세스(들)
	Criteria 3 : 의도된 사용 범위 내에서 에러를 탐지하는 데 실패할 수 있는 도구

출처: RTCA DO-178C, *Software Considerations in Airborne Systems and Equipment Certification*, RTCA, Inc., Washington, DC, December 2011; RTCA DO-178B, *Software Considerations in Airborne Systems and Equipment Certification*, RTCA, Inc., Washington, DC, December 1992.

DO-178C에 따른 Criteria 1 **도구**(Criteria 1 tools)에 대한 인증 프로세스는 DO-178B에서의 **개발 도구**(development tools)와 매우 유사하다. Criteria 1 **도구**의 예로는 자동 코드 생성기, 구성 파일 생성기, 컴파일러, 링커, 요구사항 관리 도구, 설계 도구, 모델링 도구를 포함한다. 마찬가지로 DO-178C에 따른 Criteria 3 **도구**(Criteria 3 tools)에 대한 인증 프로세스는 DO-178B에서의 **검증 도구**(verification tools)와 거의 동일하다. 이러한 도구들의 예로는 시험 케이스 생성기, 자동 시험 도구, 구조적 커버리지 도구, 데이터 결합도 분석 도구, 정적 코드 분석기를 포함한다. DO-178B와 DO-178C 사이의 주된 차이점은 DO-178C가 도구의 세 번째 분류인 Criteria 2 **도구**(Criteria 2 tools)를 도입한다는 것이다. 이런 특별한 분류에 대한 필요성은 현재의 검증 도구보다 좀 더 중요한 결정을 내릴 수 있지만 현재의 개발 도구만큼 결과 소프트웨어에 큰 영향을 미치지 않는 미래의 도구를 고려하는 것에서 주로 기인했다. 일부 정형 기법 도구가 이 분류에 속한다. 예를 들면, 단일 증명 도구는 소스 코드 검증 단계의 일부를 자동화하고 필요한 시험 분량을 줄이기 위해 사용될 수 있다. 이러한 행위들 중 하나만으로는 Criteria 3 **도구**가 될 수 있지만 그 조합은 그것을 Criteria 2 **도구** 영역으로 밀어 넣는다. 이 상황에서 그 증명 도구는 도구에 의해서 자동화된 것 이외의 프로세스(들)를 검증하기 위해 사용된다. Criteria 2 **도구**의 또 다른 예는 소스 코드 리뷰(검증 단계)를 대신하기 위해 그리고 오버플로우를 탐지하기 위한 설계 메커니즘(개발 단계)을 줄이기 위해 사용되는 정적 코드 분석기이다. 이 도구는 일부 검증을 수행하지만 소프트웨어 개발 프로세스도 줄여준다.[1] 나는 Criteria 2 **도구**를 **슈퍼 검증 도구**(super verification tools)로 생각하는 경향이 있다. 단일 도구를 가지고, 당신은 다수의 DO-178C Annex A 테이블의 목표를 달성할 수 있다. 전통적인 **검증 도구**는 일반적으로 단지 DO-178C Annex A의 단일 테이블(예를 들면, Table A-6 혹은 A-7)의 목표들을 자동화하지만, 이들 **슈퍼 검증 도구**들은 여러 테이블(예를 들면, A-5에서 A-7)의 목표를 충족할 수 있다. 나는 Criteria 2 **도구**가 많을 것이라고 예상하지 않는다. 그것들은 사실 규칙이 아니라 예외가 되어야 한다. 하지만 그 기준은 단일 도구가 여러 목적을 수행할 때 도구 설계에 대한 적절한 통찰력이 보일 수 있도록 보장하기 위해 DO-330에 포함되었다.

세 가지 기준과 도구가 지원하는 소프트웨어 레벨에 기반해서, 도구 인증 레벨(TQL)이 할당된다. TQL은 인증 프로세스 과정에서 필요한 엄격함의 양을 결정한다. 총 5개의 TQL이 있다. TQL-1은 가장 엄격함을 그리고 TQL-5는 가장 덜 엄격함을 요구한다. 〈표 13-3〉은 각각의 도구 기준과 소프트웨어 레벨에 대한 TQL을 보여준다. 〈표 13-4〉는 DO-178B 소프트웨어 레벨 접근법과 DO-178C TQL 간의 관계를 보여준다. DO-178C와 DO-330의 의도는 요구되는 것을 변경하려는 것이 아니라, DO-178B에 포함되었던 것보다 도구 인증 기준을 더 분명하게 만들려는 것이다. 따라서 대부분의 경우에, DO-178B에서 인증된 도구는 DO-178C에서도 또한 받아들여질 수 있을 것이다.

표 13-3 도구 인증 레벨

소프트웨어 레벨	기준		
	1	2	3
A	TQL-1	TQL-4	TQL-5
B	TQL-2	TQL-4	TQL-5
C	TQL-3	TQL-5	TQL-5
D	TQL-4	TQL-5	TQL-5

출처: RTCA DO-178C, *Software Considerations in Airborne Systems and Equipment Certification*, RTCA, Inc., Washington, DC, December 2011. DO-178C Table 12-2가 RTCA, Inc.의 허락하에 사용됨

표 13-4 DO-178B와 DO-178C 레벨 간의 상관관계

DO-178B 도구 인증 유형	DO-178B 소프트웨어 레벨	DO-178C TQL
개발	A	TQL-1
개발	B	TQL-2
개발	C	TQL-3
개발	D	TQL-4
검증	All	TQL-4[a] 혹은 TQL-5[b]

[a] TQL-4는 레벨 A 및 B 소프트웨어에 사용되는 Criteria 2 도구에 적용한다.

[b] TQL-5는 레벨 C 및 D 소프트웨어에 사용되는 Criteria 2 도구뿐만 아니라 Criteria 3 도구에도 적용한다.

출처: RTCA DO-330, *Software Tool Qualification Considerations*, RTCA, Inc., Washington, DC, December 2011. DO-330 Table D-1이 RTCA, Inc.의 허락하에 사용됨

13.3 도구 인증하기(DO-330 개요)

일단 TQL이 DO-178C Section 12.2를 사용해서 설정되면, DO-330은 도구 인증에 대한 지침을 제공한다. 이 섹션은 DO-330이 필요한 이유와 DO-330 도구 인증 프로세스를 설명한다.

13.3.1 DO-330에 대한 필요성

지난 몇 년 동안 도구의 수와 종류는 증가해왔다. 게다가 도구는 종종 DO-178C에 대한 이해가 거의 없을 수도 있는 써드파티 판매업체들에 의해서 개발된다. DO-330은 도구 개발자와 사용자 모두에게 도구 고유의 지침을 제공하기 위해 개발되었다. DO-330은 소프트웨어 라이프 사이클에서 사용되는 도구에 초점을 맞춘다. 하지만 DO-330은 또한 프로그램 가능한 하드웨어, 데이터베이스, 시스템과 같은 다른 분야에도 적용될 수 있다. DO-330을 그 분야에 적용하는 방법은 해당 분야의 지침(예를 들면, DO-178C, DO-254**[3]**, DO-200A**[4]**)에 따라서 결정될 것이다.

SC-205/WG-71 위원회는 별도의 도구 인증 문서가 필요한지 여부에 대해서 매우 격렬하게 논의했다. 그런 문서를 만드는 것은 장점과 단점이 있다. <표 13-5>는 몇 가지 장단점을 요약하고 있다. 이것들과 다른 것들이 위원회의 논의 과정에서 고려되었다. 결국 독립형 문서가 더 효과적이며 독립형 문서가 항공산업 전반에 대한 최선의 장기 솔루션이라는 결정이 내려졌다.

표 13-5 ▌독립형 도구 인증 문서의 장점과 단점

독립형 문서에 대한 장점	독립형 문서에 대한 단점
• 많은 프로젝트의 경우 실제로는 도구의 코드 라인수가 항공 소프트웨어의 것보다 더 많다. 따라서 구체적인 지침이 필요하다. • 도구는 항공 소프트웨어와 별도의 분야를 형성한다. 독립형 문서는 도구 고유의 요구가 일반적인 것들보다 직접적으로 다루어지도록 한다. 이는 잘못된 해석을 방지한다. • 독립형 문서는 DO-178C에 대한 이해가 거의 혹은 전혀 없을 수 있는 도구 개발자들에게 특별히 지침을 제공한다. • 다른 분야(프로그램가능한 하드웨어, 시스템, 항공용 데이터베이스) 또한 도구를 사용하기 때문에, 독립형 문서는 단지 소프트웨어 분야 이상의 이점을 얻을 수 있다.	• 도구 인증 문서(DO-330)와 DO-178C 사이에 상당한 중복이 있다. • 도구 인증 지침은 도구가 비전통적인 기술(모델 기반 개발, 객체 지향 기술 혹은 정형 기법)을 사용해서 개발되면 적용하기가 어렵다(즉, 그 부속서들은 DO-178C와 DO-278A에 어떻게 적용하는지를 설명하지만 DO-330은 아니다). • 지침을 유지보수할 때 다른 문서에 어려움을 야기할 수 있다(특히 DO-330과 DO-178C에 중복이 있을 때). • 특히 낮은 레벨의 도구만을 인증받는 이들에게 별도의 문서는 개발자에게 추가적인 작업으로 이어질 수 있다(DO-178B에서 검증 도구 혹은 DO-178C에서 TQL-5).

DO-330을 개발하는 동안 SC-205/WG-71 위원회는 다음 목표를 염두에 두었다.

- 전통적인 검증 도구에 대한 DO-178B 접근법을 유지한다(가능한 한).
- 신흥 도구 기술을 지원할 접근법을 개발한다.
- 여러 프로젝트에서 도구 인증 신뢰의 재사용이 가능하게 하는 접근법을 제공한다.
- 일반적인 도구 사용자와 도구 개발자의 역할을 식별한다(개발 환경으로의 도구의 통합을 다루고, 재사용을 지원하며 COTS[Commercial Off–The–Shelf] 도구의 통합을 돕기 위해).
- 도구 개발자와 사용자에게 명확하지만 유연한 접근법을 개발한다.
- 목표 기반 접근법을 개발한다(재사용과 유연성에 도움이 되는).
- 여러 분야에서 채택될 수 있는 접근법을 제공한다.

13.3.2 DO-330 도구 인증 프로세스

일단 인증에 대한 필요성과 적용가능한 TQL이 결정되면(DO-178C Section 12.2를 사용해

표 13-6 DO-178C와 DO-330 콘텐츠 테이블의 비교

DO-178C 콘텐츠 테이블[2]	DO-330 콘텐츠 테이블[1]
1. 소개	1. 소개
2. 소프트웨어 개발과 관련된 시스템 측면	2. 도구 인증의 목적
3. 소프트웨어 라이프 사이클	3. 도구 인증의 특징
4. 소프트웨어 계획 프로세스	4. 도구 인증 계획 프로세스
5. 소프트웨어 개발 프로세스	5. 도구 개발 라이프 사이클 및 프로세스
6. 소프트웨어 검증 프로세스	6. 도구 검증 프로세스
7. 소프트웨어 형상 관리 프로세스	7. 도구 형상 관리 프로세스
8. 소프트웨어 품질 보증 프로세스	8. 도구 품질 보증 프로세스
9. 인증 교섭 프로세스	9. 도구 인증 교섭 프로세스
10. 인증 프로세스의 개요	10. 도구 인증 데이터
11. 소프트웨어 라이프 사이클 데이터	11. 도구 인증에 대한 추가적인 고려사항
12. 추가적인 고려사항	Annex A : 도구 인증 목표
Annex A : 소프트웨어 레벨에 따른 프로세스 목표 및 출력	Annex B : 약어 및 용어집
Annex B : 약어 및 용어집	Appendix A : 멤버십 리스트
Appendix A : DO-178 문서의 배경	Appendix B : 적용가능한 도구 인증 레벨의 결정에 대한 예시
Appendix B : 위원회 멤버십	Appendix C : 모든 분야를 위한 도구 인증과 관련된 자주 묻는 질문
	Appendix D : 항공 소프트웨어 및 CNS/ATM 소프트웨어 분야를 위한 도구 인증과 관련된 자주 묻는 질문

서), DO-330은 도구를 인증하기 위한 지침과 목표를 제공한다. DO-330은 DO-178C와 유사하게 구성되어 있다. 도구 개발은 항공 소프트웨어와 마찬가지로 라이프 사이클을 거친다. 도구 라이프 사이클 프로세스는 계획, 요구사항, 설계, 검증, 형상 관리, 품질 보증, 인증 교섭을 포함한다. <표 13-6>은 DO-330이 DO-178C와 매우 유사하다는 것을 보여주면서, DO-178C와 DO-330 콘텐츠 테이블을 나란히 보여준다. DO-178C는 DO-330을 위한 기초로 사용되었다. 그런 다음 도구 고유의 것으로 만들기 위해 내용이 변경되었다.

DO-178C와 DO-330은 유사하며 DO-178C는 Chapter 5에서 Chapter 12에 걸쳐 상세하게 살펴보았기 때문에, 이 섹션은 DO-178C와 DO-330 사이의 18가지 주요 차이점을 강조한다.

차이점 1 : 서로 다른 분야. 이미 언급한 것처럼 DO-178C는 항공 소프트웨어 분야에 적용하며, 반면에 DO-330은 소프트웨어 라이프 사이클에 사용될 수 있는 도구에 적용한다. 추가적으로 DO-330은 다른 분야(통신, 내비게이션, 감시, 항공 교통 관리[CNS/ATM] 소프트웨어, 시스템, 전자 하드웨어와 같은)에서 사용되는 도구를 인증하기 위해 사용될 수 있다.

차이점 2 : 소개 섹션이 다르다. DO-178C(Section 2)는 시스템 프로세스와 소프트웨어 레벨의 개요를 포함한다. DO-330(Section 2와 3)은 도구 인증의 목적과 특징을 설명한다. DO-330 Section 2와 3에 있는 정보는 이 챕터에서 이미 논의한 것과 비슷하다.

차이점 3 : DO-330은 라이프 사이클 프로세스와 계획 섹션을 합친다. DO-178C는 소프트웨어 라이프 사이클 및 계획에 대해서 분리된 섹션(Section 3과 4)을 가지고 있다. 하지만 DO-330은 라이프 사이클이 계획 프로세스에서 중요한 역할을 하기 때문에 이들 주제들을 단일 섹션(Section 4)으로 합친다.

차이점 4 : DO-330은 라이프 사이클 프로세스와 데이터에 도구라는 단어를 추가한다. 도구 개발 프로세스를 항공 소프트웨어 개발 프로세스로부터 구분하기 위해, 적절한 경우 **도구(tool)**라는 용어가 추가된다. 예를 들면, DO-178C에서 소스 코드(source code)는 DO-330에서는 도구 소스 코드(tool source code)로 불린다.

차이점 5 : DO-330은 인증된 도구가 사용될 때 PSAC와 SAS에 필요한 정보를 강화한다. DO-178C Section 11.1과 11.20은 소프트웨어 인증 계획(PSAC)과 소프트웨어 완수 요약(SAS)의 예상되는 내용을 식별한다. DO-330 Section 10.1.1과 10.1.16은 인증된 도구가 소프트웨어 라이프 사이클 프로세스에서 사용될 때 PSAC와 SAS에 추가되어야 하는 추가적인 정보를 식별한다. DO-330 Section 10.1.1에 따라 사용될 각각의 인증된 도구에 대해서 다음의 정보가 PSAC에 추가되어야 한다.[1]

- 도구와 소프트웨어 라이프 사이클 프로세스에서 도구의 의도된 사용을 식별한다.
- 도구가 의도하는 신뢰를 설명한다(즉, 도구가 제거, 감소, 혹은 자동화하는 프로세스 혹은 목표를 설명).
- 도구에 의해서 자동화되는 기술의 성숙도를 정당화한다(예를 들면, 만약 도구가 공식적인 증명을 수행하기 위해 사용된다면, 그것을 자동화하기 전에 일반적으로 접근법의 성숙도를 확인해야 한다).
- TQL이 왜 적절한지에 대한 근거와 함께 TQL을 제안한다.
- 도구 인증에 대한 역할과 책임의 구분을 설명한다. 특히, 도구 사용자와 도구 개발자가 무엇을 하고 있는지 그리고 누가 어떤 DO-330 목표를 충족하고 있는지를 설명한다.
- 도구 운영 요구사항(TOR) 개발, 도구 통합 그리고 도구 운영 확인 및 검증 프로세스를 설명한다.
- 의도된 도구 운영 환경을 식별하고 그것이 도구 검증 과정에서 사용된 환경을 대표하는지 확인한다.
- 도구에 대한 추가적인 고려사항을 설명한다(예를 들면, 재사용, COTS 사용, 서비스 히스토리).
- 추가적인 정보가 도구 인증 세부사항에서 발견될 수 있는 도구 인증 계획(TQP)을 참조한다(TQL-1~TQL-4인 경우)(TQL-5의 경우, TQP가 필요하지 않다).

또한 DO-330 Section 10.1.16은 소프트웨어 라이프 사이클에서 인증된 도구를 활용할 때 SAS에 포함되어야 하는 추가적인 정보를 설명한다. 〈표 13-7〉은 TQL-1~TQL-4와 TQL-5에 대한 추가적인 항목들을 요약하고 있다.

표 13-7 인증된 도구를 사용할 때 SAS에 추가적으로 포함하는 것

TQL-1~TQL-4	TQL-5
• 도구 식별(구체적인 파트 넘버 혹은 다른 식별자) • 도구가 의도하는 신뢰에 대한 세부사항(도구가 제거, 감소 혹은 자동화하는 프로세스 그리고/혹은 목표에 대한 설명) • 도구 인증 세부사항에서 추가적인 정보가 발견될 수 있는 도구 완수 요약에 대한 참조 • 도구 개발, 검증 그리고 통합 프로세스가 도구 사용자 활동을 포함해서 도구 계획을 준수한다는 것을 확인하는 설명 • 도구의 동작이 TOR을 준수하는지 확인하기 위한 분석과 함께 모든 오픈된 도구 문제점 리포트의 요약 • 해당되는 경우, PSAC에 설명되었던 것과 도구 사용에서의 모든 차이를 요약	• 도구 식별(구체적인 파트 넘버 혹은 다른 식별자) • 도구가 의도하는 신뢰에 대한 세부사항(도구가 제거, 감소 혹은 자동화하는 프로세스 그리고/혹은 목표에 대한 설명) • 도구 인증 데이터(버전 정보를 포함해서)의 리스트 혹은 참조

출처: RTCA DO-330, *Software Tool Qualification Considerations*, RTCA, Inc., Washington, DC, December 2011.

차이점 6: DO-330은 도구 개발과 도구 운영을 구분한다. DO-178B는 이들을 구분하지 않으며 그것은 일부 혼선과 제약된 재사용을 가져왔다. 도구 재사용과 명확성을 촉진하기 위해, DO-330은 도구 개발 및 검증(도구 개발자에 의해서 수행되는) 그리고 도구 운영(도구 사용자에 의해서 수행되는)에 대한 지침을 제공한다. 하지만 그것은 각 프로젝트에 대해 상황에 맞는 역할과 책임을 할당할 수 있는 유연성을 부여한다. 일반적으로 DO-330 Annex A Table T-0과 T-10의 목표는 주로 도구 사용자/운영자에 적용하는 반면에 DO-330 Annex A Table T-1에서 T-9의 목표는 주로 도구 개발자에 적용한다.

차이점 7: DO-330 지침은 사용자의 요구를 문서화하기 위해 운영 요구사항이 필요하다. DO-178C에서 시스템 요구사항은 상위 레벨 소프트웨어 요구사항을 유도한다. 하지만 도구의 경우, **시스템 요구사항**이 존재하지 않는다. 대신 TOR이 도구 요구사항을 유도한다. TOR은 특정 소프트웨어 라이프 사이클 프로세스 내에서 도구가 어떻게 사용되는지를 식별한다. 공통된 도구의 여러 사용자들이 저마다 그것을 다르게 사용할 수 있다. 따라서 TOR은 사용자마다 다르다.

TOR 문서는 다음 설명을 포함한다.[1]

- 소프트웨어 라이프 사이클에서 도구 사용의 맥락, 다른 도구들과의 인터페이스 그리고 항공 소프트웨어로의 도구 출력 파일의 통합
- 도구가 사용될 운영 환경(들)
- 파일 포맷, 언어 설명 등을 포함한 도구로의 입력
- 기능적인 도구 요구사항
- 도구에 의해서 탐지되어야 하는 비정상적인 활성화 모드 혹은 불일치 입력에 대한 요구사항(TQL-1~TQL-4의 경우 필요하지만 TQL-5의 경우는 필요하지 않다)
- 성능 요구사항(도구 출력의 동작)
- 도구를 적절하게 사용하는 방법을 설명하는 사용자 정보
- 도구를 운영하는 방법에 대한 설명(선택된 옵션, 파라미터값, 명령 라인 등을 포함)

차이점 8 : DO-330의 요구사항 유형은 다르다. DO-178C는 시스템 요구사항, 상위 레벨 소프트웨어 요구사항, 하위 레벨 소프트웨어 요구사항을 식별한다. DO-330은 TOR(DO-178C의 시스템 요구사항과 동일한 기본 레벨), 도구 요구사항(DO-178C의 소프트웨어 상위 레벨 요구사항과 동일한 기본 레벨), 하위 레벨 도구 요구사항(DO-178C의 하위 레벨 소프트웨어 요구사항과 동일한 세분화 레벨)을 식별한다. 어떤 상황에서는 요구사항의 세 가지 레벨이 필요하지 않을 수 있다. 예를 들면, TOR과 도구 요구사항은 단일 세트의 요구사항이거나 혹은 도구 요구사항과 하위 레벨 요구사항이 한 레벨의 요구사항일 수 있다.[2] 비록 요구사항의 레벨이 합쳐지더라도, DO-330의 적용가능한 모든 목표는 충족될 필요가 있다. DO-178C와 마찬가지로 다양한 레벨의 도구 요구사항 사이에 양방향 추적성이 필요하다.

차이점 9 : DO-330은 TOR의 확인을 요구한다. DO-178C에서 소프트웨어 프로세스로 오는 시스템 요구사항은 **확인(validated)**된다(ARP4754A를 준수하는 프로세스를 사용해서). 따라서 DO-178C는 요구사항 확인을 요구하지 않는다. 하지만 TOR은 시스템 프로세스에 의해서 확인되지 않는다. 따라서 정확도와 완전성을 확인해야 한다.

차이점 10 : D-330에 따라 도구에 대한 파생 요구사항은 안전성 평가 프로세스보다는 도구 기능 및 TOR에 대한 영향에 대해서 평가된다. 도구는 비행하지 않기 때문에, 안전성 평가에 미치

2) 이 주제에 대해서 의견이 갈라지기 때문에 다양한 레벨의 도구 요구사항은 인증 당국과 긴밀하게 조율되어야 한다.

는 영향은 간접적이다. 대신, 소프트웨어 라이프 사이클에 미치는 파생 요구사항의 영향, 예상되는 기능, TOR이 평가된다. DO-178C와 마찬가지로 모든 파생 요구사항은 정당화될 필요가 있다. 사용자는 도구 설계의 세부사항을 알지 못할 수 있다. 따라서 파생 요구사항에 대한 정당성은 그들의 소프트웨어 라이프 사이클에 미치는 영향을 그들이 적절히 평가하는 데 도움이 된다. 그 정당성은 사용자를 염두에 두고 작성되어야 한다.

차이점 11 : DO-330은 타깃 컴퓨터 대신 도구 운영 환경 개념을 사용한다. DO-330은 도구 운영 환경을 다음과 같이 정의한다. "도구가 사용되는 환경과 라이프 사이클 프로세스 컨텍스트이다. 그것은 워크스테이션, 운영체제 및 외부 의존성(예를 들면 다른 도구 및 수동 프로세스(들)로의 인터페이스)을 포함한다."[1] 도구는 일반적으로 항공전자 장비에 내장되기보다는 데스크탑 컴퓨터에서 실행된다. 따라서 **타깃 컴퓨터(target computer)**(DO-178C에서 사용되는)의 개념은 인증 프로세스에서 잘 맞지 않는다. 도구는 종종 여러 운영 환경에서 사용되도록 개발되기 때문에 각각의 운영 환경에 대한 식별이 중요하다.

차이점 12 : DO-330은 구조적 커버리지 접근법에 대해서 좀 더 유연성을 제공하며 의도되지 않은 기능을 식별하는 데 초점을 맞춘다. 구조적 커버리지는 아마도 DO-330에 대한 SC-205/WG-71 심의 과정에서 가장 논란이 많은 주제였을 것이다. 도구 자체는 비행하지 않으며 과거 데이터에 따르면 MC/DC의 도구에 대한 가치가 제한적이라는 것을 보여주고 있기 때문에 MC/DC(Modified Condition/Decision Coverage)는 원래 DO-330에 포함되지 않았다. decision 커버리지와 statement 커버리지는 포함되었다. 하지만 위원회의 합의를 얻기 위해 MC/DC 목표가 추가되었다(decision 커버리지와 statement 커버리지 목표에 추가). DO-330에 따라서 statement 커버리지는 TQL-3에 대해서 적용한다. statement 그리고 decision 커버리지는 TQL-2에 대해서 적용한다. 그리고 statement 커버리지, decision 커버리지, MC/DC는 TQL-1에 대해서 적용한다. 하지만 DO-330에서 그 용어는 구조적 커버리지가 의도되지 않은 기능을 식별하기 위한 것이라는 점을 강조한다. 이것은 MC/DC에 대한 대안의 문을 열어준다(그 대안이 MC/DC와 동일한 의도를 충족하는 한). 구조적 커버리지와 관련된 또 다른 차이점은 DO-330은 DO-178C 레벨 A 소프트웨어에 대해서 요구되는 것처럼 TQL-1 도구 코드에 대한 소스 코드와 오브젝트 코드 간 추적성 분석이 요구되지 않는다는 것이다.

차이점 13 : DO-330은 외부 컴포넌트와의 인터페이스를 다룬다. 외부 컴포넌트는 다음과 같이 설명된다. "도구 개발자의 컨트롤을 벗어난 도구 소프트웨어의 컴포넌트이다. 예로는 운영 체제 혹은 컴파일러 런타임 라이브러리에 의해서 제공되는 원시 함수 혹은 COTS나 오픈 소스 소프트웨어 라이브러리에 의해서 제공되는 기능을 포함한다."[1] DO-330은 다음을 수행하기 위한 목표와 활동을 포함한다.[1]

- 설계에서 외부 컴포넌트와의 인터페이스를 식별한다(DO-330 Section 5.2.2.2.g).
- 인터페이스의 정확도와 완전성을 검증한다(DO-330 Section 6.1.3.3.e).
- 외부 컴포넌트로의 인터페이스에 대한 정확한 통합을 보장한다(DO-330 Section 6.1.3.5).
- 외부 컴포넌트로의 인터페이스가 요구사항 기반 시험을 통해서 실행되는 것을 보장한다(DO-330 Section 6.1.4.3.2).

차이점 14 : DO-330은 도구 설치 리포트가 필요하다. 도구 설치 리포트는 운영 환경으로의 도구의 통합을 확인하기 위해 운영 통합 단계 과정에서 생성된다. 설치 리포트는 ① 운영 환경의 형상, ② 도구의 실행가능 오브젝트 코드의 버전과 모든 지원 구성 파일들, ③ 모든 외부 컴포넌트들, ④ 도구를 실행하는 방법을 식별한다.[1]

차이점 15 : DO-330 라이프 사이클 데이터는 도구마다 다르다. DO-330에 의해서 요구되는 도구 라이프 사이클 데이터의 대부분은 항공 소프트웨어에 대한 DO-178C 혹은 CNS/ATM 소프트웨어에 대한 DO-278A에 의해서 요구되는 것과 비슷하다. 하지만 그 명칭은 도구에 따라 다르며 권장되는 내용은 도구 인증의 요구에 초점이 맞추어진다. DO-330 Section 10은 도구 라이프 사이클 데이터를 설명하며 DO-330 Annex A 목표 테이블은 각각의 TQL에 대해서 요구되는 데이터를 식별한다. DO-330 Section 10은 데이터를 세 가지 분류로 나누며, 각각은 서로 다른 하부 섹션으로 식별된다. 세 가지 분류와 각각의 분류에 대한 데이터가 〈표 13-8〉에 나와있다.

표 13-8 DO-330에서 도구 인증 데이터

도구 인증 교섭 프로세스 및 다른 필수 프로세스를 위한 데이터(DO-330 Section 10.1)	
10.1.1	PSAC(항공 소프트웨어의 PSAC에 추가하기 위해 도구에 특화된 정보를 식별한다)
10.1.2	도구 인증 계획
10.1.3	도구 개발 계획
10.1.4	도구 검증 계획
10.1.5	도구 형상 관리 계획
10.1.6	도구 품질 보증 계획
10.1.7	도구 요구사항 표준
10.1.8	도구 설계 표준
10.1.9	도구 코드 표준
10.1.10	도구 라이프 사이클 환경 형상 인덱스
10.1.11	도구 형상 인덱스
10.1.12	도구 문제점 리포트
10.1.13	도구 형상 관리 레코드
10.1.14	도구 품질 보증 레코드
10.1.15	도구 완수 요약
10.1.16	SAS(항공 소프트웨어의 SAS에 추가하기 위해 도구에 특화된 정보를 식별한다)
10.1.17	소프트웨어 라이프 사이클 환경 형상 인덱스(SLECI)(항공 소프트웨어의 SLECI에 추가하기 위해 도구에 특화된 정보를 식별한다)
도구 개발 및 검증 노력 과정에서 생성되는 데이터(DO-330 Section 10.2)	
10.2.1	도구 요구사항
10.2.2	도구 설계 설명
10.2.3	도구 소스 코드
10.2.4	도구 실행가능 오브젝트 코드
10.2.5	도구 검증 케이스 및 절차
10.2.6	도구 검증 결과
10.2.7	추적 데이터
도구 운영 승인을 지원하기 위해 생성되는 데이터(DO-330 Section 10.3)	
10.3.1	TORs
10.3.2	도구 설치 리포트
10.3.3	도구 운영 검증 및 확인 케이스 및 절차
10.3.4	도구 운영 검증 및 확인 결과

출처: RTCA DO-330, *Software Tool Qualification Considerations*, RTCA, Inc., Washington, DC, December 2011.

차이점 16: DO-330 목표 테이블은 DO-178C 목표와 일부 다르다. DO-330 Annex A에 있는 목표 테이블은 DO-178C Annex A에 있는 것들과 유사하다. 하지만 몇 가지 차이점들이 있다. 한 가지 주목할 만한 차이점은 DO-330 Annex A 테이블이 DO-178C와 구분하기 위해 A-x보다는 T-x로 번호가 매겨진다는 것이다. 다른 일반적인 차이점은 DO-330은 DO-178C와 같은 10개의 Annex A 테이블 대신 11개의 Annex A 테이블을 가지고 있다는 것이다. DO-330 Annex A 테이블의 제목이 여기에 나열되며, DO-330과 DO-178C Annex A 테이블 사이의 주요 차이점들에 대한 요약이 뒤따른다.

- Table T-0: 도구 운영 프로세스
- Table T-1: 도구 계획 프로세스
- Table T-2: 도구 개발 프로세스
- Table T-3: 도구 요구사항 프로세스의 출력에 대한 검증
- Table T-4: 도구 설계 프로세스의 출력에 대한 검증
- Table T-5: 도구 코딩 및 통합 프로세스의 출력에 대한 검증
- Table T-6: 통합 프로세스의 출력에 대한 시험
- Table T-7: 도구 시험의 출력에 대한 검증
- Table T-8: 도구 형상 관리 프로세스
- Table T-9: 도구 품질 보증 프로세스
- Table T-10: 도구 인증 교섭 프로세스

Table T-0는 DO-178C 등가물이 없는 DO-330 도구에 특화된 테이블이다. 그것은 도구 운

표 13-9 DO-330 Table T-0 프로세스 및 목표의 요약

Table T-0 프로세스	Table T-0 목표(들)
계획 도구 운영 요구사항 개발 도구 운영 통합 도구 운영 확인 및 검증	1. "도구 인증 필요성이 확립되어 있다." 2. "도구 운영 요구사항이 정의된다." 3. "도구 실행가능 오브젝트 코드가 도구 운영 환경에 설치된다." 4. "도구 운영 요구사항이 완전하고, 정확하며, 검증가능하고, 일관성이 있다." 5. "도구 운영이 도구 운영 요구사항을 준수한다." 6. "도구 운영 요구사항이 충분하고 정확하다." 7. "소프트웨어 라이프 사이클 프로세스 요구사항이 도구에 의해서 충족된다."

출처: RTCA DO-330, *Software Tool Qualification Considerations*, RTCA, Inc., Washington, DC, December 2011.

영(사용자의 관점)을 다루기 위한 네 가지 도구 프로세스에 대한 일곱 가지 목표를 포함한다. 프로세스와 목표는 〈표 13-9〉에 요약되어 있다.

DO-330 Table T-1에서 T-10은 DO-178C Table A-1에서 A-9와 유사하지만 다음과 같은 중요한 예외사항들을 가지고 있다.

- DO-330 Table T-2 목표 8은 다음과 같이 언급한다. "도구는 도구 검증 환경(들)에 설치된다."[1] 이 목표는 도구 검증 환경이 운영 환경과 다를 수 있기 때문에, 도구에 고유하다. 추가적으로 만약 여러 개의 검증 환경이 있다면, 도구는 인증 활동 과정에서 각각의 환경으로 통합될 필요가 있을 것이다.
- DO-330 Table T-3 목표 3은 다음과 같이 언급한다. "도구 운영 환경과의 호환성에 대한 요구사항이 정의된다."[1] 이 목표는 앞서 차이점 #11에서 언급된 것처럼 타깃 컴퓨터 환경 대신에 운영 환경 호환성에 초점을 맞춘다.
- DO-330 Table T-3 목표 4는 다음과 같이 언급한다. "도구 요구사항은 에러 조건에 대한 응답으로 도구의 동작을 정의한다."[1] 이 목표는 도구에 고유하며 도구가 강건하고 에러에 예상대로 응답하는 것을 보장하는 데 초점을 맞춘다.
- DO-330 Table T-3 목표 5는 다음과 같이 언급한다. "도구 요구사항은 사용자 명령과 에러 메시지를 정의한다."[1] 마찬가지로 이것은 도구에 고유한 목표이다. 그것은 도구가 사용자의 관점을 고려했는지를 확인한다.
- DO-330 Table T-4 목표 11은 다음과 같이 언급한다. "외부 컴포넌트 인터페이스가 정확하고 완전하게 정의되어 있다."[1] 이 도구 고유의 목표는 이전에 논의되었던 외부 컴포넌트 인터페이스를 검증하려는 의도이다. 차이점 #13을 보라.
- DO-330 Table T-7 목표 5는 다음과 같이 언급한다. "외부 컴포넌트에 대한 요구사항 기반 시험의 분석이 달성된다."[1] DO-178C에는 동등한 목표가 없다. 앞서 차이점 #13에서 언급한 것처럼 이 목표는 요구사항 기반 시험이 외부 컴포넌트에 대한 도구의 인터페이스를 실행해왔다는 것을 확인하기 위한 의도이다.
- DO-330 Table T-10(모든 목표)은 **인증**(certification)보다는 **도구 인증**(tool qualification)에 초점을 맞춘다.

차이점 17 : DO-330에서 TQL-5는 DO-178B의 검증 도구에 필요한 것을 분명하게 한다. DO-330은 TQL-5 도구의 인증에 대해서 DO-178B의 **검증 도구**(verification tools)에 대해서 요구되었던 것과 동일한 양의 엄격함을 요구하려는 의도가 있다. 하지만 DO-330 기준은 준수를 보장하고 도구 재사용을 지원하기 위해 DO-178B의 기대치를 명확하게 한다. DO-330 FAQ(Frequently Asked Question) D.6은 DO-178B 검증 도구에 대한 DO-330 TQL-5의 차이점을 다음과 같이 요약하고 있다.

> 이 문서[DO-330]는 DO-178B(따라서 DO-278)가 검증 도구에 대해서 했던 것보다 TQL-5 도구에 대한 더 정확하고 완전한 지침을 제공한다. 그 의도는 더 많은 활동 혹은 더 많은 데이터를 요구하는 것이 아니다(예를 들면, 인증은 도구 개발 프로세스로부터 어떠한 데이터도 요구하지 않는다). 하지만 그것은 TOR의 내용, 항공(혹은 CNS/ATM) 소프트웨어 프로세스 요구사항에 대한 도구의 준수 그리고 TQL-5를 위해 적용할 수 있는 다른 내부적인 프로세스의 목표를 명확하게 한다.[1][3]

DO-178B의 검증 도구 기준에 제시되지 않았던 TQL-5에 대한 DO-330에서의 명확함의 일부는 다음과 같이 요약된다.

- DO-330은 TQL-5(그리고 모든 TQL)에 대한 구체적인 목표를 식별한다. 이것은 DO-178B에서는 그렇지 않았다(즉, DO-178B에는 검증 도구 인증에 대한 목표가 없었다).
- DO-330은 TOR에 예상되는 것에 대해서 추가적인 설명을 제공한다.
- DO-330은 도구 요구사항으로부터 TOR을 분리한다.
- DO-330은 특정 운영 환경 내에서 발생하는 인증을 확인하기 위한 통합 목표를 추가한다.
- DO-330은 TOR의 타당성을 확인하기 위한 목표를 포함한다.

차이점 18 : DO-330은 Appendix C와 D에 FAQ를 포함한다. DO-178C를 위한 FAQ와 논의 내용이 DO-248C에 포함되어 있다. 하지만 도구와 관련된 FAQ는 DO-330 Appendix에 포함되어 있다. Appendix C는 분야에 독립된 FAQ를 포함한다. Appendix D는 DO-178C와 DO-278A 분야에 특정한 FAQ를 제공한다. 〈표 13-10〉은 각각의 FAQ를 간략하게 설명하고 있다.

[3] 명확하게 하기 위해서 대괄호가 추가되었다.

표 13-10 DO-330 FAQ의 요약(Appendix C와 D에 있는)

FAQ #	FAQ 제목	FAQ의 설명
C.1	"보호(protection)"가 도구에 대해서 의미하는 것이 무엇이고 그것을 달성하기 위한 몇 가지 방법은 무엇인가?	보호(protection)라는 단어가 DO-330 전반에 걸쳐서 어떻게 사용되는지를 설명한다. 보호라는 단어는 다기능 도구 혹은 도구 모음에 인증 레벨이 다르게 적용될 때 도구 기능을 분리하기 위해 파티션(partitioning) 대신 사용된다.
C.2	외부 컴포넌트가 무엇이고 그 정확성은 어떻게 평가되는가?	이 챕터의 앞부분(Section 13.3.2의 차이점 #13)에 설명되었던 외부 컴포넌트의 개념을 설명한다.
C.3	도구 인증 데이터의 재사용성을 최대화할 수 있는 방법은 무엇인가?	재사용성을 지원하기 위해 도구 인증 데이터를 패키징하는 방법을 설명한다.
D.1	인증될 수 있는 도구를 설명하기 위해 "검증 도구"와 "개발 도구"라는 용어가 왜 사용되지 않는가?	이 챕터의 앞부분(Section 13.2)에 논의되었던 것처럼 DO-330에서의 용어가 DO-178B와 어떻게 다른지를 설명한다.
D.2	TQL을 낮출 수 있는가?	만약 아키텍처적인 완화, 모니터링, 그리고/혹은 독립된 평가와 같은 것이 수행된다면, 도구의 TQL을 낮추는 것이 가능할 수 있다는 것을 설명한다. 그런 접근법은 철저하게 정당화되어야 하며 인증 당국과 밀접하게 조율되어야 할 것이다.
D.3	타깃 컴퓨터 에뮬레이터 혹은 시뮬레이터는 언제 인증될 필요가 있는가?	타이틀이 제안하는 것처럼 이 FAQ는 에뮬레이터 그리고 시뮬레이터가 언제 인증될 필요가 있는지를 설명하며 인증 과정에서 고려해야 하는 것에 대한 몇 가지 제안을 제시한다.
D.4	DO-178B/DO-278을 사용해서 이전에 인증된 도구의 경우 어떤 신뢰가 부여될 수 있는가?	DO-178B/DO-278하에서 인증된 도구를 사용할 때 고려해야 할 몇 가지 평가 기준을 제공한다.
D.5	도구 인증 기준 정의에 대한 근거는 무엇인가?	DO-178C의 Criteria 1~3에 대한 근거를 설명한다. 이 정보의 요약은 이 챕터의 앞부분(Section 13.2)에서 제공되었다.
D.6	DO-178C/DO-278A에서 어떤 "검증 도구" 인증 개선이 이루어졌는가?	DO-330 TQL-5와 DO-178B 검증 도구로부터의 변화를 설명한다. 대부분의 차이점은 TQL-5에 대한 목표의 대부분을 포함하는 DO-330 Table T-0와 관련된다.
D.7	인증되지 않은 도구의 출력을 검증하기 위해 인증된 도구를 어떻게 사용할 수 있는가?	낮은 레벨로 인증된 도구(예를 들면, TQL-5)를 사용해서 인증되지 않은 도구의 출력을 검증하는 방법을 설명한다. 이 FAQ는 사람이 아닌 도구를 사용하여 인증되지 않은 도구의 출력을 검증하기 위한 방법을 설명한다. 다른 FAQ와 마찬가지로 이 FAQ는 실제 프로젝트로부터의 경험에 기반한다.

D.8	인증된 자동 코드 생성기를 어떻게 사용할 수 있는가?	이것은 가장 긴 FAQ이다. 그것은 자동 코드 생성기가 소스 코드 검증, 실행가능 오브젝트 코드 검증 그리고/혹은 소프트웨어 시험 출력의 검증을 자동화, 대체 혹은 제거하는 것에 대해서 인증될 수 있는 방법을 설명한다. 이 내용은 다소 논란의 여지가 있기 때문에, 내용을 매우 조심스럽게 리뷰하고 인증 당국과 긴밀하게 조율하기 바란다.
D.9	모델 시뮬레이터의 인증이 필요한가?	이 FAQ는 모델 기반 개발 접근법과 밀접하게 관련되며 모델 시뮬레이션에 대해서 언제 인증이 필요할지를 고려한다.

출처: RTCA DO-330, *Software Tool Qualification Considerations*, RTCA, Inc., Washington, DC, December 2011.

13.4 특별한 도구 인증 주제들

일부 추가 설명이 필요한 DO-330과 관련된 몇 가지 특별한 주제들이 있다.

13.4.1 FAA Order 8110.49

FAA Order 8110.49의 Chapter 9는 도구 인증과 관련해서 DO-178B의 몇 가지 설명을 포함하고 있다. Order의 해당 섹션은 DO-178C와 DO-330이 도구 인증에 대한 DO-178B보다 더 포괄적인 지침을 제공하기 때문에 삭제(혹은 상당히 수정)될 것으로 예상된다. 하지만 DO-178B에서 DO-178C 도구 인증 기준으로의 전환을 설명하기 위해 추가된 몇 가지 지침이 있을 수 있다. 추가적으로 DO-330과 함께 DO-331, DO-332, DO-333 부속서들이 필요할 수 있다.

13.4.2 도구 결정론

DO-178B Section 12.2는 다음 구문을 포함했다: "결정론적인 도구만이 인증될 수 있다. 즉, 동일한 환경에서 운영할 때 동일한 입력 데이터에 대해서 동일한 출력을 생성하는 도구."[5]

Order 8110.49는 결정론적인 도구가 의미하는 바를 명확하게 한다. Order의 Section 9-6.d는 결정론이 도구에 대해서 너무 제한적으로 해석되는 경우가 많다고 설명한다. Order는 다음과 같이 언급한다.

> 제한적인 해석[결정론의]은 동일하게 명백한 입력이 반드시 동일한 출력으로 정확하게 이어진다는 것이다. 하지만 도구에 대한 결정론의 보다 정확한 해석은 도구로부터의 출력에 대한 정확도를 결정할 능력이 확립되어 있다는 것이다. 만약 몇 가지 주어진 입력으로부터 출력의 모든 가능한 변화가 그 출력에 대한 적절한 검증하에서 정확하다는 것을 보일 수 있다면, 그 도구는 도구 인증의 목적에 대해서 결정론적이라고 간주되어야 한다. 이것은 제한적인 문제를 초래한다. 결정론의 이러한 해석은 출력이 사용자의 컨트롤을 벗어나서 변할 수 있지만, 그 변화가 출력의 의도된 사용(예를 들면, 기능)에 부정적인 영향을 주지 않는 모든 도구에 적용해야 하며 출력의 정확도에 대한 케이스가 제시된다. 하지만 결정론의 이러한 해석은 항공기 시스템으로 내장되는 최종 실행가능 이미지에 영향을 주는 도구에는 적용하지 않는다. 최종 실행가능 이미지의 생성은 결정론의 제한적인 해석을 충족해야 한다.[6][4)]

DO-330은 DO-178B 그리고 Order 8110.49와 동일한 의도를 가지고 있다. 하지만 **결정론적인**(deterministic)과 **결정론**(determinism)이라는 단어는 소프트웨어 엔지니어링에서 항공기에 탑재되지 않는 도구에 대해서 너무나 제한적이 될 수 있는 특정 의미를 전달하기 때문에 피하게 된다. 대신 그 기대치를 설명하기 위해 다음과 같은 구문이 만들어졌다.

> 인증 활동 과정에서 모든 인증된 도구 기능의 출력은 이 문서[DO-330]의 목적을 사용해서 정확하다는 것을 보여야 한다. 출력이 예상 범위 안에서 변할 수 있는 도구의 경우, 그 변경이 출력의 의도된 사용에 부정적인 영향을 미치지 않고 출력의 정확도가 확립될 수 있다는 것을 보여야 한다. 하지만 출력이 소프트웨어의 일부이고 그래서 에러를 삽입할 수 있는 도구의 경우, 인증된 도구 기능이 동일한 환경에서 동작할 때 동일한 입력 데이터에 대해서 동일한 출력을 생성한다는 것을 증명해야 한다.[1][5)]

---

4) 명확하게 하기 위해서 대괄호가 추가되었다.
5) 명확하게 하기 위해서 대괄호가 추가되었다.

13.4.3 추가적인 도구 인증 고려사항

DO-330 Section 11은 인증된 도구를 개발하거나 사용할 때 마주칠 수 있는 여러 가지 **추가적인 고려사항**(additional considerations)에 대한 지침을 포함하고 있다. 추가적인 고려사항이 여기에서 간략하게 요약된다.

추가적인 고려사항 1 : 다기능 도구. 이름 자체가 설명을 하고 있다. 다기능 도구는 여러 기능을 수행하는 단일 도구이다. 여러 기능이 단일 실행가능 파일, 여러 실행가능 파일(특정 기능을 비활성화할 수 있는) 안에 있을 수 있거나 혹은 일부 도구 기능을 선택하거나 혹은 비활성화할 수 있는 몇 가지 다른 배치 내에 있을 수 있다.[1] DO-330 Section 11.1 지침은 다기능 도구가 계획에 설명되어야 하며 각각의 기능에 대해서 TQL이 설정되어야 한다고 설명한다. 만약 TQL이 혼합되어 있다면 기능이 가장 높은 TQL로 개발되거나 낮은 TQL 기능이 높은 TQL 기능에 영향을 미치지 않는 것(즉, 보호)을 보장하도록 분리되어야 한다. 만약 기능이 사용되지 않는다면 그것은 비활성화되어야 하며, 비활성화 메커니즘이 활성화된 기능을 비활성화된 기능으로부터 충분히 보호한다는 것에 대한 확신을 가져야 한다. 만약 사용되지 않는 기능이 비활성화될 수 없다면, 적절한 TQL(일반적으로 도구의 가장 높은 TQL)로 개발될 필요가 있다. 개발 **그리고**(and) 검증 프로세스에 역할을 하는 도구의 경우, 도구 개발 기능 및 검증 기능의 독립성이 반드시 고려되어야 한다(예를 들면, 그것들은 독립된 팀에 의해서 개발될 수 있다).

추가적인 고려사항 2 : 이전에 인증된 도구. DO-330 Section 11.2는 이전에 인증되었던 도구를 재사용하기 위한 지침을 제공한다. 그것은 다음과 같은 시나리오에서의 재사용을 고려한다.[1]

- 도구와 운영 환경이 변경되지 않는다.
- 도구는 변경되지 않지만 다른 운영 환경에 설치될 것이다.
- 도구는 변경되지만 동일한 운영 환경에 설치될 것이다.
- 도구가 변경되고 다른 운영 환경에 설치될 것이다.

재사용에 대한 가능성은 도구가 재사용이 가능하게 설계되고 패키징될 때 크게 개선된다. DO-330 FAQ C.3은 재사용을 최대화하기 위해 도구를 개발하고 패키징하는 방법에 대한 몇 가지 제안을 제공한다. 재사용성은 일반적으로 더 많은 계획, 강건성, 시험이 필요하지만, 상당한 리소스를 절약할 수 있다.

추가적인 고려사항 3: COTS 도구 인증하기. DO-330 Section 11.3은 COTS 도구를 성공적으로 인증하기 위한 지침을 제공한다. TQL-5의 COTS 도구는 도구 개발에 대한 통찰력이 필요하지 않기 때문에 상대적으로 인증하기가 쉽다. 하지만 TQL-1~TQL-4 도구는 도구 개발 자체에 대한 통찰력이 필요하다. 특히 COTS 도구는 여전히 DO-330 목표를 준수해야 한다. DO-330 Section 11.3은 COTS 도구를 인증할 때 도구 개발자와 도구 사용자에게 일반적으로 기대되는 것을 설명한다. 도구는 DO-178C 소프트웨어 승인과 함께 인증된다는 것을 기억하는 것이 중요하다. 즉, 도구 인증은 독립적인 승인이 아니다. DO-330은 가능한 한 독립적으로 도구 인증을 만들려고 시도하지만, 실제 인증은 인증 프로젝트의 맥락에서만 받게 된다. COTS 도구의 경우, DO-330 Section 11.3은 도구 개발자가 일반적으로 어떤 목표를 책임지는지를 설명하며, 뿐만 아니라 좀 더 쉽게 도구 사용자의 프로젝트로 합쳐질 수 있도록 하기 위해 라이프 사이클 데이터를 패키징하는 방법에 대한 몇 가지 제안을 설명한다. 제안은 도구 사용자가 평가할 수 있고 그들 자신의 도구 인증 데이터에서 직접적으로 사용하거나 참조할 수 있는 개발자-TOR, 개발자-TQP, 개발자-도구 형상 인덱스 그리고 개발자-도구 완수 요약의 개발을 포함한다. 그 개념은 도구 개발자가 사용자의 요구를 예상하고 그러한 요구를 충족하기 위해 도구 인증 데이터를 사전에 개발하는 것이다.

추가적인 고려사항 4: 도구 서비스 히스토리. DO-330 Section 11.4는 도구에 대해서 서비스 히스토리를 사용하기로 결정하는 경우 그 프로세스를 설명한다. 서비스 히스토리는 상당한 사용 경험이 있지만 일부 라이프 사이클 데이터가 누락된 도구에 적용할 수 있다. 또한 서비스 히스토리는 도구의 TQL을 높이거나, 도구 인증 데이터를 보완하거나 혹은 TOR 준수에 대한 신뢰를 높이기 위해 사용될 수 있다. 항공 소프트웨어에 대한 서비스 히스토리(Chapter 24를 보라)와 마찬가지로 서비스 히스토리 케이스를 만드는 것은 상당히 어려운 것이며 인증 당국으로부터 회의론을 만나게 될 가능성이 높다.

추가적인 고려사항 5: 도구 인증을 위한 대체 방법. DO-330 Section 11.5는 지원자가 DO-330에 설명된 것들에 대해 대체 방법을 제안할 수 있다고 설명한다. 어떤 대안이든 계획에 설명되고, 완벽하게 정당화되며, 소프트웨어의 라이프 사이클 프로세스와 라이프 사이클 데이터 결과에 미치는 영향을 평가하고, 인증 당국과 조율해야 한다.

13.4.4 도구 인증의 함정들

몇 년 동안 수십 개의 도구를 평가해오면서, 나는 몇 가지 일반적인 함정들을 보아왔다. 각각의 프로젝트마다 다르며 이들 어려움 중 일부는 다른 것들보다 더 널리 퍼져 있다. 하지만 당신이 인식하도록 도구 인증의 함정들을 여기 제공한다. 미리 경고하는 것이 미리 대비하는 것이다.

함정 1 : 사용자 지침 누락. 도구는 일반적으로 도구를 개발하지 않은 팀이 사용하기 위해 설계된다. 하지만 사용자 지침이 누락되거나 적절하지 않은 경우가 많다. 이것은 도구가 의도된 대로 사용될지를 불확실하게 만든다.

함정 2 : 도구 버전이 명시되지 않음. 때때로 도구의 여러 버전이 존재한다. 도구의 어떤 버전이 사용되고 있는지를 명확하게 식별해야 한다. 이것은 일반적으로 SLECI 혹은 소프트웨어 형상 인덱스에 문서화된다. 또한 팀이 식별된 버전을 사용하고 있는지 확인해야 한다.

함정 3 : 도구 인증 패키지에 설정 데이터가 포함되지 않음. 많은 도구들은 몇 가지 설정 데이터가 필요하다. 예를 들면, MISRA(Motor Industry Software Reliability Association) C 표준에 대한 준수를 검증하는 도구는 단지 규칙의 서브셋만을 체크하기 위해 활성화될 수 있다. 구체적인 규칙은 설정 파일에서 활성화되거나 비활성화된다. 설정 파일은 형상 관리하에 있어야 하며 인증 데이터에서 식별해야 한다.

함정 4 : 도구 인증에 대한 필요성이 정확하게 평가되지 않음. 때때로 어떤 팀의 데이터를 리뷰할 때, 나는 그 팀에서 도구가 인증되어야 한다고 생각하지 않았기 때문에 PSAC에 나열하지 않았던 도구를 발견하게 된다. 하지만 그것은 인증이 필요한 것으로 밝혀진다. 이런 종류의 늦은 발견은 계획되지 않은 작업으로 이어진다. Chapter 5에서 설명한 것처럼 이런 함정을 피하기 위해, 왜 그들이 인증되어야 하는지 혹은 그렇지 않은지에 대한 정당성과 함께, 모든 도구가 PSAC에 나열되는 것이 추천된다. 이를 통해 프로젝트와 인증 당국이 프로젝트의 막바지가 아니라 초기에 합의에 도달할 수 있다.

함정 5 : 검증가능하지 않는 TOR 혹은 도구 요구사항. 내가 직면했던 최악의 요구사항 중 몇 가지는 도구 요구사항이었다. TOR은 모든 TQL에 대해서 검증되어야 하고 도구 요구사항은 TQL-1~TQL-4에 대해서 검증되어야 하기 때문에, 요구사항은 검증가능해야 한다. TOR과 도구 요구사항은 Chapter 2와 6에서 설명된 것과 동일한 품질 속성을 가져야 한다.

함정 6 : 불완전한 COTS 도구 인증 데이터. 여러 COTS 도구 판매업체들이 도구 인증 패키지를 제공한다. 그들 중 일부는 훌륭하고, 그들 중 일부는 그렇게 대단하지 않다. 도구 인증 패키지에 투자할 때는 도구 데이터와 함께 일종의 보증을 받는 것을 고려하는 주의를 기울여야 한다.

함정 7 : 도구 기능의 적절한 이해 없이 도구에 과도하게 의존. 일부 소프트웨어팀들, 특히 숙련되지 않은 팀들은 왜 그것을 사용하는지, 그것이 무엇을 하는지, 그것이 전체 소프트웨어 라이프 사이클에 어떻게 적합한지를 실제로 이해하지 못한 채 도구에 의지한다. 도구는 엔지니어링 프로세스에 굉장한 추가가 될 수 있다. 하지만 그러한 것들을 반드시 이해해야 한다. 내 친구 중 한 명은 종종 다음과 같이 말한다. “도구를 가진 바보는 여전히 바보다.” 사용자는 도구가 그들을 위해 무엇을 하는지 이해해야 한다.

함정 8 : PSAC 그리고 SAS가 도구 인증 접근법을 설명하지 않음. 종종, PSAC는 도구가 인증될 필요가 있다고 언급하지만, 그 이상을 설명하지 않는다. TQL-1~TQL-4 도구의 경우, PSAC는 도구의 사용을 요약하고 해당 TQP를 참조해야 한다. TQL-5 도구의 경우, 인증 접근법이 PSAC 혹은 TQP에 설명되어야 한다. 마찬가지로 SAS는 흔히 도구와 그 인증 데이터에 대해서 부족한 세부사항을 제공한다. 어떤 도구 정보가 PSAC와 SAS로 가야 하는지에 대한 요약은 이 챕터의 Section 13.3.2, 차이점 #5를 보라.

함정 9 : 팀이 그것을 사용하는 소프트웨어보다 도구 개발에 더 많은 시간을 소비함. 많은 엔지니어들이 도구를 개발하는 것을 즐긴다. 때때로 그들은 도구에 너무 집중해서 도구의 목적을 놓치기도 한다.

함정 10 : 전체 라이프 사이클에서 도구(들)의 역할이 계획에 설명되지 않음. 종종, 개발, 검증, 형상 관리 그리고 품질 보증 프로세스의 설명이 해당 프로세스에서 사용되는 도구를 설명하지 않는다. 계획은 도구 섹션에 도구들을 나열하지만 라이프 사이클 단계에서(즉, 프로세스 자체가 논의될 때) 도구가 사용되는 방법을 설명하지 않는다. 예를 들면, 요구사항 관리 도구는 도구 섹션에서 설명될 수 있지만 계획의 요구사항 캡처 및 검증 섹션에서는 언급되지 않는다. 이로 인해 도구가 라이프 사이클에 적절히 활용되고 있는지 확인하기가 어렵다.

함정 11 : 인증 신뢰가 명확하게 식별되지 않음. 도구가 DO-178C(그리고/혹은 부속서) 목표를 대체, 자동화 혹은 제거할 때, 그것이 어떤 목표에 영향을 미치는지 명확히 해야 한다. 이것은 PSAC뿐만 아니라 도구의 사용이 설명되는 소프트웨어 개발 계획, 소프트웨어 검증 계획 그리고/혹은 소프트웨어 형상 관리 계획에도 명시되어야 한다. 추가적으로 TQL-1~TQL-4 도구의 경우, TQP가 이것을 설명할 수 있다.

함정 12 : 도구 운영 환경이 명확하게 식별되지 않음. 앞서 언급한 것처럼(Section 13.3.2, 차이점 #11 그리고 #14), 인증 과정에서 가정된 운영 환경이 운영에 사용되는 환경을 대표하는지 확인하는 것이 중요하다. 이것은 흔히 SLECI 그리고 계획에서 누락된다.

함정 13 : 도구의 소스 코드가 보관되지 않음. 도구는 소프트웨어 개발 및 검증 환경의 일부이기 때문에, 다른 소프트웨어 라이프 사이클 데이터와 함께 보관되어야 한다. 특별한 하드웨어를 요구하는 일부 도구의 경우, 그 하드웨어 또한 보관될 필요가 있다.

13.4.5 DO-330과 DO-178C 부속서

모델 기반 개발(DO-331), 객체 지향 기술(DO-332), 정형 기법(DO-333) 부속서는 DO-178C와 동일하게 DO-330을 적용한다. 기본적으로 도구 인증은 도구를 활용하는 기술과는 관계없이 동일하다. 하지만 만약 도구가 모델 기반 개발, 객체 지향 기술 혹은 정형 기법을 사용해서 구현된다면, 해당 기술의 부속서가 도구 개발 및 검증에 적용되어야 할 가능성이 있다.

13.4.6 다른 분야를 위해 DO-330 사용하기

DO-330은 여러 분야에 의해서 사용될 수 있도록 개발되었다. 만약 다른 분야(항공용 데이터베이스 혹은 프로그램가능한 하드웨어와 같은)가 DO-330을 사용하기로 선택한 경우, 그들은 자신들의 분야에서 TQL을 정의하는 방법을 설명하고, DO-330에 있는 소프트웨어 용어를 그들의 분야에 맞게 적용하는 방법을 설명하며, 해당 분야에 고유한 요구사항을 명확하게 해야 한다. DO-330 Appendix B는 CNS/ATM 분야가 DO-330 도구 인증 문서를 구현하는 방법을 설명한다. 다른 분야도 유사한 접근법을 사용하거나 그들만의 접근법을 만들 수 있다.

참고문헌

[1] RTCA DO-330, *Software Tool Qualification Considerations* (Washington, DC: RTCA, Inc., December 2011).

[2] RTCA DO-178C, *Software Considerations in Airborne Systems and Equipment Certification* (Washington, DC: RTCA, Inc., December 2011).

[3] RTCA/DO-254, *Design Assurance Guidance for Airborne Electronic Hardware* (Washington, DC: RTCA, Inc., April 2000).

[4] RTCA/DO-200A, *Standards for Processing Aeronautical Data* (Washington, DC: RTCA, Inc., September 1998).

[5] RTCA/DO-178B, *Software Considerations in Airborne Systems and Equipment Certification* (Washington, DC: RTCA, Inc., December 1992).

[6] Federal Aviation Administration, *Software Approval Guidelines*, Order 8110.49 (Change 1, September 2011).

Chapter 14

DO-331과 모델 기반 개발 및 검증

약어

EASA	European Aviation Safety Agency
EUROCAE	European Organization for Civil Aviation Equipment
FAA	Federal Aviation Administration
HLR	high-level requirement
LLR	low-level requirement
SC-205	Special Committee #205
SCADE	standard for the development of critical embedded display software
WG-71	Working Group #71

14.1 소개

DO-331 용어집은 **모델(model)**을 다음과 같이 정의한다.

> 분석, 검증, 시뮬레이션, 코드 생성 혹은 이들의 조합에 사용되는 주어진 시스템 측면의 세트에 대한 추상적인 표현. 모델은 추상화의 수준에 관계없이 모호하지 않아야 한다.
>
> 주의 1 : 만약 해석이 모호한 다이어그램으로 표현된다면, 이것은 모델로 간주되지 않는다.
> 주의 2 : "주어진 시스템 측면의 세트"는 시스템의 모든 측면 혹은 하부 세트만 포함할 수 있다.[1]

모델은 요구사항 계층을 시스템 요구사항, 소프트웨어 요구사항 그리고/혹은 소프트웨어 설계로 입력할 수 있다. 시스템과 소프트웨어 엔지니어들은 수년간 컨트롤을 그래픽으로 나타내기 위해 모델을 사용해왔다. 하지만 자동으로 코드를 생성하고 경우에 따라서는 심지어 시험 벡터를 자동으로 생성하는 인증된 모델링 도구의 사용은 항공 소프트웨어 커뮤니티에서 비교적 최근의 패러다임 전환이다. 에어버스 A380은 다음의 시스템에 대해서 광

그림 14-1 | Simulink®에서 모델의 예시(브라질 São Paulo의 Embraer 제공)

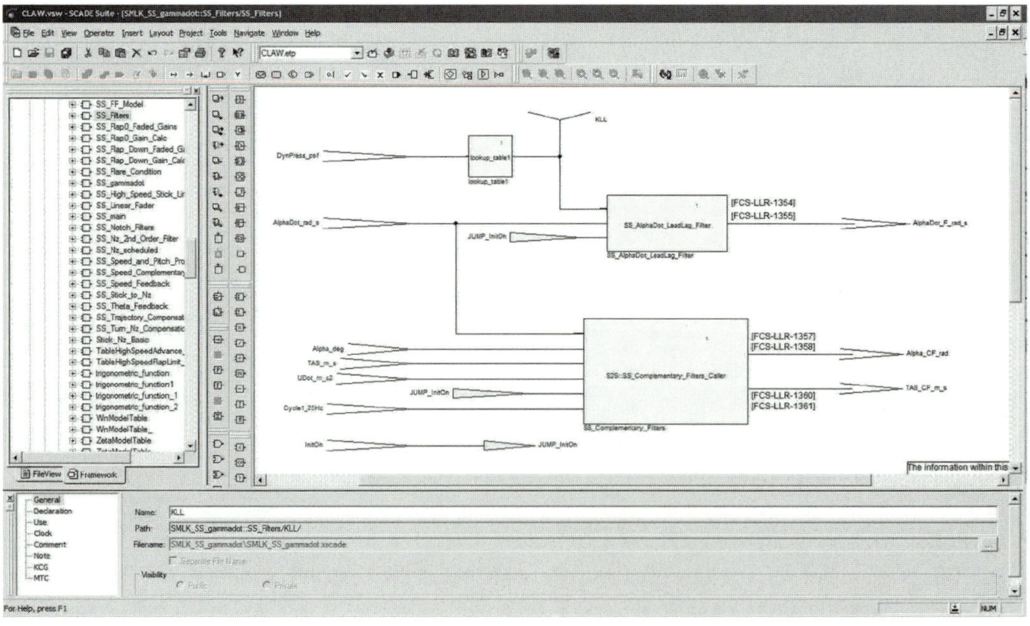

그림 14-2 | SCADE에서 모델의 예시(브라질 São Paulo의 Embraer 제공)

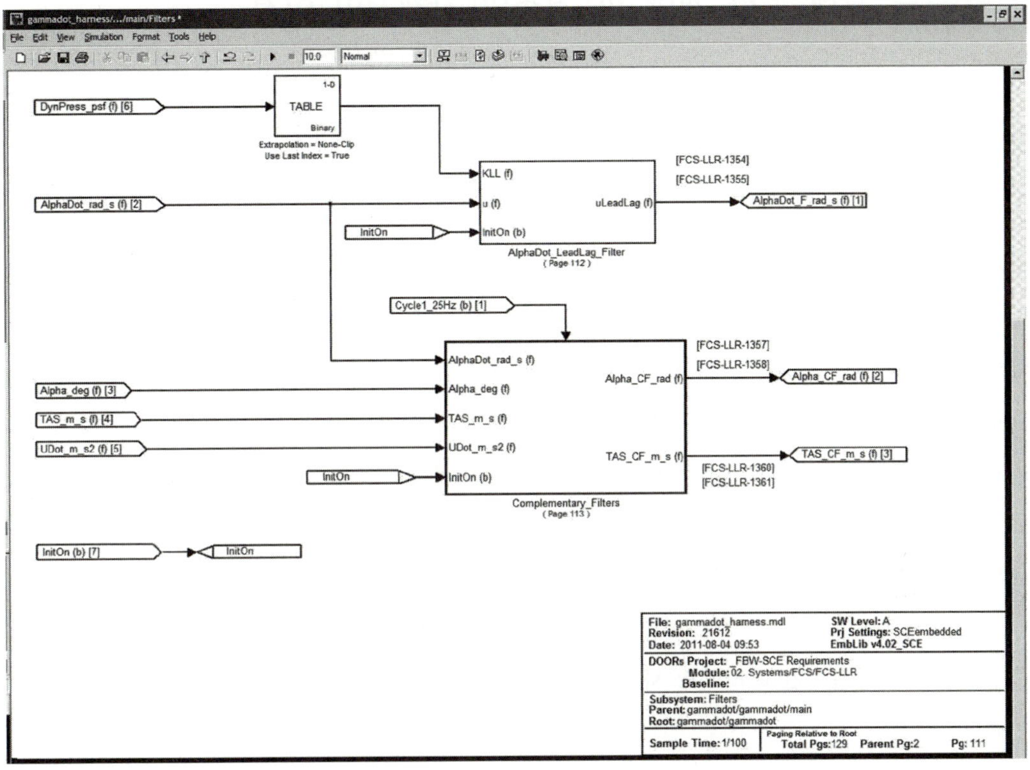

범위하게 모델 기반 개발을 사용했다. 비행 컨트롤, 오토 파일럿, 비행 경고, 조종석 디스플레이, 연료 관리, 랜딩 기어, 브레이크, 스티어링, 결빙 방지, 전기 부하 관리 등이다.[2] 또한 다른 항공기 제조사들은 컨트롤 시스템에 대한 요구사항을 모델링하고 있다. [그림 14-1]과 [그림 14-2]는 간단한 모델의 예를 제공하고 있다. 동일한 모델을 Simulink®([그림 14-1]) 그리고 SCADE(필수 내장 디스플레이 소프트웨어에 대한 표준)([그림 14-2])에서 볼 수 있다.

그러한 전환으로 잠재적으로는 엄청난 이점이 있을 수 있지만, 그 이점에는 어느 정도의 위험과 증가하는 고통이 있다. 이 챕터는 인증과 안전성 관점에서 모델 기반 개발의 장점과 단점 모두를 검토한다. 추가적으로 DO-331, Model-Based Development and Verification Supplement to DO-178C and DO-278A의 간략한 개요가 제공된다.

14.2 모델 기반 개발 및 검증의 잠재적인 이점

모델 기반 개발 및 검증에는 많은 잠재적 이점이 있다. 이러한 편익을 얻을 수 있는 능력은 구현 세부 내역에 달려 있으며 모든 것이 실현되지는 않을 수 있다.

잠재적 이점 1 : V 라이프 사이클에서 Y 라이프 사이클로. 모델 기반 개발의 주요 동기 유발 요인 중 하나는 개발시간, 비용, 그리고 어쩌면 인간의 실수까지도 줄일 수 있는 잠재성과 함께, 전통적인 **V 라이프 사이클**에서 **Y 라이프 사이클**로 전환할 수 있는 능력이다. 시스템 요구사항에 초점을 맞추고 자동화를 활용함으로써 라이프 사이클이 단축될 수 있다. 일부 추정치에 따르면 인증되지 않은 코드 생성기를 사용할 때 20% 감소를, 인증된 코드 생성기를 사용할 때 최대 50%까지 감소되는 것을 보여준다.**[3]** [그림 14-3]과 [그림 14-4]는 V로부터 Y 라이프 사이클로의 진행을 보여준다.

그림 14-3 | 전통적인 V 라이프 사이클

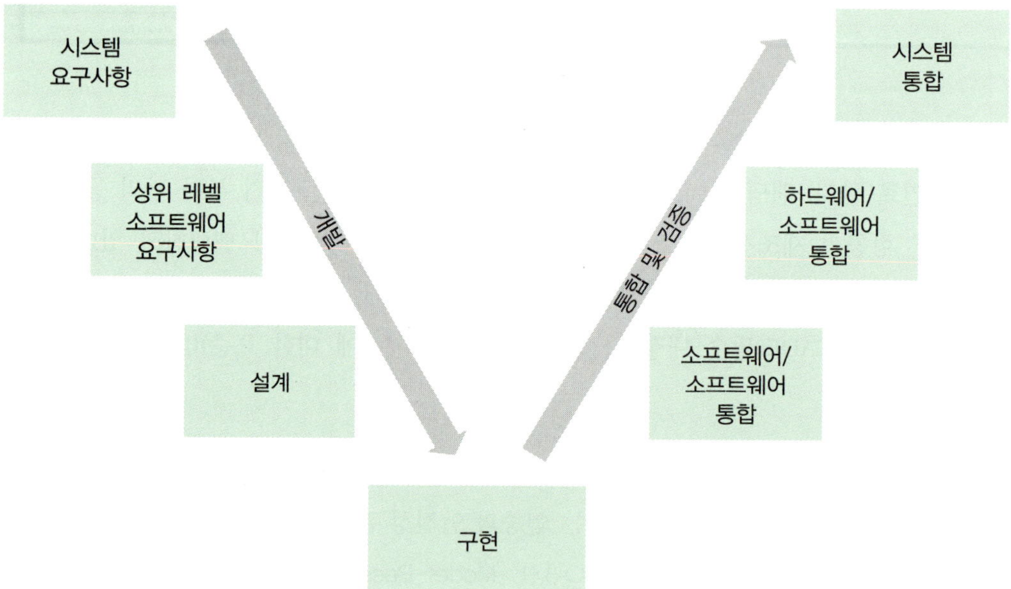

그림 14-4 | 모델 기반 개발 및 검증을 사용하는 Y 라이프 사이클

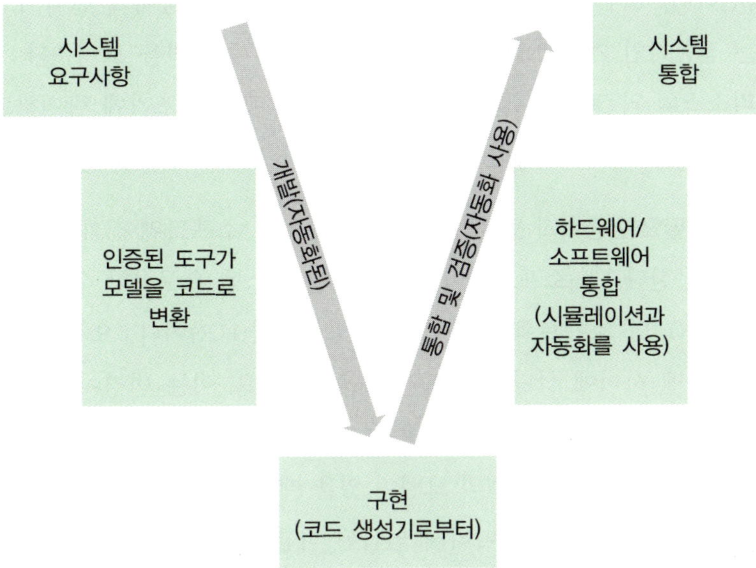

제품 라이프 사이클에 모델을 도입하기 위한 여러 가지 방법이 있다. 그것은 시스템 레벨, 소프트웨어 요구사항 레벨 그리고/혹은 소프트웨어 설계 레벨에서 생성될 수 있다. 대부분의 회사들은 그것을 좀 더 이식가능하게 만들면서, 플랫폼으로부터 모델을 추상화하는 플랫폼 독립적 수준의 모델을 가지려고 시도한다. 플랫폼별 세부사항은 하위 수준 모델로 나타낼 수 있다.

잠재적 이점 2: 요구사항에 좀 더 초점을 맞춤. Chapter 6에서 언급한 것처럼 요구사항 에러는 종종 소프트웨어와 관련된 운영 문제의 근본 원인이다. 게다가 요구사항 에러가 늦게 발견될수록 고치는 데 비용이 더 많이 든다. 모델이 요구사항을 나타낼 때, 시스템 혹은 소프트웨어 기능에 대해서 요구사항 캡처 과정에서 텍스트로 된 요구사항보다 더 명확한 뷰를 보여줄 잠재력을 가진다. 모델을 구현하기 위해 자동화가 사용될 때(인증된 자동 코드 생성기처럼), 그것은 개발팀이 구현 세부사항에 초점을 맞추기보다는 요구사항의 그래픽 표현에 집중할 수 있도록 한다. 만약 적절히 실행되면, 더 높은 품질의 요구사항과 요구사항 에러의 조기 탐지를 촉진할 수 있다.

잠재적 이점 3: 조기 검증. 인증된 model-to-code 도구가 사용될 때, 초점은 코드로부터 모델로 전이된다(즉, 코드 구현 세부사항에 소요되는 시간이 줄어들고 모델 자체에 더 많은 시간이 소요된다). 모델 시뮬레이션 그리고/혹은 자동 시험 케이스 생성기의 사용은 조기 검증을 촉진하여, 요구사항의 조기 성숙과 조기 탐지를 가능하게 한다. [그림 14-3]과 [그림 14-4]는 전통적인 개발과 모델 기반 개발 사이의 차이점을 보여준다. 검증은 종종 소프트웨어 리소스의 약 50~70%를 소비하기 때문에, 에러를 조기에 탐지하고 수동 검증 노력을 줄이는 것은 프로젝트 예산과 일정에 이점이 될 수 있다.[4]

잠재적 이점 4: 불필요한 중복과 불일치의 감소. 전통적인 소프트웨어 개발은 세 가지 레벨의 요구사항을 사용한다. ① 소프트웨어에 할당되는 시스템 요구사항, ② 소프트웨어 상위 레벨 요구사항(HLR), ③ 소프트웨어 하위 레벨 요구사항(LLR)이다. 요구사항 캡처 접근법에 따라서 이들 레벨 사이에 상당한 중복이 있을 수 있고, 이는 변경이 생길 때 불일치를 초래할 수 있다. 인증된 모델링 도구의 사용은 이러한 중복과 불일치를 줄일 수 있는 잠재력을 가지고 있다. 하지만 여러 레벨의 모델이 있을 때, 거기에도 역시 상당한 양의 중복과 잠재적인 불일치가 있을 수 있다. 따라서 언급된 다른 이점과 마찬가지로 그것은 실제로 선택한 접근법에 달려 있다.

잠재적 이점 5: 요구사항 이해도 향상. 일부 도구는 텍스트 요구사항보다 이해하기 쉬운 모델을 생성한다. 따라서 그들은 더 높은 정확도, 일관성, 완성도를 촉진할 수 있다. 모델은 텍스트 요구사항보다 좀 더 직관적으로 될 수 있어서, 계획된 동작에서 에러와 갭을 더 쉽게 탐지하게 한다.[2] 하지만 모든 모델링 도구가 이해하기 쉬운 모델을 생성하는 것은 아니며, 생성된 모델 중 일부는 상당히 혼란스럽다. 모델링 도구는 조심해서 선택해야 한다. 또한 좋은 모델링 표준은 모든 개발자가 모델 표기, 심벌, 도구를 적절히 사용하고 있는지 확인하기 위해 필수이다.

잠재적 이점 6: 고객과의 상호작용 개선. Chapter 6에서 논의한 것처럼 고객의 입력은 올바른 요구사항을 캡처하는 데 매우 중요하다. 모델의 좀 더 직관적인 성격 때문에 고객과 시스템 엔지니어로부터 입력을 얻기가 유용할 수 있다. 이것은 고객, 시스템, 소프트웨어팀 간의 조기 조정을 증가시킬 수 있어 요구사항의 전반적인 품질과 정확도가 향상된다.

잠재적 이점 7: 도구 지원 증가. 모델 기반 개발 및 검증 도구의 능력과 품질이 높아지고 있다. 사용할 수 있는 인증된 코드 생성기가 여전히 많지는 않지만 몇 가지는 있다. 또한 코드 생성기의 출력을 검증하기 위해 사용할 수 있는 도구도 있다. 하나의 도구에 대한 신뢰를 완전히 실현할 수 없는 경우 신뢰도를 높이기 위해 두 개의 서로 다른 도구 경로를 사용할 수 있다. 일부 좀 더 중요한 시스템(예를 들면, 비행 컨트롤)의 경우, 일반적인 설계 에러의 우려를 줄이는 데 도움이 되므로 심지어 당신이 도구에 신뢰를 가지고 있지 않더라도 추천되는 접근법이 될 수 있다.

잠재적 이점 8 : 정형 기법 지원의 진화. 흥미롭게도 모델 기반 개발 및 검증의 이점을 상당히 증가시킬 수 있는 모델링 기술, 도구 지원, 정형 기법의 융합이 나타나고 있다. 코드 생성기를 포함한 모델링 도구 모음이 정확도에 대해서 공식적으로 검증될 때, 도구는 의도된 기능을 수행하는 것을 신뢰할 수 있다. 공식적인 검증이 없으면, 모델링 도구 혹은 근간을 이루는 코드 생성기가 일부 코너 케이스(corner-case) 시나리오에서 에러를 삽입할 수 있다는 불안감이 항상 존재한다. 하지만 정형 기법은 전체 입력과 출력 공간을 검증함으로써 model-to-code 도구 모음에 신뢰를 제공할 수 있다. 정형 기법에 대한 더 많은 정보에 대해서는 Chapter 16을 보라.

14.3 모델 기반 개발 및 검증의 잠재적인 위험

다른 기술과 마찬가지로 모델 기반 개발 및 검증을 사용할 때 잠재적인 많은 어려움이 있다. 그중 몇 가지를 여기에 언급한다.

잠재적 위험 1 : 여러 번의 요구사항 리뷰 상실. 자동 코드 생성을 사용해서 모델이 구현될 때, 만약 모델이 시스템 수준에서 도입되면, 요구사항에 대한 전통적인 정밀도 중 일부를 잃을 수 있다. 전통적인 소프트웨어 개발에는 시스템 요구사항, 소프트웨어 요구사항, 설계 그리고 코드에 대한 리뷰가 있다. 추가적으로 요구사항 각각의 레벨이 하위 레벨을 생성하기 위해 분석되면서, 이슈가 식별되고 해결된다. 예를 들면, 코드를 구현하는 누군가는 요구사항과의 불일치를 발견할 수 있다. Mats Heimdahl은 이것을 **부수적 확인**(collateral validation)이라고 말한다. 그는 다음과 같이 설명한다. "숙련된 전문가가 설계하거나 코드를 개발하거나 혹은 시험 케이스를 정의하는 것은 소프트웨어 시스템의 비공식적인 확인을 제공한다."[4] 이 엔지니어들은 데이터를 조사하면서 에러를 발견하고 적절한 수정 조치를 취할 수 있다. 하지만 모델이 더 높은 수준으로 밀리고 구현이 도구로 처리되면, 이 부수적 확인(collateral validation)은 감소되거나 모두 잃어버리게 된다.[4]

잠재적 위험 2: 시스템 엔지니어링 역할의 확장. 항공 세계에서, 적어도 현 시점에서는 소프트웨어 엔지니어들이 시스템 엔지니어들보다 프로세스에 더 전념해왔다. DO-178B 그리고 지금은 DO-178C가 이것을 강제해왔다. 그러나 시스템 엔지니어들은 사실상 이제 막 개발 보증 관행을 시행하기 시작했다. 따라서 만약 모델이 시스템 엔지니어링에 의해서 컨트롤되면, DO-178C 그리고 DO-331 기대치를 충족하는 모델의 품질에 대해서 우려가 있게 된다. 예를 들면, 시스템 엔지니어가 표준에 대한 준수를 확인하거나, 산출물에 대한 문서화된 리뷰를 수행하거나 혹은 모든 요구사항을 시험하는 것이 일반적이지 않을 수 있다. 또한 시스템 엔지니어는 요구사항 커버리지, 강건성 시험, 모델 커버리지 분석 등의 개념에 익숙하지 않을 수 있다. 이러한 이슈를 극복하기 위해 시스템 엔지니어링팀을 숙련된 소프트웨어 엔지니어로 보완하는 것이 현명하다. 시스템과 소프트웨어 엔지니어 모두 그런 배치로부터 이득을 얻는다.

잠재적 위험 3: 추적성의 어려움. 요구사항이 모델로 그래픽적으로 표현되더라도, 모델은 여전히 상위 레벨 요구사항으로 상위 추적되고 하위 레벨 요구사항 혹은 코드로 하위 추적될 필요가 있다. 상위 레벨과 하위 레벨로의 추적은 양방향이어야 한다. 일부 모델링 도구는 추적성을 잘 지원하지 않는다. 텍스트 요구사항과 모델 요구사항 간의 추적은 특히 어려울 수 있다.

잠재적 위험 4: 시험 완료의 어려움. 모델링 접근법과 시험팀의 경험에 따라 모델의 형태로 표시되는 요구사항이 완전하게 검증되는 것을 확인하기가 어려울 수 있다. 복잡한 모델을 완전하게 검증하는 것이 특히 어려울 수 있다. 요구사항 기반 시험이 모델을 완전하게 검증하는지를 확인하기 위해 상세한 시험 지침이 필요하다. 추가적으로 모델 복잡도 또한 모델의 시험가능성을 보장하기 위해 컨트롤될 필요가 있다.

잠재적 위험 5: 시뮬레이션 신뢰에 대한 논란. 모델 기반 개발 및 검증의 동인 중 하나는 가능한 한 일찍 에러를 식별하기 위해 시뮬레이션 도구를 활용하고자 하는 욕구이다. 하지만 기업이 시뮬레이션에 대해서 공식적인 검증 신뢰를 얻으려고 할 때, 그것은 논란이 될 수 있다. DO-331은 시뮬레이션에 대해서 예상되는 것과 허용되는 것을 분명하게 하려고 시도하지만, DO-331 이전에는 인증 당국과 사례별로 논쟁을 해왔다. DO-331을 사용하더

라도 시뮬레이션에 대해서 요구되는 신뢰는 인증 당국과의 긴밀한 조율이 필요할 것이다.1)

잠재적 위험 6: 모델은 종종 what과 how를 섞는다. 모델은 구현에 대한 세부사항을 자주 포함하기 때문에 모델이 무엇을 하는지를 식별하는 것이 어려울 수 있다. 기본적으로 설계와 요구사항이 혼재된다. Chapter 6에서 언급한 것처럼 이것은 종종 전통적인 개발에서도 문제가 된다. 하지만 모델은 특히 이 딜레마에 빠져 있다. 이런 상황을 방지하기 위해, DO-331은 모델보다 상위 수준의 요구사항을 요구한다. 바라건대 그러한 지침은 개발자들이 모델이 무엇을 해야 하는지를 식별하도록 장려할 것이다. 불행히도 나는 모델보다 상위 레벨의 다소 취약한(weak) 요구사항을 보아왔다. 예를 들면, 나는 그 위에 하나의 요구사항이 있는 98페이지짜리 모델을 본 적이 있다. 그 요구사항은 본질적으로 다음과 같이 말했다. "당신은 모델을 가질 것이다." 그것을 시험하는 것은 좀 어렵다!

잠재적 위험 7: 설계 모델로부터 명세 모델의 분리에 대한 어려움. 곧 논의할 것처럼 DO-331은 명세 모델(specification models)과 설계 모델(design models)에 대한 지침을 제공한다. 지침은 그 모델들이 합쳐질 수 없다고 언급한다. 현실에서 명세 모델과 설계 모델 사이를 구분하는 것은, 특히 이미 존재하는 모델의 경우, 어려운 것으로 판명될 수 있다. 대부분의 기본 모델은 what(요구사항)과 how(설계)를 어느 정도 결합한다. 추가적으로 대부분의 모델링 기법은 설계 세부사항(예를 들면, 방정식과 알고리즘)을 포함하도록 권장한다. 명세 모델과 설계 모델을 분리하는 것은 대부분의 조직에게 중요한 패러다임 전환을 요구할 것이다.

잠재적 위험 8: 모델 확인의 어려움. 명세 모델은, 특히 시스템 수준에서 정확도와 완전성에 대해 확인할 필요가 있다. 이것이 없으면 모델의 구현은 거의 가치가 없다. 종종 모델 확인을 위한 프로세스는 제한적이다. DO-331은 모델보다 상위 요구사항으로의 추적성에 더해서 모델 커버리지 분석(이것은 이 챕터의 나중에 논의한다)을 요구함으로써 이를 해결하려고 시도한다.

잠재적 위험 9: 시스템과 소프트웨어 역할을 흐릿하게 함. 모델이 도입되는 위치에 따라 시스템팀은 익숙한 것보다 더 낮은 수준의 세부사항에 더 많이 관여될 수 있고, 소프트웨어팀은 전통적인 것보다 더 높은 수준의 세부사항에 더 많이 관여될 수 있다. 올바르게

1) DO-330에 대한 경험이 쌓이면서 인증 당국에서 추가 지침이 개발될 가능성이 높은 분야다.

처리되면 시스템 엔지니어와 소프트웨어 엔지니어 사이의 긴밀한 연결이 도움이 될 수 있다. 하지만 적절한 고려사항이 없으면 불필요한 중복 혹은 프로세스에 큰 갭이 있을 수 있다.

잠재적 위험 10 : 전통적인 것과 모델 기반 개발을 합치는 어려움. 대부분의 모델 기반 개발 프로젝트는 모델 외에도 일부 전통적인(비모델) 요구사항과 설계를 가지고 있다. 마찬가지로 코드 생성기가 사용될 때조차도 일반적으로 일부 직접 작성한 코드가 필요하다. 전통적인 것과 모델 기반 개발의 조합은 일관성과 완전성을 보장하기 위해 조심스럽게 정의되어야 한다. 마찬가지로 DO-178C와 DO-331 모두 사용될 필요가 있을 것이다(전통적인 것을 위해서 DO-178C 그리고 모델을 위해서 DO-331). 이것은 일부 추가적인 생각, 조정, 계획을 필요로 한다. 그 계획은 전통적인 것과 모델 기반 기법 양쪽의 개발, 검증, 통합을 명확하게 정의해야 한다.

잠재적 위험 11 : 일관성 없는 모델 해석. 만약 모델링 표기법이 잘 정의되지 않고 조심스럽게 구현되지 않으면, 모델의 일관성 없는 해석으로 이어질 수 있다. 철저한 모델링 표준과 준수를 통해서 이 이슈를 해결해야 한다.

잠재적 위험 12 : 모델 유지보수. 적절한 문서화가 없으면 모델을 유지할 수 없을 수 있다. 얼마 전까지만 해도 나는 비행 컨트롤 프로젝트에 참여했었다. 모델을 만들었던 엔지니어는 회사를 떠났다. 다른 핵심 엔지니어 또한 회사를 떠났다. 인증 활동을 마치도록 남겨진 팀은 모델이 무엇을 했는지, 왜 그렇게 했는지에 대해서 전혀 알지 못했다. 존재하는 것은 모델 그 자체였다. 더 높은 수준의 요구사항, 가정, 정당성 혹은 근거는 없었다. 어떤 결정이 왜 내려졌는지 그리고 왜 일부 모델 요소들이 포함되었는지가 명확하지 않았다. 모델의 정확도와 완전성을 확인하고 그 구현을 검증하는 것은 악몽이었다. 이 이야기의 교훈은 유지보수가 가능한 모델은 철저한 문서화를 요구한다는 것이다. 코드에 주석을 넣는 것이 중요한 것처럼(Chapter 8을 보라), 모델링 결정을 설명하고 정당화하는 것이 중요하다. Section 14.4(차이점 #3)는 이 개념을 좀 더 설명하고 있다.

잠재적 위험 13 : 자동 시험 생성 논란. 일부 모델링 도구는 자동으로 코드를 생성할 뿐만 아니라 모델에 대한 시험도 자동으로 생성한다. 이것은 비공식적으로 모델의 신뢰도를 검증하고 구축하는 데 도움이 된다. 하지만 프로젝트가 인증 신뢰를 위해서 자동으로 생성된 시험을 사용하려고 할 때 여러 가지 우려가 발생한다. 만약 모델이 틀리더라도 에러가 잡히지 않을 수 있다. 전통적인 소프트웨어 시험에서 인간 시험 작성자는 종종 시스템에서 요구사항과 약점에 대한 이슈를 발견한다(Chapter 9를 보라). 머신 생성 시험은 효과적이지 않을 수 있다. 제대로 구현되면 모델 커버리지 분석이 이러한 우려의 일부를 완화하는 데 도움이 될 수 있다. 하지만 모델 커버리지 분석 외에도 자동으로 생성된 시험을 보완하기 위해 통합, 안전성 요구사항, 핵심 기능, 도전적인 기능 그리고 강건성을 고려하기 위해 수동으로 생성된 시험이 필요할 수 있다. 자동으로 생성된 시험을 사용할 때 적절한 독립성 또한 보장되어야 한다. 높은 소프트웨어 레벨의 경우, 시험 생성기와 코드 생성기는 독립적으로 개발되어야 한다.

잠재적 위험 14 : 도구 불안전성. 모델 기반 개발 및 검증의 도구에 대한 의존성 때문에 도구에서의 불안전성이 문제가 될 수 있다. 미성숙한 도구는 자주 변경될 수 있고, 모델의 재생성 그리고/혹은 재검증에 대한 필요성으로 이어질 수 있다. 나는 최근에 여러 항공기 제조사들과 그들의 공급업체들이 사용해온 모델링 도구에서 발견된 이슈에 대해서 들었다. 각각의 도구 사용자는 제품에 대해서 새롭게 발견된 이슈들의 영향을 평가해야 했다. 도구 문제의 파급 효과는 안전 필수 분야에서 상당히 중요할 수 있다. 만약 당신이 모델 기반 개발 및 검증을 지원하기 위해 인증된 도구를 사용하고 있다면, 그것이 당면한 작업에 충분히 성숙하고 엄격한지 확인할 것을 권장한다. 도구와 그것을 지원하는 데이터의 독립적인 평가는 도구 적합성과 성숙도를 파악하는 데 도움이 될 수 있다.

잠재적 위험 15 : 모델링 제약사항. 모든 시스템이 모델링에 적합한 것은 아니다. 모델 기반 개발 및 검증이 모든 프로젝트 혹은 조직에 올바른 접근법은 아닐 것이다. 일부의 주장에도 불구하고 그것은 만병통치약이 아니다.

14.4 DO-331 개요

Model-Based Development and Verification Supplement to DO-178C and DO-278A라는 타이틀의 DO-331은 RTCA Special Committee #205(SC-205)와 EUROCAE(European Organization for Civil Aviation Equipment) Working Group #71(WG-71)에 의해서 개발된 가장 도전적인 부속서였다. 또한 그것은 위원회가 승인한 마지막 문서였고 가장 덜 성숙한 문서일 수 있다. 안전 필수 분야에서 모델을 가장 잘 구현하는 방법에 대한 다양한 모델링 접근법과 의견이 있다. DO-331 지침은 모델 구현을 위한 유연성을 제공하는 동시에 모델을 사용해서 생성된 소프트웨어가 의도된 기능을, 그리고 오직 의도된 기능만 수행하도록 보장하기 위해 노력한다. 만약 적절하게 사용되면 그 부속서는 이 챕터의 앞에서 언급했던 여러 가지 우려들을 해결하는 데 도움이 된다.

다른 부속서와 마찬가지로 DO-331은 DO-178C 개요를 사용하며, 필요에 따라서 DO-178C에 목표, 활동, 지침을 수정, 대체 혹은 추가한다.

DO-331의 모델에 대한 정의는 이전의 Section 14.1에 포함되어 있다. DO-331은 모델이 시스템 요구사항, 소프트웨어 요구사항 그리고/혹은 소프트웨어 설계처럼 소프트웨어 라이프 사이클에 들어갈 수 있으며 여러 레벨의 모델 추상화가 있을 수 있다는 것을 인식하고 있다. 모델이 소프트웨어 라이프 사이클로 들어가는 레벨과 관계없이 모델 기반 개발 및 검증 활동을 가능하게 하기 위해 세부사항과 제약을 설명하기 위한 요구사항이 모델보다 상위에 그리고 외부에 있어야 한다.

DO-331 Section MB.1.6.2는 두 가지 유형의 모델을 정의한다 : ① 명세 모델(specification model), ② 설계 모델(design model). 각각의 설명은 다음과 같이 제시되어 있다.[1][2]

> **명세 모델(Specification Model)**은 소프트웨어 컴포넌트의 기능, 성능, 인터페이스 혹은 안전성 특성에 대한 추상적인 표현을 제공하는 상위 레벨 요구사항을 나타낸다. 명세 모델은 소프트웨어 기능의 이해를 지원하기 위해 이러한 특징들을 모호하지 않게 표현해야 한다. 그것은 이러한 이해에 기여하는 세부사항만 포함해야 하며 정당한 설계 제약의 예외적인 케이스를 제외하고 특정 소프트웨어 구현이나 아키텍처를 규정하지 않는다.

[2] 명확하게 하기 위해서 볼드체가 추가되었다.

명세 모델은 내부 데이터 구조, 내부 데이터 플로우 혹은 내부 컨트롤 플로우와 같은 소프트웨어 설계 세부사항을 정의하지 않는다. 따라서 명세 모델은 상위 레벨 요구사항을 표현할 수 있지만 하위 레벨 요구사항 혹은 소프트웨어 아키텍처는 표현할 수 없다.

설계 모델(Design Model)은 소프트웨어 컴포넌트 내부 데이터 구조, 데이터 플로우 그리고/혹은 컨트롤 플로우를 규정한다. 설계 모델은 하위 레벨 요구사항 그리고/혹은 아키텍처를 포함한다. 특히, 모델이 다른 내용과 관계없이 소프트웨어 설계를 표현할 때는 설계 모델로 분류되어야 한다. 이것은 코드를 생성하기 위해 사용되는 모델을 포함한다.

이러한 모델 유형에 대해서 주목할 만한 두 가지 중요한 사항이 있다. 첫째, 모델은 명세 모델과 설계 모델 둘 다로 분류될 수 없다. 둘째, DO-331은 모델보다 상위의 요구사항이 있을 것을 요구하기 때문에 모델을 사용할 때 적어도 두 가지 레벨의 요구사항이 항상 존재할 것이다.[1]

DO-331은 DO-178C 지침의 대부분을 유지하지만, 일부 모델 고유 정보를 추가한다. 일반적으로 HLR과 관련된 DO-178C의 대부분의 지침은 명세 모델에 적용하고 소프트웨어 설계에 대한 지침은 설계 모델에 적용한다. DO-331과 DO-178C 사이의 가장 중요한 차이점이 다음에 요약된다. 이것들은 DO-331이 모델 기반 개발 및 검증에 적용하기 위해 DO-178C를 수정하거나 분명하게 하는(즉, 보완하는) 영역이다.

차이점 1 : 모델 계획. 계획 단계 과정에서 계획은 모델링의 사용과 그것이 어떻게 소프트웨어 라이프 사이클에 적합한지를 설명해야 한다. 계획은 각각의 모델에 의해서 어떤 소프트웨어 라이프 사이클 데이터를 나타내는지, 어떤 모델 표준이 사용될지 그리고 의도된 검증 접근법을 설명해야 한다. 만약 시뮬레이션이 신뢰를 위해 사용된다면, 계획은 접근법과 추구하는 신뢰를 명시적으로 자세히 설명해야 한다. 또한 계획 단계는 만약 시뮬레이션이 공식적으로 검증을 지원하기 위해 사용된다면, 방법, 도구, 절차 그리고 운영 환경을 포함해서 모델 시뮬레이션 환경을 정의해야 한다. 시뮬레이터가 어떻게 사용되는지에 따라 인증이 필요할 수 있다. 인증이 필요한 혹은 필요하지 않은 이유에 대한 근거가 계획에 포함되어야 한다. Chapter 13은 도구 인증 기준과 접근법을 설명한다.

만약 모델 이외에 전통적인 텍스트 요구사항과 설계 요소가 모두 사용된다면 계획에 설명해야 한다. 이런 상황에서는 계획은 DO-178C와 DO-331 목표가 모두 어떻게 충족될지를 설명해야 한다. 이것을 달성하기 위한 다양한 방법들이 있다. 한 가지 방법은 DO-178C와

DO-331 목표의 양쪽 세트가 어떻게 충족될지를 보이기 위해 PSAC에(아마도 부록으로) DO-178C와 DO-331 목표를 모두 포함하는 것이다.

차이점 2 : 모델 표준. 사용된 각각의 모델 유형은 모델링 기법, 제약, 지침 등을 설명하기 위해 표준을 가져야 한다. DO-331 Section MB.11.23은 각각의 모델 유형별로 모델 표준이 있어야 하며 각각의 표준은 최소한 다음과 같은 종류의 정보를 포함하고 있다고 설명한다.

- 사용될 방법과 도구에 대한 설명 및 정당성
- 사용될 모델링 언어와 언어의 구문, 의미, 특성, 제약을 식별
- 모델링 접근법 및 구현이 명확하고 결정론적이며 DO-331 목표를 준수할 수 있도록 하는 스타일 지침 및 복잡성 제한. 복잡성 제한은 특히 중요하다. 일반적으로 모델의 깊이(중첩 레벨), 아키텍처적인 레이어의 수 그리고 다이어그램당 요소들의 수가 제한될 필요가 있다.
- 모델링 도구와 지원 라이브러리의 적절한 사용을 보장하기 위한 제약
- 요구사항 식별, 요구사항 레이어들 간의 양방향 추적성 확립, 파생 요구사항 식별, 모든 파생 요구사항에 대한 정당성 문서화 그리고 소프트웨어 요구사항 혹은 설계가 아닌 모델 요소의 식별(주석과 같은)을 위한 방법

모델 표준은 개발자들에게 그들이 높은 품질 및 준수 모델을 생산하도록 하기 위한 가이드이다. 분명한 지침과 현실적인 예제가 도움이 된다.

차이점 3 : 모델 요소를 지원하기. DO-331은 요구사항 혹은 설계 구현에 기여하거나 실현하지 않는 모델 요소가 명확하게 식별되어야 한다고 설명한다. DO-331은 이것을 다루기 위해 세 가지 목표를 추가하고 있다. 세 가지 목표 모두 DO-331 Annex MB.A Table MB.A-2에 있으며 다음과 같이 나열된다.[1]

- Objective MB8 : "상위 레벨 요구사항의 구현 혹은 실현에 기여하지 않는 명세 모델 요소가 식별된다."
- Objective MB9 : "소프트웨어 아키텍처의 구현 혹은 실현에 기여하지 않는 설계 모델 요소가 식별된다."
- Objective MB10 : "하위 레벨 요구사항의 구현 혹은 실현에 기여하지 않는 설계 모델 요소가 식별된다."

차이점 4 : 모델 요소 라이브러리. 라이브러리는 대부분의 모델링 도구에서 광범위하게 사용된다. 예를 들면, 모델을 그래픽적으로 설명하기 위해 사용되는 심벌은 심벌 라이브러리로부터 온다. 모델에서 사용될 수 있는 각각의 라이브러리 요소는 DO-178C에 대해서 적절한 소프트웨어 레벨로 보장되어야 한다. 기본적으로 라이브러리 요소는 다른 안전 필수 소프트웨어와 마찬가지로 계획, 개발 표준, 요구사항, 설계, 코드, 검증 케이스 및 절차 등이 필요하다. 만약 라이브러리에 적절한 레벨의 보증이 없는 요소들이 있다면, 그것들은 사용되지 말아야 한다. 우발적으로 사용하지 않도록 라이브러리에서 완전히 제거하는 것이 좋다. 하지만 그것이 실현가능하지 않다면 보장되지 않는 요소의 사용을 금지하기 위한 명백한 표준과 그 표준을 따르는 것을 보장하기 위한 리뷰가 있어야 한다. 추가적으로 모델링 표준은 라이브러리 요소들을 적절하게 사용하기 위한 지침을 제공해야 한다.

차이점 5 : 설계 모델을 위한 모델 커버리지 분석. DO-331 용어집은 모델 커버리지 분석을 다음과 같이 정의한다.

> 개발되었던 설계 모델로부터의 요구사항에 기반한 검증에 의해서 수행되지 않는, 설계 모델에 의해서 표현된 요구사항을 결정하는 분석. 이 분석의 목적은 설계 모델에서 의도되지 않은 기능의 탐지를 지원하는 것으로, 개발되었던 모델로부터의 요구사항의 커버리지는 검증 케이스에 의해서 달성된다.[1]

모델 커버리지 분석은 구조적 커버리지 분석과 동일하지 않다. DO-331 Section MB.6.7은 권장되는 모델 커버리지 분석 활동 및 기준뿐만 아니라 어떤 커버리지 이슈가 언급되는 경우 해결 활동을 설명한다. 흥미롭게도 DO-331 Section MB.6.7은 DO-331 Annex MB.A Table MB.A-4의 목표가 아니라 활동으로 참조된다(즉, MB.6.7 참조는 **목표**(Objective) 칼럼이 아니라 **활동**(Activity) 칼럼에 있다). 목표 4는 다음과 같이 언급한다. "하위 레벨 요구사항의 시험 커버리지가 달성된다." 모델 커버리지 분석은 오직 설계 모델을 위해서만 필요하다. DO-331에 포함된 것은 다소 논란이 있었기 때문에 목적이 아닌 활동으로 포함되었다. 비록 모델 커버리지 분석은 목표가 아닌 DO-331 Table MB.A-4에 있는 활동으로만 나열되어 있음에도 불구하고, 대부분의 인증 당국에서 수행될 것으로 예상한다. 그들은 대체 접근법을 사용할 수는 있지만 모델 커버리지 분석이 제공하는 것과 같은 엄격함의 수준으로 설계 모델이 완전하게 검증되었다는 증거가 여전히 필요하다.

차이점 6: 모델 시뮬레이션. DO-331 용어집은 모델 시뮬레이션(model simulation)과 모델 시뮬레이터(model simulator)를 다음과 같이 정의한다.[1]

> **모델 시뮬레이션**: 모델 시뮬레이터를 사용해서 모델의 동작을 실행하는 활동
>
> **모델 시뮬레이터**: 검증 그리고/혹은 확인의 지원을 위해 동작을 시연하는 모델의 실행을 가능하게 하는 디바이스, 컴퓨터 프로그램 혹은 시스템
>
> **주의**: 모델 시뮬레이터는 타깃 코드를 대표하는 코드를 실행할 수도 혹은 실행하지 않을 수도 있다.

DO-331 Section MB.6.8은 모델 시뮬레이션에 대한 구체적인 지침을 제공한다. 모델 시뮬레이션은 DO-331 검증 목표의 일부를 충족하기 위해 사용될 수 있다. 〈표 14-1〉은 모델 시뮬레이션을 사용해서 충족될 수도 혹은 충족되지 않을 수도 있는 DO-331 목표를 요약하고 있다. 모델은 HLR, LLR 혹은 소프트웨어 아키텍처를 나타낼 수 있기 때문에, 〈표 14-1〉의 목표는 모델의 해당하는 표현에 적용한다.

▌표 14-1 ▌모델 시뮬레이션에 관련된 목표의 요약

DO-331 목표	참조	검증 활동	모델 시뮬레이션 허용?
명세 모델 검증			
Table MB.A-3 목표 1	DO-331: MB.6.3.1.a	HLR에 대한 시스템 요구사항 준수	Yes
Table MB.A-3 목표 2	DO-331: MB.6.3.1.b	HLR의 정확성과 일관성	Yes
Table MB.A-3 목표 3	DO-331: MB.6.3.1.c	HLR에 대한 타깃과의 호환성	No
Table MB.A-3 목표 4	DO-331: MB.6.3.1.d	HLR의 검증가능성	Yes
Table MB.A-3 목표 5	DO-331: MB.6.3.1.e	HLR의 표준 준수	No
Table MB.A-3 목표 6	DO-331: MB.6.3.1.f	HLR과 시스템 요구사항 사이의 양방향 추적성	No
Table MB.A-3 목표 7	DO-331: MB.6.3.1.g	HLR의 알고리즘 측면	Yes
설계 모델 검증			
Table MB.A-4 목표 1	DO-331: MB.6.3.2.a	LLR에 대한 소프트웨어 HLR 준수	Yes
Table MB.A-4 목표 2	DO-331: MB.6.3.2.b	LLR의 정확성과 일관성	Yes

Table MB.A-4 목표 3, 10	DO-331: MB.6.3.2.c, MB.6.3.3.c	타깃 컴퓨터와의 호환성(LLR과 소프트웨어 아키텍처)	No
Table MB.A-4 목표 4, 11	DO-331: MB.6.3.2.d, MB.6.3.3.d	LLR과 소프트웨어 아키텍처의 검증 가능성	Yes
Table MB.A-4 목표 5, 12	DO-331: MB.6.3.2.e, MB.6.3.3.e	LLR의 표준 준수	No
Table MB.A-4 목표 6	DO-331: MB.6.3.2.f	LLR과 HLR 사이의 양방향 추적성	No
Table MB.A-4 목표 7	DO-331: MB.6.3.2.g	LLR의 알고리즘 측면	Yes
Table MB.A-4 목표 8	DO-331: MB.6.3.3.a	소프트웨어 아키텍처에 대한 소프트웨어 HLR 준수	Yes
Table MB.A-4 목표 9	DO-331: MB.6.3.3.b	소프트웨어 아키텍처의 일관성	Yes
Table MB.A-4 목표 13	DO-331: MB.6.3.3.f	파티션 무결성이 확인됨	No
시험 및 시험 커버리지			
Table MB.A-6 목표 1	DO-178C: 6.4.a	HLR을 준수하는 실행가능 오브젝트 코드	Partial*
Table MB.A-6 목표 2	DO-178C: 6.4.b	HLR에 강건성을 가지는 실행가능 오브젝트 코드	Partial*
Table MB.A-6 목표 3	DO-178C: 6.4.c	LLR을 준수하는 실행가능 오브젝트 코드	No
Table MB.A-6 목표 4	DO-178C: 6.4.d	LLR에 강건성을 가지는 실행가능 오브젝트 코드	No
Table MB.A-6 목표 5	DO-178C: 6.4.e	타깃 컴퓨터와 호환되는 실행가능 오브젝트 코드	No
Table MB.A-7 목표 1	DO-178C: 6.4.5.b	시험 절차가 정확함	No
Table MB.A-7 목표 2	DO-178C: 6.4.5.c	시험 결과가 정확하고 차이점이 설명됨	No
Table MB.A-7 목표 3	DO-178C: 6.4.4.a	HLR의 시험 커버리지가 달성됨	Partial*
Table MB.A-7 목표 4	DO-178C: 6.4.4.b	LLR의 시험 커버리지가 달성됨	No
Table MB.A-7 목표 5 ~7	DO-178C: 6.4.4.c	소프트웨어 구조의 시험 커버리지가 적절한 커버리지 기준을 달성함	Partial*
Table MB.A-7 목표 8	DO-178C: 6.4.4.d	데이터 결합도 및 컨트롤 결합도 모두 소프트웨어 구조의 시험 커버리지를 달성함	Partial*
Table MB.A-7 목표 9	DO-178C: 6.4.4.c	소스 코드로 추적될 수 없는 추가적인 코드의 검증이 달성됨	No

* 타깃상의 일부 시험이 여전히 요구됨

출처: RTCA DO-331, *Model-Based Development and Verification Supplement to DO-178C and DO-278A*, RTCA, Inc., Washington, DC, December 2011.

만약 공식 검증 신뢰를 위해 시뮬레이션 케이스 및 절차를 사용한다면, 시뮬레이션 케이스 및 절차는 정확도를 검증할 필요가 있으며 시뮬레이션 결과를 리뷰하고 모든 결과의 차이점을 설명할 필요가 있다. DO-331은 시뮬레이션 케이스, 절차 그리고 결과의 검증을 다루기 위해 Annex MB.A Table MB.A-3(목표 MB8~MB10), MB.A-4(목표 MB14~MB16), MB.A-7(목표 MB10~MB12)에 새로운 목표를 추가하고 있다. 세 가지 목표는 동일하지만 소프트웨어 라이프 사이클의 서로 다른 단계에 적용되기 때문에 세 개의 Annex 테이블에 반복된다.[1]

- "시뮬레이션 케이스가 정확하다." (Table MB.A-3 목표 MB8, Table MB.A-4 목표 MB14 그리고 Table MB.A-7 목표 MB10)
- "시뮬레이션 절차가 정확하다." (Table MB.A-3 목표 MB9, Table MB.A-4 목표 MB15 그리고 Table MB.A-7 목표 MB11)
- "시뮬레이션 결과가 정확하고 차이점이 설명된다." (Table MB.A-3 목표 MB10, Table MB.A-4 목표 MB16 그리고 Table MB.A-7 목표 MB12)

14.5 DO-331에 대한 인증 당국의 인식

DO-331의 발행 전에는 국제 인증 당국은 해결될 필요가 있는 모델 기반 개발 및 검증 이슈를 식별하기 위해 프로젝트별 이슈 페이퍼(혹은 등가물)를 사용해왔다.3) DO-331이 준수 방법으로 사용될 때는 이슈 페이퍼(혹은 등가물)가 더 이상 필요하지 않을 것으로 예상된다. DO-331에 대한 경험이 얻어지면서 향후에 모델 기반 개발 및 검증 이슈를 분명하게 하기 위한 몇 가지 추가적인 인증 당국의 지침이 있을 수 있다.

모든 DO-178C 부속서 중 DO-331이, 특히 기존 모델에 지침을 적용하려고 할 때 적용하기가 가장 어려울 가능성이 높다. 몇 가지 구체적인 어려움은 다음과 같다.

3) 예를 들면, 2011년 8월 11일자 EASA(European Aviation Safety Agency)의 인증 메모 CM-SWCEH-002("Software Aspects of Certification")는 모델 기반 개발에 대한 섹션(Section 23)을 포함하고 있다. 이 인증 메모는 FAA(Federal Aviation Administration) 이슈 페이퍼와 동등한 EASA의 인증 리뷰 항목에서 호출된다.

- 모델보다 상위의 완전한 요구사항 세트를 개발하기, 특히 모델이 소프트웨어 라이프 사이클 외부에 있을 때
- 시스템 영역에서 DO-331의 범위를 분명하게 하기
- 명세 모델과 설계 모델을 분리하기
- 모델 커버리지 분석을 수행하기
- 모델 요소와 상위 및 하위 레벨 간의 양방향 추적 수행하기
- 새로운 지침을 기존 프로세스로 통합하기
- 인증 신뢰를 위해 모델 시뮬레이션을 사용하기
- 모델에 대해서 자동으로 시험을 생성하기

참고문헌

[1] RTCA DO-331, *Model–Based Development and Verification Supplement to DO-178C and DO-278A* (Washington, DC: RTCA, Inc., December 2011).

[2] S. P. Miller, Proving the shalls: Requirements, proofs, and model–based development, *Federal Aviation Administration 2005 Software & Complex Electronic Hardware Conference* (Norfolk, VA, 2005).

[3] B. Dion, Efficient development of airborne software using model–based development, *2004 FAA Software Tools Forum* (Daytona, FL, May 2004).

[4] M. Heimdahl, Safety and software intensive systems: Challenges old and new, *Future of Software Engineering Conference* (Minneapolis, MN, 2007).

Chapter 15

DO-332와 객체 지향 기술 및 관련 기법

약어

AVSI	Aerospace Vehicle Systems Institute
CAST	Certification Authorities Software Team
CRI	certification review item
DC/CC	data coupling and control coupling
EASA	European Aviation Safety Agency
FAA	Federal Aviation Administration
FAQ	frequently asked question
IEEE	Institute of Electrical and Electronics Engineers
LSP	Liskov substitution principle
NASA	National Aeronautics and Space Administration
OOT	object-oriented technology
OOTiA	object-oriented technology in aviation
OOT&RT	object-oriented technology and related techniques

15.1 객체 지향 기술의 소개

객체 지향 기술(OOT)은 Simula 프로그래밍 언어의 도입과 함께 1960년대 후반부터 존재해 왔다.[1] OOT는 **객체(object)**를 중심으로 하는 분석, 설계, 모델링, 프로그래밍에 대한 소프트웨어 개발 패러다임이다. IEEE(Institute of Electrical and Electronics Engineers)는 OOT를 "시스템 혹은 컴포넌트가 객체와 해당 객체들 간의 연결이라는 관점에서 표현되는 소프트웨어 개발 기법"[2]이라고 말한다. 객체는 소프트웨어 레벨에서 **블랙 박스(black box)**와 같다. 각각의 객체는 메시지를 받고, 데이터를 처리하고, 다른 객체에 메시지를 보낼 수 있다. 객체는 코드(방법)와 데이터(구조)를 모두 포함한다. 사용자는 객체를 사용하기 위해 객체 내부의 세부사항에 대한 통찰력이 필요하지 않다. 그래서 블랙 박스와 비교되는 것이다. 객체는 센서 혹은 하드웨어 컨트롤러와 같은 현실 세계의 실체를 정의된 동작을 가진 별도의 소프트웨어 컴포넌트로 모델링할 수 있다. OOT에서 주요 개념은 **클래스(class)**의 개념이다. 클래스는 현실 세계의 실체를 대표하는 공통의 구조와 행동을 공유하는 속성, 방법, 관계, 의미론을 정의한다.

DO-332 Section OO.1.6.1.1은 객체와 클래스에 대해 다음과 같이 설명한다.[3]

> OOT를 구분하는 특징은 서브클래싱을 통해 새로운 클래스를 만드는 능력과 함께 객체를 정의하기 위한 클래스의 사용이다. 절차적 프로그래밍에서는 프로그램의 동작이 함수에 의해서 정의되며, 실행 중인 프로그램의 상태는 데이터 변수의 내용에 의해서 정의된다. 객체 지향 프로그래밍에서는 밀접하게 연관된 함수와 데이터는 클래스로 알려진 일관성 있는 추상화를 형성하기 위해 단단히 결합된다. …
>
> 클래스는 여러 가지 구체적인 실현을 창출할 수 있는 청사진이다. 이러한 구체적인 실현은 객체로 알려져 있다. …
>
> 클래스에 대해 정의된 하위 프로그램은 메소드 또는 멤버 함수로 불린다. 객체 인스턴스 내에 포함된 데이터를 운영하거나 사용하는 메소드를 인스턴스 메소드라고 한다. 이것은 오직 클래스와만 관련되어 있고 연관된 인스턴스가 호출될 필요가 없는 클래스 메소드와 대조적이다.

DO-332 전반에 걸쳐서 **하위 프로그램**(subprogram)이라는 용어는 일반적으로 모든 형태의 메소드(인스턴스 메소드와 클래스 메소드), 함수 혹은 프로시저를 지칭하는 데 사용된다. 또한 DO-332는 다음과 같이 설명한다.

> 클래스와 관련된 데이터 변수들은 속성, 필드 혹은 데이터 멤버로 불린다. 속성은 인스턴스 속성으로 분류될 수 있다. 이 경우 속성의 별도의 복사본이 각각의 객체에 대해서 존재하며 혹은 클래스 속성일 수 있다. 이 경우 속성의 공유된 복사본이 클래스의 모든 객체에 대해서 존재한다.[3]

15.2 항공 분야에서 OOT의 사용

OOT는 비안전 필수 소프트웨어 개발(예를 들면, 웹 기반 그리고 데스크탑 애플리케이션)에서 광범위하게 사용되며 거의 예외 없이 대학교에서 가르친다. 또한 OOT는 안전이 필수인 의학 및 자동차 시스템에서 사용되어왔다. OOT는 강력한 도구 지원, 프로그래머의 가용성, 인식할 수 있을 정도의 비용 절감, 재사용 가능성을 포함해서 여러 가지 이유로 항공 업계에 어필하고 있다.

하지만 OOT는 현재까지 항공 분야에서 널리 사용되지 않고 있다. FAA(Federal Aviation Administration)와 항공 업계는 안전 필수 시스템에서 OOT의 사용을 연구하고 조사해오고 있으며, 10년 이상 안전한 구현을 위한 지침을 개발해오고 있다. 실시간 시스템 및 항공 분야에서 OOT의 광범위한 사용을 지연시켜온 OOT와 관련된 여러 가지 기술적인 도전들(대부분 프로그래밍 언어와 관련된)이 있다. FAA 이슈 페이퍼와 EASA(European Aviation Safety Agency) CRI(Certification Review Items)는 OOT를 사용하는 프로젝트가 그러한 이슈들이 해결되었다는 것을 확인하기 위해 발행되어왔다.

15.3 항공 분야 핸드북에서의 OOT

1999년에 FAA와 업계는 항공 분야에서 OOT의 사용을 적극적으로 탐구하기 시작했다. 여러 프로젝트들이 이 접근법의 사용을 고려하고 있었지만, 안전 필수 그리고 실시간 애플리케이션에 대한 적합도를 평가하기 위한 연구가 거의 존재하지 않았다. Boeing, Honeywell, Goodrich 그리고 Rockwell Collins의 지원을 받는 AVSI(Aerospace Vehicle Systems Institute)[1]팀은 "Certification Issues for Embedded Object-Oriented Software"라는 타이틀의 프로젝트를 공동으로 진행했는데, 그 목적은 항공기 시스템을 객체 지향 소프트웨어로 인증할 때 업계의 프로젝트가 직면하는 위험을 완화하는 것이었다. AVSI 프로젝트는 DO-178B를 준수하는 객체 지향 소프트웨어를 생산하기 위한 많은 지침들을 제시했다.[4] AVSI의 작업은 항공 분야에서의 객체 지향 기술(OOTiA)로 불렸던 FAA와 NASA(National Aeronautics and Space Administration)의 활동에 투입되었다. NASA의 Langley Research Center와 FAA는 두 개의 워크숍을 개최해서 업계로부터 의견을 모으고, '*Handbook for Object-Oriented Technology in Aviation*'이라는 타이틀의 4개의 볼륨을 가진 문서의 개발을 공동으로 진행하여 2004년 10월에 완료하였다.[5]

'*OOTiA Handbook*'에서 식별된 이슈들은 항공 프로젝트에서 OOT를 평가하기 위한 기초가 되었다. 지원자들과 소프트웨어 개발자들은 그들의 OOT 접근법이 '*OOTiA Handbook*'의 볼륨 2에 식별된 이슈들을 다루는 것을 확인하도록 요구받았다. '*OOTiA Handbook*'의 볼륨 3은 다음 열 가지 영역에서 제기된 이슈들을 해결하기 위한 몇 가지 방법들을 제안했다: ① 단일 상속과 동적 디스패치, ② 다중 상속, ③ 템플릿, ④ 인라인, ⑤ 타입 변환, ⑥ 오버로딩과 메소드 결정, ⑦ 데드 코드 및 비활성화된 코드 그리고 재사용, ⑧ 객체 지향 도구, ⑨ 추적성, ⑩ 구조적 커버리지.

1) AVSI는 비용을 줄이고 항공기에서 복잡한 하부 시스템의 안전성을 유지하는 것을 목표로 하는 항공우주 연구 컨소시엄이다.

15.4 FAA가 후원하는 OOT와 구조적 커버리지에 대한 연구

2002~2007년의 기간 동안 FAA는 OOT를 사용할 때 발생할 수 있는 구조적 커버리지 이슈들을 고려한 3단계 연구 활동을 후원했다.[2)]

첫 번째 단계는 이슈에 대해 설문 조사를 하고 '*Issues concerning the structural coverage of object-oriented software*'**[6]**라는 타이틀의 리포트를 만들어냈다.

두 번째 단계는 이슈를 조사하고 상업용 항공 분야에서 OOT 내에 데이터 결합도 및 컨트롤 결합도(DC/CC)의 확인을 위한 수락 기준을 제안했다. Chapter 9에서 언급한 것처럼 DC/CC에 대한 확인의 의도는 통합된 컴포넌트에 대해서 요구사항 기반 시험의 완료에 대한 객관적인 평가(측정)를 제공하기 위한 것이다. 두 번째 단계는 '*Object-Oriented Technology Verification Phase 2 Report — Data Coupling and Control Coupling*'**[7]**이라는 타이틀의 리포트를 만들어냈다. 이 리포트는 DO-178B(그리고 이제는 DO-178C) Table A-7 목표 8을 만족하기 위해 측정가능한 적정성 기준으로 컴포넌트 간 의존성의 커버리지에 대한 권고사항들을 제공했다. 그 리포트 외에도 2단계 노력은 '*Object-Oriented Technology Verification Phase 2 Handbook — Data Coupling and Control Coupling*'**[8]**이라는 타이틀의 핸드북을 만들어냈다. 그 핸드북은 민간 항공 분야에서 OOT 내에 DC/CC의 확인 이슈에 대한 지침과 수락 기준을 제공한다.

활동의 세 번째 단계는 DO-178B(그리고 이제는 DO-178C) Table A-7 목표 5~8을 충족하기 위해 OOT 내의 소스 코드 대 오브젝트 코드 혹은 실행가능 오브젝트 코드 레벨에서 구조적 커버리지 분석의 사용에 대한 이슈와 수락 기준을 조사했다. 두 번째 단계와 마찬가지로 세 번째 단계는 다음과 같은 리포트와 핸드북을 만들어냈다.

- '*Object-Oriented Technology Verification Phase 3 Report — Structural Coverage at the Source-Code and Object-Code Levels*'**[9]**

2) Boeing Company의 John Joseph Chilenski에 의해서 조사가 주도되었다. Boeing의 다른 조사자들로는 John L. Kurtz, Tomas C. Timberlake, John M. Masalskis가 포함되었다. 리포트와 핸드북은 FAA 웹사이트(www.faa.gov)에서 얻을 수 있다.

- 'Object-Oriented Technology Verification Phase 3 Handbook — Structural Coverage at the Source-Code and Object-Code Levels'[10]

15.5 DO-332 개요

DO-332의 제목은 Object-Oriented Technology and Related Techniques Supplement to DO-178C and DO-278A이다. DO-332는 OOT의 사용과 OOT와 밀접하게 관련된 기법들에 대한 지침을 제공한다. 또한 DO-332는 OOT&RT Supplement라고도 한다. OOTiA Handbook, FAA 연구 리포트, FAA 이슈 페이퍼, EASA CRI 그리고 CAST(Certification Authorities Software Team) Position Paper가 모두 DO-332의 입력이었다. 그 부속서는 OOT와 관련된 기법들이 소프트웨어 라이프 사이클에 사용될 때 DO-178C 목표, 활동, 설명 텍스트 그리고 소프트웨어 라이프 사이클 데이터를 수정하고 추가한다. OOT 용어와 OOT의 전반적인 이해가 항공 업계에 따라 다르기 때문에, 그 부속서는 OOT의 개요와 관련된 기법들을 제공한다. 관련된 기법은 매개변수 다형성, 오버로딩, 타입 변환, 예외 처리, 동적 메모리 관리, 가상화를 포함한다. 전부는 아니지만 대부분의 객체 지향 언어는 이들 기법들을 사용한다. 게다가 이러한 기법들 중 일부는 OOT 이외의 영역에서도 적용할 수 있다. DO-332와 DO-178C 사이의 주요 차이점이 여기에 요약된다.

15.5.1 계획

DO-332는 DO-178C 계획 프로세스에 세 가지 활동을 추가한다. 첫째, 만약 가상화가 사용되면 계획에 설명되어야 한다. 둘째, 만약 컴포넌트가 재사용되면(이는 OOT의 목표 중 하나이다), 재사용은 "타입 일관성 유지, 요구사항 맵핑 그리고 컴포넌트와 그것을 사용하는 시스템 사이의 예외 처리 전략"을 포함해서 계획에 설명되어야 한다.[3] 셋째, 계획과 표준은 DO-332 Annex OO.D 취약성들이 어떻게 처리될지를 설명해야 한다(이것들에 대해서는 Section 15.5.4에서 논의한다).

15.5.2 개발

DO-332는 DO-178C에 포함되어 있는 것 이외에 몇 가지 추가적인 OOT 고유의 개발 지침을 추가한다. 특히 DO-332 Section OO.5는 다음 주제들에 대한 지침을 추가한다: 재사용을 적용할 때 클래스 계층, 타입 일관성, 메모리 관리, 예외 처리 그리고 비활성화된 기능.[3]

또한 DO-332 Section OO.5.5는 OOT의 추적성에 대한 명확성을 추가한다. 객체 지향 설계는 메소드를 사용해서 구현되기 때문에 추적성을 다음과 같이 설명한다.

> 추적성은 요구사항에서 요구사항을 구현하는 메소드와 속성까지이다. 클래스는 요구사항을 구성하기 위한 아키텍처의 산출물이다. 또한 서브클래싱으로 인해서, 클래스에서 구현된 메소드를 추적하는 요구사항은 해당 메소드가 서브클래스에서 오버라이드될 때는 서브클래스의 메소드까지 추적해야 한다. 이것은 해당 서브클래스에 한정된 요구사항을 추적하는 것에 추가된다.[3]

15.5.3 검증

DO-332는 ① 요구사항과 클래스 계층의 일관성, ② 로컬 타입 일관성, ③ 아키텍처 및 요구사항과 함께 메모리 관리의 일관성, ④ 아키텍처 및 요구사항과 함께 예외 처리의 일관성을 검증하기 위해 네 가지 활동을 추가하거나 수정한다.

또한 DO-332는 "클래스 생성자가 객체의 상태를 적절하게 초기화하고 초기 상태가 클래스를 위한 요구사항과 일치하는지를 확인"하기 위해 정상 범위 시험에 활동을 추가한다.[3]

다음과 같은 두 가지 객체 지향 기술 및 관련된 기법들(OOT&RT) 고유의 검증 목표가 DO-332에 추가되었다.

- DO-332 Table OO.A-7 목표 OO10: "로컬 타입 일관성을 검증."[3] 이 목표를 위한 활동은 DO-332 Section OO.6.7에 포함되어 있다.
- DO-332 Table OO.A-7 목표 OO11: "동적 메모리 관리의 사용이 강건하다는 것을 검증."[3] 이 목표를 위한 활동은 DO-332 Section OO.6.8에 포함되어 있다.

15.5.4 취약성

DO-332의 고유한 측면은 취약성 개념이다. DO-332 Annex OO.D는 OOT 시스템 혹은 관련된 기법을 사용하는 시스템에서 나타날 수 있는 취약성의 목록을 포함하고 있다. 취약성은 다음의 두 가지 범주로 분류된다: ① 핵심 특성, ② 일반적인 이슈. Annex OO.D는 DO-332의 중요한 부분이며 OOT&RT와 관련된 더 많은 어려운 이슈들 중 몇 가지를 해결하기 위한 가치 있는 지침을 제공한다.

핵심 특성(key features)에 대한 취약성은 지원 지침 및 활동의 요약과 함께 DO-332 Section OO.D.1에서 식별된다. 다음의 핵심 특성들 각각이 논의된다: 상속, 매개변수 다형성, 오버로딩, 타입 변환, 예외 처리, 동적 메모리 관리, 가상화.

OOT&RT의 **일반적인 이슈**(general issues)에 대한 취약성은 DO-332 Section OO.D.2에서 논의한다. 이들 이슈는 OOT에 국한되지 않으며(그것이 그 부속서가 타이틀에 related techniques라는 용어를 포함하는 이유이다) 비 OOT 시스템에서도 존재할 수 있다. DO-332 Section OO.D.2는 추적성, 구조적 커버리지, 컴포넌트 사용 그리고 리소스 분석이 OOT&RT에 대해서 얼마나 더 복잡할 수 있는지를 설명하며 OOT&RT를 사용할 때 고려해야 할 추가적인 지침을 포함한다.

DO-332 Annex OO.D에서 취약성은 이를 해결하기 위한 목표와 활동을 제시하는 부속서의 Section OO.4~OO.12의 지침을 다시 참조한다.

15.5.5 타입 안전성

DO-332의 한 가지 독특한 측면은 OOT 시스템에서 여러 가지 취약성을 완화하고 OOT 시스템을 완전하게 검증하기 위해 필요한 시험 레벨과 깊이를 컨트롤하기 위한 수단으로써 **타입 안전성**(type safety)을 식별하는 것이다. 타입 안전성은 클래스와 서브클래스 간의 동작과 관련이 있다. DO-332는 다음과 같이 언급한다. "어떤 타입이 다른 타입의 적절한 서브타입이 되기 위해서는 그 타입 각각의 슈퍼타입과 동일한 행동을 보여야 한다. 다시 말해서 주어진 타입의 서브타입은 주어진 타입이 요구될 때마다 사용할 수 있어야 한다."[3] DO-332는 타입 안전성을 구체화하고 보장하기 위해 리스코프 치환 원칙(LSP)에 의존한다.

LSP는 무엇이 적절한 서브클래스를 구성하는지를 정의하고(타입 안전), 이는 서브클래스의 행동 방식을 제한한다. DO-332는 다음과 같이 설명한다.

> 그 원리는 다음과 같다. "q(x)를 타입 T의 객체에 대해 증명할 수 있는 속성이 되게 한다. 그러면 q(y)는 타입 S의 y 오브젝트에 대해 true가 되어야 한다. 여기서 S는 T의 서브 타입이다." … 서브클래스에서 재정의된 각각의 서브프로그램은 어떠한 슈퍼클래스에서든 동일한 서브프로그램의 다음 요구사항을 충족해야 한다.
>
> - 전제 조건이 강화되지 않을 수 있다.
> - 전제 조건이 약화되지 않을 수 있다.
> - 불변성이 약화되지 않을 수 있다.[3]

DO-178C에 의해서 정의된 요구사항 기반 검증 목표의 관점에서, LSP에 대한 준수는 주어진 타입(부모 클래스)의 서브타입(혹은 서브클래스)이 주어진 타입(부모 클래스)의 요구사항을 충족해야 한다는 것을 의미한다. 정형 기법 혹은 시험의 적용이 LSP를 증명하기 위해 사용될 수 있다.[3]

15.5.6 관련된 기법들

앞서 언급한 것처럼 DO-332는 동적 메모리 관리와 가상화에 대한 구체적인 지침을 제공한다. 이들 주제는 OOT와 관련되어 있지만 OOT에만 한정되지 않는다. 동적 메모리 관리에 대한 지침은 예상가능한 사용을 위해 메모리 관리 시스템을 구체화하고 설계하며 평가하는 수단을 제공한다. 가상화에 대한 지침은 인터프리터와 하이퍼바이저 기술에 중요하다.

15.5.7 자주 묻는 질문

DO-332는 OOT&RT와 부속서에 제공되는 지침에 대한 39개의 자주 묻는 질문(FAQ)을 포함하고 있다. FAQ는 부속서의 취지와 OOT와 관련된 몇 가지 좀 더 도전적인 기술적 주제들을 명확하게 하는 데 도움이 된다. FAQ는 다섯 가지 범주로 나뉜다. ① 일반적인 질문, ② 요구사항 고려사항, ③ 설계 고려사항, ④ 프로그래밍 언어 고려사항, ⑤ 검증 고려사항이다.

15.6 OOT 권고사항

안전 필수 애플리케이션에 OOT의 사용을 고려할 때 다음의 권고사항들이 제안된다.

권고사항 1 : OOT와 관련된 기술적인 어려움들을 확인하기 위해 **DO-332를 리뷰하라**. OOT 사용에 대한 분명한 결정을 내리기 전에 하는 것이 바람직하다.

권고사항 2 : **만약 OOT가 처음이라면 작고 덜 위험한 프로젝트**(예를 들면, 레벨 C 혹은 D 소프트웨어나 도구)**로 시작해서** 더 크고 더 복잡하고 그리고/혹은 더 위험한 소프트웨어까지 서서히 작업하라. 이것은 기술적인 어려움뿐만 아니라 일부 프로세스 이슈를 해결할 기회를 제공한다.

권고사항 3 : **DO-332의 지침을 따르라**. 인증 당국과 항공 업계는 10년 이상을 OOT를 조사하고, 이슈를 식별하며, 이슈들을 해결하기 위한 건전한 접근법을 탐구해왔다. DO-332는 그러한 노력의 정점이다.

권고사항 4 : 지침과 식별된 취약성이 완전하게 해결되는지를 보장하기 위해 **DO-332 지침으로의 맵핑을 제공하라**. 앞서 언급한 것처럼 취약성은 OOT&RT 부속서의 중요한 부분이다.

권고사항 5 : **몇 가지 어려움을 예상하라**. 새로운 기술을 처음으로 구현하는 것은 예상하지 못한 어려움의 지뢰밭이 될 수 있다. **선도자**(leading edge) 대신 때때로 **마루타**(bleeding edge)로 불리기도 한다. 인증 당국과 업계가 지난 여러 해 동안 투자한 노력이 이슈의 대부분을 식별해왔기를 바라지만, 몇 가지 프로젝트 고유의 놀라움이 분명히 있을 것이다.

권고사항 6 : **인증 당국과 긴밀하게 협조하라**. 항공 업계에서 OOT는 여전히 상대적으로 새롭기 때문에 인증 당국은 그것을 면밀히 감독하는 경향이 있다. 희망하기로는 긍정적인 경험이 쌓이면 강력한 감독에 대한 필요성이 줄어들 것이다. 그때까지 인증 당국은 OOT 프로젝트의 세부사항을 알기를 원할 것이다.

권고사항 7 : **지침이 비 OOT 프로젝트에 적용되는지를 고려하라**. 앞서 언급한 것처럼 DO-332 지침의 일부는 비 OOT 프로젝트에 적용될 수 있다. 특히, 동적 메모리 관리 혹은 가상화를 사용하는 새로운 기술은 DO-332의 지침을 적용할 필요가 있을 것으로 보인다.

15.7 결론

DO-332의 OOT에 대한 명확한 지침의 개발뿐만 아니라, 지난 몇 년간의 기술적인 진보로 항공 분야에서의 OOT에 대한 문이 이제 열렸다. OOT는 항공 소프트웨어에서 더 보편화될 가능성이 있다.

참고문헌

[1] Federal Aviation Administration, *Handbook for Object–Oriented Technology in Aviation (OOTiA)*, Vol. 1 (October 2004).

[2] ANSI/IEEE Standard, *Glossary of Software Engineering Terminology* (1983).

[3] RTCA DO-332, *Object–Oriented Technology and Related Techniques Supplement to DO-178C and DO-278A* (Washington, DC: RTCA, Inc., December 2011).

[4] Aerospace Vehicle Systems Institute, *Guide to the Certification of Systems with Embedded Object–Oriented Software* (2001).

[5] Federal Aviation Administration, *Handbook for Object–Oriented Technology in Aviation (OOTiA)*, Vols. 1–4 (October 2004).

[6] J. J. Chilenski, T. C. Timberlake, and J. M. Masalskis, *Issues Concerning the Structural Coverage of Object–Oriented Software*, DOT/FAA/AR–02/113 (Washington, DC: Office of Aviation Research, November 2002).

[7] J. J. Chilenski and J. L. Kurtz, *Object–Oriented Technology Verification Phase 2 Report—Data Coupling and Control Coupling*, DOT/FAA/AR–07/52 (Washington, DC: Office of Aviation Research, August 2007).

[8] J. J. Chilenski and J. L. Kurtz, *Object–Oriented Technology Verification Phase 2 Handbook—Data Coupling and Control Coupling*, DOT/FAA/AR–07/19(Washington, DC: Office of Aviation Research, August 2007).

[9] J. J. Chilenski and J. L. Kurtz, *Object–Oriented Technology Verification Phase 3 Report—Structural Coverage at the Source–Code and Object–Code Levels*, DOT/FAA/AR–07/20 (Washington, DC: Office of Aviation Research, August 2007).

[10] J. J. Chilenski and J. L. Kurtz, *Object–Oriented Technology Verification Phase 3 Handbook—Structural Coverage at the Source–Code and Object–Code Levels*, DOT/FAA/AR–07/17 (Washington, DC: Office of Aviation Research, June 2007).

추천 자료 [3)]

1. M. Weisfeld, *The Object–Oriented Thought Process* (Indianapolis, IN: SAMS Publishing, 2000): 이 책은 OOT 기본에 대한 간단한 소개를 제공한다. 기능적인 접근법을 OOT로 전환하는 이들에게 좋은 리소스이다.
2. G. Booch, *Object–Oriented Analysis and Design*, 2nd edn. (Reading, MA: Addison–Wesley, 1994): 이 책은 OOT 개념, 방법, 응용에 대한 실용적인 소개를 제공한다.
3. B. Webster, *Pitfalls of Object–Oriented Development* (New York: M&T Books, 1995): 비록 다소 오래된 책이기는 하지만 OOT 개발에서 잠재적인 문제들에 대한 충분한 개요를 제공한다.
4. E. Gamma, R. Helm, R. Johnson, and J. Vlissides, *Design Patterns: Elements of Reusable Object–Oriented Software* (Reading, MA: Addison–Wesley, 1995): 패턴은 분석과 설계 문제를 해결하기 위해 OOT 커뮤니티에 의해서 널리 사용된다.
5. B. Meyer, *Object–Oriented Software Construction*, 2nd edn. (Upper Saddle River, NJ: Prentice Hall, 1997): 이 거대한 책은 OOT 개발자들에게 좋은 기본 정보를 제공한다.
6. R. V. Binder, *Testing Object–Oriented Systems: Models, Patterns, and Tools* (Reading, MA: Addison–Wesley, 2000): 이 책은 OOT 시험을 다루고 있는데, 이는 OOT의 더욱 어려운 측면 중 하나이다.

3) 이들 참조는 '*OOTiA Handbook*', Volume 1에서도 식별된다. 비록 핸드북이 출판된 지 여러 해가 지났지만, 이것들은 여전히 내가 OOT 이슈를 조사할 필요가 있을 때 의지하는 참고 자료들이다.

Chapter 16

DO-333과 정형 기법

약어

CFD	computational fluid dynamics
DARPA	Defense Advanced Research Projects Agency
FAA	Federal Aviation Administration
IEC	International Electrical Technical Commission
ISO	International Standards Organization
NASA	National Aeronautics and Space Administration

16.1 정형 기법에 대한 소개

엔지니어링은 전체적으로 설계에 대해서 정보에 입각한 판단을 내리기 위해 수학적 모델에 크게 의지한다. 하지만 소프트웨어 개발은 전통적으로 덜 형식적이었으며, 심지어 때로는 프로젝트의 마지막에 시험을 해서 양호함을 확인하는 **임시방편**(ad hoc)일지 모른다. 정형 기법의 목적은 다른 엔지니어링 분야에 사용되는 것과 동일한 수학적 기초를 디지털 세상, 즉 소프트웨어와 프로그래밍가능한 하드웨어 모두에 가져오는 것이다. 정형 기법은 "시스템의 동작을 모델링하고 시스템 설계 및 구현이 기능 및 안전성 특성을 충족하는 것을 공식적으로 검증하기 위해" 논리 및 이산 수학을 적용한다.[1]

비록 나는 정형 기법론자가 아니지만 15년 이상 정형 기법을 경험해왔고, 정형 기법의 기술적인 규칙 그리고 디지털 시스템의 품질과 안전을 개선하기 위한 믿을 수 없는 잠재력 모두에 대해 큰 존경심을 가지고 있다.

정형 기법은 수년간 학계의 지지를 받아왔다. 내가 아는 가장 현명하고, 가장 교육 수준이 높고, 가장 열정적인 사람들 중 몇몇은 정형 기법론자들이다. 그들은 끈질기게 그들의 연구를 해왔고 신념을 추구해왔다. 그들의 힘든 작업이 응용 엔지니어링과 연결되기 시작하는 것을 보는 것은 흥미진진한 일이다.

지금까지 정형 기법은 주로 하드웨어 도구가 더 표준화되고 안정적이기 때문에, 정형 기법이 엔지니어들의 일상 활동으로 들어가도록 만들면서 전자 하드웨어 세계에서 더 많이 적용되어왔다. 소프트웨어 도구와 기술(요구사항 및 설계 방법론, 언어, 타깃 의존성과 같은)은 여전히 빠르게 변하고 있다. 소프트웨어 엔지니어링은 전자 하드웨어와 다른 엔지니어링 분야의 성숙도 수준에 도달하지 못했다.

Daniel Jackson 등은 소프트웨어 엔지니어링에서의 정형 기법의 상태를 잘 요약하고 있다. 그들은 전통적인 소프트웨어 개발이 확인 및 검증을 위해 인간의 검사와 시험에 의존한다고 설명한다. 정형 기법 역시 시험을 활용하지만 엄격한 분석을 위해서 표기법과 언어도 사용한다. 또한 정형 기법은 요구사항, 설계, 코드의 특성을 추론하기 위해 도구를 사용한다. "실무자들은 정형 기법의 실용성에 대해서 회의적이었다. 하지만 점차적으로 정형 기법이 비용 대비 효과적으로 매우 높은 신뢰도를 가진 시스템을 산출할 수 있다는 증거가 나타나고 있다. …"[2]

일부 표준(ISO/IEC[1] 15408, Common Criteria for Information Technology Security Evaluation 그리고 영국의 Defence Standard 00-55, Requirements for Safety Related Software in Defence Systems와 같은)은 가장 위험한 레벨에 대해서 적어도 정형 기법의 일부 적용을 요구한다.[2] DO-178B는 허용가능한 대체 방법으로 정형 기법을 식별하고 있다. 하지만 민간 항공 세계의 경우 정형 기법은 거의 사용되지 않았다. 일부 항공전자 및 도구 판매업체들이 정형 기법을 사용하기 시작했으며 그 사용은 계속 증가할 것으로 예상된다. 실질적인 경험과 정형 기법을 지원하는 도구가 마침내 항공 업계에서 사용될 수 있는 수준의 성숙도에 도달한 것으로 보인다.

나의 첫 번째 정형 기법의 입문은 정말로 꽤 유머러스했다. 나는 Washington, DC 지역에서 열린 DARPA(Defense Advanced Research Projects Agency) 미팅에서 DO-178B의 개요와 FAA(Federal Aviation Administration)의 소프트웨어 관련 정책 및 지침에 대한 프레젠테이션을 요청받았었다. 나는 그 주제를 여러 번 프레젠테이션했었으므로 단순히 타이틀 페이지를 교체하고 파워포인트 프레젠테이션에 몇 가지 배경 정보를 추가한 뒤, Crystal City로 가기 위한 지하철을 타고는 프레젠테이션을 하는 곳에 도착했다. 나는 그 의제의 첫 번째 발표자였다. 그래서 도착한 지 얼마 되지 않아, 소개를 받고 프레젠테이션을 시작했다. 60분짜리 프레젠테이션을 시작한 지 아마도 5분쯤 지났을 때 청중들의 얼굴에 이상한 표정이 보이기 시작했다. 거기에는 50명의 사람들이 있었고 나는 이전에 그들 중 누구도 만난 적이 없었다. 일부는 혼란스러워 보였다. 그들 중 많은 수가 혐오감을 느끼거나 완전히 화난 것처럼 보였다. 일부 모습은 묘사할 수조차 없다. 나는 내가 무언가 거슬리게 했다는 것을 알았지만, 그것이 무엇인지 알지 못했기 때문에 그저 계속해서 이야기를 이어갔다. 그들은 나의 어떤 농담에도 웃지 않았고, 그래서 나는 유머를 더하려는 노력을 포기해 버렸다. 마침내 질의 응답시간이 되었을 때, 나는 "자초지종"을 알게 되었다. 나는 민간 항공 분야의 실제 세계에 대한 경험이 없었던 정형 기법론자들 그룹에게 이야기하고 있었다. 반면, 나는 여러 대의 항공기를 인증해왔지만 정형 기법에는 경험이 없었다. 그리고

1) ISO/IEC는 International Standards Organization/International Electrical Technical Commission을 의미한다.

2) 그럼에도 불구하고 Defence Standard 00-55를 대체한 Defence Standard 00-56(Safety Management Requirements for Defence Systems)은 그것을 요구하지 않는다. 하지만 Defence Standard 00-56은 공식적인 증거와 분석의 사용을 안전성의 증거로 제공하는 것에 대해서 허용가능한 것으로 인정한다.

그렇게 두 세계가 충돌했다. 나는 비교적 상처를 입지 않은 채 도망쳐서 그날 오후에 안전한 나의 사무실로 돌아갈 수 있어서 기뻤다. 나는 그때 이후로 정형 기법에 대해서 더 많이 배웠고 안전 필수 소프트웨어의 미래에서 그들의 역할에 큰 기대를 걸고 있다.

16.2 정형 기법이 무엇인가?

NASA(National Aeronautics and Space Administration)에 의해서 출간된 '*NASA Langley's research and technology-transfer program in formal methods*'라는 타이틀의 2002년 문서는 정형 기법을 다음과 같이 설명한다.

> 정형 기법은 컴퓨터 시스템(하드웨어와 소프트웨어 모두)의 명세, 설계, 구성에서 논리 및 이산 수학의 기법을 사용하는 것을 말하며, 모든 가정과 추론 단계의 명시적 열거를 요구하는 규율에 의존한다. 각각의 추론 단계는 비교적 적은 수의 허용된 추론 규칙의 인스턴스여야 한다. 본질적으로 시스템 검증은 머신에 의해서 체크될 수 있는 계산으로 줄어든다. 하지만 이것은 요구사항으로부터 구현으로 내려갈 때까지 완전한 검증을 요구하는데, 이는 실제로는 거의 수행되지 않는다. 그래서 정형 기법은 컴퓨터 시스템 엔지니어링의 응용 수학이다. 그것은 전산 유체 역학(CFD)이 항공 설계에서 수행하는 것과 유사한 역할을 컴퓨터 설계에서 하며, 계산 방법을 제공하고 따라서 디지털 시스템의 구현 전에 어떤 동작이 일어날지를 예측한다.
>
> 정형 기법의 엄청난 잠재력은 오랫동안 이론가들에 의해 인정되어왔지만, 정형 기법은 몇 안 되는 예외를 제외하고는 소수의 학자들의 영역으로 남아 있었다. … 정형 기법이 양자택일의 접근법이 아니라는 것을 깨닫는 것이 중요하다.[1]

John Rushby는 다음과 같이 말한다. "정형 기법은 계산과 유사한 프로세스에 의해 시스템의 수학적 모델로부터 컴퓨터 시스템의 속성을 예측할 수 있도록 한다."[3]

Formal Methods Supplement to DO-178C and DO-278A라는 타이틀의 DO-333은 RTCA에서 최근에 발행되었다. DO-333 용어집은 **정형 기법(formal methods)**을 다음과 같이 정의한다. "시스템 동작의 수학적 모델에 대해서 구성하고, 개발하고, 추론하기 위해 사용되는 기술적인 표기법과 분석적인 방법. 정형 기법은 정형 모델(formal model)에 대해 수행되는 정형 분석(formal analysis)이다."[4] 기본적으로 정형 기법은 정형 모델과 정형 분석을 더한 것이다. **정형 모델**(formal model)은 "분석, 시뮬레이션, 코드 생성 또는 그 조합에 사용되는 시스템 측면의 주어진 집합에 대한 추상적인 표현이다. 정형 모델은 정형 표기법을 사용해서 정의된 모델이다."[4][3] **정형 표기법**(formal notation)은 "정확하고, 모호하지 않으며, 수학적으로 정의된 구문과 의미를 가진 표기법"이다.[4] **정형 분석**(formal analysis)은 "정형 모델에 의해 속성이 항상 충족된다는 것을 보장하기 위한 수학적 추론의 사용"이다.[4]

정형 모델은 일반적으로 프로젝트의 개발 단계 과정에서 다른 속성을 설정하기 위해 사용된다. DO-333 Section FM.1.6.1은 그래픽 모델, 텍스트 모델, 추상 모델을 포함해서 정형 기법의 몇 가지 모델을 제시한다. 그 모델들은 수학적으로 정의된 구문과 의미를 사용한다.[4]

현재, 정형 모델은 일반적으로 "모델에 대한 더 높은 수준의 요구사항 입력은 정형 기법으로 검증될 수 없는 속성을 포함할 수 있기" 때문에 소프트웨어 동작의 일부를 모델링하는 데에만 사용된다. "또한 모델은 일부 속성의 의미 있는 분석이 가능하도록 하기에는 충분하지 않을 수 있고 다른 것들에는 아직 완전히 적합하지 않을 수 있다."[4]

정형 기법은 특정 속성을 높은 보장 수준으로 설명하기 위해 사용될 수 있으므로 안전을 지원할 수 있다. 많은 경우에 모델은 특정 속성들만을 보장한다. 따라서 모델의 한계를 식별하는 것이 중요하다. 그러한 한계를 벗어나는 속성들은 다른 모델 혹은 전통적인 DO-178C 접근법에 의해서 처리된다.

정형 모델은 소프트웨어 개발 프로세스에 도움이 될 수 있다. 하지만 정형 기법의 가장 유익한 측면은 정형 모델의 정형 분석이다. 정형 분석은 소프트웨어가 요구사항을 준수한다는 것을 증명하거나 보장하기 위해 사용된다. 요구사항에 대한 준수를 증명하거나 보장하기 위해 소프트웨어 속성 집합이 정의된다(정형 분석 도구에 생성되거나 내장된다). 소프트웨어 속성의 세트가 요구사항 세트를 완전하게 정의할 때, 정형 분석은 소프트웨어 속성 세트가 유효하다는 것을 증명하기 위해 사용될 수 있다.[4]

---

3) DO-333 요점은 정형 기법을 다음과 같이 정의한다: 정형 기법=정형 모델+정형 분석. 정형 기법은 일반적으로 이런 방식으로 설명되지 않는다. 이런 접근법은 DO-178C 라이프 사이클 프로세스를 사용해서 정형 기법을 설명하기 위해 DO-333에 사용되었다.

분석 방법은 속성의 결정이 **건전한**(sound) 경우에만 공식적인 것으로 간주될 수 있다. DO-333은 이를 다음과 같이 설명한다.

> 건전한 분석은 그것이 참이 아닐 때 그 방법이 어떤 속성을 참이라고 절대 주장하지 않는 것을 의미한다. 반대의 경우, 어떤 속성이 사실일 수 있을 때 그것이 거짓이라는 주장, 구어체로 "탐지 오류의 발생"은 사용성의 문제일 뿐 건전성의 문제는 아니다. 무엇보다도 어떤 속성이 유효한지를 정하려고 할 때 "알지 못함"을 리턴하거나 답을 리턴하지 않는 방법이 허용되며, 이 경우 추가적인 검증이 필요하다.[4]

DO-333은 정형 기법의 다음과 같은 세 가지 일반적인 범주를 식별한다.[4]

- 정형 모델의 각각의 속성을 설정하기 위해 수학적인 인수를 사용하는 **연역적 방법**(deductive methods). 증명은 일반적으로 소프트웨어 속성이 건전하다는 것을 보이기 위해 공리 증명 도구를 사용하여 구성된다.
- "특정 속성의 충족 여부를 결정하기 위해 정형 모델의 모든 가능한 행동을 탐구하는" **모델 확인**(model checking)
- "무한 상태 프로그램의 동적 특성에 대한 건전한 결정…"을 위한 프로그래밍 언어의 의미론에 대해 보수적인 표현을 구성하는 **추상적 해석**(abstract interpretation). "그것은 실제로 모든 계산을 수행하지 않고 프로그램의 구체적인 효과(예를 들면, 컨트롤 구조, 정보의 흐름, 스택 크기, 클럭 사이클 수)를 결정하는 컴퓨터 프로그램의 부분적인 실행으로 볼 수 있다."

정형 분석의 이들 세 가지 범주는 몇 가지 속성을 공유한다. 첫째, 정형 분석은 정형 모델에 의존한다. "산출물 사이의 준수는 비정형 모델과 정형 모델 간에는 정형 분석을 사용해서 결코 증명될 수 없다. 예를 들면, 명세와 코드 사이의 준수를 증명하기 위해 정형 기법을 사용하는 것은 두 가지 모두 정형 모델이 될 것을 요구한다. 둘째, 모든 정형 분석은 일반적으로 도구를 사용해서 구현된다."[4] 따라서 정형 분석을 위해 사용되는 도구는 인증될 필요가 있을 수 있다. 도구 인증에 대한 정보는 Chapter 13을 보라.

16.3 정형 기법의 잠재적인 이점

정형 기법은 이 섹션에서 논의한 것처럼 여러 가지 잠재적인 이점을 제공한다. 경험과 기술이 성숙하면서, 그 이점은 증가할 것으로 보인다.

잠재적 이점 1 : 개선된 요구사항 정의. 정형 기법의 형식적인 특성 때문에 요구사항이 완전하고 심사숙고되는 것을 보장할 수 있다. 전통적인 요구사항은 종종 불완전하고, 부정확하며, 모호하고, 일관성이 없다. Rushby는 다음과 같이 쓰고 있다. "소프트웨어와 하드웨어 설계에서의 많은 문제점들은 최상위 레벨 요구사항의 구문, 중간 설계에 대한 설명 혹은 컴포넌트와 인터페이스에 대한 명세에서의 부정확성, 모호성, 불완전성, 오해 그리고 그저 단순한 실수에 기인한다. 이들 문제 중 일부는 크고 복잡한 산출물을 자연어로 기술하기가 어려웠기 때문일 수 있다."[3] 정형 모델의 사용은 그런 약점을 일찍 식별하는 데 도움이 된다.

잠재적 이점 2 : 감소된 에러. 정형 기법은 더 엄격하고 수학적인 기반의 접근법을 사용함으로써 인간의 직관과 판단에 대한 의존도를 줄이는 데 도움이 된다. 정형 모델을 정의하기 위해 필요한 엄격함 때문에 요구사항 그리고/혹은 설계에서 에러의 수를 줄일 수 있다.

잠재적 이점 3 : 더 많은 에러의 탐지. 정형 분석은 전통적인 검증 수단을 사용해서 전혀 감지되지 않을 수 있는 에러를 발견할 수 있다. 또한 전통적인 리뷰와 시험 접근법을 사용해서는 눈에 띄지 않을 수 있는 에러, 오해 그리고 미묘한 예기치 않은 특성들을 발견할 수 있다.

잠재적 이점 4 : 안전성 특성에 대한 신뢰도 향상. 시스템의 안전성 특성을 모델링하고 검증하기 위해 정형 기법을 사용하는 것은 안전성과 품질에 대한 신뢰도를 높일 수 있다.

잠재적 이점 5 : 매우 복잡한 시스템에 대한 신뢰도 향상. 정형 기법은 입력과 출력 공간을 좀 더 철저하게 분석하는 능력을 제공한다. 매우 복잡한 기능의 경우 정형 기법은 입력과 출력 공간의 일부만을 실행하는 전통적인 시험보다 더 철저하게 기능을 검증할 수 있다.

잠재적 이점 6: 에러가 발생하기 쉬운 영역의 품질 향상. 정형 기법을 모든 소프트웨어 설계에 적용하는 것은 비현실적일 수 있지만, 에러가 발생하기 쉬운 영역에 효과적으로 적용될 수 있다. 또한 그것들은 가장 복잡한 영역인 경향이 있다.

잠재적 이점 7: 보다 효과적인 도구 구현. 상용 도구(예를 들면, 자동 코드 생성기)는 여러 항공기 제조사들에서 사용되기 위해 개발되고 있다. 정형 기법이 도구를 만들기 위해 사용될 때 도구의 강건성을 개선할 수 있고 도구 사용자가 요구하는 추가적인 검증의 양을 줄일 수 있다. 예를 들면, 정형 기법을 사용해서 개발된 자동 코드 생성 도구는 도구가 부정확하거나, 추적가능하지 않거나, 불완전하거나 혹은 관련 없는 코드를 생성하지 않도록 정형 기법이 보장하기 때문에, 도구의 출력에 대한 구조적 커버리지 분석의 필요성을 줄여주거나 제거할 수 있다.

잠재적 이점 8: 비용 감소. 정형 기법의 적용은 초기에 더 엄격하고 리소스가 필요할 수 있지만, 에러를 좀 더 일찍 그리고 좀 더 확실하게 발견할 수 있는 잠재력을 가지고 있다. 프로세스에서 에러를 늦게 발견하는 것은 비용이 상당히 많이 들기 때문에, 이것은 소프트웨어 개발의 전반적인 비용을 줄일 수 있다.

잠재적 이점 9: 유지보수가능한 소프트웨어. 정형 기법은 더 완전한 요구사항과 아키텍처를 생성할 수 있는 잠재력을 가지고 있기 때문에 시스템을 더 쉽게 유지하게 만들 수 있다. 정형 기법을 사용하더라도 기존 소프트웨어를 재사용하거나 수정할 때는 주의를 기울여야 한다는 점에 유의해야 한다.

16.4 정형 기법에 대한 어려움들

프로젝트가 정형 기법을 구현할 때 마주치는 여러 가지 어려움들이 있다.

어려움 1: 교육의 부족으로 높아지는 두려움. 대부분의 소프트웨어 엔지니어들과 그들의 관리자들은 여전히 정형 기법을 배우지 않았고 심지어 두려워한다. 기호의 사용은 이상하게 보이고 많은 엔지니어들은 그 도구를 적용할 수학적인 배경을 가지고 있지 않을 수 있다. 이 어려움은 훈련과 사용자 친화적인 도구에 의해서 극복될 수 있다.

어려움 2: 정형 기법이 모든 문제에 적용할 수 있는 것은 아니다. 정형 기법에는 한계가 있다. 가장 효과적이고 가장 잠재력을 가진 곳에 그것을 사용하는 것이 중요하다(예를 들면, 복잡하거나 문제가 있는 기능).

어려움 3: 정형 기법과 그다지 정형 기법 같지 않은 것을 혼합하는 것이 어려울 수 있다. 대부분의 프로젝트는 전반적인 요구사항 정의 및 검증 활동의 서브셋에 정형 기법을 적용하기 때문에, 정형 기법은 보다 전통적인 프로세스와 통합되어야 한다. 정형 기법이 객체 지향 기술 혹은 모델 기반 개발과 같은 그다지 전통적이지 않은 다른 기법들과 함께 사용되는 상황이 있을 수 있다. 이러한 어려움을 해결하기 위해, 큰 그림을 염두에 두고 그러한 활동들을 주도하는 목표를 기억하는 것이 중요하다.

어려움 4: 활용가능한 정형 기법 전문가가 제한적임. 정형 기법 실무자가 많지 않기 때문에 정형 기법의 성공적인 사용에 장애가 될 수 있다. 어려움 #1에서 언급한 것처럼 훈련과 사용자 친화적인 도구는 이 도전을 완화하는 데 도움이 될 수 있다.

어려움 5: 정형 기법은 자원 집약적일 수 있다. 정형 기법은 특별한 기술과 도구를 필요로 한다. 또한 그것은 적용하기에 꽤 어려울 수 있다. 이러한 이유로 투자 대비 효과가 가장 좋고, 가장 중요하고 복잡하며, 에러가 발생하기 쉬운 영역에 그것을 사용하는 것이 좋다.

어려움 6: 정형 기법의 검증 능력에 대한 과도한 신뢰. 정형 기법이 정확도를 보장할 수 있다는 오해가 있을 수 있다. 그것은 정말로 요구사항에 대한 소프트웨어의 준수에 더 큰 신뢰감을 제공한다. 하지만 Bowen과 Hinchey가 설명하는 것처럼 "만약 조직이 올바른 시스템을 만들지 않았다면(확인), 아무리 시스템을 올바르게 만들려고 해도(검증) 그 에러를 극복할 수 없다."**[5]**

어려움 7: 시험에 대해서 잘못된 가정이 존재한다. 일부 사람들은 정형 기법이 시험이 필요하지 않다는 것을 의미한다고 주장한다. 정형 기법은 특정 에러의 발생가능성을 줄이거나 그것을 탐지하는 데 도움이 될 수 있지만, 적절한 시험이 수반되어야 한다. DO-333은 정형 기법을 적용할 때조차도 소프트웨어 시험의 필요성을 강조한다. 특히, 하드웨어/소프트웨어 통합을 검증하기 위해 타깃 기반 시험이 필요하다.

어려움 8: 산업 그리고 인증 지침이 아직 표준화되어 있지 않다. 만약 세 사람에게 정형 기법을 설명하도록 요구하면, 그들은 아마 적어도 네 가지 답을 제시할 것이다. DO-333의 완성은 표준화로 향하는 주요 단계이다. 하지만 여전히 프로젝트별로 해결해야 할 이슈들이 많다.

어려움 9 : 도구 지원이 여전히 완전하지 않다. 정형 기법 도구는 지난 몇 년 동안 상당히 개선되어왔지만, 이 도구가 항공 커뮤니티에 실용화되기 위해서는 여전히 상당한 작업이 필요하다. 도구는 소프트웨어 라이프 사이클에 잘 맞아야 하며 해당 분야의 전문가가 사용할 수 있어야 한다. 만약 도구가 해당 전문 지식을 가진 이들(예를 들면, 비행 컨트롤 엔지니어)에게 실용적이지 않다면, 도구는 효과적으로 사용되지 않을 것이며, 앞서 언급된 잠재적인 이익들이 실현되지 않을 것이다.

16.5 DO-333 개요

16.5.1 DO-333의 목적

DO-333은 정형 기법에 구체화된 목표를 수정하고, 삭제하며 추가함으로써 DO-178C를 보완한다. DO-333 부속서는 다음의 핵심 원칙에 기반한다.[6]

- 정형 기법은 정형 모델에 대한 정형 분석을 적용하는 것이다.
- 정형 모델은 수학적으로 정의된 구문과 의미로 표기되어야 한다.
- 정형 기법은 소프트웨어 라이프 사이클의 서로 다른 검증 단계에서, 한 단계의 전체 혹은 일부에 대해 그리고 개발되고 있는 시스템의 전체 혹은 일부에 대해 사용될 수 있다.
- 정형 기법은 사실이 아닐 수 있는 결과를 절대 만들어서는 안 된다(즉, 정형 기법은 건전해야 한다).
- 컴파일, 링크 그리고 로드 프로세스를 충분히 자세하게 이해함으로써 해당하는 오브젝트 코드에 소스 코드의 정형 분석 결과를 적용하는 것이 가능하다.
- 소프트웨어와 타깃 하드웨어의 호환성을 보장하고 소스 코드와 오브젝트 코드 사이의 관계에 대한 이해를 완전하게 검증하기 위해 항상 시험이 필요하다.

16.5.2 DO-333과 DO-178C의 비교

16.5.2.1 계획 및 개발

DO-333은 정형 기법이 사용될 때 DO-178C의 계획 및 개발 프로세스를 명확하게 한다. DO-333은 정형 기법 접근법을 설명하고 다루기 위해 계획과 표준이 개발될 필요가 있다고 설명한다. 만약 정형 모델이 정형 분석 없이 개발에 사용된다면, DO-333은 적용될 필요가 없다. DO-178C 자체로 이 시나리오를 다루기에 적절하다. 즉, 만약 정형 모델 혹은 다중 계층 모델이 요구사항, 설계, 그리고/혹은 코딩 단계에 사용된다면, DO-178C 목표를 적용한다. 그 부속서가 개발을 위한 몇 가지 모델 고유의 설명을 제공하지만, 그것은 기본적으로 DO-178C에 식별된 것과 동일한 프로세스이다.

16.5.2.2 형상 관리, 품질 보증 그리고 인증 교섭

DO-178C의 형상 관리, 품질 보증 그리고 인증 교섭 프로세스는 DO-333에서 변경되지 않는다.

16.5.2.3 검증

DO-178C와 DO-333 사이의 주요 차이점은 검증 영역에 있다. 정형 분석이 정형 모델의 정확성을 검증하거나 반증할 수 있는 능력을 가지고 있기 때문에, 기존의 일부 DO-178C 리뷰, 분석 그리고 시험 목표는 정형 분석에 의해서 대체될 수 있다. DO-333은 상위 레벨 요구사항, 하위 레벨 요구사항, 소프트웨어 아키텍처 그리고 소스 코드의 리뷰와 분석을 위한 목표와 활동이 정형 기법에 특화되도록 변경한다. 정형 분석은 출력에 대한 입력의 준수, 정확성, 일관성, 타깃 컴퓨터와의 호환성, 검증가능성, 표준 준수, 추적성, 알고리즘 정확성 그리고 요구사항 정형화의 정확도와 관련된 목표를 충족하기 위해 사용될 수 있다.[4]

정형 기법 검증에는 다음과 같은 두 가지 주된 어려움이 존재한다 : ① 실행가능 오브젝트 코드 검증(DO-178C Table A-6 그리고 DO-333 Table FM.A-6), ② 검증의 검증(DO-178C Table A-7 그리고 DO-333 Table FM.A-7).

첫째, **실행가능 오브젝트 코드 검증**(executable object code verification)을 고려해보자. 현재는 실행가능 오브젝트 코드 시험을 정형 분석으로 대체할 수 없다. 정형 분석은 시험 활동을 보완하고 요구사항 준수를 검증하기 위해 사용될 수 있다. 하지만 타깃 의존성 때문에 모델링은 시험을 대신하기에 아직 적합하지 않다. 따라서 실행가능 오브젝트 코드를 검증하기 위한 목표는 정형 기법이 사용되든 전통적인 소프트웨어 개발 방법이 사용되든 동일하다. 즉, DO-333 Table FM.A-6은 DO-178C Table A-6과 동일한 목표를 가지고 있다. 하지만 실행가능 오브젝트 코드의 속성을 검증하기 위해 정형 분석이 사용될 때, 그 상황을 해결하기 위해 DO-333에 추가적인 목표가 추가되었다. DO-333 Table FM.A-7 목표 FM9는 다음과 같이 언급한다: "소스와 오브젝트 코드 사이의 속성 보존에 대한 검증."[4]

> 오브젝트 코드로의 소스 전환의 정확도 검증에 의해서 상위 혹은 하위 레벨 요구사항에 대한 소스 코드 레벨에서 수행되는 정형 분석이 상위 혹은 하위 레벨 요구사항에 대한 오브젝트 코드의 정확도를 추론하기 위해 사용될 수 있다. 이것은 소스 코드로부터 얻어진 커버리지 매트릭스가 타깃 시스템을 검증하기 위한 시험의 적절성을 확립하기 위해 사용될 수 있는 방법과 유사하다.[7]

그런 분석을 하는 것은 어려워 보인다. 하지만 에뮬레이션과 이식가능성에서의 기술적인 진보가 지속되면서 좀 더 실현가능해질 수 있다.

어려움의 두 번째 영역은 **검증의 검증**(verification of verification)이다. DO-178C Table A-7은 9개의 목표를 가지고 있다. 〈표 16-1〉은 DO-178C Table A-7 목표와 DO-178C 목표를 대체하는 DO-333 Table FM.A-7 목표 사이의 상호관계를 보여주고 있다.

〈표 16-1〉은 (DO-178C의) 목표 1~4와 9가 DO-333에 동등한 것을 가지고 있다는 것을 보여주고 있다. 하지만 DO-178C의 네 가지 구조적 커버리지 목표(목표 5~8)는 DO-333에서는 하나의 목표로 대체된다. 구조적 커버리지는 코드 커버리지의 시험과 측정의 수행이 포함되기 때문에 정형 기법을 사용할 때 대안이 제시된다. 대안은 여전히 구조적 커버리지의 의도(즉, 요구사항 기반 시험의 단점을 탐지하기, 요구사항의 부적절함을 식별하기 그리고 관련 없는(데드 코드를 포함해서) 혹은 비활성화된 코드를 식별하기)를 충족해야 한다. 부속서는 구조적 커버리지 목표를 충족하기 위해 다음과 같은 네 가지 활동을 제안한

표 16-1 **검증의 검증 목표에 대한 DO-178C와 DO-333의 비교**

DO-178C Table A-7 목표	DO-333 Table FM.A-7 목표
1. 시험 절차가 정확하다.	FM1. 정형 분석 케이스 및 절차가 정확하다.
2. 시험 결과가 정확하고 차이점이 설명된다.	FM2. 정형 분석 결과가 정확하고 차이점이 설명된다.
3. HLR의 시험 커버리지가 달성된다.	FM3. HLR의 커버리지가 달성된다.
4. LLR의 시험 커버리지가 달성된다.	FM4. LLR의 커버리지가 달성된다.
5. 소프트웨어 구조(MC/DC)의 시험 커버리지가 달성된다. 6. 소프트웨어 구조(decision coverage)의 시험 커버리지가 달성된다. 7. 소프트웨어 구조(statement coverage)의 시험 커버리지가 달성된다. 8. 소프트웨어 구조(데이터 결합도 및 컨트롤 결합도)의 시험 커버리지가 달성된다.	FM5~FM8. 소프트웨어 구조의 검증 커버리지가 달성된다(DO-178C의 네 가지 구조적 커버리지 목표를 대체하는 단일 목표).
9. 소스 코드로 추적될 수 없는 추가적인 코드의 검증이 달성된다.	FM9. 소스와 오브젝트 코드 사이의 속성 보존에 대한 검증
N/A	FM10. 정형 기법이 정확하게 정의되고 정당화되며 적절하다.

출처: RTCA DO-333, *Formal Methods Supplement to DO-178C and DO-278A*, RTCA, Inc., Washington, DC, December 2011; RTCA DO-178C, *Software Considerations in Airborne Systems and Equipment Certification*, RTCA, Inc., Washington, DC, December 2011.

다.[4, 7]

- **각각의 요구사항에 대한 완전한 커버리지**: 정형 기법을 위해 가정이 만들어질 때 모든 가정은 각각의 요구사항에 대한 완전한 커버리지를 보장하기 위해 검증되어야 한다.
- **요구사항 세트의 완전성**: 공식적으로 모델링된 요구사항의 경우, 의도된 기능과 관련해서 요구사항의 세트가 완전하다는 것이 증명될 필요가 있다. 모든 입력 조건에 대해서 요구되는 출력이 구체화되었고, 모든 출력에 대해서 요구되는 입력 조건이 구체화되었는지 검증되어야 한다. 만약 요구사항이 불완전하다면 요구사항이 업데이트될 필요가 있다. 만약 요구사항의 완전성이 증명될 수 없다면 구조적 커버리지가 필요하다.
- **의도되지 않은 데이터 플로우 관계의 탐지**: 의도는 소스 코드의 데이터 플로우가 요구사항을 준수하고 코드 입력과 출력 사이에 의도되지 않은 의존성이 없다는 것을 확인하는 것이다. 의도되지 않은 의존성은 해결될 필요가 있다(예를 들면, 요구사항이 추가

되거나 관련 없는 코드가 제거된다).

- **관련 없는 코드 및 비활성화된 코드의 탐지**: 목표는 관련 없는 코드(데드 코드를 포함하는)와 비활성화된 코드에 대해서 DO-178C와 동일하다. Chapter 17은 관련 없는 코드, 데드 코드, 비활성화된 코드를 설명한다.

DO-333 Table FM.A-7의 적용은 어려움이 있을 수 있다. 선택된 접근법은 커버되지 않은 모든 코드가 식별되는지 확인해야 한다. 그 외에도 DO-333 지침은 컨트롤 플로우 분석을 다루지 않는 것으로 보인다. 정형 기법을 구현하는 사람들은 의도되지 않은 데이터 플로우뿐만 아니라 의도되지 않은 컨트롤 플로우를 탐지할 필요가 있을 것이다. 정형 기법을 사용할 때 DO-333 Table FM.A-7 목표를 충족하기 위해 선택된 접근법과 관련해서 인증 당국과 긴밀하게 협력하는 것이 중요하다.

정형 기법은 일반적으로 소프트웨어의 일부에 대해서만 사용되며 그것이 다가 아닐 것이기 때문에, 선택된 접근법은 DO-333이 사용되는 곳과 DO-178C 그리고/혹은 다른 부속서를 적용하는 곳을 분명하게 식별해야 한다.

16.6 다른 자료들

이 챕터는 정형 기법에 대한 소개만을 제공해왔을 뿐이다. 정형 기법에 대한 수많은 책, 보고서, 기사들이 있다. 이 주제에 여러 해 동안 헌신해온 사람들이 있다. 그들은 교육을 위한 리포트를 생성하는 것을 꽤 부지런하게 해왔다. 만약 당신이 프로젝트에서 정형 기법을 사용하기로 선택한다면, 당신은 그 주제를 훨씬 더 깊이 조사하기를 원할 것이고 아마도 당신팀을 지원하고 교육할 일부 전문가를 고용하기를 원할 것이다. “참고” 섹션은 지금까지 내가 발견한 가장 유용한 몇 가지 자료들을 포함하고 있다. 각각의 참고는 다른 유익한 자료를 가리킨다.

참고문헌

[1] R. W. Butler, V. A. Carreno, B. L. Di Vito, K. J. Hayhurst, C. M. Holloway, J. M. Maddalon, P. S. Miner, C. Munoz, A. Geser, and H. Gottliebsen, NASA Langley's research and technology–transfer program in formal methods (Hampton, VA: NASA Langley Research Center, May 2002).

[2] D. Jackson, M. Thomas, and L. I. Millett, *Software for Dependable Systems: Sufficient Evidence?* (Washington, DC: Committee on Certifiably Dependable Software Systems, National Research Council, 2007).

[3] J. Rushby, Formal methods and the certification of critical systems, Technical Report CSL-93-7 (Menlo Park, CA: SRI International, December 1993).

[4] RTCA DO-333, *Formal Methods Supplement to DO-178C and DO-278A* (Washington, DC: RTCA, Inc., December 2011).

[5] J. P. Bowen and M. G. Hinchey, Ten commandments of formal methods… Ten years later, *IEEE Computer* January, 40–48, 2006.

[6] RTCA DO-248C, *Supporting Information for DO-178C and DO-278A* (Washington, DC: RTCA, Inc., December 2011).

[7] D. Brown, H. Delseny, K. Hayhurst, and V. Wiels, Guidance for using formal methods in a certification context, *ERTS Toulouse Conference* (Toulouse, France, May 2010).

[8] RTCA DO-178C, *Software Considerations in Airborne Systems and Equipment Certification* (Washington, DC: RTCA, Inc., December 2011).

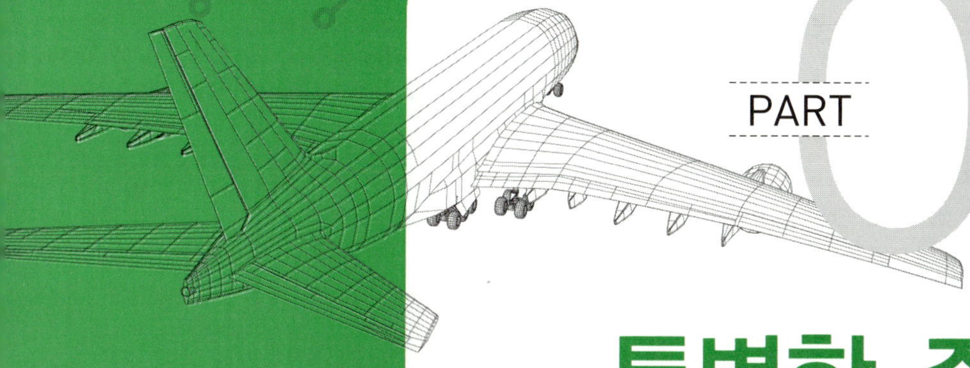

PART 05

특별한 주제들

Part 3은 DO-178C의 개요를 제공했고 계획, 개발, 검증, 형상 관리, 품질 보증 그리고 인증 교섭 프로세스를 포함하여, 준수에 필요한 프로세스들을 검토했다. Part 4는 도구 인증 지침(DO-330)과 모델 기반 개발(DO-331), 객체 지향 기술(DO-332) 그리고 정형 기법(DO-333)에 대한 DO-178C 기술 부속서를 제시했다. Part 5는 많은 안전 필수 소프트웨어 개발 활동과 관련된 기술들과 전문적인 주제들을 탐구한다. 검토되는 주제는 다음과 같다.

- 커버되지 않은 코드(데드 코드, 관련 없는 코드, 비활성화된 코드)(Chapter 17)
- 현장 적재가능 소프트웨어(Chapter 18)
- 사용자 수정가능 소프트웨어(Chapter 19)
- 실시간 운영체제(Chapter 20)
- 소프트웨어 파티셔닝(Chapter 21)
- 구성 데이터(Chapter 22)
- 항공용 데이터베이스(Chapter 23)
- 소프트웨어 재사용(이전에 개발된 소프트웨어와 COTS를 포함하는)(Chapter 24)
- 리버스 엔지니어링(Chapter 25)
- 아웃소싱 및 해외 외주(Chapter 26)

통합 모듈형 항공전자(IMA), 항공전자 하드웨어, 보안 그리고 전자 항공백(Electronic Flight Bag)을 포함해서 내가 이 파트에서 다루기를 희망했던 여러 가지 다른 주제들이 있다. 하지만 시간과 공간의 제약 때문에 다루지 않는다. 하지만 이들 주제 중 일부는 CRC Press의 '*Digital Avionics Handbook*'의 개정판에서 다루어질 예정이다.

Chapter 17

커버되지 않은 코드 (데드 코드, 관련 없는 코드, 비활성화된 코드)

약어

PSAC	Plan for Software Aspects of Certification
SAS	Software Accomplishment Summary

17.1 소개

요구사항 기반 시험이 코드 구조를 완전하게 실행하는지 확인하기 위해 구조적 커버리지를 수행할 때(Chapter 9에서 논의한 것처럼), 커버되지 않은(즉, 시험에 의해서 실행되지 않은) 코드가 일부 있을 수 있다. 만약 커버리지의 부족이 요구사항이나 시험의 누락 때문이라면, 요구사항과 시험이 적절하게 업데이트되고 재실행된다. 시험 환경에서 실행될 수 없지만 여전히 요구사항을 충족하는 일부 코드가 있을 수 있다(예를 들면, 초기화 과정에서 동작하는 코드 혹은 방어 코드). 그런 코드는 분석 혹은 코드 조사와 같은 대체 접근법을 통해서 검증될 필요가 있다. 하지만 심지어 그 이후에도, 여전히 관련 없는 코드, 데드 코드 혹은 비활성화된 코드로 분류되는 커버되지 않은 코드가 일부 있을 수 있다. 이 챕터는 이러한 코드 분류를 논의하고 그것들을 다루는 방법에 대한 권고사항을 제공한다.

17.2 관련 없는 코드와 데드 코드

관련 없는 코드(extraneous code)라는 용어는 DO-178B에서 DO-178C로 업데이트되면서 추가되었다. ① 요구사항 기반 시험 과정에서 실행되지 않은 그리고 ② 기능 요구사항으로 추적할 수 없는, 이러한 분류의 코드를 무엇으로 부를지에 대해서 상당한 논쟁이 있었다. **추적할 수 없는 코드**(untraceable code), **도달하지 않는 코드**(unreached code), **커버되지 않은 코드**(noncovered code)와 같은 여러 가지 대체 용어들이 고려되었다. **관련 없는 코드**(extraneous code)라는 용어가 경쟁에서 이겼다.

DO-178C는 관련 없는 코드를 다음과 같이 정의한다. "시스템 혹은 소프트웨어 요구사항으로 추적할 수 없는 코드(혹은 데이터). 관련 없는 코드의 예로는 요구사항과 시험이 제거되었지만 잘못 남겨진 레거시 코드가 있다. 관련 없는 코드의 또 다른 예는 데드 코드이다."[1]

관련 없는 코드의 정의는 **데드 코드**(dead code)를 관련 없는 코드의 서브셋으로 식별한다.

DO-178C는 데드 코드를 "소프트웨어 개발 에러의 결과로 존재하지만 타깃 컴퓨터의 어떤 운영 설정에서도 실행되거나(코드) 사용될(데이터) 수 없는 실행가능 오브젝트 코드. 그것은 시스템 혹은 소프트웨어 요구사항으로 추적할 수 없다. …"[1]라고 설명한다. 다음은 데드 코드의 간단한 예를 보여준다. 보다시피, "calculate airspeed" 라인은 코드가 작성된 방식 때문에 도달할 수 없다.

```
if (UP and OVER) and not OUT
    calculate wheelspeed
    if OUT
      calculate airspeed
    end if
  end if
```

DO-178C는 관련 없는 코드를 제거하도록 요구한다. 제거와 더불어, ① 코드 제거의 영향, ② 항공기 시스템에서 코드의 승인에 앞서 재검증의 필요성을 결정하기 위해 분석이 수행된다.[1] 이 지침은 많은 프로젝트에게 삼키기 힘든 약이었다. 하지만 DO-178C 또한 다음을 포함해서, 이 **찢어버리고 싶은 지침**(rip-it-out guidance)에 몇 가지 일반적인 예외를 제공한다.[1]

- 코드에 **내장된 식별자**(embedded identifiers)는 관련 없는 코드 혹은 데드 코드로 간주하지 않는다. 내장된 식별자의 예는 체크섬 혹은 파트 넘버를 포함한다.
- 강건성을 개선하기 위한 **방어적인 프로그래밍 구조**(defensive programming structures)는 관련 없는 코드 혹은 데드 코드로 간주하지 않는다. 하지만 그런 방어적인 프로그래밍 관행은 코딩 표준에 분명하게 식별될 필요가 있다. 추가적으로 방어적인 프로그래밍 구조는 요구사항과 설계의 구현을 지원하는 것을 보여야 한다. 예로서, 일반적으로 요구되는 방어적인 코딩 관행은 모든 if 구문에 else를 가지는 것이다.
- **비활성화된 코드**(deactivated code)는 관련 없는 코드 혹은 데드 코드가 아니다(비활성화된 코드는 이 챕터의 나중에 논의할 것이다).
- **실행가능 오브젝트 코드에 존재하지 않는 소스 혹은 오브젝트 코드**(예를 들면, 컴파일러 혹은 링커 설정으로 인해)는 관련 없는 코드 혹은 데드 코드로 간주하지 않는다. 하지만 코드가 실행가능 오브젝트 코드에 존재하지 않는다는 것을 보여주기 위한 분석이 필요

하다. 또한 그런 코드가 향후에 실행가능 오브젝트 코드에 실수로 삽입되지 않도록 하기 위한 절차가 마련되어야 한다(예를 들면, 설정을 명시적으로 언급하고 그 존재 이유를 제공하는 빌드 절차).

구조적 커버리지 분석이 커버되지 않은 코드를 처음 식별하면, 그 데이터는 그것이 요구사항 문제, 시험 케이스 이슈 혹은 코드 이슈인지를 결정하기 위해 조사되고 분석되어야 한다. 커버되지 않은 코드가 관련 없는 코드 혹은 데드 코드라고 자동적으로 가정하지 말라. 내 경험에 따르면 초기에 발견되는 커버되지 않은 코드의 대부분은 요구사항 누락, 시험 케이스 누락 혹은 로직 에러로 인한 것이다. 일단 커버되지 않은 코드가 정말로 관련 없는 코드 혹은 데드 코드로 결정되면, 코드의 영향을 분석하고 최선의 해결책을 결정하는 데 시간을 소비해야 한다. 일부 코드는 데드 코드로 보일 수 있지만, 그것이 제거되면 혼란이 일어난다. 한 회사는 그것이 데드 코드로 보였지만 때때로 살아났기 때문에(안전 필수 시스템에서는 받아들일 수 없는 시나리오) 그 코드 중 일부를 **좀비 코드**(zombie code)로 부른다고 내게 말했다.

17.2.1 관련 없는 코드와 데드 코드의 늦은 발견을 피하기

많은 개발자들은 프로젝트 후반부에 데드 코드나 관련 없는 코드를 빠르게 제거하는 것이 문제가 될 수 있다는 것을 어렵게 배워왔다. 공식적인 소프트웨어 시험(즉, 인증 신뢰를 위한 시험)을 수행한 후의 데드 코드 혹은 관련 없는 코드의 제거는 극도로 주의해서 처리되어야 한다. 만약 코드가 관련 없는 코드 혹은 데드 코드인 것으로 잘못 결정되어 제거되면 실질적인 재검증(심지어 모든 시험을 재실행하는 것일 수도 있는) 없이는 그 영향을 판단하기 어려울 수 있다. 따라서 가능한 한 일찍 코딩 이슈를 발견하기 위해 모든 노력을 기울이는 것이 중요하다. 여기에 데드 코드 혹은 관련 없는 코드의 늦은 발견을 피하기 위한 몇 가지 제안이 있다.

- 특히 요구사항에 대한 코드의 준수와 추적성에 초점을 맞춘 고품질 코드 리뷰를 실시하라.
- 추적 데이터를 최신으로 유지하라. 요구사항 혹은 코드가 변경될 때마다 추적 데이터가 수정되어야 한다.

- 가능한 한 일찍 시험을 수행하고 구조적 커버리지를 분석하라(Chapter 9에서 언급한 것처럼 시험 케이스 및 절차를 리뷰하기 전에 시험을 수행하는 것이 일반적이다). 요구사항 혹은 코드가 변경되면 시험을 다시 수행하고 커버리지를 다시 분석해야 한다. 이러한 이른 시험 수행과 커버리지 분석은 인증 신뢰를 위해 사용될 최종 시험(즉, **공식**(formal) 시험 수행 혹은 **성적을 위한**(for-score) 시험 수행) 수행에 앞서 이슈를 식별하는 데 도움이 된다.
- 시험 과정에서 발견되는 이슈들을 해결하기 위한 시간을 스케줄링하라. Chapter 9에서 지적한 것처럼 많은 프로젝트들이 성공에 기반한 스케줄링을 하고 모든 시험이 이슈 없이 수행될 것을 가정하지만, 이것은 프로젝트를 실패(혹은 최소한 상당한 지연)로 설정하는 것이다.
- 커버되지 않은 코드를 처리하기 위한 프로세스와 절차를 정의하고 예시를 포함하라.

17.2.2 관련 없는 코드 혹은 데드 코드를 평가하기

이러한 제안을 실행한 후에도 프로그램에서 늦게 발견되는 관련 없는 코드(이는 데드 코드를 포함한다)가 여전히 일부 있을 수 있다. 만약 그것이 발생하는 경우, [그림 17-1]은 일반적으로 발생하는 단계들을 보여준다. 플로우차트의 각각의 박스에 대한 설명은 다음과 같다.

① 그것이 실제로 관련 없는 코드 혹은 데드 코드인지를 확인하기 위해 커버되지 않은 코드를 철저하게 분석한다.

② 만약 커버되지 않은 코드가 관련 없는 코드, 데드 코드 혹은 비활성화된 코드가 아니라면 요구사항 혹은 시험을 적절하게 수정한다. 만약 그것이 비활성화된 것이라면, 비활성화된 코드에 대한 지침(Section 17.3에서 논의하는)을 따르는지 확인한다.

③ 만약 커버되지 않은 코드가 관련 없는 코드 혹은 데드 코드라면 아키텍처를 고려한 코드의 제거가능성을 분석한다. 일부 코드는 제거하기 쉽고 일부는 상당히 까다롭다. 또한 타당성 결정은 일정을 고려해야 할 수도 있다. 프로그램 후반에 발견되는 관련 없는 코드 혹은 데드 코드는 기술적인 제약뿐만 아니라 일정 제약이 있을 수 있다.

④ 만약 그것이 제거되지 않는다면, 관련 없는 코드 혹은 데드 코드의 활성화에 대한 영향을 평가한다. 만약 관련 없는 코드 혹은 데드 코드가 실수로 활성화되면 어떤

그림 17-1 | 관련 없는 코드 혹은 데드 코드 평가를 위한 단계

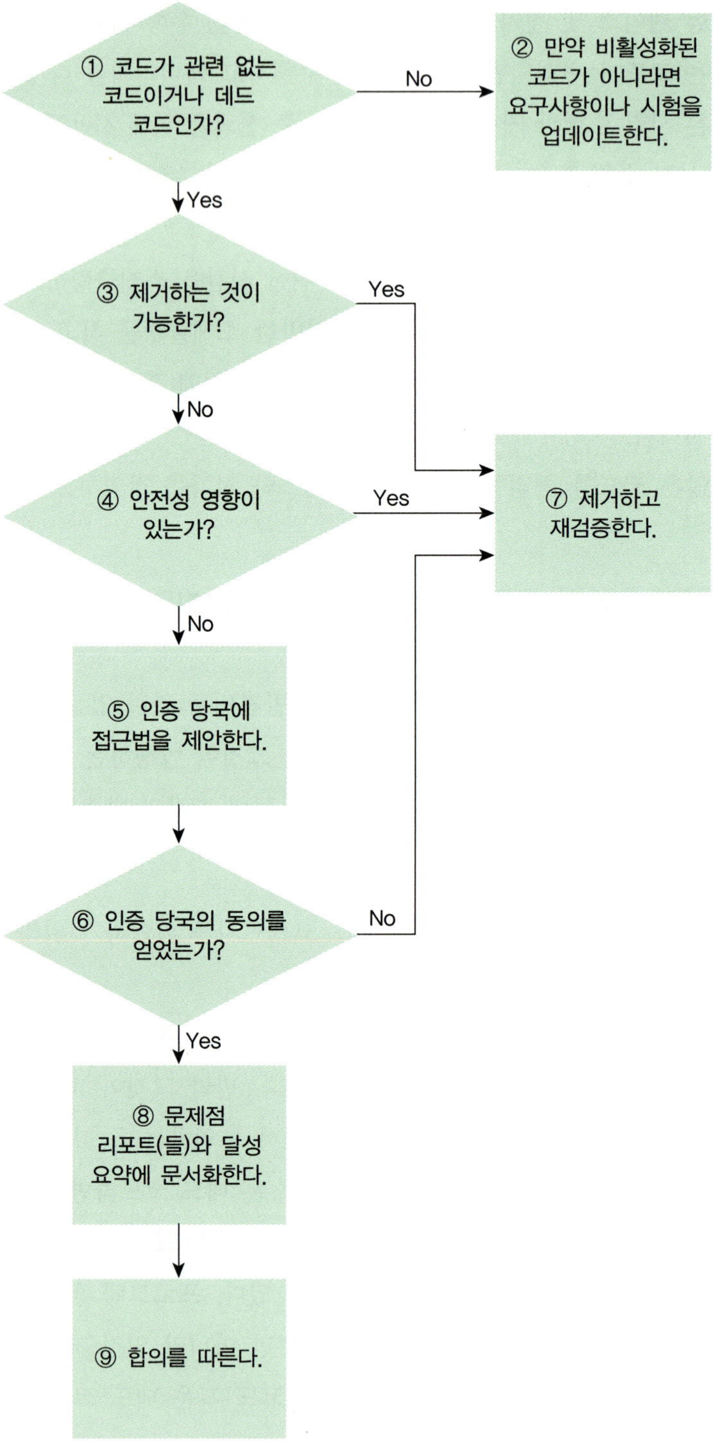

일이 발생하는지를 고려한다(안전성과 기능적인 영향을 평가한다).

⑤ 만약 분석이 관련 없는 코드 혹은 데드 코드의 우발적인 활성화가 안전성 관점에서 문제가 되지 않는다는 높은 수준의 신뢰를 보장한다면(예를 들면, 사용되지 않는 변수), 그것은 인증 당국으로부터 특별한 합의를 얻을 수 있다. 이러한 합의는 일반적으로 인증 후 첫 번째 수정 과정에서 코드의 제거를 요구한다. 이러한 접근법은 주관적이며 철저하게 분석되어야 하며, 가능한 한 빨리 인증 당국에 제시되어야 한다. 소프트웨어의 중요도와 관련 없는 코드 혹은 데드 코드의 특성은 제안된 전략의 세부사항에 영향을 미칠 것이다.

⑥ 제안된 전략에 대해서 가능한 한 일찍 인증 당국의 동의를 구한다.

⑦ 다음 중 하나가 참이라면 적절한 시험의 재수행을 포함해서 관련 없는 코드 혹은 데드 코드를 제거하고 재검증을 수행한다. ㉠ 제거가 가능하다(기술적 그리고 일정 관점에서), ㉡ 활성화의 영향이 안전하지 않다(즉, 안전성이 영향을 받을 수 있다), ㉢ 인증 당국이 관련 없는 코드 혹은 데드 코드가 남아 있는 소프트웨어를 승인하는 것에 대해서 동의하지 않는다.

⑧ 만약 인증 당국이 초기 승인에 대해서 관련 없는 코드 혹은 데드 코드가 남아 있는 것을 허용하기로 동의한다면, 동의의 조건을 문서화하고, 소프트웨어 완수 요약(SAS)에서 관련 없는 코드 혹은 데드 코드를 다루는 특정 문제점 리포트(들)를 식별한다.

⑨ 만약 합의에 도달하면, 합의를 따르기 위한 단계가 마련되어 있는지를 확인하라(즉, 제거를 위한 일정이 실행된다). 소프트웨어를 수정하는 팀(일반적으로 소프트웨어를 개발한 팀과 같지 않은)은 소프트웨어 업그레이드를 시작할 때, 합의를 인식해서 변경을 추적하고, 구현 및 검증할 수 있도록 해야 한다.

대부분의 프로젝트가 소스 코드에 대한 구조적 커버리지 측정을 수행하기 때문에 관련 없는 코드 혹은 데드 코드 논의와 평가는 일반적으로 소스 코드 레벨에서 발생한다는 점에 유의해야 한다. 하지만 일부 회사들은 오브젝트 코드 혹은 기계어 코드에 대한 구조적 커버리지를 수행한다. 만약 이 경우에는 관련 없는 코드 혹은 데드 코드에 관한 동일한 이슈가 여전히 해결될 필요가 있다. 그 코드는 단지 다르게 보일 뿐이다.

Chapter 9에서 언급한 것처럼 레벨 A 소프트웨어의 경우, 구조적 커버리지가 소스 코드에 대해서 수행될 때 추가적인 목표가 요구된다. 소스 코드로부터 오브젝트 코드로의 추적성은 컴파일러가 관련 없는 코드 혹은 데드 코드를 생성하지 않았다는 것을 확인하기 위해 분석된다. 레벨 A 소프트웨어의 경우, 컴파일러에 의해서 생성되는 모든 관련 없는 코드 혹은 데드 코드는 앞서 설명한 것처럼 분석되고 해결되어야 한다.

17.3 비활성화된 코드

비활성화된 코드는 유연하지만 완전하게 준수되는 소프트웨어를 만들기 위해 종종 사용된다. 비활성화된 코드는 구조적 커버리지 분석 과정에서 커버되지 않은 코드로 나타날 수 있기 때문에 관련 없는 코드 혹은 데드 코드와 연관된다. 하지만 관련 없는 코드 혹은 데드 코드와 달리 비활성화된 코드는 설계에 의해서 계획되고 구현된다.

DO-178C 용어집은 **비활성화된 코드**(deactivated code)를 다음과 같이 정의한다.

> 요구사항으로 추적가능하며 설계에 의해서 ① 실행(코드)되거나 사용(데이터)되도록 할 의도가 없다. 예를 들면, 사용되지 않은 레거시 코드, 사용되지 않은 라이브러리 기능 혹은 향후 확장을 위한 코드와 같이 이전에 개발된 소프트웨어 컴포넌트의 일부가 있다. 혹은 ② 타깃 컴퓨터 환경의 특정 설정에서만 실행(코드)되거나 사용(데이터)된다. 예를 들면, 하드웨어 핀 선택 혹은 소프트웨어로 프로그램된 옵션에 의해서 활성화되는 코드와 같은 실행가능 오브젝트 코드(혹은 데이터)가 있다. 다음의 예시들은 종종 실수로 비활성화된 코드로 구분되지만 설계/요구사항의 구현을 위해 필요한 것으로 식별되어야 한다. 범위 및 배열 인덱스 체크를 위한 컴파일러 주입 오브젝트 코드, 에러 혹은 예외 처리 루틴, 한계 및 적정성 체크, 큐 컨트롤 그리고 타임 스탬프를 포함해서 강건성을 위해 삽입된 방어적인 프로그래밍 구조 등이다.**[1]**

비활성화된 코드 사용의 몇 가지 예는 다음과 같다.

- 연구실에서 시험 혹은 문제 해결 과정에서 사용된 디버그 코드. 디버그 코드는 항공기에 설치될 때 비활성화된다.
- 인가된 기술자에 의해서 지상에서 사용되는 유지보수 특성. 유지보수 특성은 항공기 운영 과정에서 비활성화된다.

- 특정 운영자의 필요에 따라서 사전 승인된 소프트웨어 설정을 선택하기 위해 하드웨어 핀 대신 사용되는 옵션 선택가능 소프트웨어. 선택되지 않은 소프트웨어는 비활성화된다.
- 항공기 설정에 따라서 선택될 수 있는 여러 센서로부터의 입력을 받도록 설계된 비행관리 시스템. 사용되지 않는 센서 코드는 비활성화된다.
- 1개의 엔진 혹은 2개의 엔진 설정을 위해 개발되는 엔진 컨트롤러. 1개의 엔진 혹은 2개의 엔진 코드가 비활성화된다.
- 여러 소프트웨어팀의 요구를 충족하기 위해 설계된 라이브러리로부터 선택된 기능. 사용되지 않는 라이브러리 기능은 비활성화된다.
- 여러 상황에서 동일한 코드(예를 들면, 멀티 레인 혹은 멀티 플랫폼을 위한 동일한 코드)를 사용하기 위해 추가된 컴파일러 옵션(예를 들면, #ifdef). 컴파일 과정에서 이런 코드는 실행가능 오브젝트 코드로부터 제거되므로 비활성화된다.

목록이 계속해서 이어진다. 비활성화된 코드는 소프트웨어를 설정할 수 있게 해서 여러

표 17-1 비활성화된 코드 분류의 개요

분류	설명	고려사항
분류 1	항공기 운항 과정에서 '절대' 활성화되지 않을 코드. 예를 들면, 디버그 코드	• 비활성화된 코드는 항공기 운항 과정에서 비활성화되어야 한다. • 비활성화 메커니즘의 기능이 동작하는지 증명되어야 한다(그것은 요구사항과 시험이 필요하다). • 비활성화 접근법은 활성화되는 소프트웨어의 소프트웨어 레벨을 지원해야 한다. • 비활성화된 코드 자체는 일반적으로 인증 관점에서 레벨 E 소프트웨어로 취급된다. 하지만 그 의도를 충족한다는 것을 보장하기 위해 비활성화된 코드에 대한 요구사항과 일정 레벨의 시험이 여전히 권장된다.
분류 2	일부 설정에서 사용될 수 있지만 다른 설정에서는 사용될 수 없는 코드	• 비활성화된 코드는 다른 모든 항공 소프트웨어와 같이 요구사항과 연결되어야 한다. • 비활성화된 코드는 미래에 사용하도록 의도하기 때문에 적절한 소프트웨어 레벨로 보장해야 한다. 즉, 비활성화된 소프트웨어는 해당 소프트웨어 레벨에 대해서 적용가능한 DO-178C 목표를 충족해야 한다. • 적절한 비활성화와 구성을 보장하기 위한 비활성화 접근법은 요구사항과 설계에 포함되어야 한다. • 비활성화 접근법은 적절한 개발 보증 레벨을 충족해야 하며 시험될 필요가 있을 것이다.

사용자의 요구를 충족한다. 비활성화된 코드의 정의와 예시로부터 볼 수 있는 것처럼 비활성화된 코드는 두 가지 기본 범주로 나뉜다. ① 비행 중에 절대 사용되지 않을 코드와 ② 시스템의 구성에 따라서 어느 시점에 사용될 수 있는 코드이다. 〈표 17-1〉은 이 두 가지 범주와 각각의 범주에 대해서 고려해야 할 사항들을 요약한다.

나는 한때 프로젝트 막판에 그들의 데드 코드를 비활성화된 코드로 분류하려고 했던 회사를 본 적이 있다. 하지만 그 둘 사이에는 큰 차이가 있다. 비활성화된 코드는 계획되고 설계된다. 데드 코드는 그렇지 않다.

[그림 17-2]는 비활성화된 코드에 대해서 고려할 프로세스를 요약할 뿐만 아니라 관련된 DO-178C 섹션을 참조한다. 계획, 개발, 검증 프로세스는 다음 하위 섹션에서 설명한다.

그림 17-2 | 비활성화된 코드 프로세스의 요약

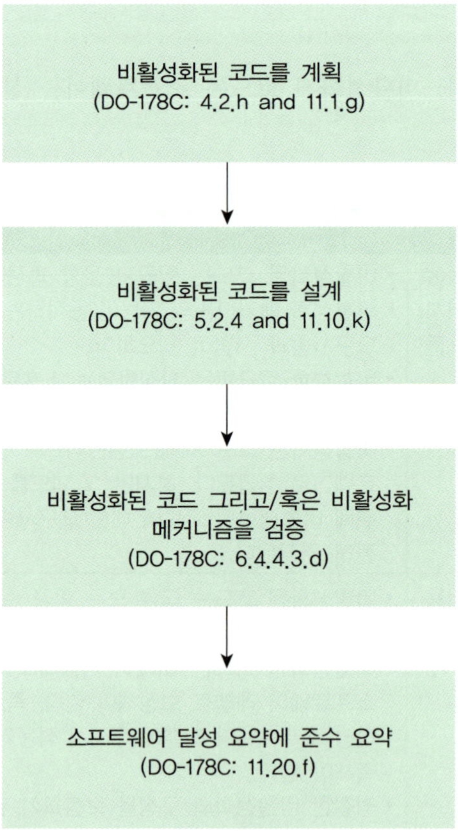

17.3.1 계획

관련 없는 코드 혹은 데드 코드와 비활성화된 코드 사이의 주요 차이점 중 하나는 비활성화된 코드는 계획되어 있다는 것이다. 나는 데드 코드를 추가할 계획을 세운 사람을 본 적이 없다(그들은 그것이 발생하면 다루는 것을 계획하지만 구현하려고 계획하지는 않는다). 비활성화된 코드는 소프트웨어 개발 계획과 소프트웨어 검증 계획뿐만 아니라 소프트웨어 인증 계획(PSAC)에 설명되어야 한다. 비활성화된 코드 계획은 일반적으로 PSAC의 **추가적인 고려사항**(additional consideration)으로 포함된다. PSAC는 계획된 비활성화된 코드의 유형, 비활성화된 코드의 분류(**분류** 1 혹은 **분류** 2), 비활성화 메커니즘(들) 그리고 비활성화된 코드 및 비활성화 수단에 대한 개발 및 검증 접근법을 설명해야 한다. 소프트웨어 개발 계획은 비활성화된 코드에 대한 개발 접근법의 좀 더 세부적인 내용을 설명한다. 요구사항, 설계, 코딩 단계에서 비활성화된 코드를 처리하는 방법에 대한 지침을 개발자에게 제공하는 것이 중요하다. 소프트웨어 검증 계획은 두 가지 비활성화된 코드 자체에 대해서(특히 **분류** 2 코드에 대해서) 그리고 비활성화 메커니즘(들)에 대해서 검증 접근법에 대한 세부사항을 제공한다.

17.3.2 개발

비활성화된 코드의 DO-178C 정의가 암시하는 것처럼 비활성화된 코드는 요구사항에 의해서 구동되며 설계에 문서화된다. DO-178C Section 5.2.4는 비활성화된 코드를 설계하기 위한 다음과 같은 지침(활동이라 불리는)을 제공한다.[1]

첫째, 비활성화된 코드가 활성화된 코드에 악영향을 미치지 않도록 비활성화 메커니즘이 설계되고 구현될 필요가 있다. 코드를 비활성화하는 방법은 다양하다. 코드를 비활성화하기 위해 사용되는 메커니즘과 관계없이 안전성 평가 프로세스에서 고려되어야 하며 원하는 코드를 효과적으로 비활성화하기 위해 검증되어야 한다. 비활성화 메커니즘의 몇 가지 예는 다음과 같다.

- 해당 항공기에 적합한 구성을 선택하기 위해 항공기 특성 모듈을 사용하기. 모듈은 스위치를 가진 물리적인 모듈이거나 구성 파일일 수도 있다.
- 구성을 식별하기 위해 핀을 선택하기. 이런 접근법인 경우 하나의 핀은 쉽게 단락되거

나 개방될 수 있기 때문에 둘 혹은 그 이상의 핀이 사용되는 것이 권장된다. 마찬가지로 일반적으로 여러 신호가 사용된다(예를 들면, 착륙 감지 단독으로는 잘못 해석될 수 있다). 안전성팀에 의해서 가능성이 있는 실패들이 고려되어야 한다.
- 코드에 포함되지 않는 라이브러리 기능을 컴파일하지 않는(그래서 실행가능 이미지로부터 비활성화된 코드를 제거하는) 스마트 컴파일러를 사용한다.
- 실행가능 이미지로부터 코드를 제거하기 위해 컴파일러 옵션(#ifdef와 같은)을 사용한다.

둘째, 비활성화된 코드가 사용되도록 의도되지 않은 혹은 승인되지 않은 환경에서 활성화되지 않는다는 증거가 있어야 한다. 이것은 비활성화된 코드와 그 사용에 대한 효과적인 구성 컨트롤을 요구한다. 구성 컨트롤은 항공기 및 시스템 레벨뿐만 아니라 소프트웨어 레벨에서 고려되어야 한다. 예를 들어, 만약 개발 과정에서 라이브러리의 기능을 사용한다면, 오직 승인된 라이브러리 기능만 사용되는 것을 보장하기 위한 프로세스가 존재해야 한다. 만약 주의를 기울이지 않으면, 미래의 개발자들은 전체 라이브러리가 승인되었다고 쉽게 가정할 수 있다. 이것을 처리하는 한 가지 방법은 승인된 기능만 릴리즈해서 승인되지 않은 기능은 사용할 수 없게 하는 것이다.

셋째, 비활성화된 코드 자체가 적용가능한 DO-178C 목표를 준수해야 한다. 적용가능한 목표는 코드의 분류에 따라 달라진다. **분류** 1 비활성화된 코드의 경우, 레벨 E는 비행 중에 이 소프트웨어가 사용되지 않을 것이기 때문에 일반적으로 받아들여진다. 하지만 만약 비활성화된 코드가 중요한 유지보수 결정을 내리기 위해 혹은 중요한 유지보수 활동을 수행하기 위해 사용된다면, 더 높은 레벨의 개발이 필요할 수 있다. **분류** 2 비활성화된 코드는 그것이 어떤 구성에서 사용되려는 의도이기 때문에 개발 과정에서 현재 활동하는 코드처럼 취급되어야 한다.

17.3.3 검증

비활성화된 코드와 비활성화 메커니즘 모두 적절한 DO-178C 소프트웨어 레벨로 검증될 필요가 있다. 만약 컴파일러가 인증된 도구가 아니고 **스마트 컴파일**(smart compiling) 혹은 컴파일러 옵션이 비활성화 메커니즘으로 선택되었다면, 비활성화된 코드가 실제로 실행가능 이미지로부터 제거된다는 것을 확인하기 위해 컴파일러 출력을 분석하는 것이 중요하다.

이것은 나에게 비활성화된 코드와 관련된 다소 흔하고 논란의 여지가 있는 이슈를 가져다 준다. 때때로 비활성화된 코드를 **분류** 1 혹은 **분류** 2로 구분하는 것이 어려울 수 있다. 프로젝트 목표는 여러 고객의 요구를 충족시키기 위해 **분류** 2 비활성화된 코드를 가지는 것일 수 있다. 하지만 실제 구현은 결국 다를 수 있다(일정 혹은 프로젝트 방향의 변경 때문에). 이것은 일부 **분류** 2 코드를 **분류** 1로 다운그레이드하는 결과를 초래할 수 있다. 이것은 신중하게 평가하고 인증 당국과 논의해야 한다. 만약 이러한 접근법이 취해지면, 사용자와 미래의 개발자들이 비활성화된 코드가 향후 사용을 위해서 승인되었다고 생각하는 것을 방지하기 위한 구체적인 제약이 필요하다.

참고문헌

[1] RTCA DO-178C, *Software Considerations in Airborne Systems and Equipment Certification* (Washington, DC: RTCA, Inc., December 2011).

Chapter 18

현장 적재가능 소프트웨어 (Field-Loadable Software)

약어

CD	compact disk
DAL	development assurance level
DVD	digital video disk
FAA	Federal Aviation Administration
FADEC	full authority digital engine control
FLS	field-loadable software
LAN	local area network
LRM	line replaceable module
LRU	line replaceable unit
PMAT	portable multi-purpose access terminal
PSAC	Plan for Software Aspects of Certification

18.1 소개

FAA(Federal Aviation Administration) 본부에서 근무한 첫 날, 국내 소프트웨어 프로그램 매니저로서, 나는 현장 적재가능 소프트웨어(FLS : Filed-Loadable Software)와 관련된 이슈를 소개받았다. 나는 때때로 동료들이 치사하게도 처음 온 나에게 일부러 그런 상황을 던져준 게 아닐까라는 생각을 한다. 그들은 아마 사무실 저편에 서서 머리를 숙이고 웃고 있었을 것이다. …

그것은 전형적인 첫 날의 시작이었다. 캔자스에서 워싱턴 DC로 막 이사했었던 나는 어쨌든 Virginia Railway Express 기차를 타는 법을 알아냈다. 또한 나는 FAA 본사 건물의 오른쪽 층을 찾아냈고, 배지를 받았으며, 많은 서류들을 작성했고, 항전 부서의 모든 사람들을 만난 후 내 자리로 안내받았다. 보이스 메일을 설치하려고 내 전화기를 만지작거리고 있는데 벨이 울렸다. 나는 마무리 짓는 것을 잊은 무언가를 알려주려는 행정 보좌관인 줄 알았다. 하지만 그것은 변호사가 아닌 워싱턴 DC의 아무개 항공기관 중 한 곳의 여성이었으며 매우 시끄럽고 화가 난 상태였다. 그녀는 FLS를 위한 부품 제조업체 승인에 대한 지침의 필요성에 대해 FAA의 대응이 부족한 것 등등에 대해 나에게 마구 화를 내기 시작했다. 나는 계속해서 나 자신에게 이렇게 상기시켰다. “이제 고생문이 열린 거야.”

18.2 현장 적재가능 소프트웨어가 무엇인가?

DO-178C는 FLS를 “설치 과정에서 시스템 혹은 장비를 제거하지 않고 로드될 수 있는 소프트웨어”[1]로 설명한다. 그것은 장치를 열 필요 없이 일종의 데이터 포트를 사용해서 항공기 혹은 엔진 장비로 로드된다. 또한 FAA는 인증된 연구실(예를 들면, 수리소 혹은 서비스센터)에서 데이터 포트를 통해서 로드되는 소프트웨어를 FLS로 취급한다. 특별히 FLS는 LRU(Line Replaceable Unit) 혹은 LRM(Line Replace Module)이 소프트웨어를 로드(예를 들면, 플래싱)하기 위해 장비의 봉인을 파손해야 할 수 있는, 공장 적재가능 소프트웨어와 비교된다.

FLS를 로드하기 위해 사용되는 매체는 시간이 지남에 따라 변한다. 1990년대 초반에는 3.5 인치 디스켓이 사용되었다. 예를 들면, 원래 Boeing 777은 플로피디스크로 가득 찬 바인더를 가지고 다녔다. 이 기술은 콤팩트디스크(CD), DVD(Digital Video Disk), 썸드라이브(thumb drive), 대용량 저장 장치 그리고 심지어 근거리 통신망(LAN)까지 옮겨져왔다.

적절한 안전성 조치가 취해지고 소프트웨어가 인증 당국에 의해서 승인되는 한, 비행 컨트롤 및 엔진 컨트롤부터 항법 및 통신 시스템, 그리고 비행 관리 시스템 및 교통 충돌 회피 시스템에 이르기까지 거의 모든 종류의 장비가 현장 적재가능하게 될 수 있다. 현장 적재가능하도록 프로세스를 구축하고 시스템을 개발하는 것은 사소한 작업이 아니다. 여러 수준(예를 들면, 장비 수준, 항공기 수준, 비행 운영 수준)에서 고려해야 할 수많은 규정들(예를 들면, 부품 표시 그리고 승인된 수리소 규정)이 있다. 하지만 FLS는 오늘날 항공산업에서 매우 흔하다.

항공용 데이터베이스(예를 들면, 항법 또는 지형 데이터베이스)는 현장 적재가능하지만 FLS와 같이 취급되지 않는다는 점에 유의해야 한다. 일반적으로 항공용 데이터베이스는 DO-200A 지침에 의해서 커버되는 반면, FLS는 DO-178C 지침을 적용한다. Chapter 23은 항공용 데이터베이스에 대한 구체적인 정보를 제공한다.

18.3 현장 적재가능 소프트웨어의 장점

FLS는 전 세계 항공기 함대의 요구를 충족하는 더 효율적인 유지보수 프로세스를 허용한다. LRU 또는 LRM을 운반하고, 업그레이드하기 위해 항공기에서 장비를 꺼내고, 비싼 장비의 재고를 많이 유지하는 것 대신 소프트웨어를 항공기에 배포하고 적재할 수 있다. 이것은 항공기의 가동 휴지기간을 줄이고 항공사와 항공기를 이용하는 사람들의 요구를 충족시키는 데 도움이 된다.

18.4 현장 적재가능 소프트웨어의 어려움

인생의 거의 모든 것이 그렇듯이 혜택은 투쟁 없이 오는 것이 아니다. 전 세계의 삶에 영향을 주는 프로세스를 구현할 때는 해결해야 할 여러 가지 어려움들이 있다. 또한 소프트웨어 및 장비 개발자, 항공기 및 엔진 제조사, 항공사 그리고 인증 당국을 포함해서 어려움들을 관리하는 데 참여하는 여러 이해관계자들이 있다. 그러한 어려움은 다음을 포함한다.

- 승인되지 않은 변경으로부터의 보호, 무결성 체크의 수행 등을 포함해서 시스템을 안전하게 설계하기
- ① 승인된 장비에 승인된 소프트웨어가 설치되고 ② 인증된 항공기 혹은 엔진에 승인된 장비가 설치되는 것을 보장하기 위해 여러 수준(소프트웨어, 장비 그리고 항공기 혹은 엔진)으로 구성을 관리하기
- 장비 지향의 규정을 소프트웨어에 적용하기(예를 들면, 부품 표시 규정). 대부분의 규정은 항공기 혹은 엔진 그리고 그들이 설치된 시스템에 대해서 작성된다. FLS는 독립형 **부품**(part)이기 때문에 그러한 규정은 소프트웨어 수준에서 이를 적용하기 위한 해석이 필요하다.
- 로드된 모든 소프트웨어가 인증 당국에 의해서 승인되고 승인되지 않은 부품이 항공기 혹은 엔진에 설치되지 않는다는 것을 보장하기
- 특히 소프트웨어가 네트워크를 사용해서 전송되거나 로드될 때 보안 이슈(바이러스, 해커 등)가 없도록 보장하기
- 소프트웨어가 손상 없이 완전하게 로드되는 것을 확인하기
- 비행 과정에서 로딩 기능을 비활성화하기
- 소프트웨어가 업데이트될 때 다른 장비와의 호환성을 유지하기. 소프트웨어를 업데이트하는 것은 해당 소프트웨어와 인터페이스하는 장비에 영향을 줄 수 있고, 따라서 소프트웨어와 상호작용하는 장비 또한 평가되어야 한다.

18.5 현장 적재가능 소프트웨어 개발 및 검증하기

다행히 FLS에 대한 20여 년의 경험 이후, 많은 어려움들이 극복되어왔다. FLS는 이제 일상적으로 사용되고 있다. 이 섹션은 FLS를 개발할 때 고려되어야 할 다음의 네 가지 영역을 고려한다. ① 현장 적재가능하도록 시스템 개발하기, ② FLS 개발하기, ③ FLS 로딩하기, ④ FLS 수정하기이다.

18.5.1 현장 적재가능하도록 시스템 개발하기

FLS를 설계하는 것은 단지 소프트웨어에 대한 것만이 아니다. 시스템 자체를 소프트웨어를 안전하게 로드할 수 있도록 설계해야 한다. DO-178C Section 2.5.5는 다음을 포함해서 현장에서 소프트웨어를 안전하기 로드하기 위해 시스템을 개발할 때 고려해야 할 여러 가지 항목들을 지적한다.[1]

- **의도치 않은 로딩으로부터 보호**(예를 들면, 비행 중 로딩) : 이것은 하드웨어, 소프트웨어 혹은 하드웨어 및 소프트웨어 메커니즘의 조합을 통해서 이루어질 수 있다. 안전성 평가는 탐지 메커니즘의 고장에 대한 영향을 분석해야 한다. 안전성 평가에서 정당화되지 않는 한, 탐지 메커니즘은 일반적으로 로드될 소프트웨어의 가장 높은 개발 보증 레벨(DAL)로 설계된다.
- **실패된, 부분적인 혹은 손상된 로드의 보호** : DO-178C Section 2.5.5.b에 따라, 만약 부분적인, 손상된 혹은 부적절한 FLS 로드가 탐지될 때 안전성 혹은 디폴트 모드로 들어간다면 "시스템 각각의 파티션된 컴포넌트는 복구에 대해서 구체화된 안전성 관련 요구사항과 이 모드에서의 동작을 가져야 한다."[1]
- **부적절한(부정확한) 소프트웨어 로드의 결정** : 예를 들면, 잘못된 파일(들)의 부주의한 로딩 혹은 소프트웨어를 전혀 로딩하지 않는 것
- **항공기 구성을 검증하기 위해 사용되는 디스플레이 메커니즘의 무결성**(즉, 올바른 소프트웨어가 로드되는 것을 확인하기 위해) : 소프트웨어 부품 식별을 디스플레이하는 능력의 상실 혹은 손상이 고려될 필요가 있다. 이것은 만약 소프트웨어 로드를 검증하기 위해 항공기에 탑재된 디스플레이 시스템을 사용하는 경우에만 고려된다.

이들 세부사항을 해결하는 것은 시스템 레벨 요구사항 및 설계와 시스템 안전성 담당자의 참여를 필요로 한다. 안전성 담당자가 일찍 참여하는 것이 좋다. 나는 최근에 소프트웨어 인증 계획(PSAC)을 리뷰하면서 한 회사의 시스템 수준 현장 적재 정책에 있는 결함을 발견했다. PSAC는 시스템 아키텍처가 확립되고 초기 안전성 평가가 수행된 이후에 준비된다. 이 발견은 프로젝트 후반의 시스템 레벨 재설계의 원인이 되었는데 안전성이 좀 더 일찍 포함되었다면 막을 수 있었을 것이다.

또 다른 시스템 수준 고려사항은 FLS에 대한 부품 표시 접근법이다. 일부 제조사들은 FLS가 로드될 때마다 하드웨어 부품 번호를 업데이트한다. 다른 곳은 하드웨어와 소프트웨어 부품 번호를 분리해서 관리한다. 어떤 접근법이든 받아들일 수 있다. 단지 시스템의 일부로 확립될 필요가 있다.

18.5.2 현장 적재가능 소프트웨어 개발하기

다른 소프트웨어와 마찬가지로 FLS는 DO-178C 그리고/혹은 적용가능한 부속서를 준수하도록 개발된다. 추가적으로 FLS는 현장 적재를 지원하도록 설계되어야 한다. 이것은 일반적으로 무결성 체크(예를 들면, CRC)를 구현하는 것, 앞서 언급되었던 이슈들을 해결하도록 소프트웨어를 설계하는 것 그리고 현장 적재 애플리케이션(종종 별도의 애플리케이션)을 개발하는 것을 의미한다. 많은 지원자들은 "모든 유형의 항공기를 위한 소프트웨어 데이터 로딩 장비의 개발을 위한 일반적인 그리고 특수한 설계 지침" 모두를 제공하는, ARINC 615를 준수하도록 그들의 시스템을 설계한다.[3] 추가적으로 ARINC 644가 유지보수 터미널을 위해 적용될 수 있다. ARINC 644는 항공기에 의해서 사용되는 PMAT(portable multi-purpose access terminal)의 개발을 위한 지침을 제공한다.[4]

계획은 DO-178C 활동의 중요한 부분이다. 이것은 특히 FLS에 해당된다. 계획은 FLS의 개발, 검증, 형상 관리, 품질 보증 그리고 인증 교섭 측면을 설명한다. PSAC는 FLS에 대한 계획을 설명하고, 앞서 언급된 이슈들이 해결되도록 보장하며, 주어진 소프트웨어 레벨에 대해서 활용되는 무결성 체크와 그 충족(즉, 정확도)을 설명하고, FLS 개발 및 검증을 위한 형상 관리 세부사항을 설명한다. 소프트웨어 개발 계획은 FLS 개발팀을 위한 세부사항을 제공함으로써 PSAC의 내용을 강화한다. 그것은 보호 메커니즘, 무결성 체크 그리고 적용하는 모든 특별한 표준(예를 들면, ARINC 615)에 대한 설명을 포함한다. 소프트웨어 검증 계획은 FLS, 무결성 체크 그리고 보호 메커니즘이 검증되고 시험되는 것을 보장하기 위한 세부사항을 포함한다. 소프트웨어 형상 관리 계획은 FLS를 위한 형상 관리 프로세스를 논의한다. 개발 단계에서의 형상 관리는 현장 적재가 가능하지 않는 소프트웨어와 동일할 수 있지만, 개발 후에는 누가 형상 관리에 대한 책임이 있는지를 설명할 필요가 있을 것이다(이것은 일반적으로 소프트웨어 형상 관리 계획뿐만 아니라 PSAC에서도 설명된다). 일단 계획이 개발되면, 그것은 다른 항공 소프트웨어에 대한 것과 마찬가지로 그것을 따라야 한다.

18.5.3 현장 적재가능 소프트웨어 로딩하기

FLS는 개발되고 인증 당국에 의해서 승인된 후에 로드될 수 있다. 대부분의 지원자들은 소프트웨어가 로딩 프로세스 과정에서 손상되지 않는지를 확인하기 위해 무결성 체크(예를 들면, CRC)를 사용한다. 무결성 체크의 정확도는 개발 과정에서 확인되어야 한다. 정확도는 일반적으로 무결성 체크 알고리즘과 보호되는 파일(들)의 크기에 의해서 결정된다. 대용량 파일의 경우, 더 큰 비트의 무결성 체크(예를 들면, 32비트 vs. 8비트 혹은 16비트)를 사용하거나 혹은 더 작은 패키지로 데이터를 나누고 추가적인 무결성 체크의 사용이 필요할 수 있다. 에러 발생률은 로드되는 소프트웨어의 레벨과 일치해야 한다.

만약 신뢰할 수 있는 무결성 체크가 사용되지 않으면, FLS를 로드하기 위해 사용되는 장비에 일종의 인증이 필요할 수 있다(예를 들면, 데이터 로더 소프트웨어는 DO-178C 혹은 DO-330을 사용해서 개발될 필요가 있을 수 있고 소프트웨어는 오직 승인된 데이터 로더를 사용해서만 로드될 수 있다). 이러한 접근법은 더 이상 거의 사용되지 않는다.

FAA Order 8110.49에 따라 FLS 로딩 프로세스는 또한 다음에 대해서도 보장해야 한다.[2]

- 로드되고 있는 소프트웨어는 인증 당국에 의해서 승인되었다.
- 로딩 절차가 승인되고 준수된다(Chapter 10에서 언급한 것처럼 로딩 절차는 일반적으로 소프트웨어 형상 인덱스에 참조되거나 포함된다. 만약 소프트웨어팀의 책임이 아니라면, 시스템 수준 혹은 항공기 수준의 문서에 포함될 수 있다. 이 경우에는 소프트웨어 형상 인덱스에 그것을 설명해야 한다).
- 소프트웨어는 로드되고 있는 하드웨어에 대해 승인된다(즉, 승인된 하드웨어/소프트웨어 구성).

- 소프트웨어는 로드되고 있는 항공기 혹은 엔진에 대해 승인된다(즉, 승인된 항공기 혹은 엔진 구성). 이것은 항공기 혹은 엔진상의 중복된 부품들이 적절하게 구성되어 있는지 확인하는 것을 포함한다. 예를 들면, 만약 두 개의 통합 디지털 엔진 제어장치(FADEC)가 있다면, 항공기 혹은 엔진 구성이 하나의 FADEC이 새로운 소프트웨어 버전을 가지고 다른 FADEC이 예전 소프트웨어 버전을 가지는 것을 허용하지 않는 한, 업그레이드된 소프트웨어가 로드될 때 둘 다 로드되어야 할 수 있다.
- 소프트웨어가 에러 없이 완전하게 로드된다. 이것은 일반적으로 CRC가 로드 명령에서 제공되는 것과 일치하는지 확인함으로써 이루어진다.
- 소프트웨어 파트 넘버(해당되는 경우 버전 넘버를 포함)가 로드된 후에 확인된다.
- 구성에서의 변경은 항공기 혹은 엔진 구성 레코드와 다른 적용가능한 유지보수 레코드에 문서화된다.

18.5.4 현장 적재가능 소프트웨어 수정하기

FLS에 대한 동기 부여 요인 중 하나는 제조사에 장비를 돌려주지 않고도 소프트웨어가 수정되고 로드될 수 있다는 것이다.

FLS가 수정될 때 다른 항공 소프트웨어와 마찬가지로 변경 영향 분석 프로세스를 거쳐야 한다. 변경되고 영향을 받은 모든 데이터와 코드는 재검증된다(변경 영향 분석에 대한 정보는 Chapter 10을 보라). 소프트웨어는 설치를 위한 타깃 하드웨어 그리고 항공기 및 엔진 구성에 대해서 재검증되어야 한다. 그리고 수정된 소프트웨어는 설치 전에 장비, 항공기 혹은 엔진 구성에 대해서 인증 당국에 의해 승인되어야 한다.

18.6 요약

FLS는 오늘날 항공산업에서 흔한 것이다. 하지만 특히 새로운 것들이 시장으로 나오고 로딩 접근법이 발전하면서 시스템 및 소프트웨어 설계, 로딩 고려사항, 형상 관리는 여전히 조심스럽게 관리되어야 한다.

참고문헌

[1] RTCA DO-178C, *Software Considerations in Airborne Systems and Equipment Certification* (Washington, DC: RTCA, Inc., December 2011).

[2] Federal Aviation Administration, *Software Approval Guidelines*, Order 8110.49 (Washington, DC: Federal Aviation Administration, Change 1, September 2011).

[3] Aeronautical Radio, Inc., Software data loader using ethernet interface, ARINC REPORT 615A-3 (Annapolis, MD: Airlines Electronic Engineering Committee, June 2007).

[4] Aeronautical Radio, Inc., Portable multi-purpose access terminal (PMAT), ARINC REPORT 644A (Annapolis, MD: Airlines Electronic Engineering Committee, August 1996).

Chapter 19

사용자 수정가능 소프트웨어 (User-Modifiable Software)

약어

ACARS	Aircraft Communications Addressing and Reporting System
ACMS	Airplane Condition Monitoring System
AMI	Airline-Modifiable Information
EASA	European Aviation Safety Agency
FAA	Federal Aviation Administration
PSAC	Plan for Software Aspects of Certification
UMS	user-modifiable software

19.1 소개

이 챕터는 사용자 수정가능 소프트웨어(UMS : User-Modifiable Software)를 정의하고 여러 가지 예시를 제공한다. 그런 다음 UMS를 포함하는 항공 시스템을 설계할 때 고려해야 할 인증 지침을 설명한다. 마지막 섹션은 시스템 인증 후에 소프트웨어를 수정하고 유지할 사용자(예를 들면, 항공사)에 초점을 맞춘다.

19.2 사용자 수정가능 소프트웨어는 무엇인가?

UMS는 "만약 원래 인증 프로젝트 과정에서 설정된 수정 제약 내에 있을 경우, 인증 당국, 항공기 제조사 혹은 장비 판매업체에 의한 리뷰 없는 수정이 의도된 소프트웨어"[1]이다. Guidance for management of field loadable software라는 타이틀을 가진 ARINC 667-1은 UMS를 다음과 같이 설명한다. "인증 당국, TC[type certificate]나 STC[supplemental type certificate] 보유자 혹은 장비 제조사에 의한 리뷰 없이 항공기 운영자에 의한 수정이 의도된 소프트웨어. 수정은 데이터나 실행가능 코드 혹은 두 가지 모두에 대한 수정을 포함할 수 있다."[2]1) 실행가능 소스 코드, 항공기별 파라미터 설정 혹은 데이터베이스를 포함해서 다양한 형태의 UMS가 있다.

사용자(user)는 일반적으로 항공기 운영자 혹은 항공사이다. 하지만 사용자가 장비 고객인 경우가 있을 수 있다(예를 들면, COTS 장치일 가능성이 있는 TSO 장치를 그들의 항공기에 장착하는 항공기 제조사).

UMS는 일반적으로 수정할 수 없는 소프트웨어(예를 들면, 비행 컨트롤, 엔진 모니터 혹은 내비게이션 소프트웨어)와 수정할 수 있는 소프트웨어(예를 들면, 항공사 수정가능 체크리스트)를 모두 갖춘 항공기 시스템의 일부로 설계되고 초기에 승인된다. 수정할 수 없는 소프트웨어는 사용자에 의해서 수정되도록 설계되거나 의도되지 않으며 이 책의 주요 주제

1) 명확하게 하기 위해서 대괄호가 추가되었다.

가 되어왔다. 반면, UMS는 승인된 절차를 이용하여 사용자가 수정하도록 설계된다. 변경할 수 없는 소프트웨어는 사용자에 의한 변경으로부터 보호되어야 한다. 이 챕터의 나중에 논의할 것처럼 그런 보호를 위한 여러 가지 옵션들이 있다.

초기 인증 과정에서 시스템은 사용자의 수정을 허용하고 수정할 수 없는 소프트웨어를 사용자의 수정으로부터 보호하도록 설계된다. 추가적으로 UMS 절차는 시스템의 초기 승인과 함께 승인된다. UMS는 장비 및 항공기 제조사의 컨트롤을 벗어나기 때문에, 초기 인증 과정에서 일반적으로 레벨 E 소프트웨어로 취급된다. 일부 제조사는 UMS를 레벨 D로 취급할 수 있지만, 이는 인증을 위해서라기보다는 품질 목적을 위해서이다.

DO-178C와 FAA(Federal Aviation Administration) Order 8110.49 Chapter 7 모두 UMS를 다룬다. 이들 문서들은 형식 증명의 일부로 승인되는 항공 소프트웨어에 집중한다. 그것들은 시스템이 수정될 수 있게 설계되고 UMS로부터 수정할 수 없는 소프트웨어가 보호될 필요성을 강조한다. 또한 UMS로 일단 승인되면, UMS는 인증 당국으로부터의 관여가 필요하지 않을 것이라고 두 문서는 설명한다. 하지만 운영 당국으로부터의 승인은 여전히 필요할 수 있다. 항공기에 대한 형식 증명 및 운영 승인은 일반적으로 인증 당국의 다른 부서에서 부여한다(예를 들면, 미국에서는 FAA의 ACO(Aircraft Certification Office)가 항공기 형식 증명을 부여하고 FSO(Flight Standards Office)는 항공기 운영 승인을 부여한다). 따라서 사용자 관점에서, 다음과 같은 두 가지 종류의 UMS가 있을 수 있다. ① 운영 승인을 요구하는 UMS와 ② 운영 승인을 요구하지 않는 UMS이다. 첫 번째 분류는 사용자 혹은 항공사가 운영 당국의 승인을 확보하는 책임이 있기 때문에, 어떤 곳에서는 **항공사 인증가능 소프트웨어**(airline certifiable software) 혹은 **사용자 인증가능 소프트웨어**(user certifiable software)로 분류된다.[2][2)]

2) 일부 출처에서는 인증 당국의 승인(예를 들면, 항공사에 의한 STC)을 요구하는 소프트웨어를 지칭하기 위해서도 **항공사 인증가능 소프트웨어**(airline certifiable software)라는 용어를 사용한다는 점 또한 유의해야 한다. 따라서 이 용어는 조심스럽게 사용되어야 한다.

19.3 UMS의 예시

UMS의 유형과 볼륨은 항공기마다 그리고 항공사마다 다르다. 최근에 주요 국제항공사에서 일하고 있는 한 학생이 그가 관리하는 항공기 유형 중 하나가 약 130개의 수정가능한 컴포넌트를 가지고 있다고 설명한 적이 있다. 다음은 UMS의 단지 몇 가지 예시를 제공한다.

예시 1 : 운항정보 교신 시스템(ACARS). ACARS는 항공기와 지상 기지국 사이에 메시지를 보내는 능력을 제공한다. 사용자는 특정 항공사의 요구에 맞게 시스템을 최적화할 수 있다. ACARS가 수행할 수 있는 기능 중 일부는 비정상 비행 조건 식별, 수리 및 유지보수 계획, 승무원과 항공 교통 관제 사이의 이메일 전달, 기상 리포트, 엔진 리포트가 있다.

예시 2 : 항공기 상태 감시 시스템(ACMS). ACMS는 사용자가 유지보수에 대한 결정을 내리기 위해 필요한 데이터를 수집할 수 있게 한다. 사용자는 향후의 분석을 위해서 특정 데이터를 기록하도록 ACMS를 프로그램할 수 있다. ACMS는 항공 시스템으로부터 데이터를 수신하지만 수정할 수 없는 소프트웨어로 데이터를 전송하지 않는다.

예시 3 : 항공사별 체크리스트. 일부 항공사들은 그들의 특별한 운영을 위해서 프로그램가능한 체크리스트를 가지고 있다. 그런 체크리스트는 규제 당국의 운영 승인을 요구할 수 있지만 형식 증명의 일부로 승인되지는 않는다.

예시 4 : 수정가능한 회로 차단기 판넬. 수정가능한 회로 차단기 판넬은 형식 증명 후에 필수가 아닌 장비(예를 들면, 커피포트, 비행 엔터테인먼트 혹은 스테레오)가 추가되는 것을 허용한다. UMS는 사용자 입력을 기반으로 회로 차단기 한계를 설정하기 위해 사용된다.

예시 5 : 객실 플래카드 및 조명 시스템. 객실 플래카드 및 조명 시스템은 항공사마다 다르다. 따라서 일부 항공사는 이것들을 UMS를 사용해서 프로그래밍한다. 이러한 UMS는 운영 승인을 요구하지만 항공기 형식 증명의 일부로는 승인되지 않는다.

예시 6 : 항공사 수정가능 정보(AMI). AMI는 사용자가 다양한 승객 좌석 구역에 제공되는 객실 관리 데이터, 레코딩, 리포트 형식 그리고 서비스에 대한 선호도를 지정할 수 있게 하는 데이터 파일이다(예를 들면, 일등석, 비즈니스석, 이코노미석).

19.4 UMS를 위한 시스템 설계하기

UMS를 가진 시스템은 수정가능하도록 설계되어야 한다. DO-178C(Section 2.5.2 그리고 5.2.3), FAA Order 8110.49(Chapter 7), 그리고 EASA(European Aviation Safety Agency) Certification Memorandum CM-SWCEH-002(Chapter 9)는 UMS를 수용하는 시스템을 설계하는 법에 대한 통찰력을 제공한다.[1, 3, 4] 이 섹션은 시스템의 초기 인증 과정에서 적용가능한 **개발자 권고사항**(developer recommendations)을 사용해서 해당 프로세스를 간략하게 요약한다. 이어서 다음 섹션(Section 19.5)은 인증 후에 소프트웨어를 수정할 사람들을 위해 **사용자 권고사항**(user recommendations)을 제공한다.

개발자 권고사항 1 : 형식 증명과 시스템 개발 과정에서 UMS 측면을 고려하라. UMS의 의도된 존재는 계획되고(소프트웨어 인증 계획[PSAC], 소프트웨어 개발 계획 그리고 어쩌면 소프트웨어 검증 계획에) 인증 당국과 조율되어야 한다. UMS는 일반적으로 PSAC에서 **추가적인 고려사항**(additional consideration)으로 설명된다. UMS를 수용하고 수정할 수 없는 소프트웨어를 보호하기 위한 요구사항과 설계가 존재해야 한다. 또한 그런 요구사항은 검증되어야 한다.

UMS 자체는 형식 증명의 일부로 승인되지 않는다. DO-178C(Section 7.2.2.b)에는 다음과 같이 언급된다. "사용자 수정가능 소프트웨어는 관련된 보호와 경계 컴포넌트를 제외하고 소프트웨어 제품 베이스라인에 포함되지 않는다. 따라서 소프트웨어 제품 베이스라인의 형상 식별에 대한 영향 없이 사용자 수정가능 소프트웨어가 수정될 수 있다."[1] 기본적으로 인증 당국에 의해서 승인된 시스템은 UMS를 수용할 수 있지만, UMS 자체를 포함하지는 않을 것이다.

개발자 권고사항 2 : UMS가 안전성 관련 데이터에 악영향을 미칠 수 없게 하라. UMS 자체 그리고 UMS에 대한 변경은 다음의 안전성 관련 데이터 어떤 것에 대해서도 영향을 미치지 않아야 한다. 안전성 마진, 항공기 혹은 엔진의 운영 능력, 비행 승무원 작업량, 수정할 수 없는 컴포넌트, 보호 메커니즘, 소프트웨어 경계(사전 검증된 데이터 범위와 같은).[3] 이것들은 시스템 안전성 평가 프로세스의 일부로 간주되어야 한다. 만약 안전성 관련 데이터 중 어느 하나가 UMS 혹은 UMS에 대한 변경에 의해서 영향을 받을 수 있다면, 그 소프트웨어는 UMS로 분류되지 않아야 한다.

개발자 권고사항 3: 적절한 이해관계자를 참여시켜라. UMS는 감항성과 운영 경계(즉, 항공기 및 시스템 설계와 사용자 운영)를 넘어서기 때문에 인증 당국, 운영 승인 당국, 항공기 제조사, 시스템 개발자, 소프트웨어 개발자, 안전성 담당자 그리고 사용자를 포함해서 적절한 이해관계자를 참여시키는 것이 중요하다.

개발자 권고사항 4: 수정할 수 없는 소프트웨어를 보호하기 위한 조치를 취하라. DO-178C Section 5.2.3.a는 "수정할 수 없는 컴포넌트는 수정가능한 컴포넌트로부터 보호되어야 한다"[1][3]라고 강조한다. 보호는 UMS의 운영 과정에서 그리고 UMS를 수정할 때 강건해야 한다. 보호는 하드웨어(예를 들면, 분리된 프로세서), 소프트웨어(예를 들면, 소프트웨어 파티션), 도구(예를 들면, 입력할 수 있는 것을 제한하는 사용자 인터페이스) 혹은 하드웨어, 소프트웨어 및 도구의 조합을 통해서 구현될 수 있다.[1] 보호의 한 가지 예는 수정할 수 없는 소프트웨어에 대한 모든 변경을 막기 위해 핵심 소프트웨어에 내장된 모니터 기능이다. 모니터 및 수정할 수 없는 소프트웨어는 사용자가 접근할 수 없다.[2] 보호 메커니즘의 개발 보증 레벨은 UMS가 영향을 줄 수 있는 시스템에서 가장 심각한 고장 조건과 동일해야 한다.[3] 예를 들면, 만약 항공 소프트웨어(수정할 수 없는)가 레벨 A이고 수정할 수 없는 소프트웨어를 보호하기 위해 소프트웨어 파티션이 사용된다면, 해당하는 소프트웨어 파티션은 레벨 A로 개발될 필요가 있다(Chapter 21은 파티셔닝에 대한 정보를 제공한다).

개발자 권고사항 5: 수정할 수 없는 소프트웨어의 보호를 강제하기 위해 사용된 도구를 평가하라. UMS를 수용하는 대부분의 시스템은 사용자가 UMS를 수정할 수 있도록 도구 혹은 도구셋을 제공한다. 수정할 수 없는 소프트웨어에 미치는 도구의 영향이 고려될 필요가 있다. 시스템의 초기 개발 과정에서 도구 사용, 컨트롤, 설계, 기능(UMS의 수정) 그리고 유지보수가 고려되어야 한다. 도구는 사용자의 잘못된 입력을 방지하도록 강건하게 설계되어야 한다. Order 8110.49 Section 7.6.b는 심지어 다음과 같이 기술한다. "도구의 컴포넌트를 형성하고 보호 기능에 사용되는 소프트웨어는 시스템 안전성 평가에 의해 결정되는, 시스템의 가장 심각한 고장 조건의 소프트웨어 레벨로 개발되어야 한다."[3]

도구가 인증받아야 하는 경우가 있다. Order 8110.49 Section 7.6.c는 도구 인증 "그리고 도구를 사용하고 유지 관리하기 위한 절차의 승인"을 권장한다.[3] 불행히도 언제 도구가 인증이 필요한지에 대한 지침은 다소 모호하다. DO-178C Section 12.2는 DO-178C 프로세

3) DO-248C FAQ #7 또한 이 개념을 논하고 있다.[5]

스에서 사용되는 도구가 인증을 받아야 하는 시점과 어떤 레벨이 되어야 하는지에 대한 지침을 제공한다. 하지만 UMS의 경우 모호함이 없는 것은 아니다(UMS를 활성화하기 위한 도구는 일반적으로 DO-178C 프로세스를 감소시키거나 자동화하거나 혹은 제거하지 않기 때문에). 나는 보통 보호 메커니즘이 도구에만 의지하는 경우 그 도구는 인증되어야 한다고 권고한다. 반대로 만약 도구의 영향이 시스템 아키텍처(예를 들면, 내장된 모니터)에 의해서 완화된다면 인증이 필요하지 않을 수 있다. 비록 도구는 인증될 필요가 없더라도, 여전히 구체화되고, 검증되며, 형상 컨트롤되어야 한다. 도구를 인증할지 인증하지 않을지에 대한 결정은 인증 당국과 조율되어야 한다(도구 인증에 대한 더 많은 정보에 대해서는 Chapter 13을 보라).

개발자 권고사항 6 : 디스플레이되는 데이터를 고려하라. FAA Order 8110.49(Section 7.3)는 UMS에 의해서 구동되어 비행 승무원에게 표시되는 모든 데이터는 승무원에게 권고사항으로 분명하게 주의되거나 운영 승인을 받아야 한다고 설명한다. 기본적으로 조종사는 그들이 그것을 제대로 사용한다는 것을 확인하기 위해 그들이 관찰하는 데이터의 무결성을 이해하는 것이 중요하다. 이러한 유형의 데이터는 항공기의 초기 인증 과정에서 비행 시험 및 인적 요인 담당자와 긴밀하게 조정되어야 한다.

개발자 권고사항 7 : 우발적이고 승인되지 않은 변경을 방지하라. UMS는 지상에서 승인된 절차를 사용해서 승인된 담당자에 의해서만 수정되어야 한다. 초기 인증 과정에서 승인된 절차만이 UMS를 수정하기 위한 유일한 방법이라는 것이 보장되어야 한다.**[3]**

개발자 권고사항 8 : 모든 UMS 소프트웨어를 사용자에게 알려라. 형식 증명 보유자는 항공기 사용자에게 항공기에 있는 모든 UMS를 알려야 한다. 추가적으로 UMS를 변경하기 위해 승인된 절차는 분명하게 문서화되고 사용자에게 제공되어야 한다. 그런 절차는 반복가능하고 형상 컨트롤하에 있어야 한다.

개발자 권고사항 9 : 사용자를 위한 제약과 절차를 식별하라. 초기 시스템 개발은 사용자가 항공기 안전성에 영향을 주지 않고 UMS를 수정하기 위한 적절한 데이터를 보유할 수 있도록 제약사항과 절차를 명확하게 문서화해야 한다. DO-178C Section 11.16.j는 소프트웨어 형상 인덱스가 "만약 있다면, 사용자 수정가능 소프트웨어를 수정하기 위한 절차, 방법, 도구"**[1]**를 식별해야 한다고 지적한다. 그런 절차는 사용자에게 제공될 필요가 있다. 흥미롭게도 항공사 대표들은 이것이 그들이 부족한 점을 자주 발견하는 영역이라고 지적한다.

종종 항공사는 항공기 혹은 시스템 제조사로부터 명확하지 않거나 불완전한 문서를 받는다. 이것은 항공사 직원들이 정확할 수도 혹은 정확하지 않을 수도 있는 가정을 하게 만든다. 이것은 DO-178C에 11.16.j가 추가된 이유 중 하나이다.

아울러 UMS에 영향을 미치는 모든 변경은 사용자에게 명확하게 전달되어야 한다(예를 들면, UMS를 수용하는 시스템에 대한 변경, 승인된 절차에 대한 업데이트 혹은 UMS를 변경하기 위해 사용하는 도구에 대한 수정). 항공사 운영자들은 시스템, 절차 혹은 도구가 업데이트될 때 업데이트된 절차를 받는 경우가 매우 드물다고 지적한다.

19.5 UMS를 수정하고 유지보수하기

일단 소프트웨어가 형식 증명하에서 UMS로 인증되면 UMS를 관리하는 것은 사용자의 책임이다. 이것은 환경의 관리, UMS에 대한 변경 그리고 전반적인 항공기 구성을 포함한다. UMS를 수정하고 유지보수하기 위해 사용할 수 있는 지침은 매우 드물다. 따라서 이 섹션은 UMS을 관리하는 것이 필요한 사용자를 위해 몇 가지 권고사항들을 제공한다. UMS의 유형은 매우 다르기 때문에, 이러한 권고사항들은 일반적이다. 구체적인 세부사항은 프로젝트별로 이해관계자들 간에 파악되어야 한다.

사용자 권고사항 1 : 계약이 이루어졌는지를 확인하라. 사용자는 필요한 모든 데이터, 도구와 지원을 얻기 위해 항공기 그리고/혹은 장비 제조사(들)와 계약이 이루어졌는지(예를 들면, 기술적인 서비스 계약)를 확인해야 한다.

사용자 권고사항 2 : 항공기의 모든 UMS 형상을 관리하라. 소프트웨어(수정할 수 없는 소프트웨어뿐만 아니라 UMS)의 어떤 버전이 각각의 항공기에 설치되어 있는지를 아는 것이 중요하다. 유지보수 레코드는 특정 소프트웨어 버전 혹은 파트 넘버가 언제 설치되는지를 식별해야 한다.

사용자 권고사항 3 : 각각의 UMS 컴포넌트의 환경을 관리하라. 각각의 UMS 컴포넌트는 UMS를 변경하고 수정하기 위한 환경을 가질 것이다. 환경을 구성하는 도구는 일반적으로 장비 제조사 혹은 항공기 제조사에 의해서 제공된다(예로는 소프트웨어 편집기, 컴파일러, 파트 넘버 생성기 그리고 미디어 세트 생성 도구를 포함한다).[2] 지원 도구는 형상 관리하에 있어야 한다. 만약 장비 혹은 항공기 제조사에 의해서 업데이트된 도구가 제공되면, 도구를 사용하기 전에 이들 도구의 영향이 평가되어야 한다. 이러한 영향을 이해하는 것은 장비 혹은 항공기 제조사와의 협조가 필요할 수 있다.

사용자 권고사항 4 : 제공된 제약사항과 절차를 사용해서 소프트웨어를 수정하라. 개발자 권고사항 #9에서 언급한 것처럼 장비 혹은 항공기 제조사는 사용자가 따라야 할 제약사항과 절차를 식별해야 한다. 이러한 제약사항과 절차는 형식 증명 데이터에 의해서 참조된다. (즉, 형식 증명의 일부로 승인된다). 따라서 사용자는 절차를 따를 것으로 예상된다. 만약 절차가 누락되거나 불명확한 경우, 사용자는 공급업체와 협력해야 한다. Order 8110.49 Section 7.8에서 언급한 것처럼 승인된 절차를 따르는 것에 대한 실패는 항공기 형식 증명의 철회가능성을 포함해서 심각한 결과를 가져올 수 있다.[3]

사용자 권고사항 5 : 체계적이고 반복가능한 프로세스를 사용해서 UMS를 수정하라. UMS에 대한 수정은 문서화된 요구사항에 의해서 계획되고 추진되어야 한다. UMS 수정에 대한 형상 관리 프로세스는 변경 컨트롤(변경이 승인되는 것을 보장하기 위해), 변경 추적(변경이 문서화되는 것을 보장하기 위해), 형상 식별(지원 문서뿐만 아니라 소프트웨어 버전 혹은 파트 넘버를 업데이트), 릴리즈, 보관을 포함해야 한다. 수정은 요구사항을 충족하기 위해 검증되어야 하며(우선적으로 몇 가지 시험을 사용해서) 품질 보증에 의해서 모니터되어야 한다. UMS는 일반적으로 DO-178C를 준수할 필요가 없지만, DO-178C와 유사한 프로세스(DO-178C 레벨 D와 같은)를 사용하는 것을 고려한다. 그런 프로세스는 UMS의 기능, 형상 관리, 품질 보증을 보장하는 데 도움이 된다. 어떤 프로세스가 사용되든, 그것은 감사될 수 있어야 한다.

사용자 권고사항 6 : 필요하다면 UMS의 운영 승인을 획득하라. 앞서 언급한 것처럼 일부 UMS는 비록 형식 증명 당국에 의한 리뷰가 필요하지 않더라도 운영 당국의 승인이 필요할 수 있다. 이러한 승인은 비행 운영을 위해서 수정된 UMS를 사용하기 전에 확보되어야 한다.

사용자 권고사항 7 : 항공기에 수정된 UMS의 올바른 설치를 확인하라. 일단 적절한 승인이 부여되면(예를 들면, 운영 승인), UMS의 승인된 버전이 실제로 항공기에 설치된 버전인지가 확인되어야 한다. 사용자 권고사항 #2에서 언급한 것처럼 유지보수 레코드는 최신 상태로 유지되어야 한다.

참고문헌

[1] RTCA DO-178C, *Software Considerations in Airborne Systems and Equipment Certification* (Washington, DC: RTCA, Inc., December 2011).

[2] Aeronautical Radio, Inc., Guidance for the management of field loadable software, ARINC Report 667-1 (Annapolis, MD: Airlines Electronic Engineering Committee, November 2010).

[3] Federal Aviation Administration, *Software Approval Guidelines*, Order 8110.49 (Washington, DC: Federal Aviation Administration, Change 1, September 2011).

[4] European Aviation Safety Agency, Software aspects of certification, Certification Memorandum CM-SWCEH-002 (Issue 1, August 2011).

[5] RTCA DO-248C, *Supporting Information for DO-178C and DO-278A* (Washington, DC: RTCA, Inc., December 2011).

Chapter 20

실시간 운영체제 (Real-Time Operating Systems)

약어

AC	Advisory Circular
AFDX	ARINC 664 avionics full-duplexed switched ethernet
APEX	APplication EXecutive
API	application program interface
BSP	board support package
CAN	controller area network
CEO	chief executive officer
COTS	commercial off-the-shelf
CPU	central processing unit
EAL	evaluation assurance levels
EPROM	erasable programmable read-only memory
FAA	Federal Aviation Administration
IEEE	Institute of Electrical and Electronic Engineers
IMA	integrated modular avionics
I/O	input/output
ISR	interrupt service routine
MMU	memory management unit
MOS	module operating system
POS	partition operating system
POSIX	portable operating system interface
RAM	random access memory
RSC	reusable software component
RTOS	real-time operating system
SAP	support access port
SVA	software vulnerability analysis
UNIX	uniplexed information and computing system
VMM	virtual machine monitor

20.1 소개

새로운 밀레니엄이 도래한 이후 실시간 운영체제(RTOS : Real Time Operating Systems)는 항공전자 시스템에서 일반적인 컴포넌트가 되었다. 이 챕터는 RTOS가 무엇이고, 왜 사용되며, 전형적인 항공전자 시스템으로 어떻게 들어맞는지, 요구되는 RTOS 기능, RTOS를 사용할 때 해결되어야 할 이슈들, 향후 RTOS와 관련된 몇 가지 도전들을 설명한다.

20.2 RTOS란 무엇인가?

H. M. Deitel은 다음과 같이 쓰고 있다.

> 운영체제는 주로 리소스 관리자이다. 그것이 관리하는 주요 리소스는 프로세서, 스토리지, 입력/출력(I/O) 디바이스, 통신 디바이스 그리고 데이터의 형태를 가지는 컴퓨터 하드웨어이다. 운영체제는 사용자 인터페이스 구현, 사용자 간의 하드웨어 공유, 사용자 간의 데이터 공유, 사용자 간의 간섭 방지, 사용자 간의 리소스 스케줄링, I/O 활성화, 에러로부터의 복구, 리소스 사용에 대한 기록, 병렬 동작 활성화, 보안 및 신속한 접근을 위한 데이터 구성 그리고 네트워크 통신 처리와 같은 많은 기능을 수행한다.[1]

일반적으로 운영체제는 컴퓨터에서 실행 중인 하나 이상의 애플리케이션에 대해서 컨트롤된 접근을 제공하면서, 컴퓨터의 하드웨어 리소스를 관리하는 소프트웨어이다. 범용 RTOS는 이러한 동작을 수행하지만 또한 매우 정확한 타이밍으로 애플리케이션을 실행하도록 특별히 설계된다. 안전 필수 RTOS는 범용 RTOS의 서브셋이며 다음과 같은 특징을 가지는 경향이 있다. 결정론적인(예측가능한), 응답하는(보장된 시간프레임 내에), 컨트롤할 수 있는(소프트웨어 개발자와 통합자에 의해서), 신뢰할만한 그리고 fail-safe이다.[2] 이러한 특징은 안전 필수 RTOS의 바람직한 특징들을 고려할 때 좀 더 논의될 것이다.

다음 용어들이 이 챕터와 RTOS 문헌에서 사용되고 있다.1)

- **애플리케이션(Application)**: 항공기에서 구체화된 기능을 수행하는 태스크 혹은 프로세스로 구성된 소프트웨어[3]
- **애플리케이션 프로그램 인터페이스(API)**: 지원 시스템 혹은 네트워크 서비스에 접근하기 위해 애플리케이션 프로그램에 의해서 참조될 수 있는 정식 소프트웨어 호출 및 루틴 세트
- **파티션(Partition)**: "핵심 모듈 내에서 단일 주소 영역으로 로드될 수 있는 명령 코드 및 데이터를 포함하는 프로그램."[3] RTOS는 핵심 프로세싱 하드웨어를 공유하는 다른 모든 파티션으로부터 각 파티션을 격리하기 위해 각각의 파티션의 컴퓨터 리소스(프로세싱시간, 메모리, 그리고 다른 리소스들) 사용에 대한 컨트롤을 가진다
- **인터파티션(Interpartition)**: 파티션 간의 통신
- **강건한 파티셔닝(Robust Partitioning)**: "하드웨어 및 프로그래밍 에러를 포함한 모든 상황에서 공유된 컴퓨팅 리소스에 상주하는 독립적인 항공기 운영 기능의 의도된 격리를 보장하기 위한 메커니즘. 강건한 파티셔닝의 목표는 연방형 구현과 동일한 수준의 기능적 분리를 제공하는 것이다(즉, 별도의 컴퓨팅 요소에 개별적으로 존재하는 애플리케이션). 이것은 강건한 파티셔닝이 승인되지 않은 혹은 의도되지 않은 간섭으로부터 보호되는 것을 보장하면서, 코어 프로세스상에서 애플리케이션들이 협력적으로 공존하는 것을 지원해야 한다는 것을 의미한다."[3]

20.3 왜 RTOS를 사용하는가?

RTOS는 많은 현대적인 항공전자 시스템의 핵심이다. RTOS는 소프트웨어 신뢰성, 생산성, 유지보수성에 영향을 줄 수 있다.[4] RTOS는 API를 사용해서 애플리케이션과 기반이 되는 하드웨어 사이에 명확하게 정의되고 컨트롤되는 인터페이스를 제공한다. 추가적으로 RTOS는 가능한 상호작용을 좁혀서 애플리케이션의 정확도를 더 쉽게 검증하게 만든다. RTOS가 없으면 프로그래머는 기반이 되는 하드웨어와 그 기능에 대해서 상세한 지식이 필요하다.

1) 이들 정의는 주로 Avionics Application Software Standard Interface: Part 1 - Required Services라는 타이틀의 ARINC 653 Part 1~3에 기반한다.[3]

과거에는 임베디드 시스템의 소프트웨어가 단일 코드 세트로 작성되어 기반이 되는 하드웨어와 긴밀하게 결합되었다. 이것은 성능 요구사항이 충족되었는지를 확인하기 위해 필요했다. 불행하게도 이 유형의 설계는 소프트웨어를 유지보수하고, 재사용하며 다른 하드웨어에 이식하는 것을 어렵게 만들었다.

하드웨어 인터페이스를 추상화하고 캡슐화함으로써 RTOS는 애플리케이션 개발자가 하드웨어 특정 코드를 작성할 필요가 거의 없게 만든다. RTOS는 이식성을 개선하고

> 프로그래머로부터 컴퓨터의 복잡성을 가려주며, 당면한 일에 집중할 수 있게 한다. 인터럽트, 타이머, 아날로그 디지털 변환기 등에 대한 자세한 지식은 더 이상 필요하지 않다. 결과적으로 안전하고, 정확하며, 효율적이고 적시 동작에 대한 용이성을 제공하면서 컴퓨터가 가상(virtual) 머신으로 취급될 수 있다. 즉, 그것은 삶을 쉽게(혹은 적어도 상대적으로 더 쉽게) 만든다.[4]

RTOS 사용이 증가된 또 다른 요인은 마이크로프로세서의 성능이 강화된 것이다. 오늘날 프로세서의 속도와 능력으로는 이제 단일 프로세서상에서 여러 애플리케이션들을 실행할 수 있다. 게다가 무게의 감소는 항공기의 수명에 대한 비용을 절약하기 때문에 항공기에서 하드웨어를 최소화하려는 욕구가 크다. 프로세서의 이점을 극대화하고, 항공기의 무게를 최소화하며, 유지보수를 개선하기 위해 통합 모듈형 항공전자(IMA) 시스템이 기존의 많은 연방형 시스템을 대체하고 있다. IMA는 여러 애플리케이션들이 단일 프로세서상에서 실행할 수 있게 한다.

IMA를 활성화하기 위해 애플리케이션 간의 강건한 파티셔닝이 필요하다. 강건하게 파티션된 RTOS는 다음을 보장한다.[6]

- 애플리케이션의 실행은 다른 애플리케이션의 실행을 방해하지 않는다.
- 애플리케이션에 할당된 전용 컴퓨터 리소스가 충돌하거나 메모리, 스케줄 혹은 인터럽트 충돌로 이어지지 않는다.
- 공유된 컴퓨터 리소스는 리소스의 무결성과 애플리케이션의 분리를 유지하는 방식으로 애플리케이션에 할당된다.
- 리소스는 다른 애플리케이션의 유무와 관계없이 각각의 애플리케이션에 할당된다.
- 애플리케이션에 표준화된 인터페이스가 제공된다.

- 소프트웨어 애플리케이션과 이들을 호스트하기 위해 필요한 하드웨어 리소스는 독립적이다.

IMA 구현은 강건하게 파티션된 RTOS와 그 환경에 달려있다. Chapter 21은 파티셔닝에 대해서 좀 더 상세하게 논의한다.

또한 항공 시장의 경쟁은 상용(COTS) RTOS의 사용을 매력적으로 만들었다. COTS RTOS의 사용은 시스템 개발자들이 그들 자신의 RTOS를 개발하고 운영체제 개발을 핵심 역량으로 유지할 필요성을 크게 제거한다. DO-178C(혹은 DO-178B)를 준수하는 COTS 운영체제는 대단히 비싸지만, 처음부터 RTOS를 만들고, 안전성 요구사항을 지원하도록 성숙하게 하며, DO-178C를 충족하도록 개발하고, 그것을 유지보수하는 것보다 더 비용 효율적일 수 있다. COTS RTOS와 관련된 몇 가지 일반적인 이슈들은 이 챕터의 나중에 논의한다.

20.4 RTOS 커널과 그것을 지원하는 소프트웨어

[그림 20-1]은 항공전자 시스템에서 RTOS의 전형적인 위치를 보여준다.

파티션된 그리고 파티션되지 않은 RTOS 모두 안전 필수 시스템에서 사용된다. 애플리케이션 소프트웨어는 하나 혹은 여러 개의 파티션에 있을 수 있다. RTOS 커널과 그 지원 소프트웨어는 임베디드 시스템의 일부이기 때문에, 그것들은 DO-178C(혹은 DO-178B)[2]를 충족해야 한다. [그림 20-1]은 RTOS 커널이 라이브러리, 보드 지원 패키지(BSP), 디바이스 드라이버 그리고 API를 포함해서 여러 가지 컴포넌트에 의해서 지원된다는 것을 보여준다. RTOS 커널과 주요 지원 컴포넌트 각각은 다음 하위 섹션에서 간략하게 설명한다.

2) 이 글을 쓰는 시점에는 RTOS가 DO-178B를 충족하지만, DO-178C의 발행으로 RTOS는 DO-178C로 전환될 것이다. 대부분의 RTOS는 객체 지향 기술, 모델 기반 개발 혹은 정형 기법을 사용하지 않기 때문에 RTOS에서는 상대적으로 쉽게 전환할 수 있다.

그림 20-1 | 일반적인 RTOS 컴포넌트와 애플리케이션과의 관계

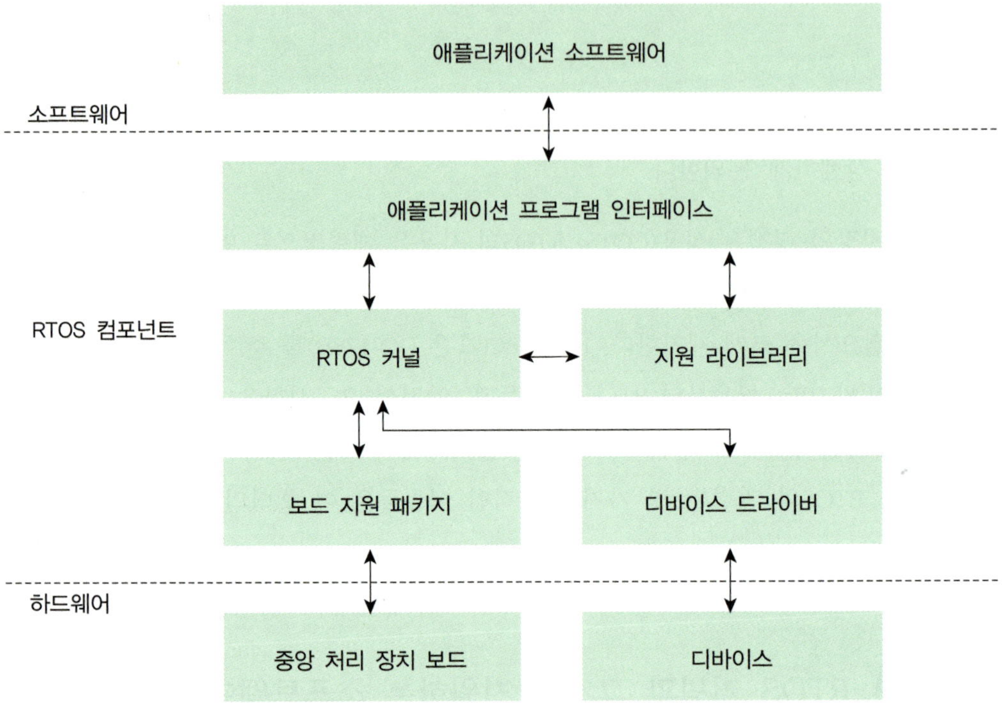

20.4.1 RTOS 커널

커널은 RTOS의 핵심이다. 그것은 기본적인 서비스(Section 20.8.1에서 설명되는 ARINC 653 서비스와 같은)를 제공하고 가능한 한 기반이 되는 하드웨어에 독립적으로 설계된다.[3] 대부분의 RTOS 개발자들의 목표는 재사용과 이식성을 가능하게 하기 위해서 하드웨어로부터 커널을 분리하는 것이다. 하드웨어 고유의 코드는 일반적으로 BSP와 디바이스 드라이버에 구현된다.

20.4.2 애플리케이션 프로그램 인터페이스

애플리케이션은 RTOS 커널과 애플리케이션 사이에 인터페이스로 기능을 하는 API를 통해

3) 예를 들어, 컨텍스트 스위칭을 하는 코드와 같이 하드웨어에 특정한 RTOS의 일부 부분이 있지만, 이것은 최소한으로 유지된다.

서 RTOS 서비스를 접근한다. API는 프로그래머가 RTOS를 사용해서 만들 수 있는 사용가능한 호출 목록을 제공한다. ARINC 653 APEX(APplication EXecutivie)는 IMA 시스템을 위해 항공전자에서 사용되는 가장 일반적인 API이다. POSIX(portable operating system interface) 또한 일부 RTOS에 의해서 사용된다. POSIX 표준(IEEE[Institute of Electrical and

▌표 20-1 ▌POSIX와 ARINC 653 특성의 기본적인 비교

POSIX	ARINC 653 APEX
이벤트 구동 실행 모델	파티션을 스케줄링하기 위한 순환 기반 실행 모델
멀티프로세싱 및 멀티스레딩 실행 모델을 사용	POSIX와 동일한 개념이지만 용어가 다르다. 프로세스(processes) 대신 파티션(partitions)을 사용하고 스레드(threads) 대신 프로세스(processes)를 사용한다.
시간 파티셔닝을 지원하지 않는다.	파티션 간에 라운드 로빈 스케줄링을 사용해서 시간 파티셔닝을 지원한다.
프로세스와 스레드를 위해 우선순위 선점형 스케줄링을 사용한다. 순환 스케줄링이 프로그램될 수 있다.	파티션 내에 스레드를 위한 우선순위 선점형 스케줄링과 파티션 간의 순환 스케줄링을 지원한다.
입력/출력(I/O) 스케줄링은 디바이스 드라이버에 의지하며 인터럽트 구동 혹은 폴링 방식일 수 있다.	I/O를 수행하는 파티션이 실행되는 동안 인터럽트 구동되거나, 더 나은 컨트롤을 얻기 위해 폴링 방식의 I/O(즉, 요청 시 I/O) 등 많은 모델이 가능하다.
메모리 분리를 지원한다.	POSIX와 동일한 개념이지만 용어가 다르다. 메모리 분리(memory segregation) 대신 공간 파티셔닝(spatial partitioning)을 사용한다. 메모리 레이아웃, 접근 정책, 캐시 정책, 메모리 보호가 정적 구성 테이블을 사용해서 제공된다.
소켓을 사용한다.	오프보드(off-board) 통신을 위해 유사 포트에 연결된 샘플링 및 큐 포트를 사용한다. 이것들은 이더넷 소켓 혹은 다른 프로토콜로 연결될 수 있다.
프로세스 간 통신을 사용한다.	샘플링 그리고 큐 포트를 사용해서 혹은 메모리 관리 시스템에 의해서 컨트롤되는 공유 메모리(랜덤 액세스 메모리)를 통해서 통신한다.
타이머를 사용한다.	API 서비스가 타임아웃에 응답할 수 있다. 프로세스는 주기적일 수 있다. 애플리케이션 코드를 시간과 동기화하기 위해 지연 메커니즘과 다른 메커니즘이 사용될 수 있다.
시그널 관리를 사용하며, 사용자가 에러 대응 정책을 수립할 것을 요구한다.	구성 테이블에 수립된 사용자 정책을 관리하기 위해 혹은 사용자 정의 에러 처리기에 연결하기 위해 헬스 모니터링을 사용한다.

출처: Goiffon, S. and Gaufillet, P., Linux: A multi-purpose executive support for civil avionics applications? *IFIP—International Federation for Information Processing*, 156, 719-724, 2004. 또한 VEROCEL의 George Romanski로부터의 입력을 포함한다.

Electronic Engineers] 1003.1b와 같은)은 RTOS를 위한 다음과 같은 인터페이스 정의를 포함한다. 태스크 관리, 비동기적인 I/O, 세마포, 메시지 큐, 메모리 관리, 대기 신호, 스케줄링, 클럭 그리고 타이머이다.[7] POSIX는 UNIX(uniplexed information and computing system)를 기반으로 한다. UNIX의 여러 가지 특색이 있었기 때문에 POSIX와 관련된 여러 가지 IEEE 표준이 있다.[4] UNIX는 하드 리얼 타임 실시간 환경을 위해서 개발되지 않았기 때문에 POSIX는 항공전자에서 조심스럽게 사용되어야 한다. 이것은 ARINC 653 APEX의 개발을 위한 동기 중 하나였다. POSIX 개념의 많은 부분이 ARINC 653에 영향을 주었기 때문에 ARINC 653과 POSIX 사이에 약간의 유사점이 있다. POSIX와 ARINC 653 APEX 사이의 차이는 API 레벨에서는 작다. 하지만 그 차이는 프로그램 구성 레벨에서 더 상당하다. APEX는 동일한 프로세스를 공유하는 서로 다른 애플리케이션 사이에 분리를 제공하기 위해, 즉 APEX 파티션 간에 강건한 파티셔닝을 제공하기 위해 고안되었다. POSIX는 그와 동일한 종류의 강건한 파티셔닝을 제공하지 않지만, 여러 프로세스들이 협력할 수 있도록 지원한다. 〈표 20-1〉은 ARINC 653과 POSIX의 높은 수준의 일반적인 비교를 제공한다.

20.4.3 보드 지원 패키지

BSP는 타깃 컴퓨터 프로세싱 하드웨어로부터 RTOS를 분리한다. 이는 RTOS 커널을 동일한 중앙 처리 장치(CPU) 제품군 내에서 다양한 하드웨어 아키텍처로 이식가능하게 한다. "BSP는 프로세서, 디바이스, 메모리의 초기화 그리고 다양한 메모리 체크 등을 수행한다. 일단 초기화가 완료되면 BSP는 일부 다른 하드웨어 접근(예를 들면, 플래시 조작 혹은 타이머 접근)뿐만 아니라 여전히 저수준 캐시 조작을 수행할 수 있다."[9] BSP 코드의 상당부분이 커널 모드에서 동작하며 RTOS와 긴밀하게 동작한다. BSP는 종종 hardware abstraction layer, hardware interface system 혹은 platform enabling software로 불린다. 그것은 특정 하드웨어에 맞게 커스터마이징되며 C와 어셈블리를 사용해서 구현되는 경우가 많다. BSP는 특히 항공전자 장비가 사용자 정의 하드웨어를 사용할 때 RTOS 공급업체로부터의 템플릿을 사용해서 RTOS 사용자(예를 들면, 항공전자 개발자)에 의해서 개발되기도 한다. 다른 경우에는 BSP는 RTOS 공급업체에 의해서 제공 그리고/혹은 맞춤화된다. 하드웨어 특성에 따라서 BSP는 다소 큰 컴포넌트가 될 수 있다.

20.4.4 디바이스 드라이버

BSP와 유사하게 디바이스 드라이버는 RTOS 커널과 하드웨어 디바이스 사이에 인터페이스를 제공한다. 하드웨어 디바이스는 프로세서 보드에 있거나 혹은 분리될 수 있다. 프로세서 보드상의 하드웨어는 BSP 혹은 분리된 드라이버에 의해서 처리될 수 있다. 드라이버는 애플리케이션(때로는 더 높은 수준의 RTOS 라이브러리 혹은 커널 기능에 의해서 조정되는)과 특정 하드웨어 디바이스 사이에 인터페이스를 제공하는 저수준, 하드웨어 종속적인 소프트웨어 모듈이다. 디바이스 드라이버는 디바이스의 하드웨어 레지스터 접근에 대한 책임이 있으며 디바이스에 의해서 생성되는 인터럽트를 서비스하기 위한 인터럽트 처리기를 포함할 수 있다. 대부분의 항공전자 시스템은 이더넷 디바이스, AFDX(ARINC 664 avionics Full-DupleXed switched ethernet) 종단 시스템, RS-232 시리얼 디바이스, I/O 포트, 아날로그 디지털 변환기, CAN(Controller Area Network) 데이터버스와 같은 여러 디바이스들을 가지고 있다.

20.4.5 지원 라이브러리

때때로 언어별 런타임 지원은 RTOS 커널과 함께 라이브러리로 제공된다. 예를 들면, "C언어에서는 다수의 표준 라이브러리를 이용해서 사용자가 메모리를 이동하고, 문자열을 비교하며, mod, floor, cos와 같은 수학 함수를 사용하기 위한 함수 호출을 허용한다."[9] 이러한 런타임 라이브러리는 흔히 RTOS와 함께 패키징된다(커널 내 혹은 분리된 라이브러리 패키지로). 라이브러리는 일반적으로 애플리케이션과 함께 링크될 수 있는, 사전에 컴파일된 오브젝트 코드로 RTOS 공급업체에 의해서 제공된다. 그런 식으로 오직 필요한 라이브러리 기능만 링크된다. 일부 스마트 링커는 실제로 어떤 라이브러리 기능이 애플리케이션에 의해서 호출되는지 식별할 수 있고 오직 그러한 기능들만 실행가능 오브젝트로 링크할 수 있다.

20.5 안전 필수 시스템에 사용되는 RTOS의 특징

이 섹션은 항공전자 분야에서 사용되는 안전 필수 RTOS의 핵심 특징들을 식별한다.

20.5.1 결정론적

안전 필수 시스템은 정확한 시간에 정확한 순서로 정확한 답을 전달한다. "결정론은 현재 상태와 환경(입력)에 대한 미래의 변화에 대한 지식을 기반으로 미래의 행동을 정확하게 예측할 수 있는 시스템의 특징이다."**[10]** 반면에 비결정론은 "시스템의 미래 행동이 정확하게 예측될 수 없다는 것을 의미한다(예상할 수 없는 시스템은 '안전하다'고 부를 수 없다)."**[10]** 안전 필수 분야에서 RTOS의 행동은 예측가능해야 한다. 즉, 특정 입력이 주어지면 RTOS는 동일한 출력을 생성한다. 특히, 출력은 요구사항에 정의된 범위 내에 있다. 결정론적인 RTOS는 요구사항에 의해서 정의된 것처럼 기능적 정확도와 시간적 정확도를 모두 제공한다. 또한 오직 알려진 그리고 예상되는(경계가 있는) 양의 메모리와 시간만을 소비한다.

20.5.2 신뢰할 수 있는 성능

RTOS는 애플리케이션이 의도된 기능을 수행할 수 있도록 하기 위해 필요로 하는 능력(horsepower)에 대한 요구사항을 충족해야 한다. 컴퓨팅 시간, 스케줄링 기법, 인터럽트 처리, 컨텍스트 스위칭 시간, 캐시 관리, 태스크 디스패치하기 등을 포함해서 많은 요인들이 RTOS 성능을 결정한다.**[4]** 성능 벤치마크가 일반적으로 RTOS와 함께 데이터 시트에 제공된다. 성능은 특정 하드웨어, 인터페이스, 클럭 속도, 컴파일러, 설계, 운영 환경에 따라서 크게 다르다. 그래서 RTOS를 고를 때 회사들은 구매할 RTOS를 결정하기 전에 거의 항상 그들 자신의 벤치마크를 실행한다.

20.5.3 호환가능한 하드웨어

RTOS 커널은 선택된 프로세서와 호환되어야 한다. 마찬가지로 BSP는 선택된 프로세서 보드 및 핵심 디바이스와 호환되어야 하며, 디바이스 드라이버는 시스템 디바이스와 호환되어야 한다.

20.5.4 호환가능한 환경

RTOS는 선택된 프로그래밍 언어와 컴파일러를 지원할 수 있어야 한다. 대부분의 RTOS는 애플리케이션, RTOS, 지원 소프트웨어, 그리고 하드웨어의 성공적인 통합을 위한 컴파일러, 링커, 디버거 그리고 다른 도구들을 포함하는 통합된 개발 환경을 지원한다.

20.5.5 결함 허용

결함 허용은 "제한된 수의 하드웨어 혹은 소프트웨어 고장이 존재하는 상태에서 지속적인 실행을 제공하는 시스템의 내장된 기능"이다.[11] 결함 허용 RTOS는 애플리케이션 고장에 대해서 계획하며 복구 혹은 종료에 대한 메커니즘을 제공한다. RTOS는 ① 결함, 고장 및 에러를 감지하고, ② 결함, 고장 및 에러가 감지될 때 올바르게 식별하며, ③ 시스템에 대해 미리 계획된 응답을 수행하는 것으로 구성된 결함 관리를 가능하게 한다.[11]

20.5.6 헬스 모니터링

헬스 모니터링은 결함 관리와 밀접하게 관련되며 결함 허용 RTOS의 또 다른 특성이다. 헬스 모니터링은 RTOS를 사용하는 시스템의 대부분(전부가 아니라면)을 위한 결함 관리를 제공하기 위해 RTOS에 의해서 자주 제공되는 서비스이다. DO-297은 헬스 모니터링이 리소스 혹은 리소스를 사용하는 애플리케이션에 부정적인 영향을 미칠 수 있는 고장을 탐지하고, 격리하고, 억제하고, 리포트하는 역할을 한다고 설명한다.[11] DO-297은 IMA 플랫폼에 초점을 맞춘다. 하지만 RTOS는 시스템의 전반적인 헬스 관리체계에서 핵심 역할을 수행한다. IMA 시스템에서 RTOS에 대한 FAA(Federal Aviation Administration)의 연구 리포트는 다음과 같이 기술하고 있다.

> 헬스 모니터링은 ARINC 653에 명시되어 있다. 헬스 모니터는 하드웨어, 애플리케이션 그리고 RTOS 결함과 고장을 식별하고, 응답하며 리포팅의 역할을 하는 RTOS의 기능이다. 헬스 모니터링은 결함을 격리하는 것을 도와주며 고장이 전파되는 것을 막는다. 결함과 헬스 관리 대응을 세분화하고 분류함으로써 애플리케이션 공급업체와 IMA 시스템 통합업체가 적절한 동작을 선택하도록 돕는 다양한 가능성이 존재한다. 결함을 무시하기, 프로세스를 다시 초기화하기, 파티션을 재시작하기(웜 혹은 콜드), 전체 시스템 리셋을 수행하기 혹은 시스템의 지정된 조치를 취하기 위해 시스템 지정 루틴을 호출하기와 같은 식별된 결함의 의도된 복구를 설명하기 위해 구성 테이블이 사용된다.**[12]**

ARINC 653은 반드시 탐지되고 처리되어야 하는 다수의 에러 코드를 식별한다. "에러는 프로세스와 파티션 내에서 혹은 헬스 모니터링 모듈이나 프로세스 내에서 처리될 수 있다."**[9]**

ARINC 653 헬스 모니터링 기능의 목표는 다음과 같다.

> 결함이 인터페이스 경계를 넘어서 전파되기 전에 억제한다. 자체 모니터링 기법 외에도 애플리케이션 위반, 통신 장애 그리고 애플리케이션에 의해서 탐지된 결함이 RTOS에 리포트된다. 특별한 결함의 대응을 위한 조치를 구체화하기 위해 결함 복구 테이블이 사용된다. 이 조치는 헬스 모니터에 의해서 초기화[되고] 적절한 수준의 리포팅과 함께 애플리케이션 종료와 대체 애플리케이션 시작을 포함할 수 있다.**[13]**4)

복구 조치는 시스템 설계와 요구사항에 따라 달라진다.

20.5.7 인증가능성

인증가능성은 안전 필수 시스템에 의해서 사용되는 RTOS의 필수 특징이다. 만약 RTOS를 항공기에 설치하려면 DO-178C의 목표를 충족할 필요가 있을 것이다.5) RTOS 자체는 인증

4) 명확하게 하기 위해서 대괄호가 추가되었다.

5) DO-178B를 준수하는 대부분의 RTOS는 그것이 객체 지향 혹은 관련된 프로그래밍 기법, 모델 기반 개발

되지 않는다는 것에 주목해야 한다. 오히려 RTOS는 항공기, 엔진 혹은 프로펠러의 일부로 인증되도록 개발된다.[6] 항공 제품에 설치하기 적합한 대부분의 COTS RTOS는 전체 인증을 지원하기 위해 사용가능한 **인증 패키지(certification package)**를 가지고 있다. 인증 패키지는 DO-178C(혹은 DO-178B)를 준수하고 안전성과 인증을 지원하기 위한 산출물을 포함하고 있다. RTOS에 대한 몇 가지 일반적인 인증의 어려움은 이 챕터의 나중에(Section 20.7) 제시한다.

20.5.8 유지보수가능성

유지보수가능성은 RTOS를 포함해서 안전 필수 시스템에 사용되는 모든 소프트웨어에 바람직한 특징이다. 시스템의 수명이 상당히 길기 때문에(아마도 20년 이상), RTOS는 유지보수가 가능해야 한다(즉, 추가적인 애플리케이션, 장비, 하드웨어 등을 수용하도록 수정될 수 있는). DO-178C에 의해서 요구되는 라이프 사이클 데이터와 형상 관리 프로세스는 유지보수성을 지원한다.

20.5.9 재사용가능성

필수 특징은 아니지만 대부분의 RTOS는 재사용가능하도록 설계된다. 이전에 언급한 것처럼 커널은 BSP와 디바이스 드라이버를 사용해서 하드웨어로부터 추상화된다. Reusable Software Components라는 타이틀을 가진, FAA AC(Advisory Circular) 20-148은 일반적으로 RTOS에 적용된다. AC 20-148은 여러 시스템에서의 재사용을 위해 재사용가능 소프트웨어 컴포넌트(RSC)를 패키징하는 것에 대한 FAA의 지침을 제공한다. 비록 프로젝트가 FAA로부터 RSC 승인을 추구하지는 않더라도, 그들은 아마도 가능한 한 재사용가능한 RTOS **컴포넌트(component)**를 개발하기 위해 AC의 제안을 따르기를 원할 것이다. 재사용은 Chapter 24에서 좀 더 논의한다.

혹은 정형 기법을 사용하지 않는 한 DO-178C 또한 준수할 것이다. 하지만 파라미터 데이터, 데이터 및 컨트롤 결합도, 구조적 커버리지 그리고 추적 데이터에 대한 일부 주의가 필요할 수 있다.

6) FAA는 부품이 아니라 항공기, 엔진 프로펠러를 인증한다.

20.6 안전 필수 시스템에 사용되는 RTOS의 특성

이 섹션에서는 항공 분야에서 사용되는 대부분의 안전 필수 RTOS의 핵심 특성을 확인한다. 이들 특성은 앞서 언급했던 특징들과 밀접하게 관련되어 있고 그러한 특징들을 구현하기 위한 수단을 제공한다. 안전성 관점에서 가장 관계가 있는 특성들을 논의한다.

20.6.1 멀티태스킹

멀티태스킹은 프로세스로도 알려진 여러 태스크들이 공통의 프로세서를 공유하는 방법이다. 멀티태스킹은 실제로 커널이 스케줄링 알고리즘을 사용해서 태스크들의 실행을 인터리브할 때(단일 코어 프로세서의 경우), 많은 태스크들이 하나의 프로세서에서 동시에 실행하고 있는 모습을 만든다. 프로세서가 하나의 태스크 실행을 중지하고 다른 태스크 실행을 시작할 때, 이것은 컨텍스트 스위칭으로 불린다. 컨텍스트 스위칭이 충분히 자주 발생하면, 태스크가 병렬로 실행하고 있는 것으로 보인다. 겉으로 보기에 독립적으로 보이는 각각의 프로그램(태스크)에는 자체의 컨텍스트, 즉 커널에 의해서 실행하도록 스케줄이 될 때마다 해당 태스크가 보는 프로세서 환경 및 시스템 리소스가 있다.

20.6.2 보장되고 결정론적인 스케줄가능성

데드라인을 맞추는 것은 RTOS의 가장 기본적인 요구사항 중 하나이다. 안전 필수 시스템의 경우 여러 태스크의 스케줄링과 적시 완료는 결정론적이어야 한다. 진보된 항공전자 시스템(예를 들면, IMA 시스템)에 사용되는 RTOS의 경우, 일반적으로 두 가지 종류의 스케줄가능성이 요구된다.[7] ① 파티션 간의 스케줄링과 ② 파티션 내의 스케줄링이다. 각각에 대해서 여기서 논의한다.

7) 파티션되지 않은 시스템의 경우 두 번째 종류의 스케줄가능성만 필요하다.

20.6.2.1 파티션 간의 스케줄링

ARINC 653 모델은 파티션 간에 라운드 로빈 실행 순서를 요구한다. 이것은 주요 시간 프레임이라고 불리는 시간 프레임을 설정한다. 고정된 지속기간의 시간 슬롯은 주요 시간 프레임 내에서 정의된다. 하지만 개별 시간 슬롯의 지속 기간은 동일할 필요는 없다. 구성 테이블은 프레임 내의 시간 슬롯에서 실행될 파티션을 정의한다.

> 파티션은 하나의 프레임 내에 한 개의 슬롯 이상으로 할당될 수 있다. 각 파티션의 실행은 프레임의 시작에서 출발해서 순서대로 이어진다. 프레임 내에서 마지막 파티션이 실행될 때 그 순서가 반복된다. 시간 슬롯은 MOS[Module Operating System]에 의해서 엄격하게 강제된다. 클럭 디바이스가 파티션 간의 적시 스위칭을 보장하기 위해 사용된다.[9][8]

20.6.2.2 파티션 내의 스케줄링

파티션 내에 많은 유형의 스케줄링 체계가 존재할 수 있다. 대부분의 RTOS는 우선순위와 선점을 사용해서 그들의 스케줄링을 수행한다. 각각의 태스크는 우선순위가 할당된다. 높은 우선순위의 태스크가 낮은 우선순위를 가진 모든 태스크들 이전에 수행된다. **선점형(preemptive)**은 높은 우선순위의 태스크가 실행될 준비가 되자마자 현재 실행 중인 낮은 우선순위 태스크의 실행을 중지할 수 있다는 것을 의미한다. 그것은 당신이 상사와 미팅을 하고 있을 때와 유사하다. 만약 회사의 최고 경영자(CEO)가 오면, 당신 상사와의 논의는 CEO와의 더 높은 우선순위 토론이 끝날 때까지 선점된다. 다음의 리스트는 안전 필수 RTOS에 사용되는 가장 일반적인 스케줄링 접근법을 요약하고 있다. 이러한 각각의 프로세스에 대해 사용가능한 많은 문헌들이 있다. 여기서는 단지 간단한 개요만 논의한다.[9]

- **주기적인 실행(cyclic executive)** : 이 기법은 실행 순서가 미리 결정된 일련의 프로세스를 반복한다. 그것은 RTOS가 사용되지 않을 때에도 일반적인 접근법이다.

---

8) 명확하게 하기 위해서 대괄호가 추가되었다. ARINC 653 스펙에서는 두 가지 스케줄링 메커니즘이 제안된다. MOS(Module Operating System)는 파티션들에 대한 스케줄링을 제공하고 POS(Partition Operating System)는 파티션 내의 프로세스들에 대한 스케줄링을 제공한다.

9) 비록 다소 오래된 것이지만, **Real-time scheduling analysis**라는 타이틀의 FAA Report DOT/FAA/AR-05/27은 항공전자 업계에서 실시간 스케줄링에 대한 몇 가지 유용한 정보를 제공한다. 이는 FAA의 웹사이트에서 얻을 수 있다(www.faa.gov).

- **라운드 로빈(round-robin).** 알고리즘의 이름은 라운드 로빈 원리에서 따온 것인데, 각자는 어떤 것에 대해 동등한 지분을 갖는다. 나는 한때 4-H 쇼맨십 라운드 로빈 대회에 나간 적이 있다. 각 경쟁자에게는 말, 소, 돼지, 양을 보여줄 똑같은 시간이 주어졌다. 당신은 내가 Reserved Grand Champion 트로피를 받았다는 것을 알면 기쁠 것이다. 라운드 로빈 스케줄링 알고리즘은 프로세서에서 시간을 공유하기 위한 가장 단순한 스케줄링 알고리즘 중 하나이다. 마이너 타임 슬라이스는 시스템에 의해서 정의되고, 모든 프로세스는 원형 큐에 보관된다. 스케줄러는 큐를 돌면서 타임 슬라이스 간격 동안 각각의 프로세스에 프로세서 리소스를 할당한다. 새로운 프로세스들이 도착하면서 큐의 꼬리에 추가된다. 만약 프로세스가 타임 슬라이스가 끝나기 전에 완료되면, 그것은 프로세서를 릴리즈한다. 프로세스가 프로세서를 접근하도록 허가될 때마다 컨텍스트 스위칭이 일어난다. 컨텍스트 스위칭은 프로세스 실행시간에 오버헤드를 추가한다.[9]
- **고정 우선순위 선점형 스케줄링(fixed priority preemptive scheduling) :** 각각의 태스크는 변하지 않는 고정된 우선순위를 가진다. 고정 우선순위 선점형 스케줄링으로, 스케줄러는 현재 실행 준비가 된 모든 태스크들 중 우선순위가 가장 높은 태스크가 주어진 시간에 수행되는 것을 보장한다. 이러한 접근법은 만약 높은 우선순위의 태스크가 준비가 되면, 낮은 우선순위의 태스크를 선점하기 위해 인터럽트를 사용한다. 이러한 접근법의 장점은 우선순위가 낮은 태스크가 프로세서 시간을 독점하지 않는 것을 보장하는 것이다. 하지만 부정적인 측면은 그것이 우선순위가 낮은 태스크가 실행되는 것을 무한정 막을 수 있다는 것이다. 많은 RTOS가 이 스케줄링 체계를 지원한다.
- **비율 단조 스케줄링(rate monotonic scheduling) :** 비율 단조 스케줄링 알고리즘은 최적의 정적 우선순위 알고리즘으로 간주된다. 그것은 스케줄가능성을 최대화하고 모든 데드라인이 충족되는 것을 보장하기 위해 태스크에 고정 우선순위를 할당하는 우선순위 선점형 알고리즘이다. 각각의 태스크는 그 기간에 따라서 우선순위가 할당된다. 기간이 짧을수록(빈도가 높을수록) 우선순위가 높다. 이 스케줄링 알고리즘은 안전 필수 시스템을 위한 여러 COTS RTOS에서 구현된다.
- **데드라인 단조 스케줄링(deadline monotonic scheduling) :** 데드라인 단조 스케줄링 알고리즘은 가장 짧은 기간보다 가장 짧은 데드라인을 가진 태스크에 우선순위가 할당되는 것을 제외하고 비율 단조 스케줄링과 유사하다. 따라서 가장 짧은 데드라인을 가진 프로세스는 가장 높은 우선순위가 할당되고 가장 긴 데드라인을 가진 프로세스는 가장

낮은 우선순위를 받는다.

- **최단 데드라인 우선 스케줄링(earliest deadline first scheduling)**: 이것은 동적 우선순위 선점형 정책이다. 태스크가 종료될 때마다 데드라인에 가장 근접한 프로세스가 큐에서 찾아지도록 하기 위해, 태스크를 우선순위 큐에 배치한다.10) 이 프로세스는 실행을 위해 스케줄링된 그 다음 태스크가 된다. 기본적으로 스케줄러는 가장 먼저 실행하기 위해 가장 빠른 데드라인을 가진 프로세스를 선택하는데, 이는 더 늦은 데드라인을 가진 프로세스를 선점한다.
- **최소 여유 스케줄링(least slack scheduling)(최소 여유 우선 스케줄링(least laxity first scheduling)으로도 알려진)**: 최단 데드라인 우선 접근법과 마찬가지로 동적인 우선순위 선점형 정책이다. 우선순위는 **여유시간**(slack time)(데드라인까지 남은 시간에서 나머지 실행시간을 빼는, 이는 정확하게 예측하기 어려울 수 있다)에 기반해서 할당된다. 또한 여유시간은 태스크의 완료 데드라인까지의 시간과 나머지 프로세스시간 요구와의 차이로 설명될 수 있다. 가장 작은 여유를 가진 프로세스는 더 큰 여유를 가진 프로세스를 선점한다.

20.6.3 결정론적 태스크 간 통신

한 번에 오직 하나의 태스크만 실행될 수 있기 때문에(단일 코어 프로세서의 경우) 태스크들 간에 서로 통신하기 위한 메커니즘이 있어야 한다. 많은 RTOS의 경우 큐와 메시지가 태스크 간 통신을 위한 수단을 제공한다. 이 접근법은 하나의 태스크가 메모리 세그먼트를 쓰고 있는 동안에 다른 태스크가 그것을 읽는 상황을 피하는 데 도움이 된다. 태스크 간 통신이 필요한 적어도 세 가지의 이유가 있다.[4]

- **데이터 전달 없이 활동을 동기화하거나 조정하기 위해**: 일반적으로 그런 태스크들은 시간 지연 혹은 경과시간과 같은 시간 관련 요인들을 포함해서 이벤트에 의해서 링크된다. 태스크 동기화 혹은 태스크 협력은 공유된 리소스를 동기화하기 위해 사용된다. 태스크 동기화된 작업은 태스크 작업을 조정하기 위해 사용될 수 있기 때문에 태스크 동기화와 태스크 협력 사이에는 약간의 중복이 있다. 하지만 태스크를 차단하고 릴리즈하기 위해 인터럽트가 사용되자마자, 태스크는 실시간 인터럽트와 동기화되기 때문에 더

10) 이것은 최단 데드라인 스케줄링이 동적인 것을 제외하면 데드라인 단조 스케줄링과 유사하다.

이상 태스크 조정이 되지 않는다.

- **동기화 없이 데이터를 상호 교환하기 위해**: 태스크가 동기화 혹은 조정에 대한 필요성 없이 정보를 상호 교환할 때가 있다. 이것은 종종 데이터가 손상되지 않는 것을 보장하기 위해 상호 배제를 포함하는 데이터 저장소(예를 들면, 풀(pool) 혹은 버퍼)를 통해서 이루어진다.
- **조심스럽게 동기화된 시간에 데이터를 상호 교환하기 위해**: 이것은 태스크가 이벤트를 기다리고 이벤트와 관련된 데이터를 사용하는 시나리오이다. 예를 들면, 태스크 동기화는 필요한 조건이 충족될 때까지 태스크를 지연하거나 중단함으로써 달성될 수 있다.

20.6.4 신뢰할 수 있는 메모리 관리

RTOS는 메모리 할당 및 메모리 맵핑을 지원하고 태스크가 메모리를 사용할 때 조치를 취한다. 대부분의 프로세서는 소프트웨어 스레드가 하드웨어 보호 주소 영역을 실행하도록 허용하는 단일 칩 메모리 관리 유닛(MMU)을 포함한다.[14] MMU는 메모리에 대한 접근을 처리할 책임이 있다. MMU 기능은 일반적으로 가상 주소를 물리 주소로 변환하기, 메모리 보호, 캐시 컨트롤, 버스 중재를 포함한다. MMU는 프로세서와 함께 제공되는 COTS 기능이며 MMU의 무결성은 잘 알려져 있지 않기 때문에, MMU는 일반적으로 인증 작업 과정에서 몇 가지 특별한 주의가 필요하다. 일반적으로 전반적인 프로세서 기능뿐만 아니라, MMU 기능의 정확도는 RTOS와 그 지원 소프트웨어(예를 들면, BSP)의 상세한 시험을 통해서 검증된다. 피해야 할 일반적인 메모리 이슈들(메모리 누수, 파편화된 메모리, 메모리 일관성과 같은) 중 몇 가지는 나중에 논의한다.

20.6.5 인터럽트 프로세싱

실시간 시스템은 일반적으로 인터럽트 서비스 루틴(ISR)을 통해 인터럽트를 사용해서 외부 이벤트에 응답한다. RTOS는 일반적으로 인터럽트가 처리된 후 복귀하기 위해 인터럽트된 태스크의 컨텍스트를 저장한다. 인터럽트 프로세싱은 시스템 성능에 상당한 영향을 미칠 수 있다. 일반적으로 인터럽트 프로세싱은 다음을 수행한다.[15]

- 활성화된 태스크를 중단하기

- 태스크를 재시작할 때 필요한 태스크 관련 데이터를 저장하기
- 적절한 ISR로 컨트롤 전달하기
- 필요한 조치를 결정하기 위해 ISR에서 일부 프로세싱을 수행하기
- 인터럽트와 관련된 중요한 (들어오는) 데이터를 검색하고 저장하기
- 필요한 디바이스별 (출력)값 설정하기
- 다음 인터럽트가 인식될 수 있도록 인터럽트 하드웨어를 클리어하기
- 스케줄러에 의해서 결정된 대로 다음 태스크로 컨트롤을 전달하기

경쟁 상태(두 개의 태스크가 조정 없이 동일한 데이터를 변경하려고 시도하는 것)를 방지하기 위해, RTOS는 때때로 내부 (필수) 운영체제 데이터 구조를 접근하거나 조작하는 동안 인터럽트를 비활성화한다. RTOS가 인터럽트를 비활성화하는 최대시간을 인터럽트 지연이라고 한다. 워스트 케이스 인터럽트 지연시간에는 "실제 ISR이 수행되기 전에 견뎌야 하는 모든 소프트웨어 오버헤드가" 포함되어야 한다.[16] 일반적으로 인터럽트 지연, 처리량 그리고 프로세서 사용률 사이에는 트레이드 오프가 있다.[11] 이것은 워스트 케이스 성능을 결정할 때 고려되어야 한다.[17] 성능 충족의 핵심은 낮은 인터럽트 지연을 가지는 것이다.[18]

일부 RTOS는 **작업 지연**(work deferral)이라고 불리는 기법을 통해서 인터럽트 지연을 감소시킨다. 만약 ISR이 인터럽트 과정에서 다른 RTOS 작업이 스케줄링되도록 한다면, 그 작업은 작업 큐에 저장되고 나중에 호출될 수 있다. 이것은 임계 영역의 시간을 줄이고 시스템 응답성을 높인다. 하지만 그것은 워스트 케이스 실행시간을 계산할 때 복잡도를 더한다.

20.6.6 후크(Hook) 기능

많은 RTOS는 **후크 기능**(hook functions)(혹은 **콜백 기능**(callback functions))으로 불리는 것을 포함하고 있다. 후크 기능은 개발자가 RTOS 내의 특정 기능에 애플리케이션 코드를

11) 인터럽트 처리 오버헤드가 처리량(즉, 시간당 애플리케이션에 의한 결과의 유용한 계산)을 감소시키는 유일한 오버헤드가 아니라는 것에 유의해야 한다. 컨텍스트 스위칭, 주기적인 빌트인 시험, 헬스 모니터링 등 또한 시간이 걸리고 처리량에 영향을 준다.

연결할 수 있게 한다. 후크는 RTOS 기능에 의해서 실행된다(때때로 높아진 우선순위와 RTOS 리소스로의 접근으로). 이들 후크는 특히 만약 RTOS 소스 코드를 독점적으로 사용할 수 없는 경우, 특정 사용자 요구에 대해서 RTOS를 확장하기 위해 사용될 수 있다. 후크 기능은 RTOS 소스 코드를 수정하지 않고 실수로 결함을 주입하지 않으며 커스터마이징하는 것을 가능하게 한다. 후크 기능은 RTOS가 별도의 태스크 생성에 대한 오버헤드 없이 일부 이벤트에 응답하기 전 혹은 후에 RTOS 사용자가 일부 작업을 수행하는 것을 가능하게 할 수 있다. 때때로 후크 기능은 개발 과정에서 디버깅을 지원하기 위해 사용된다. 이것은 최종 제품에서 비활성화되거나 사용가능하지 않게 될 수 있다. 확실히 후크 기능은 RTOS 자체의 동작을 수정할 수 있기 때문에 안전 필수 시스템에서 주의 깊게 다루어져야 한다.[19]

20.6.7 강건성 체크하기

RTOS는 특정 사용자 에러에 대해서 스스로 보호하도록 설계되어야 한다. 내장된 강건성 체크의 예로는 시스템 콜을 만드는 애플리케이션에 의한 API를 통해서 통과되는 파라미터 확인하기, 태스크 우선순위가 RTOS의 허용된 범위 내에 있는지 확인하기 혹은 세마포어 작업이 세마포어 오브젝트에서만 동작하는지 확인하기를 포함한다. 강건성 체크는 복잡하며 강건성 특성의 검증은 특별한 시험 기법이 필요할 수 있다.[20]

20.6.8 파일 시스템

파일 시스템은 데이터 저장소를 관리하는 방법이다.12) 데스크탑 환경에서의 파일 시스템과 유사하게, RTOS 파일 시스템은 하드웨어상의 다양한 형태의 데이터 저장소의 세부사항을 관리하고 숨긴다. 파일 시스템은 파일과 디렉터리의 open, close, read, write 그리고 delete 능력을 제공한다. 구현은 저장 매체(RAM(Random Access Memory), 플래시 메모리, EPROM(Erasable Programmable Read-Only Memory) 혹은 네트워크 기반 매체)의 유형에 따라 고유하다. 파일 시스템은 여러 파티션이 저장 매체에 접근하는 것을 허용한다. RTOS 커널 혹은 그 지원 라이브러리는 그것을 사용하는 파티션을 위한 매체의 하위 수준 세부사

12) ARINC 653의 Part 2는 확장 서비스로 파일 시스템을 포함하고 있다.

항을 관리하기 위해 파일 시스템을 구현한다. 항공전자 애플리케이션은 종종 데이터를 저장하고 검색하기 위해 파일 시스템을 사용한다. 예를 들면, 비행 관리 시스템과 지형 인식 시스템은 그들의 데이터베이스를 접근하기 위해 파일 시스템을 사용할 수 있다.[13]

20.6.9 강건한 파티셔닝

많은 IMA RTOS가 강건한 파티셔닝을 지원한다. 강건한 파티셔닝(robust partitioning)의 정의는 앞서(Section 20.2) 포함되었다. DO-297 Section 2.3.3은 다음과 같이 설명한다.

> 강건한 파티셔닝의 목표는 연방형 시스템 구현(즉, 분리된 LRU(Line Replaceable Units)에 개별적으로 상주하는 애플리케이션)과 동등한 수준의 기능적인 격리와 독립성을 제공하기 위한 것이다. 이것은 강건한 파티셔닝이 승인되지 않은 혹은 의도되지 않은 상호작용이 시도되는 것을 탐지하고 완화하는 것을 보장하면서, 공유 리소스를 사용해서 애플리케이션의 협력적인 공존을 지원하는 것을 의미한다. 플랫폼 강건 파티셔닝 보호 메커니즘은 호스팅된 모든 애플리케이션에 독립적이다. 즉, 애플리케이션은 플랫폼에 의해서 제공되는 파티셔닝 보호를 바꿀 수 없다.[11]

RTOS는 시간, 메모리 그리고 I/O의 공유 리소스가 보호되도록 하기 위해 강건한 파티셔닝을 구현하는 데 있어서 핵심 역할을 수행한다. 파티셔닝은 Chapter 21에서 좀 더 자세히 설명한다.

20.7 고려해야 할 RTOS 이슈들

이 섹션은 RTOS를 개발하고 안전 필수 시스템을 위해서 그것을 구현할 때 흔히 고려해야 하는 기술 및 인증 이슈들을 요약한다. 일부 이슈들은 앞서 언급되었지만 여기서 좀 더 자세히 설명한다. 이것은 프로그램에서 마주칠 수 있는 모든 이슈 목록은 아니지만 전통적으로 발생되어왔고 일반적으로 안전성에 가장 관련이 있는 이슈들 중 일부이다.

20.7.1 고려해야 할 기술적인 이슈들

20.7.1.1 리소스 경합

이름에서 의미하는 것처럼 리소스 경합은 프로세서 혹은 메모리와 같은 공유 리소스를 둘러싼 충돌이다. RTOS에서 다루어질 필요가 있는 세 가지 특별한 경합은 데드락(deadlock), 기아 상태(starvation), 잠금(lockout)이다. 각각에 대한 설명은 다음과 같다.

- **데드락(deadlock)** : 진행하기 위해 필요한 리소스를 접근할 수 없기 때문에 프로세스가 완료될 수 없는 조건이다. 데드락이 발생하려면 다음 조건들이 참이 되어야 한다 : ① 상호 배제(mutual exclusion)(리소스는 한 번에 하나의 프로세스에만 할당될 수 있다), ② 점유 대기(hold and wait)(프로세스가 리소스를 할당하고 다른 것들을 기다릴 수 있다), ③ 비선점(no preemption)(리소스가 강제적으로 빼앗기지 않을 수 있다), ④ 순환 대기(circular wait)(한 프로세스가 다른 프로세스가 필요한 리소스를 보유하고 있다). 데드락은 시험으로 발견하기가 거의 불가능하지만, 분석으로 발견될 수 있다(정형 기법이 이것을 도울 수 있다). 데드락은 일반적으로 RTOS 아키텍처에서 네 가지 조건 중 하나를 방지함으로써[21] 설계를 통해서 회피된다.[7]
- **기아 상태(starvation)** : 필요로 하는 리소스를 다른 태스크들이 사용하기 때문에 "태스크가 할당된 시간 내에 프로세싱을 완료하기에 충분한 리소스를 받지 못할 때" 발생한다.[22]
- **잠금(lockout)** : 다른 태스크가 공유된 리스스를 반납하기 전에 잠기기(locked out) 때문에 하나의 태스크가 잠기는 기아 상태의 특별한 조건이다.[7]

20.7.1.2 우선순위 역전

우선순위 역전은 우선순위가 높은 태스크가 우선순위가 낮은 태스크에 의해서 소유된 공유 리소스의 릴리즈를 기다리도록 강요될 때 발생하는 데드락의 한 가지 유형이다. "태스크가 공유 리소스에 대한 락(lock)을 가지는 기간을 태스크의 임계 섹션 혹은 임계 영역으로 부른다."[21] 우선순위 역전의 유명한 예시는 화성 패스파인더 미션이다. 패스파인더는 미션에 돌입한 며칠 후, 영구적인 리셋을 하기 시작했고, 장기간 시스템 기능을 상실했다. 시험과 분석을 통해서 이 문제는 우선순위 역전에 의한 것으로 밝혀졌다. 패스파인더의 우선순위가 낮은 소프트웨어 태스크가 우선순위가 높은 태스크와 리소스를 공유했다. 우선순위가 낮은 태스크는 어떤 중간 우선순위 태스크에 의해서 선점된 후 공유 리소스를 차단했다. "다른 우선순위가 높은 태스크가 이전 높은 우선순위 태스크가 완료되지 않았다는 것을 발견했을 때, 그것은 시스템 리셋을 초기화했다."[5] RTOS에서 전역 디폴트 설정이 우선순위 역전을 허용했던 것이다.

우선순위 역전 이슈를 해결하기 위해 일반적으로 사용되는 두 가지 접근법이 있다: ① 우선순위 상속 프로토콜, ② 우선순위 상한 프로토콜. 일부 RTOS는 두 프로토콜을 모두 제공하며 사용자가 선호하는 알고리즘을 결정하도록 한다.[14] Kyle과 Bill Renwick은 How to use priority inheritance라는 타이틀을 가진 그들의 논문에서 두 프로토콜의 장점과 단점을 다루고 있다. 그들은 "우선순위 역전을 해결하기 위한 최선의 전략은 그러한 역전이 발생할 수 없도록 시스템을 설계하는 것이다."[23]라고 제안한다. 우선순위 역전에 관한 상당한 문헌이 있다. 이 섹션은 단지 소개만 제공한다.

20.7.1.3 메모리 누수

메모리 누수는 "버려진 메모리를 회수하지 못해서, 결과적으로 메모리 소진으로 인한 붕괴로 이어지는, 프로그램의 동적 저장소 할당 로직에서의 에러"[24]이다. 그것은 일반적으로 안전 필수 애플리케이션에서 동적 메모리 조작을 피함으로써 해결된다. 이것은 초기화 이후에 메모리 할당 메커니즘을 잠그고 메모리 해제를 비활성화함으로써 달성된다.

20.7.1.4 메모리 단편화

메모리 단편화는 메모리가 비효율적으로 사용될 때 발생하여 성능 저하와 메모리 소진으로까지 이어질 수 있다. 이것을 피하기 위해 메모리 할당 기법을 잘 정의하고 조직하며 컨트롤해야 한다. 다음과 같은 관행은 메모리 단편화를 피하는 데 도움이 될 수 있다: ① 블록 크기 할당을 고정, ② 할당된 메모리를 분할하고 크기를 맞추기, ③ 할당된 메모리를 추적하기 위해 식별자를 사용, ④ 세그먼트를 보호하고 격리.[4]

20.7.1.5 태스크 간 간섭

태스크 간 간섭은 태스크가 다른 태스크 혹은 심지어 운영체제 자체의 메모리를 수정할 수 있을 때 발생한다. 이것은 RTOS를 애플리케이션으로부터 분리하고(예를 들면, 보호 모드를 사용해서) MMU 장치를 활용함으로써 해결된다.[4] 앞서 언급한 것처럼 메모리 보호는 강건한 파티셔닝을 구현할 때 중요하다.

20.7.1.6 지터(Jitter)

프로세서의 캐시 및 파이프라인 특성은 성능을 향상시키지만, 또한 태스크 실행시간에 불확실성을 더한다. "이러한 불확실성은 지터라고 하며, 분석적으로 정량화하는 것이 사실상 불가능하다."[25] 지터는 하드웨어 플랫폼, 운영체제 스케줄링 접근법 그리고 프로세서를 공유하는 태스크에 따라 달라진다. 캐시의 선택적인 플러싱은 캐시 지터를 해결하기 위한 일반적인 솔루션이다. 캐시는 들어오는 파티션의 지속기간 시작 시점에 클리어 캐시 메모리를 가지기 위해 파티션 스위치 과정에서 플러싱된다. "플러싱은 오직 캐시에만 존재하는 모든 캐시값을 메인 메모리로 다시 복사하는 것을 의미한다(즉, 그것들이 업데이트되었고, 카피백 모드가 사용되었다). 이것은 오버헤드가 전체적으로 분산되기보다는 파티션의 시작 지점에 위치한다."[9] 플러싱을 수행하는 시간은 메모리에 쓰기 위해 필요한 값의 수에 따라 달라진다.[9]

20.7.1.7 취약성들

RTOS는 일반적으로 그것을 사용하는 애플리케이션과는 별도로 개발되기 때문에 사용자가 주목해야 할 취약성들이 있을 수 있다. RTOS 취약성을 식별하고 그것을 완화하기 위해 소프트웨어 취약성 분석이 필요하다. RTOS 설계에 의해서 완화되지 않은 모든 취약성들은 시스템 통합자 그리고/혹은 애플리케이션 개발자가 해결할 수 있도록 식별될 필요가 있다. 추가적으로 RTOS가 적절하게 사용되는 것을 보장하기 위해 RTOS 사용자에 대한 모든 가정 혹은 제약이 식별되어야 한다. 일부 위험은 애플리케이션에 의한 특별한 설계 혹은 코딩 관행이 필요할 수 있다. "다른 위험들은 검증 프로세스의 이어지는 상태 과정에서 수행된 특별한 분석 혹은 검증 기법에 의해서 완화될 수 있다."[20]

> 소프트웨어 취약성 분석(SVA)은 강건성 혹은 스트레스 시험 계획뿐만 아니라 시스템 기능 위험 분석 혹은 SSA[System Safety Assessment]로의 입력으로 제공될 수 있는 잠재적인 이상 영역을 식별할 수 있다. SVA가 수행되는 방법은 RTOS 개발자 혹은 지원자에게 달려 있다.[26][13]

SVA는 특정 RTOS 구현을 기반으로 한다. FAA 연구 리포트인 Study of Commercial Off-The-Shelf(COST) Real-Time Operating Systems(RTOS) in Aviation Applications는 SVA를 위한 출발점으로 사용될 수 있는 테이블을 제공한다. 그 테이블은 고려해야 할 다음과 같은 일곱 가지 기능적인 영역을 식별한다. 데이터 일관성, 데드 코드 혹은 비활성화된 코드, 태스크, 스케줄링, 메모리 및 I/O 디바이스 접근, 큐, 인터럽트 및 예외 처리이다. 이 테이블은 편의를 위해서 Appendix B에 포함되어 있다.

FAA AC 20-148 Section 5.f는 RTOS 개발자와 같은 RSC 개발자는 다음을 만들어낼 필요가 있다고 설명한다.

> 사용자의 구현에 악영향을 줄 수 있는 RSC의 동작에 대한 분석(예를 들면, 취약성, 파티션 요구사항, 하드웨어 고장 영향, 중복에 대한 요구사항, 데이터 지연 그리고 정확한 RSC 작동을 위한 설계 제약). 그 분석은 통합자 혹은 지원자의 안전성 분석을 지원할 수 있다.**[27]**

SVA는 RTOS 기능의 안전성 평가와 비교할 수 있다.**14)** 파티션 RTOS의 경우 많은 취약성들이 파티션 영역에 있기 때문에, SVA는 일반적으로 파티션 분석과 합쳐진다. 하지만 접근법은 각각의 프로젝트마다 다르다. 이러한 분석에 대해서 표준화된 패키지 체계는 없다. 일부 RTOS 개발자들은 SVA로, 일부는 위험 분석으로, 다른 이들은 파티션 분석으로 그것을 패키징한다.

20.7.2 고려해야 할 인증 이슈들

이 섹션은 안전 필수 항공 시스템에 RTOS를 사용할 때 직면하는 일반적인 인증 관련 시나리오 혹은 이슈들 중 몇 가지를 식별한다.

---

13) 명확하게 하기 위해서 대괄호가 추가되었다.

14) Bate와 Conmy는 그들의 논문인 Safe composition of real time software에서 RTOS 고장 분석을 수행하는 일반적인 단계를 설명하고 있다.**[5]**

20.7.2.1 안전 서브셋을 생성하기

현재 안전 필수 애플리케이션에 사용되는 많은 RTOS는 광범위한 사용 그리고 품질 및 성능에 대한 증명된 추적 기록을 가진 상용 운영체제를 기반으로 한다. 대부분의 범용 RTOS는 안전성보다는 적시 출시를 우선으로 개발되었다. RTOS를 안전 필수 애플리케이션에 적합하도록 만들기 위해 완전한 기능을 가진 범용 RTOS의 서브셋을 사용해서 새로운 RTOS가 만들어진다. 안전 필수 환경에 적합하지 않을 수 있는 모든 기능은 제거되거나 수정된다. 안전성 이슈를 식별하고 다른 RTOS 기능에 영향 없이 그것들을 제거하거나 수정하는 것은 어려울 수 있으며 주의해서 수행되어야 한다. 이것은 RTOS 설계와 코드에 대한 세부적인 지식을 요구한다.

20.7.2.2 사용자 매뉴얼

종종 안전 서브셋이 만들어질 때 사용자 매뉴얼이 RTOS 서브셋에 맞게 업데이트되지 않는다. 이것은 RTOS를 잘못 이해하거나 사용하는 결과를 초래할 수 있다.

20.7.2.3 리버스 엔지니어링

DO-178C(혹은 DO-178B)를 준수하기 위해 RTOS를 위한 라이프 사이클 데이터는 종종 소스 코드로부터 리버스 엔지니어링이 된다. 이것을 하는 동안 소스 코드 자체에 대한 이슈가 식별될 수 있다. Chapter 25에서 논의할 것처럼 리버스 엔지니어링을 할 때는 고려해야 할 많은 이슈들이 있다.

20.7.2.4 비활성화된 특성들

대부분의 RTOS들은 여러 고객들이 사용하도록 설계되며 모든 프로젝트에서 반드시 사용되는 것은 아닌 혹은 필요하지 않은 특성들을 가지고 있다. 일부 RTOS는 확장이나 축소가 가능하도록 설계되어 사용자가 필요로 하는 RTOS 기능만 선택하고 컴파일하거나 링크할 수 있다. 다른 RTOS는 사용가능하지만 사용되지 않는 특성을 가질 수 있다. 애플리케이션을 위해 특별히 만들어진 RTOS는 애플리케이션에 의해서 사용되는 특성들만 존재한다는 장점을 가질 것이다. RTOS 특성이 흔히 상호 관련되는 경우가 많아서 애플리케이션 기반의 서브셋을 구성하는 것이 어려울 수 있다. 좀 더 일반적인 접근법은 각각의 애플리케이션에 의해서 사용되는 특정한 특성과 관계없이 RTOS를 정의하고 검증한 다음 사용되지 않는 RTOS 기능을 비활성화된 코드로 처리하는 것이다. Chapter 17은 비활성화된 코드와 RTOS에서 사용가능한 특성들이지만 애플리케이션에서 사용되지 않을 때 고려해야 할 몇 가지 사항을 제공한다.

20.7.2.5 복잡도

일부 RTOS는 대단히 복잡하며, 필요하지 않을 수 있는 복잡한 상호작용과 특성을 가진 코드를 포함한다. 복잡도는 결정론과 안전성 특성을 증명하는 것을 어렵게 만들 수 있다. 추가적으로 만약 복잡도가 관리되지 않으면 데이터 결합도와 컨트롤 결합도 분석이 어려울 수 있다. 복잡도를 줄이기 위한 설계 및 코딩 관행에 대해서는 Chapter 7과 8을 보라.

20.7.2.6 시스템과의 비연결성

RTOS는 사용할 시스템으로부터 분리되어 개발되기 때문에 시스템 요구 및 기대치와 RTOS 기능 사이에 불일치가 있을 수 있다. 게다가 RTOS는 항공 소프트웨어의 일부이기 때문에 시스템 혹은 소프트웨어 요구사항에 연결할 필요가 있다. RTOS를 구현하는 시스템은 RTOS 기능이 전체 시스템 요구사항을 지원하고, 의도된 기능을 수행하며, 원하지 않는 혹은 사용되지 않는 기능을 가지고 있지 않다는 것을 보장하기 위해 RTOS 요구사항을 추적하거나 연결하는 요구사항(일반적으로 소프트웨어 요구사항)을 가져야 한다.

20.7.2.7 코드 준수 이슈

만약 RTOS가 원래 안전 필수 환경과 DO-178C(혹은 DO-178B) 준수를 위해 개발되지 않았다면 코드 자체가 기대되는 표준에 맞지 않는 경우가 많다. 사실 그러한 코드는 어떤 코딩 표준도 전혀 없이 개발되었을 수 있다. 많은 경우에 상용 RTOS를 위한 코드는 제한된 주석을 가지고 있고 너무 복잡해서 원래 작성자조차도 의도한 것이 무엇이었는지를 결정하지 못할 수도 있다. 게다가 코드는 일반적으로 복잡한 데이터 구조, 중첩, 상호 연결성으로 작성되어 검증하기 어렵게 만든다.

20.7.2.8 에러 처리 이슈

에러 처리는 임베디드 시스템에서 중요한 특성이다. RTOS는 종종 에러 처리를 돕기 위해 사용된다. 흥미롭게도 에러 처리는 RTOS 코드의 상당 부분을 설명할 수 있다. 불행하게도 RTOS 에러 처리기 자체가 에러에 취약하다. 이는 오류를 활성화하는 조건이 드물거나 난해할 수 있기 때문에 적절하게 검증되지 않았을 수 있기 때문이다. 하위 레벨에서 결함이 리포트되지만 API에서 보이지 않는 것이 드문 일은 아니다. 이것은 에러 처리기 자체의 문제가 아니라 오히려 에러 처리기를 사용하려는 코드의 문제일 수 있다.

20.7.2.9 문제점 리포팅

많은 RTOS들이 애플리케이션 개발자 혹은 시스템 통합자와 독립된 조직에 의해서 개발되기 때문에, RTOS 개발자에 의해서 생성된 문제점 리포트는 사용자(예를 들면, 애플리케이션 개발자, 시스템 통합자, 항공전자 기기 제작사 혹은 항공기 제조사)가 이용할 수 없을 수 있다. 인증 세계에서 모든 문제점 리포트는 항공기 지원자가 볼 수 있어야 하며 안전성에 영향이 없다는 것이 확인될 필요가 있다. 일부 RTOS 개발자들은 RTOS의 수명 전반에 걸쳐서 고객과 문제점 리포트를 공유하지 않을 수 있다(이것은 제품이 나쁘게 보일 것에 대한 두려움에서 나온 사업적인 결정일 수 있다). COTS RTOS 사용을 선택할 때 사용자는 RTOS가 항공기에 있는 한 문제점들이 식별될 때 문제점 리포트가 제공되는지를 확인해야 한다.

20.7.2.10 파티셔닝 분석

앞서 언급된 것처럼 많은 RTOS들은 강건한 파티셔닝에 대한 지원을 포함한다. 강건한 파티셔닝의 적절성을 증명하기 위해 파티셔닝 분석이 수행된다. 파티셔닝의 적절성을 확인하기 위해 지원 컴포넌트들(BSP, 디바이스 드라이버, CPU, MMU 그리고 디바이스 하드웨어와 같은)뿐만 아니라 RTOS 커널이 분석된다. 파티셔닝 분석은 파티셔닝 구현에 대한 안전성 분석과 같다. 분석은 공유된 시간, 공간 그리고 I/O 리소스를 사용해서 파티셔닝 침범이 어떻게 발생할 수 있는가를 고려한다. 그런 다음 각각의 취약성에 대해서 완화가 필요하다. 일부 프로젝트에서는, 파티셔닝 분석이 강건한 파티셔닝을 증명하기에 불완전하거나 부적절할 수 있다. Chapter 21은 파티셔닝 분석을 좀 더 논의한다.

20.7.2.11 다른 지원 소프트웨어

흔히, 대부분의 초점은 RTOS 커널에 있다. 하지만 하드웨어 혹은 애플리케이션과 RTOS를 연결하는 라이브러리, BSP, 미들웨어, 디바이스 드라이버 등도 고려할 필요가 있다. 즉, 그것들 또한 안전 필수 시스템의 일부이기 때문에 DO-178C를 준수해야 한다.

20.7.2.12 타깃 시험

많은 경우에 RTOS는 초기에 COTS BSP와 COTS 하드웨어를 사용해서 시험된다. 하지만 RTOS는 설치될 실제 하드웨어와 지원 소프트웨어로 시험해야 한다. 이것은 일반적으로 COTS BSP와 하드웨어로 사용되었던 기존 시험 중 일부에 대한 추가적인 시험과 수정이 필요하다. 타깃 기반 시험은 RTOS, BSP 그리고 디바이스 드라이버의 기능을 증명하기 위해 중요할 뿐만 아니라 COTS 프로세서, MMU 등이 의도한 대로 동작하는지 검증하기 위해 필요하다. RTOS를 선택할 때 핵심 선택 기준은 인증 신뢰를 위해 그러한 시험을 재사용하기 위해 필요한 시험 모음(test suites)의 가용성과 예상되는 재작업 수준이다.

20.7.2.13 수정

RTOS 재사용이 목표이지만 완전히 실현되는 경우는 드물다. AC 20-148은 RSC에 대한 지침을 제공한다. 하지만 실제로 대부분의 RTOS는 각각의 특정 사용자를 위해 수정된다. 무엇이 수정되고 무엇이 수정되지 않는지 이해하는 것이 중요하다(즉, 철저한 변경 영향 분석이 필요하다). 일반적으로 서로 다른 사용자에 대해서 수정될 때 혹은 서로 다른 하드웨어로 통합될 때 전체 RTOS가 재시험되는 것이 권장된다. 자동화된 시험 모음은 이것을 비교적 간단하게 만드는 경향이 있다.

20.8 RTOS 관련 다른 주제들

이 섹션은 ARINC 653 개요, 도구 지원, 오픈 소스 RTOS, 멀티코어 프로세서, 가상화, 하이퍼바이저 기술을 포함해서 RTOS와 관련된 다양한 주제들을 고려한다.

20.8.1 ARINC 653 개요

ARINC 653, Avionics Application Software Standard Interface는 양면 인쇄 시 약 3인치 두께가 되는 3개의 파트로 구성된 표준이다. 여기서는 높은 수준의 개요만 제시한다. ARINC 653은 애플리케이션과 기반이 되는 런타임 시스템 사이에 APEX 인터페이스를 구체화한다. 이는 강건하게 파티션된 운영체제에 대한 API 표준을 제공하지만 RTOS 구현을 위한 유연성을 가능하게 한다.

Paul Prisaznuk은 ARINC 653으로 표준화된 RTOS 인터페이스의 두 가지 주요 이점을 설명한다. 첫째, 그것은 항공전자 소프트웨어 개발을 위한 명확한 인터페이스 경계를 제공한다. 항공전자 소프트웨어 애플리케이션과 기반 핵심 소프트웨어는 독립적으로 개발될 수 있어서 RTOS와 RTOS를 사용하는 애플리케이션을 동시에 개발할 수 있다. 또한 동일한 애플리케이션을 다른 ARINC 653 준수 플랫폼으로 이식할 수 있다. 둘째, ARINC 653 RTOS 인터페이스 정의는 기반 핵심 소프트웨어와 하드웨어 플랫폼이 호스팅할 소프트웨어 애플리케이션에 독립적으로 진화하는 것을 가능하게 한다.**[13]**

APEX API는 RTOS에 대해서 다음과 같은 기능을 정의한다 : ① 다른 소프트웨어 애플리케이션 혹은 네트워크 시스템으로/으로부터 데이터를 보내고 받기, ② 시간, 메모리, I/O, 그리고 디스플레이와 같은 리소스 관리, ③ 에러 처리, ④ 파일 관리, ⑤ 소프트웨어 태스크 혹은 프로세스 스케줄링.

APEX API에는 다른 API와 비교해서 몇 가지 독특한 점들이 있다. 첫째, 안전성을 염두에 두고 항공 커뮤니티를 위해 특별히 설계된다. 둘째, 파티션된 컴퓨팅 환경을 위해서 설계된다. 그것은 하나의 파티션이 다른 파티션에 영향을 미치지 않을 것임을 보장하기 위해 애플리케이션에 대한 두 개 계층의 스케줄링(파티션 간 그리고 파티션 내)을 포함한다. 또한 그것은 파티션 간의 안전한 커뮤니케이션을 가능하게 하기 위해 파티션 간 커뮤니케이션을 정의한다. 셋째, 애플리케이션 수준의 에러가 모듈(보드) 수준에서 커뮤니케이션되고 처리될 뿐만 아니라 컴퓨팅 모듈 수준에서 에러와 조건들이 커뮤니케이션되고 처리되도록 허용하는 헬스 모니터 인터페이스를 제공한다.**[3]** Section 20.4.2와 〈표 20-1〉은 ARINC 653 APEX 특성과 POSIX 특성의 높은 수준의 비교를 제공한다.

API에 추가해서 APEX는 기반 하드웨어로부터 애플리케이션 소프트웨어의 추상화가 용이

하게 하기 위해 소프트웨어 애플리케이션을 위한 표준화되고, 구성가능한 운영 환경을 제공한다. ARINC 653은 구성 스펙과 가정된 운영 환경을 정의한다.

ARINC 653의 기본 개념은 애플리케이션이 기능을 할 수 있는 파티션(컨테이너와 같은)을 부여하는 것이다. 파티션의 크기는 메모리 크기, 프로세서 사용률(예를 들면, 기간 및 지속 관점에서), 파티션 간 I/O 포트 및 연결(커뮤니케이션 채널) 그리고 헬스 모니터 활동과 같은 속성에 의해서 정의된다. 파티션의 속성은 시스템 통합자에 의해서 정의된 구성 데이터에 의해서 결정된다.

ARINC 653은 세 개의 파트를 가지고 있다. 각각의 파트는 다음과 같이 간략하게 설명된다.

Part 1은 안전성 요구를 충족하고, 애플리케이션 이식성을 보장하며, 파티션 간 커뮤니케이션을 가능하게 하기 위해 필요한 서비스를 정의한다. Part 1은 다음의 핵심 서비스들을 정의한다.[3]

- **파티션 관리**: 공간적 혹은 시간적으로 서로에게 과도한 영향 없이 동일한 하드웨어에서 애플리케이션(심지어 서로 다른 위험 레벨을 가진)을 실행하는 것을 가능하게 한다.
- **프로세스 관리 및 컨트롤**: 단일 파티션 내에서 프로세스들을 관리하기 위해 필요한 리소스들을 포함한다.
- **시간 관리**: 운영체제에 의해서 컨트롤되는 가장 중요한 리소스 중 하나(즉, 시간)의 관리를 허용한다. APEX 철학에서 시간은 프로세스 혹은 파티션 실행과 무관하다. 모든 시간값은 핵심 모듈시간과 관련되며 파티션 혹은 프로세스와 관계가 없다.
- **파티션 간 커뮤니케이션 메커니즘**: 동일한 하드웨어 혹은 서로 다른 하드웨어에서 실행하는 둘 이상의 파티션 간에 메시지의 커뮤니케이션을 가능하게 한다. 다음과 같은 두 가지 패러다임이 제공된다. 가변 크기 메시지에 대한 큐와 고정 크기 메시지에 대한 샘플링이다.
- **파티션 내 커뮤니케이션 메커니즘**: 전역 메시지 전달을 위해 필요한 오버헤드 없이 동일한 파티션 내에서 프로세스 간 메시지의 커뮤니케이션을 가능하게 한다.
- **헬스 모니터링 기능**: 플랫폼과 애플리케이션 결함 및 고장을 모니터하고 리포트한다. 또한 고장이 전파되는 것을 막기 위해 결함을 분리하는 데 도움이 된다. IMA 시스템에서 헬스 모니터는 애플리케이션 레벨과 시스템 레벨 모두에서 결함 모니터링, 결함 억제, 그리고 결함 관리를 수행한다.

Part 2는 다음을 포함하기 위해서 Part 1 서비스를 확장한다.[28]

- **파일 시스템**: Section 20.6.8에서 언급한 것처럼 데이터 저장소 관리를 위한 범용적이고 추상적인 방법
- **샘플링 포트 데이터 구조**: 파라미터 데이터를 교환하기 위한 표준화된 데이터 구조 세트. 이는 파라미터 형식에 불필요한 가변성을 감소시켜서 사용자 정의 I/O 프로세싱을 줄이는 데 도움이 된다. 또한 이러한 데이터 구조는 애플리케이션의 이식성을 가능하게 하고 핵심 소프트웨어의 효율성을 개선한다.
- **다중 모듈 스케줄**: 구성 테이블에 다중 스케줄을 정의하기 위해 Part 1에서의 단일 정적 모듈 스케줄을 확장한다.
- **로그북 시스템**: 메시지를 저장하기 위해 사용된다. 전원 고장 후에도 저장된 데이터를 유지해서 전원이 복구될 때 데이터가 모듈로 복구될 수 있다. 각각의 로그북은 오직 하나의 파티션에 의해서만 접근가능하며, 로그북의 내용과 상태는 파티션 리셋에 의해서 변경되지 않는다.
- **샘플링 포트 확장**: 다음 서비스와 함께 샘플링 포트에 대한 Part 1 기본 서비스를 확장한다.
  - READ_UPDATED_SAMPLING_MESSAGE
  - GET_SAMPLING_PORT_CURRENT_STATUS
  - READ_SAMPLING_MESSAGE_CONDITIONAL
- **SAP(Support Access Port)**: 메시지를 보내고 받을 때 주소 정보로의 접근을 허용하는 특별한 종류의 큐 포트
- **네임 서비스**: SAP 서비스에 수반하는 것. 파티션이 이름을 기반으로 해서 주소를 가져오고 주소를 기반으로 해서 이름을 가져오게 한다.
- **메모리 블록**: 파티션이 모듈의 메모리 공간 내에서 블록을 접근하기 위한 수단을 제공한다. 파티션에 대한 접근 권한은 구성 테이블에 정의된다. 파티션은 메모리 블록에 읽기 전용 혹은 읽기-쓰기 접근이 허용될 수 있다.

Part 3은 적합성 시험 스펙이다. Part 1에서 정의된 필수 서비스 소프트웨어 인터페이스에 대한 적합성을 입증하기 위해 필요한 시험 확인 및 응답을 설명한다. 이 스펙은 ARINC 653 준수를 평가하기 위해 사용되려는 의도이다.

대부분의 RTOS는 ARINC 653 Part 1과 Part 2의 일부를 준수하지만 전부는 아니다. 현재, API는 DO-178B 혹은 DO-178C 준수의 일부로 시험되기 때문에, Part 3은 인증에 필요하지 않다. 그것은 RTOS 기능을 평가하고 ARINC 653 준수를 확인하기 위해 잠재적인 RTOS 고객에 의해서 향후에 사용될 수 있다. 추가적으로 만약 ARINC 653이 독립된 표준 단체에 의해서 관리된다면, 적합성 시험은 표준의 준수에 대한 귀중한 척도가 될 것이다.

ARINC 653은 항공 커뮤니티의 요구를 해결하기 위해 정기적으로 업데이트된다. 따라서 구현되는 특정 서비스뿐만 아니라 사용되는 ARINC 653 버전을 확인하는 것이 중요하다.

20.8.2 도구 지원

설치된 RTOS를 성공적으로 통합 및 검증하고 RTOS를 사용하는 실시간 애플리케이션을 분석하기 위해서는 상당한 도구 지원이 필요하다. RTOS는 일반적으로 통합된 개발 환경으로 지원된다. Gerardo Garcia는 다음과 같이 쓰고 있다. "개발 환경은 프로젝트의 전반적인 성공뿐만 아니라 개발의 품질 및 속도에 엄청난 영향을 미친다."[18]

도구는 코드 개발 및 분석을 지원하기 위해 제공된다. 코드 개발 도구는 편집기, 어셈블러, 디버거, 브라우저 등을 포함한다. 런타임 분석을 지원하기 위한 도구는 디버거, 커버리지 분석기, 성능 모니터 등을 포함한다. "실시간 소프트웨어 개발 도구의 디버깅 능력은 파악하기 어려운 버그에 대한 성공적인 컨트롤 시스템 구축과 끝없는 탐색의 악순환 사이의 차이를 의미할 수 있다."[18] 디버그 도구(애플리케이션 프로파일러, 메모리 분석 도구, 실행 추적 도구와 같은)는 실시간 애플리케이션을 최적화하는 데 도움이 된다.[18]

또한 도구는 RTOS 동작과 애플리케이션 성능을 평가하기 위해 제공된다. RTOS 기반 도구는 태스크 및 ISR의 타이밍 동작, 태스크/태스크 및 태스크/ISR 상호작용에 의한 영향(동기화 그리고 선점과 같은), 리소스 보호 특성과 관련된 문제(예를 들면, 우선순위 역전 그리고 데드락) 그리고 태스크 간 커뮤니케이션으로 인한 오버헤드 및 지연을 분석하기 위한 도구를 포함한다.[4]

그 외에도 도구는 종종 RTOS 구성을 돕기 위해 제공된다. 구성 도구는 메모리, 파티셔닝 제약, 커뮤니케이션 메커니즘(예를 들면, 버퍼 그리고 포트), I/O 디바이스, 헬스 모니터링 파라미터 등을 구성하는 데 도움이 된다. ARINC 653 준수 플랫폼의 경우 많은 배치 및 구현 세부사항이 구성 테이블에 정의된다. 일부 RTOS 혹은 플랫폼 개발자들은 구성을 지원하기 위한 도구를 제공한다. 하지만 이것은 여전히 진화하고 있는 영역이다. Horváth 등은 ARINC 653 구성의 복잡도에도 불구하고 현재 도구는 매우 낮은 수준의 설계를 위해서만 사용가능하다고 주장한다. 도구는 구성 프로세스를 포착하고, 구성 설계 제약을 확인하며, 설계 결정을 기록하고, 구성 데이터를 요구사항으로 추적하는 등 높은 수준에서는 부족하다. "결과적으로 구성 테이블의 검증은 지루한 활동이다."[29]

20.8.3 오픈 소스 RTOS

오픈 소스 RTOS는 원래의 설계로부터 사용 그리고/혹은 수정을 위해 공개적으로, 무료로 사용가능한 소스 코드를 가지고 있는 것이다. 그런 RTOS는 일반적으로 프로그래머들이 코드를 개선하고 커뮤니티 내에서 수정사항을 공유하는 협력적인 노력으로 만들어진다. 상당한 관심을 끌어온 리눅스와 같이 사용할 수 있는 많은 오픈 소스 RTOS가 있다. 하지만 내가 알기로는 지금까지 인증을 지원할 수 있는 DO-178C 데이터를 지원하는 오픈 소스 RTOS는 없다. 게다가 코드는 주기적으로 업데이트되며 일반적으로는 안전성 영향에 대해서 주의를 기울이지 않는다. 만약 안전 필수 시스템에 오픈 소스 RTOS를 사용하기로 했다면, RTOS의 영향을 제한하기 위해 아키텍처적인 완화(래퍼(wrapper)와 같은)를 구현하거나 정의된 코드 베이스라인을 사용해서 DO-178C 라이프 사이클 데이터를 리버스 엔지니어링을 할 필요가 있을 것이다. 안전성 및 인증 요구사항을 충족하면서도, 오픈 소스와 사용가능한 방대한 도구 세트의 이점을 얻을 수 있는지 조사하기 위해 일부 정부가 지원하는 연구가 수행되고 있다.

Serge Goiffon과 Pierre Gaufillet은 ARINC 653과 리눅스를 고려한 연구를 수행했다. 그들의 논문은 다음과 같은 이유로 리눅스가 DO-178B(그리고 이제는 DO-178C)에 대해서 준비가 되어있지 않다고 지적한다. 개발 및 검증 계획이 존재하지 않고, 개발 환경이 이질적이고 복잡하며(인터넷으로 배포됨, 멀티플랫폼 등), 사용되는 보편적인 개발 표준(요구사항, 설계 혹은 코드 표준)이 없고, 설계 문서가 거의 존재하지 않는다.[8] 또한 해당 논문은 누락된 데이터의 리버스 엔지니어링, ARINC 653 파티션 스케줄링 추가 그리고 APEX API 준수를 포함해서 DO-178B15) 인증을 다루기 위해 필요한 몇 가지 단계들을 식별했다.[8]

15) 이 논문은 DO-178C가 발행되기 전에 작성되었다.

DO-178C를 요구하는 안전 필수 애플리케이션에 오픈 소스 RTOS를 사용할 수 있게 준비하는 것은 중대한 사업이 될 것이다.

20.8.4 멀티코어 프로세서, 가상화 그리고 하이퍼바이저

많은 항공전자 조직들이 멀티코어 프로세스의 타당성과 가상화 및 하이퍼바이저 기술의 사용을 고려하고 있다. **가상화**(virtualization)는 프로그램(전체 운영체제를 포함해서)이 실제로 하드웨어에서 실행되고 있지 않고 **가상 머신**(virtual machine)이라고 하는 계층에서 실행되고 있을 때, 마치 해당하는 하드웨어에서 실행되는 것처럼 할 수 있는 소프트웨어 환경을 제공한다. 가상 머신은 기본적으로 실제 머신의 분리된 복제본이다. 소프트웨어 레이어는 일반적으로 **가상 머신 모니터**(VMM) 혹은 **하이퍼바이저**(hypervisor)라고 불리는 가상 머신 환경을 제공한다. VMM은 다음과 같은 기본적인 특성을 가지고 있다.**[30]**

- 원래의 머신과 동일하게 보이는 환경을 제공한다.
- 이런 환경에서 실행하는 프로그램은 단지 속도가 약간 감소할 뿐이다.
- 시스템 리소스를 완전하게 컨트롤한다.

가상화는 주류 컴퓨팅 커뮤니티에서 유행해왔고 이제는 COTS RTOS와 함께 제공되기 시작했다. 가상화는 동일한 하드웨어 플랫폼에서 실행하는 동안 운영체제, 애플리케이션, 디바이스, 데이터를 서로 격리한다. 하이퍼바이저는 가상화와 보호 서비스를 제공하기 위해 사용된다. 성능을 조율하기 위해 하이퍼바이저의 크기는 상대적으로 작다.**[30]**

만약 가상화 혹은 하이퍼바이저 기술이 사용된다면, DO-332, Object-Oriented Technology and Related Techniques Supplement to DO-178C and DO-278A가 고려되어야 한다. DO-332의 **관련된 기법**(related techniques) 부분이 그런 기술을 적용할 수 있다.

현 시점에서 멀티코어 프로세서, 가상화 그리고 하이퍼바이저의 사용은 항공기에 설치를 위해서 고려되고 있다. 하지만 내가 아는 바로는 어떤 것도 상업용 민간 항공기에 설치를 승인받은 적이 없다. 제조사와 인증 당국은 현재 조사를 수행하고, 이슈를 식별하고 해결하려고 노력하고 있다. 나는 그런 기술이 멀지 않은 미래에 상업용 항공기에 사용될 것을 의심하지 않는다.

20.8.5 보안

특히 RTOS가 군용 항공 애플리케이션에 사용될 때 많은 RTOS는 안전성과 보안 표준 모두를 충족할 것이 요구된다. 보안 분야의 경우, Common Criteria16)가 적용된다. Common Criteria는 EAL 7이 최고 등급인 일곱 가지 평가 보증 레벨(EAL)을 가지고 있다. 안전성 및 보안 분야에서 사용되는 RTOS의 경우, DO-178C와 Common Criteria가 모두 적용된다.17)

20.8.6 RTOS 선택을 위한 질문

안전 필수 시스템에서 사용하기 위한 RTOS를 선택할 때 평가해야 할 여러 가지 측면이 있다. Appendix C는 RTOS를 선택할 때 고려해야 할 다음과 같은 세 가지 범주의 질문을 제공한다. ① 일반적인 RTOS 질문들, ② RTOS 기능 질문들, ③ RTOS 통합 질문들이다.

참고문헌

[1] H. M. Deitel, *Operating Systems*, 2nd edn. (Reading, MA: Addison-Wesley, 1990).

[2] W. Stallings, *Operating Systems Internals and Principles*, 3rd edn. (Upper Saddle River, NJ: Prentice Hall, 1998).

[3] Aeronautical Radio, Inc., Avionics application software standard interface part 1—Required services, ARINC Specification 653P1-3 (Annapolis, MD: Airlines Electronic Engineering Committee, November 2010).

[4] J. Cooling, *Software Engineering for Real-Time Systems* (Harlow, U.K.: Addison-Wesley, 2003).

[5] I. Bate and P. Conmy, Safe composition of real time software, *Proceedings of the Ninth IEEE International Symposium on High-Assurance Systems Engineering* (Dallas, TX, 2005).

[6] B. L. Di Vito, A formal model of partitioning for integrated modular avionics, NASA/CR-1998-208703 (Hampton, VA: Langley Research Center, August 1998).

[7] E. Klein, RTOS design: How is your application affected? *Embedded Systems Conference* (San Jose, CA, Spring 1999).

16) Common Criteria는 ISO/IEC 15408, Common Criteria for Information Technology Security Evaluation을 참조한다.

17) 과거에는 RTOS에만 EAL 등급이 할당되었다. 하지만 현재 EAL 등급은 전체 시스템을 기반으로 한다.

[8] S. Goiffon and P. Gaufillet, Linux: A multi-purpose executive support for civil avionics applications? *IFIP—International Federation for Information Processing*, 156, 719–724, 2004.
[9] J. Krodel, Commercial off-the-shelf real-time operating system and architectural considerations, DOT/FAA/AR-03/77 (Washington, DC: Office of Aviation Research, February 2004).
[10] K. Driscoll, Integrated modular avionics (IMA) requirements and development, *Integrated Modular Avionics Conference for the European Network of Excellence on Embedded Systems* (Rome, Italy, 2007).
[11] RTCA DO-297, *Integrated Modular Avionics (IMA) Development Guidance and Certification Considerations* (Washington, DC: RTCA, Inc., November 2005).
[12] J. Krodel and G. Romanski, Real-time operating systems and component integration considerations in integrated modular avionics systems report, DOT/FAA/AR-07/39 (Washington, DC: Office of Aviation Research, August 2007).
[13] P. J. Prisaznuk, ARINC 653 role in integrated modular avionics (IMA), *IEEE Digital Avionics Systems Conference* (St. Paul, MN, 2008), pp. 1.E.5-1-1.E.5-10.
[14] D. Kleidermacher and M. Griglock, Safety-critical operating systems, *Embedded Systems Programming* 14(10), 22–36, September 2001.
[15] W. Lamie and J. Carbone, Measure your RTOS's real-time performance, *Embedded Systems Design* 20(5), 44–53, May 2007.
[16] R. G. Landman, Selecting a real-time operating system, *Embedded Systems Programming* 79–96, April 1996.
[17] N. Lethaby, Reduce RTOS latency in interrupt-intensive apps, *Embedded Systems Design* 23–27, June 2009.
[18] G. Garcia, Choose an RTOS, *Embedded Systems Design* 36–41, November 2007.
[19] IAR Systems, How to choose an RTOS, *Embedded Systems Conference* (San Jose, CA, 2011), pp. 1–22.
[20] G. Romanski, Certification of an operating system as a reusable component, *IEEE Digital Avionics Systems Conference* (Irvine, CA, 2002), pp. 1–8.
[21] S. Ferzetti, Real time operating systems (RTOS), on-line tutorial. http://www.slidefinder.net/r/real_time_operating_systems_rtos/realtimeoperatingsystems/26947789 (accessed December 2011).
[22] P. Laplante, *Real-Time Systems Design and Analysis: An Engineer's Handbook* (New York: IEEE Press, 1992).
[23] K. Renwick and B. Renwick, How to use priority inheritance, *EE Times, article* #4024970, May 2004. http://www.eetimes.com/General/PrintView/4024970 (accessed December 2011).
[24] C. Z. Yang, Embedded RTOS memory management, YZUCSE SYSLAB tutorial. http://syslab.cse.yzu.edu.tw/~czyang (accessed December 2011).
[25] F. M. Proctor and W. P. Shackleford, Real-time operating system timing jitter and its impact on motor control, *Proceedings of the SPIE Sensors and Controls for Intelligent Manufacturing II* (Boston, MA, October 2011), Vol. 4563, pp. 10–16.
[26] V. Halwan and J. Krodel, Study of commercial off-the-shelf (COTS) real-time operating systems (RTOS) in aviation applications, DOT/FAA/AR-02/118 (Washington, DC: Office of

Aviation Research, December 2002).
[27] Federal Aviation Administration, *Reusable Software Components*, Advisory Circular 20-148 (December 2004).
[28] Aeronautical Radio, Inc., Avionics application software standard interface part 2—Extended services, ARINC Specification 653P2-1 (Annapolis, MD: Airlines Electronic Engineering Committee, December 2008).
[29] Á. Horváth, D. Varró, and T. Schoofs, Model-driven development of ARINC 653 configuration tables, *IEEE Digital Avionics Systems Conference* (Salt Lake City, UT, 2010), 6.E.3-1-6.E.3-15.
[30] G. Heiser, Virtualizing embedded Linux, *Embedded Systems Design* 18-26, February 2008.

Chapter 21

소프트웨어 파티셔닝 (Software Partitioning)

약어

AFDX	avionics full-duplexed switched ethernet
API	application program interface
BSP	board support package
CAST	Certification Authorities Software Team
COTS	commercial off-the-shelf
CPU	central processing unit
CRC	cyclic redundancy check
DMA	direct memory access
FAA	Federal Aviation Administration
I/O	input/output
IMA	integrated modular avionics
LRU	line replaceable unit
MMU	memory management unit
RAM	random access memory
ROM	read only memory
RTOS	real-time operating system
SFI	software fault isolation
SVA	software vulnerability analysis

21.1 파티셔닝에 대한 소개

파티셔닝은 통합 모듈형 항공전자(IMA) 시스템과 최신 항공전자의 아킬레스건이다. 강건하게 파티션된 시스템을 구현하는 것은 극도의 관심과 주의가 필요하다. 이 챕터는 안전필수 시스템에서 파티셔닝을 구현하기 위해 필요한 파티셔닝 관련 기본 개념과 핵심 조치들에 대한 개요를 제공한다.

21.1.1 파티셔닝: 보호의 서브셋

파티셔닝은 보호(protection)로 불리는 광범위한 개념의 서브셋이다. 보호의 개념은 Guidelines for assessing software partitioning/protection schemes라는 타이틀을 가진 CAST (Certificate Authorities Software Team)1) 문서 CAST-2에 설명되고 있다. CAST-2에서 보호 개념은 다음과 같이 제시된다.[1]

- **양방향 보호**: 컴포넌트 X는 컴포넌트 Y로부터 보호되며, 컴포넌트 Y는 컴포넌트 X로부터 보호된다. 양방향 보호의 예는 항공전자 장치 내의 두 개의 컴포넌트가 상호작용이 없고 그들 사이에 리소스 공유가 없는 것이다.
- **단방향 보호**: 컴포넌트 X는 컴포넌트 Y로부터 보호되지만 컴포넌트 Y는 컴포넌트 X로부터 보호되지 않는다. 단방향 보호의 예는 비행 관리 컴퓨터로부터 데이터를 받을 수는 있지만 비행 관리 컴퓨터로 데이터를 보낼 수 없는 항공전자 장치이다. 비행 관리 컴퓨터 소프트웨어는 항공전자 장치에 영향을 줄 수 있지만 그 반대는 아니다.
- **엄격한 보호**: 컴포넌트 Y의 동작이 컴포넌트 X의 동작에 영향이 없으면 컴포넌트 X는 컴포넌트 Y로부터 엄격하게 보호된다. 이러한 보호 유형의 예는 항공전자 장치 내에 두 개의 컴포넌트가 상호작용이 없고 그들 사이에 공유된 리소스가 없는 것이다. 엄격한 보호는 단방향 혹은 양방향이 될 수 있다.
- **안전성 보호**: 만약 컴포넌트 Y의 동작이 컴포넌트 X의 안전성 특성에 영향이 없다면 컴포넌트 X는 컴포넌트 Y로부터 안전하게 보호된다고 말할 수 있다. 이것의 예는 보

1) CAST는 항공 소프트웨어와 항공전자 하드웨어에 대한 그들의 입장을 CAST 문서에 조화시키려고 노력하는 국제 인증 당국의 팀이다.

장되지 않은 데이터 링크를 통해서 통과되는 데이터와 관련된 CRC의 사용으로, 여기서 중요한 유일한 안전성 특성은 데이터의 손상이다. 데이터의 상실은 이 예에서 관심 있는 안전성 특성이 아니다. 안전성 보호는 안전성 혹은 위험 분석으로부터 안전성 특성을 식별하는 것을 요구한다. 안전성 보호는 단방향 혹은 양방향이 될 수 있다.

보호는 소프트웨어, 하드웨어 혹은 하드웨어와 소프트웨어의 조합에서 구현될 수 있다. 보호를 구현한 방법의 몇 가지 예는 인코딩/디코딩, 래퍼, 도구, 분리된 하드웨어 리소스 그리고 소프트웨어 파티셔닝을 포함한다. 이 챕터는 소프트웨어 파티셔닝이 소프트웨어에서 구현된 가장 일반적인 접근법이기 때문에 소프트웨어 파티셔닝에 집중한다. 많은 소프트웨어 문서들(DO-178C와 같은)이 보호와 파티셔닝이라는 용어를 번갈아 가면서 사용하는 것에 주목해야 한다.

이 챕터는 설계에 대한 Chapter 7과 실시간 운영체제(RTOS)에 대한 Chapter 20과 밀접하게 관련되어 있다.

21.1.2 DO-178C와 파티셔닝

DO-178C Section 2.4.1은 파티셔닝을 "결함을 포함 그리고/혹은 격리하고 소프트웨어 검증 프로세스의 활동을 잠재적으로 줄이기 위해 소프트웨어 컴포넌트 간에 분리를 제공하기 위한 기법"**[2]**으로 설명한다. DO-178C는 서로 다른 하드웨어 리소스에 소프트웨어 컴포넌트를 할당함으로써 혹은 동일한 하드웨어에 하나 이상의 소프트웨어 컴포넌트를 실행함으로써 소프트웨어 컴포넌트들 간의 파티셔닝이 구현될 수 있다는 점을 계속해서 설명하고 있다. 오늘날 프로세서의 속도와 용량으로 후자의 접근법이 선택되는 경우가 많다. DO-178C Section 2.4.1은 파티셔닝 접근법에 관계없이 다음과 같은 다섯 가지 지침을 제공한다.**[2]**

a. 파티션된 소프트웨어 컴포넌트는 다른 파티션된 소프트웨어 컴포넌트의 코드, 입력/출력(I/O) 혹은 데이터 저장 영역을 오염시키는 것이 허용되지 않아야 한다.
b. 파티션된 소프트웨어 컴포넌트는 스케줄된 실행기간 동안에만 공유된 프로세서 리소스를 사용하도록 허용되어야 한다.
c. 파티션된 소프트웨어 컴포넌트에 고유한 하드웨어 고장이 다른 파티션된 소프트웨어

컴포넌트에 악영향을 주지 않아야 한다.
d. 파티셔닝을 제공하는 모든 소프트웨어는 파티션된 모든 소프트웨어 컴포넌트에 할당된 가장 높은 레벨과 같거나 더 높은 소프트웨어 레벨을 가져야 한다.
e. 파티셔닝을 제공하는 모든 하드웨어는 안전성에 부정적인 영향을 미치지 않도록 시스템 안전성 평가 프로세스에 의해서 평가되어야 한다.

DO-178C는 파티셔닝을 명시적으로 언급하는 하나의 목표가 있다. Table A-4 목표 13은 다음과 같이 언급한다. "소프트웨어 파티셔닝 무결성이 확인된다."[2] 이 목표는 소프트웨어 아키텍처의 리뷰 그리고/혹은 분석 과정에서 파티셔닝 위반(침해)이 방지되는 것을 보장해야 한다고 설명하는 DO-178C Section 6.3.3.f를 참조한다. 이 목표는 파티셔닝이 사용될 때 모든 소프트웨어 레벨에 적용한다.

파티셔닝에 간접적인 연결을 가지는 다섯 가지 DO-178C 목표들이 있다. Table A-5 목표 1~5 모두 "소프트웨어 파티셔닝의 침범"은 요구사항 기반 하드웨어/소프트웨어 통합 시험 과정에서 드러나야 하는 전형적인 에러 유형이라고 설명하는 DO-178C Section 6.4.3.a를 참조한다(목표 혹은 활동으로서).[2] 이것은 파티셔닝이 요구사항에 의해서 커버되며 반드시 시험되어야 한다는 것을 의미한다. 이것은 파티셔닝 요구사항이 종종 부정적(negative)이기 때문에 어렵다. 예를 들면, "메모리가 공유되는 것으로 구성되지 않는 한 하나의 파티션이 다른 파티션의 데이터 메모리를 수정하는 것이 가능하지 않아야 한다." 한두 개의 예를 보여주기 위해 시험을 작성하는 것은 쉽겠지만, 시험 세트가 요구사항을 검증하기에 충분하다는 것을 보이는 것은 어려울 수 있다.

또한 파티셔닝은 소프트웨어 기능을 분리 그리고/혹은 격리하기 위해 사용될 때 안전성을 직접적으로 지원한다. 그것은 덜 중요한 소프트웨어 기능이 더 중요한 소프트웨어 기능을 간섭하지 않고 모든 기능이 그들의 의도된 기능을 수행하기 위해 필요한 시간, 메모리 그리고 I/O 리소스를 가지는 것을 보장한다.

21.1.3 강건한 파티셔닝

1990년대 후반까지 파티셔닝은 동일한 하드웨어에서 실행하는 두 개 이상의 소프트웨어 레벨을 분리하기 위해 다소 드물게 사용되었다. 하지만 1990년대 후반부터 항공전자에서 사용되는 좀 더 일반적인 기법이 되었다. 컴퓨팅 파워의 확장과 파티셔닝을 지원하는 RTOS가 사용가능하게 되면서, 파티셔닝은 많은 현대 항공전자 시스템의 핵심 특징이 되었다.

강건한 파티셔닝은 IMA의 초석이다. RTCA DO-297은 IMA를 다음과 같이 정의한다. "통합되었을 때 항공기 기능을 수행하는 애플리케이션을 호스팅하기 위해, 정의된 안전성 및 성능 요구사항의 세트로 설계되고 검증된 서비스를 제공하는 플랫폼을 형성하는, 유연하고, 재사용이 가능하며, 상호운용이 가능한 하드웨어 및 소프트웨어 리소스의 공유된 세트이다."[3] IMA 플랫폼은 서로 다른 소프트웨어 레벨의 애플리케이션을 호스팅하기 때문에 각각의 애플리케이션이 필요한 리소스를 가지고 있고 다른 애플리케이션을 간섭하지 않는 것을 보장하기 위해 강건한 파티셔닝이 필요하다.

Chapter 20은 강건한 파티셔닝의 개념을 소개했고 이것이 RTOS와 관련된 것으로 설명했다. 이 개념을 본 챕터에서 좀 더 살펴본다. DO-297 Section 2.3.3은 강건한 파티셔닝의 개념을 다음과 같이 설명한다.[3]

> 강건한 파티셔닝은 파티션에 고유하거나 애플리케이션별 하드웨어와 관련된 설계 에러와 하드웨어 고장이 존재하는 경우 IMA의 공유 리소스에 상주하고 있는 독립적인 항공기 기능 및 애플리케이션의 의도된 격리를 보장하기 위한 수단이다. 만약 (서로 다른) 고장이 강건한 파티셔닝의 상실을 가져올 수 있다면 탐지될 수 있어야 하며 적절한 조치가 취해져야 한다. 강건한 파티셔닝의 목표는 물리적이 아니라면 기능적인 격리와 보호를 연방형 구현으로 제공하는 것이다. 이것은 승인되지 않은 혹은 의도되지 않은 간섭이 방지되는 것을 보장하면서, 하나의 프로세서에서 호스팅되고 공유 리소스를 사용하는 핵심 소프트웨어와 애플리케이션의 협력적인 공존을 지원해야 한다는 것을 의미한다. … 강건한 파티셔닝은 공유 리소스를 사용하는 항공기 기능과 호스팅되는 애플리케이션의 모든 상황(하드웨어 고장, 하드웨어 및 소프트웨어 설계 에러 혹은 비정상적인 동작을 포함해서)에서 의도된 격리와 독립성을 보장하기 위한 수단이다. 강건한 파티셔닝의 목표는 연방형 시스템 구현(즉, 별도의 LRU(Line Replaceable Unit)에 개별적으로 상주하는 애플리케이션)과 동등한 레벨의 기능적인 격리와 독립성을 제공하는 것이다. 이것은 시도되는 모든 승인되지 않은 혹은 의도되지 않은 상호작용이 탐지되고 완화되는 것을 보장하면서, 공유 리소스를 사용하는 애플리케이션의 협력적인 공존을 지원하는 것을 의미한다.

강건한 파티셔닝의 구현은 데이터 및 정보 흐름의 개념(즉, 접근 컨트롤, 비간섭, 분리가능성), 무결성 정책, 타이밍 채널, 스토리지 채널 그리고 서비스 거부의 개념을 사용하는 컴퓨터 보안 분야로부터 도출된다. 하지만 안전성 파티셔닝과 소프트웨어 보안 콘셉트가 관련되어 있으면서도, 두 모델은 서로 다른 목표에 의해서 구동되기 때문에 완전히 일치하지는 않는다.[4, 5]

DO-297 Section 3.5는 강건한 파티셔닝의 다음과 같은 특징들을 나열하고 있다.[3]

a. 파티셔닝 서비스는 플랫폼 리소스를 공유하는 항공기 기능 및 호스팅되는 애플리케이션의 적절한 분리와 격리를 제공해야 한다. 파티셔닝 서비스는 파티션 간의 독립성과 분리를 정의하고 유지하는 플랫폼에 의해서 제공되는 서비스이다. 이러한 서비스는 파티션 내의 기능 혹은 애플리케이션의 동작이 다른 파티션의 기능 혹은 애플리케이션의 동작에 허용할 수 없는 영향을 줄 수 없도록 한다. 이러한 서비스는 영향을 받는 자원을 공유하는 모든 기능과 애플리케이션 파티션의 동시에 감지되지 않는 손상이 항공기에 미치는 모든 부작용을 방지해야 한다.
b. 파티셔닝 서비스는 적절한 수준의 신뢰를 가지고, 정의된 안전성 레벨과 일치하도록 지정된 대로 수행하고 있다는 것을 실시간으로 결정하는 능력이 있다.
c. 파티셔닝 서비스는 항공기 기능 혹은 호스팅되는 애플리케이션의 필요한 동작에 의지하지 않아야 한다. 이것은 파티셔닝을 설정하고 유지하기 위해 필요한 모든 보호 메커니즘이 IMA 플랫폼에 의해서 제공된다는 것을 의미한다.

만약 강건한 파티셔닝이 제대로 구현되지 않으면 수많은 문제로 이어질 수 있으며, 그중 일부는 안전성에 영향을 미칠 수 있다. 파티셔닝 이슈의 예는 다음과 같다.[3, 6]

- 잘못된 영역에 데이터를 잘못 쓰는 경우, 예를 들면 애플리케이션이 독점적인 접근이 가정되는 다른 파티션의 메모리 위치에 쓰는 것을 허용하는 파티션 오류
- 다른 애플리케이션에서 시간을 가로채는 경우
- 프로세서를 망가뜨리는 경우
- 중요한 기능으로부터 오는 것처럼 보이는 출력 데이터를 잘못 전송하여 I/O를 손상시키는 경우
- 중요한 기능이 그것을 사용하기 전에 입력 데이터를 손상시키는 경우
- 공유 플래시 메모리 파일 시스템을 손상시키는 경우
- 새로운 파티션으로 컨텍스트 스위칭할 때 타이밍 지터를 주입하는 경우(새로운 파티션의 성능을 바꾸는)

강건한 파티셔닝은 모든 컴퓨팅 플랫폼의 다음과 같은 세 가지 기본적인 하위 시스템에 걸쳐서 발생한다. 메모리, 중앙 처리 장치(CPU), I/O이다.[7] 파티션 간 커뮤니케이션 또한 공유 리소스로 간주될 수 있다.[8] 하지만 이것은 일반적으로 다른 공유 리소스와 중복되므로 더 이상 논의되지 않는다. 각각의 공유 리소스(메모리, 시간, I/O)는 파티셔닝 설계, 구현, 검증에 의해서 다루어져야 한다. 다음은 각각의 공유 리소스에 대한 파티셔닝에 대해서 논의한다.

21.2 공유 메모리(공간 파티셔닝)

John Rushby는 다음과 같이 쓰고 있다. "공간 파티셔닝은 하나의 파티션에 있는 소프트웨어는 다른 파티션(메모리 내에서 혹은 전송 중)의 소프트웨어 혹은 비공개 데이터를 변경하거나 다른 파티션의 비공개 디바이스 혹은 액추에이터에 명령할 수 없도록 보장해야 한다."[4] 기본적으로 공간 파티셔닝은 하나의 파티션에 있는 기능이 다른 파티션에 있는 기능의 데이터 영역을 손상시키거나 덮어쓰는 것을 방지한다.[9] Justin Littlefield-Lawwill과 Larry Kinnan은 공간 파티셔닝은 하나의 파티션에 있는 공유 시스템 리소스가 "동일한 리소스로의 접근을 요구하는 다른 파티션에 대한 서비스 거부의 결과를 가져올 수 있는 방식으로 소모되지 않는다"는 것을 보장한다고 설명한다.[10] 메모리 보호에는 다음과 같은 두 가지 일반적인 접근법이 있다. ① 메모리 관리 유닛(MMU)을 사용하기와 ② 소프트웨어 결함 격리(SFI) 사용하기이다.

하드웨어 기반 공간 파티셔닝은 공간 파티셔닝의 가장 보편적인 형태이다. 하드웨어 MMU는 일반적으로 CPU와 함께 제공된다. MMU 동작의 세부사항은 프로세서마다 다르다. MMU는 MMU 테이블에 표시된 정책이 메모리 접근에 대해서 원하는 컨트롤을 제공하도록 보장한다. MMU는 라이프 사이클 데이터를 지원하지 않는 상용(COTS) 디바이스이기 때문에 프로세서가 이후에 사용하는 MMU 테이블을 설정하기 위해 운영체제가 사용된다. MMU의 올바른 기능(정확도)은 인증 활동 과정에서 확인될 필요가 있다. Chapter 20에서는 이것이 흔히 RTOS 시험 과정에서 확인된다고 설명했다. Commercial Off-The-Shelf Real-Time Operating System and Architectural Considerations[11]라는 타이틀을 가진

FAA(Federal Aviation Administration)의 리포트는 강건한 파티셔닝을 제공하기 위해 MMU와 RTOS가 사용되는 방법에 대한 몇 가지 추가적인 세부사항을 제공한다.

만약 MMU가 사용되지 않는다면 SFI가 대안이다.[4] 이러한 접근법으로 각각의 메모리 액세스 포인트의 코드에 논리적인 체크가 추가된다. 파티션 내의 기계어 코드는 메모리 참조의 목적지를 결정하고 그들의 정확도를 체크하기 위해 조사된다.

> 간접 메모리 참조는 정적으로 체크될 수 없어서 사용 직전, 런타임에 주소 레지스터의 내용을 체크하기 위한 명령이 프로그램에 추가된다. SFI 기법은 프로그램에 코드를 추가함으로써 약간의 오버헤드 비용을 부과한다. 또한 그것은 모든 프로젝트에 추가적인 분석과 인증 비용을 요구한다. 하지만 체크 절차의 상당 부분을 자동화하고 여러 프로젝트에 사용될 수 있는 도구 혹은 도구셋을 인증하는 것이 가능하다.[9]

CAST-2 문서는 입력 및 출력 데이터의 손실, 손상 혹은 지연, 내부 데이터의 손상, 프로그램 오버레이, 버퍼 시퀀스, 외부 디바이스 상호작용, 메모리에 영향을 미치는 제어 흐름 결함(예를 들면, 파티션 혹은 보호 영역으로의 잘못된 분기) 등과 같은 메모리 파티셔닝을 구현할 때 고려해야 할 여러 가지 영역을 식별한다.[1]

21.3 공유 중앙 처리 장치(시간 파티셔닝)

"시간 파티셔닝은 하나의 파티션에 있는 소프트웨어에 의해서 공유 리소스로부터 수신된 서비스가 다른 파티션에 있는 소프트웨어에 의해서 영향을 받을 수 없다는 것을 보장해야 한다. 이것은 관련 리소스의 성능뿐만 아니라 해당 리소스의 속도, 지연시간, 지터, 예약된 액세스기간 등을 포함한다."[4] 시간 영역에서의 파티셔닝은 Chapter 20에서 논의되었던 멀티태스킹 스케줄가능성과 밀접하게 관련되어 있다. ARINC 653은 파티션에 대한 엄격한 라운드 로빈 스케줄링을 강제한다(구성 테이블에 duration과 period가 명시된다). 파티션 내에서는 다른 스케줄러가 사용된다.

시간 파티셔닝의 목표는 하나의 파티션에 있는 기능이 다른 파티션에 있는 이벤트의 타이밍을 방해하지 않는 것을 보장하는 것이다. 우려되는 것은 하나의 파티션이 CPU를 독점하거나, 시스템을 다운시키거나, HALT 명령어를 발생하는 것인데, 이는 다른 파티션에 대한 서비스 거부를 유도한다. "파티션이 CPU를 제시간에 양도하는 것을 실패하게 할 수 있는 다른 시나리오는 특정 파라미터 값의 계산이 할당된 시간보다 더 오래 걸리도록 하는 단순 스케줄링 오버런과 프로그램이 루프에서 빠져나오지 못하는 무한루프를 포함한다."[4] 시간 파티셔닝에 대한 접근법은 이러한 시나리오들을 고려해야 한다.

프로세서 인터럽트는 프로세서 액세스가 필요한 이벤트를 식별하기 위해 실시간 시스템에서 사용된다. 인터럽트는 시간 파티셔닝을 훼손하지 않도록 조심스럽게 다루어져야 한다. 일반적으로 그러한 훼손은 스케줄을 구현하기 위해 사용되는 타이머 틱을 제외하고 인터럽트를 완전히 제거함으로써 방지된다. 하지만 일부 관계자는 ARINC 653을 확장해서 결정론적인 인터럽트 처리 방법을 제공하려고 하고 있다. 인터럽트는 Section 21.5에서 논의한다.

CAST-2 문서는 인터럽트 및 인터럽트 금지, 루프, 프레임 오버런, 카운터 혹은 타이머 손상, 파이프라이닝 및 캐싱, 제어 흐름 결함, 메모리 혹은 I/O 경합, 소프트웨어 트랩(0으로 나누기와 같은) 등과 같은 시간 파티셔닝을 구현할 때 고려해야 할 영역을 식별한다.[1]

21.4 공유 입력/출력

대부분의 시스템은, 예를 들면 시리얼 버스, ARINC 664 AFDX(Avionics Full-DupleXed switched ethernet) 엔드 시스템, FPGA(Field-Programmable Gate Array) 디바이스 혹은 CRC 디바이스와 같은 여러 I/O 포트, 디바이스 그리고 채널을 가지고 있다. 일부 디바이스는 특정 파티션 전용이고 다른 것들은 여러 파티션에 의해서 공유된다. RTOS에 대해 Chapter 20에서 언급한 것처럼 디바이스 드라이버는 일반적으로 디바이스와 RTOS 커널 사이의 글루 코드 역할을 한다.

다른 공유 리소스처럼 I/O 리소스는 파티션될 필요가 있다. 공유 I/O에 대한 파티셔닝 우려는 공간 및 시간 파티셔닝과 밀접하게 관련되어 있다. 각각의 I/O 디바이스에 대해서 시간과 공간 영역 모두에 대한 파티셔닝이 고려되어야 한다.

I/O에서 파티셔닝을 해결하는 것은 파티션된 시스템에 대한 설계의 가장 어려운 측면 중 하나가 될 수 있다. ARINC 653은 파티션 간 I/O를 위해 샘플링 및 큐 포트 인터페이스와 동작 정의를 제공한다. 하지만 물리적인 디바이스 혹은 모듈 간 I/O에 대한 I/O는 RTOS 개발자 혹은 다른 이해관계자의 재량에 따라서 구현된다. ARINC 653 포트 메커니즘(pseudo port 및 pseudo partition에 기반한)은 연결성에 대한 인터페이스 표준으로 사용될 수 있다. 하지만 그것은 애플리케이션에 대한 성능 이슈로 이어질 수 있다.**[10]** Steve VanderLeest는 I/O 디바이스를 파티셔닝할 때 엔드 디바이스가 고려되어야 할 뿐만 아니라, 디바이스를 메모리와 CPU로 연결하는 커뮤니케이션 메커니즘(커뮤니케이션 버스, 직접 메모리 액세스 엔진 그리고 중간 버퍼와 같은)도 고려되어야 한다고 설명한다. "파티셔닝 환경은" 파티션이 승인되지 않은 수단에 의해서 서로 영향을 미치는 것을 방지하기 위해 "I/O 하위 시스템의 모든 두드러진 특성을 관리해야 한다"(지연시간, 대역폭, 컨트롤 레지스터, 버퍼 공간을 포함해서).**[7]**

I/O 파티셔닝을 해결하기 위한 접근법은 I/O 하드웨어 세부사항과 저수준 디바이스 드라이버에 따라서 다르다. '*Real-Time Operating Systems and Component Integration Considerations in Integrated Modular Avionics Systems Report*'라는 타이틀을 가진 FAA의 연구 보고서는 다음과 같이 언급한다.

> 커널 중심의 I/O 컨트롤 혹은 파티션 I/O 컨트롤과 같은 서로 다른 접근법들이 가능하다. 많은 구현에는 특정 파티션 혹은 태스크만 특정 I/O에 접근하는 것을 허용하는 RTOS 기반 파티션 혹은 태스크 승인 테이블이 포함된다. 그런 다음 헬스 모니터를 사용하여 다른 태스크나 파티션에 의한 지정되지 않은 액세스를 식별한다. I/O 고려사항은 RTOS에 따라서 달라진다.**[8]**

시나리오에 따라서 RTOS는 몇 가지 제약사항을 구현하거나 통합자에 의해서 특별한 통합 단계가 필요로 하는 몇 가지 가정을 할 수 있다.**[8]** 다른 가정 혹은 제약사항과 마찬가지로 이것들은 RTOS 판매업체 그리고/혹은 플랫폼 제공자에 의해서 문서화되고 통합자에게 전달되어야 한다. 때때로 플랫폼 데이터 시트는 이러한 유형의 정보를 포함한다.

I/O 인터럽트의 사용은 파티셔닝 계획에서 조심스럽게 평가되어야 한다. 대부분의 CPU는 I/O 관련 이벤트의 인터럽트를 지원한다. 하지만 곧 논의할 것처럼 인터럽트는 파티셔닝에 영향을 줄 수 있고 허용되지 않을 수 있다. 따라서 조치가 필요한 이벤트를 전달하기 위해 또 다른 접근법이 필요할 수 있다.

21.5 파티셔닝과 관련된 몇 가지 어려움

일부 조직은 파티셔닝을 구현하기 위해 RTOS에만 의존하고 싶어 한다. 하지만 파티셔닝은 시스템 레벨의 특성이다. 프로세서, 보드 지원 패키지(BSP), 디바이스, 디바이스 드라이버, MMU 등은 파티셔닝 접근법에서 역할을 하며 강건한 시간 및 공간 파티셔닝을 훼손시킬 수 있다. 직접 메모리 액세스, 캐시 메모리, 인터럽트 그리고 파티션 간 통신을 포함해서 파티셔닝에 어려움을 야기하는 몇 가지 특정 영역들이 이 섹션에서 식별된다.

21.5.1 직접 메모리 액세스

직접 메모리 액세스(DMA)는 프로세서에 자율적으로 큰 블록의 메모리를 짧은 시간에 전송하기 위해 사용된다. DMA 전송은 블록 전송을 수행하기 위해 메모리 버스로의 독점적인 액세스를 허용할 수 있는 DMA 엔진을 사용한다. 메모리 버스는 공유 리소스이다. 따라서 그것은 적절하게 공유되지 않으면 애플리케이션의 리소스를 거부할 수 있다. DMA는 DMA 전송을 완료하기 위해 필요한 시간보다 남은 실행시간이 적은 파티션에 의해서 시작될 때 시간 파티셔닝을 위반할 수 있다. 또한 DMA는 메모리 파티셔닝 위반을 유발할 수 있다. DMA 파티셔닝 이슈를 평가하기 위한 한 가지 방법은 애플리케이션 직접 액세스를 허용하기보다는 DMA에 대한 액세스를 컨트롤하는 애플리케이션 프로그램 인터페이스(API)를 만드는 것이다. 성능이 API에 의해서 영향을 받을 수 있지만, 전송되는 메모리 블록의 크기가 충분히 크다면 다른 유형의 메모리 전송보다 여전히 빠르다.[10]

21.5.2 캐시 메모리

캐시 메모리는 메인 메모리와 CPU 사이에 존재하는 중간 고속 메모리이다. 캐시 메모리는 빠른 액세스를 위해 자주 액세스되는 메모리의 복사본을 포함하고 있으며, 이는 성능을 크게 향상시킨다. 하지만 COTS 프로세서는 특정 파티션 전용의 파티션된 캐시를 제공하지 않는다(비록 향후 릴리즈를 위해 계획된 일부 새로운 디바이스와 함께 이것이 변하고 있지만). 파티션된 시스템에서 프로세서의 상태는 각 파티션 스위치로 스왑된다. 스위치 이전 상태는 CPU 레지스터에 유지된다. 대부분의 프로세서는 이러한 스왑을 빠르게 수행하기 위한 기능을 제공한다. 파티션되지 않은 시스템에서 캐시 메모리의 상태는 스스로 간섭하지 않는 단일 애플리케이션이 있기 때문에 저장될 필요가 없다. 하지만 파티션된 시스템에서 캐시는 공유 리소스이다.[7]

캐시 메모리를 사용할 때 파티셔닝을 보호하기 위한 몇 가지 옵션이 있다. 캐시로 유발되는 잠재적인 파티셔닝 위반을 해결할 수 있는 한 가지 옵션은 캐시를 끄는 것이다. 하지만 이러한 접근법의 경우 일반적으로 성능 영향이 너무 높아서 캐시를 사용하기 위한 결정론적인 방법이 구현되어야 한다. 현재까지 캐시 플러싱이 가장 일반적인 솔루션이다. 그 접근법은 새로운 파티션이 시작할 때 깨끗한 캐시 메모리를 가질 수 있도록 파티션 스위치 과정에서 캐시를 플러시하는 것이다. 앞서 언급한 것처럼 "플러싱은 오직 캐시에만 존재하는 모든 캐시값을 메인 메모리로 다시 복사하는 것을 의미한다(즉, 그것들이 업데이트되었고 카피백 모드가 사용된다). 이것은 오버헤드가 전체적으로 분산되기보다는 파티션의 시작 지점에 위치한다."[11] 플러싱은 컨텍스트 스위칭을 위한 시간을 늘려서 캐시가 로딩되고 있는 동안 파티션의 시작 시 캐시 성능을 감소시키지만 그것은 여전히 캐시가 전혀 없는 것보다 더 효율적이다. 플러시 작업을 수행하기 위해 걸리는 시간은 메모리에 기록된 데이터의 양에 따라서 다르기 때문에 시간 요구가 충족되는지 확인하기 위해 컨텍스트 스위칭을 위한 워스트 케이스 타이밍이 고려되어야 한다. 각각의 파티션시간 슬롯은 빈 캐시로 시작하기 때문에, 만약 파티션 지속기간이 너무 짧으면(캐시가 완전히 채워질 수 있는 기회를 절대 가질 수 없도록) 애플리케이션의 성능이 영향을 받을 수 있다.

캐시 동시 기록(write-through) 모드는 캐시 파티셔닝 이슈를 해결하기 위한 또 다른 옵션이다. 이것은 no-cache 옵션보다 더 효율적이지만 코드 실행은 더 느리다. 이 옵션의 이점은 캐시 무효화가 빠른 단일 명령어라는 점이다.

21.5.3 인터럽트

인터럽트는 비동기 이벤트에 의해서 트리거되는 신호이다. 인터럽트가 프로세서에 의해서 활성화되면 인터럽트 서비스 루틴을 사용하여 인터럽트 이벤트를 서비스하기 위해 정상 동작이 중지된다. 이러한 중단을 방지하기 위해 스케줄을 구현하는 데 사용되는 타이머 틱을 제외하고, 강건하게 파티션된 시스템에서는 때때로 인터럽트가 모두 제거된다.**[10]** ARINC 653을 준수하는 파티션된 RTOS는 시스템 클럭에 대한 인터럽트를 제한하는 경향이 있다. 하지만 일부 특별한 하드웨어 그리고/혹은 소프트웨어 기법들이 인터럽트 과정에서 잠재적인 파티셔닝 위반을 피하기 위해 적용될 수 있다(예를 들면, 인터럽트 유발 하드웨어에 대한 애플리케이션 액세스 허용하지 않기, 인터럽트 신호에 관련된 데이터를 폴링하기 위한 소프트웨어 구현하기 혹은 현재의 마이너 프레임 타임이 끝나기 전에 요청된 활동이 완료될 수 있는지를 체크하기 위한 API 구현하기).**[10]** 그런 기법들은 효과에 대해서 조심스럽게 분석되어야 하며, 그것은 평범한 활동이 아닐 수 있다.

21.5.4 파티션 간 통신

만약 각각의 파티션이 다른 섬들과 통신할 필요가 없는 하나의 섬이었다면, 삶은 좀 더 단순해졌을 것이다. 하지만 파티션은 서로 통신해야 할 수 있기 때문에 파티션 간 통신은 강건한 파티셔닝을 지원하도록 설계되어야 한다.

> 어려운 점은 파티션된 기능들을 주로 자율적이고 다른 기능에 영향을 받지 않도록 유지하면서 파티션된 기능들 간에 정보 교환(예를 들면, 파티션 간 통신)을 가능하게 하고 다른 공유 리소스로의 액세스(I/O 디바이스와 같은)를 컨트롤하는 파티셔닝 솔루션을 설계하는 것이다. 파티션 간 통신과 I/O 디바이스의 공유는 파티셔닝과 보호 메커니즘의 공간 및 시간 측면 모두에 영향을 준다.**[9]**

파티션 간 통신을 해결할 때 메모리 차원(하나의 파티션으로부터 다른 파티션으로 데이터를 전송하는 데 주로 초점을 맞추는)과 시간 차원(주로 동기화 그리고 하나의 파티션이 다른 파티션으로부터 서비스를 호출하는 방법과 관련된)이 모두 고려되어야 한다.**[4]** 파티션 간의 통신은 시스템 구성 데이터에 의해서 의도되고 승인된 것들로 제한되어야 한다. FAA

의 연구 보고서는 시간 혹은 공간 파티셔닝을 위반하지 않고 파티션 간 통신을 구현하기 위한 지침을 제공한다.[9]

21.6 파티셔닝에 대한 권고사항

이 섹션은 파티셔닝을 구현하고 검증할 때 고려해야 할 몇 가지 실질적인 권고사항을 제공한다. 각각의 프로젝트마다 다르며 기술적인 세부사항들은 케이스별로 다루어져야 한다. 하지만 이러한 권고사항은 출발점을 제공하려는 의도이다.

권고사항 1 : 강건한 파티셔닝은 시스템 차원의 우려사항이라는 점을 명심하라. Section 21.5에서 설명한 것처럼 강건한 파티셔닝은 소프트웨어만으로 구현되지 않는다. 그것은 시스템, 하드웨어 및 소프트웨어팀 간 빠른, 그리고 지속적인 협업이 필요한 시스템 차원의 우려사항이다. 마찬가지로 강건한 파티셔닝은 RTOS만으로 구현되지 않는다. RTOS는 강건한 파티셔닝을 강제하는 데 중요한 역할을 할 수 있지만, 관련된 유일한 컴포넌트는 아니다.

권고사항 2 : 강건한 파티셔닝을 위해 사전 예방적으로 설계하라. 강건한 파티셔닝은 부지런한 설계가 필요하며, 그냥 일어나지 않는다. 고려해야 할 여러 차원과 수많은 기술적인 어려움들이 있다. 하지만 그러한 어려움들을 개발 단계 과정에서 사전에 적극적으로 해결하는 것은 통합 및 검증 단계 과정에서 놀라움을 크게 줄인다. 다음과 같은 제안이 제시되고 있다.

- 앞서 언급된 일반적인 이슈들(인터럽트, 캐시 메모리, I/O 문제들과 같은)을 고려하고 설계 솔루션의 일부로 그것들을 해결하라.
- 파티셔닝 목표를 문서화하라. 예를 들면, 다음과 같다.
  - **시스템은 강건한 메모리 보호를 구현할 것이다.** 애플리케이션은 다른 애플리케이션의 간섭 없이 항상 할당된 메모리 리소스를 받을 것이다.
  - **시스템은 강건한 시간 보호를 구현할 것이다.** 애플리케이션은 다른 애플리케이션의 간섭 없이 항상 지정된 실행시간을 받을 것이다.

- 시스템은 강건한 리소스 보호를 구현할 것이다. 애플리케이션은 다른 애플리케이션의 간섭 없이 항상 물리적, 논리적으로 할당된 리소스를 받을 것이다.

- 목표를 충족하기 위해 강건한 파티셔닝 요구사항을 정의하라.
- 강건한 파티셔닝을 지원하는 데 적절히 활용할 수 있도록 공유 리소스를 식별하라.
- 설계에서 파티셔닝 세부사항을 문서화하라. 특히, 모든 컴포넌트들과 그들의 상호작용이 분명하게 식별되는지 확인하라.
- 파티셔닝을 지원하거나 영향을 미치는 모든 요구사항(각각의 계층 레벨에서)을 식별하라. 예를 들면, 파티셔닝 관련 요구사항을 구별하기 위해 요구사항 속성이 할당될 수 있다. 또한 이것은 이어지는 파티셔닝 분석에도 도움이 된다.
- 고장 확산을 막기 위한 여러 가지 수단을 식별하라.
- 고장의 영향을 제한하기 위해 봉쇄 경계를 사용하라.
- 강건하게 파티션된 IMA 플랫폼을 설계할 때 고려해야 할 지침을 제공하는 DO-297 Section 3.5.1(Design for robust partitioning이라는 타이틀을 가진)[3]의 지침을 참조하라. 시스템이 IMA로 구분되지 않더라도 DO-297 개념은 적용가능하다.

권고사항 3 : 설계 및 설계 리뷰 과정에서 취약성들이 해결되는지를 확인하라. 설계가 문서화되고 리뷰되면서, 파티셔닝 위반을 발견할 수 있는 질문들을 고려하라. 〈표 21-1〉은 데이터 관련 취약성과 컨트롤 관련 취약성들을 발견하는 데 도움이 되는 질문들의 예를 제공한다.

▌표 21-1 ▌파티셔닝 취약성을 식별하는 것을 도와주는 질문들의 예

데이터 관련 취약성	컨트롤 관련 취약성
• 파티셔닝이 데이터 흐름에 의해서 위반될 수 있는가? • 공유 데이터가 부적절하게 사용될 수 있는가? • 메시지가 부적절하게 전송되고 수신될 수 있는가? • 기능 파라미터가 부적절하게 사용될 수 있는가? • 구성 데이터가 무효화될 수 있는가? • 데이터가 부정확하게 통과될 수 있는가? • 전역 데이터를 잘못 읽고 쓸 수 있는가? • 전역 데이터가 의도되지 않은 기능에 의해서 잘못 써질 수 있는가?	• 파티셔닝이 컨트롤 흐름에 의해서 위반될 수 있는가? • 기능이 특성 내에서 혹은 특성들 간에 부적절하게 호출될 수 있는가? • 인터럽트가 잘못된 동작을 야기할 수 있는가? • 하드웨어 결함 혹은 고장이 데이터 무결성 혹은 실행 순서에 영향을 미칠 수 있는가? • 모드 간 전환이 부적절하게 구현될 수 있는가? • 리소스가 부적절하게 할당될 수 있는가? • 비활성화된 코드가 의도치 않게 활성화될 수 있는가?

• 전역 데이터가 초기화되지 않거나 부적절하게 다시 초기화될 수 있는가? • 하드웨어 레지스터가 부적절하게 사용될 수 있는가? • 링커가 부정확하게 데이터 혹은 코드를 어셈블할 수 있는가? • 데이터가 왜곡되거나 무효화될 수 있는가? • 데이터가 삭제될 수 있는가? • 데이터 비교 오류에 대해서 잘못된 응답이 발생할 수 있는가? • 예상치 못한 부동 소수점 값이 발생할 수 있는가?	• 초기화 순서가 올바르지 않을 수 있는가? • 예외에 대해서 부적절한 응답이 발생할 수 있는가? • 결함 핸들러가 부적절하게 동작할 수 있는가? (예를 들면, 결함 혹은 고장을 놓치는 경우 혹은 결함이나 고장을 부적절하게 처리하는 경우) • 메모리 오버랩이 발생할 수 있는가? • 부적절한 하드웨어 주소가 읽히거나 써질 수 있는가? • 리셋 과정에서 부적절한 응답이 발생할 수 있는가? • 동기화가 비교 오류 혹은 잘못된 대기에 의해서 영향을 받을 수 있는가? • 부적절한 컨텍스트 스위칭이 잘못된 데이터 혹은 타이밍을 야기할 수 있는가? • 예상치 못한 예외가 발생할 수 있는가? • 기능이 부정확한 속도나 시간에 실행될 수 있는가?

권고사항 4 : ARINC 653 준수 RTOS 사용을 고려하라. 앞서 언급한 것처럼 RTOS만으로는 모든 파티셔닝 이슈들을 해결할 수 없다. 하지만 그것은 좋은 시작이다. ARINC 653은 RTOS와 플랫폼 개발자들이 파티셔닝의 어려움을 해결하려는 고민을 돕기 위한 지침을 제공한다.

권고사항 5 : 중복 노력을 방지하기 위해 다른 개발 및 검증 활동을 활용하라. 파티셔닝은 시스템 및 소프트웨어 개발 전반에 걸쳐서 고려되어야 한다. 다음을 포함해서 다른 개발 혹은 검증 활동이 강건한 파티셔닝 설계 및 검증을 지원하기 위해 활용될 수 있다.

- **데이터 및 컨트롤 결합도 활동을 의지하기 :** 데이터 및 컨트롤 결합도 분석은 강건한 파티셔닝을 위한 좋은 출발점을 제공한다. 데이터 및 컨트롤 결합도와 소프트웨어 파티셔닝은 관련되어 있지만 별개의 개념이다. 파티셔닝은 독립된 소프트웨어 컴포넌트들 사이에 격리를 제공하기 위한 방법이고 따라서 독립적으로 파티션된 컴포넌트 간의 의도되지 않은 결합도에 대한 보호를 제공한다. 데이터 및 컨트롤 결합도는 별도로 분할된 컴포넌트 간의 결합도를 포함하는 컴포넌트 간의 의도된 상호작용이다. 소프트웨어 파티셔닝은 데이터 혹은 컨트롤 결합도 문제의 회피를 보장하지 않는다. 반대로 데이터 및 컨트롤 결합도 문제는 파티셔닝 메커니즘에 결함이 있다는 것을 의미하지 않는다.

파티션된 시스템의 경우, 파티셔닝 분석뿐만 아니라 데이터 및 컨트롤 결합도 분석이 필요하다. 두 목표 사이에는 일부 시너지가 있을 수 있다.

- **파티셔닝이 위반되지 않았는지 확인하기 위해 강건성 시험을 사용하기:** 파티셔닝이 요구사항과 설계에 분명하게 문서화되면 시험 노력을 촉진하게 되며, 강건한 파티셔닝 요구를 증명하는 좋은 출발이 된다. 파티셔닝 분석은 추가적인 시험의 필요성을 식별할 수 있다. 하지만 요구사항 기반 시험은 파티셔닝 전략에 대한 신뢰를 구축하기 시작하는 기초를 제공한다.
- **RTOS 소프트웨어 취약성 분석(SVA)을 활용하기:** 만약 RTOS가 사용되는 경우, RTOS 판매업체는 파티셔닝 분석 데이터에 대한 입력으로 사용할 수 있는 SVA를 가지고 있을 수 있다. SVA는 Chapter 20에서 논의되었다.

권고사항 6: **파티셔닝 메커니즘을 시험하라.** 파티셔닝 메커니즘을 검증하는 주된 목적은 한 파티션에서의 잘못된 동작이 다른 파티션의 잘못된 동작이나 고장에 기여할 수 없도록 하고 공유 리소스의 파티셔닝이 위반되지 않도록 하는 것이다. DO-248C Discussion Paper #14(Partitioning aspects in DO-178C/DO-278A라는 타이틀을 가진)는 파티셔닝 메커니즘을 검증하는 것을 위한 다음과 같은 몇 가지 제안을 제공한다.

> 파티셔닝 무결성의 요소들은 특별한 시험 시나리오, 시뮬레이션 그리고/혹은 분석 기법을 사용해서 파티셔닝 메커니즘을 실행함으로써 검증될 수 있다. 시험 시나리오는 시간과 공간 제약 조건을 우회하기 위한 에러 혹은 위반 시도를 주입함으로써 파티셔닝 메커니즘을 자극하기 위해 작성되어야 한다. 추가적인 분석의 예는 시간 성능을 평가하기 위한 워스트 케이스 실행 시간의 계산이 될 수 있다. … 검증 시험 모음(파티셔닝 메커니즘의 모든 요구사항을 위한 정상 범위 시험 케이스 그리고 비정상 혹은 범위 밖의 시험 케이스를 포함하는)이 확립되어야 한다. 파티셔닝 메커니즘의 강건성은 요구사항 기반 시험 모음(요구사항 기반 시험 커버리지를 만족하는)의 사용에 의해서 증명될 수 있다.**[12]**

또한 일부 프로젝트는 의도적으로 파티셔닝을 위반하도록 불량 파티션을 개발하는 **불량 파티션 시험**(rogue partition testing)을 구현한다.

권고사항 7: **파티셔닝 분석을 수행하라.** DO-297은 파티셔닝 분석(partitioning analysis)으로 불리는 활동을 촉진한다. 이 분석의 목적은 파티션 내의 어떤 애플리케이션도 다른 파티션에 있는 애플리케이션의 동작에 부정적인 방식으로 영향을 줄 수 없다는 것을 증명하는 것이다. 파티셔닝 분석은 모든 잠재적인 고장 원인이 고려되고 완화되는 시스템 안전성 평가와 유사하다. 모든 취약성들은 식별되고, 분류되고, 완화되어야 한다.[11] 분석을 수행하는 엔지니어(들)는 시스템, 하드웨어 및 소프트웨어 아키텍처를 상세하게 이해해야 한다. 수석 아키텍트는 종종 이 분석을 하기에 이상적인 사람이다. 다음은 파티셔닝 분석의 일부로 수행되는 몇 가지 일반적인 태스크들이다.

- **분석을 지원하기 위한 데이터를 모아라.** 예비 시스템 안전성 평가, 시스템 요구사항 및 설계, 소프트웨어 요구사항 및 설계, 하드웨어 아키텍처, BSP 및 디바이스 드라이버 설계 데이터, 프로세서 데이터 시트 그리고/혹은 사용자 매뉴얼, 디바이스 사용자 매뉴얼, 인터페이스 스펙, 구성 도구 요구사항 및 설계(해당되는 경우) 등을 포함한다.
- **분석될 강건한 파티셔닝 요구를 식별하라.** 예를 들면, 다음과 같다.
  - 시스템은 강건한 메모리 보호를 구현할 것이다. 애플리케이션은 다른 애플리케이션의 간섭 없이 항상 할당된 메모리 리소스를 받을 것이다.
  - 시스템은 강건한 시간 보호를 구현할 것이다. 애플리케이션은 다른 애플리케이션의 간섭 없이 항상 규정된 실행시간을 받을 것이다.
  - 시스템은 강건한 리소스 보호를 구현할 것이다. 애플리케이션은 다른 애플리케이션의 간섭 없이 항상 물리적, 논리적으로 할당된 리소스를 받을 것이다.
- **각각의 요구를 위반할 수 있는 잠재적인 취약성을 식별하라.** 리소스 제한, 태스크 스케줄링, I/O, 인터럽트 에러 소스 등을 포함해서 에러의 모든 잠재적인 원인은 체계적으로 식별되고 고려되어야 한다. 공유 리소스를 사용하는 모듈, 컴포넌트 그리고 애플리케이션에 대한 모든 공유 리소스를 추적하는 추적성 분석은 모든 잠재적인 취약성이 고려되었음을 확인하는 데 도움이 된다.[13] 공유 메모리 디바이스(읽기 전용 메모리[ROM], 랜덤 액세스 메모리[RAM], 캐시, 큐 그리고 온보드 칩 레지스터와 같은)의 잠재적인 파티셔닝 위반이 분석되어야 한다. 마찬가지로 공유 및 비공유 하드웨어 컴포넌트상에 미치는 하드웨어 고장의 영향 또한 분석되어야 한다. DO-297 Section 3.5.2.5는 파티셔닝에 영향을 미칠 수 있는 설계 에러의 다음과 같은 몇 가지 일반적인 잠재적 원인을 식별한다.[3]
  - 인터럽트 및 인터럽트 금지(소프트웨어와 하드웨어)

- 루프(예를 들면, 무한 루프 혹은 간접적으로 종료되지 않는 호출 루프)
- 실시간 대응(예를 들면, 프레임 오버런, 실시간 클럭과의 간섭, 카운터/타이머 손상, 파이프라인 및 캐싱, 결정론적 스케줄링)
- 컨트롤 플로우(예를 들면, 파티션된 혹은 보호된 영역으로 부정확한 분기, 점프 테이블의 손상, 프로세서 시퀀스 컨트롤의 손상, 리턴 어드레스의 손상, 복구할 수 없는 하드웨어 상태 손상(예를 들면, 마스크 및 중단)
- 메모리, 입력 그리고/혹은 출력 경합
- 데이터 플래그의 공유
- 소프트웨어 트랩(예를 들면, 0으로 나누기, 구현되지 않은 명령어, 특정 소프트웨어 인터럽트 명령어, 인식되지 않은 명령어, 재귀 종료)
- 홀드업 명령(즉, 성능 헤지)
- 입력 혹은 출력 데이터 상실
- 입력 혹은 출력 데이터 손상
- 내부 데이터 손상(예를 들면, 직접 혹은 간접 메모리 쓰기, 테이블 오버런, 부정확한 링크, 시간을 포함하는 계산, 손상된 캐시 메모리)
- 지연된 데이터
- 프로그램 오버레이
- 버퍼 시퀀스
- 외부 디바이스 상호작용(예를 들면, 데이터 소실, 지연된 데이터, 부정확한 데이터, 프로토콜 중단)

- **설계에 의해 완화되는 잠재적인 취약성을 식별하라.** 취약성의 대부분은 설계에 의해 완화된다. 강건한 파티셔닝이 개발 단계 과정에서 사전에 고려될 때 특히 그렇다. 설계에 의해 완화되는 각각의 취약성은 완화를 입증하는 요구사항으로 추적되어야 한다. 추가적으로 각각의 완화는 시험 과정에서 검증되어야 한다.
- **프로세스에 의해 완화되는 잠재적인 취약성을 식별하라.** 일부 잠재적인 취약성들은 프로세스에 의해 완화될 수 있다(예를 들면, 특정 메모리 할당을 확인하는 구성 데이터 혹은 설계 표준의 정확도를 검사하기 위한 인증된 도구의 사용).
- **설계 혹은 프로세스에 의해 완화될 수 없는 잠재적인 취약성을 식별하라.** 이것들은 통합자 그리고 아마도 애플리케이션 개발자에게 전달될 필요가 있을 것이다. 그런 전달은 일반적으로 데이터 시트와 적절한 사용자 정보에 문서화되므로 통합자 혹은 애플리케이

션 개발자가 적절한 조치를 취할 수 있다.

- **파티셔닝 분석 전반에 걸쳐서 안전성 및 시스템 담당자와 협력하라.** 파티셔닝 분석은 본질적으로 안전성 평가의 연장이며 시스템 안전성 담당자와 긴밀하게 조정되어야 한다.
- **모든 잠재적인 취약성들(특히, 설계 혹은 프로세스에 의해서 해결되지 않았던 것들)이 완화되었는지 확인하라.** 목적은 통합자 혹은 애플리케이션이 취해야 할 완화 활동을 최소화하는 것이다. 하지만 어떤 경우에는 특별한 조치가 필요할 수 있다. 예를 들면, 통합자는 일부 특별한 검증 단계를 수행하거나 구성 파일을 통해서 특별한 제약을 부여해야 할 수 있다.

참고문헌

[1] Certification Authorities Software Team (CAST), Guidelines for assessing software partitioning/protection schemes, Position Paper CAST-2 (February 2001).

[2] RTCA DO-178C, *Software Considerations in Airborne Systems and Equipment Certification* (Washington, DC: RTCA, Inc., December 2011).

[3] RTCA DO-297, *Integrated Modular Avionics (IMA) Development Guidance and Certification Considerations* (Washington, DC: RTCA, Inc., November 2005).

[4] J. Rushby, Partitioning in avionics architectures: Requirements, mechanisms, and assurance, DOT/FAA/AR-99/58 (Washington, DC: Office of Aviation Research, March 2000). Also published as NASA/CR-1999-209347 (Hampton, VA: Langley Research Center, March 2000).

[5] B. L. Di Vito, A formal model of partitioning for integrated modular avionics, NASA/CR-1998-208703 (Hampton, VA: Langley Research Center, August 1998).

[6] K. Driscoll, Integrated modular avionics (IMA) requirements and development, *Integrated Modular Avionics Conference for the European Network of Excellence on Embedded Systems* (Rome, Italy, 2007), p. 440.

[7] S. H. VanderLeest, ARINC 653 hypervisor, *IEEE Digital Avionics Systems Conference* (Salt Lake City, UT, 2010), pp. 5.E.2-1-5.E.2-20.

[8] J. Krodel and G. Romanski, Real-time operating systems and component integration considerations in integrated modular avionics systems report, DOT/FAA/AR-07/39 (Hampton, VA: Langley Research Center, August 2007).

[9] V. Halwan and J. Krodel, Study of commercial off-the-shelf (COTS) real-time operating systems (RTOS) in aviation applications, DOT/FAA/AR-02/118 (Washington, DC: Office of Aviation Research, December 2002).

[10] J. Littlefield-Lawwill and L. Kinnan, System considerations for robust time and space partitioning in integrated modular avionics, *IEEE Digital Avionics Systems Conference*

(Orlando, FL, October 2008).

[11] J. Krodel, Commercial off-the-shelf real-time operating system and architectural considerations, DOT/FAA/AR-03/77 (Washington, DC: Office of Aviation Research, February 2004).

[12] RTCA DO-248C, *Supporting Information for DO-178C and DO-278A* (Washington, DC: RTCA, Inc., December 2011).

[13] J. Krodel and G. Romanski, *Handbook for Real-Time Operating Systems Integration and Component Integration Considerations in Integrated Modular Avionics Systems*, DOT/FAA/AR-07/48 (Washington, DC: Office of Aviation Research, January 2008).

Chapter 22

구성 데이터 (Configuration Data)

약어

ATP	acceptance test plan
CC1	control category #1
CC2	control category #2
DAL	development assurance level
EASA	European Aviation Safety Agency
FAA	Federal Aviation Administration
IMA	integrated modular avionics
XML	eXtensible Markup Language

22.1 소개

많은 안전 필수 시스템은 구성이 가능하도록 설계된다. 구성 데이터는 시스템을 구성하고 재구성하는 유연하지만 컨트롤되는 방식을 제공한다. 시스템을 구성하기 위해 사용되는 데이터는 이 챕터에서 **구성 데이터**(configuration data)라고 한다. DO-178C와 인증 당국의 정책 및 지침은 구성 파일, 데이터베이스, 항공 시스템 데이터베이스, 파라미터 데이터 아이템, 적응 데이터 아이템 등을 포함해서 이러한 **구성 데이터**를 기술하기 위해 다양한 다른 용어들을 사용한다.

이 챕터는 구성 데이터와 관련된 몇 가지 용어, 지침 및 권고사항들을 설명한다. 이 챕터는 항공용 데이터베이스(예를 들면, 내비게이션 혹은 지형 데이터베이스)는 논의하지 않는다. 그것들은 Chapter 23에서 논의한다.

22.2 용어 및 예시

EASA(European Aviation Safety Agency) Certification Memorandum CM-SWCEH-002는 구성 데이터를 **구성 파일**(configuration file)로 부르며 다음과 같이 정의한다.

> 운영 소프트웨어 프로그램에서 컴퓨팅 데이터로 사용되거나 소프트웨어 컴포넌트를 활성화/비활성화하기 위해(여러 항공기/엔진 구성 중 하나에 소프트웨어를 적용하는 것과 같은) 사용되는 파라미터를 포함하는 파일이다. "registry" 혹은 "definition file"과 같은 용어가 구성 파일에 대해서 종종 사용된다. 심벌 데이터, 버스 명세 혹은 항공기/엔진 구성 파일과 같은 구성 파일은 모듈성과 이식성 목적을 위해 내장 소프트웨어의 나머지 부분과 분리된다.[1]

FAA(Federal Aviation Administration) Order 8110.49 (Change 1) Section 15.2는 구성 데이터를 **항공 시스템 데이터베이스**(airborne system database)로 표현한다. Order는 항공 시스

템 데이터베이스를 다음과 같이 설명한다.

> 항공 시스템에 의해서 사용되며 항공기 혹은 엔진의 형식 설계의 일부로 승인된다. 이러한 데이터베이스는 실행가능 오브젝트 코드를 통해서 실행되는 경로에 영향을 주거나, 소프트웨어 컴포넌트 및 기능을 활성화 혹은 비활성화하기 위해 사용되거나, 항공기 구성에 소프트웨어 계산을 적용시키거나, 계산 데이터로 사용될 수 있다. 항공 시스템 데이터베이스는 스크립트 파일, 해석 언어, 데이터 구조 혹은 구성 파일(레지스트리, 소프트웨어 옵션, 운영 프로그램 구성, 항공기 구성 모듈 그리고 옵션 선택가능 소프트웨어를 포함)로 구성될 수 있다.**[2]**

DO-178C는 다음과 같이 정의된 **파라미터 데이터 아이템(parameter data item)**과 **파라미터 데이터 아이템 파일(parameter data item file)**의 개념을 도입하여 인증 당국의 지침을 기반으로 한다.**[3]**

> - **파라미터 데이터 아이템(parameter data item)**: 파라미터 데이터 아이템 파일의 형태일 때 실행가능 오브젝트 코드를 수정하지 않으면서, 소프트웨어의 동작에 영향을 미치고, 별도의 구성 아이템으로 관리되는 데이터 세트. 예로는 데이터베이스와 구성 테이블을 포함한다.
> - **파라미터 데이터 아이템 파일(parameter data item file)**: 타깃 컴퓨터의 프로세싱 유닛에 의해서 직접 사용가능한 파라미터 데이터 아이템의 표현. 파라미터 데이터 아이템 파일은 각각의 데이터 요소에 대해 정의된 값을 포함하는 파라미터 데이터 아이템을 인스턴스화한 것이다.

구성 데이터는 실행가능 오브젝트 코드와 별개이다. 때때로 구성 데이터는 항공 소프트웨어 파트 넘버의 일부로 포함되며 따라서 DO-178C 소프트웨어 라이프 사이클 데이터에 포함된다(즉, 그것들은 항공 소프트웨어의 소프트웨어 완수 요약과 소프트웨어 형상 인덱스에서 요구된다). 다른 구성 데이터는 특정 항공기 요구에 대해서 소프트웨어를 구성하기 위해 항공 소프트웨어와는 별도의 파트 넘버를 가질 수 있다. 이런 상황에서 구성 데이터는 자체 라이프 사이클 데이터(별도의 소프트웨어 완수 요약과 소프트웨어 형상 인덱스를 포함해서)와 별도의 파트 넘버를 가질 수 있다. 또한 구성 데이터는 현장 적재가능(field loadable) 혹은 사용자 수정가능(user modifiable)이 될 수 있다.

구성 데이터는 텍스트 파일, 바이너리 데이터, XML(eXtensible Markup Language) 데이터, 검색 테이블, 데이터베이스 등을 포함해서 다양한 형식으로 나온다. 구성 데이터의 몇 가지 예시는 다음을 위해 사용되는 데이터를 포함한다.

- 디스플레이 시스템을 위한 기호를 정의한다.
- 데이터베이스 파라미터를 구체화한다.
- 사전 프로그램된 기능(예를 들면, 옵션 선택가능 소프트웨어)을 활성화 혹은 비활성화한다.
- 데이터 네트워크를 구성한다.
- 통합 모듈형 항공전자(IMA) 플랫폼 리소스 할당(메모리, 시간 그리고 공간 리소스와 같은)
- 항공기별 옵션 식별하기(개별 모듈과 같은)
- 센서 혹은 액추에이터를 보정하기
- 실시간 운영체제를 구성하기

DO-178C Section 2.5.1은 다음을 설명한다.[3]

> 파라미터 데이터 아이템은 다음을 수행할 수 있는 데이터를 포함할 수 있다.
> a. 실행가능 오브젝트 코드를 통해서 실행된 경로에 영향을 주기
> b. 소프트웨어 컴포넌트와 기능을 활성화 혹은 비활성화하기
> c. 소프트웨어 계산을 시스템 구성에 적용하기
> d. 컴퓨팅 데이터로 사용하기
> e. 시간 그리고 메모리 파티셔닝 할당을 설정하기
> f. 소프트웨어 컴포넌트에 초기값 제공하기

구성 데이터는 일반적으로 다음과 같은 엔터티 중 하나에 의해서 개발되고 컨트롤된다.

- **장비/항공전자 제조사의 시스템 혹은 시스템 통합팀**: 시스템의 구성은 시스템 혹은 시스템 통합팀에 의해서 설정될 수 있다. 예를 들면, 시스템 통신 요구사항을 결정할 때 시스템팀은 네트워크 연결을 식별할 수 있고, 통합팀은 그 연결을 구현하기 위한 구성 데이트를 개발할 수 있다.

- **장비/항공전자 제조사의 소프트웨어팀**: 소프트웨어팀은 구성 데이터를 장비 소프트웨어의 일부로 혹은 별도의 구성 아이템으로 패키징할 수 있다. 소프트웨어 패키지의 일부인 구성 데이터의 예는 이득(gain)을 설정하기 위한 검색 테이블이다. 별도로 패키징되는 구성 데이터의 예는 애플리케이션을 위한 리소스 할당 파일이다.
- **장비/항공전자 제조사의 생산 프로세스**: 어떤 상황에서는 구성 데이터가 엔지니어링 및 소프트웨어 개발 프로세스보다는 생산 프로세스의 일부로 설정된다. 예를 들면, 프로세서 시리얼 넘버와 장비 시리얼 넘버와 같은 하드웨어 구성 데이터는 생산 프로세스의 일부로 입력될 수 있다. 또 다른 예는 수락 시험과 고객에게 보내기 전에 입력되는 보정 데이터이다.
- **항공기 제조사의 설치 프로세스**: 때때로 항공기 제조사는 일부 구성 데이터에 대한 책임이 있다. 예를 들면, 항공기 제조사는 고객의 특정 요구를 충족하도록 항공기를 구성하기 위해 구성가능한 항공기 개별 모듈을 사용할 수 있다.
- **사용자의 수정 프로세스**: 일부 구성 데이터는 사용자가 수정할 수 있다. 예를 들면, 항공사는 유지보수 목적을 위해 수집할 파라미터를 식별하기 위해 구성 데이터를 사용할 수 있다.

22.3 파라미터 데이터에 대한 DO-178C 지침의 요약

DO-178B는 구성 데이터에 대한 고유한 지침을 제공하지 않았다. 하지만 앞서 언급한 것처럼 DO-178C는 구성 데이터를 설명하기 위해 **파라미터 데이터 아이템**(parameter data item)과 **파라미터 데이터 아이템 파일**(parameter data item file)이라는 용어를 사용한다. DO-248C는 파라미터 데이터 아이템이 오직 데이터만을 포함하는(그리고 실행가능 오브젝트 코드가 없는) 소프트웨어 컴포넌트라고 설명한다. 또한 파라미터 데이터 아이템은 구성 아이템이다. 파라미터 데이터 아이템 **파일**(file)은 각각의 데이터 요소에 대해 정의된 값을 포함하는 파라미터 데이터 아이템을 인스턴스화한 것이다.[4]

파라미터 데이터 아이템은 파라미터 데이터를 사용하는 소프트웨어 컴포넌트와 동일한 소프트웨어 레벨이 할당된다. 파라미터 데이터 아이템 파일은 DO-178C에서 실행가능 오브젝트 코드와 매우 유사하게 처리된다. 그것들은 요구사항에 의해서 구동되며 별도로 혹은 항공 소프트웨어의 일부로 검증되어야 한다. DO-178C Section 7과 8은 실행가능 오브젝트 코드와 마찬가지로 파라미터 데이터 아이템 파일이 형상 관리하에 있고 소프트웨어 품질 보증 활동 과정에서 평가되어야 한다고 설명한다. 마찬가지로 DO-178C Section 9는 파라미터 데이터 아이템 파일을 실행가능 오브젝트 코드와 함께 형식 설계 데이터로 식별한다.

다음의 DO-178C 목표는 파라미터 데이터 아이템 파일을 명시적으로 참조한다.[3]

- DO-178C Table A-2 목표 7: "실행가능 오브젝트 코드와 만약 있다면 파라미터 데이터 아이템 파일이 타깃 컴퓨터에 생성되고 로드된다." 이 목표는 파라미터 데이터를 타깃 컴퓨터로 통합하기 위해 DO-178B에서 DO-178C로 확장되었다.
- DO-178C Table A-5 목표 8: "파라미터 데이터 아이템 파일이 정확하고 완전하다." 이 목표는 DO-178C에 새로운 것이다. 파라미터 데이터 아이템 파일의 각각의 요소가 요구사항을 만족하고 정확한 값을 가지며 다른 데이터 요소들과 일관성을 가지는 것을 확인한다.
- DO-178C Table A-5 목표 9: "파라미터 데이터 아이템 파일의 검증이 달성된다." 이를 통해 각각의 파라미터 데이터 아이템 파일의 모든 요소들을 검증 과정에서 다룰 수 있다.

22.4 권고사항

구성 데이터는 굉장히 다양한 시나리오를 커버한다. 각각의 시나리오는 특정 프로젝트에서 다루어야 할 자신만의 고유한 요구사항을 가진다. 하지만 이 섹션은 유념해야 할 몇 가지 일반적인 권고사항들을 제공한다. 이들 권고사항의 많은 부분은 DO-178C 그리고/혹은 인증 당국의 정책 및 지침에 기반한다.

권고사항 1: 구성 데이터가 사용되는 방법과 적용할 정책 그리고/혹은 지침을 결정하라. 구성 데이터가 사용되는 방법에 따라서 현장 적재가능 소프트웨어(Chapter 18을 보라), 사용자 수정가능 소프트웨어(Chapter 19를 보라), 혹은 비활성화된 코드나 옵션 선택가능 소프트웨어(Chapter 17을 보라)에 대한 지침을 적용할 수 있다. 파라미터 데이터 아이템에 대한 DO-178C 지침과 구성 데이터에 대한 인증 당국으로부터의 특별한 지침이 고려되어야 한다. 이 책을 쓰고 있는 시점에도 구성 데이터와 관련된 인증 지침은 여전히 진화하고 있다. DO-178C의 발행은 예상되는 것을 분명하게 한다. 하지만 파라미터 데이터 아이템 지침의 새로움 때문에 인증 당국으로부터 몇 가지 추가적인 설명이 있을 수 있다. 일반적으로 구성 데이터는 특별한 클래스의 소프트웨어로 취급된다. 따라서 항공 소프트웨어에 적용가능한 대부분의 지침 또한 나중에 논의할 것처럼 여기 저기 약간의 조정을 통해서 구성 데이터에 적용한다.

권고사항 2: 적용하는 소프트웨어 레벨 혹은 개발 보증 레벨(DAL)을 결정하라. 안전성 평가는 만약 구성 데이터가 에러가 있거나 손상되면 발생할 수 있는 잠재적인 조건을 고려한다. 구성 데이터는 일반적으로 안전성 평가 프로세스에서 소프트웨어처럼 처리된다. 따라서 소프트웨어 레벨이 할당된다. 하지만 구성 데이터가 시스템 수준에서 구성되면 DAL이 적용될 수 있다. 구성 데이터는 일반적으로 구성 데이터를 사용하는 소프트웨어(혹은 시스템) 컴포넌트와 동일한 소프트웨어 레벨(혹은 DAL)이 할당되거나 혹은 IMA 시스템에서와 같이 여러 레벨이 존재하는 경우에는 가장 높은 레벨이 할당된다.

DO-178C는 파라미터 데이터 아이템에 대한 소프트웨어 레벨이 파라미터 데이터를 사용하는 소프트웨어 컴포넌트의 소프트웨어 레벨과 동일하다고 설명한다. 하지만 안전성 평가가 우선할 것이다. 만약 아키텍처적인 완화가 적용된다면 구성 데이터 레벨이 더 낮은 상황이 있을 수 있지만, 그것은 아마도 매우 드물 것이다.

권고사항 3: 구성 데이터를 위한 적절한 라이프 사이클 프로세스를 개발하라. 구성 데이터는 소프트웨어와 유사하고 항공 소프트웨어와 관련된 지침의 상당 부분을 적용하지만, 몇 가지 차이점이 있다. 대부분의 프로젝트는 구성 데이터에 DO-178C의 목표를 적용한다. 하지만 구성 데이터의 경우, 단지 하나의 요구사항 수준(상위 레벨 요구사항과 같은)만 필요한 경우가 많을 것이며, 구성 데이터에는 조건문이나 결정문이 없기 때문에 구조적 커버리지 목표는 다르게 충족된다. 파라미터 데이터 아이템과 파라미터 데이터 아이템 파일에 대한 DO-178C의 지침, 목표, 활동은 구성 데이터에 DO-178C를 적용하는 방법을 설명한다.

권고사항 4: 프로세스를 문서화할 계획을 개발하라. 구성 데이터에 대한 계획은 소프트웨어 계획의 일부로 포함되거나 분리될 수 있다. 일반적으로 만약 구성 데이터가 상당히 많거나 이를 사용하는 소프트웨어에서 구성 데이터가 별도로 정기적으로 수정되는 경우, 구성 데이터와 이를 지원하는 라이프 사이클 데이터를 실행가능한 소프트웨어 데이터와 분리하는 것이 타당하다. 구성 데이터가 항공 소프트웨어로부터 분리되어 패키징되는 경우, DO-178C에서 식별되는 다섯 개의 계획은 프로세스가 항공 소프트웨어처럼 복잡하지 않고 팀이 상당히 작을 수 있기 때문에 구성 데이터에 대한 하나 혹은 두 개의 계획으로 압축될 수 있다. 한 개 이상의 프로젝트에서 나는 다음과 같은 두 가지 계획으로 압축된 계획을 본 적이 있다. ① 인증 당국에 제출되는 소프트웨어 인증 계획(Plan for Software Aspects of Certification), ② 구성 데이터의 개발, 검증, 형상 관리 그리고 품질 보증을 상세히 기술하는 또 다른 계획이다. 많은 경우에 항공 소프트웨어에 대한 소프트웨어 형상 관리 계획과 소프트웨어 품질 보증 계획 또한 구성 데이터에 적용할 수 있어서 이러한 계획들은 두 번째 계획에서 참조만 된다. 계획들이 패키징되는 방법과 관계없이 DO-178C Section 4.2.j 는 **파라미터 데이터 아이템**(parameter data item)을 사용할 때 계획에 다음과 같은 추가적인 정보가 고려되어야 한다고 설명한다.[3]

- 파라미터 데이터 아이템이 사용되는 방법
- 파라미터 데이터 아이템의 소프트웨어 레벨
- 파라미터 데이터 아이템을 개발, 검증, 수정하기 위한 프로세스와 관련된 도구 인증
- 소프트웨어 로드 컨트롤 및 호환성

권고사항 5: 구성 데이터에 대한 요구사항을 정의하라. 구성 데이터는 항공기 기능에 영향을 미치는 다른 데이터와 마찬가지로 요구사항에 기반해야 한다. 구성 데이터의 기능을 정의하기 위해 필요한 요구사항은 단지 하나의 레벨인 경우가 많다. DO-178C는 구성 데이터 요구사항이 상위 레벨 소프트웨어 요구사항으로 캡처되는 것을 제안한다. 하지만 시스템 레벨 요구사항 혹은 구성 파일 설계 스펙이 구성 데이터 요구사항을 캡처하기 위해 사용되어온 경우가 몇 번 있었다. 패키징은 다소 유연하다. 하지만 패키징 방식과 관계없이 ① 구성 데이터를 구체화하기 위한 요구사항이 필요하고, ② 구성 데이터가 그러한 요구사항을 추적해야 한다는 점을 기억해야 한다.

권고사항 6: 구성 데이터를 요구사항으로 추적하라. 소스 코드와 마찬가지로 구성 데이터는 요구사항을 추적해야 한다. 나중에 논의하겠지만 추적 데이터의 분석이 의도되지 않은 구

성 데이터가 없는지 확인하는 데 종종 사용되기 때문에 추적 데이터는 구성 데이터에게 특히 중요하다.

권고사항 7 : 구성 데이터가 올바른 형식인지를 확인하기 위한 표준을 개발하라. 실행가능 오브젝트 코드가 구성 데이터를 읽을 수 있도록 하기 위해, 구성 데이터는 잘 정의된 형식이 될 필요가 있다. 데이터 형식, 허용되는 값, 데이터 유형 등을 정의하는 표준은 일반적으로 구성 데이터 개발자를 가이드하고 일관성과 정확성을 제공하기 위해 필요하다. 예를 들어, 특정 디바이스 드라이버에 대한 몇 가지 네트워크 설정과 같이 특정 상수값이 항상 필요한 몇 가지 시나리오가 있을 수 있다. 그런 상황은 요구사항 혹은 개발 표준에 의해서 처리될 수 있다. 구성 데이터를 검증할 때 표준 또한 고려되어야 한다는 점도 유의하라(즉, 구성 데이터가 개발 표준을 충족하는지 확인하라). 도구가 사용될 때 도구가 데이터 형식을 강제하는 경향이 있다. 하지만 여전히 데이터 형식 표준에 대한 요구가 있을 수 있다.

권고사항 8 : 실행가능 소프트웨어가 구성가능하게 설계하라. 구성 데이터와 상호작용할 소프트웨어는 해당 데이터를 사용하도록 설계되어야 한다. 소프트웨어 요구사항은 사용될 구성 데이터의 구조, 속성, 허용가능한 범위 등을 구체화해야 한다. 때때로 실행가능 소프트웨어는 구성 데이터가 사전 승인된 범위 내에 있고 손상되지 않았다는 것을 확인하기 위해 어떤 종류의 확인 체크를 수행할 것이다.

권고사항 9 : 구성 데이터를 검증하라. 구성 데이터의 검증은 다음을 포함해서 여러 가지 활동들을 포함한다.

- **구성 데이터에 대한 요구사항이 정확하고, 완전하며, 일관되고, 검증가능하며, 올바른지 확인하라.** EASA의 CM-SWCEH-002는 이것을 확인(validation) 단계로 취급한다.[1] 하지만 확인으로 불리든 검증으로 불리든 반드시 이뤄질 필요가 있다. 이 활동은 일반적으로 리뷰와 분석에 의해서 이루어진다. 항공기에 대한 네트워크 구성과 같은 복잡한 구성 데이터의 경우, 데이터의 정확도와 완전성을 검증하기 위해 시뮬레이션이 자주 사용된다. 더 간단한 구성 데이터의 경우 리뷰가 적절할 수 있다. 일부 구성 데이터는 리뷰와 분석의 조합으로 검증될 수 있다.
- **구성 데이터가 적절한 요구사항을 추적하는지 검증하라.** 모든 구성 데이터 요구사항이 구현되고 모든 구성 데이터가 요구사항에 의해서 주도되는지 확인하는 것이 중요하다. 정확하고 완전한 추적성이 이것을 보장하는 데 도움이 된다. 추적이 있다는 것을 확

인하는 것뿐만 아니라, 그것이 **올바른**(right) 추적이라는 것을 확인하는 것 또한 중요하다.

- **구성 데이터가 요구사항을 준수하는지 확인하라.** 구성 데이터가 요구사항을 충족하는지를 확인하기 위해 리뷰와 분석뿐만 아니라 요구사항 기반 시험이 적용되어야 한다. 때때로 구성 데이터는 실행가능 오브젝트 코드와 함께 검증될 것이다. 다른 경우에는 별도로 검증될 수 있다. DO-178C Section 6.6은 만약 구성 데이터(DO-178C는 그것을 **파라미터 데이터 아이템 파일**로 부른다)가 그 데이터를 사용하는 실행가능 오브젝트 코드와 별도로 검증되는 경우 다음이 적용되어야 한다고 설명한다.[3]
  - 실행가능 오브젝트 코드는 정의된 구조와 속성을 준수하는 모든 파라미터 데이터 아이템 파일을 올바르게 처리하기 위해 정상 범위 시험에 의해서 개발되고 검증되었다.
  - 실행가능 오브젝트 코드는 파라미터 데이터 아이템 파일 구조 및 속성에 대해서 강건하다.
  - 파라미터 데이터 아이템 파일의 내용에서 비롯되는 실행가능 오브젝트 코드의 모든 동작은 검증될 수 있다.
  - 라이프 사이클 데이터의 구조는 파라미터 데이터 아이템이 별도로 관리될 수 있도록 한다.
- **모든 구성 데이터가 검증 과정에서 다루어졌는지 확인하라.** 의도되지 않은 구성 데이터가 없다는 것을 확인하기 위해 모든 구성 데이터가 검증되었는지 확인하는 활동이 있어야 한다. 이것은 소프트웨어에 대해서 수행되는 구조적 커버리지 분석과 유사하다. 하지만 구조적 커버리지 기준은 일반적으로 데이터베이스에 적용하지 않기 때문에 다른 접근법이 개발되어야 한다. 그 접근법은 모든 **구성요소들**(elements)이 검증된 요구사항에 연결되는지 확인하기 위해 전자 하드웨어를 위해 사용되는 DO-254의 구성요소 분석 개념과 유사할 수 있다. 우리의 목적을 위해서 구성 데이터는 **구성요소**(element)로 취급될 수 있다. 추적 데이터는 분석을 지원하고 구성 데이터의 모든 구성요소들이 시험되었는지 확인하기 위해 사용될 수 있다. 접근법과 관계없이 그 목적은 구성 데이터의 모든 것이 적절하게 검증되어왔고 관련 없는 코드 혹은 데드 코드가 없는지를 확인하는 것이다.
- **가능한 경우 인증된 검증 도구를 사용해서 일관성에 대해 체크하라.** 구성 데이터는 수동으로 검증하기 매우 지루하고 다소 비효율적일 수 있기 때문에(특히 그것이 비트맵 형식

인 경우) 도구는 매우 효과적일 수 있다. 예를 들면, 시스템이 송신 커뮤니케이션 포트로 메시지를 전송하지 않는지, 공유되지 않은 메모리 세그먼트가 중복되지 않는지, 모든 리소스 요구의 합이 시스템에 의해서 제공되는 것보다 크지 않는지 등을 확인하기 위해 인증된 도구가 사용될 수 있다.

- **구성 데이터를 실행가능 오브젝트 코드와 함께 타깃 컴퓨터로 통합하라.** 통합은 특히 실행가능 오브젝트 코드와 구성 데이터가 함께 검증되는 경우, 시험 과정에서 이루어질 수 있다. 하지만 구성 데이터와 실행가능 오브젝트 코드가 별도로 검증되는 상황이 있을 수 있다. 만약 그런 경우에는 실행가능 오브젝트 코드와 구성 데이터가 특정 타깃 컴퓨터에서 의도된 대로 함께 동작하는지 확인하기 위한 추가적인 통합 단계가 필요할 것이다.

권고사항 10 : 실행가능 오브젝트 코드와 구성 데이터의 호환성을 확인하라. 실행가능 오브젝트 코드와 구성 데이터의 특별한 구성이 호환되는지 확인하기 위해 검증을 수행하라. 구성 데이터가 실행가능 오브젝트 코드에 의해서 손상되거나 받아들여지지 않는지 확인하기 위한 활동들이 있어야 한다(예를 들면, 합의된 형식과 범위를 준수하지 않는). 추가적으로 호환성이 적절한 형상 인덱스에 문서화될 필요가 있다.

권고사항 11 : 구성 데이터에 형상 관리를 적용하라. 형상 관리와 형상 컨트롤은 구성 데이터뿐만 아니라 그들을 지원하는 라이프 사이클 데이터에도 적용된다. 예를 들면, 구성 파일은 형상 식별이 되어야 하며, 구성 데이터 요구사항과 파일에 대한 변경은 변경 요청 혹은 문제점 리포트를 통해서 처리되어야 하고, 구성 데이터는 오직 승인된 담당자에 의해서 변경되어야 하는 것 등이 있다. 추가적으로 컨트롤 분류 #1 혹은 #2(CC1 혹은 CC2)의 모든 측면은 항공 소프트웨어에 대해서 그런 것처럼 구성 데이터와 그들을 지원하는 라이프 사이클 데이터에 적용된다. DO-178C의 형상 관리 기대치에 대한 정보에 대해서는 Chapter 10을 보라.

권고사항 12 : 생산 프로세스가 구성 데이터를 개발하는 경우, 그것이 컨트롤되는 프로세스인지 확인하라. 내 경험에 따르면 생산 과정에서 입력되는 구성 데이터는 개발 프로세스 과정에서 엔지니어링에 의해서 개발되는 구성 데이터만큼 흔하지 않다. 하지만 그것들은 일부 시스템에 필요할 수 있다. 생산 프로세스는 잘 정의되고 반복가능해야 한다. 그 외에도 그 프로세스는 데이터 엔트리의 독립적인 검증을 포함해야 한다(특히 레벨 A와 B와 같은 더 위험한 데이터의 경우). 일부 시나리오에서는 수락 시험 계획(ATP)이 ATP가 잘못된 데이터를 식별할 것을 보장하기 위해 구성 데이터 요구사항으로 추적될 수 있다. 다른 시나리오에서는 독립적인 사람이 수동으로 데이터(예를 들면, 하드웨어와 펌웨어 부품의 시리얼 넘버를 리뷰)를 검증하고 생산 레코드에 서명할 수 있다.

권고사항 13 : 필요한 문서(라이프 사이클 데이터)를 생성하라. 항공 소프트웨어와 마찬가지로 구성 데이터는 그들의 승인을 지원하기 위해 필요한 라이프 사이클 데이터를 가지고 있어야 한다. 계획, 개발 데이터, 검증 데이터, 형상 관리 데이터, 품질 보증 데이터가 모두 필요하다. 일반적으로 항공 소프트웨어 준수를 위한 DO-178C Section 11과 Annex A에서 식별되는 것과 동일한 라이프 사이클 데이터가 구성 데이터 승인을 위해 필요하다. 하지만 앞서 언급한 것처럼 데이터는 서로 다르게 패키징될 수 있다(예를 들면, 계획이 합쳐질 수 있음, 한 가지 레벨의 요구사항만 있을 수 있음, 그리고 DO-178C Section 11의 파라미터 데이터 아이템 지침을 적용함).

권고사항 14 : 문서를 업데이트하고 구성 데이터를 수정할 때 재검증하라. 구성 데이터가 업데이트될 때 변경 영향 분석이 수행되어야 하며(Chapter 10을 보라) 영향을 받는 모든 데이터가 업데이트되어야 한다. 또한 업데이트된 구성 데이터가 여전히 그것을 사용하는 소프트웨어와 호환되는지 확인하기 위해 추가적인 검증이 필요할 수 있다.

권고사항 15 : 만약 도구가 사용된다면 필요한 인증이 고려되는지 확인하라. 도구는 인간이 만들 수 있는 사소한 에러 중 일부를 제거할 수 있기 때문에 구성 데이터를 생성하고 검증하기 위해 도구가 많이 사용된다. 만약 도구의 출력이 검증되지 않는 경우, 그것은 인증을 요구할 가능성이 있다. 도구 인증에 대한 정보는 Chapter 13을 보라.

권고사항 16 : 로딩 명령어가 문서화되고 승인되는지 확인하라. 구성 데이터는 소프트웨어와 별도로 로드될 수 있기 때문에, 구성 데이터를 로드하고 업데이트하기 위한 명령어가 잘 문서화되어 있고, 반복가능하며, 모호하지 않고, 승인되는지 확인하는 것이 중요하다. 로딩 명령어는 소프트웨어 형상 인덱스에 포함되거나 참조되어야 한다.

참고문헌

[1] European Aviation Safety Agency, Software aspects of certification, Certification Memorandum CM-SWCEH-002 (Issue 1, August 2011).

[2] Federal Aviation Administration, *Software Approval Guidelines*, Order 8110.49 (Change 1, September 2011).

[3] RTCA DO-178C, *Software Considerations in Airborne Systems and Equipment Certification* (Washington, DC: RTCA, Inc., December 2011).

[4] RTCA DO-248C, *Supporting Information for DO-178C and DO-278A* (Washington, DC: RTCA, Inc., December 2011).

Chapter 23

항공용 데이터 (Aeronautical Data)

약어

AC	advisory circular
AMDB	airport mapping database
AMM	airport moving map
AR	authorization required
ASCII	American standard code for information interchange
DAL	development assurance level
DQR	data quality requirement
EUROCAE	European Organization for Civil Aviation Equipment
FAA	Federal Aviation Administration
FAQ	frequently asked question
ICAO	International Civil Aviation Organization
ISO	International Standards Organization
LOA	letter of acceptance
MASPS	minimum aviation system performance standards
RNAV	area navigation
RNP	required navigation performance
TAWS	terrain awareness and warning system
TSO	Technical Standard Order
UML	Unified Modeling Language
XML	eXtensible Markup Language

23.1 소개

항공용 데이터(aeronautical data)는 "항법, 비행 계획, 비행 시뮬레이터, 지형 인식 그리고 다른 목적과 같은 항공용 애플리케이션을 위해 사용되는 데이터로, 항법 데이터와 지형 및 장애물 데이터로 구성된다."[1] **항공용 데이터베이스(aeronautical database)**는 "항공기 혹은 지상 기반 항공용 애플리케이션을 지원하는 시스템에 전자적인 저장과 복구가 용이하도록 구성되고 정렬된 데이터의 모음"[1]이다.

항공용 데이터는 Chapter 22에서 논의되었던 구성 데이터와 다르게 처리된다. Chapter 22에서 논의되었던 구성 데이터는 항공기의 형식 설계 데이터의 일부로 승인된다. 하지만 항공용 데이터는 형식 설계 데이터의 일부가 아닌 경우가 많다. 대신 그런 데이터를 로딩하는 것은 항공기의 감항 유지 지침서(Instructions for Continued Airworthiness)에서 식별되는 유지보수 조치로 자주 취급된다. U.S. Code of Federal Regulations의 Title 14 Part 43.3은 이러한 접근법을 허용하며 그런 업데이트를 **예방적 유지보수(preventive maintenance)**로 취급한다. 항공용 데이터가 구성 데이터와 다르게 취급되는 데에는 적어도 몇 가지 이유가 있다.

첫째, 항공용 데이터는 일반적으로 형식 증명 프로세스에서 구현하기에 실용적이지 않은 빈번한 업데이트를 요구한다. 예를 들면, 항법 데이터베이스는 28일마다 업데이트된다. 28일마다 DO-178C 소프트웨어 승인 프로세스와 STC(Supplemental Type Certification) 혹은 ATC(Amended Type Certification)를 거치는 것은 사실상 불가능하다. 지형 데이터베이스는 덜 빈번하게(아마도 일 년에 서너 번) 업데이트되는데, 그것도 여전히 DO-178C 프로세스가 실행되기에 너무 빈번하다.

둘째, 그러한 데이터베이스에 대한 데이터 소스가 항공전자 혹은 항공기 제조사보다는 정부 조직인 경우가 많다. 국제민간항공기구(ICAO) Annex 15는 전 세계에 걸쳐서 ICAO와 계약을 맺은 국가에 대해서 항공 정보 간행물(AIP)을 통해서 항공용 데이터를 수집하고 전송하는 책임에 대한 요구사항을 두고 있다.[2] "각 계약 국가는 제공하는 항공용 정보/데이터가 적절하다는 것, 필요한 품질(정확도, 해상도 및 무결성) 그리고 해당 국가가 책임지는 전체 영역에 대해 적시에 제공되는 것을 보장하기 위해 필요한 모든 조치를 취해야 한다."[1] 과거에는 ICAO 요구사항이 항법 데이터에 주로 적용되었다. 최근에는 지형 데이터 요구사항 또한 ICAO 요구사항에 포함되고 있다.

Chapter 22에서 언급한 것처럼 DO-178C는 일반적으로 항공용 데이터에는 적용되지 않는다. 하지만 Standards for Processing Aeronautical Data라는 타이틀을 가진 RTCA DO-200A는 이런 종류의 데이터에 적용된다. FAA(Federal Aviation Administration)는 AC (Advisory Circular) 20-153A, Acceptance of Aeronautical Data Processes and Associated Databases와 다양한 다른 문서들(TSO(Technical Standard Order)-146c, TSO-151b, AC 20-138B, AC 90-101A, Order 8110.55A 그리고 Order 8110.49를 포함)에서 DO-200A를 인정하고 있다.

이 챕터는 항공용 데이터에 대한 기대치의 개괄적인 개요를 제공하기 위해 DO-200A, AC 20-153A 그리고 항공용 데이터와 관련된 여러 가지 다른 FAA 및 산업계 문서들을 조사한다.

23.2 DO-200A : Standards for Processing Aeronautical Data

RTCA의 DO-200A(뿐만 아니라 EUROCAE(European Organization for Civil Aviation Equipment)의 등가물인 ED-76)는 항공용 데이터의 품질을 보증하기 위한 **표준**(the standard)으로 인정된다. DO-200A는 다음과 같은 FAA 문서들에서 참조되고 있다. 몇 가지 예를 들면 다음과 같다.

- AC 20-153A : Acceptance of Aeronautical Data Processes and Associated Databases
- Order 8110.55A : How to Evaluate and Accept Processes for Aeronautical Database Suppliers
- Order 8110.49 : Software Approval Guidelines
- AC 20-138B : Airworthiness Approval of Positioning and Navigation Systems
- AC 90-101A : Approval Guidance for Required Navigation Performance(RNP) Procedures

with Authorization Required(AR)

- TSO-C151b : Terrain Awareness and Warning System(TAWS)
- TSO-C146c : Stand-Alone Airborne Navigation Equipment Using the Global Positioning System Augmented By The Satellite Based Augmentation System

이 섹션은 DO-200A의 개요를 제공한다. 다음 섹션은 FAA의 AC 20-153A와 Order 8110.55A를 살펴보는데, 이는 DO-200A 준수 프로세스에 대한 승인서 획득을 위한 프로세스를 정의한다.

DO-200A는 항법, 비행 계획, 지형 인식, 비행 시뮬레이터 등에 사용되는 항공용 데이터의 프로세싱 품질 보증과 데이터 품질 관리를 해결하기 위한 최소한의 표준과 지침으로 간주된다. DO-200A 준수 프로세스의 출력은 그들의 장비에서 실행하기 위해 사용자에게 배포되는 데이터베이스이다.

DO-200A는 항공용 데이터에 대한 적절한 보증 레벨을 제공하기 위한 요구사항과 권고사항을 식별한다. DO-200A는 보증 레벨을 다음과 같이 정의한다. "데이터 요소가 저장되거나 전달되는 동안 손상되지 않는다는 신뢰도이다. 이것은 1, 2, 3의 세 가지 레벨로 구분될 수 있으며 1이 가장 신뢰도가 높다."**[1]** DO-178C 소프트웨어 레벨과 마찬가지로 DO-200A 보증 레벨은 손상된 데이터가 안전성에 미치는 잠재적인 영향에 의해서 결정된다. DO-201A(Section 23.5.1에서 논의하는)는 지역 항법(RNAV)과 관련된 항공용 정보에 대한 보증 레벨을 정의한다. DO-200A에서 다루지 않는 데이터의 적용을 위한 보증 레벨은 안전성 영향에 기초해서 최종 사용자 혹은 애플리케이션 제공자에 의해서 결정될 필요가 있다.**[2]**

〈표 23-1〉은 세 가지 DO-200A 보증 레벨과 ICAO 위험 레벨 및 고장 상태 분류와의 관계

표 23-1 DO-200A 보증 레벨

DO-200A 보증 레벨	국가 제공 데이터에 대한 관련 요구사항(ICAO)	고장 상태 분류	DAL 혹은 SW 레벨
1	Critical	대재앙의(catastrophic) 혹은 위험한(hazardous)/엄중한(severe-major)	A, B
2	Essential	중대한(major) 혹은 사소한(minor)	C, D
3	Routine	영향 없는(no safety effect)	E

를 보여준다. 관련된 개발 보증 레벨(DAL) 혹은 소프트웨어 레벨 또한 표시되고 있다. Critical, Essential, Routine에 대한 ICAO 분류는 다음과 같이 정의되어 있다.[3]

- Critical data(보증 레벨 1) : 만약 에러가 있다면 그 데이터는 지속적인 안전 비행과 착륙을 막거나 안전 마진 혹은 기능적 능력에서 큰 감소가 있을 정도로 부정적인 작동 조건에 대처할 수 있는 능력을 감소시킬 수 있다. 손상된 critical data를 사용하려고 할 때 항공기가 생명을 위협하는 상황에 놓일 가능성이 높다.
- Essential data(보증 레벨 2) : 만약 에러가 있다면 그 데이터는 안전 마진에 중대한 감소가 있을 정도로 부정적인 작동 조건에 대처할 수 있는 능력을 감소시킬 수 있다. 손상된 essential data를 사용하려고 할 때 항공기가 생명을 위협하는 상황에 놓일 가능성이 낮다.
- Routine data(보증 레벨 3) : 만약 에러가 있다고 하더라도 그 데이터는 항공기의 안전성을 심각하게 감소시키지 않을 것이다. 손상된 routine data를 사용하려고 할 때 항공기가 생명을 위협하는 상황에 놓일 가능성이 매우 낮다.

DO-200A는 항공용 데이터가 취하는 흐름을 설명하기 위해 다음과 같은 항공용 데이터 체인의 개념을 사용한다. "항공용 데이터 체인은 각각의 링크가 특정 목적을 위해서 항공용 데이터의 생성, 전송, 사용을 용이하게 하는 기능을 제공하는 일련의 상호 관련된 링크이다." [1] 일반적으로 생성, 전달, 준비, 애플리케이션 통합, 최종 사용을 포함하는 다섯 가지 주요 링크가 있다.[1] 단일 링크에 관련된 여러 조직이 있을 수 있고(예를 들면, 준비와 전달 단계에 서브링크(sublink)가 있을 수 있다), 단일 조직이 여러 유형의 링크를 수행할 수도 있다(예를 들면, 하나의 회사가 데이터를 생성하고, 준비하며, 전달할 수 있다). 생성자는 "데이터에 대한 책임을 인정하는 항공용 데이터 체인에서의 첫 번째 조직"이다. "예를 들면, 국가 혹은 RTCA DO-200A/EUROCAE ED-76-준수 조직"[1]이 있다. 최종 사용자는 "항공용 데이터 체인에서 마지막 사용자"이다. "항공용 데이터 최종 사용자는 일반적으로 항공기 운영자, 항공사 계획 부서, 항공 교통 서비스 제공자, 비행 시뮬레이션 제공자, 항공기 제조사, 시스템 통합자, 규제 당국이다."[1] [그림 23-1]은 전형적인 항공용 데이터 체인을 보여준다.

그림 23-1 | 전형적인 항공용 데이터 체인

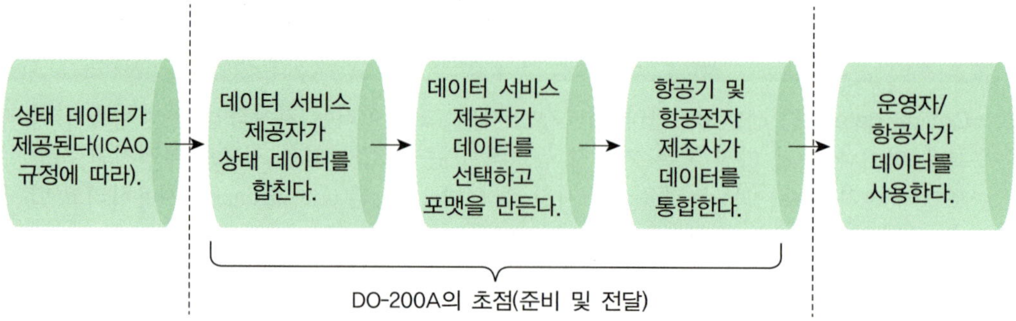

항공용 데이터 체인의 각각의 링크에서 데이터는 데이터를 사용할 의도된 기능을 기반으로 해서 다음의 일곱 가지 품질 특성을 만족해야 한다: ① 정확도, ② 해상도, ③ 보증 레벨(안전성 평가에 기반한), ④ 추적성(데이터의 원천으로), ⑤ 시의적절한(유효한 그리고 최신 데이터에 대한 요구를 지원하기 위해), ⑥ 완전성(필요한 모든 데이터를 제공하는), ⑦ 형식(전달 해상도를 포함해서 데이터의 의도와 일치하는). 이러한 데이터 품질 요구사항은 데이터에 의해서 지원되는 의도된 기능에 기반해서 정의된다.

DO-200A는 항공용 데이터 체인에서 **준비**(preparation)와 **전달**(transmission) 링크에 초점을 맞춘다. 문맥을 제공하기 위해 생성, 애플리케이션 통합, 최종 사용 링크가 언급되지만, 그것들은 DO-200A의 범위를 벗어난 것으로 간주된다.

항공용 데이터 준비 기능 링크는 다음의 네 가지 단계를 포함한다.

- **합치기**(Assemble): 공급업체로부터 데이터를 모음
- **변환하기**(Translate): 정보 형식을 변경(종종 합치기 단계와 결합됨)
- **선택하기**(Select): 합쳐진 항공용 데이터의 모음에서 요구되는 데이터를 선택
- **포맷 만들기**(Format): 다음 기능 링크에 허용될 수 있는 형식으로 데이터를 변환

항공용 데이터 전달 기능 링크는 두 가지 단계를 포함한다.

- **받기**(Receive): 데이터를 받아들이고, 검증하고, 확인하기
- **배포하기**(Distribute): 전달 링크의 일부가 되는 프로세싱 모델의 마지막 단계

프로세싱의 각각의 단계에서 데이터가 검증되고 모든 이슈들이 에러 리포트에 문서화된다. 필요에 따라 시정 조치가 이루어진다. ICAO 멤버국과 같은 신뢰할 수 있는 소스(trusted source)로부터의 데이터가 에러가 있는 것으로 밝혀지면, 그 에러는 신뢰할 수 있는 소스로 리포트가 되어야 한다. 하지만 신뢰할 수 있는 소스가 즉각적으로 데이터를 수정하도록 하는 것은 어려운 경우가 많다. 때때로 일단 데이터가 에러가 있는 것으로 확인되면, DO-200A 준수 프로세스를 적용하는 조직에 의해서 수정된다.

DO-200A Section 2는 데이터가 앞서 언급된 일곱 가지 품질 특성을 만족하는 것을 보장하기 위해 각각의 조직에 대한 지침을 정의한다. 데이터 체인에서 각각의 조직은 다음에 대한 책임이 있다.

- 준수 계획을 개발하기
- 데이터 품질 요구사항을 정의하기
- 데이터 프로세싱 절차를 정의하기
- 생성자와 적절하게 조정되지 않으면 데이터 변경이 수행되지 않도록 보장하기
- 형상 관리를 유지하기
- 담당자의 기술과 역량을 확보하기
- 필요에 따라서 도구 평가와 인증을 수행하기
- 품질 관리 절차를 개발하고 이행하기

보증 레벨에 따라서 요구되는 확인 및 검증의 양은 달라진다. DO-200A는 확인 및 검증을 다음과 같이 정의한다.[1]

- **확인**(Validation) : 데이터 요소에 주어진 정체성에 완전히 적용할 수 있는 값을 데이터 요소가 가지고 있는지 혹은 데이터 요소들의 세트가 그들의 목적에 적합한지 체크되는 활동
- **검증**(Verification) : 데이터 요소의 현재 값이 원래 제공되는 값과 비교해서 체크되는 활동

일반적으로 보증 레벨 1의 경우 애플리케이션에 의한 확인(즉, 시험 중인 데이터를 적용)과 검증이 요구된다. 보증 레벨 2의 경우 애플리케이션에 의한 확인이 요구되지 않지만

검증은 요구된다. 그리고 보증 레벨 3의 경우 확인 및 검증이 권장되지만 요구되는 것은 아니다.[1]

23.3 FAA Advisory Circular 20-153A

이전 섹션에서 DO-200A의 개괄적인 개요를 제공한 것처럼 이번 섹션은 FAA AC 20-153A의 요약을 포함하고 있다.

AC 20-153(AC 20-153A의 전신)은 항법 데이터베이스에만 적용된다. 2010년에 FAA는 AC를 확장하여 지형, 장애물 그리고 공항 지도 데이터베이스를 포함해서 다른 유형의 항공용 데이터에 적용했다. AC 20-153에서 다루는 각각의 데이터베이스는 다음과 같이 간략하게 설명된다. AC는 다른 데이터베이스에 적용될 수 있다. 하지만 그것은 인증 당국과 긴밀하게 협의되어야 한다.

- **항법 데이터베이스(Navigation database)**: "항법 애플리케이션을 지원하는 시스템에 전자적으로 저장되는 모든 항법 데이터. 항법 데이터는 공항 지표면뿐만 아니라 비행 계획, 지상 참조 포인트, 항법 보조 시설 수정 …과 관련해서 조종사가 항공기의 위치를 식별하는 것을 지원하기 위해 사용되려는 의도를 가진 정보이다."[2]
- **지형 데이터베이스(Terrain database)**: "지형 애플리케이션을 지원하는 시스템에 전자적으로 저장되는 모든 데이터. 지형 데이터는 인간이 만든 장애물을 제외하고 지구의 자연 표면을 포함한다."[2]
- **장애물 데이터베이스(Obstacle database)**: 장애물 애플리케이션을 지원하는 시스템에 전자적으로 저장되는 모든 데이터. 장애물 데이터에는 인접 및 주변 특징과 관련하여 항공기의 안전한 통과에 대한 잠재적 위험으로 간주되는 수직적인 중요성을 가지는 자연의 혹은 인공의 고정 물체를 포함한다.
- **공항 지도 데이터베이스(Airport map database)**: "공항 지도 애플리케이션을 지원하는 시스템에 전자적으로 저장되는 모든 항법 데이터. 공항 지도 데이터는 공항 지표면에 있는 항목들과 관련하여 항공기의 위치를 식별하는 것을 지원하기 위해 사용되려는

의도를 가진 정보이다."[2]

AC 20-153A는 항공 서비스 제공자, 장비 혹은 항공전자 제조사 그리고/혹은 LOA(Letter of Acceptance)를 확보할 필요가 있는 운영자에게 지침을 제공한다. LOA는 항공용 데이터 프로세싱에 대해서 AC 20-153A와 DO-200A의 준수를 인정하는 FAA가 승인하는 서한이다. "LOA는 공급업체의 데이터베이스가 RTCA/DO-200A에 따라서 혹은 일부 기존 시스템의 경우, RTCA/DO-200에 따라서 생성되고 있다는 것을 공식적으로 문서화한다."[2] AC 20-153A는 두 가지 유형의 LOA를 식별한다.

- **Type 1 LOA**: Type 1 수락 서한은 주로 데이터 서비스 제공자인 데이터 공급업체에 대한 것이다. "Type 1 LOA는 항공기 시스템과의 식별되는 호환성 없이 RTCA/DO-200A에 대한 데이터 공급업체의 준수를 인정한다. … 이 수락 서한은 데이터 공급업체, 운영업체, 항공전자 제조사 혹은 기타 업체에게 발행될 수 있다."[2]
- **Type 2 LOA**: Type 2 수락 서한은 특별한 시스템 혹은 장비와의 호환성을 보장하는 요구사항에 기반하며 항공전자 제조사/애플리케이션 통합자인 데이터 공급업체를 위한 것이다. … Type 2 데이터 공급업체는 전달된 데이터베이스가 타깃 애플리케이션을 위해 승인된 의도된 기능을 지원하기 위해 필요한 DQR[Data Quality Requirement]과 호환되는 것을 보장하기 위해 추가적인 요구사항을 가진다."[2][1)]

AC 20-153A는 LOA 애플리케이션 프로세스와 DO-200A를 적용하는 법 그리고 Type 1과 2 LOA 애플리케이션에 대한 추가적인 요구사항을 설명한다. 또한 AC는 DO-200A 프로세스에 대한 추가적인 주석을 제공한다. 운영자, 장비 및 항공전자 제조사(즉, 애플리케이션 공급업체), 그리고 데이터 서비스 제공자를 위한 지침이 제공된다. 또한 AC는 계약 국가가 DO-200A뿐만 아니라 다른 적용가능한 데이터 품질 지침(예를 들면, DO-201A, DO-272B, 그리고 DO-276A)을 따르도록 권장된다고 설명한다.

AC 20-153A Section 14는 DO-200A 준수 소스로부터 혹은 계약 국가로부터 확보된 데이터는 신뢰할 수 있다고 설명한다. 하지만 다른 공급업체로부터의 데이터는 적절한 보증 레벨에 대해서 검증되고 확인되어야 한다. AC에 따라 DO-272B(Section 3.9)는 공항 지도 데이

1) 명확하게 하기 위해서 대괄호가 추가되었다.

터의 검증 및 확인을 위해 허용할 수 있는 기법들을 제공한다.[4][2] 마찬가지로 AC에 따라 DO-276A(Section 6.1.4 그리고 6.1.5)는 지형 및 장애물 데이터에 대한 허용할 수 있는 검증 및 확인 기법들을 제공한다.[5]

AC 20-153A Section 17은 DO-200A의 에러 탐지 확률에 대한 수정을 제공한다. AC는 보증 레벨 1의 경우, 에러 탐지는 탐지되지 않은 손상에 대해서 (DO-200A에서 식별된 10^{-8}보다) 10^{-9} 이하의 확률을 가져야 한다고 지적한다. 마찬가지로 보증 레벨 2의 경우, 에러 탐지는 탐지되지 않은 손상에 대해서 (DO-200A에서 식별된 10^{-4}보다) 10^{-5} 이하의 확률을 가져야 한다. 이러한 확률은 항공기 레벨에서 XX.1309 요구사항에 더 잘 부합한다.[2][3]

AC 20-153A Appendix 3은 항공용 데이터베이스 공급업체가 LOA를 지원하기 전에 DO-200A와 AC 20-153A를 만족하는지 확인하는 것을 돕기 위해 사용하도록 준수 매트릭스를 제공한다.

AC 20-153A에 더해서 FAA는 Order 8110.55A, How to Evaluate and Accept Processes for Aeronautical Database Suppliers[6]를 발행했다. Order는 항공용 프로세스를 평가 및 수락하고 LOA를 승인하기 위해 FAA ACO(Aircraft Certification Office)를 위한 지침을 제공한다. 이 Order는 주로 FAA 스태프를 위한 것이지만, 항공용 데이터베이스 공급업체가 FAA 감사 과정에서 무엇을 예상해야 하는지 그리고 그러한 감사를 어떻게 준비해야 하는지에 대해서 몇 가지 통찰력을 제공한다.

23.4 항공용 데이터 프로세싱을 위해 사용되는 도구들

데이터의 양과 반복성에 대한 필요성 때문에 항공용 데이터 프로세싱은 도구 집약적이다. 일반적으로 항공용 데이터가 데이터 체인을 통과하면서 무결성을 확인하기 위해 무결성 체크(CRC와 같은)와 인증된 도구의 조합이 사용된다. 때때로 도구는 인증에 대한 필요성을 피하기 위해 병렬로 실행되고 결과가 비교되기도 한다. 모든 도구는 식별되고 평가되어

2) AC 20-153A의 발행 이후에 DO-272B는 DO-272C로 대체되었다는 점에 유의해야 한다.

3) XX는 the U.S. Code of Federal Regulations의 Title 14 Part 23, 25, 27 혹은 29가 될 수 있다.

야 한다. 출력이 검증되지 않는 도구는 인증이 필요할 수 있다. DO-200A와 AC 20-153A는 도구 인증에 대해서 DO-178B Section 12.2 기준을 참조한다. 또한 DO-178C의 Section 12.2도 허용된다. Chapter 13에서 설명한 것처럼 DO-178C Section 12.2는 DO-330, Software Tool Qualification Considerations를 호출한다. DO-330 FAQ D.7은 일부 시나리오에서 항공용 데이터 프로세싱 도구를 위한 가치 있는 정보를 제공할 수 있다. 이 FAQ는 인증되지 않은 도구의 정확도를 확인하기 위해 인증되지 않은 도구의 출력을 인증된 도구로 검증하는 방법을 설명한다.

23.5 항공용 데이터와 관련된 기타 업계 문서들

DO-200A와 AC 20-153A는 여러 다른 업계 문서들을 참조한다. 항공용 데이터베이스 지침의 조사를 완료하기 위해 이러한 문서들의 간략한 요약이 제공된다. RTCA 문서들이 먼저 제시되고(순차적으로), 두 개의 ARINC 문서들이 이어진다.

23.5.1 DO-201A : Standards for Aeronautical Information

DO-201A는 RNP 공역에서의 RNAV 운용을 강조하여 항공용 데이터에 대한 일반적 및 특정 요구사항을 편집한 것이다. 정확도, 해상도, 계산 관행, 명명 관행 그리고 완료된 데이터의 적시 배포를 포함해서, 항공용 데이터에 대한 일반적인 요구사항과 표준이 제공된다.[3] 구체적인 운영 요구사항과 표준 또한 주어진다. 이러한 것들은 항공로, 도착, 출발, 접근 및 비행장 환경에서 절차를 개발할 때 고려되어야 한다. 앞서 언급한 것처럼 DO-201A는 RNP에 특정한 항공용 정보에 대한 보증 레벨을 정의한다. DO-201A에서 다루지 않는 데이터의 적용에 대한 보증 레벨은 안전성 평가 프로세스를 기반으로 해서 최종 사용자 혹은 애플리케이션 제공자에 의해서 결정될 필요가 있다. DO-201A에 대한 EUROCAE 등가물은 ED-77이다.

23.5.2 DO-236B : Minimum Aviation System Performance Standards : Required Navigation Performance for Area Navigation

DO-236B는 RNP 환경에서 운영하는 RNAV 시스템에 대한 MASPS(Minimum Aviation System Performance Standards)를 포함한다. 이 표준은 전 세계 운영을 위해 시스템의 서비스 제공자와 사용자뿐만 아니라 항공전자 장비의 설계자, 제조사, 설치자를 위한 것이다.[7] DO-236B는 RNAV 시스템에서 사용되는 항법 데이터베이스에 대해 DO-201A와 DO-200A를 참조한다. 추가적으로 DO-201A는 DO-236B에 기술된 RNAV 및 RNP 운영을 지원하는 요구사항에 대한 지침을 제공한다. DO-236B에 대한 EUROCAE 등가물은 ED-75B이다.

23.5.3 DO-272C : User Requirements for Aerodrome Mapping Information

DO-272C는 비행장(공항) 지도 정보의 내용, 생성, 발행 그리고 업데이트에 적용가능한 최소한의 요구사항을 제공한다. 또한 그것은 요구사항에 대한 준수를 평가하고 필요한 신뢰수준을 결정하기 위한 지침을 제공한다. 그것은 공항 지도 디스플레이를 위해 사용될 수 있는 데이터 품질 요구사항의 최소 세트를 정의한다.[2, 8] DO-272C에 대한 EUROCAE 등가물은 ED-99C이다.

23.5.4 DO-276A : User Requirements for Terrain and Obstacle Data

DO-276A는 지형 및 장애물 데이터에 적용가능한 최소한의 사용자 요구사항을 정의한다. 그것은 지형 및 장애물 데이터와 관련된 최소한의 속성 리스트를 포함하며 해결될 필요가 있는 관련된 에러를 설명한다.[5] DO-276A에 대한 EUROCAE 등가물은 ED-98A이다.

23.5.5 DO-291B : Interchange Standards for Terrain, Obstacle, and Aerodrome Mapping Data

DO-291B4)는 지형, 장애물 그리고 비행장 데이터베이스 내용 및 품질에 대한 사용자 요구사항을 구체화하는 DO-272C와 DO-276A와 함께 사용된다. DO-291B는 DO-272C와 DO-276A를 준수하여 생성된 데이터에 대한 데이터 교환 형식 요구사항을 설정한다. DO-291B는 항공에 사용되는 지형, 장애물 그리고 비행장 지도 데이터베이스에 적용되는 ISO(International Standards Organization) 19100(지리 정보) 시리즈 표준에 기초하였다. 이 표준은 범위, 식별, 메타데이터, 내용, 참조 시스템, 데이터 품질, 데이터 포착 그리고 유지보수 정보에 대한 요구사항을 구체화한다.[9] DO-291B의 EUROCAE 등가물은 ED-119B이다. 또한 DO-291B는 Section 23.5.7에 설명된 ARINC 816과 관련된다.

23.5.6 ARINC 424 : Standard, Navigation System Database

"ARINC 424는 데이터 공급업체와 항공전자 판매업체 사이에 30년 이상 항법 데이터의 교환을 위한 업계 표준이 되어왔다."[10] ARINC 424는 항공기 항법 시스템 참조 데이터 파일을 준비하기 위한 항공 운송 업계의 권장 표준 역할을 한다.

> 이 파일의 데이터는 항공기의 항법 컴퓨터에서의 사용을 위한 매체를 생성하기 위해 항공기 항법 컴퓨터 운영 소프트웨어와 병합하기 위한 것이다. … 그것은 데이터베이스 공급업체, 항공전자 시스템 그리고 데이터베이스의 기타 사용자가 절차 설계자에 의해서 규정된 비행 및 비행 계획 절차를 가능하게 한다.[11]

ARINC 424의 원래 버전은 1975년에 발행되었다. 현재, ARINC 424의 최신 버전은 424-19이다. 하지만 위원회는 ARINC 424A에 대해서 적극적으로 작업하고 있다. 현재 ARINC 424 형식은 라인당 132자의 고정 길이 텍스트 파일을 정의한다. 이 파일들은 바이너리 이미지로 변환되고 특정 비행 관리 시스템으로 로드된다. 타깃 의존성 때문에 비행 관리 컴퓨터의 각각의 유형은 서로 다른 바이너리 이미지를 가지고 있다. 이것은 여러 개의 항공기

4) AC 20-153A는 DO-291B가 릴리즈되기 전에 AC가 발행되었기 때문에 DO-291A만 참조한다.

유형과 비행 관리 시스템을 가진 단일 항공사가, 비록 데이터베이스 패키지를 생성하기 위해 사용되는 원천 데이터는 동일하더라도, 수십 개의 데이터베이스 패키지를 가질 수 있는 시나리오로 이어진다. ARINC 424A에 대한 위원회의 목표는 비행 관리 컴퓨터별 바이너리에 대한 필요성 없이, 비행 관리 컴퓨터에서 바로 읽을 수 있는 개방형 표준 데이터베이스를 개발하는 것이다. 이를 통해 항공사가 하나의 소스로부터 데이터를 확보할 수 있다. ARINC 424A는 전통적인 ARINC 424와 동일한 ASCII(American Standard Code for Information Interchange)를 출력할 UML(Unified Modeling Language) 사용을 제안한다. 하지만 UML 모델은 또한 바이너리 XML로 변환될 수 있는(더 작은 파일 사이즈와 더 쉬운 파싱을 위해) XML(eXtensible Markup Language) 형식을 자동으로 생성하는 데도 사용될 수 있다. 위원회는 현재의 ARINC 424 형식을 유지하면서 동시에 여러 비행 관리 시스템에서 사용될 수 있는 좀 더 표준화된 결과 파일을 가능하게 하려고 노력하고 있다.[10]

23.5.7 ARINC 816-1 : Embedded Interchange Format for Airport Mapping Database

ARINC 816-1은 AMM(Airport Moving Maps)에 사용되는 데이터베이스를 위한 형식을 정의한다. AMM은 승무원의 상황 인식 상실로 인한 활주로와 유도로 침입을 줄임으로써 안전을 개선할 수 있는 잠재력을 가지고 있다. ARINC 816-1은 데이터 처리를 단순화하고 공항 이동 지도 디스플레이에 도움이 되는 기능을 제공한다.[12]

ARINC 816-1은 DO-272C 및 DO-291B와 관련이 있으며, 이는 앞서 설명한 바가 있다. [그림 23-2]는 세 문서 사이의 관계를 보여준다.

그림 23-2 | DO-272C, DO-291B, ARINC 816-1 사이의 관계

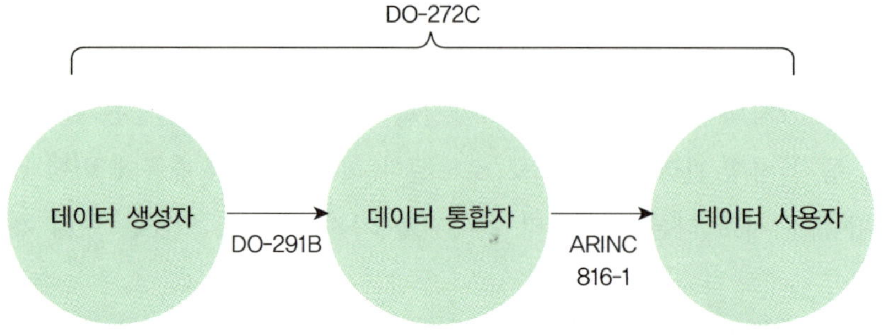

DO-272C는 공항 지도 데이터베이스(AMDB)를 위한 내용, 품질 그리고 프로세싱 요구사항을 정의한다. DO-291B는 데이터베이스에 대한 데이터 교환 형식 요구사항을 정의해서 데이터 생성자와 통합자 사이의 AMDB 교환을 가능하게 한다. ARINC 816-1은 내장형 항공 전자 시스템에 대한 데이터베이스 표준을 정의한다. 표준화된 형식은 최종 사용자가 항공 전자 공급업체에 독립적인 서로 다른 데이터베이스 통합자 중에서 선택할 수 있게 한다. 이를 통해 데이터베이스 통합자는 공항 데이터를 최종 시스템 사양으로 직접 변환할 수 있다.**[13]**

참고문헌

[1] RTCA/DO-200A, *Standards for Processing Aeronautical Data* (Washington, DC: RTCA, Inc., September 1998).

[2] Federal Aviation Administration, *Acceptance of Aeronautical Data Processes and Associated Databases*, Advisory Circular 20-153A (September 2010).

[3] RTCA/DO-201A, *Standards for Aeronautical Information* (Washington, DC: RTCA, Inc., April 2000).

[4] RTCA DO-272B, *User Requirements for Aerodrome Mapping Information* (Washington, DC: RTCA, Inc., April 2009).

[5] RTCA DO-276A, *User Requirements for Terrain and Obstacle Data* (Washington, DC: RTCA, Inc., August 2005).

[6] Federal Aviation Administration, *How to Evaluate and Accept Processes for Aeronautical Database* Suppliers, Order 8110.55A (November 2011).

[7] RTCA DO-236B, *Minimum Aviation System Performance Standards: Required Navigation Performance for Area Navigation* (Washington, DC: RTCA, Inc., October 2003).

[8] RTCA DO-272C, *User Requirements for Aerodrome Mapping Information* (Washington, DC: RTCA, Inc., September 2011).

[9] RTCA DO-291B, *Interchange Standards for Terrain, Obstacle, and Aerodrome Mapping Data* (Washington, DC: RTCA, Inc., September 2011).

[10] C. Pschierer, J. Kasten, J. Schiefele, H. Lepori, P. Bruneaux, A. Bourdais, and R. Andreae, ARINC 424A—A next generation navigation database specification, *IEEE Digital Avionics Systems Conference* (Orlando, FL, 2009), 4.D.2-1-4.D.2.10.

[11] Aeronautical Radio, Inc., Navigation system database, ARINC Specification 424-19 (Annapolis, MD: Airlines Electronic Engineering Committee, December 2008).

[12] C. Pschierer and J. Schiefele, Open standards for airport databases—ARINC 816, *IEEE Digital Avionics Systems Conference* (Dallas, TX, 2007), 2.B.6-1-2.B.6-8.

[13] Aeronautical Radio, Inc., Embedded interchange format for airport mapping database, ARINC Specification 816-1 (Annapolis, MD: Airlines Electronic Engineering Committee, November 2007).

Chapter 24

소프트웨어 재사용 (Software Reuse)

약어

AC	Advisory Circular
CAST	Certification Authorities Software Team
COTS	commercial off-the-shelf
FAA	Federal Aviation Administration
PDS	previously developed software
PSAC	Plan for Software Aspects of Certification
RSC	reusable software component
RTOS	real-time operating system
SOUP	software of unknown pedigree
U.S.	United States

24.1 소개

소프트웨어 재사용(software reuse)은 적어도 항공 세계에서는 대부분의 소프트웨어 프로젝트가 기존 시스템에서 파생된 것이기 때문에 중요한 주제이다. 새로운 혹은 처음부터 새로 만들어진 항공전자, 전기 시스템, 기체 그리고 엔진은 실제로 거의 드물다. DO-178C는 규정에 대한 초기 인증과 준수를 지원할 뿐만 아니라 지속적인 수정 및 유지보수를 지원하는 잘 조직되고 훈련된 프로세스를 권장한다.

몇 가지 성공적이지 못한 소프트웨어 재사용에 대해서 다소 잘 알려진 결과가 있어왔기 때문에 소프트웨어 재사용을 논의하는 것 또한 중요하다. Ariane 5 로켓의 폭발이 그 한 예이다. Ariane 5에 사용된 소프트웨어는 원래 Ariane 4를 위한 의도였으며 그 플랫폼에서 제대로 작동했다. 하지만 Ariane 4와 5 로켓의 발사 특성은 서로 달랐다. Ariane 4 소프트웨어의 부적절한 재사용으로 인해 Ariane 5가 폭발했다.[1] Nancy Leveson은 자신의 저서 '*Safeware*'에서 소프트웨어 재사용이 안전성을 높인다는 신화가 있다고 설명한다. 그녀는 소프트웨어 재사용으로부터 발생한 안전성 관련 문제점의 많은 예를 제공한다(그중 세 가지는 다음과 같다). 첫 번째로 Therac-25 의료 기기는 이전 제품인 Therac-20의 부품을 재사용했다. Therac-20 소프트웨어에는 에러가 존재했지만, 가끔씩 퓨즈가 끊어진 것 외에는 Therac-20 운영에 심각한 결과는 가져오지 않았다. 불행히도 Therac-25에 활용되었을 때, 그 에러는 과도한 방사선 노출과 최소 2명의 사망을 초래했다. 소프트웨어 재사용이 Therac-25 문제에 대한 유일한 이유는 아니었지만, 중요한 기여 요인이었다. 두 번째는 미국에서 사용된 항공 교통 통제 소프트웨어가 영국에서 재사용되었다. 이 케이스에서 영국 사용자는 미국과 영국 사이의 경도 차이를 대처하지 못했다. 세 번째는 북반구에 있는 그리고 해수면 위의 항공기를 위해 작성된 소프트웨어가 남반구 혹은 해수면 아래에서 재사용되었을 때 문제가 발생했다.[2]

소프트웨어는 극도로 조심해서 재사용해야 한다. 이 챕터는 이전에 개발된 소프트웨어(PDS)와 상용(COTS) 소프트웨어를 논의하면서 재사용을 검토한다. 재사용, PDS, COTS 소프트웨어 그리고 소프트웨어 컴포넌트라는 용어는 서로 연관되어 있다. 아마도 일부 정의는 관계를 명확하게 할 것이다.

- **소프트웨어 재사용(Software reuse)**: 소프트웨어 재사용에 대한 다양한 범위의 의견과 정의가 있다. 나는 그것을 기존 소프트웨어 자산을 사용해서 시스템을 구현하거나 업데이트하는 프로세스로 보는 것을 선호한다. 자산은 소프트웨어 컴포넌트, 소프트웨어 요구사항, 소프트웨어 설계, 소스 코드 그리고 다른 소프트웨어 라이프 사이클 데이터(계획, 표준, 검증 케이스 및 절차 그리고 도구 인증 데이터를 포함해서)가 될 수 있다. 소프트웨어 재사용은 기존 시스템 내에서, 유사한 시스템에 걸쳐서 혹은 매우 다른 시스템에서 발생할 수 있다.
- **소프트웨어 컴포넌트(Software component)**: DO-178C는 **컴포넌트(component)**를 "시스템의 고유한 기능을 수행하는 독립된 부품, 부품의 조합, 하위 조립품 혹은 유닛"으로 정의한다.[3] 하지만 나는 다음과 같은 좀 더 서술적인 정의를 선호한다. "다른 컴포넌트와 함께 재사용되거나 사용될 수 있는 원자적인 소프트웨어 요소. 이상적으로는 수정 없이 그리고 엔지니어가 컴포넌트의 내용과 내부 기능을 알 필요 없이 작동해야 한다. 하지만 인터페이스, 기능, 사전 조건 및 사후 조건, 성능 특성 그리고 필요한 지원 요소들을 잘 알아야 한다."[4]
- COTS **소프트웨어(COTS software)**: 비록 사용자별 요구에 맞게 구성될 수 있지만, 사용자에 의해서 커스터마이징되거나 향상되려는 의도를 가지고 있지 않은 상업적으로 사용가능한 소프트웨어 컴포넌트이다.[3]
- PDS: "사용을 위해서 이미 개발된 소프트웨어로 이전 혹은 현재 소프트웨어 지침에 따라 개발된 소프트웨어를 통한 COTS 소프트웨어를 포함해서 광범위한 소프트웨어를 포함한다."[3]

전체적으로 이러한 정의는 컴포넌트로 패키징된 PDS를 사용하면서 소프트웨어 재사용이 흔히 발생한다는 것을 나타낸다. PDS는 상업적으로 사용가능할 수 있고(COTS 소프트웨어), 과거 프로젝트로부터 자체적으로 개발될 수도 있으며, DO-178[ ][1]을 사용해서 개발되거나 일부 다른 지침 혹은 표준(예를 들면, 군 혹은 자동차 표준)을 사용해서 개발될 수도 혹은 어떤 지침도 사용하지 않고 개발될 수도 있다. 〈표 24-1〉은 네 가지 범주를 고려한 PDS의 몇 가지 예를 제공한다. 일부 PDS는 수정 없이 활용된다. 반면 일부 PDS는 새로운 시스템 혹은 환경에서의 사용을 위해 수정이 필요하다.

1) DO-178[ ]는 DO-178, DO-178A, DO-178B, 혹은 DO-178C를 나타낸다.

표 24-1 이전에 개발된 소프트웨어(PDS)의 예시

	Non-COTS	COTS
DO-178[ ]	• DO-178A에 따라 개발된 항공전자 애플리케이션 • 유사한 시스템에서의 사용을 위해 수정해야 하는 DO-178B 준수 비행 컨트롤 소프트웨어 • 새로운 항공기에 설치해야 하는 DO-178C 준수 배터리 관리 소프트웨어	• DO-178B 혹은 DO-178C 데이터가 사용가능한 실시간 운영체제(RTOS) • 특정 RTOS와 마이크로프로세서를 위한 DO-178C 준수 보드 지원 패키지
Non-DO-178[ ]	• 미국 DoD(Department of Defense) Military Standard 498을 사용해서 개발된 전기 전력 시스템 • 영국의 Defence Standard 00-55를 사용해서 개발된 군용 항공기를 위한 비행 관리 시스템 소프트웨어 • 자동차를 위한 브레이크 시스템 소프트웨어 • 컨트롤러 영역 네트워크 데이터 버스를 위한 디바이스 드라이버	• DO-178[ ] 데이터가 없는 운영체제(예를 들면, 윈도우즈) • 컴파일러 지원 라이브러리 • 자동차 시장에서 사용되는 데이터버스 소프트웨어 • Open Systems International 통신 프로토콜을 준수하는 통신 스택

소프트웨어가 진정으로 재사용되기 위해서는(인양되는 것 보다는) 재사용가능하도록 설계해야 한다. 이것은 어떤 항공 표준에서도 요구되지 않지만, 실질적인 현실이자 모범 사례이다. 따라서 이 챕터는 재사용을 위해 계획하고 설계하는 법을 논의한다. 그런 다음 PDS를 재사용하는 방법을 검토하는 것으로 초점을 옮긴다. PDS와 긴밀하게 연관된 소프트웨어 서비스 히스토리의 간략한 조사로 이 챕터를 마무리한다.

24.2 재사용가능한 컴포넌트 설계하기

소프트웨어 재사용은 그냥 발생하지 않는다. 성공적인 재사용 노력은 계획과 조심스러운 설계 결정이 필요하다. 컴포넌트가 성공적으로 재사용되기 위해서는 재사용가능하도록 설계해야 한다. 재사용을 위한 설계는 일반적으로 초기 개발시간 및 비용을 증가시키지만, 중요한 재작업 없이 컴포넌트가 재사용될 때 투자수익률이 회복된다.

Ariane 5, Therac-25 그리고 앞서 논의되었던 다른 예시들은 소프트웨어 재사용이 조심스럽게 평가되고 구현되지 않은 경우에 대한 간단한 조사를 제공한다. 소프트웨어가 점점 더 복잡해지고 널리 사용되면서, 안전 필수 시스템에서의 소프트웨어 재사용에 대한 우려 또한 증가하고 있다. 재사용은 실행가능한 옵션이 될 수 있다. 하지만 그것은 조심해서 평가되고 구현되어야 한다. 만약 소프트웨어가 처음부터 재사용가능하게 설계되면 사고를 피하는 데 도움이 될 수 있다.

일반적으로 소프트웨어산업, 특히 항공전자 소프트웨어산업은 재사용을 위한 개발에서는 다소 미숙하다. 내가 재사용이라는 주제로 석사 논문을 완료하면서 동일한 결론에 도달한 이후 10년 동안, 실시간 운영체제와 라이브러리 기능과 같은 컴포넌트에 대한 재사용 영역에 약간의 진전이 있었다. 불행히도 재사용을 위해 설계하는 것은 여전히 항공산업에서 다소 이해하기 어려운 목표인 것 같다. 종종 프로젝트는 재사용을 위한 설계를 의도하면서 시작한다. 하지만 일단 일정과 예산 제약이 강요되면 재사용 목표는 포기된다.

다음은 재사용을 위해서 설계할 때 고려해야 할 16가지 권고사항들이다. 이들 상호 연관된 권고사항들은 효과적인 재사용을 위해 중요한 프로그래밍적이고 기술적인 개념을 요약한다.

권고사항 1 : 재사용에 대한 경영진의 장기적인 헌신을 확보하라. 컴포넌트를 재사용가능하게 설계하는 것은 재사용을 위해 설계되지 않는 컴포넌트보다 더 오래 걸리고 더 많은 비용이 들 것이다. 일정과 비용 증가의 규모는 사용되는 프로세스, 조직의 경험과 해당 분야의 전문성, 개발되는 컴포넌트의 유형, 경영진의 헌신 그리고 다양한 다른 요인들에 따라 달라진다. 어떤 이들은 재사용가능한 컴포넌트가 한 번 사용을 위한 동일 컴포넌트의 2~3배 비용이 든다고 추정한다.[5] 경영진이 이러한 현실을 이해하고 장기적인 헌신을 하는 것이 중요하다. 재사용이 성공하기 위해서는 고위 경영진이 이를 옹호해야 한다. 대부분의 재사용 실패는 상황이 어려워질 때 이러한 노력을 지원하겠다는 경영진의 헌신이 줄어드는 것에서 비롯된다.

권고사항 2 : 재사용팀을 구성하고 훈련하라. 재사용가능한 소프트웨어를 개발하는 것에 주된 목표를 가진 잘 훈련된 팀은 일반적인 개발팀보다 성공가능성이 더 높다. 그것은 작은 전담팀일 수도 있고 혹은 그들 시간의 일부만 활동에 헌신하는 사람들로 구성될 수도 있다. 하지만 책임성을 보장하기 위해서는 식별된 팀을 구성하고 모든 구성원이 적절하게 훈련되도록 하는 것이 중요하다.

권고사항 3 : 재사용을 막는 이슈들을 식별하기 위해 기존 프로젝트를 평가하라. 당신 회사 내에서 기존 소프트웨어 프로젝트를 평가해서 어떤 이슈가 재사용을 막는지 식별하는 것이 도움이 된다. 설계 관행, 코딩 관행, 하드웨어 인터페이스, 개발 환경 그리고 컴파일러 이슈가 재사용을 막을 수 있다. 재사용을 막는 이슈들의 리스트를 정리함으로써 팀은 이러한 이슈들을 극복할 전략을 개발하기 시작할 수 있다.

권고사항 4 : 시범 프로젝트를 시도하라. 하룻밤 사이에 조직을 바꾸려고 노력하기보다는 작은 시험 프로젝트로 시작하는 것이 최선일 경우가 많다. 이 프로젝트는 재사용 관행을 식별하고 재사용팀을 훈련하기 위한 기초가 될 수 있다. 작고 성공적인 프로젝트는 경험과 자신감을 구축한다.

권고사항 5 : 재사용 관행과 교훈을 문서화하라. 재사용가능한 컴포넌트 개발 노력을 시작하기 전에 팀이 따라야 할 관행의 초안을 작성하라. 첫 번째 혹은 두 번째 프로젝트 이후, 이러한 관행은 업데이트되어야 한다. 이상적으로는 실제 경험으로부터 배운 교훈으로 관행과 절차가 지속적으로 개선된다. 궁극적으로 이러한 관행은 회사 전체의 권고사항 혹은 절차로 확립될 수 있다.

권고사항 6 : 컴포넌트 개발 과정에서 의도된 사용자를 식별하고 전적으로 그들을 지원하라. 사용자는 컴포넌트 고객이기 때문에 그들의 요구가 충족되는지 확인하고, 상충되는 요구가 식별되는지 확인하며, 컴포넌트를 개발하고 유지보수할 때 발생할 수 있는 모든 문제점들을 통보받는 것을 확인하기 위해 컴포넌트 사용자가 누구인지 식별하는 것이 중요하다. 또한 ① 쉬운 식별(사용자는 컴포넌트가 그들의 요구를 충족하는지 쉽게 볼 수 있어야 한다), ② 쉬운 사용(사용자는 컴포넌트 사용법을 신속하게 배울 수 있어야 한다), ③ 광범위한 경험(초보부터 전문가까지)을 가진 통합자에 의한 사용성과 같은 특성들을 포함하도록 컴포넌트를 사용자 친화적으로 설계하는 것이 중요하다.**[6]**

권고사항 7 : 도메인 엔지니어링 프로세스를 구현하라. 성공적인 소프트웨어 재사용을 위해서는 건전한 도메인 엔지니어링 프로세스가 필수이다. 도메인은 "관련된 시스템의 그룹 혹은 집합이다. 해당 도메인의 모든 시스템은 기능 그리고/혹은 데이터 세트를 공유한다."**[7]** 도메인 엔지니어링은 관리되고 재사용될 수 있는 도메인 분석, 설계, 구현을 통해서 자산을 생성하는 프로세스이다. 도메인 엔지니어는 애플리케이션 요구의 대부분을 충족하고 향후 재사용에 적합한 아키텍처를 제안한다. **도메인 엔지니어링(domain engineering)**과 **재사용 엔지니어링(reuse engineering)**의 개념을 구분하는 것이 중요하다. **도메인 엔지니어링(domain engineering)**은 재사용을 위해 개발하는 것이다. 반면 **재사용 엔지니어링(reuse engineering)**은 재사용으로 개발하는 것이다. 훌륭한 도메인 엔지니어링은 단지 코드 재사용만이 아니라, 전체 컴포넌트 혹은 그러한 컴포넌트의 설계 부분을 재사용할 수 있게 하는 것이 중요하다.

권고사항 8: **사용 도메인을 식별하고 문서화하라.** **사용 도메인(usage domain)**은 다음을 나타낼 수 있는 특징들의 선언된 세트이다.

- 컴포넌트가 기능, 성능, 안전성 요구사항을 준수한다.
- 컴포넌트가 정의된 할당가능 리소스 및 기능에 대한 모든 확인과 보증을 충족한다.
- 결함 및 에러 처리, 고장 모드 그리고 불리한 환경 영향 과정에서의 동작을 포함해서, 컴포넌트 성능이 완전히 특징지어진다.[8]

컴포넌트를 재사용할 때 새로운 설치에서 컴포넌트 재사용을 평가하기 위해 사용 도메인 분석이 수행될 필요가 있기 때문에 사용 도메인을 문서화하는 것이 중요하다. 사용 도메인 분석은 ① 컴포넌트 개발자에 의해서 만들어진 모든 가정이 해결되고, ② 컴포넌트가 설치에 미치는 영향이 고려되며, ③ 컴포넌트에 대한 새로운 환경의 영향이 고려되고, ④ 새로운 설치에서 컴포넌트와의 모든 인터페이스가 컴포넌트의 사용 도메인과 인터페이스 스펙과 일치하는 것을 확인하기 위해 컴포넌트의 이어지는 재사용을 평가한다.[8]

권고사항 9: **작고 잘 정의된 컴포넌트를 생성하라.** Steve McConnell은 다음과 같이 쓰고 있다. "거대한, 부피가 큰, 일반적인 컴포넌트보다는 작고, 날카롭고, 전문화된 컴포넌트의 생성에 당신의 재사용 작업을 집중하는 것이 더 낫다. 일반적인 컴포넌트를 만들어서 재사용가능한 소프트웨어를 만들려고 노력하는 개발자는 미래 사용자의 요구를 적절하게 예측하지 못한다. … '거대한 그리고 부피가 큰'이란 것은 '이해하기가 너무 어려운'을 의미하며, '사용하기에 에러가 나기 너무 쉬운'을 의미한다." 컴포넌트를 재사용할 수 있도록 기능이 명확하고 잘 문서화되어야 한다. 기능은 **어떻게(how)** 그것이 구현되느냐가 아니라 컴포넌트가 **무엇을(what)** 하느냐를 높은 수준으로 정의해야 한다. 기능은 단일 목적을 가져야 하며, 그 목적과 관련된 기능만을 제공해야 하고, 적절한 크기(즉 사용하기에 너무 작지 않고 감당할 수 없을 정도로 너무 크지 않은)를 가져야 한다. 추가적으로 원활하고 성공적인 통합을 가능하게 하기 위해 소프트웨어 컴포넌트는 잘 정의된 인터페이스를 가져야 한다. 인터페이스는 사용자가 컴포넌트와 상호작용하는 방법을 정의한다. 성공적인 인터페이스는 일관된 구문, 논리적인 설계, 예측가능한 동작 그리고 일관된 에러 처리 방법을 가지고 있다. 잘 정의된 인터페이스는 완전하고, 일관되며, 응집력이 있어서 사용자가 컴포넌트를 작동시키는 데 필요한 것을 제공한다.[9]

권고사항 10 : 이식성을 염두에 두고 설계하라. 이식성은 그것이 사용 수명을 연장하고 동시에 그것을 사용할 수 있는 설치의 범위를 확장함으로써 소프트웨어 패키지의 가치를 높이기 때문에 대부분의 소프트웨어 제품에 바람직한 속성이다.[10] 다음과 같은 두 가지 유형의 이식성이 있다. 바이너리 이식성(binary portability)(실행가능 형태의 이식)과 소스 이식성(source portability)(소스 언어 표현의 이식)이다. 바이너리 이식성은 명백하게 바람직하지만 일반적으로 상당히 유사한 프로세서(예를 들면, 동일한 이진 명령어셋)에서만 혹은 바이너리 변환기를 사용할 수 있는 경우에만 가능하다. 소스 이식성은 소스 코드의 가용성을 가정하지만 소프트웨어 유닛을 광범위한 환경에 적응시킬 수 있는 기회를 제공한다.[11] 바이너리 혹은 소스 이식성을 얻기 위해 소프트웨어는 이식성을 위해서 설계되어야 한다. 일반적으로 이식성의 통합은 다음과 같은 설계 전략을 요구한다.[10]

- 필요한 최소한의 환경 요구사항과 가정을 식별하라.
- 설계 전반에 걸쳐서 불필요한 가정을 제거하라.
- 환경에 따라서 요구되는 인터페이스를 식별하라(프로시저 호출, 파라미터, 데이터 구조).
- 각각의 인터페이스에 대해서 다음 중 하나를 수행하라.
  - 적합한 모듈, 패키지, 오브젝트 등에 인터페이스를 캡슐화하라(즉, 각각의 타깃 시스템에 대해서 인터페이스 적용에 대한 요구를 예상하라).
  - 대부분의 타깃 환경에서 사용할 수 있는 인터페이스에 대한 표준을 식별하라. 그리고 설계 전반에 걸쳐서 이 표준을 따르라.

권고사항 11 : 컴포넌트를 강건하게 설계하라. Bertrand Meyer는 다음과 같이 쓰고 있다. "컴포넌트는 올바로 사용될 때 고장나서는 안 된다."[6] 컴포넌트는 여러 사용자가 있을 것이기 때문에 강건하게 설계되어야 한다. 컴포넌트는 예상치 못한 입력을 예상하고 그것을 해결해야 한다(예를 들면, 에러 처리 기능 사용). 컴포넌트 요구사항과 설계를 개발할 때 강건성이 고려되어야 한다.

권고사항 12 : 데이터를 재사용가능하게 패키징하라. FAA(Federal Aviation Administration) Order 8110.49 Chapter 12는 항공기 인증 환경에서 소프트웨어 라이프 사이클 데이터의 재사용을 논의한다.[18] 데이터(그리고 소프트웨어 자체)가 재사용가능하기 위해서는 소프트웨어가 재사용을 위해 패키징될 필요가 있다. 종종 이것은 각각의 컴포넌트에 대해서 완전한 세트의 DO-178C 라이프 사이클 데이터를 가지는 것을 의미한다. Order 8110.49는 회사 내에서의 재사용을 위한 지침을 제공한다. 하지만 FAA Advisory Circular(AC) 20-148은 회사의 경계를 넘어 소프트웨어 컴포넌트 재사용에 대한 개념을 논의한다(예를 들면, 여러 항공전자 시스템에서 RTOS의 재사용). AC 20-148은 재사용가능한 컴포넌트를 문서화하는 방법에 대한 지침을 제공한다. FAA 재사용 수락서를 위해서든 혹은 그렇지 않든, 컴포넌트는 여전히 프로그램에서 프로그램으로 재사용가능하도록 패키징될 수 있다. Order와 AC는 패키징 제안을 제공한다.

권고사항 13 : 재사용가능한 컴포넌트를 잘 문서화하라. 향후 컴포넌트를 누가 사용할지 알 수 없는 경우가 많기 때문에 컴포넌트를 철저하게 문서화하는 것이 중요하다. 이것은 인증과 유지보수를 지원하기 위한 데이터의 생성뿐만 아니라 컴포넌트의 적절한 사용과 통합을 보장하기 위한 문서 작성(예를 들면, 인터페이스 스펙 및 사용자 매뉴얼)을 포함한다. AC 20-148은 컴포넌트의 적절한 사용을 보장하기 위해 RSC(Reusable Software Component)의 사용자가 필요로 하는 정보를 설명하는 데이터 시트의 생성을 요구한다. AC 20-148 (Section 6.i)은 데이터 시트에 다음과 같은 데이터를 요구한다. 컴포넌트 기능, 제한, 잠재적인 인터페이스 안전성 우려에 대한 분석, 가정, 구성, 지원 데이터, 오픈된 문제점 리포트, 컴포넌트의 특징(워스트 케이스 타이밍, 메모리, 처리량과 같은) 그리고 컴포넌트 사용을 지원하는 다른 관련된 정보이다.[12]

권고사항 14 : 설계 근거를 문서화하라. 소프트웨어 컴포넌트를 효과적으로 재사용하기 위해 설계 근거가 잘 문서화되어야 한다. 컴포넌트 자체의 설계 결정과 컴포넌트를 먼저 통합하는 시스템의 설계 결정이 모두 중요하다. 문서화된 설계 결정은 컴포넌트가 "적절하고 유리하게 재사용"될 수 있는 곳을 결정하는 데 도움이 된다.[13] 그 외에도 컴포넌트를 사용하는 시스템에 대한 문서화된 설계 결정은 컴포넌트가 다른 시스템에 적합한지를 결정하는 데 또한 도움이 될 수 있다. Dean Allemang은 설계 근거를 다음과 같은 두 가지 범주로 나누고 있다 : ① 내부 근거(설계의 일부와 동일한 설계의 다른 부분과의 관계 — 컴포넌트가 다른 컴포넌트와 상호작용하는 방식), ② 외부 근거(설계의 일부와 다른 설계의 일부와의 관계 — 여러 시스템에서의 컴포넌트 사용).**[13]**

권고사항 15 : 사용자를 위한 안전성 정보를 문서화하라. 컴포넌트의 개발 및 이어지는 재사용 과정에서 안전성이 고려되어야 한다. 컴포넌트 개발자가 고장 조건, 안전성 특성, 보호 메커니즘, 아키텍처, 제약사항, 소프트웨어 레벨, 인터페이스 스펙 그리고 컴포넌트의 의도된 사용을 정의하는 것이 필수적이다. 모든 인터페이스와 구성가능한 파라미터는 사용자에게 미치는 이러한 파라미터 및 인터페이스의 기능과 성능 영향을 설명하기 위해 분석되어야 한다. 분석은 적절한 동작을 보장하기 위해 사용자가 요구하는 조치를 문서화한다. 추가적으로 AC 20-148, Section 5.f에 따라 RSC 개발자는 "사용자의 구현에 부정적인 영향을 줄 수 있는(취약성, 파티셔닝 요구사항, 하드웨어 고장 영향, 중복에 대한 요구사항, 데이터 지연 그리고 정확한 RSC 동작을 위한 설계 제약처럼) RSC의 동작에 대한 분석을 생성해야 한다. 분석은 통합자 혹은 지원자의 안전성 분석을 지원할 수 있다."**[12]**

권고사항 16 : 양이 아닌 질에 초점을 맞추어라. 재사용가능한 컴포넌트는 여러 사용자를 가질 수 있기 때문에 각각의 컴포넌트가 필요에 따라서 동작하는 것을 확인하는 것이 중요하다. McConnell은 다음과 같이 쓰고 있다. "성공적인 재사용은 사실상 에러가 없는 컴포넌트의 생성을 요구한다. 만약 재사용가능한 컴포넌트를 사용하려고 하는 개발자가 결함이 포함된 것을 발견한다면, 재사용 프로그램은 금세 빛이 바래게 된다. 낮은 품질의 프로그램을 기반으로 한 재사용 프로그램은 실제로 소프트웨어 개발 비용을 증가시킬 수 있다. … 만약 당신이 재사용을 구현하기를 원한다면 양이 아니라 질에 초점을 맞추어라."**[5]** AC 20-148을 개발할 때 FAA는 재사용가능한 컴포넌트의 첫 번째 승인은 그것이 정확하게 동작하는 것을 보장하기 위해 높은 수준의 인증 당국의 감독과 개입이 필요하다는 사실을 강조했다.

24.3 이전에 개발된 소프트웨어 재사용하기

PDS의 다음과 같은 세 가지 측면이 이 섹션에서 고려된다. ① 특히, 민간 항공 규정을 충족할 필요가 있을 때, PDS를 안전 필수 시스템에 포함하기 위한 평가 프로세스, ② DO-178[ ][2]을 사용해서 개발되지 않은 PDS를 재사용할 때 특별한 고려사항, ③ PDS가 COTS 소프트웨어일 때 평가해야 할 추가적인 요인들이다.

24.3.1 민간 항공 제품에 사용하기 위해 PDS를 평가하기

민간 항공 제품(항공기, 엔진 혹은 프로펠러)에서 PDS의 사용을 위한 평가 프로세스를 더 잘 이해하기 위해 플로우차트가 제공된다([그림 24-1]을 보라). 비록 그것이 발생하는 모든 상황을 커버하지 못하더라도 민간 항공 프로젝트에 관한 대부분의 상황을 커버할 것이다. 또한 그런 접근법은 다른 분야에도 적용될 수 있지만 일부 수정이 필요할 수 있다.

플로우차트에 있는 각각의 블록에 번호가 매겨져 있고 다음과 같이 설명된다.

① **PDS가 민간 항공기 설치에 승인되었는지 여부를 결정한다.** 만약 PDS가 인증된 민간 항공기, 엔진 혹은 프로펠러에서 이전에 승인되었다면 재작업 혹은 재검증 없이 재사용하기에 적합할 수 있다. 만약 이전에 승인되지 않았다면 DO-178C 혹은 동급 보증 레벨을 충족하는 것을 보여줄 필요가 있을 것이다.

② **설치와 소프트웨어 레벨이 동일할 것인지를 결정한다.** 만약 소프트웨어가 동일한 시스템에서 설치되고 동일한 방식으로 사용되며(예를 들면, 하드웨어 혹은 소프트웨어에 변경 없이 다른 항공기에 설치되고 있는 공중 충돌 방지 장치) 안전성 영향이 동일하다면, PDS는 아마도 재작업 혹은 재검증 없이 재사용하기에 적합할 것이다. 시스템 수준에서의 유사성 분석은 일반적으로 소프트웨어의 사용을 평가하고 안전성 고려사항을 확인하며 재사용 요청을 지원하기 위해 필요하다(이 정보는 시스템 수준의 계획에 포함될 가능성이 있다). 만약 설치가 변경되거나 소프트웨어 레벨이 부적절한 경우 추가적인 평가가 필요하다(블록 ④를 보라).

[2] DO-178[ ]은 DO-178, DO-178A, DO-178B 혹은 DO-178C가 될 수 있다.

그림 24-1 | 민간 항공 프로젝트를 위한 PDS의 평가를 위한 프로세스

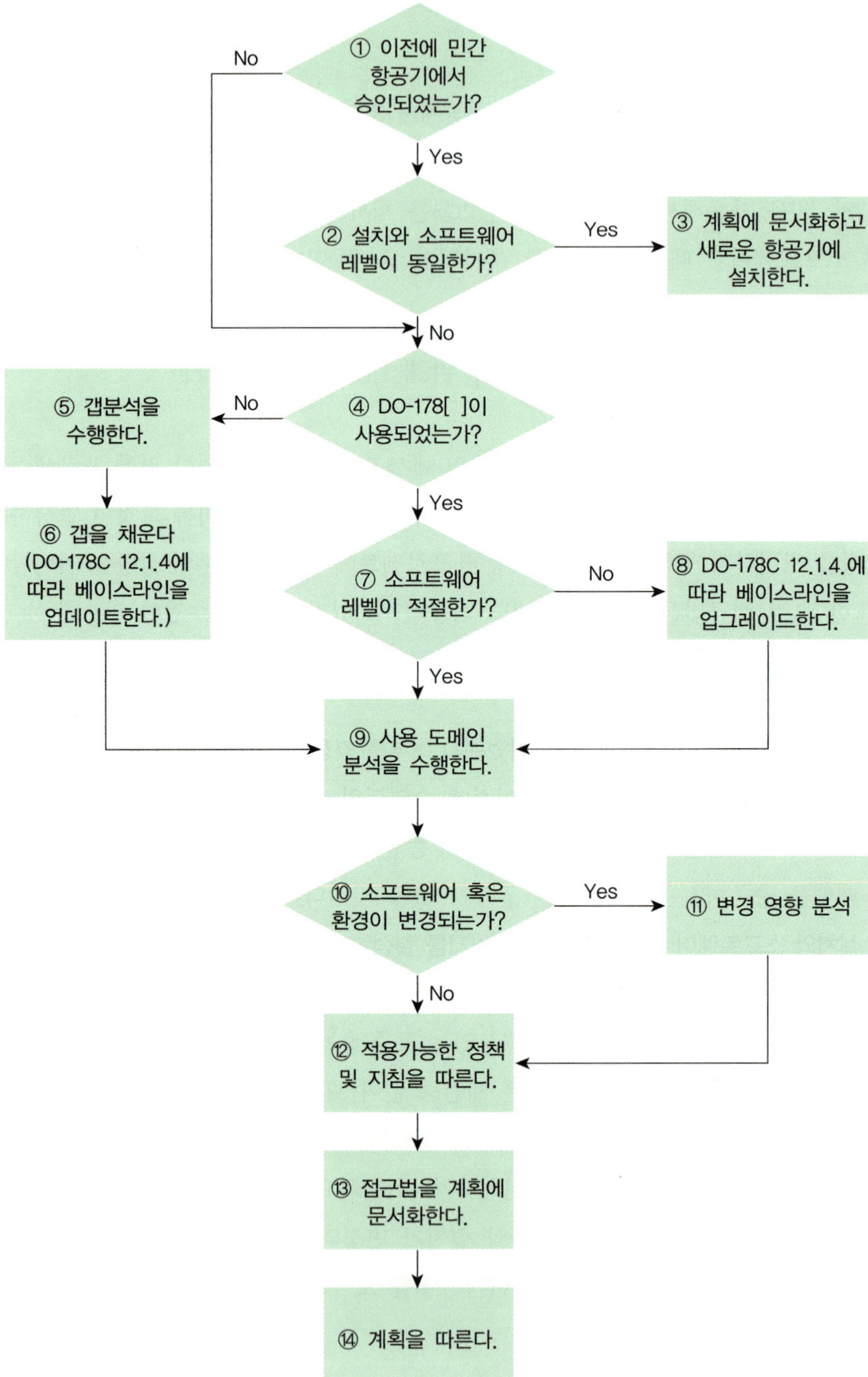

③ **PDS를 사용하려는 의도를 계획에 문서화한다.** PDS와 유사성 분석의 결과를 사용하려는 의도는 계획에 문서화될 필요가 있다. 상황에 따라서 이것은 시스템 수준의 계획(예를 들면, 전체 시스템이 재사용된다면)이 되거나 혹은 소프트웨어 인증 계획(PSAC)(만약 소프트웨어 컴포넌트만 재사용되는 경우)에 있을 수 있다. 계획은 항목 ①과 ②에서 설명한 것처럼 동등한 설치와 소프트웨어 레벨의 정확도를 설명해야 한다.

④ **소프트웨어가 원래 DO-178[ ]를 사용해서 승인되었는가?** 이 프로세스 블록의 목적은 원래의 개발 과정에서 DO-178C 혹은 이전 버전을 따랐는지를 식별하는 것이다. 만약 그렇지 않다면 갭을 식별하기 위한 갭분석이 수행되고, 이러한 갭을 채우기 위한 접근법이 식별된다(블록 ⑤와 ⑥).

⑤ **갭분석을 수행한다.** 갭분석은 DO-178C 목표에 대한 PDS와 그 지원 데이터의 평가를 포함한다. 알려지지 않은 계통의 소프트웨어(SOUP)의 경우, 데이터를 정상적으로 사용할 수 없기 때문에 이 분석이 가능하지 않을 수 있다. 그런 소프트웨어는 일반적으로 레벨 D 혹은 E로만 승인될 수 있다.

⑥ **갭을 채운다.** 일단 갭이 식별되면 갭을 채워야 한다. DO-178C Section 12.1.4 "개발 베이스라인을 업그레이드하기"는 이러한 작업에 대한 지침을 제공한다. 원래 개발에 따라서 이것은 대단한 노력이 될 수 있고 재사용 계획을 다시 생각하게 만들 수도 있다. 갭을 채우기 위해 사용될 수 있는 몇 가지 대체 접근법이 이 챕터의 나중에 논의된다(Section 24.3.2를 보라). 만약 PDS가 COTS 컴포넌트라면 갭을 식별하고 채우기 위해 추가적인 권고사항에 대해서 Section 24.3.3을 보라.

⑦ **소프트웨어 레벨이 적절한지 여부를 결정한다.** 새로운 설치를 위해 필요한 소프트웨어 레벨을 결정하고 PDS의 소프트웨어 레벨이 적절한지를 결정한다. DO-178[ ][3]에 따라 개발되지 않은 소프트웨어의 경우, 그 답은 NO이며 갭분석이 필요하다(블록 ⑤와 ⑥을 보라). 만약 소프트웨어가 DO-178B 혹은 DO-178A에 따라서 개발되었다면, DO-178B와 DO-178C에 대한 동등한 레벨이 〈표 24-2〉에 보이고 있다.

3) DO-178[ ]은 DO-178, DO-178A, DO-178B 혹은 DO-178C가 될 수 있다.

표 24-2 **소프트웨어 레벨 동등성**

설치에 의해서 요구되는 DO-178B/C 소프트웨어 레벨	DO-178B/DO-178A에 따른 레거시 시스템 소프트웨어 레벨		
	Critical/레벨 1	Essential/레벨 2	Nonessential/레벨 3
A	Yes/분석	No	No
B	Yes	No/분석	No
C	Yes	Yes	No
D	Yes	Yes	No
E	Yes	Yes	Yes

출처: Federal Aviation Administration, *Software Approval Guidelines*, Order 8110.49, Federal Aviation Administration, Washington, DC, Change 1, September 2011.

⑧ **베이스라인을 업그레이드한다.** 만약 PDS의 소프트웨어 레벨이 적절하지 않으면 데이터(그리고 아마도 소프트웨어 자체)는 추가적인 DO-178[ ] 목표를 해결하기 위해 업데이트될 필요가 있을 것이다. DO-178C Section 12.1.4는 이 프로세스를 설명한다. 일반적으로 이것은 추가적인 검증 활동을 포함한다. 만약 소프트웨어가 DO-178B 혹은 DO-178C를 사용해서 개발되지 않았다면, 이 업그레이드 또한 DO-178C 준수에 도달하기 위한 갭분석(블록 ⑤와 ⑥)이 필요할 수 있다. 그런 분석에 대한 필요성은 요구되는 소프트웨어 레벨 증가와 안전성 요구를 지원하기 위한 기존 데이터의 능력에 따라 달라지며 인증 당국과 긴밀하게 조율되어야 한다.

⑨ **사용 도메인 분석을 수행한다.** PDS를 새로 설치하는 경우, 이 분석은 최소한 다음을 확인한다.

- 사용될 소프트웨어는 원래 승인된 소프트웨어와 동일하다.
- 항공기의 안전성 혹은 운영 능력에 부정적인 영향이 없다.
- 장비 성능 특성이 동일하다.
- 모든 오픈된 문제점 리포트가 새로운 설치에 미치는 영향에 대해서 평가된다. 만약 문제점 리포트를 사용할 수 없다면 PDS의 재사용을 금지할 수 있다.
- 범위, 데이터 유형 및 파라미터가 원래 설치와 동등하다.
- 인터페이스가 동일하다.

이 분석의 일부는 이미 다른 블록에 의해서 다루어졌다. 하지만 블록 ⑨는 그 정보를 하나의 장소에 모으고 의도된 사용을 보다 철저하게 평가하려는 것이다. 이 분석은 소프트웨어에 요구되는 변경을 식별할 수 있다. 만약 PDS가 수정된다면, 이 분석은 변경 영향 분석과 함께 수행되고 변경 영향 분석의 일부로 문서화될 수 있다. 하지만 만약 소프트웨어와 그 환경이 변하지 않는다면, 이 사용 도메인 분석은 계획(일반적으로 PSAC 혹은 시스템 인증 계획)에 포함된다.

⑩ **소프트웨어 혹은 그 환경이 변경되는지를 결정한다.** 사용 도메인 분석(블록 ⑨)은 PDS 설치에 어떤 변경이 있는지 여부를 결정하기 위해 사용한다. 추가적으로 만약 개발 환경(예를 들면, 컴파일러, 컴파일러 설정, 코드 생성기 버전, 링커 버전) 혹은 소프트웨어가 변경되면, 변경 영향 분석이 필요하고 적절한 소프트웨어 라이프 사이클 데이터가 수정될 필요가 있을 것이다. DO-178C Section 12.1.2와 12.1.3은 설치, 응용 그리고 개발 환경의 변경에 대해 논의한다.

⑪ **변경 영향 분석을 수행한다.** Chapter 10에서 논의한 것처럼 수정된 소프트웨어는 변경의 영향과 재검증에 대한 계획을 분석하기 위해 변경 영향 분석을 요구한다.[4] 또한 Chapter 10에서 논의한 것처럼 소프트웨어 변경이 major 혹은 minor인지를 결정하기 위해 변경 영향 분석이 사용된다. 만약 PDS가 **레거시 소프트웨어(legacy software)**(인증 기준에 의해서 요구되는 것보다 이전 버전의 DO-178로 개발된 소프트웨어)로 분류되는 경우, 이것은 소프트웨어 변경이 구현되는 방법에 영향을 미칠 수 있다. Order 8110.49에 따라 **minor 변경(minor change)**의 경우, 원래 레거시 소프트웨어에 사용된 프로세스가 변경을 구현하기 위해 사용될 수 있다(예를 들면, DO-178A를 준수하는 PDS에 대한 minor 변경은 DO-178A 프로세스를 사용할 수 있다). 하지만 만약 변경이 **major 변경(major change)**으로 분류되는 경우, PDS에 대한 변경과 PDS에 이어지는 모든 변경은 인증 기준에 의해서 요구되는 DO-178 버전이 되어야 한다(아마도 새로운 프로젝트의 경우 DO-178C).[5]

⑫ **적용가능한 인증 정책 및 지침을 따른다.** DO-178C Section 12.1 외에도 대부분의 인증 당국은 PDS 그리고/혹은 재사용과 관련된 정책 혹은 지침을 가지고 있다(예를 들면, FAA Order 8110.49 그리고 AC 20-148). 또한 기존 지침이 프로젝트별 시나리오에 맞지 않을 때 프로젝트별 이슈 페이퍼(혹은 등가물)가 발생할 수 있다.

⑬ **접근법을 계획에 문서화하고 인증 당국과 합의한다.** PDS를 사용하기 위한 계획은 PSAC(혹은 아마도 시스템 수준의 인증 계획)에 문서화되어야 한다. PSAC는 PDS 기능, 원

---

4) DO-178C Section 12.1.1.c와 12.1.1.d 역시 변경 영향 분석을 요구한다.

5) 현 시점에 Order 8110.49(change 1)가 유효하다.**[18]** 레거시 소프트웨어에 대한 접근법은 Order 8110.49가 DO-178C를 인식하도록 업데이트될 때 변경될 수 있다.

래의 계보, 설치, 소프트웨어 혹은 개발 환경의 변경, 그리고 변경 영향 분석 그리고/혹은 사용 도메인 분석의 결과를 설명한다. 만약 PDS가 DO-178[ ]에 따라서 개발되지 않았다면 갭분석과 대체 접근법(들)의 세부사항이 설명되어야 한다. 또한 PSAC는 필요한 모든 변경과 그것들이 검증될 방법을 설명해야 한다. 추가적으로 PSAC는 소프트웨어에 대한 소프트웨어 형상 관리 및 소프트웨어 품질 보증 고려사항이 DO-178C Section 12.1.5[6]와 12.1.6[7]에 따라서 어떻게 기술될지를 설명한다. 일단 PSAC가 완료되면 인증 당국에 제출한다(대부분의 인증 당국은 변경 영향 분석 또한 보기를 원할 것이다). 재사용 활동을 너무 많이 진행하기 전에 인증 당국의 동의를 얻는 것이 중요하다.

⑭ **계획을 따르고 합의된 프로세스에 따라서 구현한다.** 일단 인증 당국이 계획을 승인하면(이것은 여러 번 반복될 수 있다), 승인된 계획은 반드시 따라야 한다. 변경 영향 분석과 계획은 프로젝트가 진행되면서 업데이트가 필요할 수 있다.

24.3.2 DO-178[ ]을 사용해서 개발되지 않은 PDS 재사용하기

[그림 24-1]의 블록 ⑤와 ⑥에서 언급한 것처럼 만약 소프트웨어가 DO-178[ ]로 개발되지 않았다면 충족되지 않은 DO-178C 목표를 식별하기 위해 갭분석이 수행된다. 원래의 개발에 따라서 갭을 채우는 것은 사소한 작업이거나 극도로 시간이 많이 걸릴 수 있다. SOUP의 경우 존재하지 않는 데이터를 재구성하는 것보다는 새로 시작하는 것이 더 효율적일 수 있다. 일부 데이터를 사용할 수 있는 PDS의 경우, 갭을 채우는 것이 실행가능한 경로가 될 수 있다. 훌륭한 추적 레코드를 가지고 있지만, 민간 항공에는 포함되지 않는 PDS(예를 들면, COTS RTOS, 군용 애플리케이션 혹은 자동차 컴포넌트)는 이러한 접근법을 사용해서 성공할 수 있다.

갭분석은 얼마나 많은 추가적인 작업이 필요한지를 결정하기 위해 DO-178C를 위해 필요한 것에 대한 사용가능한 데이터를 조사한다. 내 경험으로는 레벨 A와 B 소프트웨어의 경우 갭이 다소 큰 경향이 있다. 만약 소스 코드를 사용할 수 없다면 다다를 수 있는 가장

6) DO-178C Section 12.1.5는 이전 베이스라인으로의 추적성과 문제점 리포팅, 문제점 해결 그리고 변경 추적을 가지는 변경 컨트롤 시스템을 포함해서 변경 관리 프로세스가 구현되는 것을 보장한다.

7) DO-178C Section 12.1.6은 소프트웨어 품질 보증이 PDS와 PDS에 대한 모든 변경을 평가하는 것을 보장한다.

높은 것은 일반적으로 레벨 D이다.8) 만약 사용할 수 있는 데이터가 거의 없지만 소스 코드를 사용할 수 있다면 서비스 히스토리와 리버스 엔지니어링이 가장 일반적인 옵션이 되는 경향이 있다.

DO-278A Section 12.4와 DO-248C Section 4.5는 PDS가 초기에 DO-178C 목표를 충족한 경우와 동일한 수준의 신뢰를 가지는 것을 보장하기 위해 사용되는 일반적인 대체 접근법을 식별한다. 〈표 24-3〉은 몇 가지 좀 더 일반적인 접근법을 요약한다. 대부분의 시나리오에서 PDS 갭은 이러한 접근법들의 조합에 의해서 채워진다. 서비스 히스토리는 이 챕터의 나중에 논의하며 리버스 엔지니어링은 Chapter 25에서 검토한다.

▌표 24-3▌PDS에 대한 대체 접근법의 요약

접근법	설명	제약사항
서비스 히스토리/경험	DO-178C는 제품 서비스 히스토리를 다음과 같이 정의한다 : "소프트웨어가 알려진 환경 내에서 작동되는 과정과 계속적인 고장이 기록되는 과정에서의 연속적인 기간."[3] 이것은 이 챕터의 나중에 좀 더 자세히 논의한다.	• 히스토리가 존재하는 환경과 의도된 환경은 동일하지 않을 수 있다. • 문제점 리포팅 및 수집이 적절함을 증명하기 어려울 수 있다. • PDS가 여러 번 변경되어 히스토리를 증명하기 어려울 수 있다. • 서비스 경험의 시간이 적절하지 않을 수 있다. • 이것은 매우 주관적인 접근법이며 인증당국의 승인을 얻기가 어렵다. 다른 접근법이 서비스 히스토리/경험 요구를 보완해야 할 가능성이 높다.
프로세스 인정	만약 PDS가 정의된 프로세스를 사용해서 승인되었거나 독립적으로 인가되었다면, DO-178C 목표의 일부 혹은 전체에 대한 신뢰를 주장하는 것이 가능할 수 있다. 그러한 프로세스의 예로는 Military Standard 498(MIL-STD-498) 혹은 Department of Defense Standard 2167A(DOD-STD-2167A) 준수 프로세스 혹은 SEI CMMI®(Software Engineering Institute Capability Maturing Model Integration®)평가 프로세스를 포함한다.	• 프로세스는 일반적으로 모든 DO-178C 목표를 다루지는 않을 것이다. • 사용자가 데이터를 접근하는 것이 가능하지 않을 수 있다.

8) FAA Order 8110.49 Chapter 8은 레벨 D 목표를 준수하는 방법에 대한 몇 가지 통찰력을 제공한다.

리버스 엔지니어링	"리버스 엔지니어링은 기존 소프트웨어 데이터로부터 상위 수준 소프트웨어 데이터를 개발하는 프로세스이다. 예로는 오브젝트 코드(혹은 실행가능 오브젝트 코드)로부터 소스 코드 혹은 하위 레벨 요구사항으로부터 상위 레벨 요구사항을 개발하는 것을 포함한다."**[17]** 이 주제는 Chapter 25에서 논의한다.	• 리버스 엔지니어링은 인증 당국을 좌절시키는 주관적인 접근법이다. • 낮은 수준의 추상화로부터 높은 수준의 추상화로 가기가 어렵다(예를 들면, 하위 레벨 요구사항이 소스코드로부터 리버스 엔지니어링될 때 요구사항이 코드를 모방하는 경우가 많다). • 원래 개발자의 사고 과정이 이해되지 않을 수 있다. • 리버스 엔지니어링은 그것을 올바로 하기 위해 매우 숙련된 팀을 요구한다.
기능의 제한	기능의 제한은 PDS 사용을 전체 기능의 서브셋으로 제한하는 프로세스이다. 제한하는 몇 가지 방법은 실시간 체크, 비활성화된 코드, 빌트인 제한 혹은 래퍼이다.**[17]** 항공에 사용되는 대부분의 RTOS는 모든 기능을 가진 범용 RTOS의 서브셋이다. 결정론적이지 않은 혹은 잠재적으로 불안전한 기능은 제거된다.	• 원하지 않는 코드가 실행되지 않을 것을 증명하기가 어려울 수 있다. • 보호 메커니즘은 추가적인 검증이 필요할 수 있다.
아키텍처적인 완화	시스템은 소프트웨어의 원치 않는 동작으로부터 보호하기 위해 설계될 수 있다. 몇 가지 일반적인 접근법은 소프트웨어 파티셔닝과 안전성 모니터링이다. 파티셔닝은 다른 소프트웨어와의 소프트웨어 상호작용을 격리하기 위해 사용된다. 모니터는 잠재적인 고장을 탐지하기 위해 사용될 수 있다.	• PDS의 모든 기능에 대한 지식이 없으면, 원치 않는 효과가 완화되는 것을 증명하기가 어려울 수 있다.
추가적인 시험	소프트웨어가 의도대로 수행되고 부정적인 영향을 가지고 있지 않음을 보장하기 위해 추가적이고 광범위한 시험이 개발될 수 있다. 일부 추가적인 시험은 다음을 포함할 수 있다.**[14]** • 입력과 출력이 분리된 단순한 소프트웨어 기능에 대한 철저한 입력 시험(exhaustive input test) • 범위를 벗어나는, 지정되지 않은 혹은 잘못된 입력이 원치 않는 동작을 야기하지 않는 것을 확인하기 위한 광범위한 강건성 시험(extensive robustness testing) • 소프트웨어가 시스템 레벨에서 의도	• 의도되지 않은 기능이 소프트웨어, 특히 더 크거나 더 복잡한 소프트웨어에 존재하지 않는 것을 증명하기가 어렵다.

	된 대로 수행하는 것을 확인하기 위한 시스템 레벨 시험(system-level testing) • 광범위한 정상 및 비정상 입력에 노출되면서 오랜 기간 동안 시스템을 구동함으로써 발생하는 장기간 담금질 시험(long-term soak testing) : 시스템에 대한 재설정 없이 기능 시험이 뒤따름 • 여러 독립된 사용자에게 노출하는 훈련을 위한 시스템 사용(using system for training)	

출처 : RTCA DO-278A, *Guidelines for Communications, Navigation, Surveillance, and Air Traffic Management (CNS/ATM) Systems Software Integrity Assurance*, RTCA, Inc., Washington, DC, December 2011; RTCA DO-248C, *Supporting Information for DO-178C and DO-278A*, Washington, DC, RTCA, Inc., December 2011.

24.3.3 COTS 소프트웨어에 대한 추가적인 생각

앞서 언급한 것처럼 COTS 소프트웨어는 PDS의 특별한 종류이다. COTS 소프트웨어의 예시는 <표 24-1>에 포함되어 있다. DO-278A Section 12.4는 COT를 안전 필수 시스템으로 구입하고 통합하기 위한 몇 가지 특별한 지침을 제공한다. DO-178C는 동등한 지침을 제공하지 않지만 DO-278A 접근법은 DO-178C 프로젝트에 적용될 수 있다. DO-278A는 COTS 소프트웨어가 DO-278A 혹은 DO-178C로 개발되는 소프트웨어와 동일한 레벨의 신뢰를 제공하는 것을 보장하기 위해 개발되는 **COTS 소프트웨어 무결성 보증 케이스**(COTS software integrity assurance case) 개념을 촉진한다. DO-178C 준수를 위한 무결성 보증 케이스는 다음 정보를 포함한다.**[14]**

- COTS 소프트웨어의 무결성 그리고 어떤 DO-178C 목표가 해당 케이스를 충족하지 않는지에 대한 주장
- COTS 소프트웨어가 사용될 환경
- COTS 소프트웨어가 만족하는 요구사항
- COTS 소프트웨어에서 불필요한 기능의 식별, 평가, 완화
- 기존 COTS 소프트웨어 데이터로 만족하는 DO-178C 목표에 대한 설명

- 만족하지 않는 DO-178C 목표에 대한 식별 그리고 대체 접근법을 사용해서 동등한 수준의 신뢰를 달성할 방법에 대한 설명
- 취해야 할 전략에 대한 설명
- 대체 방법을 사용해서 생성될 추가적인 소프트웨어 라이프 사이클 데이터를 포함해서 해당 케이스를 지원하는 모든 데이터를 식별
- 무결성 보증 주장에 사용되는 가정 및 정당성의 목록
- 갭분석에서 식별된 모든 커버되지 않은 목표들이 만족하는 것을 검증하기 위한 프로세스의 설명
- COTS 소프트웨어가 원래 개발 과정에서 모든 목표가 충족되었을 때와 동일한 무결성을 가지고 있다는 증거

추가적으로 안전 필수 시스템에서 COTS 소프트웨어의 타당성을 결정할 때 다음의 COTS 고유의 우려사항이 해결될 필요가 있다.

- 지원 라이프 사이클 데이터의 가용성
- 안전 필수 사용을 위한 COTS 소프트웨어의 적합성. 많은 COTS 소프트웨어 컴포넌트는 안전을 염두에 두고 설계되지 않았다.
- COTS 소프트웨어의 안정성. 다음 요인들을 평가하라.
  - 얼마나 자주 업데이트되었는가?
  - 패치가 추가되었는가?
  - 각각의 업데이트를 위한 완전한 세트의 라이프 사이클 데이터가 제공되거나 사용가능한가?
  - 공급업체가 업데이트가 가능할 때 알림을 제공하고, 그것이 발생한 이유를 설명하며, 수정된 문제점 리포트를 제공하고(변경 영향 분석을 지원하기 위해), 변경을 지원하기 위해 업데이트된 데이터를 제공할 것인가?
- 공급업체로부터 기술 지원이 가능한가? 다음을 고려하라.
  - 만약 COTS 소프트웨어를 사용하는 동안 이슈가 발견되는 경우, 공급업체가 그것을 적극적으로(그리고 의무적으로) 수정하는가?
  - 공급업체가 적극적으로 인증을 지원하는가?
  - 공급업체가 COTS 소프트웨어 사용의 전체 수명에 걸쳐서 알려진 이슈들(아마도 다

른 사용자에 의해서 식별된 이슈들)을 적극적으로(그리고 의무적으로) 공개하는가?
  - 만약 공급업체가 사업을 중단하거나 소프트웨어를 더 이상 지원하지 않기로 결정하게 되면 어떤 일이 발생하는가?
- COTS 소프트웨어의 형상 컨트롤. 다음을 고려하라.
  - 문제점 리포팅 시스템이 존재하는가?
  - 변경이 이전 베이스라인으로 추적되는가?
  - COTS 소프트웨어와 그것을 지원하는 라이프 사이클 데이터가 고유하게 식별되는가?
  - 컨트롤되는 릴리즈 프로세스가 있는가?
  - 오픈된 문제점 리포트가 제공되는가?
- 바이러스, 보안 취약성 등으로부터 COTS 소프트웨어의 보호
- COTS 소프트웨어에 대한 도구 및 하드웨어 지원
- COTS 소프트웨어와 타깃 컴퓨터 및 인터페이스 시스템과의 호환성
- COTS 소프트웨어의 수정가능성 혹은 구성가능성
- COTS 소프트웨어에서 원하지 않거나 필요하지 않은 기능의 비활성화, 무력화 혹은 제거하는 기능
- 공급업체의 품질 보증의 적절성

24.4 제품 서비스 히스토리

이 섹션은 PDS에 대해서 대체 방법을 제안할 때 고려해야 할 제품 서비스 히스토리 및 요인들을 간략하게 설명한다.

24.4.1 제품 서비스 히스토리의 정의

〈표 24-3〉에서 언급한 것처럼 DO-178C는 **제품 서비스 히스토리(product service history)**를 다음과 같이 정의한다: "소프트웨어가 알려진 환경 내에서 작동되는 과정과 계속적인 고

장이 기록되는 과정에서의 연속적인 기간."[3] 이 정의는 문제점 리포팅, 환경(운영 및 타깃 컴퓨터 환경을 포함해서), 시간의 개념을 포함한다.

업계와 인증 당국 모두 인증 신뢰에 대해서 제품 서비스 히스토리를 사용하기 위한 실현가능한 방법을 식별하기 위해 상당한 노력을 기울여왔다. CAST(Certification Authorities Software Team)9)는 그 주제에 대한 문서를 발행했고(CAST-1), FAA는 이 분야에서 연구를 후원했다(연구 리포트와 핸드북이 만들어진). DO-178B에서 한 페이지였던 내용이 DO-178C에서 네 페이지로 늘어났다. 그리고 DO-248C는 그 주제에 대한 일곱 페이지의 논문을 포함하고 있다. 하지만 주제를 명확하게 하려는 노력에도 불구하고, 여전히 구현하기가 어렵다.

DO-178C Section 12.3.4는 제품 서비스 히스토리 케이스가 다음 요인들에 의존한다고 설명한다.[3] ① 소프트웨어의 형상 관리, ② 문제점 리포팅 활동의 효과, ③ 소프트웨어의 안전성과 성숙도, ④ 제품 서비스 히스토리 환경의 관련성, ⑤ 제품 서비스 히스토리의 길이, ⑥ 제품 서비스 히스토리에서 실제 에러율, ⑦ 수정의 영향이다. 해당 섹션은 서비스 히스토리의 관련성, 누적된 서비스 히스토리의 충분함, 서비스 히스토리에서 발견된 문제의 수집 및 분석 그리고 대체 방법으로 서비스 히스토리를 제시할 때 PSAC에 포함할 정보에 대한 추가적인 지침을 계속해서 제시한다.

제품 서비스 히스토리는 DO-178[ ]에 따라서 개발되지 않았던 소프트웨어 혹은 원하는 상위 수준의 시스템을 위해 필요로 하는 것보다 낮은 레벨의 DO-178[ ]로 개발되었던 소프트웨어에 적용할 수 있다.

24.4.2 제품 서비스 히스토리를 사용해서 신뢰를 추구하는 것의 어려움

지금까지 제품 서비스 히스토리 자체만을 사용해서 성공적인 주장을 하는 것은 사실상 불가능했다. 하지만 다른 대안을 보완하기 위해서는 성공적으로 사용되어왔다(예를 들면, 리버스 엔지니어링 혹은 프로세스 인정).

Uma와 Tom Ferrell이 작성한 '*Software Service History Report*'라는 타이틀을 가진 FAA

9) CAST는 항공 소프트웨어와 항공전자 하드웨어에 대한 그들의 입장을 CAST 문서에 조화시키려고 노력하는 국제 인증 당국의 팀이다.

연구 보고서에 언급한 것처럼 DO-178C에서 제품 서비스 히스토리의 정의는 "'명시된 기간 동안 명시된 조건하에서 요구되는 기능을 수행하기 위한 제품의 능력'이라는 신뢰성에 대한 IEEE[Institute for Electrical and Electronic Engineers] 정의와 매우 유사하다."[15][10] 역사적으로 정확하게 승인된 적이 없기 때문에 DO-178C 혹은 인증 당국 누구도 소프트웨어 신뢰성 모델을 권장하지 않는다. 또한 신뢰성과 서비스 히스토리 사이의 유사성 때문에 제품 서비스 히스토리를 사용해서 만족스러운 주장을 하기가 어렵다.

제품 서비스 히스토리를 증명하기 어렵게 만드는 경향이 있는 또 다른 요인은 제품 서비스의 과정에서 수집된 데이터가 종종 부적절하다는 것이다. 회사들은 일반적으로 제품 서비스 히스토리 주장을 위해 미리 계획을 세우지 않기 때문에 데이터 수집을 위한 문제점 리포팅 메커니즘이 존재하지 않을 수 있다.

24.4.3 제품 서비스 히스토리를 사용해서 신뢰를 주장할 때 고려해야 할 요인들

서비스 히스토리에 대한 신뢰를 주장할 때 다음 사항을 다루어야 할 필요가 있다.

- **서비스 히스토리 관련성이 입증되어야 한다.** DO-178C Section 12.3.4.1에 따라 제품 서비스 히스토리의 관련성을 입증하기 위해 다음 사항이 나타나야 한다.[3]
  - PDS가 서비스에서 활성화된 전체 시간이 문서화되고 적절해야 한다.
  - PDS의 형상과 환경이 알려지고, 관련되며, 통제하에 있어야 한다.
  - 만약 PDS가 서비스 히스토리 과정에서 변경되었다면 업데이트된 PDS에 대한 서비스 히스토리의 관련성이 평가되고 관련되는 것을 보일 필요가 있다.
  - PDS의 의도된 사용이 제품 서비스 히스토리의 관련성을 보이기 위해 분석되어야 한다(소프트웨어가 동일한 방식으로 사용될 것을 입증하기 위해).
  - 히스토리 적용을 보장하기 위해 서비스 히스토리 환경과 PDS가 설치될 환경 사이의 모든 차이점이 평가되어야 한다.
  - 생산에 사용되지 않은 소프트웨어(예를 들면, 비활성화된 코드)가 서비스 히스토리 신뢰를 추구하지 않는지 확인하기 위해 분석이 수행되어야 한다.

10) 명확하게 하기 위해 대괄호가 추가되었다.

- **서비스 히스토리가 충분해야 한다.** 서비스 히스토리의 관련성을 보이는 것에 더해서 서비스 히스토리의 양이 소프트웨어 레벨을 포함해서 시스템 안전성 목표를 만족하기에 충분하다는 것이 보여야 한다. 또한 서비스 히스토리는 채우려고 하는 DO-178C 갭을 만족스럽게 해결해야 한다.
- **서비스 과정에서의 문제가 수집되고 분석되어야 한다.** 서비스 히스토리를 주장하기 위해서 PDS 서비스 히스토리 과정에서 발생한 문제점이 알려지고 문서화되고 안전성 관점으로 받아들일 수 있다는 것이 입증되어야 한다. 이것은 적절한 문제점 리포팅 프로세스의 증거를 요구한다. 앞서 언급한 것처럼 이것은 수행하기 어려운 작업이 될 수 있다.

FAA의 '*Software Service History Handbook*'은 제품 서비스 히스토리 주장을 제시할 때 물어볼 네 가지 유형의 질문을 식별한다.[16] 이것들은 훌륭한 질문들이다. 만약 누군가가 이러한 것들에 만족스럽게 답할 수 있다면 서비스 히스토리를 주장하는 것이 가능할 수 있다. 질문의 범주는 다음과 같다.

- 문제점 리포팅과 관련된 45개 질문들
- 운영에 대한 11개 질문들(타깃 도메인과 비교해서 이전 도메인 내에서 PDS 운영의 유사성을 비교)
- 환경에 대한 12개 질문들(서비스 히스토리 과정에서 PDS가 호스팅되었던 환경이 제안된 환경과 유사하다는 것을 확인하기 위해 컴퓨팅 환경을 평가)
- 시간에 대한 19개 질문들(제품 서비스 히스토리로부터 사용가능한 데이터를 사용해서 서비스 히스토리 지속시간 및 에러율을 평가)

편의상 구체적인 질문은 Appendix D에 포함되어 있다. 제품 서비스 히스토리에 대한 추가적인 정보에 대해서는 DO-178C(Section 12.3.4)[3], DO-248C(discussion paper #5)[17], FAA의 '*Software Service History Handbook*'[16]을 참고하라.

참고문헌

[1] R. Reihl, Can software be safe? — An ADA viewpoint. *Embedded Systems Programming*, December 1997.

[2] N. Leveson, *Safeware: System Safety and Computers* (Reading, MA: Addison-Wesley, 1995).

[3] RTCA DO-178C, *Software Considerations in Airborne Systems and Equipment Certification* (Washington, DC: RTCA, Inc., December 2011).

[4] A. Lattanze, A component-based construction framework for DoD software systems development, *CrossTalk*, November 1997.

[5] S. McConnell, *Rapid Development* (Redmond, WA: Microsoft Press, 1996).

[6] B. Meyer, Rules for component builders, *Software Development* 7(5), 26–30, May 1999.

[7] J. Sodhi and P. Sodhi, *Software Reuse: Domain Analysis and Design Process* (New York: McGraw-Hill, 1999).

[8] RTCA DO-297, *Integrated Modular Avionics (IMA) Development Guidance and Certification Considerations* (Washington, DC: RTCA, Inc., November 2005).

[9] A. Rhodes, Component based development for embedded systems, *Embedded Systems Conference* (San Jose, CA, Spring 1999), Paper #313.

[10] J. D. Mooney, Portability and reuse: Common issues and differences, Report TR 94-2 (Morgantown, WV: West Virginia University, June 1994).

[11] J. D. Mooney, Issues in the specification and measurement of software portability, Report TR 93-6 (Morgantown, WV: West Virginia University, May 1993).

[12] Federal Aviation Administration, *Reusable Software Components*, Advisory Circular 20-148 (Washington, DC: Federal Aviation Administration, December 2004).

[13] D. Allemang, Design rationale and reuse, *IEEE Software Reuse Conference* (Orlando, FL, 1996).

[14] RTCA DO-278A, *Guidelines for Communications, Navigation, Surveillance, and Air Traffic Management (CNS/ATM) systems software integrity assurance* (Washington, DC: RTCA, Inc., December 2011).

[15] U. D. Ferrell and T. K. Ferrell, *Software service history report*, DOT/FAA/AR-01/125 (Washington, DC: Office of Aviation Research, January 2002).

[16] U. D. Ferrell and T. K. Ferrell, *Software Service History Handbook*, DOT/FAA/AR-01/116 (Washington, DC: Office of Aviation Research, January 2002).

[17] RTCA DO-248C, *Supporting Information for DO-178C and DO-278A* (Washington, DC: RTCA, Inc., December 2011).

[18] Federal Aviation Administration, *Software Approval Guidelines*, Order 8110.49 (Washington, DC: Federal Aviation Administration, Change 1, September 2011).

Chapter 25

리버스 엔지니어링 (Reverse Engineering)

약어

CAST	Certification Authorities Software Team
COTS	commercial off-the-shelf
EASA	European Aviation Safety Agency
FAA	Federal Aviation Administration
LAL	less abstract level
LLR	low-level requirement
MAL	more abstract level
PDS	previously developed software
RE	reverse engineering
SQA	software quality assurance

이 챕터는 리버스 엔지니어링(reverse engineering)을 정의하고, 관련된 몇 가지 이슈들을 식별하며, DO-178C 목표를 만족하기 위해 필요한 라이프 사이클 데이터를 리버스 엔지니어링하는 방법에 대한 높은 수준의 권고사항을 제공한다. DO-178C에서 리버스 엔지니어링이 특히 이전에 개발된 소프트웨어(PDS)를 위한 라이프 사이클 데이터를 생성하기 위한 대체 방법으로 인식되기 때문에 이 챕터는 Chapter 24와 밀접하게 관련된다. 이 책 전반의 다른 주제들과 마찬가지로 그 주제는 민간 항공 분야에서 안전 필수 소프트웨어에 초점을 맞추어 커버된다. 또한 그 개념은 다른 안전 필수 분야로 적용될 수 있다.

이 챕터의 대부분은 소스 코드로부터의 리버스 엔지니어링 소프트웨어 라이프 사이클 데이터(요구사항과 설계)에 집중하는 것에 유의할 필요가 있는데, 이는 그러한 방법이 항공 소프트웨어 업계에서 리버스 엔지니어링의 가장 일반적인 응용인 경향이 있기 때문이다. 하지만 그 개념은 오브젝트 코드로부터 시작하거나 누락된 시스템 요구사항을 문서화하는 것과 같은 다른 시나리오에도 적용할 수 있다.

25.1 리버스 엔지니어링이란 무엇인가?

리버스 엔지니어링의 정의는 다양하다. DO-178C는 그것을 다음과 같이 정의한다. "기존 소프트웨어 데이터로부터 상위 레벨 소프트웨어 데이터를 개발하는 프로세스이다. 예로는 오브젝트 코드 혹은 실행가능 오브젝트 코드로부터 소스 코드를 개발하는 혹은 하위 레벨 요구사항으로부터 상위 레벨 요구사항을 개발하는 것을 포함한다."[1]

DO-178C Section 12.1.4.d는 리버스 엔지니어링이 베이스라인을 업그레이드하기 위한 접근법으로 사용될 수 있다고 설명한다. "리버스 엔지니어링은 이 문서[DO-178C]의 목표를 만족하기에 부족하거나 누락된 소프트웨어 라이프 사이클 데이터를 다시 생성하기 위해 사용될 수 있다. 소프트웨어 제품을 생성하는 것에 더해서, 소프트웨어 검증 프로세스 목표를 만족하기 위해 추가적인 활동이 수행될 필요가 있다."[1][1)]

1) 명확하게 하기 위해서 대괄호가 추가되었다.

Roger Pressman은 소프트웨어에 대한 리버스 엔지니어링을 다음과 같이 정의한다. "소스 코드보다 높은 추상화 수준에서 프로그램의 표현을 생성하기 위한 노력으로 프로그램을 분석하는 프로세스이다. 리버스 엔지니어링은 설계 복구 프로세스이다."**[2]**

CAST(Certification Authorities Software Team)[2] 문서인 CAST-18은 리버스 엔지니어링을 다음과 같이 설명한다.

> 리버스 엔지니어링은 적용가능한 DO-178B/ED-12B 목표를 만족하기 위해 원래 존재하지 않거나, 발견될 수 없거나, 부적절하거나 혹은 사용가능하지 않은 소프트웨어 라이프 사이클 데이터를 생성하기 위한 접근법이다. 하지만 그것은 단지 관련된 소프트웨어 라이프 사이클 데이터를 생성하는 것뿐만 아니라, 데이터가 정확하고, 소프트웨어 기능이 이해되고 문서화되며, 소프트웨어가 시스템에 의해서 의도한 대로 그리고 요구된 대로 기능하는(수행하는) 것을 보장하는 프로세스이다. 그것은 요구사항과 설계의 복구뿐만 아니라 소프트웨어의 무결성을 보장하기 위해 모든 소프트웨어 라이프 사이클 데이터가 가용하고 정확하며 적절한 설계 보증 레벨이 달성되는지를 확인하기 위해 적절한 수준으로 관련된 검증 활동을 수행하는 것을 포함한다.**[3]**[3]

George Romanski 등이 쓴 '*Reverse Engineering Software and Digital Systems*'라는 타이틀의 FAA(Federal Aviation Administration) 연구 보고서는 다음과 같이 언급한다.

> 리버스 엔지니어링(RE)은 구현의 상세한 표현으로 시작하여, 보다 일반화되고 덜 상세한 표현을 만들기 위해 다양한 기법을 적용하는 개발 프로세스의 한 부류이다. 그 목표는 보다 상세한 표현 구조와 의도에 대해서 이해하고 추론하기 위해 사용할 수 있는 보다 추상적인 표현을 갖는 것이다.**[4]**

---

2) CAST는 CAST 문서에서 항공 소프트웨어와 항공전자 하드웨어에 대한 그들의 입장을 조율하기 위해 노력하는 국제 인증 당국의 하나의 팀이다.

3) CAST-18은 DO-178C가 발행되기 전에 작성되었으므로 DO-178B를 참조한다.

25.2 리버스 엔지니어링의 예시

다음을 포함해서 리버스 엔지니어링이 적용될 수 있거나 적용되어온 수많은 예시들이 있다.

- 실시간 운영체제 혹은 판매업체 제공 라이브러리와 같은 상용(COTS) 소프트웨어
- 엔진 컨트롤러, 컨트롤러 영역 네트워크 버스 드라이버 혹은 비행 컨트롤 컴포넌트와 같이 원래 다른 표준(예를 들면, 군 혹은 자동차 표준)에 따라서 개발된 소프트웨어
- Ada 프로그래밍 언어를 위한 GNAT 오픈 소스 컴파일러를 위한 런타임 라이브러리, 리눅스 운영체제 혹은 Xen 하이퍼바이저와 같은 오픈 소스 소프트웨어
- 몇 년간의 유지보수 이후 너무 취약해져서(too fragile) 업그레이드하거나 수정하기 어렵게 된 기존 소프트웨어

25.3 리버스 엔지니어링할 때 해결되어야 할 이슈들

인증 당국은 CAST-18에서 리버스 엔지니어링을 둘러싼 일반적인 이슈들을 식별해왔다. CAST-18은 소스 코드로부터의 리버스 엔지니어링에 초점을 맞추고 있다. 또한 이러한 이슈들은 리버스 엔지니어링이 제안될 때 프로젝트별 FAA 이슈 페이퍼에도 언급되어왔다. 일반적인 이슈들은 다음과 같이 설명된다.[3, 5][4]

이슈 1 : 잘 정의된 프로세스의 부족. 리버스 엔지니어링 소프트웨어 산출물의 프로세스는 체계적이고 잘 정의되어야 한다. 너무나 자주 리버스 엔지니어링은 부실한 개발 관행을 보완하기 위해 사용되며 문서화된 프로세스를 따르지 않는다. 만약 리버스 엔지니어링이 사용된다면 DO-178C 목표를 충족하기 위한 프로세스, 활동, 전이 기준 그리고 전략이 계획과 표준에 문서화되어야 한다.

4) FAA의 리버스 엔지니어링 연구 보고서의 Appendix C는 가장 일반적인 이슈에 대한 잠재적인 완화를 식별한다.

이슈 2: **DO-178C 목표가 어떻게 충족되는지 정당화하지 못함.** 인증 당국은 기업들이 리버스 엔지니어링을 라이프 사이클 모델로 제안할 때 DO-178C 목표가 어떻게 충족될지를 충분히 설명하지 않는 것을 자주 목격해왔다.[3] CAST-18에 따르면 다음과 같이 설명하고 있다. "리버스 엔지니어링은 조심스럽게 그리고 잘 정당화된 케이스(즉, 많은 애플리케이션에 사용되어왔고 스스로 높은 무결성을 보여온 프로젝트의 경우)에만 사용되어야 한다. 새로운 소프트웨어 개발에 리버스 엔지니어링의 사용은 인증 당국이 강력하게 만류한다."[3]

이슈 3: **전문가 및 원래 개발자에 대한 접근성 부족.** 라이프 사이클 데이터가 누락될 때, 그 사고 과정을 이해하기 위해 종종 최초의 개발자에게 접근해야 한다. 소스 코드는 특히 주석이 거의 없거나 아예 없는 경우 그리고 최적화된 성능을 위해 작성된 경우 해독하기가 어려울 수 있다. CAST-18에 따르면 가장 성공적인 리버스 엔지니어링 프로젝트는, 특히 모호하거나 어려운 영역에 대한 설명이 필요할 때 최초 개발팀에 접근할 수 있는 프로젝트이다.[3]

이슈 4: **복잡하거나 제대로 문서화되지 않은 소스 코드.** 엄격한 코딩 표준이 강제되지 않으면 많은 COTS 제품에 대한 소스 코드는 읽기가 어렵다. 여러 COTS 실시간 운영체제에 대한 소스 코드를 조사한 결과, 나는 소스 코드가 얼마나 어려울 수 있는지 직접적으로 알고 있다. 소스 코드는 종종 복잡한 데이터 구조와 포인터로 채워진다. 게다가 그것은 최소한의 주석을 담고 있다. 소스 코드 이슈는 코드가 안전 필수 환경을 위해 개발되지 않았거나 최종 제품으로 사용될 의도가 전혀 없었던 빠른 프로토타입이었기 때문에 발생했을 수 있다. 부실하게 문서화된 소스 코드는 코드의 의도된 기능을 평가하고 리버스 엔지니어링된 요구사항과 설계가 적절한지 확인하기 어렵게 만든다. CAST-18은 그것을 잘 요약하고 있다. "코드의 철저한 이해는 성공적인 리버스 엔지니어링에 필수적이다. 부실하게 문서화된 혹은 복잡한 코드는 리버스 엔지니어링을 위한 적합한 대상이 아니다."[3]

이슈 5: **추상화의 어려움.** 소스 코드로부터 설계와 요구사항이 리버스 엔지니어링될 때 적절한 수준의 추상화를 달성하기가 어렵다. Pressman은 다음과 같이 설명한다. "이상적으로 추상화 수준은 가능한 한 높아야 한다."[2] 낮은 추상화 수준(코드 같은)으로부터 높은 추상화 수준(요구사항 같은)으로 가는 것은 상당히 어렵다. 올바른 추상화 수준을 달성하지 못하는 몇 가지 결과가 있다. 두 가지가 주목된다. 첫째, 제대로 수행되지 않을 때 설계와 요구사항은 소스 코드와 상당히 유사하다. 그러한 요구사항에 대해서 수행된 시험은 소프트웨어의 의도(what)가 아니라 구현(how)을 평가하기 때문에 거의 가치가 없다. 본질적으로 그런 시험은 코드가 바로 그 코드라는 것을 증명할 뿐, 코드가 의도된 대로 동작한다는 것을 증명하지 않는다. 둘째, 올바른 추상화가 없으면 시스템 수준에서 보이지 않는 원하지 않는 기능이 소스 코드에 존재할 수 있다. 시스템 요구사항과 소프트웨어 요구사항 사이의 하나하나에서 큰 갭이 있을 때 시스템 수준 요구사항의 완전성을 확인하기가 어렵다.

> 지금은 **의사 코드 경고**(pseudocode alert)를 발령하기 좋은 시간이다. 리버스 엔지니어링된 프로젝트는 종종 소스 코드와 거의 똑같이 보이는 의사 코드로 하위 레벨 요구사항(LLR)을 나타낸다. 그것은 충분히 나쁘지만, 더 나빠지게 만드는 것은 그런 프로젝트가 때때로 DO-178C 구조적 커버리지 분석 목표를 만족하기 위해 의사 코드에 대한 시험을 사용하려고 시도한다는 점이다. 이것은 구조적 커버리지 분석을 사실상 쓸모없게 만든다. 의사 코드에 대한 더 많은 정보에 대해서는 Chapter 7과 8을 보라.

이슈 6 : 추적성의 어려움. 추적성은 추상화 이슈와 밀접한 관련이 있다. 만약 추상화 수준이 제대로 확립되지 않으면 두 가지 잠재적인 추적성 이슈가 점차 커지게 된다. 두 가지 모두 개발자들이 소프트웨어가 무엇을 하는지 실제로 이해하지 못하는 증상이다. 첫째, 추적이 무차별적으로 강제될 수 있다. 즉, 코드 혹은 설계가 어떤 것을 추적해야 하기 때문에 추적이 추가된다. 소프트웨어에 대한 확실한 이해보다는 비슷한 단어를 기반으로 링크가 추가된다. 둘째, 추적에 대한 필요성을 피하기 위해 요구사항이 **파생**(derived)된 것으로 식별될 수 있다. 이 두 가지 추적 이슈는 코드에 존재하는 원하지 않는 기능을 감출 수 있다.

이슈 7 : 인증 교섭 문제. 인증 교섭 프로세스는 종종 리버스 엔지니어링된 프로젝트에서는 잘 수행되지 않는다. 때때로 리버스 엔지니어링은 계획에서 식별되지 않으며 인증 당국과 조율되지 않는 경우가 있다.[3] 계획에서 프로젝트는 폭포수 라이프 사이클 모델을 사용한다고 하지만, 내가 실제 데이터를 평가해보면 사실상 계획 없이 리버스 엔지니어링된 것임을 발견하게 되는 일련의 계획을 너무나 많이 리뷰했었다.

25.4 리버스 엔지니어링에 대한 권고사항

지적된 이슈들을 적극적으로 해결하기 위해 다음의 권고사항들이 제시된다. 이들 권고사항 중 일부는 반드시 리버스 엔지니어링에만 국한된 것은 아니다.

권고사항 1 : 리버스 엔지니어링의 적절성을 평가하고 정당화하라. 리버스 엔지니어링 활동을 착수하기 전에 접근법의 적절성을 평가하는 것이 중요하다. 광범위한 서비스 경험을 가진 성숙하고 잘 증명된 코드(앞서 Section 25.2에 포함된 예시처럼)가 리버스 엔지니어링에 적합한 후보가 될 수 있다. 하지만 요구사항을 확인하기 위해 사용되는 프로토타입 코드에 대해서 리버스 엔지니어링을 정당화하기는 어려울 수 있다. 일부 프로젝트는 빠른 프로토타입 코드를 **그대로**(as is) 사용하고, 그에 맞는 설계와 요구사항을 작성하려고 한다. 코드의 성숙도와 안전성 그리고 그것에 대한 설계가 불확실하기 때문에 이러한 접근법은 권장되지 않는다. Chapter 6에서 설명한 것처럼 프로토타입 코드는 요구사항, 설계 그리고 최종 코드에 대한 입력으로 사용될 수 있다. 하지만 다른 프로세스와 라이프 사이클 데이터로의 입력으로 프로토타입 코드를 사용하는 것은 그 코드가 흠이 없거나 강건하거나 혹은 안전한 아키텍처조차도 가지고 있지 않을 수 있기 때문에 주의해야 한다. 내 경험에 따르면 프로토타입 코드로부터의 리버스 엔지니어링은 일반적으로 코드를 단순히 다시 작성했을 때보다 더 비용이 많이 들고 더 오래 걸린다.

권고사항 2 : 리버스 엔지니어링이 사용되고 있을 때는 정직하라. 내가 지난 10년 넘게 리뷰해온 많은 프로젝트들이 리버스 엔지니어링의 일부 형태를 사용해왔다. 하지만 대부분은 그들의 계획에서 절대 그것을 인정하지 않는다. 만약 리버스 엔지니어링이 효과적으로 사용되려고 한다면, 그것은 반드시 계획되고 제대로 구현되어야 한다. 왜 사용되고 있는지, 어떻게 구현될 것인지 그리고 어떻게 DO-178C 목표를 만족할 것인지 명확히 해야 한다.

권고사항 3 : 완전한 갭분석을 수행하라. 리버스 엔지니어링 활동에 전념하기 전에, 어떤 DO-178C 목표가 만족되는지 그리고 어떤 것이 그렇지 않은지를 결정하기 위해 기존 데이터에 대한 완전한 갭분석을 하는 것이 중요하다. 종종 빠른 조사가 수행되고 그 조사의 결과에 따라 일정이 만들어진다. 하지만 프로젝트가 시작된 지 몇 달 후에 원래 식별되었던 것보다 더 많은 구멍이 있다는 것이 밝혀진다. 이러한 위험을 피하기 위해 자격을 갖춘 엔지니어팀(정예부대)을 모아서 데이터와 프로세스 모두의 갭을 철저하게 분석하고 식별하라. 팀은 전체 라이프 사이클, 해당 분야 지식 그리고 DO-178C 경험을 통해서 기술적인 경험을 가진 재능 있고 숙련된 엔지니어들을 포함해야 한다.

권고사항 4: 라이프 사이클, 프로세스 그리고 전이 기준을 문서화하라. 리버스 엔지니어링은 라이프 사이클이며 다른 라이프 사이클과 마찬가지로 계획에 문서화되어야 한다. 각 단계에 대한 입력, 진입 기준, 수행되어야 하는 활동, 출력 그리고 진출 기준을 포함해서 개발 및 검증 활동의 단계가 정의되어야 한다. 예를 들면, [그림 25-1]은 리버스 엔지니어링 단계에 대한 일반적인 프로세스를 보여준다.

이 그림은 더 추상적인 레벨(MAL)을 개발하기 위해 입력으로 사용되는 덜 추상적인 레벨(LAL)을 보여준다. 그것은 MAL을 개발하기 전에 LAL이 리뷰되는 것을 보여준다(LAL의 품질 그리고 코딩 표준과 같은 일련의 표준에 대한 준수를 보장하기 위해). 일단 MAL이 만들어지고 리뷰된다. 그리고 그 다음에는 MAL과 LAL이 함께 리뷰된다. 또한 일반적인 프로세

그림 25-1 | 서로 다른 추상화 계층을 위한 일반적인 라이프 사이클

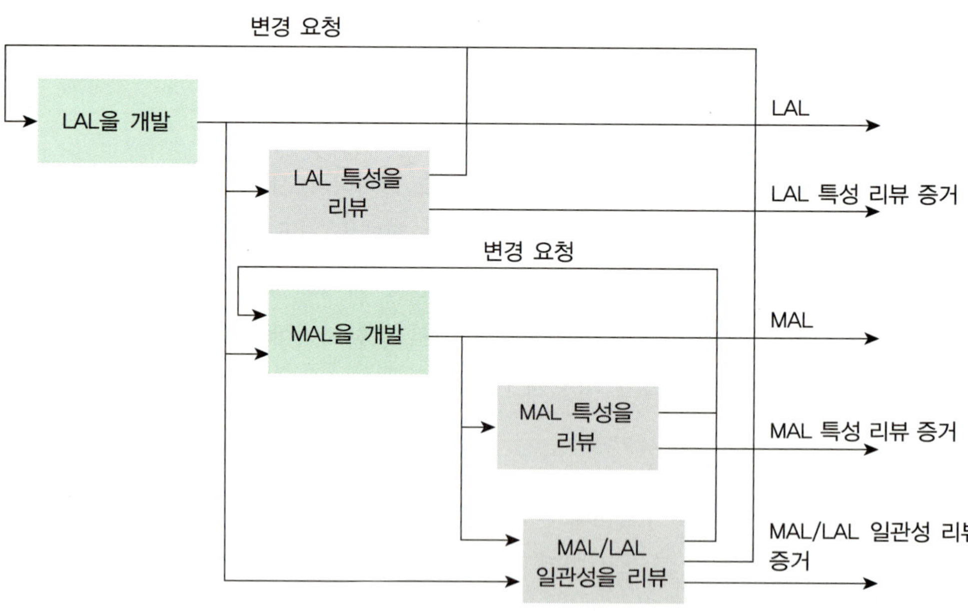

출처: G. Romanski et al., Reverse engineering software and digital systems, Draft report to be published by FAA/DOT Office of Aviation Research, Washington, DC, October 2011. 저자의 허락을 받아 사용함.

스가 변경 요청의 존재를 보여주는 것도 주목해야 한다. 이 프로세스는 LAL이 완벽하다는 것을 가정하지 않고, 그래서 **코드가 왕이다**(code is king)라는 현상(즉, 코드가 완벽하다는 것을 가정하는 것)을 피하게 된다.

권고사항 5 : 세부 절차와 표준을 문서화하라. 성공적이고 반복가능한 엔지니어링 프로세스를 구현하는 것은 상세한 절차, 체크리스트 그리고 표준이 필요하다. 예를 들면, 만약 리버스 엔지니어링 프로젝트가 소스 코드로 시작한다면 원래의 코딩 표준은 부적절하거나 완전히 누락될 수 있다. 따라서 적절한 코딩 표준이 생성되고 코드는 해당 표준에 대해서 리뷰될 필요가 있다. 또한 코드에 대한 변경을 관리하기 위해 개발된 구체적인 절차가 있을 수 있다. 특히, 변경은 모든 적절한 주체와 조율되고 구현 전에 승인될 필요가 있다.

권고사항 6 : 계획을 조율하고 동의를 얻어라. 인증 당국에 의한 승인을 추구하는 모든 프로젝트와 마찬가지로 계획과 표준은 리뷰되고, 내부적으로 승인되며, 인증 당국과 조율되고, 인증 당국에 의해서 승인되어야 한다. 리버스 엔지니어링 활동은 앞서 언급한 어려움들을 고려할 때 추가적인 조정이 필요할 수 있다. 반드시 그것을 고려하라. Chapter 5에서 언급한 것처럼 계획은 인증 당국과 더 빨리 조율되고 합의되는 것이 좋다.

권고사항 7 : 여러 이해관계자와 조율하라. 프로젝트의 특성에 따라서 시스템팀, 소프트웨어의 최초 개발자, 고객(혹은 심지어 여러 고객들), 리버스 엔지니어링팀 등을 포함해서 여러 이해관계자가 있을 수 있다. 모든 이해관계자가 식별되고, 통보되고, 예상대로 그들의 작업을 수행하는 것을 보장하는 것이 중요하다. 여러 이해관계자를 가진 프로젝트는 다음을 수행해야 한다.[4]

- 역할과 책임을 분명하게 식별하라.
- 사용된 프로세스를 식별하고 조정하라.
- 이해관계자 사이의 형상 관리를 설명하고 조정하며 검증하라.
- 모든 이해관계자들 사이에 문제와 결함 추적을 조율하라.
- 이해관계자 사이의 정보 흐름을 컨트롤하고 추적하라.
- 이해관계자가 책임을 수행하기 위해 필요한 전문 지식을 가지고 있는지 확인하라.
- 이해관계자 사이의 커뮤니케이션이 방해받지 않는 것을 보장하라.

권고사항 8 : 기존의 모든 데이터를 모으고 변경 컨트롤 및 문제점 리포팅을 포함해서 소프트웨어 형상 관리를 적용하라. 기존 산출물은 리버스 엔지니어링 프로세스를 구현하기 전에 베이스라인이 되고 변경 컨트롤하에 있어야 한다. 예를 들면, 개발 작업에 대한 입력으로 사용된 소스 코드와 사용자 매뉴얼, 요구사항 문서 혹은 설계 데이터가 캡처되고 베이스라인이 되며 컨트롤되어야 한다. 모든 변경은 변경 컨트롤 프로세스(문제점 리포트 그리고/혹은 변경 요청을 사용해서)를 통해서 처리되어야 한다.

권고사항 9 : 소프트웨어 품질 보증(SQA)과 인증 교섭 담당자를 포함하라. 모든 프로젝트와 마찬가지로 SQA와 인증 교섭 담당자가 참여하는 것이 중요하다. 리버스 엔지니어링 작업의 경우 이것은 특히 중요하다. 리버스 엔지니어링은 더 높은 위험 솔루션으로 간주되기 때문에 인증 당국은 프로젝트별 지침을 제공하는 경우가 많다(예를 들면, FAA 이슈 페이퍼 혹은 EASA(European Aviation Safety Agency) 인증 리뷰 아이템). SQA와 인증 교섭 담당자의 이른 그리고 지속적인 참여는 이러한 우려를 사전에 해결하는 데 도움이 된다.

권고사항 10 : 해당 분야의 전문성을 가진 기술적으로 강한 팀을 활용하라. 리버스 엔지니어링은 신참 엔지니어가 할 일이 아니다. 덜 추상적인 데이터로부터 더 추상적인 데이터의 생성을 포함하기 때문에 리버스 엔지니어링은 기술적인 전문 지식과 해당 분야의 지식을 요구한다. 비행 관리 시스템 엔지니어가 실시간 운영체제를 성공적으로 리버스 엔지니어링을 하는 것은 어려울 것이다(혹은 아마도 불가능할 것이다). 마찬가지로 여러 프로젝트에서 전체 개발 라이프 사이클을 경험하지 못한 다른 유능한 엔지니어는 그러한 노력에 좋은 후보가 아니다. 내 경험으로는 리버스 엔지니어링 프로젝트의 성공은 이를 실행하는 엔지니어의 경험에 직접적으로 비례한다. 우수한 리버스 엔지니어링은 라이프 사이클 데이터를 생성하기 위해 강력한 인지 능력과 훌륭한 커뮤니케이션 기술을 가진 여러 분야의 팀이 필요하다. 도구가 도움이 될 수 있지만 프로젝트의 성공은 엔지니어의 질에 크게 좌우될 것이다.

권고사항 11 : 최초 개발자와 상의하라. 가능하다면 최초 소프트웨어 개발자와 협력하는 것은 매우 가치 있는 일이다. 몇몇은 여전히 접촉할 수 있을 것이고 그들의 통찰력은 성공과 실패 사이의 차이점을 만들 수 있다. 최초 개발자가 프로젝트에서 적극적인 역할을 할 수 없을 수도 있지만, 프로젝트 전반에 걸쳐서 그들과의 품질과 관련된 약간의 시간조차도 이득이 된다. 그러한 커뮤니케이션은 소프트웨어의 이해와 산출물의 품질을 크게 향상시킨다. 최초 개발자와 상담할 기회가 거의 없을 수 있으므로 시간을 현명하게 사용하라. 구체적인 질문 목록을 만들고 그 답을 완전하게 이해했는지 확인하라. 리버스 엔지니어링에 대한 FAA의 연구는 해당 주제의 전문가(되도록이면 최초 개발자)에 대한 접근을 필수로 간주한다는 점에 유의해야 한다.[4]

권고사항 12 : 소프트웨어 기능을 완전히 이해하도록 노력하라. 리버스 엔지니어링을 할 때 소프트웨어의 기능과 동작을 이해하는 것이 중요하다. 사실 리버스 엔지니어링은 동작 발견 프로세스로 보일 수 있다. 낮은 수준의 세부사항뿐만 아니라 큰 그림(소프트웨어가 무엇(what)을 하는지)을 고려하는 것이 필수이다.

권고사항 13 : 하향식으로 생각하라. 수십 개의 프로젝트를 평가해오면서, 계획에서 다르게 설명하고 있더라도, 하향식 뷰가 불완전한 것을 통해서 나는 일반적으로 리버스 엔지니어링이 된 활동을 식별할 수 있다. 즉, 하향식 요구사항 스레드(시스템 요구사항으로부터 소프트웨어 요구사항, 설계, 코드까지)를 수행할 때 연결이 끊어지고 구현 세부사항이 누락된다. 상향식 뷰는 좋아 보일 수 있지만(예를 들면, 모든 코드가 LLR을 추적하고 모든 LLR이 상위 레벨 요구사항을 추적한다), 하향식 뷰는 **개략적이다(rough)**. 내가 발견한 주된 문제점은 요구사항이 완전하게 구현되는 것을 추적이 보여주지 않는다는 점이다. 데이터를 상향식으로 개발할 때조차도 하향식 뷰를 염두에 두는 것이 중요하다. 리버스 엔지니어링에 대한 FAA의 연구 리포트는 "상향식으로 올라가는 것이 시스템 수준에서 요구되는 모든 특성이 존재한다고 보장할 수 없다는 것을 강조할" 필요성을 설명한다.[4] "실제 시스템 의도를 도입하는" 그리고 "리버스 엔지니어링으로 인지된 시스템 의도의 완전성"을 확립하는 몇 가지 "수단"이 필요하다.[4]

권고사항 14 : 강건성을 평가하라. 특별히 코드로부터 리버스 엔지니어링을 할 때 소프트웨어의 강건성을 평가하는 것이 중요하다. PDS 혹은 프로토타입 코드는 예상치 못한 혹은 비정상적인 입력이 있는 경우 강건하게 개발되지 않았을 수 있다. 누락된 강건성 기능은 문제점 리포트에 식별되고 적절하게 해결되어야 한다.

권고사항 15 : 적절한 수준의 추상화를 개발하라. 앞서 논의한 것처럼 리버스 엔지니어링은 데이터의 LAL로부터 데이터의 MAL을 개발하는 것을 포함한다(예를 들면, 코드로부터 설계 그리고 설계로부터 상위 레벨 요구사항). 추상화의 MAL을 개발하는 것은 어렵다. 그것은 포워드 엔지니어링 프로젝트에서 어렵고 리버스 엔지니어링에서는 더 어렵다. 더 상세한 것으로부터 덜 상세한 것으로 가는 것은 어렵다. "추적되고 검증되는 두 표현의 철저한 이해를 증명하기 위한 충분한 지적 가치가 추가되는 것을 보장하기 위해, 서로 다른 추상화 수준 간의 차이를 주의 깊게 검토해야 한다."[4] 이것은 숙련된 엔지니어가 도움을 주는 부분이다. 경험이 없거나 혹은 자격이 없는 엔지니어가 리버스 엔지니어링을 할 때, LLR은 코드와 비슷하게 보인다.

FAA의 연구 리포트는 그것을 다음과 같이 잘 설명하고 있다.

> MAL과 LAL의 추상화 수준에서의 차이점은 각 추상화 수준 간 차이와 추상화 수준의 숫자 사이에 균형을 이루어야 한다. MAL은 LAL의 의도된 동작을 구체화하는 표현을 제공해야 한다.
>
> ① 동일한 혹은 비슷한 수준에서 다른 표기법을 사용해서 의도된 동작을 재진술하는 것은 단지 변환이 정확했다는 것을 체크하는 데 유용할 뿐, 의도된 행동에 대해서는 아니다.
>
> ② 만약 MAL과 LAL 간의 추상화 수준이 너무 크면, 프로세스가 동일한 혹은 동급의 결과로 반복될 수 있다는 확신이 낮아질 것이다.
>
> 이 이슈는 포워드 엔지니어링에도 적용되지만, 엔지니어에게는 의도된 동작보다는 코드가 동작하는 방법을 명시하는 코드로부터 하위 레벨 요구사항을 개발하려는 유혹이 있을 수 있다. 그렇게 되면 하위 레벨 요구사항과 상위 레벨 요구사항의 추상화 수준 간의 차이가 너무 커질 수 있다.[4]

권고사항 16 : 적극적으로 데이터를 추적하라. 양방향 추적성은 포워드 그리고 리버스 엔지니어링 프로젝트 모두에 중요하다. 그것은 일부 상위 수준 산출물(예를 들면, 시스템 혹은 소프트웨어 요구사항)이 존재하는 리버스 엔지니어링 프로젝트에서는 특히 중요하며 그 의도는 일관된 하위 수준 산출물(설계 그리고 코드와 같은)을 개발하는 것이다. 즉, 하위 수준 데이터는 상위 수준 데이터를 준수하도록 리버스 엔지니어링이 되고 있는 것이다. 양방향 추적은 하향식과 상향식 뷰 모두에서 일관성을 보장하는 데 도움이 될 것이다.

권고사항 17 : 에러를 찾고 코드에 대한 변경을 계획하라. 리버스 엔지니어링에서 가장 빈번한 실수 중 하나는 코드를 **왕**(king) 혹은 **황금**(golden)으로 취급하는 것(즉, 코드를 **완벽**(perfect)하다고 간주하는 것)이다. 훌륭한 리버스 엔지니어링 프로세스는 코드가 이슈를 가질 수 있다는 것을 깨닫는다. 그것은 필요하지 않은 기능을 가질 수 있거나, 강건성이 부족하거나, 주석이 제대로 작성되지 않거나 혹은 지나치게 복잡할 수 있다. 심지어 일부 로직 혹은 기능 에러가 있을 수 있다. FAA 후원의 리버스 엔지니어링 연구의 일환으로 수행된 조사에 따르면 리버스 엔지니어링 활동 과정에서 제기된 문제의 대부분은 소스 코드에 대해서 제기되었다(71%).[4] 또한 FAA의 리포트는 소스 코드 에러의 대부분이 수동 프로세스를 사용해서 발견된다는 점에 주목했다. "RE[reverse engineering]를 수행할 때 가장 많은 에러 탐지 방법이 수동 분석이라는 놀라운 결과를 관찰할 수 있으며, 그것은 개발 프로세스 그리고 LLR[low-level requirements]을 만드는 것, LLR과 소스 코드 사이에 추적성을 확인하는 것으로 수행된다."[4][5] 또한 FAA의 연구 리포트는 "작업 코드 베이스가 리버스 엔지니어링이 되는 경우, 코드 베이스가 동작하고 있다는 사실은 소프트웨어가 정확하다는 잘못된 의미로 이어질 수 있어서, RE 산출물을 개발하는 데 덜 철저한 조사 혹은 주의를 하게 되는 결과를 낳을 수 있다."[4] 리버스 엔지니어링 프로세스는 안전성에 영향을 줄 수 있는 코드에서 에러, 약점, 복잡성, 모호성 등을 찾아야 하며, 그런 다음에는 그 이슈들을 선제적으로 해결해야 한다(예를 들면, 코드에 대한 안전 서브셋을 생성하기).

권고사항 18: 구멍을 찾아라. 다양한 추상화 수준을 모두 종합할 때 누락된 조각을 찾고 식별하는 것이 중요하다. 즉, 코드(그리고 요구사항)에 있어야 하지만 그렇지 않은 기능과 같은 누락 형태의 에러를 탐색하라. 또한 누락된 혹은 에러가 있는 추적, 불완전한 시스템 혹은 소프트웨어 요구사항, 잘못된 설계 그리고 사용되지 않은 코드를 포함해서 다양한 추상화 수준 간의 불일치를 찾아라. 거기에 있는 것을 리뷰하는 것보다 거기에 없는 것을 식별하는 것이 더 어렵다. 이것은 숙련된 엔지니어가 여러 프로젝트를 보아왔기 때문에 무엇을 기대하고 무엇이 누락될 수 있는지를 아는 훌륭한 통찰력을 제공할 수 있는 또 다른 사례이다.

권고사항 19: 문제가 식별되는 대로 문서화하라. 리버스 엔지니어링을 할 때 잠재적인 문제와 실제 문제가 관찰될 때 문서화하는 것이 중요하다. 그렇지 않으면 잊히거나 간과될 수 있다. 이것을 하는 여러 가지 방법이 있는데, 하나는 주기적으로 분석되는 조사 리스트를 보관하는 것이다. 그런 다음 정당한 이슈들은 문제점 리포트로 합쳐진다. 또 다른 접근법

5) 명확하게 하기 위해서 대괄호가 추가되었다.

은 각각의 이슈에 대한 문제점 리포트를 오픈하는 것이다. 만약 그것이 문제가 아닌 것으로 결론이 나면, 그 이슈는 아무런 조치 없이 쉽게 취소되거나 종료될 수 있다. Chapter 8과 Chapter 9에서 언급한 것처럼 문제를 발견한 사람뿐만 아니라 그 주제에 대해서 가장 잘 아는 엔지니어를 식별하는 것이 중요하다.

권고사항 20 : 이슈를 해결하라. 유효한 문제로 구분되는 이슈들은 반드시 해결되어야 한다. 발견되는 몇 가지 일반적인 이슈들에는 초기화되지 않은 변수, 포인터 이슈, 데이터 정의 불일치, 일관성 없는 데이터 사용(타입, 단위), 잘못된 알고리즘, 부적절한 모듈 통합, 미숙한 시동 설계(warm 그리고 cold), 모든 기능 시나리오를 다루는 것에 대한 실패, 부정확한 이벤트 순서, 빌트인 시험의 누락 그리고 전달되지만 사용되지 않는 데이터가 있다.[6]

권고사항 21 : 요구사항을 확인하라. DO-178C는 소프트웨어에 할당된 시스템 요구사항은 확인되었다고 가정한다. 따라서 DO-178C는 요구사항 확인(요구사항이 완전하고 정확한지를 확인하는 것)이 필요하지 않다. 하지만 시스템 요구사항이 리버스 엔지니어링이 될 때 올바른 요구사항인지 보장하기 위해 확인이 필요하다. 시스템 요구사항은 소프트웨어 요구사항, 설계 그리고 코드를 리뷰하기 전에 확인되어야 한다. 추가적으로 **파생(derived)**(시스템 요구사항을 추적하지 않는)으로 분류되는 모든 소프트웨어 요구사항은 확인될 필요가 있다.

권고사항 22 : 포워드 검증을 수행하라. DO-178C 목표를 만족하기 위해 리버스 엔지니어링이 된 모든 데이터는 포워드 검증될 필요가 있다. 즉, 상향식 개발이 받아들여질 수 있지만 하향식 검증도 여전히 필요하다. 다시 말하면, 시스템 요구사항에 대해서 상위 레벨 소프트웨어 요구사항을 리뷰하기, 상위 레벨 소프트웨어 요구사항에 대해서 하위 레벨 소프트웨어 요구사항을 리뷰하기, LLR에 대해서 소스 코드를 리뷰하기 등등을 말한다. 또한 포워드 검증은 하향식 일관성을 확인한다.

권고사항 23 : 일단 확실한 요구사항 베이스라인이 확립되면 포워드 엔지니어링을 하라. 일단 지원하는 라이프 사이클 데이터를 가진 확실한 베이스라인이 존재하면 프로젝트는 포워드 엔지니어링이 되어야 한다. 일단 요구사항이 갖춰지면 리버스 엔지니어링으로 지속하는 것은 매우 권장되지 않는다.

권고사항 24 : 멈출 때를 알아라. 모든 리버스 엔지니어링 프로젝트가 성공하는 것은 아닐 것이다. 만약 코드가 리버스 엔지니어링 활동의 시작 단계에서 성숙하지 않거나 안정되지 않다면 코드에 대해서 상당한 재작업이 발생할 수 있다. FAA의 연구 리포트는 다음과 같이 언급한다.

> 만약 제품이 불안정하다면 그리고 코드 베이스에 많은 변경이 필요한 경우 비용이 매우 높아진다. 업데이트되고 있는 소프트웨어에 대한 요구사항을 개발하는 것은 작업이 반복되고 영향의 확산을 통해 문제가 더 커지고 다루기 어려워지면서 많은 리소스를 사용한다. 만약 제품이 불안정하면 RE 프로세스는 멈추어야 하며 리버스 엔지니어링 프로세스를 지속하기 전에 비공식적인 디버깅 단계를 수행해야 한다.**[4]**

나는 한 걸음 더 나아가서 코드를 폐기하고 다시 시작해야 하는 어떤 상황이 있을 수 있다고 제안하고 싶다. 때때로 깨진 혹은 깨지기 쉬운 코드를 다시 살리려고 하는 것보다 깨끗한 코드를 다시 작성하는 것이 더 빠를 때도 있다.

권고사항 25 : 리버스 엔지니어링이 어렵다는 것을 명심하라. 끝에서 끝으로 리버스 엔지니어링을 하는 것은 쉽지 않다. 그것은 상당한 노력이 필요하고 실사가 필요하다. 어떤 면에서는 분해하는 것보다 추상화하는 것이 더 힘들 수 있기 때문에 심지어 포워드 엔지니어링보다 더 어려울 수 있다.

권고사항 26 : 교훈을 문서화하라. 인생에서 모든 경험이 그런 것처럼 그것을 다시 배우지 않으려면 교훈을 문서화하는 것이 중요하다. 프로젝트 전체에 걸쳐서 교훈 리스트를 유지하고 무엇이 효과가 있고 무엇이 그렇지 않은지에 대한 지속적인 평가를 수행하는 것이 바람직하다.

참고문헌

[1] RTCA DO-178C, *Software Considerations in Airborne Systems and Equipment Certification* (Washington, DC: RTCA, Inc., December 2011).

[2] R. S. Pressman, *Software Engineering: A Practitioner's Approach*, 4th edn. (New York: McGraw–Hill, 1997).

[3] Certification Authorities Software Team (CAST), Reverse engineering in certification projects, Position Paper CAST-18 (June 2003, Rev. 1).

[4] G. Romanski, M. DeWalt, D. Daniels, and M. Bryan, Reverse engineering software and digital systems, Draft report to be published by FAA/DOT Office of Aviation Research (Washington, DC, October 2011).

[5] L. Rierson and B. Lingberg, Reverse engineering of software life cycle data in certification projects, *IEEE Digital Avionics Systems Conference* (Indianapolis, IN, 2003).

[6] C. Dorsey, Reverse engineering within a DO-178B framework, *Federal Aviation Administration National Software Conference* (Danvers, MA, 2001).

Chapter 26

아웃소싱 및 해외 외주(Offshoring) 소프트웨어 라이프 사이클 활동

약어

FAA	Federal Aviation Administration
PSAC	Plan for Software Aspects of Certification
SOW	statement of work
TSO	Technical Standard Order
U.S.	United States

26.1 소개

"소싱은 업무, 책임 그리고 결정 권한을 다른 누군가에게 이전하는 행위를 말한다."[1] 아웃소싱은 외부 조직, 즉 외부업체에 업무를 소싱하는 행위이다. 아웃소싱 소프트웨어 개발과 검증은 새로운 것은 아니지만, 확실히 과거보다는 현재에 더 많이 퍼져 있다. 아웃소싱을 할 때 고려해야 할 측면이 많다. 하지만 그것을 여기에서 모두 살펴보는 것은 가능하지 않다. 이 챕터는 안전 필수 소프트웨어 개발 및 검증의 일부 혹은 모두를 하나 이상의 팀에 아웃소싱하는 것에 중점을 둔다. 이 챕터는 아웃소싱이 촉진되는 이유, 아웃소싱과 해외외주(offshoring)의 잠재적인 위험과 어려움들, 그리고 그러한 위험을 해결하기 위한 권고사항들을 살펴본다.

이 챕터는 안전성과 인증 관점에서 아웃소싱 주제에 집중한다. 이는 주로 안전 필수 소프트웨어에 대한 아웃소싱을 결정하고 아웃소싱된 리소스를 관리하는 소프트웨어 기술 리더를 위해 작성된다. 하지만 그것은 또한 개발자, 검증자, 품질 보증 및 인증 담당자에게도 적용가능하다. 소프트웨어 라이프 사이클과 최종 제품에 영향을 미치기 때문에 프로그램적인 많은 측면이 논의된다. 아웃소싱의 정치적, 법적, 계약적인 측면은 조사되지 않는다. 이 챕터는 미국 관점에서 아웃소싱을 고려한다는 점에 유의하기 바란다. 만약 당신이 다른 곳에 산다면 해당하는 개념을 적용해야 한다. 하지만 미국에 본사를 둔 회사들이 민간 항공 제품을 해외 외주할 때 고려해야 할 몇 가지 구체적인 우려사항이 있다.

나의 항공전자 분야의 경험에 따르면 아웃소싱은 세 가지 분류로 나뉘는 경향이 있다. ① 제품(LRU 혹은 전체 시스템과 같은), ② 소프트웨어 혹은 전자 하드웨어 애플리케이션, ③ 노동 서비스(예를 들면, 소프트웨어 개발 그리고/혹은 검증의 일부)이다. 미국의 관점에서 아웃소싱이 발생하는 세 군데 위치가 있다. ① 미국 내, ② FAA와 양자 협정을 맺은 미국 이외의 국가, ③ FAA와 양자 협정을 맺지 않은 미국 이외의 국가이다. 위치는 경험, 해당 분야의 전문 지식, 법적인 프레임워크 그리고 인증 요구사항을 포함해서 여러 가지 이유로 중요하다. FAA는 특히 인증 감독에 대한 책임이 누구에게 있는가에 직접적으로 영향을 미치기 때문에 아웃소싱되는 조직의 위치를 고려한다. FAA는 미국 내에서 수행되는 프로젝트를 감독한다. FAA와 양자 협정이 체결된 국가에서 수행되는 활동의 경우, FAA는 국제 인증기관에 감독을 수행할 것을 요청할 수 있다. FAA와 양자 협정이 없는 국가에서는 FAA가 법적으로 승인하거나 수락할 수 있는 현지 인증 당국이 없다. 따라서 FAA가 그런 활동을 감독하기 위한 추가적인 리소스로 이어질 수 있다. 이는 FAA가 서비스에 따라 수수료를 받는 조직이 아니기 때문에 미국 정부에게 **과도한 부담**(undue burden)으로 여겨질 수 있다. 만약 아웃소싱 활동이 과도한 부담으로 분류된다면, 그 결과 작업은 FAA에 의해서 받아들여지지 않을 수 있다.

경험에 따르면 해외에서 수행되는 소프트웨어 활동은 신중한 고려가 필요하다. 따라서 인증 당국은 해외 프로젝트를 더 높은 위험으로 간주한다. FAA는 아웃소싱, 해외 외주 그리고 하청 작업을 구분하지 않으며, 그런 작업을 수행하는 조직을 단순히 **공급업체**(suppliers)라고 한다. 미국 내부 혹은 외부에 떨어진 시설을 보유한 회사들조차도 소싱 이슈를 해결해야 한다.

이 챕터의 나머지 부분에서 **아웃소싱**(outsourcing)이라는 용어는 육지(국가 내에서), 연안(국가와 경계를 공유하는 국가에서) 혹은 해외(국가와 경계를 공유하지 않는 국가에서)에서 수행되는 하청 혹은 보조 작업을 포함할 것이다. 이 용어는 그 작업을 수행하는 조직을 누가 소유하고 있는지와는 무관하다. 일부에서는 소유 자회사에 의해서 수행되는 작업은 **아웃소싱**으로 간주되지 않는다고 격렬하게 주장한다. 나는 사업 배치가 다르고 위험이 더 낮춰져야 한다는 것에 동의한다. 하지만 많은 이슈들이 유사하다. 따라서 나는 그것들을 **아웃소싱** 범주에 포함한다. 인증 관점에서 볼 때 사업 배치는 작업의 질만큼 중요하지 않다. 역사는 많은 해외 프로젝트가 품질 이슈들을 가지고 있다는 것을 보여주며, 그중 일부는 나중에 설명된다. 기업들이 품질 문제를 더 잘 해결하는 법을 배우면서 이러한 인식은 바뀔 수 있다.

26.2 아웃소싱을 하는 이유

아웃소싱에는 다양한 이유가 있다. 어떤 것은 경제적이고 어떤 것은 기술적이다. 일반적인 이유의 목록이 다음에 언급되고 있다.

- **엔지니어링 부족을 해결하는 데 도움이 된다.** 서양(예를 들면, 미국, 캐나다 및 유럽)에는

소프트웨어 엔지니어가 부족하다. 프로젝트 요구를 충족하기 위해 아웃소싱된 엔지니어는 회사의 기존 팀을 강화하고 프로젝트 진행을 돕기 위해 이용된다. 이를 통해 회사는 추가적인 작업을 수행하고 내부 리소스/인력을 가장 중요한 프로젝트에 할당할 수 있다.

- **일부 국가에서는 인건비가 더 낮다.** 감소된 인건비 또한 기업 경영진에게 호소력이 있다. 하지만 내 경험으로는 비용은 생산되는 작업의 질에 비례하는 경향이 있다. 나의 아버지는 이렇게 말하는 것을 좋아했다. "싼 게 비지떡이다." 경험 부족, 비효율성 그리고 부실한 감독 때문에 **값싼**(cheap) 엔지니어가 결국 숙련된 **고효율**(high-rate)의 엔지니어보다 세 배 이상 비용이 드는 것을 본 적이 있다. 인건비를 볼 때 기업 경영진들은 아웃소싱된 팀이 감독이 필요하다는 것을 자주 잊어버린다. 아웃소싱되는 작업의 성격과 작업을 수행하는 팀에 따라 해외 엔지니어에 대한 국내 엔지니어의 감독 비율은 1:1에서 1:30까지 다양하다. 일단 해외팀이 좀 더 경험이 많아지면, 그들의 인건비는 오르는 경향이 있으므로 그들은 더 이상 **싸지**(cheap) 않다. 더 낮은 아웃소싱 인건비로 많은 돈을 아낄 것으로 생각하는 경영진에게 미리 경고해야 한다. 안전 필수 소프트웨어 개발에는 공짜 점심은 없다.
- **일부 회사들은 전문화된 기술을 가지고 있다.** 새로운 혹은 비핵심 영역(예를 들면, 운영체제)에 전문 지식을 채용하거나 개발하기보다는 그 영역을 전문으로 하는 조직에 업무를 아웃소싱하는 것이 더 실용적일 수 있다. 이를 통해 기업은 자신의 영역을 벗어난 전문 기술, 지식, 역량에 접근할 수 있다.[1]
- **24시간 내내 일할 수 있게 해준다.** 상당히 다른 시간대에 있는 팀에 아웃소싱함으로써 24시간 생산성이 가능할 수 있다. 24시간 일정은 많은 심야 및 이른 아침 미팅 혹은 원격 회의를 의미하며, 그것은 팀을 소진시킬 수 있다. 또한 24시간 운영을 실행하는 것은 프로젝트 착수에 앞서 개발될 필요가 있는 글로벌 인프라가 필요하다.
- **의무화되어 있다.** 일부 아웃소싱은(특히 해외 국가에서) 다른 사업 고려사항을 위한 상위 경영진에 의해서 혹은 항공기 계약에 의해서 의무화된다. 그 의무사항은 보통 특정 국가 혹은 조직에 아웃소싱되어야 하는 작업의 특정 비율 혹은 양이 수반된다. 불행히도 이것들은 종종 효과적으로 아웃소싱하기 위해 가장 많은 어려움을 겪는 프로젝트들이다.

제대로 수행되면 아웃소싱은 관련된 모든 사람들에게 윈윈이 될 수 있다. 하지만 나는 아웃소싱 재앙(미국 내외부 모두에서)을 충분히 보아왔기 때문에 그것을 성공시키기 위해서는 상당한 애정 어린 관리와 지속적인 감시가 필요하다는 것을 알고 있다.

아웃소싱에 대해서 마법의 공식이나 일률적인 해결책은 없다. 이 챕터의 나머지는 이러한 이슈를 다루는 방법에 대한 몇 가지 주의사항과 제안을 설명하고 있다.

26.3 아웃소싱의 어려움과 위험

아웃소싱 활동은 국내 공급업체에 아웃소싱된 몇 개의 작업에서부터 양자 협정 없이 한 국가의 해외 조직으로 아웃소싱된 전체 시스템에 이르기까지, 이 두 가지 극단 사이에 많은 변형이 있을 만큼 대단히 다양하다. 이 섹션에서는 몇 가지 일반적인 어려움을 살펴본다. 이러한 어려움을 완화하기 위한 권고사항은 다음 섹션에서 논의한다. 먼저 어려움 1에서 9는 국내와 해외팀과 관련된다. 다음 어려움 10에서 17 항목은 해외 외주에 더 적용할 수 있다.

이 섹션 전반에 걸쳐서 수행되는 작업의 유형 혹은 비즈니스 관계의 특성과 관계없이 아웃소싱되는 팀은 **공급업체(supplier)**로 불린다는 점에 유의하기 바란다. 공급업체는 안전 필수 소프트웨어 프로젝트를 위한 작업의 일부 혹은 전체를 하기 위해 선택된 조직이다. 또한 아웃소싱팀(공급업체)을 활용하는 회사는 이 섹션 전반에 걸쳐서 **고객(customer)**으로 불린다. **고객(customer)**은 궁극적으로 DO-178C 준수에 대한 책임이 있는 것으로 가정한다.

어려움 1 : 경험의 부족. 만약 공급업체가 적절한 소프트웨어 엔지니어링, 관리, 인증 그리고 안전성 경험을 가지고 있지 않다면, 성공할 가능성은 낮다. 몇 년 전 30대 후반일 때 나는 레벨 A 프로젝트를 위한 해외 공급업체를 방문했다. 나는 할머니가 된 기분이었다. 거의 모든 팀원들이 대학을 졸업한 직후였다. 나는 젊음을 존중하지만, 그것은 경험에 의해 균형이 잡히고 가이드될 필요가 있다. 흔히 다음과 같이 말한다. "만약 이기고 싶다면 켄터키 더비(역주 : 미국의 경마 레이스)에 당나귀를 들여보내지 마라." 켄터키 더비에서 우승하기 위해, 순혈종의 경주마가 필요하다. 마찬가지로 고품질 소프트웨어를 개발하고 검증하기 위해 재능 있고 숙련된 엔지니어가 필요하다.

어려움 2 : 해당 분야 지식의 부족. 엔지니어가 해당 분야에서 경험이 부족하다면 작업의 품질이 저하된다. 엔지니어는 믿을 수 없이 영리할 수 있지만, 정보에 입각한 결정을 내리기 위한 지식이 없을 수도 있다. 안전 필수 임베디드 소프트웨어 개발 및 검증을 원격 회의 경험이 있는 회사에 아웃소싱하는 것은 아마도 대부분의 항공 소프트웨어에 적합하지 않을 것이다. 왜냐하면 그런 엔지니어들은 일반적으로 DO-178C에 의해서 요구되는 훈련과 엄격함뿐만 아니라 실시간, 결정론적, 안전 주도 소프트웨어에 대한 이해가 부족하기 때문이다.

나는 최근에 소프트웨어 리더가 처음으로 항공전자 및 인증 프로젝트를 수행하는 레벨 A 프로젝트를 컨설팅했었다. 그는 과거에 농업 장비 분야에서 일했었다. 그는 똑똑한 엔지니어였지만 비행 컨트롤, 안전성, DO-178B 목표 혹은 인증 기대치를 이해하지 못했다. 일부 사람들의 생각에도 불구하고 항공전자는 해당 분야의 경험, 탁월함에 대한 헌신 그리고 완벽주의적인 사고방식을 요구한다. 만약 원하는 결과가 품질이라면 엔지니어는 게임판의 말처럼 이리저리 옮겨질 수 없다.

어려움 3 : 불안정한 인력. 직원의 높은 이직률은 일부 공급업체에게 이슈가 될 수 있다. 이직률은 낮은 사기, 부족한 급여, 보상 기회의 부족, 국가의 성장 역동성 등에 기인할 수 있다. 적임자를 적재적소에 배치한 숙련된 엔지니어링팀을 개발하려면 몇 년이 걸린다. 만약 직원이 계속해서 바뀐다면 학습 곡선의 하단(혹은 이에 가까운)에서 재교육하고 시작하는 것이 지속된다. 이것은 낮은 품질의 작업으로 귀결된다.

어려움 4 : 비현실적인 기대. 많은 노력들이 비현실적인 기대 때문에 실패한다. 많은 프로젝트들은 내가 **성공 기반 계획**(success-based planning)이라고 부르는 것을 사용한다. 이것은 프로젝트 관리자가 예외 없이 발생하는 학습 곡선, 전환시간, 예상 성능 비율, 시험 실패, 감사 지적사항 혹은 일정 의존성을 계획하지 않을 때 발생한다. 그 결과, 프로젝트는 실패를 위해 설정된다. 시험되지 않은 팀으로부터 짧은 일정으로 높은 품질의 소프트웨어를 기대하는 것은 현실적이지 않다. 다른 말로 하면 너무 빠른 것, 너무 많은 것을 기대하는 것은 어리석은 것이다. 일정 압박은 종종 나쁜 결정을 초래한다(예를 들면, 적합하고 능력을 갖춘 엔지니어들이 그들의 일을 성공적으로 수행하도록 하기보다는 더 많은 엔지니어들을 문제에 투입하는 것). 마찬가지로 미숙한 팀에게 양질의 제품을 생산하기를 기대하는 것은 비현실적이다(가파른 학습 곡선이 항상 오르기만 하는 것은 아니다). 좋은 품질은 적절한 리소스, 합리적인 일정 그리고 숙련된 직원이 필요하다.

어려움 5 : 빠른 성장. 성공은 재앙을 초래할 수 있다. 일부 공급업체들은 너무 빨리 성장한다. 여러 고객들 혹은 프로젝트의 요구를 충족하기 위한 노력으로, 그들은 적은 인력으로 너무 많은 일을 벌리거나, 지원을 위해서 미숙한 사람을 집어넣거나 혹은 숙련된 엔지니어를 프로젝트 이곳저곳에 투입한다. 적절한 시기에 적절한 장소에 적절한 사람을 배치하는 것은 어려운 일이다. 내가 컨설팅하는 한 회사는 다음 5년을 위해 매년 그들의 업무 역량을 안전 필수 소프트웨어 경험이 거의 없는 나라에 2배 혹은 3배로 늘리자고 제안하고 있다. 그것은 나에게 현실에 근거한 계획으로 보이지 않는다.

어려움 6 : 회사와 그 능력을 과대 포장. 일부 소프트웨어 공급업체들은 그럴듯하게 말하는 마케터를 가지고 있지만 그들이 상품을 배달할 수는 없다. 지금까지 나는 마케팅 담당자가 자신이 무슨 말을 하는지를 아는 것처럼 DO-178B나 DO-178C 그리고 인증 전문 용어를 이것저것 내뱉는 여러 마케팅 홍보에 참석해왔다. 하지만 일단 내가 질문을 시작하자, 그 홍보는 텔레비전 광고 같은 것이었다는 것이 명확해졌다. 구매자들은 조심하라! 속임수 마케팅은 중고차만을 위한 것이 아니다. 양심적인 공급업체들조차도 때때로 그들의 능력을 과대 포장할 수 있다.

어려움 7 : 프로세스 변경하기. 일부 회사들은 그들 자신의 프로세스를 따를 때 잘 수행한다. 하지만 프로세스가 변경되면(아마도 고객 혹은 업계의 요구 때문에) 잘 적응하지 못할 수 있다. 내 경험에 의하면 팀이 클수록 프로세스를 변경하기가 더 어렵다. 특히, 팀원들이 변경이 필요한 이유를 이해하지 못하면, 모든 사람을 훈련시키고 변경을 강제하기가 어렵다.

어려움 8 : 부실한 선택 프로세스. 어떤 작업이 수행되고 어디에서 수행될지를 결정할 때 객관적인 평가를 하는 것이 중요하다. 때때로 팀은 최고의 공급업체보다는 특정 공급업체(아마도 위치 혹은 마케팅 관계에 기반해서)를 선택하도록 강요받는다. 공급업체의 기술, 깊이 그리고 기록을 제대로 평가하지 못하면 결국 문제가 발생하게 된다. 나는 잠재적인 공급업체 세 군데가 작업에 입찰한 프로젝트를 목격한 적이 있다. 그들은 심지어 낮은 가격의 입찰자가 양질의 제품을 제시간에 납품할 수 없을 것이라는 분명한 징후가 있었음에도 불구하고 가장 낮은 견적을 제시한 업체를 선택했다. 그 시도는 결국 저가 입찰자의 원래 입찰가에 최소 10배 비용이 소모되었고, 그것은 좀 더 적격인 공급업체의 입찰가보다 약 3배가 많은 것이었다. 그리고 덧붙이자면, 그것은 2년이 늦어졌다.

어려움 9 : 부실한 품질. 아웃소싱된 공급업체로부터 양질의 작업을 얻는 데 어려움을 겪는 것이 일반적이다. 이는 단일 회사 내에서도 마찬가지로 어려움이 될 수 있지만, 다른 조직의 품질 이슈를 나중에 프로세스 혹은 라이프 사이클에서 식별하는 것이 더 어려운 경우가 많다(그리고 아마도 방향을 바꾸기에는 너무 늦었을 것이다). 품질은 단순히 측정 기준을 추적하는 것 이상이다. 적절한 기술적인 감독이 없으면 프로젝트에서 요구사항이 적절하지 않고, 설계에 결함이 있으며, 코드가 동작하지 않는다는 것을 깨닫는 것이 늦을 수 있다. 때때로 숙련된 회사들조차도 품질 오류가 있을 수 있다. 아마도 그들은 너무 빡빡한 상태가 되거나 그 일에 준비가 되지 않은 새로운 프로그램 관리자를 고용하거나 혹은 일정 압박에 굴복하게 될 것이다.

어려움 10 : 언어 이슈. 일부 해외 공급업체와의 커뮤니케이션은 어려움이 될 수 있다. 만약 팀이 영어[1)]를 제대로 이해하지 못한다면, 모호하지 않은 요구사항을 작성하고, 요구사항을 정확하게 시험하며, 유용한 문제점 리포트를 작성하고, 이슈를 소통하는 것 등이 어렵게 된다. 나는 소통하기 위해 통역사가 필요했던 프로젝트 몇 건을 컨설팅한 적이 있다. 이것은 매우 시간이 오래 걸리고 에러가 발생하기 쉽다. 경험 부족 그리고/혹은 안전성 문화의 부족과 언어 이슈를 결합하게 되면 성공 확률은 현저하게 떨어진다. 언어 주제에 관해서 FAA는 인증 관련 데이터가 영어로 작성되고 미국에서 접근할 수 있어야 한다는 점을 요구한다는 것에 유의해야 한다.[2]

어려움 11 : 문화적인 이슈. 아웃소싱을 할 때 문화적인 차이를 이해하는 것이 중요하다. 미국 내에서조차도 문화적인 차이점이 존재할 수 있지만, 국제적인 프로젝트에는 더 큰 어려움이 있다. 다음은 알아야 할 문화적인 측면의 몇 가지 예시들이다.

- 서로 다른 문화는 종종 다르게 동기 부여를 받는다. 팀에 동기를 부여하기에 미국에서는 효과가 있는 것이 유럽, 아시아 혹은 남아메리카에서는 효과가 없을 수 있다.
- 일부 국가에서는 누군가에 대해서 혹은 어떤 것에 대해서 부정적인 것을 지적하는 것이 무례한 것으로 간주된다. 하지만 소프트웨어 검증을 할 때는 에러를 발견하는 것이 목적이다. 제대로 된 검증 의식이 없다면 가장 성공적인 시험 프로그램으로 끝날 수도 있지만 시스템은 여전히 동작하지 않는다.[2)]

---

1) 영어는 항공 커뮤니티에 의해서 사용되는 국제언어이다. 대부분의 항공기는 국제적인 사용을 위해 인증되기 때문에, 특히 FAA에 의한 승인을 원하는 프로젝트의 경우 영어가 일반적으로 요구된다.

2) Chapter 9에서 진정으로 성공적인 시험 프로그램은 모든 시험을 통과하는 프로그램이 아니라 에러를 발견

- 모든 국가가 인간의 생명에 대해서 동일한 안전 기준이나 가치를 가지고 있는 것은 아니다. 소프트웨어 결함의 평가는 안전 필수 소프트웨어에 대한 제로 결함의 사고방식을 요구한다. 한 예로 내가 컨설팅한 한 외국 기업은 레벨 A 소프트웨어의 에러를 시험하거나 수정하는 것에 대한 필요성을 이해하지 못했다.
- 어떤 문화는 탁월함의 개념을 존중하지 않거나 가지고 있지 않을 수 있다. 어떤 문화권에서는 심지어 당신의 일에 자부심을 가지는 것이 잘못된 것으로 간주될 수도 있다. 하지만 안전 필수 소프트웨어를 개발하는 것은 완벽주의자의 사고방식과 세부사항에 대한 주의가 필요하다. 만약 엔지니어가 평범한, 즉 **충분히 좋은**(good enough) 작업에 만족한다면, 그것이 안전하다는 것을 증명하기는 어려울 것이다.

모든 문화는 강점과 약점이 있다. 모든 실체의 문화적인 배경을 이해하고, 참여한 모든 팀원들에게 문화적인 훈련을 제공하며, 다양성의 통합을 위한 시간을 제공하는 것이 중요하다.

어려움 12 : 도덕적인 이슈. 모든 문화가 동일한 윤리적 기준을 고수하는 것은 아니다. 어떤 문화권에서는 성공하기 위해서 거짓말을 하는 것, 잡히지 않는 한 도둑질을 하는 것 그리고 뇌물을 제공하는 것이 받아들여질 수도 있다. 일부 국가는 자신들이 개발하는 제품에 보안 취약성과 백도어를 주입한다는 의혹을 받고 있다

어려움 13 : 교육 이슈. 모든 엔지니어링 프로그램이 똑같이 만들어지는 것은 아니다. 전 세계에 걸쳐 일부 학교에서는 50%가 합격으로 간주된다. 누군가가 엔지니어링 학위를 가지고 있다고 해서 그들이 엔지니어링을 할 수 있다는 것을 의미하지는 않는다. 공급업체 엔지니어들의 경험뿐만 아니라 교육의 질을 반드시 체크하라.

어려움 14 : 감춰진 비용. 해외 외주를 줄 때 예상하지 못한 비용이 있을 수 있고, 아마도 있을 것이다. 비즈니스 등급의 항공기 티켓과 안전한 호텔은 빠르게 비용이 추가된다. 화상 회의와 네트워크 기반 미팅의 발전에도 불구하고, 여전히 직접 미팅과 감독이 필요하다. 추가적으로 인프라(장비, 높은 속도의 네트워크 접근 등)를 구축하는 것은 비용이 많이 들 수 있다.

어려움 15 : 숙련된 엔지니어를 놓침. 아웃소싱에 긍정적인 의견을 주고 팀워크를 장려하기

하는 프로그램이라고 설명한 것을 상기하라.

위한 최선의 노력에도 불구하고, 아웃소싱이 발생하면 때때로 숙련된 엔지니어들을 놓치게 되기도 한다. 고객의 엔지니어들은 아웃소싱 계약을 그들의 직업을 잃어버리는 것으로 볼 수 있으며 혹은 그들은 공급업체를 감독하기보다는 설계하고 코딩하는 것을 원할 수 있다. 이른 아침 그리고 늦은 밤의 미팅으로 인한 번아웃 또한 한 가지 요인이 될 수 있다.

어려움 16: 인증의 어려움. 앞서 언급한 것처럼 인증 당국은 아웃소싱(특히 해외 외주)에 대한 이슈들을 보아왔기 때문에 일반적으로 해외 공급업체들에 대한 특별한 정당성과 감독을 요구한다. 만약 양국 간의 협정이 없는 국가에서 작업이 수행된다면, 과도한 부담이 없도록 하기 위한 정당성이 필요하다. 이를 수행하는 방법에 대한 몇 가지 제안을 다음 섹션에서 살펴본다.

어려움 17: 프로젝트 후 기억상실증. 나는 인증이 완전히 실패한 것으로 간주했던 프로젝트를 컨설팅한 적이 있다. 하지만 단지 그들이 회사를 파산시키지 않고 끝까지 갔다는 사실만으로 어쨌든 성공으로 간주되도록 왜곡되어 있었다. 마치 경영진이 이전에 일어났던 혼란을 잊은 것처럼 부실한 성과를 보여주었던 아웃소싱 회사가 추가적인 작업으로 보상을 받는 것을 나는 보아왔다. 공급업체의 마케팅 부서는 심지어 자신들이 프로젝트 성공의 핵심이었다고 선언할 수도 있다(그들이 야기한 번거로운 상황은 언급하지 않고). 과거의 이슈를 수정하기 위한 특별한 조치가 없다면 이슈는 다시 일어날 가능성이 높다. "미친 짓에 대한 정의는 같은 것을 다시 하고 다른 결과를 기대하는 것이다"라고 말하는 것을 들은 적이 있다. 불행히도 아웃소싱, 특히 해외 외주에 관한 한 나를 회의론자로 만들기에 충분한 미친 짓을 보아왔다.

26.4 어려움과 위험을 극복하기 위한 권고사항

이전 섹션에서 식별된 어려움에도 불구하고 아웃소싱은 성공할 수 있다. 제대로 수행되면 상당한 이익을 제공할 수 있다. 이 섹션은 아웃소싱의 어려움을 다루기 위한 몇 가지 전략과 권고사항을 제시한다. 앞서 언급한 것처럼 초점은 안전성과 인증에 있다. 의도된 기능을 수행하는 소프트웨어를 개발하기 위해서는 체계적인 프로세스가 필수이다. 따라서 아웃소싱을 할 때 전체 소프트웨어 품질에 영향을 미치는 몇 가지 실용적인 프로그램 관행이 다루어진다.

미국 시골에서의 젊은 시절에도, 나는 세상을 보고 싶은 욕망이 있었다. 엔지니어링은 나에게 세상의 문을 열어주었다. 나는 전 세계의 사람들과 만나고, 함께 일하고, 식사하는 것을 즐긴다. 전 세계의 다양하고, 흥미롭고, 재능 있는 사람들과 교류하는 것은 깨달음을 주는 일이다. 프로젝트 혹은 팀이 아웃소싱의 이득을 얻도록 성장시키는 것은 시간이 좀 걸리지만, 일단 그렇게 하면 대단히 만족스러울 수 있다. 이러한 권고사항들은 당신과 당신팀이 그런 성취를 경험하도록 돕기 위한 것이다.

마지막 섹션에서도 이 섹션 전체에 걸쳐 아웃소싱되는 팀은 **공급업체(supplier)**로 부르고 아웃소싱팀을 활용하는 회사는 **고객(customer)**으로 부른다.

권고사항 1 : 아웃소싱을 위한 준비 상태를 결정하라. 일부 회사들은 다른 사람들 누구나 그것을 하는 것을 보기 때문에 아웃소싱을 한다. 적절한 준비와 토대가 없으면 아웃소싱은 암울한 실패가 될 수 있다. 아웃소싱 계약에 뛰어들기 전에 고객의 아웃소싱 준비를 평가하는 것이 중요하다. '*Software Without Border*'라는 타이틀의 저서에서 Steve Mezak은 아웃소싱에 대한 조직의 준비를 평가하기 위해 20가지 질문의 **아웃소싱 준비 시험(outsourcing readiness test)**을 제공하고 있다. 그 시험은 아웃소싱 경험, 기술, 비즈니스 상황 그리고 관리 접근법을 조사한다.[3][3] 그런 평가는 아웃소싱이 현명한 결정인지 그리고 어디에 추가적인 도움이 필요할 수 있는지를 식별하는 데 도움을 줄 수 있다.

권고사항 2 : 최고 경영진의 헌신을 보장하라. 임원급 경영진의 단기적인 그리고 장기적인 지원을 모두 확보하는 것이 필수이다. 이것이 없으면 문제의 첫 번째 징후에서 실패가 선언될 수 있다. 경영진에게는 필요성, 위험, 옵션 그리고 기대치에 대한 완전하고 정확한 이해가 제공되어야 한다. 고객과 공급업체팀 모두 제공될 수 없는 것을 약속하지 않도록 주의해야 한다. 낙관적인 것은 괜찮지만 낙관주의는 현실을 정확하게 반영하는 것과 균형을 이루어야 한다. 정통하고 충분히 헌신적인 경영진은 시작하고, 지원을 제공하며, 프로젝트와 전체 사업에 비전을 제공할 수 있다.

권고사항 3 : 시스템적이고 체계적인 접근법을 사용하라. 일부 조직은 심지어 계획을 세우기

3) 시험은 www.softwarewithoutbordersbook.com에서 확인할 수 있다.

도 전에 아웃소싱 계약에 양쪽 발을 모두 담근다. 바로 소프트웨어 개발에서 **먼저 쏘고 나서 겨누기 접근법**(ready-fire-aim approach)이다. 사람은 청사진 없이 집을 짓지 않으며 체계적인 접근 없이는 회사 업무의 일부 혹은 심지어 전부를 효과적으로 아웃소싱할 수 없다. Mark Powers 등이 쓴 '*Outsourcing Handbook*'에서는 아웃소싱에 프로세스 중심의 접근법에 대한 필요성을 설명하며 7단계의 아웃소싱 라이프 사이클을 제안한다. 7단계는 주기적이며(출구 옵션이 실행되지 않는 한), 각 단계는 뒤따르는 단계로부터 독립적으로 수행된다. 각 단계를 잘 해결하고 어느 한 단계도 서두르지 않는 것이 중요하다. 각 단계는 다음과 같이 간략히 논의된다.[1]

① **전략적인 평가**: 이것은 아웃소싱 계약의 이점을 식별하기 위해 비즈니스 사례를 만드는 것을 필요로 한다(핵심 역량과 아웃소싱을 하기 적합한 영역에 대한 분석을 포함).

② **요구사항 분석**: 이것은 프로젝트 고유의 요구사항을 식별하기 위해 특정 프로젝트에 대해서 수행된다.

③ **공급업체 평가**: 이것은 어떤 것이 특정 요구사항에 가장 적합한지를 결정하기 위해 공급업체를 평가하는 것을 포함한다. 이것은 프로그램 관리 평가뿐만 아니라 엔지니어링 역량, 깊이, 인프라 그리고 품질의 상세한 전문적인 리뷰를 포함한다. "올바른 판매업체[공급업체]를 고르는 것은 좋은 파트너를 선택하는 것과 같다. 만약 시작부터 올바른 결정을 내리면 잠재적으로 지속적인 관계를 맺을 수 있는 반면, 잘못된 판매업체[공급업체]를 선택하는 것은 좋은 의도의 아웃소싱 프로젝트가 손상되고 좌절될 가능성이 있다."[1][4)]

④ **계약 및 협상 관리**: 이것은 아웃소싱 계약을 협상하고 계약을 체결하는 프로세스이다. 각각의 결과물과 마일스톤에 대한 품질과 전이 기준이 수립될 필요가 있다. 나는 불충분하고 완전히 재작업될 필요가 있다는 것을 발견하게 되는 결과물에 대해서 비용을 지불하는 프로젝트를 보아왔다.

⑤ **프로젝트 시작과 전이 단계**: 이것은 작업이 공급업체에 전이되는 단계이다. 이 단계는 프로젝트의 나머지 부분에 대한 톤을 설정한다. 따라서 이슈를 빨리 해결하는 것이 중요하다. 이것은 기술적인 작업에 특히 중요한 단계이다. 프로젝트는 전달물의 커뮤니케이션, 이슈 조정 그리고 수락가능성을 보장하기 위해 적절한 수준의 기술적인 감

4) 명확하게 하기 위해서 대괄호가 추가되었다.

독에 대해서 계획해야 한다.

⑥ **관계 관리**: 프로젝트가 일상적인 것으로 바뀌면서 고객과 공급업체 관계를 건강하게 유지하는 것이 중요하다. 이 단계는 관계 평가, 문제 해결, 커뮤니케이션 관리, 지식 공유 그리고 프로세스 관리를 포함한다.

⑦ **지속, 수정 혹은 종료 전략**: 각각의 프로젝트가 종료될 때 아웃소싱 관계를 평가해서 계약이 지속되어야 하는지, 수정되어야 하는지 혹은 종료되어야 하는지를 결정해야 한다. 만약 지속하는 것으로 결정되면 교훈이 평가되고 개선이 이루어져야 한다. 만약 프로세스를 수정하는 것으로 결정되면 수정을 위한 분명한 전략이 필요하다. 만약 종료하는 것으로 결정되면 그것 역시 잘 계획된 전략이 필요하다.

권고사항 4: 정보를 잘 얻어라: 아웃소싱 계약을 실행하기 위해 정통한 사람들을 활용할 수 있는지 확인하라. 만약 아웃소싱이 처음이라면 몇 가지 도움을 받는 것이 좋다. 아마도 아웃소싱 전략가나 기업의 다른 부서가 도울 수 있을 것이다. 고려해야 할 많은 세부사항들이 있다(예를 들면, 법적 구속력이 있는 계약, 수출입법, 지적 재산권 보호, 문화적 민감도 교육[해외 프로젝트의 경우], 비자 신청, 장비 이전, 네트워크 인프라). 처음에 일부 전문가의 도움을 받고 건전한 기반을 구축하기 위해 전문가들로부터 그들이 할 수 있는 모든 것을 배울 수 있는 전담팀을 갖는 것이 매우 유익하다.

권고사항 5: 당신 자신의 조직을 파악하라. 아웃소싱 계약을 시작하기 전에 당신 자신의 조직의 특성을 아는 것이 중요하다. 강점, 약점, 구체적인 요구, 조직 성숙도, 기술적인 전문성, 프로세스 성숙도 등을 식별하라. 기술적인 관점에서 핵심과 비핵심 역량을 검토하는 것이 중요하다. "핵심 역량은 조직의 제품과 서비스에 통합되는 특별한 기술, 독점 기술, 지식, 정보 그리고 고유한 운영 프로세스 및 절차의 조합이며 조직의 고객에 대한 고유한 차별화 수단이다."[1] 비핵심 역량은 조직을 경쟁자로부터 차별화하지 않고 조직의 제품과 서비스에 직접적으로 영향을 미치지 않는 역량이다. 비핵심 역량은 일상적인 운용에 필요하며 조직의 서비스와 제품에 간접적으로 영향을 미친다.[1] 대부분의 기업들은 비핵심 역량을 먼저 아웃소싱하는 것을 선택한다.

권고사항 6: 아웃소싱할 것과 사내에 유지할 것을 결정하라. 핵심 역량을 평가하는 것이 이 작업에 도움이 된다. 하지만 일단 역량과 요구가 결정되면 이를 해결할 전략이 필요하다. 아웃소싱을 위한 프로젝트를 설계하는 몇 가지 일반적인 접근법은 다음과 같다.

- 전체 제품 시스템, 하드웨어 그리고 소프트웨어 아웃소싱하기
- 전체 소프트웨어 라이프 사이클을 아웃소싱하고 하드웨어 및 시스템 개발과 시험을 유지하기
- 일부 기능은 사내에서 수행하고 다른 기능은 아웃소싱하도록 기능을 모듈화하기
- 소프트웨어 개발 및 검증팀을 분리하기(일반적으로 개발은 사내에서 수행되고 검증이 아웃소싱된다)
- 소프트웨어 개발 및 검증을 아웃소싱하지만 사내 전문가를 사용하여 작업을 감독하고 모니터링하기

무엇이 아웃소싱되고 무엇이 유지될지를 결정할 때, 지적 재산권, 빨리 작동해야 하는 핵심 기능, 다양한 컴포넌트들 간의 인터페이스 그리고 고객에게 잘 보이는 영역을 고려하라. 이들 항목들은 일반적으로 사내에 유지하는 것이 가장 좋다.

권고사항 7 : 최선의 아웃소싱 접근법을 결정하라. 권고사항 6에서 언급한 것처럼 아웃소싱에는 많은 가능한 접근법들이 있다. 전체 시스템을 아웃소싱할 수도 있고 혹은 단지 공급업체가 시험을 작성하고 실행하도록 할 수도 있다. 현지 회사에 아웃소싱할 수도 있고 혹은 지구 반대편에 있는 누군가에게 아웃소싱할 수도 있다. 공급업체와 계약 상태일 수도 있고 혹은 실제로 해외 자회사를 소유하고 있을 수도 있다. Mezak은 소프트웨어 개발을 위한 여섯 가지 공통 전략을 식별한다.[3] ① 사내 엔지니어들, ② 국내 계약 아웃소싱, ③ 해외 계약 아웃소싱, ④ 사내 그리고 해외 혼합, ⑤ 해외 자회사, ⑥ 구축, 운영, 이전(향후 엔지니어들을 자회사로 이전하는 옵션을 가지고 계약된 팀으로 시작) 등이다. 최선의 접근법은 다양하기 때문에 단기 그리고 장기 요구사항 모두에 가장 적합한 것을 결정하기 위해 이러한 옵션들이 평가되어야 한다.

권고사항 8 : 공급업체를 현명하게 선택하라. 이것은 명백한 것이어야 한다. 하지만 현명하지 못한 선택을 여러 번 보아왔기 때문에, 그것은 다시 한 번 상기해볼 만하다. 일단 고객팀의 강점, 약점, 요구가 결정되면 그러한 요구를 충족하고 고객팀을 보완하는 공급업체를 찾아라. 핵심 위치를 위해 새로운 정규직 직원을 고용할 때 적용되는 것과 동일한 조사와 기대치를 적용하라. 레퍼런스를 체크하고 이력을 리뷰하라. 고려해야 할 몇 가지 구체적인 영역은 다음과 같다.

- 안전 필수 소프트웨어 프로젝트에 대한 경험
- DO-178C(그리고/혹은 DO-178B)에 대한 경험
- 계획된 작업에 대한 경험의 유사성
- 언어 능력(쓰기 및 말하기)
- 안전성 분야에 대한 이해
- 계획된 도구 모음과 환경과의 친밀함
- 확립된 프로세스를 준수하기 위한 헌신
- 직원의 안정성과 깊이
- 할당된 시간 내에 지정된 작업을 지원할 수 있는 능력
- 프로젝트가 계획대로 진행되지 않을 경우 리소스를 추가할 수 있는 능력
- 특정 분야에 대한 경험(예를 들면, 항법, 통신, 비행 컨트롤)
- 업계에서의 이력 추적(공급자가 제공한 것뿐만 아니라 레퍼런스를 체크)
- 계획된 프로젝트 규모에 대한 경험(작은, 중간 혹은 큰 규모의 프로젝트와 같은)
- 고객팀의 근무일과 일치
- 교육(이력서를 받고 팀이 프로젝트에 유지될 것을 보장하기 위한 수단을 가짐)
- 위치(안전, 보안, 쉬운 접근 등)
- 필요에 따라서 현장을 지원할 수 있는 능력(이것은 비자 지원 프로세스, 여행 옵션, 체류 연장 숙박 등에 대해 조사하는 것을 포함할 수 있다)
- 지적 재산권과 독점 데이터에 대한 존중
- 보안 취약성의 확률(일부 국가는 국가가 후원하는 악성 프로그램 활동을 하는 것으로 인식됨)
- 장비(좋은 품질의 원격 통화 시스템, 지속적인 전력, 고속 인터넷, 사무실 공간 및 장비 품질, 화상 회의 능력, 연구실 공간 등)
- 공급업체와 고객팀 간의 문화적인 호환성
- 확립된 품질 보증
- 리스크(정부 안정성, 보안, 이해 충돌, 정전과 같은)

'*Outsourcing Handbook*'은 공급업체를 선택할 때 다음과 같은 여섯 가지 일반적인 오류를 식별한다.**[1]**

- 매력적인 판매업체에 대한 요구 분석을 희생하기
- 비용 절감을 결정 요인으로 판매업체를 평가하기
- 판매업체에 대한 부실한 리스크 평가
- 판매업체 선택 프로세스를 성급하게 진행
- 판매업체 간의 상호작용 관리에 대한 주의 부족
- 현재 판매업체와 새로운 판매업체를 이용하는 것 사이에 균형을 유지하는 것에 대한 실패

아웃소싱 파트너를 평가하고 선택할 때 이러한 것들을 명심하라. 그것은 아무리 강조해도 지나치지 않다. 가격만으로 선택하지 마라! 그것은 거의 항상 후회로 이어진다.

권고사항 9 : 지속성을 위해 같은 팀을 고집하라. 일부 공급업체들은 견실하고 성숙한 팀으로 시작하지만, 그 엔지니어들은 프로젝트가 시작된 후 곧 다른 프로젝트로 옮겨진다. 팀 구성 합의서를 서면으로 작성하고 프로젝트 전반에 걸쳐서 그것을 확인해야 한다. 일부 직원의 이직이 예상될 수 있으며 적절한 사람을 얻기 위해 엔지니어를 교체할 필요가 있을 수 있다. 하지만 팀 구성을 지속적으로 모니터하는 것이 중요하다.

권고사항 10 : 고객팀을 준비하라. 고객팀은 몇 가지 특별한 주의가 필요할 것이다. 일부 엔지니어들은 아웃소싱과 특히 해외 외주에 반대할 수 있다. 그들이 아웃소싱에 대한 이유를 이해하는지 확인하고 프로젝트와 회사의 성공에 핵심이라는 사실을 지속적으로 강조하라. 공급업체의 위치에 따라서 공급업체의 팀과 겹치도록 일정을 변경해야 할 수도 있다. 또한 공급업체와 고객팀 모두에 일부 문화적인 민감성과 다양성 훈련이 필요할 수 있다. 프로젝트 전반에 걸쳐서 피드백에 귀 기울이고 입력을 진지하게 받아들여라. 대부분의 경우 엔지니어는 고려할 가치가 있는 유효한 의견을 가지고 있다. 시간이 지나면 누구의 입력을 의존할 수 있고 누구의 것이 약간의 필터링이 필요한지가 명확해질 것이다. 하지만 모든 사람이 가치가 인정되어야 하며 자유롭게 공유할 기회를 가져야 한다.

권고사항 11 : 팀을 상호 체류하게 하라. 프로젝트의 규모와 성격에 따라서 공급업체의 시설에 고객 담당자 중 일부를 현장에 배치하고 고객 현장에 공급업체의 담당자 중 일부를 두는 것이 종종 유익하다. 단기 체류가 가장 적절한 것으로 보인다(3개월 이하). 상호 체류는 양쪽 팀 모두에게 가치가 있다. 그것은 프로젝트 이슈를 더 잘 이해하고 선제적으로 해결

하는 데 도움이 된다.

권고사항 12 : 소규모로 시작하라. 아웃소싱 모험은 일반적으로 소규모로, 잘 정의된 작업으로 시작하는 것이 가장 좋다. 이러한 작업은 관계를 구축하고, 프로세스 이슈를 해결하며, 리더를 식별하고, 전문성과 자신감을 구축하는 데 도움이 될 수 있다. 많은 회사들이 일반적으로 소규모의 중요하지 않은 기능(혹은 도구)의 시범 프로젝트로 시작한다. 이를 통해 커뮤니케이션 능력을 시험하고, 기술팀의 기술을 시험하며, 소규모지만 필요한 기능을 구현할 수 있다.

시범 프로젝트의 수행 여부와 관계없이 소규모로 시작하는 것은 여전히 현명한 일이다. 일부 회사들은 낮은 레벨의 소프트웨어를 먼저 아웃소싱한다(아마도 레벨 C 혹은 D). 만약 그것이 잘 되면 그들은 더 중요하고 규모가 큰 프로젝트를 아웃소싱할 수 있다.

권고사항 13 : 기대치를 분명하게 구체화하라. 수행되어야 할 작업과 생성되어야 할 데이터는 SOW(Statement of Work)에 문서화되어야 한다. SOW는 완전하고 모호하지 않으며 일관성 있고 측정가능해야 한다. DO-178C 산출물이 SOW에 포함되어야 한다. 기술팀 그리고 DO-178C 및 인증에 정통한 사람이 SOW를 리뷰하도록 하는 것이 좋다.

권고사항 14 : 직원 강화를 위해 공통 도구와 방법을 사용하라. 만약 아웃소싱된 팀이 고객의 직원을 강화할 것이라면 공통된 도구와 방법이 권장된다. 다음 도구들은 공통이어야 한다. 요구사항 관리 및 캡처 도구(들), 설계 도구(들), 소스 코드 도구(들), 소스 코드 컨트롤 도구(들), 그리고 문제점 리포팅 도구(들)이다. 또한 상세한 절차, 예시 그리고 훈련이 포함되는 것이 중요하다. 때때로 몇 년 동안 그것을 사용해온 고객팀에게는 절차가 분명하지만, 외부 공급업체의 팀에게는 명확하지 않을 수 있다. 공급업체에 의해서 사용될 절차는 개선되어야 할 수 있다.

전체 컴포넌트 혹은 시스템을 아웃소싱할 때는 동일한 도구 세트와 프로세스를 사용할 필요가 없을 수 있다. 하지만 ① 공급업체의 프로세스를 이해하고, ② 공급업체가 고객 및 인증 당국 요구사항에 따라 장기간에 걸쳐 데이터와 환경을 제공하거나 유지하도록 보장하며, ③ 제품 및 데이터를 넘기기 위한 인수 전략을 계획하고 실행하는 것이 중요할 것이다.

권고사항 15 : 공급업체 관리 계획을 개발하라. FAA Order 8110.49(Change 1)는 문서화된 공급업체 관리 계획을 요구한다.[2] 계획은 PSAC(Plan for Software Aspects of Certification)나 시스템 인증 계획의 일부일 수 있으며 혹은 그것은 기업 전체의 계획일 수 있다. 공급업체 관리 계획은 공급업체(직원 강화 및 해외 자회사 파트너를 포함하는)가 프로젝트에 적용되는 모든 규정, 정책, 지침, 합의 그리고 표준을 준수하도록 보장해야 한다. 또한 계획은 모든 공급업체가 어떻게 관리될지에 대해서도 설명한다. 인증 당국이 관심을 가지는 특정 영역으로는 준수, 다양한 산출물의 통합(요구사항, 설계, 코드와 같은), 인증 교섭, 문제점 리포팅 및 해결, 통합, 검증, 형상 관리, 준수 입증 그리고 데이터 보존이 있다.[2] 인증 당국은 무엇이, 누구에 의해서, 어디에서 수행되는지를 알고 싶어 한다. 또한 그들은 아웃소싱이 **지원자**(applicant)(인증 혹은 승인을 신청하는 주체)에 의해서 어떻게 관리되고 있는지를 알고 싶어 한다. 만약 해외 시설이 고객 혹은 지원자에 의해서 소유되거나 혹은 **직원 강화**(staff augmentation)로 사용되는 국내팀(**공급업체**(supplier)의 반대로)이라고 하더라도, FAA는 그 활동이 어떻게 관리되고 있는지를 알고 싶어 한다.5)

권고사항 16 : 문제점 리포팅 프로세스를 조율하라. 소프트웨어 개발자와 검증자는 하위 레벨의 문제가 시스템 혹은 항공기 안전성에 미치는 영향을 인식하지 못할 수 있다. 따라서 모든 공급업체에게 공통된 문제점 리포트 분류가 권장된다. 그 외에도 개발 그리고/혹은 검증 활동 전반에 걸쳐서 공급업체의 문제점 리포트를 볼 수 있게 하는 것이 필요하다(문제점 리포트를 살펴보기 위해 끝까지 기다리는 것은 너무 위험하다). 초기 인증을 위해서 연기되는 모든 문제점 리포트는 인증 당국을 포함해서 모든 이해관계자에 의한 정당성과 리뷰가 필요할 것이다.

권고사항 17 : 핵심 영역을 훈련하라. 프로그램을 시작할 때 전체 팀(고객과 공급업체팀 모두)에 대한 훈련 필요성을 식별하는 것이 바람직하다. 일반적으로 부족한 몇 가지 영역으로는 DO-178B/C 준수, 강건성 시험, 하위 레벨 요구사항 캡처, 반복가능한 분석 및 절차의 문서화, 통합 그리고 데이터 및 컨트롤 결합도 분석이 있다. 큰 규모의 팀의 경우, 적절한 팀원들에게 적절한 훈련을 받도록 하기 위해서는 창의력이 필요할 수 있다. 일반적인 전략은 기술 리더들을 먼저 훈련하고 그런 다음 그들이 지식을 아래로 전달하는 것이다. 다양한 예시를 가진 컴퓨터 기반 훈련 또한 가치 있을 수 있다. 또한 주기적으로 업데이트되는 온라인 모범 사례 가이드는 전체 인력에게 지식을 전달하는 좋은 방법이 될 수 있다.6)

5) EASA의 Certification Memo CM-SWCEH-002는 유사한 지침을 가지고 있다.

6) 그런 가이드는 소프트웨어 계획에 설명되어야 하며 형상 관리하에 유지되어야 한다.

권고사항 18: 커뮤니케이션에 계속 주의를 기울여라. 부실한 커뮤니케이션은 프로젝트 실패에 대한 주요 원인 중 하나이다. 따라서 커뮤니케이션 합의와 그 효과에 추가적인 주의를 기울여야 한다. Mazak은 다음과 같이 쓴 바가 있다. "아웃소싱을 사용하는 것은 결혼과 비슷하다. 그것은 관계가 잘 되도록 만들기 위해 양쪽의 헌신이 필요하다. 원활한 커뮤니케이션이 필요하다."[3] 다음은 커뮤니케이션을 향상시키기 위한 몇 가지 방법이다.

- 팀 리드를 위해 대면 회의를 개최하라(특히 프로젝트 전반적으로 초기에 그리고 주요 단계에서).
- 팀 간에 잦은 원격 회의 그리고/혹은 가상 회의를 준비하라. 만약 해외 공급업체라면 교대 근무가 겹칠 때 매일 원격 회의가 될 수 있다. 화상 회의와 네트워크 기반 문서 공유가 도움이 될 수 있다.
- 팀이 단순히 업무적이 아닌 개인적으로 서로 알게 되도록 격려하라.
- 어려운 개념을 소통하기 위해 그래픽을 사용하라. 다이어그램은 종종 커뮤니케이션 이슈를 해결하는 데 도움이 될 수 있다.
- 일정 수준으로 현장에 상주하는 것(즉, 상호 체류하는 팀)을 실행하라.
- 이슈와 우려를 즉시 전달하도록 팀을 권장해서 그것들을 통제할 수 없게 만들지 마라.
- 중요한 이슈(기술적으로 혹은 프로그램적으로)가 적절히 해결되지 않는다고 양쪽 회사가 생각할 때를 위한 신속 처리 방법을 개발하라.
- 교훈을 기반으로 커뮤니케이션을 향상하기 위한 방법을 지속적으로 찾아라.

권고사항 19: 리스크를 평가하고 완화하라. 소프트웨어 개발에는 여러 가지 리스크가 있다. 아웃소싱은 그러한 리스크의 일부를 증가시킬 수 있다. 앞서 언급한 것처럼 공급업체의 자격은 선정하기 전에 조심스럽게 평가되어야 한다. 모든 결함은 리스크로 식별되어야 한다. 프로젝트가 진화함에 따라 리스크는 지속적으로 재평가되어야 하며 리스크 완화가 수립되어야 한다. 리스크를 확인하고 나서 그것에 대해 아무것도 하지 않는 것은 별로 도움이 되지 않는다. 해결되지 않은 리스크는 배의 바닥에 난 구멍과 같다. 주의하지 않으면 배(즉 프로젝트)를 침몰시킬 수 있다. 구체적인 완화 단계와 함께 계속되는 리스크 평가는 침몰을 방지하는 데 도움이 된다.

권고사항 20: 과도한 부담을 고려하라. 리스크 평가와 밀접하게 연관된 것은 과도한 부담 완화이다. 앞서 언급한 것처럼 양자 협정이 없는 국가의 해외 공급업체는 미국 정부에 과도한 부담이 될 수 있다. 따라서 FAA는 공급업체가 적절하게 감독되고 있고 리스크가 선제적으로 해결되고 있다는 것을 알 필요가 있다. 다음은 과도한 부담을 피하기 위한 일반적인 전략 중 일부이다.

- 해외 외주 작업을 검증으로 제한하고 인증 신뢰를 위한 시험은 미국에서 수행하라.
- 데이터에 대한 동료 검토에 미국팀(고객팀)을 포함하라.
- FAA가 승인한 위임자를 사용하여 공급업체의 작업에 대한 현장 감사를 수행해서 그것이 준수되는지를 확인하라.
- 인증 당국이 고객팀과 공급업체팀 모두에 대해서 확신을 가질 때까지 낮은 수준의 소프트웨어에 대한 작업으로 해외 외주 작업을 제한하라.

권고사항 21 : 잘 관리하라. 내가 관찰해온 많은 수의 아웃소싱 실패는 부실한 관리 때문이었다. 아웃소싱된 프로젝트는 자질이 있고 숙련된 담당자에 의해서 관리되어야 한다. 이 역할에서의 관리자는 다음과 같은 기술과 능력을 가져야 한다. 불확실한 환경에서 우수한 의사 결정 능력, 변화를 수용할 수 있는 능력, 좋은 관계 구축 및 커뮤니케이션 기술, 날카로운 지식 관리 기술, 지속성 등이다.[1] 추가적으로 기술적인 관리자는 강력한 기술력을 보유해야 하며 기술적인 우려와 리스크를 이해할 수 있어야 한다.

마일스톤에 대한 세부적인 추적과 수용을 포함한 완전한 마일스톤 리스트는 아웃소싱된 프로젝트를 포함해서 소프트웨어 프로젝트를 관리하기 위한 중요한 도구이다. 팀과 작업 간의 종속관계가 식별되어야 하며, 상태의 정확성이 보장되어야 한다. 일정과 마일스톤은 실제 프로젝트 진행을 기반으로 필요에 따라서 업데이트되어야 한다.

권고사항 22 : 현실적이 되어라. 기술적인 기대와 일정에 대한 기대는 현실적이어야 한다. 새로운 엔지니어들의 팀이 양질의 작업을 신속하게 해낼 것으로 기대하는 것은 현실적이지 않다. 일반적으로 최선을 바라지만 최악을 계획하는 것이 바람직하다. 성공을 기반으로 한 계획은 아무에게도 도움이 되지 않는다. 그것은 어느 시점에 모든 사람을 행복하게 만들지 모르지만, 그것이 현실적이지 않다면 행복은 지속되지 않을 것이다. 훌륭한 관리자는 현실을 다룬다! Johanna Rothman은 다음과 같이 말하고 있다. "특히 아웃소싱 관계가 시작될 때에는 각각의 프로젝트에 대해서 더 길게 그리고 더 많은 비용이 들도록 계획하라. 나의 경험에 따르면 첫 번째 프로젝트의 경우 예상시간이 30% 정도 늘어난다. 그런 다음 프로젝트를 모니터링해서 그 추정치를 늘려야 할 필요가 있는지를 확인한다."[4]

권고사항 23 : 장기 목표를 명심하라. 일부 회사들은 그들의 아웃소싱 활동이 계획대로 이루어지지 않아 좌절한다. 장기 목표를 명심하는 것이 중요하다. 만약 단기나 장기 목표 어느 것도 현실적으로 보이지 않으면, 이는 개선될 필요가 있을 것이다.

권고사항 24 : 감독을 계획하라. 인증 당국은 관리 감독, 기술 감독, 품질 보증 감독, 보안 컨트롤 그리고 인증 교섭 감독을 포함하는 감독 접근법에 대한 통찰력이 필요하다. 이러한 영역 각각은 PSAC 그리고/혹은 인증 당국이 접근할 수 있는 일부 다른 계획에 상세하게 기술되어야 한다.

권고사항 25 : 프로젝트 이후의 지원을 계획하라. 아웃소싱 계약은 프로젝트 이후 지원을 누가 수행할지를 고려해야 한다. 즉, 최초 인증 후에 누가 데이터를 유지할 것인가? 이것은 역할과 책임이 어떻게 나뉘고 어떤 데이터가 어디로 가는지를 결정할 때 하나의 요인이 될 것이다. 예를 들면, 만약 시험 케이스와 절차를 개발한 공급업체가 인증 후에 활용되지 않을 경우, 향후 시험 데이터에 대한 업데이트가 이루어질 수 있도록 모든 도구, 데이터, 장비 등을 받는 것이 중요할 것이다.

누가 지원을 하든 변경하기 전에 오픈된 문제점 리포트, 소프트웨어 형상 인덱스(SCI) 그리고 소프트웨어 완수 요약(SAS)을 포함해서 모든 라이프 사이클 데이터를 반드시 확보해야 한다.

권고사항 26: 지속적인 개선을 실행하라. 완료된 모든 아웃소싱 활동은 수많은 교훈을 제공한다. 그러한 교훈을 포착하고, 그것으로부터 배우며 그에 따라서 프로세스를 변경하는 것이 중요하다.

26.5 요약

아웃소싱은 계속된다. 따라서 그것을 효과적으로 구현하고 관리하는 방법을 배우는 것이 중요하다. 이 챕터는 일반적인 이슈들과 그러한 이슈들을 방지하거나 해결하는 데 도움이 되는 몇 가지 권고사항을 식별해왔다. 해당 분야의 다른 리소스와 전문가에게 컨설팅을 받기 바란다. 이것은 단지 한 사람의 관점일 뿐이다. 행운을 빈다. 그리고 경험을 즐겨라!

참고문헌

[1] M. J. Powers, K. C. Desouza, and C. Bonifazi, *The Outsourcing Handbook: How to Implement a Successful Outsourcing Process* (Philadelphia, PA: Kogan Page, 2006).

[2] Federal Aviation Administration, *Software Approval Guidelines*, Order 8110.49 (Washington, DC: Federal Aviation Administration, Change 1, September 2011).

[3] S. Mezak, *Software Without Borders* (Los Altos, CA: Earthrise Press, 2006).

[4] J. Rothman, 11 steps to successful outsourcing: A Contrarian's view, *Computer World* (article #84847, 2003). http://www.computerworld.com/s/article/84847/11_Steps_to_Successful_Outsourcing_A_Contrarian_s_View (accessed August 2011).

표 A-2 소프트웨어 검증 계획에 대한 전이 기준 예시

리뷰 유형	진입 기준	활동	진출 기준
계획 리뷰(들)	• 다섯 가지 계획이 모두 형상 관리된다. • 요구사항, 설계, 코딩 표준이 형상 관리된다.	• 계획 체크리스트를 사용해서 모든 계획과 표준을 리뷰한다. • 리뷰 의견을 문서화한다. • 리뷰 의견에 따라서 계획과 표준을 업데이트한다. • 리뷰의 A/I 그리고/혹은 PR를 종료하거나 처리한다. • 업데이트된 계획과 표준을 릴리즈한다.	• 모든 계획과 표준이 리뷰되고, 업데이트되고, 릴리즈되고, 형상 관리된다. • 리뷰로부터의 A/I와 PR이 종료되거나 처리된다.
SWRD 리뷰	• 계획과 요구사항 표준이 릴리즈된다. • 시스템 요구사항이 릴리즈된다. • SWRD가 형상 관리된다(만약 SWRD가 섹션별로 리뷰되면, 각각의 섹션이 리뷰에 앞서 성숙하고 형상 관리될 필요가 있다).	• SVP의 SWRD 체크리스트를 사용해서 시스템 요구사항에 대해 SWRD를 리뷰한다. • 파생 요구사항을 확인한다. • SDP에서 식별된 요구사항 표준을 따랐는지 확인한다. • SWRD와 SRD 간의 양방향 추적성이 정확하고 완전한지 확인한다. • SWRD가 리뷰 의견에 따라서 제대로 업데이트되었는지 확인한다. • 형상 관리되고 있는 데이터에서 이슈가 발견되면 A/I(베이스라인 이전) 혹은 PR(베이스라인 이후)을 생성한다. • 리뷰를 통해서 A/I 그리고/혹은 PR을 종료하거나 처리한다. • 적절한 시스템 안전성 담당자가 모든 파생 요구사항을 리뷰했는지 확인한다.	• 리뷰(들)를 기반으로 SWRD가 업데이트되고 릴리즈되며 형상 관리된다. • 리뷰로부터의 A/I와 PR이 종료되거나 처리된다.
소프트웨어 설계 리뷰	• SRD와 SWRD가 리뷰되고, 업데이트되며, 릴리즈되어왔다. • SDD가 형상 관리된다. • 설계 표준이 릴리즈된다. • 상위 레벨 및 하위 레벨 요구사항 간의 추적성이 형상 관리된다.	• SVP의 체크리스트를 사용해서 SDD를 리뷰한다. • 파생 요구사항을 확인한다. • SDP에서 식별된 설계 표준을 따랐는지 확인한다(하위 레벨 요구사항과 아키텍처 모두에 대해서). • 상위 레벨 요구사항과 하위 레벨 요구사항 간의 양방향 추적성의 정확도를 확인한다. • SDD가 리뷰 의견에 따라서 제대로 업데이트되었는지 확인한다. • 형상 관리되고 있는 데이터에서 이슈가 발견되면 A/I(베이스라인 이전) 혹은 PR(베이스라인 이후)을 생성한다. • 리뷰를 통해서 A/I 그리고/혹은 PR을	• 리뷰(들)를 기반으로 SDD가 업데이트되고 릴리즈되며 형상 관리된다. • 리뷰로부터의 A/I와 PR이 종료되거나 처리된다.

		종료하거나 처리한다. • 적절한 시스템 안전성 담당자가 모든 파생 요구사항을 리뷰했는지 확인한다.	
코드 리뷰	• SRD, SWRD, SDD가 리뷰되고, 업데이트되며, 릴리즈되어왔다. • 소스 코드가 형상 관리된다. • 코딩 표준이 릴리즈된다. • 하위 레벨 요구사항과 소스 코드 간의 추적성이 형상 관리된다.	• 코드 체크리스트(SVP의)를 사용해서 소스 코드를 리뷰한다. • SDP에서 식별된 코딩 표준을 따랐는지 확인한다. • 하위 레벨 요구사항과 코드 사이의 양방향 추적성의 정확도를 확인한다. • 코드가 리뷰 의견에 따라서 제대로 업데이트되었는지 확인한다. • 형상 관리되고 있는 데이터에서 이슈가 발견되면 A/I(베이스라인 이전) 혹은 PR(베이스라인 이후)을 생성한다. • 리뷰를 통해서 A/I 그리고/혹은 PR을 종료하거나 처리한다.	• 리뷰(들)를 기반으로 코드가 업데이트되고 릴리즈되며 형상 관리된다. • 리뷰로부터의 A/I와 PR이 종료되거나 처리된다.
코드 통합 리뷰	• 코드가 리뷰되고 릴리즈되어왔다. • SLECI의 초안이 작성된다. • SCI의 초안이 작성된다(빌드와 로드 절차를 포함).	• 체크리스트(SVP의)를 사용해서 SLECI를 리뷰한다. • 체크리스트(SVP의)를 사용해서 SCI를 리뷰한다. • 소프트웨어를 빌드하기 위해 사용된 모든 파일들(makefile과 같은)을 리뷰한다.	• 리뷰(들)를 기반으로 SCI와 SLECI가 업데이트되고 형상 관리된다. • 빌드 파일이 리뷰되고, 릴리즈되며, 형상 관리된다. • 실행가능 오브젝트 코드가 빌드되고, 릴리즈되며, 형상 관리된다. • 리뷰로부터의 A/I와 PR이 종료되거나 처리된다.
시험 케이스 및 절차 개발(상위 및 하위 레벨 시험)	• SWRD와 SDD가 시험 개발을 시작하기에 충분히 성숙하다. • SLECI가 형상 관리된다.	• 정상 및 비정상(강건한) 조건을 수행하기 위해 시험 케이스 및 절차를 개발한다. • 모든 요구사항이 시험되는지 확인한다. • 강건성 시험 케이스를 식별한다(만약 요구사항이 강건한 것으로 작성되면, 왜 추가적인 강건성 시험이 필요하지 않는지에 대한 이유를 문서화한다). • 시험 수행에 사용되는, 인증을 요구하는 도구가 인증되었는지 혹은 시험 개발을 시작할만큼 충분히 안정적인지 확인한다.	• SWRD, SDD, 코드가 릴리즈된다. • 시험 케이스 및 절차가 리뷰되고, 업데이트되고, 릴리즈되고, 형상 관리된다. • SLECI가 릴리즈된다. • SCI가 시험 절차 정보로 업데이트되고 형상 관리된다.

		• 시험 케이스와 요구사항 그리고 시험 케이스와 시험 절차 간에 양방향 추적 데이터를 개발한다. • 빌드 명령어를 문서화하고 시험을 빌드하거나 수행하기 위해 필요한 모든 도구가 SLECI에 문서화된 것을 확인한다. • 시험 정보를 SCI에 추가한다. • 시험 케이스 및 절차를 리뷰하고 필요에 따라 업데이트한다(이 테이블의 "시험 케이스 및 절차 리뷰" 항목을 보라).	
통합 분석의 개발(모든 분석에 적용)	• SVP가 릴리즈된다. • 분석을 위한 데이터가 분석을 시작하기에 충분히 성숙하다.	• SVP 혹은 다른 적용가능한 문서에서 식별되는 기준을 사용해서 분석 절차를 문서화한다. • 식별된 기준으로 반복가능성과 준수 여부에 대해서 절차를 리뷰한다. • 리뷰 피드백을 기반으로 절차를 업데이트한다. • 만약 분석을 수행하기 위해 인증된 도구가 사용된다면, 도구 인증이 완료되는지를 확인한다. • 릴리즈된 절차를 사용해서 추가적인 분석(링크/로드, WCET, 메모리맵 분석과 같은)을 수행한다. • 분석 리포트에 분석 결과를 작성한다(이 테이블의 "분석 결과 리뷰"를 보라). • 분석 과정에서 지적된 모든 이슈를 PR에 문서화한다.	• 분석 절차가 리뷰되고, 업데이트되며, 릴리즈된다. • 분석 결과가 분석 리포트에 작성되며 형상 관리된다. • 분석 과정에서 지적된 모든 이슈들에 대해서 PR이 생성된다.
시험 케이스 및 절차 리뷰(상위 및 하위 레벨 시험)	• SRD, SWRD, SDD가 릴리즈된다. • 적용가능한 시험 케이스 및 절차가 형상 관리된다. • SLECI와 SCI가 형상 관리된다. • 시험 케이스와 요구사항 그리고 시험 케이스와 시험 절차 간에 추적성 데이터가 개발되고 형상 관리된다. • SVP가 릴리즈된다. • 시험 빌드 명령어가 형	• SVP에서 식별된 체크리스트를 사용해서 시험 케이스 및 절차를 리뷰한다. • 시험 케이스와 요구사항 그리고 시험 케이스와 시험 절차 간의 양방향 추적성을 검증한다. • 모든 요구사항이 시험되는지 확인한다. • pass/fail 기준과 함께 예상 결과가 식별되는지 확인한다. • 정확도를 확인하기 위해 시험 빌드 명령어를 실행한다. • 시험이 수행되고, 시험을 통과하고, 결과가 적절하게 문서화되는지 확인하기 위해 비공식 시험 결과를 리뷰한다. • 적절한 강건성이 존재하는지 확인한다	• 리뷰(들)를 기반으로 시험 케이스 및 절차가 업데이트되고 릴리즈된다. • 리뷰로부터의 A/I와 PR이 종료되거나 처리된다.

	상 관리된다. • 시험이 시험 개발자에 의해서 비공식적으로 수행되어왔고 리뷰를 위해서 결과를 사용할 수 있다.	(만약 강건성 시험이 필요하지 않다면, 이유를 설명하는 타당성이 존재하는지 확인한다). • 리뷰를 통해서 A/I 그리고/혹은 PR을 종료하거나 처리한다.	
시험 수행	• 시험 케이스 및 절차가 릴리즈된다. • 도구 코드 및 인증 데이터가 릴리즈된다. • 시험 빌드 명령어가 릴리즈된다. • SLECI가 릴리즈된다. • 모든 시험이 예비로 수행되어왔다. • TRR이 수행되어왔고 기준을 만족했다.	• 모든 시험 스테이션이 SLECI에 있는 구성과 일치하는지 확인하기 위해 SQA가 스테이션 구성을 감사한다. • 릴리즈된 빌드 절차를 사용해서 시험 소프트웨어를 빌드한다(SQA가 빌드를 참관한다). • 시험 수행 계획이 식별된다. • SQA와 인증 교섭 담당자에게 시험 수행의 의도를 통보한다. • 시험을 수행한다. • pass/fail을 결정하기 위해 시험 결과를 분석한다. • 구조적 커버리지 분석을 수행하고 문서화한다. • 모든 실패를 식별하고 필요하다면 다시 돌아가거나 PR에 문서화한다. • 재작업이 필요한지를 결정하기 위해 모든 실패를 분석한다. • 시험 리포트에 결과를 작성한다. • 누락된 구조적 커버리지를 리뷰하고 필요에 따라 PR을 생성한다.	• 시험 결과가 형상 관리된다. • 실패한 시험과 모든 지적 사항에 대해서 PR이 생성된다.
시험 결과 리뷰	• 시험 케이스 및 절차가 릴리즈된다. • 시험 케이스 및 절차가 수행되어왔다. • 시험 결과가 시험 리포트에 작성된다. • 시험 결과 정보와 함께 SCI가 업데이트되어왔다. • 시험 리포트가 형상 관리된다.	• SVP의 체크리스트를 사용해서 완전성과 정확도에 대한 시험 리포트를 리뷰한다. • 시험 절차와 시험 결과 사이의 추적성이 정확하고 완전하다는 것을 검증한다. • 모든 시험 실패가 설명되고 PR이 오픈되는지를 확인한다. • 지적사항이 문서화되고 SQA에 의해서 승인되는지 확인한다. • 리뷰를 통해서 A/I 그리고/혹은 PR을 종료하거나 처리한다. • 시험 정보의 정확도에 대해서 SCI를 리뷰하고 필요에 따라 업데이트한다.	• 시험 리포트가 리뷰되고, 업데이트되며, 릴리즈된다. • 리뷰로부터의 A/I와 PR이 종료되거나 처리된다. • SCI가 리뷰되고, 업데이트되며, 릴리즈된다.

분석 결과 리뷰(모든 완료된 분석에 적용)	• 분석될 데이터가 릴리즈된다. • 분석 절차가 릴리즈된다. • 분석 결과가 분석 리포트에 있고 형상 관리된다. • 분석에 사용되는, 인증을 요구하는 도구가 인증을 완료했다. • SCI가 분석 정보와 함께 업데이트되어왔다.	• 분석이 절차에 따라서 수행되었는지를 확인하기 위해 분석 리포트를 리뷰한다. • 필요한 경우에 분석이 독립적으로 수행되었는지 확인한다. • 분석 결과가 예상 결과와 일치하는지 확인한다. • 사용된 도구의 버전이 인증된 버전과 동일한지 확인한다(해당하는 경우). • 결과 PR과 정당성을 리뷰하고 받아들일 수 있는지 확인한다. • 분석 정보의 정확도에 대해서 SCI를 리뷰하고 필요에 따라 업데이트한다.	• 분석 리포트가 리뷰되고, 업데이트되며, 릴리즈된다. • 리뷰로부터의 A/I와 PR이 종료되거나 처리된다. • SCI가 리뷰되고, 업데이트되며, 릴리즈된다.

Appendix B 실시간 운영체제 우려 영역

약어

API	application program interface	I/O	input/output
C	dead or deactivated code	M	memory and I/O device access
COTS	commercial off-the-shelf	Q	queuing
CPU	central processing unit	RTOS	real-time operating system
D	data consistency	S	scheduling
FAA	Federal Aviation Administration	T	tasking
I	interrupts and exceptions	TCB	task control block

개요

이 부록은 FAA(Federal Aviation Administration) Research Report DOT/FAA/AR-02/118, Study of commercial off-the-shelf(COTS) real-time operating systems(RTOS) in aviation applications의 테이블을 포함하고 있다. 〈표 B-1〉은 www.faa.gov에서 공개적으로 구할 수 있다. 이 표는 RTOS에 대한 일반적인 우려 영역을 식별한다. 다음 일곱 가지 기능 영역이 고려되어야 한다. 데이터 일관성(D), 데드 코드 혹은 비활성화된 코드(C), 태스크(T), 스케줄링(S), 메모리 및 입/출력(I/O) 디바이스 접근(M), 큐(Q), 인터럽트 및 예외 처리(I) 등이다. RTOS에 대한 추가적인 정보에 대해서는 Chapter 20을 보라.

표 B-1 일반적인 RTOS 우려 영역

번호	기능 분류	우려사항	설명
D1	데이터 일관성	RTOS 내에서 RTOS 자체에 의한 데이터 손상 혹은 소실	RTOS에 보이는 데이터가 손상되거나 RTOS에 의해서 '소실'된다.

D2	데이터 일관성	RTOS에 의해서 입력 데이터의 손상 혹은 소실	RTOS가 입력 데이터를 잘못 처리하거나 그것을 잘못 저장하여 소실되거나, 데이터 변수에 잘못된 데이터 값이 할당되거나 결과로 리턴된다.
D3	데이터 일관성	RTOS에 의한 잘못된 계산 혹은 동작으로 인한 잘못된 데이터 혹은 결과	잘못된 데이터 값이 데이터 변수에 할당되거나 결과로 리턴된다.
D4	데이터 일관성	비정상적인 파라미터	만약 파라미터로 통과되는 값이 비정상이라면 수학 라이브러리 기능에 의해서 수행되는 계산이 예측할 수 없는 작은 숫자를 리턴할 수 있다.
C1	비활성화된 코드 혹은 데드 코드의 포함	비활성화된 코드의 포함	비록 절대 호출되지 않음에도 불구하고 사용되지 않는 기능이 애플리케이션에 적재될 수 있다. 또한 이 활동은 실행가능 코드를 실행가능 이미지로 링크하기 위해 그리고/혹은 이미지를 타깃 컴퓨터 메모리로 로드하기 위해 사용되는 링커 혹은 로더에 의존할 수 있다. 이 코드의 의도되지 않은 활성화는 알 수 없는 영향을 미칠 수 있으며, 일반적으로 시스템 고장을 초래할 수 있다.
C2	비활성화된 코드 혹은 데드 코드의 포함	데드 코드의 생성	컴파일러 혹은 링커에 의해서 추가적인 소프트웨어가 생성되며, 그것은 요구사항 기반 시험 혹은 커버리지 분석 과정에서 검증되지 않는다. 이것은 특히 지원자가 소스 코드로 추적할 수 없는 실행가능 오브젝트 코드를 '설명'할 필요가 있는 레벨 A 애플리케이션에 대한 우려사항이다. 그것은 데드 코드를 초래할 수 있으며, 컴파일러가 생성한 코드는 요구사항 기반 시험 과정에서 실행되지 않거나 일반적으로 소스 코드 레벨에서 수행되는 구조적 커버리지 분석에 포함되지 않는 코드를 초래할 수 있다. 컴파일러/링커가 생성한 오브젝트 코드는 레벨 A~D에 대한 요구사항과 강건성 그리고 레벨 A~C에 대한 하위 레벨 요구사항에 대한 준수에 대해서 이들 목표를 만족하는 것으로부터 면제되지 않는다.
T1	태스크	태스크가 종료되거나 삭제됨	태스크가 완료될 때까지 실행되거나 다른 태스크에 의해서 삭제된다. 만약 프로그래밍 모델이 태스크가 무한 루프에서 영원히 실행하도록 요구한다면, 태스크를 삭제하기 위한 API 호출은 제거되어야 한다.

T2	태스크	커널 저장소 영역 오버플로우	태스크 컨트롤 블록과 다른 커널 오브젝트를 가지고 있는 커널의 중앙 저장 영역은, 새로운 커널 오브젝트를 지속적으로 할당하는 악의적인 태스크로 인해 공간이 부족해질 수 있으며, 이는 다른 태스크의 실행에 영향을 미칠 수 있다. 시스템에서 다른 태스크를 보호하기 위해 할당 시스템이 구현되어야 한다.
T3	태스크	태스크 스택 사이즈 초과	태스크 스택을 덮어쓰면 예측할 수 없는 시스템 동작과 스택 데이터 손상이 발생한다.
S1	스케줄링	손상된 태스크 컨트롤 블록 (TCB)	TCB는 손상될 수 있으며, RTOS의 스케줄링 동작을 손상시킨다. 스케줄링 정보 데이터는 사용자 소프트웨어 애플리케이션의 접근으로부터 보호되어야 한다.
S2	스케줄링	우선순위 역전을 통한 과도한 태스크 블로킹	우선순위가 높은 사용자 태스크는 낮은 우선순위 태스크와 공통 리소스를 공유하며 중간 태스크가 우선순위가 낮은 태스크를 선점하기 때문에 낮은 우선순위의 태스크에 의해서 과도하게 블록될 수 있다.
S3	스케줄링	데드락	만약 두 태스크가 모두 동일한 두 개의 리소스가 필요하지만 잘못된 순서로 스케줄되면, 그들은 서로 블로킹에 의해서 데드락을 일으킬 수 있다.
S4	스케줄링	태스크가 CPU 리소스 기아현상을 일으키는 추가적인 태스크를 생성함	기존 태스크에 의해서 생성된 새로운 태스크는 시스템 내에 있는 모든 태스크의 스케줄링 가능성에 영향을 미칠 수 있다. 사용자 애플리케이션은 그들 자신의 의지로 새로운 태스크를 생성하도록 허용되어서는 안 된다.
S5	스케줄링	태스크 우선순위 할당의 손상	시스템에서 태스크의 우선순위를 높이거나 낮추는 것은 태스크 설정이 스케줄링 가능하지 않게 되거나 시스템이 적시에 응답하지 않게 될 수 있다. 태스크의 우선순위를 변경하는 능력은, 우선순위 역전의 발생을 막는 것과 같은 특별한 케이스로 제한되어야 한다.
S6	스케줄링	무한 실행시간으로 서비스 호출	만약 무한 실행시간을 가지는 커널 서비스 호출이 있을 경우 태스크의 스케줄링 가능성은 영향을 받는다. 태스크 간에 스위칭을 하면서 커널 오버헤드를 차지할 뿐만 아니라 그런 서비스 호출을 만드는 태스크의 실행시간 자체가 영향을 받을 수 있다. 커널 서비스 호출은 시스템 부하 조건과 관계없이 제한된 실행시간을 가져야 한다.

M1	메모리 및 입/출력 디바이스 접근	힙메모리 공간의 파편화	할당, 할당 해제 그리고 힙으로부터의 메모리 릴리즈는 여유 메모리의 파편화를 가져올 수 있으며, 이는 향후 할당을 복잡하게 하고 타이밍 분석을 손상시켜 예측할 수 없도록 만들 수 있다. 동적 메모리 할당, 할당 해제 그리고 '가비지 컬렉션'은 매우 제한되고 컨트롤되어야 한다.
M2	메모리 및 입/출력 디바이스 접근	잘못된 포인터 참조/역참조	세마포어와 같은 오브젝트에 대한 잘못된 참조는 서비스 호출을 통해서 커널에 전달될 수 있으며, 이는 비참한 결과를 가져올 수 있다. 커널은 포인터 참조의 유효성을 체크해야 한다.
M3	메모리 및 입/출력 디바이스 접근	데이터 덮어쓰기	데이터가 할당된 경계를 넘어서 작성되며 메모리에 있는 다른 기능의 인접한 데이터를 덮어쓰고 손상시킨다.
M4	메모리 및 입/출력 디바이스 접근	손상된 캐시 일관성	캐시 누락으로 인해 접근시간이 증가한다. 이것은 필요한 데이터를 캐시에서 사용할 수 없고 데이터가 일반적으로 더 느린 다른 메모리로부터 접근되어야 할 때 발생한다. 메모리 업데이트 누락으로 인한 데이터 손실이다.
M5	메모리 및 입/출력 디바이스 접근	메모리가 잠기거나 사용할 수 없음	MMU 페이지 테이블이 잘못 구성되거나 손상되어 메모리 영역에 대한 액세스가 차단될 수 있다.
M6	메모리 및 입/출력 디바이스 접근	중요한 시스템 디바이스로 승인되지 않은 접근	I/O 디바이스에 대한 승인되지 않은 접근은 시스템의 부적절한 기능을 초래할 수 있다. 커널은 모든 중요 디바이스에 대한 필수 접근 컨트롤을 구현해야 한다.
M7	메모리 및 입/출력 디바이스 접근	리소스가 모니터링되지 않음	리소스의 적절한 할당과 사용이 모니터링되어야 한다. 그렇지 않으면 리소스가 교착 상태에 빠질 수 있다.
Q1	큐	태스크 큐 오버플로우	정보의 손실이나 스케줄러 성능에서의 변경을 경험할 수 있다. 누락된 스케줄 데드라인과 잘못된 태스크 순서를 초래할 수 있다.
Q2	큐	메시지 큐 오버플로우	만약 큐의 크기가 적절하지 않거나 메시지가 즉시 소비되지 않으면, 이것이 보호되지 않는 한, 메시지가 누락되거나 소실되거나 혹은 지연될 수 있다.
Q3	큐	커널 작업 큐 오버플로우	작업 큐는 커널이 이미 다른 요청에 의해서 사용되고 있고 큐가 가득 차 있기 때문에 지연되어야 하는 커널 작업을 대기하기 위해 사용된다. 작업 큐로 지연된 커널 작업은 인터

			럽트 서비스 루틴으로부터 시작되어야 한다. 작업 큐는 인터럽트율이 너무 높아 커널이 할당된 시간 프레임 내에 작업을 처리할 수 없을 경우 작업 큐가 오버플로우될 수 있다.
I1	인터럽트 및 예외 처리	원자적 동작 과정에서의 인터럽트	전역 데이터에 작용하는 특정 동작은 다음 동작이 다른 태스크의 실행에 의해서 호출되기 전에 완료되어야 한다. 이 기간 중에 도달하는 인터럽트는 부분적으로 변경된 구조를 수정하거나 사용하는 동작을 야기할 수 있으며, 혹은 인터럽트가 중요한 코드 실행 과정에서 마스킹되면 인터럽트가 손실될 수 있다.
I2	인터럽트 및 예외 처리	인터럽트 핸들러가 없음	인터럽트에 대해서 인터럽트 핸들러가 정의되지 않았다. 만약 사용자가 아무것도 지정하지 않으면 RTOS에 의해서 디폴트 인터럽트 핸들러가 제공되어야 한다.
I3	인터럽트 및 예외 처리	예외 처리 핸들러가 없음	태스크에 의해서 일어나는 예외 처리에 대해서 예외 처리 핸들러가 정의되지 않았다. 태스크를 일시 중단하고 예외 시점에서 태스크의 상태를 저장할 수 있도록 디폴트 예외 처리 핸들러가 제공되어야 한다.
I4	인터럽트 및 예외 처리	상응하는 핸들러 없이 신호가 발생함	신호가 정의된 예외 조건하에서 태스크에 의해서 혹은 하드웨어에 의해서 다른 태스크로 전달될 수 있다.
I5	인터럽트 및 예외 처리	슈퍼바이저 태스크의 부적절한 보호	예외로 인해서 호출된 슈퍼바이저 태스크가 손상될 수 있는 비보호된 주소 영역에서 실행된다.

출처: V. Halwan and J. Krodel, Study of commercial off-the-shelf(COTS) real-time operating systems(RTOS) in aviation applications, DOT/FAA/AR-02/118, Office of Aviation Research, Washington, DC, December 2002.

참고문헌

[1] V. Halwan and J. Krodel, Study of commercial off-the-shelf(COTS) real-time operating systems(RTOS) in aviation applications, DOT/FAA/AR-02/118 (Washington, DC: Office of Aviation Research, December 2002).

Appendix C 안전 필수 시스템을 위한 실시간 운영체제를 선택할 때 고려해야 할 질문

Chapter 20은 실시간 운영체제(RTOS)의 일반적인 특징, 특성 그리고 이슈들을 논의한다. 이 부록은 안전 필수 시스템에 포함하기 위해 RTOS를 선택할 때 고려해야 할 질문 목록을 포함하고 있다(이 책의 다른 부분과 마찬가지로 DO-178B 혹은 DO-178C가 필요하다고 가정한다). 질문들은 세 가지 분류로 나누어져 있다(일반적인 질문, RTOS 기능 질문, 그리고 RTOS 통합 질문). 하지만 세 가지 분류는 서로 관련되어 있다. 저자의 경험에 더해서 이 질문 목록을 작성하기 위해 다음과 같은 두 가지 소스가 사용되었다: ① FAA(Federal Aviation Administration) Software Job Aid: Conducting software reviews prior to certification[1], ② FAA Research Report: Commercial off-the-shelf real-time operating system and architectural considerations.[2]

C.1 일반적인 질문

- RTOS가 필요한가?
- RTOS가 DO-178C(혹은 DO-178B)의 목표를 충족하고 준수를 보여주기 위해 지원하는 라이프 사이클 데이터를 사용가능한가?
- 필요한 데이터가 제공될 것인가? 만약 그렇지 않다면 인증과 지속적인 감항성을 지원하기 위해 데이터를 사용할 수 있을 것인가? FAA Advisory Circular 20-148은 인증가능 컴포넌트로 제공되는 일반적인 데이터를 나열한다.
- RTOS가 얼마나 복잡한가?
- 필요한 위험 레벨을 지원하기에 충분한 데이터가 있는가?

- 만약 RTOS가 리버스 엔지니어링되었다면 그 프로세스가 DO-178C 목표를 만족하는가? (Chapter 25를 보라)
- 다른 프로젝트 고유의 이슈들뿐만 아니라 Chapter 20에서 식별된 RTOS와 관련된 기술적인 그리고 인증 이슈들이 해결되었는가?
- Chapter 20에 나열된 RTOS의 일반적인 특징과 특성이 구현되어 있는가? 만약 그렇지 않다면 누락된 특징 혹은 특성이 안전성 혹은 준수에 영향을 미치는가?
- RTOS는 RTOS를 사용할 시스템의 개발 라이프 사이클에 어떤 영향을 미치는가?
- RTOS가 개발되고 있는 다른 컴포넌트와 호환되는가?
- RTOS가 유연한가? 혹은 개발 중인 시스템에 제약을 가하는가? 만약 제약이 있다면 그것이 해결되었는가?
- 어떤 언어와 컴파일러로 RTOS가 개발되었는가? 컴파일러가 비순차적 명령어 처리, 캐시 그리고 파이프라인과 같은 프로세서 속성의 장점을 활용하는가? 컴파일러가 결정론적인가?
- RTOS가 어떤 도구를 지원하는가?
- 하드웨어 노후화가능성은 RTOS 사용에 어떤 영향을 미칠 것인가?
- RTOS 공급업체가 RTOS에 대한 지속적인 감항 요구사항을 지원(예를 들면, 그것을 사용하는 항공기의 수명 전반을 지원)할 것인가? 만약 RTOS 공급업체가 사업을 그만두면 어떻게 될 것인가? 일반적으로 이러한 상황을 처리하기 위해 어떤 종류의 계약 혹은 법적인 합의가 필요하다.
- 지속적인 감항을 지원하기 위해 RTOS에 대해서 어떤 종류의 문제점 리포팅 시스템이 마련되어 있는가?
- RTOS 제품이 사용자가 알지 못하게 변경되지 않을 것임을 무엇으로 보장하는가? 만약 그것이 변경되면 어떤 프로세스가 사용될 것이며 어떻게 사용자에게 알릴 것인가?
- 정확한 사용자 매뉴얼이 만들어졌는가? 그것이 여러 사용자의 요구를 해결하는가? 혹은 그것이 각 사용자별로 맞춤 제작되는가?
- 어떤 애플리케이션 프로그램 인터페이스(API)가 사용되는가? API가 이식성을 지원하는가? RTOS가 API에 대한 포괄적인 지원을 제공하는가?
- RTOS 개발에 어떤 형상 관리와 소프트웨어 품질 보증 프로세스가 사용되었는가? 이들 프로세스가 RTOS를 사용하는 시스템에 적합한가? 이러한 프로세스가 RTOS를 사용하는 시스템의 형상 관리와 소프트웨어 품질 보증 프로세스와 호환되는가?

C.2 RTOS 기능 질문

- 태스크를 추가할 때 RTOS가 확장되는가?
- 실시간 태스크의 수가 제한되는가? 만약 그렇다면 상한은 사용자의 요구를 지원하기에 적절한가?
- 어떤 종류의 태스크 간 통신이 지원되는가?
- 타임 슬라이스를 조정할 수 있는가?
- RTOS가 우선순위 역전을 방지하는가?
- RTOS가 선택된 동기화 메커니즘을 지원하는가?
- RTOS가 사용자가 스케줄링 알고리즘을 선택하도록 지원하는가? 사용가능한 스케줄링 접근법이 안전성을 지원하는가?
- 태스크 스위칭 시간을 받아들일 만한가?
- RTOS가 다음 기능들, ① 태스크 처리, ② 메모리 관리, ③ 인터럽트를 어떻게 처리하는가? 그것이 결정론적인 방식으로 수행되는가?
- RTOS가 내부 및 외부 캐시와 같은 메모리를 어떻게 사용하는가?
- 데이터 손상 혹은 손실, 잘못된 결과 그리고 비정상적인 파라미터와 같은 데이터 일관성 우려가 해결되었는가?
- 일반적인 스케줄링 우려가 해결되었는가? (손상된 태스크 컨트롤 블록, 우선순위 역전으로 인한 과도한 태스크 블로킹, 데드락, 중앙 처리 장치[CPU] 리소스를 기아 상태로 만드는 태스크 스포닝, 태스크 우선순위 할당에서의 손상, 무한 실행시간으로 서비스 호출 그리고 경쟁 상태를 포함)
- 일반적인 큐 문제점이 RTOS에서 해결되었는가? (태스크 큐 오버플로우, 메시지 큐 오버플로우 그리고 커널 작업 큐 오버플로우를 포함)
- 인터럽트 및 예외 처리 우려가 RTOS에서 해결되었는가? (원자적 동작 과정에서의 인터럽트, 인터럽트 핸들러가 없음, 예외 처리 핸들러가 없음 그리고 슈퍼바이저 태스크의 부적절한 보호와 같은)
- 만약 RTOS가 파티셔닝/보호를 지원하기 위해 사용된다면 메모리, 입력/출력 그리고 시간 파티셔닝/보호 이슈가 해결되었는가? (Chapter 21을 보라)
- 관련 없는 코드, 데드 코드 혹은 비활성화된 코드가 RTOS에서 설명되었는가? 특히, RTOS의 사용되지 않는 부분은 요구사항에서 어떻게 다루어지고 있는가?

- RTOS 혹은 시스템이 헬스 모니터링 기능을 가지고 있는가? 문제로부터 복구 메커니즘이 시스템 안전성 요구를 충족하는가?
- 데이터 및 컨트롤 결합도 분석이 어떻게 해결되었는가? 그것이 DO-178C Table A-7 목표 8을 충족하는가?
- 다른 타깃으로의 이식성을 지원하기 위해 커널이 하드웨어로부터 추상화되는가?
- 만약 RTOS가 상용(COTS) 제품이라면 COTS 소프트웨어의 일반적인 우려가 해결되었는가? (Chapter 24를 보라)

C.3 RTOS 통합 질문

- RTOS의 잠재적인 취약성들이 식별되었는가? RTOS 설계에 의해서 완화되지 않는 취약성의 완화가 통합자/사용자에게 직관적이고 실현가능한가?
- RTOS 특성, 한계, 이용가능한 인증 데이터 등을 요약한 데이터 시트가 존재하는가? 데이터 시트에 그러한 특성 그리고 한계를 계산하기 위한 접근법이 문서화되어 있는가?
- RTOS 타이밍 성능이 식별되는가? (대기시간, 스레드 스위치 지터, 스케줄링 체계 그리고 우선순위 레벨과 같은)
- 보드 지원 패키지(BSP)와 디바이스 드라이버를 누가 개발할 것인가? 개발팀은 이 작업을 수행할 수 있는 올바른 정보를 가지고 있는가?
- RTOS 통합을 지원하는 개발키트를 사용할 수 있는가? 많은 RTOS 판매업체들이 RTOS를 커스터마이징하고, 드라이버를 개발하며, BSP를 개발하는 데 도움이 되는 키트를 제공한다.
- RTOS가 특정 용도에 맞게 쉽게 구성되는가 아니면 상당한 커스터마이징이 필요한가?
- RTOS가 특정 프로세서 혹은 프로세서군과 함께 사용하도록 개발되었는가?
- RTOS와 CPU 인터페이스를 잘 이해하고 있는가?
- 워스트 케이스 실행시간에 미치는 RTOS 영향이 효과적으로 계산되는가?
- 낮은 수준의 기능을 지원하기 위해 필요하다면, 높은 위험 레벨 애플리케이션 개발자에 의한 정밀 조사를 위해 소스 코드를 사용할 수 있는가?
- RTOS가 어떤 하드웨어 리소스에 영향을 주는가?

- RTOS를 타깃 컴퓨터로부터 분리하는 데 사용되는 소프트웨어(BSP 혹은 디바이스 드라이버 같은)가 시스템 인증가능성에 미치는 영향은 무엇인가?
- RTOS 성능을 분석하기 위해 어떤 도구를 사용할 수 있으며 이러한 도구가 결정론적인 동작을 검증할 수 있는가?
- 원격 진단을 위한 도구를 사용할 수 있는가? 또한 많은 RTOS 공급업체들은 시스템의 동작을 분석하고 분석과 시험 활동을 지원할 수 있는 도구를 제공한다.
- RTOS가 시스템 안전성 목표와 상충되는 보안 능력을 가지고 있는가? 만약 그렇다면 그것들은 어떻게 해결될 것인가?
- CPU가 내부 메모리 관리 유닛을 가지고 있으며, 그것이 파티셔닝을 지원하는가?
- RTOS와 애플리케이션 사이의 데이터 및 컨트롤 결합도는 어떻게 처리되는가?

참고문헌

[1] Federal Aviation Administration, *Conducting Software Reviews Prior to Certification*, Aircraft Certification Service (Rev. 1, January 2004).

[2] J. Krodel, Commercial off-the-shelf real-time operating system and architectural considerations, DOT/FAA/AR-03/77 (Washington, DC: Office of Aviation Research, February 2004).

Appendix D 소프트웨어 서비스 히스토리 질문

Chapter 24는 소프트웨어 서비스 히스토리를 평가할 때 고려해야 할 네 가지 범주의 질문들을 제공했다. 이 부록은 FAA(Federal Aviation Administration)의 '*Software Service History Handbook*'[1]의 구체적인 질문들을 포함하고 있다. 핸드북은 FAA 웹사이트(www.faa.gov)에서 이용할 수 있다. 하지만 편의를 위해서 해당 질문들이 제공된다.

D.1 문제점 리포팅에 대한 질문[1]

1. 서비스 히스토리 기간 동안 소프트웨어 버전이 추적되는가?
2. 특정 버전의 소프트웨어와 관련해서 문제점 리포트가 추적되는가?
3. 솔루션/패치 및 변경 영향에 대한 분석과 관련된 문제점 리포트가 있는가?
4. 소프트웨어의 다른 버전에 대해서 리비전/변경 히스토리가 유지되는가?
5. 변경에 대해서 변경 영향 분석이 수행되었는가?
6. 서비스 중 문제점이 리포트되었는가?
7. 리포트된 모든 문제가 기록되었는가?
8. 이러한 문제점 리포트가 복구될 수 있는 저장소에 저장되었는가?
9. 서비스 중 문제점이 철저하게 분석되었는가? 그리고/혹은 그러한 분석이 문제점 리포트에 포함되거나 적절히 참조되었는가?
10. 문제점 리포트 저장소 내의 문제점이 분류되어 있는가?
11. 만약 동일한 유형의 문제가 여러 번 리포트되었다면, 특정 문제에 대해서 여러 항목 혹은 단일 항목이 있었는가?

12. 만약 서비스 히스토리 기간 동안에 소프트웨어 운영 버전의 복사본을 실행하면서 연구실에서 문제가 발견되었다면, 이러한 문제점이 문제점 리포팅 시스템에 포함되었는가?
13. 각각의 문제점 리포트가 수정되거나 혹은 오픈된 상태로 추적되는가?
14. 문제점이 수정되었다면 문제가 해결된 방법(요구사항, 설계, 코드에서)에 대한 기록이 있는가?
15. 문제가 수정된 후에 새로운 버전의 소프트웨어가 새로 릴리즈된 기록이 있는가?
16. 소프트웨어 버전 변경에 대한 해당 기록이 없는 문제점이 있는가?
17. 변경 히스토리를 통해 소프트웨어가 현재 안정적이고 성숙하다는 것을 알 수 있는가?
18. 제품이 사용자에게 메시지로 에러를 나타내는 속성을 가지고 있는가? (일부 제품은 에러 트래핑 기능이 없어서, 잘못된 결과와 실패에 대한 징후 없이 그저 계속해서 실행될 수 있다)
19. 판매 업체(혹은 문제점 리포트 수집 기관)가 문제점들이 수집 및 수정되고 있다는 것을 모든 사용자에게 명확하게 했는가?
20. 문제점 리포트 저장소 내의 모든 문제점이 분류되어 있는가?
21. 안전성 관련된 문제점들이 식별되고 있는가? 안전성 관련된 문제점이 검색될 수 있는가?
22. 어떤 안전성 관련 문제점이 수정되고 어떤 문제점이 오픈된 채로 남아 있는지 기록이 있는가?
23. 안전성 관련된 문제점들의 마지막 수정 후에 문제가 수정되었고 새로운 안전성 관련된 문제점들이 표면화되지 않았다는 것을 평가하기 위한 충분한 데이터가 있는가?
24. 오픈된 문제점 리포트가 안전성에 영향을 미치는가?
25. 안전성 관련된 문제점들의 마지막 수정 후에 문제가 해결되었고 새로운 안전성 관련된 문제점들이 표면화되지 않았다는 것을 평가하기 위한 충분한 데이터가 있는가?
26. 문제점 리포트와 그 솔루션은 수정이 이루어진 방법을 나타내기 위해 분류되는가?
27. 릴리즈 버전으로 특정 패치를 추적하고 새로운 버전이 이러한 수정 사항에 해당한다는 것을 설계 및 코드 수정으로부터 추론할 수 있는가?
28. 하드웨어에서 수정되었던 문제점 리포트 혹은 요구사항 변경 사항을 분리하는 것이 가능한가?

29. 문제점 리포트가 솔루션/패치 그리고 변경 분석과 관련되어 있는가?
30. 만약 솔루션이 하드웨어 혹은 사용 모드 혹은 요구사항의 변경을 나타낸다면, 해당 변경 전에 이러한 변경이 서비스 히스토리를 무효화하는지 여부에 대한 분석이 있는가?
31. 소프트웨어 버전에는 변경의 기록이 없지만 소프트웨어에 대한 변경을 가지고 있는 문제점에 대한 수정이 있는가?
32. 문제의 소프트웨어 특성에 맞게 서비스 기간이 정의되는가?
33. 얼마나 많은 소프트웨어 복사본이 사용되고 있고 문제점에 대해서 추적되고 있는가?
34. 이러한 애플리케이션 중 얼마나 많은 수가 운영 및 환경에서 유사한 것으로 간주될 수 있는가?
35. 서비스 기간과 제안된 사용 간에 입력/출력 도메인이 동일한가?
36. 만약 입력/출력 도메인이 다르다면 글루(glue) 코드를 사용해서 수정될 수 있는가?
37. 서비스 기간이 정상 및 비정상 동작 조건을 포함하는가?
38. 해당 기간 동안 접수된 서비스 호출의 전체 횟수에 대한 기록이 있는가?
39. 문제점 리포팅 시스템을 통해서 경고와 서비스 중단이 있었는가?
40. 문제가 있었는지 없었는지를 확인하기 위해 경고가 분석되었는가?
41. 문제점 리포트를 에러로 로깅하기 위해 사용되는 절차가 있었는가?
42. 절차 내용의 배경에 있는 추론은 무엇이었는가?
43. 절차가 서비스 히스토리 기간 동안 지속적으로 시행되고 사용되었다는 증거가 있는가?
44. 제품에 수행된 보증 요청의 히스토리가 서비스 히스토리에서 볼 수 있는 종류의 문제점들과 일치하는가?
45. 원래의 도메인에서 안전성과 무관한 문제로 식별된 문제점 리포트를 검토하여 대상 도메인에서 안전성 관련 여부를 판단하였는가?

D.2 운영에 관한 질문[1]

1. 의도된 소프트웨어 운영이 서비스 히스토리 과정에서의 사용과 유사한가? (즉, 외부 세계, 사람, 절차와의 인터페이스)
2. 서비스 히스토리 사용과 제안된 사용 사이에 차이점이 분석되었는가?

3. 새로운 사용에서 운영 모드에 차이점이 있는가?
4. 제안된 애플리케이션의 기능 중 일부만 서비스 이용에 사용되는가?
5. 제안된 애플리케이션에서 필요로 하지만 서비스 기간에는 사용되지 않은 기능에 대한 갭분석이 있는가?
6. 정상 운영 및 비정상 운영 시간의 정의가 제품에 적합한가?
7. 서비스 기간이 정상 및 비정상 운영 조건을 포함하고 있는가?
8. 서비스 히스토리 기간으로부터 제품의 사용에 기술적인 차이가 있는가? (수동 vs. 자동, 에러에 대한 사용자 인터셉트, 네트워크 내 vs. 독립형 사용 등)
9. 기록된 서비스 히스토리 사용 시간 동안 제품 사용에 필요한 절차에 대해서 운영자 훈련이 필요했는가?
10. 새로운 운영에 유사한 훈련을 제공할 계획이 있는가?
11. 새로운 시스템에 대한 소프트웨어 레벨이 이전 시스템과 동일할 것인가?

D.3 환경에 관한 질문[1]

1. 서비스 히스토리의 하드웨어 환경과 타깃 환경이 유사한가?
2. 두 컴퓨터 간의 리소스 차이점이 분석되었는가? (시간, 메모리, 정확도, 정밀도, 통신 서비스, 내장 시험, 고장 허용치, 채널 및 포트, 큐 모드, 우선순위, 에러 복구 조치 등)
3. 제품이 직면하는 안전성 요구사항이 양쪽 환경 모두에서 동일한가?
4. 제품이 직면하는 예외가 양쪽 환경 모두에서 동일한가?
5. 환경의 유사성을 분석하기 위해 필요한 데이터를 사용할 수 있는가? (그런 데이터는 일반적으로 문제 데이터의 일부가 아니다)
6. 서비스 히스토리 데이터의 어떤 영역이 제안된 용도에 적용가능한지를 분석이 보여주는가?
7. 서비스 히스토리 기간 동안 컴퓨터 환경의 고장 허용 특성에 대해서 얼마나 많은 서비스 히스토리 신뢰가 제품에 할당될 수 있는가?
8. 소프트웨어 제품에 대한 변경 없이 제품이 타깃 컴퓨터와 호환되는가?
9. 만약 하드웨어 환경이 다르다면 그 차이점이 분석되었는가?
10. 서비스 히스토리 기간 동안 하드웨어 변경이 있었는가?

11. 만약 하드웨어 변경이 있었다면 변경 전 서비스 히스토리 기간을 고려하는 것이 여전히 적절한가?
12. 서비스 히스토리에 명시된 하드웨어 변경의 형상 컨트롤을 받아들일 수 있는지에 대해서 소프트웨어 요구사항과 설계 데이터가 분석될 필요가 있는가?

D.4 시간에 관한 질문[1]

1. 서비스 기간의 정의는 무엇인가?
2. 서비스 기간이 해당 소프트웨어의 특성에 적합한가?
3. 정상 운영 시간의 정의는 무엇인가?
4. 서비스 기간에 사용된 정상 운영 시간이 정상 및 비정상 운영 조건을 포함하는가?
5. 서비스 히스토리 데이터로부터 지속적인 운영 시간이 도출될 수 있는가?
6. 전체 서비스 히스토리 데이터 가용성으로부터 "적용가능 서비스" 영역이 인식되는가?
7. 서비스 기간을 평가하기 위한 기준이 무엇이었는가?
8. 얼마나 많은 소프트웨어 복사본이 사용 중이고 문제점이 추적되고 있는가?
9. 적용가능한 서비스 기간은 얼마인가?
10. 적용가능한 서비스 정의가 적절한가?
11. 이 기간이 에러율 계산을 위해 사용된 기간인가?
12. 시간을 측정하는 방법을 얼마나 신뢰할 수 있었는가?
13. 서비스 히스토리 기간에 걸쳐서 시간을 측정하는 방법이 얼마나 일관적이었는가?
14. 당신은 서비스 히스토리 데이터를 분석하기 전에 제안된 사용의 안전성 레벨에 대해 정당하고 적절한 제안된 허용 에러율을 가지고 있는가?
15. 서비스 히스토리 데이터를 분석하기 전에 이 에러율이 계산되는 것을 어떻게 제안하는가?
16. 에러율 계산(전체 에러를 기간, 실행주기 횟수, 착륙과 같은 이벤트 수, 비행 시간, 비행 거리, 전체 개체군 운영 시간으로 나눈 것)이 해당 애플리케이션에 적합한가? 이 계산을 위해 사용된 시간의 전체 기간은 무엇이었는가? 적절한 기간만 고려하도록 주의하였는가?

17. 서비스 히스토리 데이터를 분석한 후에 계산된 실제 에러율은 무엇인가?
18. 이 에러율이 PSAC[Plan for Software Aspects of Certification][1]에 정의된 제안된 허용 에러율보다 큰가?
19. 만약 에러율이 크다면 에러율을 재평가하기 위한 분석이 수행되었는가?

참고문헌

[1] 1. U. D. Ferrell and T. K. Ferrell, *Software Service History Handbook*, DOT/FAA/AR-01/116 (Washington, DC: Office of Aviation Research, January 2002).

1) 명확하게 하기 위해서 대괄호가 추가되었다.

| 찾아보기 |

| 저자약력 |

Leanna Rierson

Leanna Rierson은 민간항공기에서의 안전 필수 시스템에 대한 소프트웨어, 복합 전자 하드웨어 그리고 IMA(Integrated Module Avionics) 개발 분야의 독립적인 컨설턴트이다. 그녀는 소프트웨어와 항공산업에서 20년 이상의 경험을 가지고 있다. Rierson은 미국 FAA에서 9년간 소프트웨어 및 항공전자 전문가로 지내왔다. 그중 5년은 항공기 컴퓨터 소프트웨어에 대한 과학 및 기술 최고 고문의 위치에 있었다. Rierson은 안전 필수 소프트웨어, IMA 그리고 항공기에 대한 수많은 논문들을 발간해왔고 많은 국내 및 국제 엔지니어링팀과 워크샵을 이끌어왔으며 FAA를 위한 강좌, 정책, 핸드북, 지침 자료들을 개발해왔다. 그녀는 DO-178C와 여섯 개의 다른 관련된 문서들을 저술한 RTCA 특별위원회에서 서브그룹 공동의장과 편집팀 리더로 활동했다. Rierson은 수천 명의 전문가들에게 DO-178B를 가르쳐왔고, 이제는 DO-178C를 가르치고 있다. 그녀는 소프트웨어와 복합 하드웨어 기술 분야에서 Level A 권위를 가진 FAA DER(Designated Engineering Representative)이고, Boeing, Cessna, Learjet, Embraer, Rockwell Collins, GE Aviation, Honeywell 그리고 다른 수많은 업체들을 포함한 수많은 항공기 및 항공전자 회사들과 일해왔다. 그녀는 현재 Rockwell Collins 항공전자 인증팀에서 파트타임으로 일하고 있다.

Rierson은 Rochester Institute of Technology에서 소프트웨어 엔지니어링에 대한 석사학위와 Wichita State University에서 전자엔지니어링에 대한 학사학위를 취득하였다. 또한 그녀는 Ozark Christian College에 다녔고 Johnson Bible College에서 석사학위를 받았다. 현재는 박사학위를 취득하기 위해 노력하고 있다.

| 역자약력 |

정수영

- 수담연구소 대표이사/연구소장
- 2020년 : DO-178C/DO-254 SOI 2 외부 감사 수행
- 2020년 : DO-178C(& DO-330) POST-SOI 4 QA 활동(with DER)
- 2019년 : DO-178C(& DO-330), SOI 3, SOI 4 QA 활동(with DER)
- 2019년 : DO-178C/DO-254 SOI 1, 2 컨설팅 및 외부 감사 수행
- 2017년~2018년 : DO-178C SOI 1, 2 컨설팅 및 QA 활동(with DER)
- 2017년~2018년 : DO-178C SOI 1~4 컨설팅 및 외부 감사 수행
- 2013년~2016년 : DO-178C QA 활동(with DER)
- 2016년 : DO-178 인증 지침서 번역본 출간(KAI 이진섭 부장 공역, 비매품)
- DO-178/DO-254 인증 관련 교육, 컨설팅, QA 활동

- 이메일 : mysudam@sudamlab.com
- 네이버 블로그 : https://blog.naver.com/mysudam, 티스토리 : https://imnow.tistory.com/
- 홈페이지 : www.sudamlab.com

항공전자 소프트웨어 DO-178 인증 실무 가이드

2020년 9월 20일 1판 1쇄 인쇄
2020년 9월 25일 1판 1쇄 발행

저　　자 | Leanna Rierson
역　　자 | 정수영
발 행 인 | 이수영
발 행 처 | 도서출판 청람
서울시 마포구 독막로 288(대흥동, 세양상가 109호)
전　　화 | 02) 3272-2601~2
팩　　스 | 02) 3272-2603
홈페이지 | http://www.crbooks.co.kr
이 메 일 | crbooks@daum.net
등　　록 | 2000년 8월 26일 제6-0509호

ISBN 978-89-5972-777-3 93000 [정가 38,000원]